国际管道运行技术研究优秀成果集

中油国际管道有限公司　编

石油工业出版社

内 容 提 要

本书收录了中油国际管道有限公司"十三五"期间生产运行课题的研究成果19篇,主要包括了长输管道运行优化研究、压缩机组运维和性能研究、压缩机组远程诊断和振动分析、泵机组运行研究、发电机组优化研究、站内管道检测技术分析等方面的内容,对长输管道相关技术的发展和现场应用具有实际指导意义。

本书适合长输管道从业人员阅读。

图书在版编目(CIP)数据

国际管道运行技术研究优秀成果集/中油国际管道有限公司编 . —北京:石油工业出版社,2023.12
ISBN 978 - 7 - 5183 - 6467 - 1

Ⅰ . ①国… Ⅱ . ①中… Ⅲ . ①油气运输-长输管道-运行-文集 Ⅳ . ①TE973

中国国家版本馆 CIP 数据核字(2023)第 248771 号

出版发行:石油工业出版社
　　　　　(北京市朝阳区安华里 2 区 1 号楼　　100011)
　　　　　网　　址:www.petropub.com
　　　　　编辑部:(010)64243803
　　　　　图书营销中心:(010)64523633
经　　销:全国新华书店
印　　刷:北京中石油彩色印刷有限责任公司

·2023 年 12 月第 1 版　2023 年 12 月第 1 次印刷
787×1092 毫米　开本:1/16　印张:35.25
字数:894 千字

定价:160.00 元
(如发现印装质量问题,我社图书营销中心负责调换)

编 委 会

前言

　　课题研究是推动难题攻关和技术突破的强大动力，是保障输油气管道运行优化和设备高效运转的必要手段，是输油气企业改进生产管理的重要方式，是输油气行业改革与发展的助推器。

　　自"十三五"以来，中油国际管道有限公司着力解决现场难题，高度重视生产运行课题研究。在此期间，公司累计完成技术攻关40余项，产生97项科技进步成果；获得科技进步奖16项，获得专利授权13项，软件著作权4项，技术攻关能力显著提升。其中"天然气发动机驱泵运行技术研究""中亚天然气管道全水力系统压缩机性能优化研究""中油国际管道站场发电机配置优化研究"等19项研究成果对于指导公司所属各站场运行乃至业内技术进步都具有很大意义。

　　研究的根本目的在于应用、在于实践，优秀的研究成果必须得到有效的推广应用才具有真正的意义。为了推动公司技术科研向深入、均衡方向发展，编委会对近年的研究成果进行了汇编，希望以此为契机，搭建行业相互交流、相互学习的平台，促进新技术、新方法、新策略在公司及行业的推广应用。

　　上善若水，厚德载物。希望这本成果集能够成为一座桥梁，连接起海内外输油气行业同仁，促进知识的共享和交流，同时，更希望这些成果能为油气管道行业高质量发展贡献微薄力量。

目录

运行优化研究

　　本篇主要展示中油国际管道有限公司天然气站场运行优化取得的成果,通过对调控运行、阀室供电研究和工控信息安全方面问题的深入分析,提出了一系列优化策略,显著提升了输气站的运行效率和安全性。

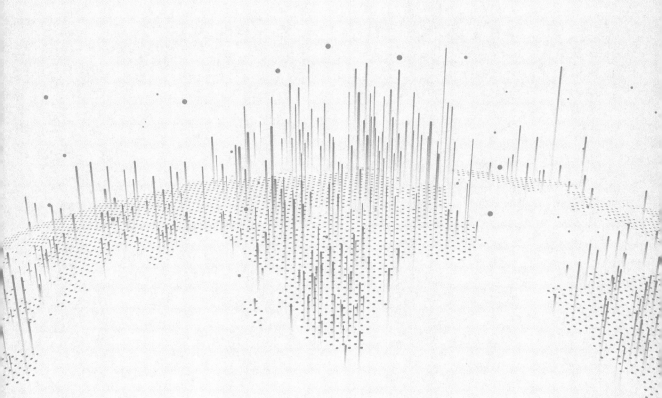

中乌天然气管道 ABC 线联合运行研究与应用

1 概述

1.1 研究背景及意义

中亚天然气管道 A/B-C 线途经土库曼斯坦—乌兹别克斯坦—哈萨克斯坦—中国四国,是我国第一条跨国天然气管道。自 2009 年投产运行以来,中亚天然气管道输量稳步提升,随着 2016 年乌气进入 C 线管道和 2017 年底哈气开始接入,中亚天然气管道的输气能力逐渐达到设计能力 $550 \times 10^8 \mathrm{m}^3$,在我国能源供应中的地位越来越重要。

中亚天然气管道作为我国的第一条跨国管道,上游资源国较多且供气形势复杂,气源停供情况时有发生,且国内天然气消费市场冬夏差异较大的状况使中亚天然气管道存在冬季满负荷、夏季负荷低运行的情况;为应对各种运行工况,确保管道安全优化运行,中亚天然气管道公司制定了"正常工况保能耗,异常工况保输量"的优化运行思路。

本文针对中亚天然气管道在正常运行工况下确定 A/B-C 线的输量匹配方案,异常工况下确定跨接线的开启方案,提出切实可行的优化运行建议。

中亚管道 A/B 线与 C 线之间在哈萨克斯坦(简称哈国)段共有 8 处跨接线,在乌兹别克斯坦(简称乌国)段预留了 8 处跨接;经研究发现,气源事故工况下,越早开启跨接线对整个管道的优化效果越好;本文重点研究了开启乌国段 A/B 线与 C 线间预留的跨接线后,比较不同跨接线对管道整体增输能力的效果;核算跨接管线在异常工况下对管道优化运行的效果,确定合适的跨接位置;对乌国段未来跨接线的互联提供理论支持。

本项目的研究成果将对优化管道系统运行状态、提升运行管理水平具有重要指导作用,将为合理制定整个 A/B-C 线系统的运行方案提供直接的技术案例支持,使中亚天然气管道系统尽快达到最佳运行状态。

1.2 国内外研究现状

1.2.1 并行敷设的输气管道优化运行现状

20 世纪 60 年代,欧美等国家相继开始了输气管道并行优化技术的研究。在对国外的输

3

气管道实际调研和考察中发现，为了提高输气管道的安全性，在并行敷设的长输天然气管道上增加跨界管线。苏联的规范要求，对于并行敷设的长输天然气管道，应设置相应的跨接线，并对跨接线的管径和阀门的设置进行了明文规定[1-3]。同样，欧美国家也对并行管道的跨接线提出过相关的要求，如美国的 Transco（Williams 输气公司）和 FGT（佛罗里达输气公司）等并行管道，也在管道上设立了跨接线来确保管道的安全性和经济性。

近年来，我国天然气管道的发展越来越快，长输并行天然气管道也越来越多，如西气东输一、二、三线，陕京管道系统，涩宁兰管道系统等。"十三五"期间，我国还将规划建设多条长输并行天然气管道，因此开展并行天然气管道的联合优化运行研究，提高管道的输气能力、经济效益和安全运行，已经成为一项重要的课题[4]。

国内外的长输并行天然气管道已经开始对联合优化运行进行研究，经研究发现，并行管道的联合运行相比较与独立运行，对于管道的能耗节省和输气能力提升均有显著的提高。并行管道联合运行在实现节能降耗的同时，也提高了管道的安全运行能力；在单条管线部分管段失效的情况下，通过开启跨接管线可减轻事故工况对运营的影响，使管道系统的输气能力得到一定的保障[5-6]。

1.2.2　天然气管道仿真软件现状

自 20 世纪 80 年代以来，天然气管道仿真软件在国内外发展迅速。国外的一些仿真软件公司已经开发出了一些适用范围广、准确度较高的输气管道优化运行的商业软件，其中在国内应用较为广泛的有美国 Stoner 公司开发的 Stoner、英国 Energy solutions 公司开发的 TG-NET、美国规格公司的 GREEG 等[7-11]。这些仿真软件已经陆续应用于我国的多条长输天然气管道中，如西气东输、陕京系统、中亚天然气等管道。国内一些管道设计单位率先使用输气管道仿真软件。这类软件已经成为我国输气管道设计的必备工具[12-14]。

Stoner 软件具有慢瞬变过程逐步向稳态过渡的特点，该软件从某一初始工况达到另一工况的计算时间相对较长，随着管网规模和控制条件的增加，模拟时间步长会由分钟级别变成秒级，该软件在管道的设计、运行方面应用较普遍，特别是在单介质流体的油气管道的运行控制分析方面，相对其他软件具有优势。在燃气轮机精确仿真方面还有提升空间，主要问题是没有不同温度下热耗率性能参数输入模块。

TGNET 软件具有使用方便、稳态计算收敛快等特点，随着模拟管网元件规模的增加，其收敛速度会大幅度下降，并且错误分析功能较差，瞬态控制功能也相对较弱，只能针对分输元件瞬态变化、简单的压缩机组、阀门开关控制起作用。其在管道设计方面应用较多，在运行阶段则相对较少。

GREEG 软件具有大型管网稳态计算、收敛速度快等特点，模拟包含上千管网元件的复杂管网，其收敛速度可达到十秒级。主要原因为其压缩机、燃气轮机、管段等元件均采用公式拟合的方式替代原本复杂的特性曲线，其结果的准确性受限于模拟管道元件的拟合公式的准确性影响较大，需要在搭建模型之前做大量工作，进行输入参数准确性的验证。

以上软件都可以对管道工况进行在线或离线模拟，适用于单相流体介质的水力分析，人机交互功能良好，可以实时输出管线内各点工艺参数和各类数据图表。

1.3 研究目标和内容

1.3.1 研究目标

通过仿真模拟软件,建立准确的中亚管道仿真模型,使模型能够真实反映、并预测未来管道的运行状态。为中亚天然气管道 A/B－C 线管道的联合优化运行、降低自耗气成本提供决策支持,为合理制定整个 A/B－C 线系统的运行方案提供直接的技术支持,使中亚管道系统达到最佳运行状态。

1.3.2 研究内容

(1)收集近两年的中亚管道运行数据,分析管网输气特点及压缩机组运行情况,收集中亚 A/B－C 线压缩机组、燃气轮机实际运行数据进行机组特性曲线校正;

(2)将中亚 A/B－C 线管道模型进行编制成整体的管网模型,应用此模型进行整合调整,并与实际运行对比;

(3)对不同输量台阶下的工况进行分析(输量为整个中亚管网的资源量),并计算不同总输量下 A/B－C 线的不同输量分配组合,找出总能耗最低的输量分配方案,并拟合出总能耗最低目标下总输量与 C 线输量的关系;

(4)针对异常工况确定跨接方案,对开启不同跨接阀的情况下进行分析,确定跨接线的开启方案。

1.4 研究方法和实验方案

1.4.1 研究方法

首先对运行的中亚管道压缩机组进行特性曲线校正,然后利用 SPS 仿真软件进行管道建模,并与实际运行相结合。

1.4.2 实验方案

(1)管网系统运行数据的收集、整理。

① 收集中亚 AB 线压缩机组、燃气轮机实际运行数据;

② 收集中亚 C 线压缩机组、燃气轮机实际运行数据;

③ 收集近两年的运行数据,分析管网输气特点及压缩机组运行情况。

(2)管网模型编制。

① 将中亚 A/B－C 线管道模型进行编制成整体的管网模型;

② 应用此模型进行整合调整,并与实际运行对比;

(3)不同输气台阶优化输气方案分析。

① 不同台阶输送工况分析,输量为整个中亚管网的资源量;

② 针对不同的工况确定跨接方案。

(4)管网系统总体能耗分析。

① 在不同输量台阶下能耗分析；

② 中亚 A/B－C 线运行输量优化匹配分析；

③ 管网系统总体能耗分析；

④ 确定管网优化运行方案。

2 管道计算模型

本文基于 SPS 仿真软件对中亚管道 ABC 线的联合优化运行进行了研究,对于成熟的长输天然气管道,搭配一套仿真软件是输气管道设计与运行管理的重要技术手段,而仿真结果的准确性很大程度上取决于仿真模型的准确性,而其中最重要的是压缩机组特性曲线的准确性。在输气管道仿真模型中,通常直接采用压缩机出厂特性曲线。然而运行数据表明,随着管道运行时间的逐渐增加,输气管道压气站上压缩机组的实际运行参数值与按出厂特性曲线计算的对应参数值往往存在显著差异,因此有必要对出厂特性曲线进行校正。仿真模型还要对管道的其他参数进行校正,本文结合中亚管道的生产运行日报表,对模型的粗糙度、夏季和冬季传热系数进行了校核,之后又选取了现场运行数据对模型进行了进一步的验证。最终经过调整的中亚管道模型的模拟结果与现场数据误差较小,可以较好地模拟中亚管道系统的真实运行情况,为本文后面的研究内容奠定了良好的基础,使研究结果可以为中亚管道的生产运行提供参考和指导。

2.1 压缩机特性曲线校正

中亚管道各站场所配备压缩机组的实际特性与生产厂家提供的特性曲线有所不同,因此需要根据现场运行数据对压缩机组特性曲线进行校正,所研究的特性曲线包括压缩机的压头特性曲线、效率特性曲线与燃气轮机的效率(热耗率)特性曲线[15-17]。

下文首先优选出能够精确拟合压缩机组出厂特性的方程类型;然后,整理并筛选进行压缩机组特性曲线校正所需的现场运行数据,进而对出厂特性曲线进行校正并验证校正效果[18]。

2.1.1 压缩机组实际特性曲线校正

选取 2016 年 8 月至 2017 年 1 月的中亚管道实际运行日报表数据,这部分数据中压缩机组的运行范围较宽,能够较好地反映在大范围运行区间内设备实际特性与出厂特性的差别。将日报表数据拆分为两部分,其中 60% 的数据用于计算压缩机组特性校正量,剩余部分用于验证。

中亚管道自 2013 年开始每年冬夏两次进行高负荷测试,但由于高负荷测试数据中压缩机组的运行范围较窄,因此只用于验证。同时,由于这些数据中压缩机转速较集中,可以计算出固定转速下压缩机特性曲线校正量,与利用日报表数据计算出的校正量进行对比。由于实际中压缩机并不能完美地符合相似定律,因此固定转速下的特性曲线校正量只能作为参考,不适合作为评价校正效果的标准。当日报表数据所覆盖的转速范围不包含高负荷测试数据所覆盖的转速范围,且校正效果较差时,选用一部分高负荷测试数据参与特性曲线校正。

由于无论是特性曲线的绝对误差还是相对误差都未集中于某一区间,只对特性曲线加上或乘上一个校正量的校正效果有效,因而引入两个校正量。对压缩机组特性曲线进行校正的基本思想都是通过移动特性曲线以最好地逼近实际特性参数。以压缩机压头特性曲线校正为例,具体方法如下。

压缩机压头曲线为:

$$\frac{H}{n^2} = a_0(n) + a_1(n)\frac{Q}{n} + a_2(n)\left(\frac{Q}{n}\right)^2$$

沿两个坐标轴正方向分别移动 x 与 y 单位,使压头曲线尽量吻合实际运行数据所体现出的压头特性。移动后的压头曲线为:

$$\frac{H}{n^2} = a_0(n) + a_1(n)\left(\frac{Q}{n} - x\right) + a_2(n)\left(\frac{Q}{n} - x\right)^2 + y$$

校正量 x 与 y 的求解为最小二乘问题:设存在 N 组压缩机压头数据点,需要确定 x 与 y。

$$\sum_{i=1}^{N}\left[a_0(n_i) + a_1(n_i)\left(\frac{Q_i}{n_i} - x\right) + a_2(n_i)\left(\frac{Q_i}{n_i} - x\right)^2 + y - \frac{H_i}{n_i^2}\right]^2$$

式中　n_i——第 i 组数据中压缩机转速,r/min;

　　　Q_i——第 i 组数据中压缩机进口状态体积流量,m^3/h;

　　　H_i——第 i 组数据中压缩机实际压头,m。

完成校正量计算后,需观察经校正后压头特性曲线是否出现压头随流量上升的趋势。如果出现,对校正量 x 的取值上限做相应限制,重新计算校正量。

经过校正后的压缩机效率特性曲线形式如下,其中 x,y 表示校正量。

$$\eta_C = a_0 + a_1\left(\frac{Q}{n} - x\right) + a_2\left(\frac{Q}{n} - x\right)^2 + a_3\left(\frac{Q}{n} - x\right)^3 + y$$

压缩机的效率特性曲线与压头特性曲线类似,经方程回归压缩机效率特性。经过校正后的压缩机效率特性曲线形式如下,其中 x,y 表示校正量。

$$\eta_C = a_0 + a_1\left(\frac{Q}{n} - x\right) + a_2\left(\frac{Q}{n} - x\right)^2 + a_3\left(\frac{Q}{n} - x\right)^3 + y$$

燃气轮机特性参数校正,考虑动力透平转速、输出功率、大气温度与压力对燃气轮机效率的影响[16]。引入折合参数考虑大气温度与压力对燃气轮机效率的影响:

$$折合转速 \overline{n}_{PT} = n_{PT}/\sqrt{\theta}$$
$$折合功率 \overline{N}_{PT} = N_{PT}/\delta\sqrt{\theta}$$
$$\theta = T_a/T_{a,0}$$
$$\delta = P_a/P_{a,0}$$

式中　n_{PT}——动力透平转速,r/min;

　　　T_a——燃气轮机实际工况大气温度,K;

　　　$T_{a,0}$——燃气轮机设计工况大气温度,288.15K;

　　　N_{PT}——动力透平输出功率,kW;

　　　P_a——燃气轮机实际工况大气压力,kPa;

　　　$P_{a,0}$——燃气轮机设计工况大气压力,101.325kPa。

关于燃气轮机效率与折合参数之间的关系存在多种方程式。通过回归固定折合转速下燃气轮机效率与动力透平输出功率之间的关系。然后回归方程系数与折合转速之间的关系。

$$\eta_{GT} = a_0 + a_1 \left(\frac{N_{PT}}{\delta \cdot \theta^{1.3}} \right) + a_2 \left(\frac{N_{PT}}{\delta \cdot \theta^{1.3}} \right)^2$$

式中 η_{GT}——燃气轮机效率。

通过回归设计工况下动力透平输出功率与燃气轮机耗热率的关系,然后将实际工况换算至设计工况,得到设计工况下的燃气轮机耗热率,认为该耗热率等于相应实际工况下的耗热率。

$$q_0 = a_0 + a_1 N_{PT0} + a_2 N_{PT0}^2$$

$$N_{PT0} = \frac{n_{PT}}{p_a T_a} \cdot \frac{p_{a0} T_{a0}}{n_{PT0}} N_{PT}$$

式中 n_{PT0}——设计工况下燃气轮机转速,r/min;

N_{PT0}——设计工况下动力透平输出功率,kW;

q_0——设计工况下燃气轮机耗热率,kJ/(kW·h);

经过校正后的燃气轮机效率特性曲线形式如下,其中 x,y 为校正量。

$$\eta_{GT} = y + a_0 + a_1 \overline{n}_{PT} + a_2 (\overline{N}_{PT} - x) + a_3 \overline{n}_{PT} (\overline{N}_{PT} - x)$$
$$+ a_4 \overline{n}_{PT}^2 + a_5 (\overline{N}_{PT} - x)^2$$

$$\overline{n}_{PT} = n_{PT}/\sqrt{\theta}, \quad \theta = T_a/T_{a,0}$$

$$\overline{N}_{PT} = N_{PT}/\delta\sqrt{\theta}, \quad \delta = P_a/P_{a,0}$$

$$\eta_{GT} = 3600/HR$$

式中 η_{GT}——燃气轮机效率;

$\overline{n}_{PT}$——折合转速;

$\overline{N}_{PT}$——折合功率;

n_{PT}——动力透平转速,r/min;

T_a——燃气轮机实际工况大气温度,K;

$T_{a,0}$——燃气轮机设计工况大气温度,288.15K;

N_{PT}——动力透平输出功率,kW;

P_a——燃气轮机实际工况大气压力,kPa;

$P_{a,0}$——燃气轮机设计工况大气压力,101.325kPa;

HR——热耗率,kJ/kW;

以中亚管道 A/B 线的 WKC2 站为例,经过校正后的压缩机压头、效率特性曲线对比见图 2.1 与图 2.2,并按照此校正方法对中亚管道 A/B–C 线的其他站场压缩机组进行了校正。

2.1.2 压缩机组特性曲线验证

通过压缩机性能曲线校正方法实现了对中亚天然气管道 ABC 线全部压缩机组的性能曲线校正,为了保证校正后的性能曲线与压缩机的实际性能吻合,使管道稳态、瞬态仿真满足研究需求,通过现场实施节能监测,对已校正的压缩机性能曲线的准确性进行验证。

中国石油天然气集团有限公司自开展管道节能监测以来,因天然气管网复杂及生产调控协调困难,在满足每年度 20% 的监测率情况下,只对管道的压缩机组进行在运工况点测试。通过积累经验,管道科技中心与西部管道、调控中心一起于 2012 年编制发布 SY/T 6637—

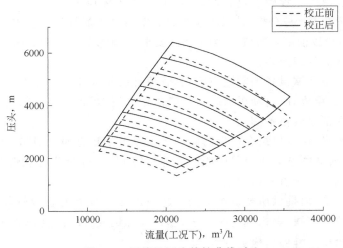

图 2.1　压缩机压头特性曲线对比

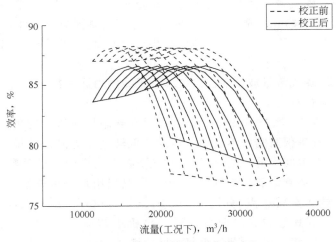

图 2.2　压缩机效率特性曲线对比

2012《天然气输送管道系统能耗测试和计算方法》。中亚天然气管道公司组织管道科技中心开展节能监测时,借鉴 SY/T 6637 标准的测试方法,通过连续 3 年对 6 台机组近 300 个工况点的测试,研究得出燃气压缩机组曲线测试方法,填补了国内空白,并据此修订 SY/T 6637 标准。

2.1.2.1　燃气压缩机组性能曲线测试条件及准备

(1)单台压缩机工艺气流量测量需满足:使用监测机构携带的便携式流量计安装在满足 20 倍管径的直管段上进行测试,所测管段气体压力不低于 1.25MPa;如果测试条件不十分理想,站内压缩机组有单台气体流量计量装置,计量装置精度满足要求且在检定期内,可以使用站内数据。

(2)对于电驱机组站场需有准确的电动机瞬时耗电量(电驱机组一般为 6000V 电压,考虑人身安全及仪表量程,无法采用便携式仪表测量,需记录现场显示数据)。

(3)对于燃驱机组,单台压缩机燃料气流量测量需满足:使用监测机构携带的便携式流量计安装在满足 20 倍管径的直管段上进行测试,所测管段气体压力不低于 1.25MPa,管径不小于 100mm;如果测试条件不十分理想,站内压缩机组有单台气体流量计量装置,计量装置精度满足要求且在检定期内,可以使用站内数据;当不满足要求时,现场需有经过计量的燃料气流量计。

(4)现场须有天然气组分表。

(5)现场须有每台测试设备的额定铭牌,直管段处的管径和壁厚等参数。

(6)在线压力表、温度计、电动机瞬时耗电量测量装置、燃料气或工艺气流量计须有检定证书,且测试时仪表在证书合格范围内。

(7)流量调节要求:单台机组在确保防喘阀不自动开启的最低转速作为测试的最低转速,在最低转速与额定转速间选取 4 个等间距的转速进行测量,每个转速下根据流量调节范围等间距选择 4～6 个流量工况点进行测量。

(8)基础资料要求:需提供所测机组的安装超声波流量计处的管段管径和管壁厚度、压缩机铭牌参数、出厂特性曲线、燃料气的组分表、燃料气计量装置的检定证书等。

2.1.2.2 燃气压缩机组性能曲线测试方法

性能曲线测试总共需要 16h。一台压缩机至少测试 4 个转速,每个转速下测试 4 个以上的运行工况,测试应在输气管道系统运行工况稳定至少 15min 后进行(转速调节后,由于气体波动的阻尼作用,需要约 15min,测点处压力和流量才能调整到流量计可测量的较稳定状态),测试开始时,同一工况下记录 4～6 组数据,结果计算时取其平均值。每组工况需要 30～60min 的测试时间。

稳定运行的定义:输气流量波动在±5％以内,干线压力波动在±5％以内。

(1)多台机组并联运行。

当站内运行方式为 3＋2、3＋1、2＋1 等时,可手动屏蔽压缩机组的负荷分配功能,通过手动调节的方式测试。在确保防喘阀不自动开启的最低转速作为测试的最低转速,在最低转速与额定转速间选取 4 个等间距的转速点,每个转速下根据流量调节范围等间距选择 4～6 个流量工况点进行测量。具体测试流程举例如下:根据所测机组现场可调情况及经常运行转速范围,假如 GE 机组测试 4 个转速点,分别为 3600r/min、4000r/min、4300r/min、4600r/min,在每个转速点下通过调节其他并联的两台(或一台)机组转速(每次上升或下降 100r/min 或 200r/min)来改变所测机组流量,所测机组每个转速测 4～6 个工况。

(2)单台机组单独运行。

当站内运行方式为单台机组运行时,可通过站内流量调节阀进行流量调节。根据现场上下游工况条件以及机组阈值参数确定机组转速可调范围,选取 4 个等间距的转速点,每个转速下根据防喘控制调节范围等间距选择 4～6 个流量工况点进行测量。然而采用调节流量调节阀进行性能曲线测试时,会对上下游管网造成一定的压力,在测试前需要与相关部门充分评估测试可能造成的影响。

通过现场实际节能监测验证,在相同的工况下,以各站相同的进站压力和出站压力作为边界条件,仿真压缩机转速及机组自耗气与实际的偏差在 5％之内,由此得知,上文 2.1.1 部分压缩机、燃气轮机性能曲线的校正满足实际仿真需求。

2.2 SPS 仿真模型其他参数的校核

SPS 软件是美国 STONER 公司开发的长输管道水力、热力计算软件。该软件自 1997 年引入中国后,被应用于多条大中型长输管道的仿真模拟工作,是在国际上被广泛认同的长输管道水力、热力计算软件。

本部分主要论述对管网模型的管段参数的校准。上文已经对中亚管道 A/B、C 线所配备压缩机组特性进行了校正,为提高 SPS 模型仿真结果的准确性,还需要对站间管段参数进行校准,首先校准站间管段的粗糙度与总传热系数并进行验证,然后利用校准后的 SPS 模型对中亚管道 A/B 线与 C 线进行运行模拟,对校正结果进行验证。[17-19]

2.2.1　仿真模型基础数据校准方法

本部分校准站间管段的粗糙度与总传热系数。其中主要通过调节土壤导热率来调节总传热系数,其他相应的热力参数使用 SPS 提供的默认值。具体方法为:根据中亚运行日报表中的相关数据,设定站间管段起点压力、温度、终点压力、站间地温,利用 SPS 仿真模型计算管段输量与终点温度,并与运行报表数据相比较。通过不断调整管段粗糙度与土壤导热率,使 SPS 仿真模型计算得到的管段输量、终点温度与报表记录值尽可能地接近。

2.2.2　用于基础数据校准的报表参数筛选

报表参数数据来源为中亚管道 A/B-C 线 2016—2017 年日报表,选取运行的稳态天,参数选取为各气源的进气量、进气压力和转供国内的压力,各压气站的进出站压力、温度和自耗气量。

对中亚管道 A/B-C 线 SPS 模型进行基础数据校准需要进行管段稳态模拟,但报表给出的压气站进出口参数是某一时刻管道运行的瞬时状态,管道系统并不一定处于稳态。在进行校准时,选取某一时间段内管输流量和压缩机进出口压力波动较小的数据,并将所选取时间段的报表数据平均。

2.2.3　仿真模型基础数据校准结果

选取夏、冬及春/秋季稳态运行的报表,经校准后各管段参数、模拟结果与实际运行参数对比见表 2.1 至表 2.3。

表 2.1　校正结果汇总(冬季)

管段		终点温度 ℃	管段流量 $10^4 m^3/d$	粗糙度 mm	总传热系数 W/(m²·℃)
WKC1-WKC2	报表数据	26.46	7288.298	0.004	0.620
	仿真结果	26.287	7237.418		
	误差	0.84%	-0.70%		
WKC2-WKC3	报表数据	22.43	7857.573	0.004	0.620
	仿真结果	22.219	7891.843		
	误差	0.83%	0.44%		
WKC3-CS1	报表数据	19.84	7827.621	0.005	0.789
	仿真结果	19.112	7867.367		
	误差	2.90%	0.51%		

管段		终点温度 ℃	管段流量 $10^4 m^3/d$	粗糙度 mm	总传热系数 $W/(m^2 \cdot ℃)$
CS1－CS2	报表数据	20.34	7801.813	0.004	1.691
	仿真结果	19.605	7715.087		
	误差	2.94%	－1.11%		
CS2－CS4	报表数据	10.82	7674.567	0.004	1.832
	仿真结果	10.778	7577.833		
	误差	0.16%	－1.26%		
CS4－CS6	报表数据	11.88	7624.524	0.006	0.846
	仿真结果	12.33	7516.929		
	误差	－1.71%	－1.41%		
CS6－CS7	报表数据	12.85	7601.22	0.005	0.959
	仿真结果	12.334	7643.316		
	误差	2.34%	0.55%		
CS7－HORGOS	报表数据	13.80	6947.887	0.005	1.128
	仿真结果	13.854	6869.401		
	误差	－0.28%	－1.13%		

注:温度误差为模拟计算温降和实际报表温降的差值。

表2.2 校正结果汇总(夏季)

管段		终点温度 ℃	管段流量 $10^4 m^3/d$	粗糙度 mm	总传热系数 $W/(m^2 \cdot ℃)$
WKC1－WKC2	报表数据	30.27	5787.179	0.004	0.846
	仿真结果	30.814	5773.185		
	误差	－6.55%	－0.24%		
WKC2－WKC3	报表数据	29.58	7004.55	0.004	1.128
	仿真结果	30.12	6984.312		
	误差	－2.83%	－0.29%		
WKC3－CS1	报表数据	28.77	6984.326	0.005	2.254
	仿真结果	29.344	7019.845		
	误差	－3.01%	0.51%		
CS1－CS2	报表数据	25.24	6967.353	0.004	3.239
	仿真结果	25.928	7014.586		
	误差	－4.90%	0.68%		
CS2－CS4	报表数据	18.30	6952.649	0.004	3.239
	仿真结果	19.895	6852.56		
	误差	－7.84%	－1.44%		
CS4－CS6	报表数据	17.00	6934.282	0.006	2.817
	仿真结果	16.947	6926.79		

管段		终点温度 ℃	管段流量 $10^4 \text{m}^3/\text{d}$	粗糙度 mm	总传热系数 $\text{W}/(\text{m}^2 \cdot \text{℃})$
CS4－CS6	误差	0.35%	−0.11%	0.006	2.817
CS6－CS7	报表数据	17.90	6913.567	0.005	2.817
	仿真结果	17.36	6910.899		
	误差	3.46%	−0.04%		
CS7－HORGOS	报表数据	20.24	6895.136	0.005	2.254
	仿真结果	19.923	6827.081		
	误差	2.85%	−0.99%		

注:温度误差为模拟计算温降和实际报表温降的差值。

表 2.3 校正结果汇总(春/秋季)

管段		终点温度 ℃	管段流量 $10^4 \text{m}^3/\text{d}$	粗糙度/mm	总传热系数 $/\text{W}/(\text{m}^2 \cdot \text{℃})$
WKC1－WKC2	报表数据	28.34	6670.764	0.004	0.705
	仿真结果	28.209	6669.942		
	误差	0.81%	−0.01%		
WKC2－WKC3	报表数据	25.42	7766.645	0.004	0.846
	仿真结果	25.966	7835.725		
	误差	−2.49%	0.89%		
WKC3－CS1	报表数据	24.79	7741.972	0.005	0.987
	仿真结果	24.108	7819.167		
	误差	3.13%	1.00%		
CS1－CS2	报表数据	21.87	7718.291	0.004	2.296
	仿真结果	21.996	7680.339		
	误差	−0.51%	−0.49%		
CS2－CS4	报表数据	12.83	7701.673	0.004	2.296
	仿真结果	13.818	7712.912		
	误差	−3.75%	0.15%		
CS4－CS6	报表数据	13.00	7675.028	0.006	1.128
	仿真结果	14.039	7752.122		
	误差	−4.17%	1.00%		
CS6－CS7	报表数据	14.22	7649.162	0.005	1.691
	仿真结果	13.773	7749.87		
	误差	1.83%	1.32%		
CS7－HORGOS	报表数据	17.89	7626.145	0.005	1.128
	仿真结果	16.865	7598.618		
	误差	6.89%	−0.36%		

注:温度误差为模拟计算温降和实际报表温降的差值。

由模型验证结果可以看到,无论是压缩机进站压力、进站温度,还是耗气量,模型模拟结果与管道实际运行情况的误差都在8%以下,误差在可接受范围之内,因而认为本文建立的中亚管道的模型可以比较准确地反映管道的真实运行情况,在此模型基础上进行的相关计算对管道的实际运行具有参考意义。

2.3　小结

本部分介绍了中亚管道压缩机组特性曲线的校正方法,并从模型的建立、校核以及验证等方面论述了建模过程,小结如下:

(1)首先对压缩机组特性曲线进行了校正,优选出能够精确拟合压缩机组出厂特性的方程类型;然后,整理并筛选进行压缩机组特性曲线校正所需的现场运行数据,进而对出厂特性曲线进行校正并验证校正效果。然后通过现场实际节能监测进行验证,在相同的工况下,以各站相同的进站压力和出站压力作为边界条件,仿真压缩机转速及机组自耗气与实际的偏差在5%之内。由此得知,校正后的压缩机、燃机性能曲线满足实际仿真需求。

(2)用SPS软件建立了中亚A/B-C线的仿真模型。选取稳态天的运行数据分夏、冬、春/秋季对粗糙度和传热系数进行了校正,校正结果显示,各参数模拟结果与真实值的误差在8%以下,模型可以较好地反映管道的实际运行。

3　A/B线及C线输量分配方案优化

天然气长输管道在输送天然气的过程中会消耗大量的能量,能耗费用在输气成本中占了很大的比重,耗能问题一直是天然气管道关注的一个重点问题。能耗主要分为直接能耗与间接能耗,直接能耗主要包括压缩机组的能耗、沿程的摩阻损失等,而间接能耗包括管道漏气、气体放空等。气体泄漏包括由于密封不严造成的压缩机等设备的泄漏和由于管道腐蚀及人为破坏造成的管道泄漏;气体放空是在管道检修、维抢修过程中产生的。间接能耗的产生是可以完全避免的,可以通过改善设备、加强管理等手段来避免。而直接能耗是无法避免的,但可以通过各种手段来最大限度地降低直接能耗,即从降低压缩机组的能耗、降低管道的摩阻、优化管道运行等方面入手[19-24]。

本部分的研究对象为中亚A/B-C线输量分配的问题,这三条管道是并行敷设管道,由于二者压缩机组的型号及配置方式不同,因而单位输量的耗能也不同,在总输量一定的情况下,就存在输量分配的问题。本文的研究旨在找出中亚A/B线与C线最优的输量分配方法,使得二者的总能耗达到最低水平,降低管道的运行费用,提高经济效益[25-29]。

计算A/B-C线总输量在$(9000\sim16000)\times10^4\mathrm{Nm}^3/\mathrm{d}$(N指标准参比条件下,即20℃,101.325kPa)时,按照每$500\times10^4\mathrm{Nm}^3/\mathrm{d}$为一个输量台阶,计算A/B线和C线不同输量组合下的总能耗,找出不同总输量台阶下,总体能耗最低的输量分配方案。

3.1 边界条件

利用 SPS 仿真软件计算 A/B 线和 C 线不同输量组合下的能耗时,需满足以下边界条件:

(1)出站压力按照 9.65MPa 考虑;

(2)进站压力不得低于 5.8MPa;

(3)转速不得超过 100%转速(GE/RR 机组各有不同,需要看一下性能曲线),功率控制在额定功率之内;压缩机的 MODE 不得出现喘振和最大转速工况;

(4)霍尔果斯进站压力不低于 7.0MPa;

(5)总输量(9000~16000)$\times 10^4$ Nm^3/d(500$\times 10^4$ Nm^3/d 为一个台阶);

(6)由于输气合同中要求乌气和哈气从 C 线输送,计算 A/B 线只考虑土国一个气源;计算 C 线时,结合近几年的实际生产情况,乌国气源注入量设定为 1500$\times 10^4$ Nm^3/d;

(7)计算时只考虑夏季地温工况,因冬季运行时,A/B - C 线基本均为满输工况不存在调配运行需求。

3.2 A/B - C 线各输量台阶下的能耗

3.2.1 A/B 线各输量能耗计算

由于 2016 年 8 月乌国气源的相关商务手续签署完毕,乌气开始从 C 线进气,哈国气源的签署合同也是从 C 线进气,因此计算 A/B 线各输量台阶下的自耗气时,只考虑土气源即可。以下为 A/B 线从 4000$\times 10^4$ Nm^3/d 至 8752$\times 10^4$ Nm^3/d(夏季最大输量)工况下,每 500$\times 10^4$ Nm^3/d 为输气台阶,结合实际运行情况进行计算的最优能耗情况。

3.2.1.1 4000$\times 10^4$ Nm^3/d 工况

该工况不考虑乌国给 A/B 线注气,只考虑土国一个气源。功率为 43.09MW,总自耗气为 30.7$\times 10^4$ Nm^3/d。具体计算结果详见表 3.1 和图 3.1。

表 3.1 4000$\times 10^4$ Nm^3/d 工况计算结果表

站场机组		功率 MW	通过流量 10^4 Nm^3/d	进口压力 MPa	出口压力 MPa	进口温度 ℃	出口温度 ℃	自耗气 10^4 Nm^3/d	转速 r/min
WKC1	KP_ST01KC1_04	19.02	4017	6.74	9.20	41.2	70.6	13.8	5707
CS4	KP_ST04CS4_04	24.07	4000	6.05	8.70	22.6	60.7	16.854	5975
合计		43.09						30.7	

3.2.1.2 4500$\times 10^4$ Nm^3/d 工况

该工况不考虑乌国给 A/B 线注气,只考虑土国一个气源。功率为 48.65MW,总自耗气为 39.7$\times 10^4$ Nm^3/d。具体计算结果详见表 3.2 和图 3.2。

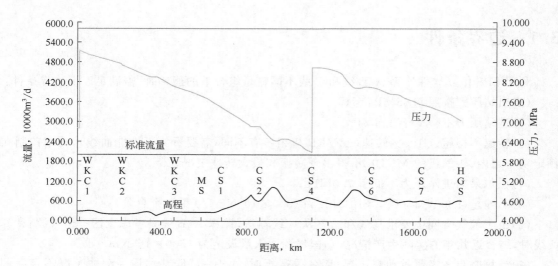

图 3.1　$4000 \times 10^4 \mathrm{Nm}^3/\mathrm{d}$ 工况时 A 线流量及压力分布图

表 3.2　$4500 \times 10^4 \mathrm{Nm}^3/\mathrm{d}$ 工况计算结果表

站场机组		功率 MW	通过 流量 $10^4 \mathrm{Nm}^3/\mathrm{d}$	进口 压力 MPa	出口 压力 MPa	进口 温度 ℃	出口 温度 ℃	自耗气 $10^4 \mathrm{Nm}^3/\mathrm{d}$	转速 r/min
WKC1	KP_ST01KC1_01	9.11	2124	6.73	9.00	41.2	67.8	16.1	7117
WKC1	KP_ST01KC1_04	9.56	2402	6.73	9.00	41.2	65.9	16.1	4766
CS1	KP_ST01CS1_01	16.78	4512	6.65	8.80	30.8	54.2	12.935	5321
CS4	KP_ST04CS4_02	7.20	2533	7.16	9.02	22.7	41.0	10.659	4061
	KP_ST04CS4_04	6.00	1968	7.16	9.01	22.7	42.4		3880
合计		48.65						39.7	

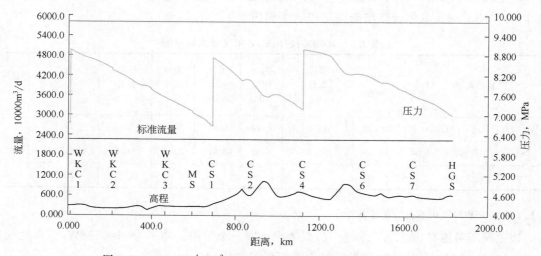

图 3.2　$4500 \times 10^4 \mathrm{Nm}^3/\mathrm{d}$ 工况时 A 线单条线流量及压力分布图

3.2.1.3　5000×10⁴Nm³/d 工况

该工况不考虑乌国给 A/B 线注气,只考虑土国一个气源。功率为 57.87MW,总自耗气为 43.0×10⁴Nm³/d。具体计算结果详见表 3.3 和图 3.3。

表 3.3　5000×10⁴Nm³/d 工况计算结果表

站场机组		功率 MW	通过流量 10⁴Nm³/d	进口压力 MPa	出口压力 MPa	进口温度 ℃	出口温度 ℃	自耗气 10⁴Nm³/d	转速 /r/min
WKC1	KP_ST01KC1_04	12.70	2505	6.71	9.70	41.2	72.7	18.1	5277
	KP_ST01KC1_05	12.70	2505	6.71	9.70	41.2	72.7		5277
CS1	KP_ST01CS1_01	21.20	5004	7.03	9.70	30.4	57.3	15.702	5625
CS4	KP_ST04CS4_01	5.30	2499	7.89	9.40	22.8	36.6	9.119	3530
	KP_ST04CS4_04	5.98	2499	7.89	9.40	22.8	38.4		3529
合计		57.87						43.0	

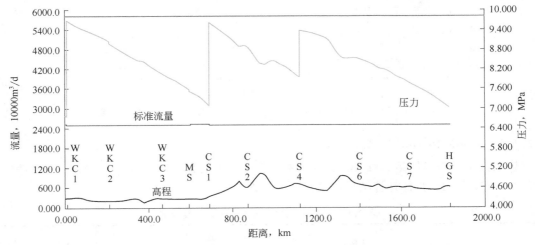

图 3.3　5000×10⁴Nm³/d 工况时 A 线单条线流量及压力分布图

3.2.1.4　5500×10⁴Nm³/d 工况

该工况不考虑乌国给 A/B 线注气,只考虑土国一个气源。功率为 88.72MW,总自耗气为 66.4×10⁴Nm³/d。具体计算结果详见表 3.4 和图 3.4。

表 3.4　5500×10⁴Nm³/d 工况计算结果表

站场机组		功率 MW	通过流量 10⁴Nm³/d	进口压力 MPa	出口压力 MPa	进口温度 ℃	出口温度 ℃	自耗气 10⁴Nm³/d	转速 r/min
WKC1	KP_ST01KC1_04	13.87	2747	6.70	9.65	41.2	72.5	20.1	5358
	KP_ST01KC1_05	13.87	2747	6.70	9.65	41.2	72.5		5358
CS1	KP_ST01CS1_01	27.06	5517	6.29	8.99	29.8	60.5	19.725	6244
CS4	KP_ST04CS4_01	11.45	2772	6.62	9.20	22.3	48.7	18.511	4862
	KP_ST04CS4_03	12.53	2746	6.62	9.20	22.3	51.4		4913

站场机组		功率 MW	通过 流量 $10^4 Nm^3/d$	进口 压力 MPa	出口 压力 MPa	进口 温度 ℃	出口 温度 ℃	自耗气 $10^4 Nm^3/d$	转速 r/min
CS7	KP_ST07CS7_01	4.90	2753	6.98	7.98	18.9	30.5	8.133	2888
	KP_ST07CS7_03	5.04	2749	6.98	7.98	18.9	30.8		2909
合计		88.72						66.4	

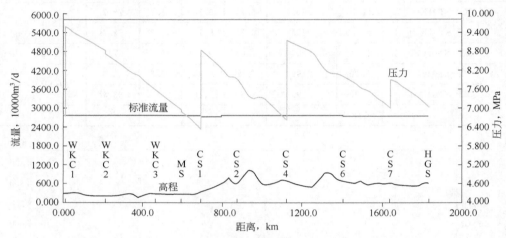

图 3.4　$5500×10^4 Nm^3/d$ 工况时，B线单条线流量及压力分布图

3.2.1.5　$6000×10^4 Nm^3/d$ 工况

该工况不考虑乌国给 A/B 线注气，只考虑土国一个气源。功率为 121.7MW，总自耗气为 $93.9×10^4 Nm^3/d$。具体计算结果详见表 3.5 和图 3.5。

表 3.5　$6000×10^4 Nm^3/d$ 工况计算结果表

站场机组		功率 MW	通过 流量 $10^4 Nm^3/d$	进口 压力 MPa	出口 压力 MPa	进口 温度 ℃	出口 温度 ℃	自耗气 $10^4 Nm^3/d$	转速 r/min
WKC1	KP_ST01KC1_04	13.76	3049	6.67	9.20	41.1	69.1	19.6	5251
	KP_ST01KC1_05	13.76	3049	6.67	9.20	41.1	69.1		5251
WKC3	KP_ST03KC3_01	14.64	3064	6.38	9.20	28.8	58.9	22.7	5190
	KP_ST03KC3_03	15.51	3012	6.38	9.20	28.8	61.2		5306
CS1	KP_ST01CS1_01	6.09	3034	7.79	9.10	31.4	44.2	11.474	3715
	KP_ST01CS1_03	6.53	3030	7.79	9.10	31.4	45.2		3736
CS4	KP_ST04CS4_02	13.44	3035	6.35	9.00	22.0	50.2	21.526	5150
	KP_ST04CS4_04	15.00	3008	6.35	9.00	22.0	53.8		5213
CS7	KP_ST07CS7_01	11.21	3003	6.13	8.15	18.3	42.2	18.578	3954
	KP_ST07CS7_03	11.76	2997	6.13	8.15	18.3	43.4		3966
合计		121.70						93.9	

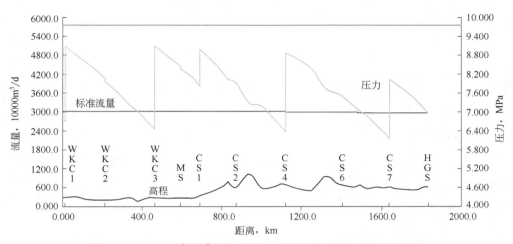

图 3.5　$6000 \times 10^4 Nm^3/d$ 工况时 A 线单条线流量及压力分布图

3.2.1.6　$6500 \times 10^4 Nm^3/d$ 工况

该工况不考虑乌国给 A/B 线注气,只考虑土国一个气源。功率为 160.86MW,总自耗气为 $121.8 \times 10^4 Nm^3/d$。具体计算结果详见表 3.6 和图 3.6。

表 3.6　$6500 \times 10^4 Nm^3/d$ 工况计算结果表

站场机组		功率 MW	通过流量 $10^4 Nm^3/d$	进口压力 MPa	出口压力 MPa	进口温度 ℃	出口温度 ℃	自耗气 $10^4 Nm^3/d$	转速 r/min
WKC1	KP_ST01KC1_04	15.83	3311	6.65	9.30	41.1	70.8	22.9	5465
	KP_ST01KC1_05	15.83	3311	6.65	9.30	41.1	70.8		5465
WKC3	KP_ST03KC3_01	20.15	3349	5.90	9.30	28.0	65.6	30.0	5848
	KP_ST03KC3_03	21.02	3245	5.90	9.29	28.0	68.5		6101
CS1	KP_ST01CS1_01	7.91	3295	7.65	9.21	31.2	46.6	14.659	4073
	KP_ST01CS1_03	8.48	3284	7.65	9.21	31.2	47.7		4100
CS4	KP_ST04CS4_02	18.54	3296	5.95	9.20	21.6	57.1	28.035	5825
	KP_ST04CS4_04	20.65	3255	5.95	9.20	21.6	61.7		5922
CS7	KP_ST07CS7_01	15.80	3249	5.79	8.35	17.7	48.6	26.175	4496
	KP_ST07CS7_03	16.66	3252	5.79	8.35	17.7	50.2		4490
合计		160.86						121.8	

3.2.1.7　$7000 \times 10^4 Nm^3/d$ 工况

该工况不考虑乌国给 A/B 线注气,只考虑土国一个气源。功率为 195.44MW,总自耗气为 $142 \times 10^4 Nm^3/d$。具体计算表格详见表 3.7 和图 3.7。

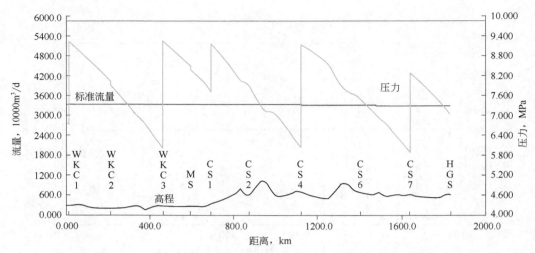

图 3.6　6500×10⁴Nm³/d 工况时 A 线单条线流量及压力分布图

表 3.7　7000×10⁴Nm³/d 工况计算结果表

	站场机组	功率 MW	通过 流量 10⁴Nm³/d	进口 压力 MPa	出口 压力 MPa	进口 温度 ℃	出口 温度 ℃	自耗气 10⁴Nm³/d	转速 r/min
WKC1	KP_ST01KC1_04	19.34	3570	6.63	9.65	41.0	74.6	28.1	5812
	KP_ST01KC1_05	19.34	3570	6.63	9.65	41.0	74.6		5812
WKC3	KP_ST03KC3_01	22.80	3606	5.78	9.30	27.4	66.9	32.5	6049
	KP_ST03KC3_03	23.70	3501	5.78	9.29	27.4	69.6		6325
CS1	KP_ST01CS1_01	12.48	3564	7.37	9.60	30.9	53.2	21.077	4824
	KP_ST01CS1_03	13.33	3522	7.37	9.60	30.9	55.0		4931
CS4	KP_ST04CS4_02	22.07	3550	5.96	9.60	21.3	60.6	31.567	6143
	KP_ST04CS4_04	24.63	3504	5.96	9.60	21.3	65.7		6256
CS7	KP_ST07CS7_01	18.37	3495	5.78	8.55	17.2	50.6	28.683	4710
	KP_ST07CS7_03	19.39	3505	5.78	8.55	17.2	52.3		4689
合计		195.44						142.0	

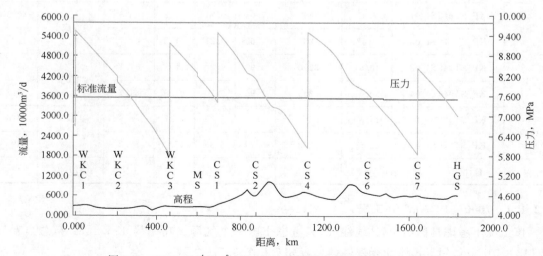

图 3.7　7000×10⁴Nm³/d 工况时 A 线单条线流量及压力分布图

3.2.1.8 $7500 \times 10^4 Nm^3/d$ 工况

该工况不考虑乌国给 A/B 线注气,只考虑土国一个气源。功率为 236.58MW,总自耗气为 $180.1 \times 10^4 Nm^3/d$。具体计算结果详见表 3.8 和图 3.8。

表 3.8　$7500 \times 10^4 Nm^3/d$ 工况计算结果表

站场机组		功率 MW	通过流量 $10^4 Nm^3/d$	进口压力 MPa	出口压力 MPa	进口温度 ℃	出口温度 ℃	自耗气 $10^4 Nm^3/d$	转速 r/min
WKC1	KP_ST01KC1_04	19.46	3820	6.60	9.30	41.0	72.6	28.2	5794
	KP_ST01KC1_05	19.46	3820	6.60	9.30	41.0	72.6		5794
WKC2	KP_ST02KC2_01	11.46	3813	7.45	9.30	37.2	56.2	15.8	4772
	KP_ST02KC2_02	11.46	3813	7.45	9.30	37.2	56.2		4772
WKC3	KP_ST03KC3_01	14.91	3805	6.92	9.30	32.0	56.7	23.2	4898
	KP_ST03KC3_03	15.83	3800	6.92	9.30	32.0	58.3		4911
CS1	KP_ST01CS1_01	13.10	3807	7.07	9.20	30.6	52.4	22.004	4897
	KP_ST01CS1_03	13.98	3779	7.07	9.20	30.6	54.1		4976
CS2	KP_ST02CS2_01	25.41	7568	7.37	9.10	30.0	51.5	19.408	4725
CS4	KP_ST04CS4_02	15.86	3783	6.61	9.10	22.6	49.3	25.708	5304
	KP_ST04CS4_04	18.82	3760	6.61	9.10	22.6	54.5		5368
CS6	KP_ST06CS6_02	15.65	3767	6.62	8.90	19.6	46.3	25.807	4237
	KP_ST06CS6_04	16.47	3751	6.62	8.90	19.6	47.8		4272
CS7	KP_ST07CS7_01	12.09	3743	6.86	8.70	19.3	40.1	19.986	3897
	KP_ST07CS7_03	12.63	3756	6.86	8.70	19.3	41.0		3867
合计		236.58						180.1	

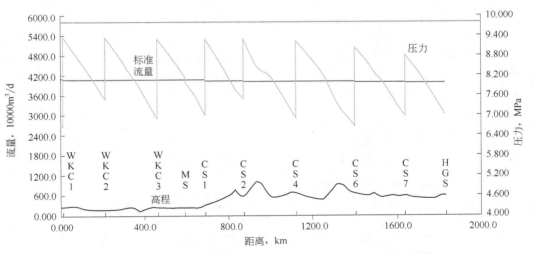

图 3.8　$7500 \times 10^4 Nm^3/d$ 工况时 B 线单条线流量及压力分布图

3.2.1.9 $8000 \times 10^4 Nm^3/d$ 工况

该工况不考虑乌国给 A/B 线注气,只考虑土国一个气源。功率为 271.73MW,总自耗气

为 $208.4 \times 10^4 \mathrm{Nm}^3/\mathrm{d}$。具体计算结果详见表 3.9 和图 3.9。

表 3.9 $8000 \times 10^4 \mathrm{Nm}^3/\mathrm{d}$ 工况计算结果表

站场机组		功率 MW	通过流量 $10^4 \mathrm{Nm}^3/\mathrm{d}$	进口压力 MPa	出口压力 MPa	进口温度 ℃	出口温度 ℃	自耗气 $10^4 \mathrm{Nm}^3/\mathrm{d}$	转速 r/min
WKC1	KP_ST01KC1_04	13.85	2734	6.58	9.48	40.9	72.3		5378
	KP_ST01KC1_03	14.91	2708	6.58	9.48	40.9	75.0	31.8	5450
	KP_ST01KC1_05	13.85	2734	6.58	9.48	40.9	72.3		5378
WKC2	KP_ST02KC2_01	13.80	4079	7.40	9.50	37.0	58.3	19.0	5066
	KP_ST02KC2_02	13.80	4079	7.40	9.50	37.0	58.3		5066
WKC3	KP_ST03KC3_01	17.93	4078	6.80	9.45	31.6	59.4	27.5	5202
	KP_ST03KC3_03	18.86	4052	6.80	9.45	31.6	61.0		5279
CS1	KP_ST01CS1_01	16.56	4070	6.92	9.43	30.2	56.0	26.882	5315
	KP_ST01CS1_03	17.67	4033	6.92	9.43	30.2	58.0		5425
CS2	KP_ST02CS2_01	12.64	4040	7.39	9.43	30.0	49.9	22.941	3814
	KP_ST02CS2_02	12.64	4040	7.39	9.43	30.0	49.9		3814
CS4	KP_ST04CS4_02	16.73	4038	6.83	9.35	22.6	49.1	26.954	5330
	KP_ST04CS4_04	20.10	4016	6.83	9.35	22.6	54.7		5395
CS6	KP_ST06CS6_02	20.89	4263	6.57	9.18	19.4	50.9	29.746	4646
	KP_ST06CS6_04	18.47	3760	6.57	9.17	19.4	50.9		4436
CS7	KP_ST07CS7_01	14.18	3991	6.89	8.92	19.4	42.4	23.545	4099
	KP_ST07CS7_03	14.87	4009	6.89	8.92	19.4	43.4		4057
合计		271.73						208.4	

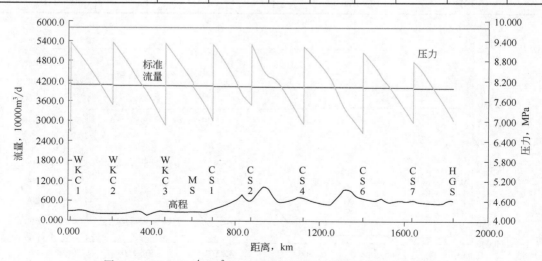

图 3.9 $8000 \times 10^4 \mathrm{Nm}^3/\mathrm{d}$ 工况时 B 线单条线流量及压力分布图

3.2.1.10 $8500 \times 10^4 \mathrm{Nm}^3/\mathrm{d}$ 工况

该工况不考虑乌国给 A/B 线注气,只考虑土国一个气源。功率为 327.32MW,总自耗气为 $241.5 \times 10^4 \mathrm{Nm}^3/\mathrm{d}$。具体计算结果详见表 3.10 和图 3.10。

表 3.10　8500×10⁴Nm³/d 工况计算结果表

站场机组		功率 MW	通过流量 10⁴Nm³/d	进口压力 MPa	出口压力 MPa	进口温度 ℃	出口温度 ℃	自耗气 10⁴Nm³/d	转速 r/min
WKC1	KP_ST01KC1_04	15.36	2911	6.55	9.56	40.8	73.5		5531
	KP_ST01KC1_03	16.46	2885	6.55	9.56	40.8	76.2	35.5	5606
	KP_ST01KC1_05	15.36	2911	6.55	9.56	40.8	73.5		5531
WKC2	KP_ST02KC2_01	17.16	4341	7.18	9.60	36.5	61.4	23.9	5476
	KP_ST02KC2_02	17.16	4341	7.18	9.60	36.5	61.4		5476
WKC3	KP_ST03KC3_01	22.71	4353	6.52	9.58	31.1	63.8	32.2	5666
	KP_ST03KC3_03	23.62	4297	6.52	9.58	31.1	65.6		5836
CS1	KP_ST01CS1_01	19.41	4062	6.71	9.62	29.8	60.0	30.679	5681
	KP_ST01CS1_03	23.33	4557	6.71	9.63	29.8	62.1		5939
CS2	KP_ST02CS2_01	14.86	4296	7.36	9.63	29.8	51.9	27.387	4020
	KP_ST02CS2_02	14.86	4296	7.36	9.63	29.8	51.9		4020
CS4	KP_ST04CS4_02	20.49	4295	6.72	9.61	22.4	52.9	30.904	5714
	KP_ST04CS4_04	24.46	4266	6.72	9.61	22.4	59.1		5801
CS6	KP_ST06CS6_02	22.39	4273	6.51	9.35	19.1	52.8	33.137	4762
	KP_ST06CS6_04	23.40	4255	6.51	9.34	19.1	54.4		4805
CS7	KP_ST07CS7_01	17.68	4240	6.78	9.16	19.2	46.1	27.743	4418
	KP_ST07CS7_03	18.63	4260	6.78	9.16	19.2	47.4		4367
合计		327.32						241.5	

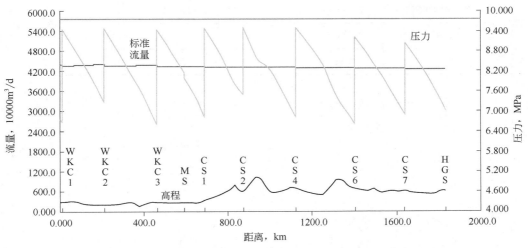

图 3.10　8500×10⁴Nm³/d 工况时 A 线单条线流量及压力分布图

3.2.1.11　夏季最大输量 8752×10⁴Nm³/d 工况

该工况不考虑乌国给 A/B 线注气，只考虑土国一个气源。功率为 362.35MW，总自耗气为 261.2×10⁴Nm³/d。具体计算结果详见表 3.11 和图 3.11。

表 3.11 $8752 \times 10^4 \mathrm{Nm}^3/\mathrm{d}$ 工况计算结果表

站场机组		功率 MW	通过流量 $10^4 \mathrm{Nm}^3/\mathrm{d}$	进口压力 MPa	出口压力 MPa	进口温度 ℃	出口温度 ℃	自耗气 $10^4 \mathrm{Nm}^3/\mathrm{d}$	转速 r/min
WKC1	KP_ST01KC1_04	16.60	3001	6.53	9.70	40.8	75.0		5665
	KP_ST01KC1_03	17.77	2973	6.53	9.70	40.8	77.8	38.8	5746
	KP_ST01KC1_05	16.60	3001	6.53	9.70	40.8	75.0		5665
WKC2	KP_ST02KC2_01	18.21	4475	7.20	9.70	36.4	62.0	25.5	5567
	KP_ST02KC2_02	18.21	4475	7.20	9.70	36.4	62.0		5567
WKC3	KP_ST03KC3_01	25.09	4490	6.44	9.70	30.8	65.9	34.4	5863
	KP_ST03KC3_03	25.99	4424	6.44	9.70	30.8	67.7		6069
CS1	KP_ST01CS1_01	22.04	4463	6.68	9.70	29.6	60.8	32.371	5867
	KP_ST01CS1_03	23.50	4419	6.68	9.70	29.6	63.2		6006
CS2	KP_ST02CS2_01	16.13	4426	7.31	9.70	29.7	53.0	29.427	4134
	KP_ST02CS2_02	16.13	4426	7.31	9.70	29.7	53.0		4134
CS4	KP_ST04CS4_02	23.36	4502	6.61	9.70	22.2	55.3	33.157	5987
	KP_ST04CS4_04	26.46	4317	6.61	9.69	22.2	61.4		5999
CS6	KP_ST06CS6_02	23.99	4453	6.41	9.17	18.9	53.4	34.34	4888
	KP_ST06CS6_04	23.99	4332	6.41	9.17	18.9	54.4		4875
CS7	KP_ST07CS7_01	24.15	4456	6.32	9.28	18.8	53.4	33.253	4988
	KP_ST07CS7_03	24.14	4296	6.32	9.28	18.8	54.7		4842
合计		362.35						261.2	

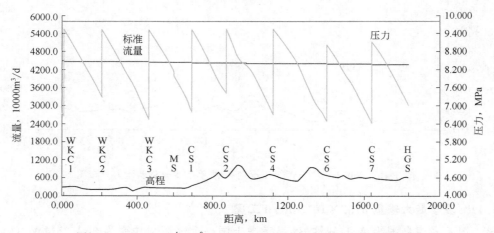

图 3.11 $8750 \times 10^4 \mathrm{Nm}^3/\mathrm{d}$ 工况时 A 线单条线流量及压力分布图

3.2.2 C 线各输量能耗计算

计算 C 线各输量台阶下的自耗气时,要同时考虑土国、乌国、哈国气源。结合实际运行情况进行计算,设定乌气进气能力为 $1500 \times 10^4 Nm^3/d$,C 线总输量在 $5500 \times 10^4 Nm^3/d$ 以下时,只考虑乌气加土气的匹配;$6000 \times 10^4 Nm^3/d$ 至 $7400 \times 10^4 Nm^3/d$ 之间时,考虑土气、乌气加哈气的匹配方案。

结合实际运行情况,C 线的实际运行机组乌国为 UCS1、UCS3 站机组,哈国实际运行 CCS2、CCS4、CCS6、CCS8 站机组,最大输量为 $5000 \times 10^4 Nm^3/d$。$5000 \times 10^4 Nm^3/d$ 以上工况为理想状态,即 CCS1、CCS3、CCS5、CCS7 站投入运行后的状态。

以下为 C 线从 $4000 \times 10^4 Nm^3/d$ 至 $7400 \times 10^4 Nm^3/d$(夏季最大输量)工况下的计算,每 $500 \times 10^4 Nm^3/d$ 为输气台阶。

3.2.2.1 $3000 \times 10^4 Nm^3/d$ 工况

该工况考虑乌国一个稳定气源,进气量 $1500 \times 10^4 Nm^3/d$;同时土国也有稳定气源进气。功率为 21.21MW,总自耗气为 $17.4 \times 10^4 Nm^3/d$。具体计算结果详见表 3.12 和图 3.12。

表 3.12　$3000 \times 10^4 Nm^3/d$ 工况计算结果表

站场机组		功率 MW	通过流量 $10^4 Nm^3/d$	进口压力 MPa	出口压力 MPa	进口温度 ℃	出口温度 ℃	自耗气 $10^4 Nm^3/d$	转速 r/min
USC1	UCS1_KC1	5.62	1539	6.67	8.90	21.8	45.2	5.8	5923
CCS3	CCS2_KC1	15.59	3001	6.52	9.45	28.8	61.5	11.6	5600
合计		21.21						17.4	—

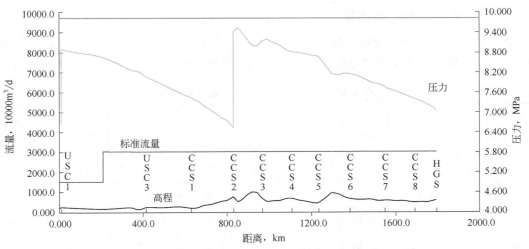

图 3.12　$3000 \times 10^4 Nm^3/d$ 工况时 C 线流量及压力分布图

3.2.2.2 $3500 \times 10^4 Nm^3/d$ 工况

该工况考虑乌国一个稳定气源,进气量 $1500 \times 10^4 Nm^3/d$;同时土国也有稳定气源进气。功率为 35.58MW,总自耗气为 $29.2 \times 10^4 Nm^3/d$。具体计算结果详见表 3.13 和图 3.13。

表 3.13　3500×10⁴Nm³/d 工况计算结果表

站场机组		功率 MW	通过流量 10⁴Nm³/d	进口压力 MPa	出口压力 MPa	进口温度 ℃	出口温度 ℃	自耗气 10⁴Nm³/d	转速 r/min
USC1	UCS1_KC1	7.17	2017	6.65	8.70	21.6	44.3	7.4	6413.24
USC3	UCS3_KC1	12.83	3508	7.39	9.60	33.2	56.4	9.8	3952.44
CCS4	CCS4_KC1	15.58	3499	6.75	9.36	26.1	54.4	12.0	4297.31
合计		35.58						29.2	—

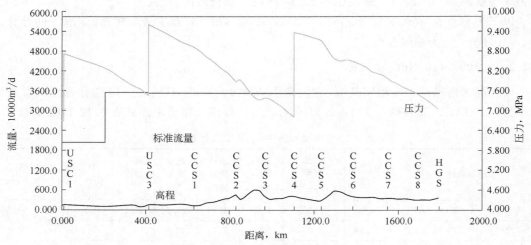

图 3.13　3500×10⁴Nm³/d 工况时 C 线流量及压力分布图

3.2.2.3　4000×10⁴Nm³/d 工况

该工况考虑乌国一个稳定气源，进气量 1500×10⁴Nm³/d;同时土国也有稳定气源进气。功率为 56.26MW,总自耗气为 46.9×10⁴Nm³/d。具体计算结果详见表 3.14 和图 3.14。

表 3.14　4000×10⁴Nm³/d 工况计算结果表

站场机组		功率 MW	通过流量 10⁴Nm³/d	进口压力 MPa	出口压力 MPa	进口温度 ℃	出口温度 ℃	自耗气 10⁴Nm³/d	转速 r/min
USC1	UCS1_KC1	10.81	2539	6.63	9.05	21.3	48.6	11.2	7214.22
USC3	UCS3_KC1	15.50	4024	7.23	9.40	33.1	57.5	12.0	4233.41
CCS2	CCS2_KC1	12.89	4013	7.09	9.10	28.2	48.6	10.7	4806.76
CCS6	CCS6_KC1	17.06	4000	6.40	8.93	23.2	50.3	12.9	5437.42
合计		56.26						—	46.9

3.2.2.4　4500×10⁴Nm³/d 工况

该工况考虑乌国一个稳定气源，进气量 1500×10⁴Nm³/d;同时土国也有稳定气源进气。功率为 80.2MW,总自耗气为 60.6×10⁴Nm³/d。具体计算结果详见表 3.15 和图 3.15。

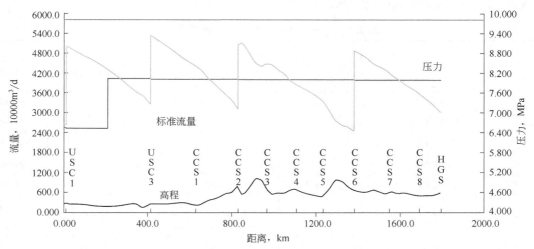

图 3.14 $4000 \times 10^4 \mathrm{Nm}^3/\mathrm{d}$ 工况时 C 线流量及压力分布图

表 3.15 $4500 \times 10^4 \mathrm{Nm}^3/\mathrm{d}$ 工况计算结果表

站场机组		功率 MW	通过流量 $10^4 \mathrm{Nm}^3/\mathrm{d}$	进口压力 MPa	出口压力 MPa	进口温度 ℃	出口温度 ℃	自耗气 $10^4 \mathrm{Nm}^3/\mathrm{d}$	转速 r/min
USC1	UCS1_KC1	6.41	1524	6.60	9.20	21.1	48.1	6.6	6240.61
	UCS1_KC2	6.41	1524	6.60	9.20	21.1	48.1	6.6	6240.61
USC3	UCS3_KC1	24.69	4531	6.72	9.64	32.2	66.5	16.1	5019.65
CCS2	CCS2_KC1	20.42	4516	6.82	9.65	27.5	56.3	15.1	5644.73
CCS6	CCS6_KC1	22.27	4500	6.37	9.36	22.7	54.1	16.1	5893.21
合计		80.20						60.6	—

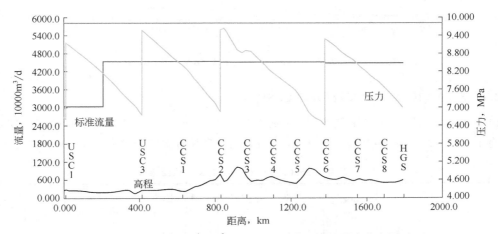

图 3.15 $4500 \times 10^4 \mathrm{Nm}^3/\mathrm{d}$ 工况时 C 线流量及压力分布图

3.2.2.5 $5000 \times 10^4 \mathrm{Nm}^3/\mathrm{d}$ 工况(实际运行中的最大输量)

该工况考虑乌国一个稳定气源,进气量 $1500 \times 10^4 \mathrm{Nm}^3/\mathrm{d}$;同时土国也有稳定气源进气。

功率为 120.84MW,总自耗气为 $99.3 \times 10^4 Nm^3/d$。具体计算结果详见表 3.16 和图 3.16。

表 3.16 $5000 \times 10^4 Nm^3/d$ 工况计算结果表

站场机组		功率 MW	通过 流量 $10^4 Nm^3/d$	进口 压力 MPa	出口 压力 MPa	进口 温度 ℃	出口 温度 ℃	自耗气 $10^4 Nm^3/d$	转速 r/min
USC1	UCS1_KC1	8.42	1791	6.56	9.50	20.9	51.0	8.7	6761.54
	UCS1_KC2	8.42	1791	6.56	9.50	20.9	51.0	8.7	6761.54
USC3	UCS3_KC1	15.58	2528	6.24	9.65	31.1	69.7	12.5	4605.69
	UCS3_KC3	15.58	2528	6.24	9.65	31.1	69.7	12.5	4605.69
CCS2	CCS2_KC1	25.54	5038	6.09	8.91	26.5	58.3	18.5	6190.13
CCS4	CCS4_KC1	11.47	2510	6.70	9.40	25.8	54.8	8.8	4009.73
	CCS4_KC2	11.47	2510	6.70	9.40	25.8	54.8	8.8	4009.73
CCS6	CCS6_KC1	12.36	5010	7.43	9.00	23.6	39.5	10.7	4553.48
CCS8	CCS8_KC1	12.01	5000	6.70	8.00	22.8	38.2	10.2	4677.64
合计		120.84						99.3	—

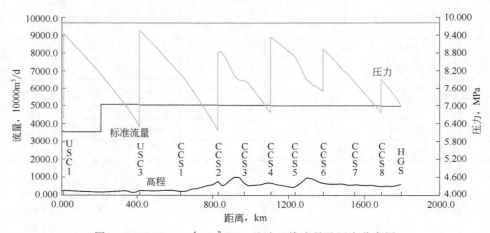

图 3.16 $5000 \times 10^4 Nm^3/d$ 工况时 C 线流量及压力分布图

3.2.2.6 $5500 \times 10^4 Nm^3/d$ 工况(开启 CCS1)

该工况考虑乌国一个稳定气源,进气量 $1500 \times 10^4 Nm^3/d$;同时土国也有稳定气源进气。功率为 166.6MW,总自耗气为 $134.4 \times 10^4 Nm^3/d$。具体计算结果详见表 3.17 和图 3.17。

表 3.17 $5500 \times 10^4 Nm^3/d$ 工况计算结果表

站场机组		功率 MW	通过 流量 $10^4 Nm^3/d$	进口 压力 MPa	出口 压力 MPa	进口 温度 ℃	出口 温度 ℃	自耗气 $10^4 Nm^3/d$	转速 r/min
USC1	UCS1_KC1	10.40	2055	6.52	9.65	20.7	53.1	10.8	7186.38
	UCS1_KC2	10.40	2055	6.52	9.65	20.7	53.1	10.8	7186.38
USC3	UCS3_KC1	18.92	2791	5.34	8.62	29.0	70.9	14.5	5040.00
	UCS3_KC3	18.92	2791	5.34	8.62	29.0	70.9	14.5	5040.00

站场机组		功率 MW	通过流量 $10^4\mathrm{Nm}^3/\mathrm{d}$	进口压力 MPa	出口压力 MPa	进口温度 ℃	出口温度 ℃	自耗气 $10^4\mathrm{Nm}^3/\mathrm{d}$	转速 r/min
CCS1	CCS1_KC1	15.15	2780	6.29	9.30	31.9	66.0	12.0	4477.13
	CCS1_KC2	15.15	2780	6.29	9.30	31.9	66.0	12.0	4477.13
CCS2	CCS2_KC1	23.25	5542	7.06	9.65	30.5	57.1	17.4	5739.02
CCS4	CCS4_KC1	10.77	2763	7.19	9.65	25.8	50.8	8.2	3790.51
	CCS4_KC2	10.77	2763	7.19	9.65	25.8	50.8	8.2	3790.51
CCS6	CCS6_KC1	19.67	5511	7.30	9.65	23.2	46.3	15.1	5317.32
CCS8	CCS8_KC1	13.17	5500	7.05	8.15	22.9	38.3	11.0	4738.48
合计		166.57						134.4	—

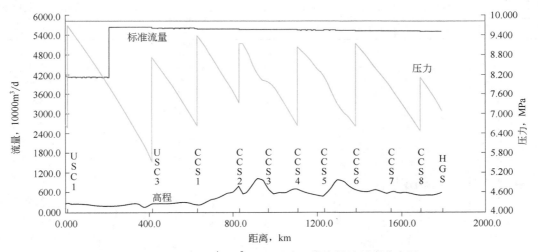

图 3.17　$5500 \times 10^4 \mathrm{Nm}^3/\mathrm{d}$ 工况时 C 线流量及压力分布图

3.2.2.7　$6000 \times 10^4 \mathrm{Nm}^3/\mathrm{d}$ 工况(开启 CCS1)

该工况考虑乌国一个稳定气源,进气量 $1500 \times 10^4 \mathrm{Nm}^3/\mathrm{d}$;同时土国也有稳定气源进气;根据实际运行情况哈国气源进气量 $600 \times 10^4 \mathrm{Nm}^3/\mathrm{d}$。功率为 190.6MW,总自耗气为 $154.7 \times 10^4 \mathrm{Nm}^3/\mathrm{d}$。具体计算结果详见表 3.18 和图 3.18。

表 3.18　$6000 \times 10^4 \mathrm{Nm}^3/\mathrm{d}$ 工况计算结果表

站场机组		功率 MW	通过流量 $10^4\mathrm{Nm}^3/\mathrm{d}$	进口压力 MPa	出口压力 MPa	进口温度 ℃	出口温度 ℃	自耗气 $10^4\mathrm{Nm}^3/\mathrm{d}$	转速 r/min
USC1	UCS1_KC1	10.14	2016	6.53	9.65	20.7	52.9	10.5	7131.95
	UCS1_KC2	10.14	2016	6.53	9.65	20.7	52.9	10.5	7131.95
USC3	UCS3_KC1	17.97	2753	5.53	8.79	29.4	69.9	14.0	4915.70
	UCS3_KC3	17.97	2753	5.53	8.79	29.4	69.9	14.0	4915.70

站场机组		功率 MW	通过流量 $10^4\text{Nm}^3/\text{d}$	进口压力 MPa	出口压力 MPa	进口温度 ℃	出口温度 ℃	自耗气 $10^4\text{Nm}^3/\text{d}$	转速 r/min
CCS1	CCS1_KC1	13.21	2742	6.60	9.35	32.3	62.5	10.3	4213.91
	CCS1_KC2	13.21	2742	6.60	9.35	32.3	62.5	10.3	4213.91
CCS2	CCS2_KC1	12.42	3032	7.16	9.65	29.5	55.5	10.0	5006.78
	CCS2_KC2	12.42	3032	7.16	9.65	29.5	55.5	10.0	5006.78
CCS4	CCS4_KC1	15.39	3020	6.60	9.65	25.1	57.5	12.0	4363.42
	CCS4_KC2	15.39	3020	6.60	9.65	25.1	57.5	12.0	4363.42
CCS6	CCS6_KC1	13.67	3010	6.75	9.45	22.4	51.5	10.6	5242.33
	CCS6_KC2	13.67	3010	6.75	9.45	22.4	51.5	10.6	5242.33
CCS8	CCS8_KC1	12.48	3000	6.08	8.35	21.6	47.9	9.8	5145.93
	CCS8_KC2	12.48	3000	6.08	8.35	21.6	47.9	9.8	5145.93
合计		190.56						154.7	—

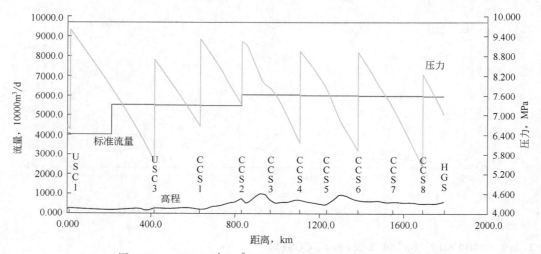

图 3.18　$6000 \times 10^4\text{Nm}^3/\text{d}$ 工况时 C 线流量及压力分布图

3.2.2.8　$6500 \times 10^4\text{Nm}^3/\text{d}$ 工况(开启 CCS1)

该工况考虑乌国一个稳定气源,进气量 $1500 \times 10^4\text{Nm}^3/\text{d}$;同时土国也有稳定气源进气;根据实际运行情况哈国气源进气量 $1100 \times 10^4\text{Nm}^3/\text{d}$。功率为 227.5MW,总自耗气为 $176.3 \times 10^4\text{Nm}^3/\text{d}$。具体计算结果详见表 3.19 和图 3.19。

表 3.19　$6500 \times 10^4\text{Nm}^3/\text{d}$ 工况计算结果表

站场机组		功率 MW	通过流量 $10^4\text{Nm}^3/\text{d}$	进口压力 MPa	出口压力 MPa	进口温度 ℃	出口温度 ℃	自耗气 $10^4\text{Nm}^3/\text{d}$
USC1	UCS1_KC1	10.22	2028	6.53	9.65	20.7	53.0	10.59
	UCS1_KC2	10.22	2028	6.53	9.65	20.7	53.0	10.59

站场机组		功率 MW	通过流量 $10^4 Nm^3/d$	进口压力 MPa	出口压力 MPa	进口温度 ℃	出口温度 ℃	自耗气 $10^4 Nm^3/d$
USC3	UCS3_KC1	18.47	2763	5.47	8.79	29.3	70.8	14.28
	UCS3_KC3	18.47	2763	5.47	8.79	29.3	70.8	14.28
CCS1	CCS1_KC1	13.60	2753	6.58	9.40	32.2	63.3	10.59
	CCS1_KC2	13.60	2753	6.58	9.40	32.2	63.3	10.59
CCS2	CCS2_KC1	13.20	3292	7.19	9.70	28.1	53.7	10.60
	CCS2_KC2	13.20	3292	7.19	9.70	28.1	53.7	10.60
CCS4	CCS4_KC1	20.73	3278	5.97	9.47	24.2	64.0	14.40
	CCS4_KC2	20.73	3278	5.97	9.47	24.2	64.0	14.40
CCS6	CCS6_KC1	22.14	3263	5.79	9.47	21.0	63.5	15.06
	CCS6_KC2	22.14	3263	5.79	9.47	21.0	63.5	15.06
CCS7	CCS7_KC1	10.44	3255	7.40	9.40	27.6	48.2	7.86
	CCS7_KC2	10.44	3255	7.40	9.40	27.6	48.2	7.86
CCS8	CCS8_KC1	4.94	3250	7.59	8.54	31.4	41.1	4.77
	CCS8_KC2	4.94	3250	7.59	8.54	31.4	41.1	4.77
合计		227.5					176.3	—

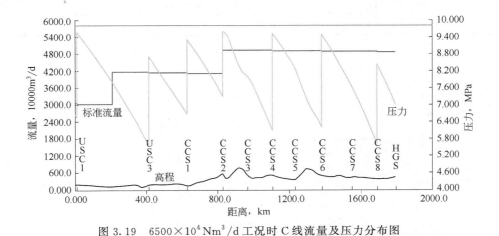

图 3.19　$6500 \times 10^4 Nm^3/d$ 工况时 C 线流量及压力分布图

3.2.2.9　$7000 \times 10^4 Nm^3/d$ 工况（开启哈国全部站场）

该工况考虑乌国一个稳定气源，进气量 $1500 \times 10^4 Nm^3/d$；同时土国也有稳定气源进气；根据实际运行情况哈国气源进气量 $1600 \times 10^4 Nm^3/d$。功率为 264.33MW，总自耗气为 $215.7 \times 10^4 Nm^3/d$。具体计算结果详见表 3.20 和图 3.20。

表 3.20　7000×10⁴Nm³/d 工况计算结果表

站场机组		功率 MW	通过流量 10⁴Nm³/d	进口压力 MPa	出口压力 MPa	进口温度 ℃	出口温度 ℃	自耗气 10⁴Nm³/d	转速 r/min
USC1	UCS1_KC1	10.34	2046	6.52	9.65	20.7	53.0	10.7	7173.41
	UCS1_KC2	10.34	2046	6.52	9.65	20.7	53.0	10.7	7173.41
USC3	UCS3_KC1	18.59	2782	5.38	8.64	29.1	70.5	14.3	5000.08
	UCS3_KC3	18.59	2782	5.38	8.64	29.1	70.5	14.3	5000.08
CCS1	CCS1_KC1	14.37	2771	6.34	9.20	32.0	64.5	11.3	4383.43
	CCS1_KC2	14.37	2771	6.34	9.20	32.0	64.5	11.3	4383.43
CCS2	CCS2_KC1	13.81	3560	6.90	9.30	25.7	50.5	11.0	5055.14
	CCS2_KC2	13.81	3560	6.90	9.30	25.7	50.5	11.0	5055.14
CCS3	CCS3_KC1	13.70	3550	7.08	9.30	32.9	57.3	10.5	4094.59
	CCS3_KC2	13.70	3550	7.08	9.30	32.9	57.3	10.5	4094.59
CCS4	CCS4_KC1	13.42	3540	7.06	9.30	28.4	52.6	10.3	4041.92
	CCS4_KC2	13.42	3540	7.06	9.30	28.4	52.6	10.3	4041.92
CCS5	CCS5_KC1	10.85	3530	7.50	9.50	28.6	48.3	9.4	4542.31
	CCS5_KC2	10.85	3530	7.50	9.50	28.6	48.3	9.4	4542.31
CCS6	CCS6_KC1	13.33	3519	7.05	9.40	28.9	53.0	10.8	4990.29
	CCS6_KC2	13.33	3519	7.05	9.40	28.9	53.0	10.8	4990.29
CCS7	CCS7_KC1	14.28	3508	6.90	9.30	27.2	53.1	11.0	4149.47
	CCS7_KC2	14.28	3508	6.90	9.30	27.2	53.1	11.0	4149.47
CCS8	CCS8_KC1	9.47	3500	7.10	8.74	31.0	48.1	8.4	4385.37
	CCS8_KC2	9.47	3500	7.10	8.74	31.0	48.1	8.4	4385.37
合计		264.33						215.7	—

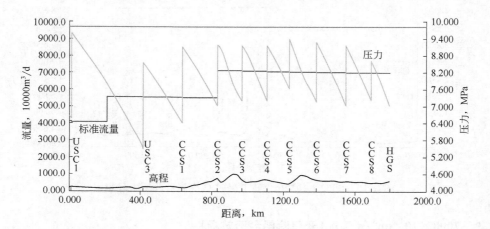

图 3.20　7000×10⁴Nm³/d 工况时 C 线流量及压力分布图

3.2.2.10　7400×10⁴Nm³/d 工况(开启哈国全部站场)

该工况考虑乌国一个稳定气源,进气量 1500×10⁴Nm³/d;同时土国也有稳定气源进气;

根据实际运行情况哈国气源进气量 $2000 \times 10^4 Nm^3/d$。功率为 308.5MW，总自耗气为 $243.1 \times 10^4 Nm^3/d$。具体计算结果详见表 3.21 和图 3.21。

表 3.21 $7400 \times 10^4 Nm^3/d$ 工况计算结果表

站场机组		功率 MW	通过流量 $10^4 Nm^3/d$	进口压力 MPa	出口压力 MPa	进口温度 ℃	出口温度 ℃	自耗气 $10^4 Nm^3/d$	转速 r/min
USC1	UCS1_KC1	10.43	2061	6.52	9.65	20.7	53.1	10.8	7193.74
	UCS1_KC2	10.43	2061	6.52	9.65	20.7	53.1	10.8	7193.74
USC3	UCS3_KC1	18.78	2796	5.31	8.54	29.0	70.5	14.4	5030.95
	UCS3_KC3	18.78	2796	5.31	8.54	29.0	70.5	14.4	5031.00
CCS1	CCS1_KC1	15.55	2784	6.17	9.20	31.8	66.7	12.4	4540.41
	CCS1_KC2	15.55	2784	6.17	9.20	31.8	66.7	12.4	4540.41
CCS2	CCS2_KC1	14.61	3772	6.87	9.30	23.3	48.1	11.6	5101.06
	CCS2_KC2	14.61	3772	6.87	9.30	23.3	48.1	11.6	5101.06
CCS3	CCS3_KC1	17.27	3759	6.75	9.30	32.5	61.4	12.8	4476.51
	CCS3_KC2	17.27	3759	6.75	9.30	32.5	61.4	12.8	4476.49
CCS4	CCS4_KC1	17.41	3747	6.74	9.40	28.0	57.5	12.8	4461.28
	CCS4_KC2	17.41	3747	6.74	9.40	28.0	57.5	12.8	4461.28
CCS5	CCS5_KC1	12.40	3736	7.35	9.50	28.5	49.7	10.4	4751.70
	CCS5_KC2	12.40	3736	7.35	9.50	28.5	49.7	10.4	4751.65
CCS6	CCS6_KC1	16.53	3724	6.72	9.40	28.4	56.5	12.6	5416.34
	CCS6_KC2	16.54	3724	6.72	9.40	28.4	56.5	12.6	5416.38
CCS7	CCS7_KC1	18.74	3710	6.53	9.40	26.7	58.6	13.5	4609.32
	CCS7_KC2	18.74	3710	6.53	9.40	26.7	58.6	13.5	4609.32
CCS8	CCS8_KC1	12.31	3700	6.92	8.92	30.7	51.8	10.2	4823.96
	CCS8_KC2	12.31	3700	6.92	8.92	30.7	51.8	10.2	4824.00
合计		308.05						243.1	—

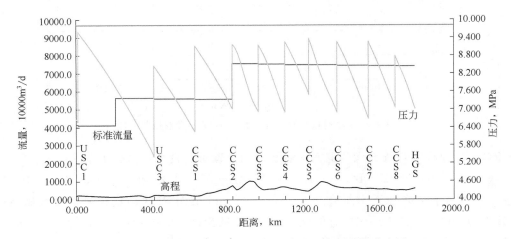

图 3.21 $7400 \times 10^4 Nm^3/d$ 工况时 C 线流量及压力分布图

3.3 A/B-C线输量分配方案比较

依据上述计算结果,绘制总输量在(9000~13000)×10^4Nm³/d范围内[C线输量(3000~7500)×10^4Nm³/d)],不同输量分配方案对应的总能耗曲线如图3.22所示。

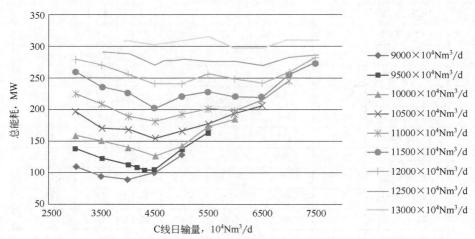

图3.22 总输量下对应的C线日输量工况时的总能耗图

总输量在(9000~16000)×10^4Nm³/d范围内(乌国进气1500×10^4Nm³/d),各总输量台阶下能耗最低输量分配方案对应的C线各输量如图3.23所示。

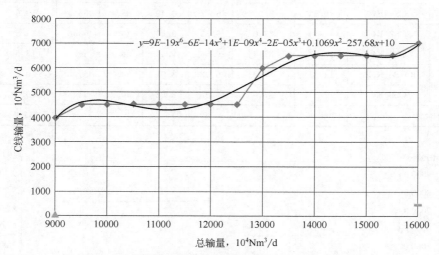

图3.23 总输量台阶下能耗最优对应C线输量曲线图

各总输量台阶下C线最优分配方案输量y与总输量x的数值拟合关系式如下:

$$y = 9E - 19x^6 - 6E - 14x^5 + 1E - 09x^4 - 2E - 05x^3 + 0.1069x^2 - 257.68x + 10$$

从拟合关系公式可以看出总输量为9000×10^4Nm³/d时,C线输量约为4000×10^4Nm³/d(AB线对应5000×10^4Nm³/d),总能耗最低;总输量为(9500~12500)×10^4Nm³/d时,C线输量约4500×10^4Nm³/d,总能耗最低;总输量为13000×10^4Nm³/d时,C线输量约6000×

$10^4 Nm^3/d$,总能耗最低;总输量大于 $13500 \times 10^4 Nm^3/d$ 时,C 线输量约 $6500 \times 10^4 Nm^3/d$,总能耗最优。

3.4 小结

本部分结合中亚管道的实际运行情况,通过对不同总输量[$(9000 \sim 16000) \times 10^4 Nm^3/d$]情况下,利用仿真模拟计算 A/B 线与 C 线的不同输量分配组合,找出总能耗最低的输量分配方案,并拟合出各总输量台阶下 C 线最优分配方案输量 y 与总输量 x 的数值拟合关系式。

将模拟结果与 2016 年 9 月—2017 年 6 月实际运行数据进行比对,发现在实际运行中,C线的输量分配与模拟计算结果一致的情况下,能耗最优。因此 A/B、C 线最优输量分配方案对中亚管道的生产运行具有较强的指导意义。

4 中亚管道跨接线联合优化运行

中亚天然气管道 ABC 线乌国段和哈国段各有 8 处跨接线,其中哈国段跨接线已经于2015 年连接完毕;乌国段仅在 2017 年利用乌国段动火作业连接了一处跨接线。

在中亚天然气管道的日常运行中发现,哈国段的 8 处跨接线仅在哈国段发生异常工况(如阀室误关断、管线泄漏和局部管存偏高等)时起到的作用较大,而对于上游气源事故状况下的优化运行效果较差。中亚天然气管道作为中国第一条跨国管道,上游资源国较多且供气形势较为复杂,气源供气异常的情况经常出现。若利用乌国段跨接线进行优化运行,可将气源供气异常对中亚管道的影响降至最低,同时在正常工况下实现能耗的降低,从而真正实现"正常工况保能耗,异常情况保输量"的目标。

由于跨接线的互联需要 AB 线停输时才能进行,在当时的生产情况下,连接 8 条跨接管线的难度较大,本部分对 8 条跨接线进行比选,优选出部分跨接线,并对跨接线的实际优化效果进行比对,对比方法为假设 C 线土气和乌气分别失效时开启各跨接线的优化运行效果,为中亚管道优化运行提供数据支持。

4.1 预留跨接线比选

乌国段 C 线实际预留的跨接阀门有 8 处(序号 1~8)。结合实际情况,考虑增设一处跨接阀室 CL08(序号 9),具体位置及连接点编号见表 4.1 和图 4.1。

表 4.1 乌国段跨接线位置分布表

名称	AB 线连接位置	C 线连接位置	管径,mm	备注
CL01	2♯阀室下游	4♯阀室	711	WKC1 站和 WKC2 站之间
CL02	4♯阀室上游	6♯阀室	711	
CL03	6♯阀室上游	8♯阀室	711	

名称	AB线连接位置	C线连接位置	管径,mm	备注
CL04	8#阀室上游	13#阀室	914	
CL05	10#阀室上游	15#阀室	914	WKC2 站和 WKC3 站之间
CL06	12#阀室上游	17#阀室	914	
CL07	15#阀室上游	33#阀室	914	WKC3 站后
首站进口	WKC1 进口汇管	UCS1 进口汇管	500	WKC1 站前
(CL08)	AB线 2#收球站	C线 PTS2	1067	乌气附近

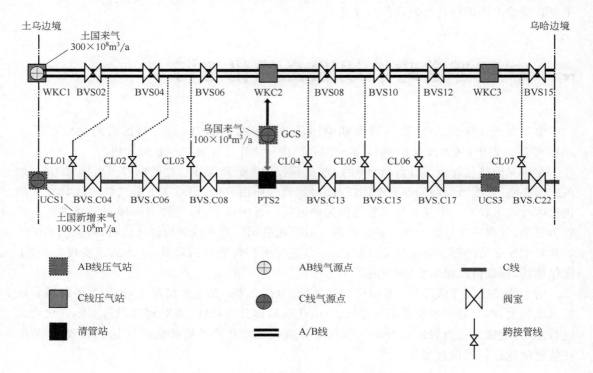

图 4.1 中亚 A/B 线和 C 线输气管道系统跨接简图

CL01～CL03 均在 WKC1 和 WKC2 之间,CL04～CL06 和 CL08 在 WKC2 与 WKC3 之间,该段有乌气注入点,CL07 在 WKC3 压气站之后。

CL01～CL03 位于 WKC1 和 WKC2 之间,CL01 为 WKC1 站内出站跨接,将在首站跨接优化中考虑,而 CL02 位置相对于 CL03 靠前,气源故障时,调气效果更好,故优先选取 CL02 号连接线;CL04～CL06 位于 WKC2 与 WKC3 之间,CL04 位置相对于 CL05、CL06 靠前,气源故障时,调气效果更好,故优先选取 CL04 号连接线;CL07 号连接线在 WKC3 压气站之后,需选取 CL07 号连接线;CL08 号连接线目前没有预留位置,但是在实际运行中,该地点位于临建的两座压气站之间,优化运行时效果将会更佳,因此需选取 CL08 号连接线。

4.2 边界条件

（1）联合运行的所有站场出站压力按照 9.65MPa 考虑，进站压力不得低于 5.8MPa。

（2）转速不得超过 100％转速（GE/RR 机组各有不同，需要看一下性能曲线），功率控制在额定功率之内；压缩机的 MODE 不得出现喘振和最大转速工况。

（3）霍尔果斯进站压力不低于 7.0MPa。

（4）AB 线输量条件按照从高到低的原则，与 C 线工况排列，即 AB 线从夏季满负荷输量（$8900 \times 10^4 \mathrm{Nm}^3/\mathrm{d}$）开始试算，在满足其他边界条件的基础上配合 C 线输量，制定 ABC 线全线总的输量台阶；原则上建议 AB 线满负荷运行，测试 C 线输量。

（5）联合运行管线时，C 线事故工况分别单独考虑土国一个气源，或单独考虑乌国一个气源。

4.3 C 线乌气失效时优化效果

C 线不开启跨接管线的工况下，只有土国一个气源工况时，C 线管线输送能力约为 $4400 \times 10^4 \mathrm{Nm}^3/\mathrm{d}$；A/B 线管线输送能力约为 $8900 \times 10^4 \mathrm{Nm}^3/\mathrm{d}$（夏季）。

C 线乌国气源事故工况下，计算分别开启 CL02、CL04、CL07 和 CL08 连接线，比较各连接线开启后 A/B 线和 C 线总输送能力。

4.3.1 开启 CL02 跨接线

开启后 A/B－C 线总输量为 $13300 \times 10^4 \mathrm{Nm}^3/\mathrm{d}$，其中 AB 线输量 $8900 \times 10^4 \mathrm{Nm}^3/\mathrm{d}$，C 线输量 $4400 \times 10^4 \mathrm{Nm}^3/\mathrm{d}$，开启 CL02 后该条跨接管线通过流量可以忽略不计，其计算结果详见表 4.2 和表 4.3 及图 4.2 和图 4.3。

表 4.2 开启 CL02 跨接线后 A/B－C 线计算结果

站场机组		功率 MW	通过流量 $10^4\mathrm{Nm}^3/\mathrm{d}$	进口压力 MPa	出口压力 MPa	进口温度 ℃	出口温度 ℃	自耗气 $10^4\mathrm{Nm}^3/\mathrm{d}$	转速 r/min
WKC2	KP_ST01KC1_03	25.53	4479	6.56	9.64	40.9	78.7	34.8	6315
	KP_ST01KC1_05	24.62	4498	6.56	9.64	40.9	77.2		6227
WKC2	KP_ST02KC2_01	12.37	4374	7.72	9.65	38.2	57.3	17.0	4824
	KP_ST02KC2_02	12.37	4374	7.72	9.65	38.2	57.3		4824
WKC3	KP_ST03KC3_01	17.20	4371	7.02	9.65	31.9	58.6	26.6	5091
	KP_ST03KC3_03	18.16	4351	7.02	9.65	31.9	60.2		5147
CS1	KP_ST01CS1_01	15.61	4066	7.20	9.65	30.4	54.8	25.643	5153
	KP_ST01CS1_03	16.66	4030	7.20	9.65	30.4	56.7		5256
CS2	KP_ST02CS2_01	29.10	8074	7.67	9.64	30.1	53.2	22.139	4856
CS4	KP_ST04CS4_01	16.92	4025	6.99	9.65	22.7	49.7	24.652	5310
	KP_ST04CS4_02	16.92	4025	6.99	9.65	22.7	49.7		5310
CS6	KP_ST06CS6_01	17.74	4019	7.01	9.65	19.7	48.3	28.18	4325
	KP_ST06CS6_03	18.77	4003	7.01	9.65	19.7	50.1		4361

站场机组		功率 MW	通过 流量 $10^4 Nm^3/d$	进口 压力 MPa	出口 压力 MPa	进口 温度 ℃	出口 温度 ℃	自耗气 $10^4 Nm^3/d$	转速 r/min
CS7	KP_ST07CS7_01	13.12	3996	7.54	9.65	19.8	41.2	21.677	3868
	KP_ST07CS7_03	13.70	4004	7.54	9.65	19.8	42.1		3849
USC1	UCS1_KC1	10.73	2179	6.60	9.65	20.6	52.2	11.1144	7234
	UCS1_KC2	10.73	2179	6.60	9.65	20.6	52.2	11.1144	7234
USC3	UCS3_KC1	12.02	2275	5.82	8.50	29.8	62.7	9.3984	4307
	UCS3_KC3	12.02	2275	5.82	8.50	29.8	62.7	9.3984	4307
CCS1	CCS1_KC1	8.58	2269	7.00	9.20	32.8	56.7	6.4584	3639
	CCS1_KC2	8.58	2269	7.00	9.20	32.8	56.7	6.4584	3639
CCS2	CCS2_KC1	11.81	4527	7.62	9.30	31.0	47.7	10.26	4525
CCS4	CCS4_KC1	6.00	2259	7.67	9.40	26.3	43.5	4.476	3085
	CCS4_KC2	6.00	2259	7.67	9.40	26.3	43.5	4.476	3085
CCS6	CCS6_KC1	10.22	4509	7.84	9.41	24.0	38.7	9.3768	4225
CCS8	CCS8_KC1	11.52	4500	7.73	9.50	23.6	40.2	10.1928	4421
合计		377.02						293.4	

表 4.3　开启 CL02 跨接线后流量走势

名称	运行状态	通过 流量 $10^4 Nm^3/d$	进口 压力 MPa	出口 压力 MPa	进口 温度 ℃	出口 温度 ℃
CL02	OPENED	31	8.71	8.66	43.6	43.4
A 线管道		4498.487				—
B 线管道		4413.842				—
C 线管道		4380.356				—

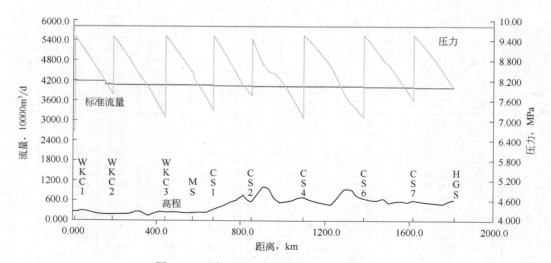

图 4.2　开启 CL02 跨接线后 A 线计算结果图

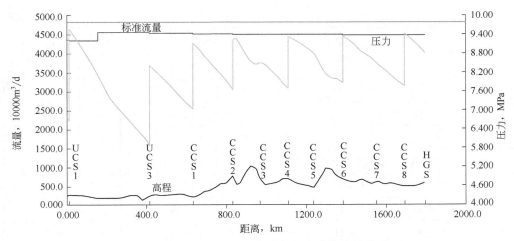

图 4.3　开启 CL02 跨接线后 C 线计算结果图

4.3.2　开启 CL07 号跨接阀室

开启后 A/B－C 线总输量为 $13800 \times 10^4 \mathrm{Nm}^3/\mathrm{d}$,其中 AB 线输量 $9300 \times 10^4 \mathrm{Nm}^3/\mathrm{d}$,C 线输量 $4500 \times 10^4 \mathrm{Nm}^3/\mathrm{d}$,开启 CL07 后该条跨接管线通过流量 $437 \times 10^4 \mathrm{Nm}^3/\mathrm{d}$,其计算结果详见表 4.4 和表 4.5 及图 4.4 和图 4.5。

表 4.4　开启 CL07 跨接线后 A/B－C 线计算结果

站场机组		功率 MW	通过流量 $10^4 \mathrm{Nm}^3/\mathrm{d}$	进口压力 MPa	出口压力 MPa	进口温度 ℃	出口温度 ℃	自耗气 $10^4 \mathrm{Nm}^3/\mathrm{d}$	转速 r/min
WKC1	KP_ST01KC1_04	17.11	3098	6.51	9.65	40.7	74.9	40.0	5700
	KP_ST01KC1_03	18.26	3072	6.51	9.65	40.7	77.5		5780
	KP_ST01KC1_05	17.11	3098	6.51	9.65	40.7	74.9		5700
WKC2	KP_ST02KC2_01	21.01	4620	6.93	9.65	35.9	64.5	28.3	5888
	KP_ST02KC2_02	21.01	4620	6.93	9.65	35.9	64.5		5888
WKC3	KP_ST03KC3_01	27.70	4670	6.09	9.29	30.1	67.2	36.5	6095
	KP_ST03KC3_03	27.91	4533	6.09	9.29	30.1	68.6		6299
CS1	KP_ST01CS1_01	27.19	4731	6.12	9.40	29.2	65.2	36.464	6400
	KP_ST01CS1_03	25.00	4022	6.12	9.39	29.2	68.1		6405
CS2	KP_ST02CS2_01	18.71	4361	6.98	9.70	29.5	56.8	32.482	4438
CS4	KP_ST02CS2_02	18.71	4361	6.98	9.70	29.5	56.8	31.164	4438
	KP_ST04CS4_03	20.65	4359	6.71	9.55	22.3	52.6		5730
CS6	KP_ST06CS6_01	24.83	4331	6.71	9.55	22.3	59.0	33.419	5817
	KP_ST06CS6_02	23.75	4328	6.30	9.11	18.9	54.0		4902
	KP_ST06CS6_03	23.75	4328	6.30	9.11	18.9	54.0		4902

站场机组		功率 MW	通过 流量 $10^4 Nm^3/d$	进口 压力 MPa	出口 压力 MPa	进口 温度 ℃	出口 温度 ℃	自耗气 $10^4 Nm^3/d$	转速 r/min
CS7	KP_ST07CS7_02	22.48	4301	6.34	9.22	18.8	52.3	32.441	4870
	KP_ST07CS7_04	23.80	4323	6.34	9.22	18.8	54.1		4813
USC1	UCS1_KC1	11.10	2236	6.59	9.65	20.5	52.4	22.998	7310
	UCS1_KC2	11.10	2236	6.59	9.65	20.5	52.4		7310
USC3	UCS3_KC1	14.78	2223	5.81	9.22	30.0	71.3	23.92	4697
	UCS3_KC3	14.78	2223	5.81	9.22	30.0	71.3		4697
CCS2	CCS2_KC1	25.85	4841	5.85	8.72	26.6	60.0	18.558	6310
CCS4	CCS4_KC1	12.37	2411	6.64	9.65	25.8	58.4	19.14	4171
	CCS4_KC2	12.37	2411	6.64	9.65	25.8	58.4		4171
CCS6	CCS6_KC1	10.49	4812	7.91	9.41	23.9	38.1	9.607	4233
CCS8	CCS8_KC1	15.20	4800	7.46	9.60	23.4	43.9	12.43	4893
合计		507.00						377.4	

表 4.5 开启 CL07 跨接线后流量走势

名称	运行状态	通过流量 $10^4 Nm^3/d$	进口压力 MPa	出口压力 MPa	进口温度 ℃	出口温度 ℃
CL07	OPENED	437	8.87	8.87	46.5	46.5
A 线管道		4645.354				—
B 线管道		4662.345				—
C 线管道		4494.062				—

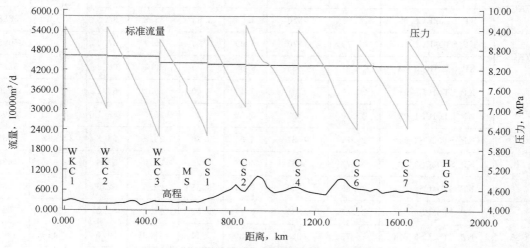

图 4.4 开启 CL07 跨接线后 A 线计算结果图

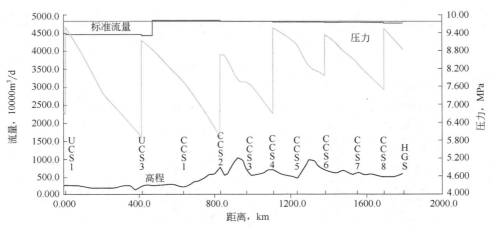

图 4.5　开启 CL07 跨接线后 C 线计算结果图

4.3.3　开启 CL04 号跨接阀室

A/B/C 线总输量为 $14000 \times 10^4 Nm^3/d$，其中 AB 线输量（至霍尔果斯末站）$8000 \times 10^4 Nm^3/d$（满足边界条件前提下，该组合工况 A/B 线最大输送量），C 线输量（至霍尔果斯末站）$6000 \times 10^4 Nm^3/d$，开启 CL04 后该条跨接管线通过流量 $2562 \times 10^4 Nm^3/d$，其计算结果详见表 4.6 和表 4.7 及图 4.6 和图 4.7。

表 4.6　开启 CL04 跨接线后 A/B–C 线计算结果

站场机组		功率 MW	通过流量 $10^4 Nm^3/d$	进口压力 MPa	出口压力 MPa	进口温度 ℃	出口温度 ℃	自耗气 $10^4 Nm^3/d$	转速 r/min
WKC1	KP_ST01KC1_04	21.31	3597	6.41	9.65	40.4	77.1	47.0	6051
	KP_ST01KC1_03	22.44	3573	6.41	9.64	40.4	79.3		6138
	KP_ST01KC1_05	21.31	3597	6.41	9.65	40.4	77.1		6051
WKC2	KP_ST02KC2_01	22.55	3848	6.13	9.36	34.7	71.1	45.8	6405
	KP_ST02KC2_02	22.55	3848	6.13	9.36	34.7	71.1		6405
	KP_ST02KC2_03	20.86	3025	6.13	9.34	34.7	74.5		6405
WKC3	KP_ST03KC3_01	26.90	4061	5.92	9.63	30.6	71.9	34.3	6261
	KP_ST03KC3_02	26.90	4061	5.92	9.63	30.6	71.9		6261
CS1	KP_ST01CS1_01	15.83	4066	7.17	9.65	30.4	55.1	25.937	5185
	KP_ST01CS1_03	16.89	4029	7.17	9.65	30.4	57.0		5291
CS2	KP_ST02CS2_01	11.87	4037	7.67	9.65	30.1	49.0	21.389	3692
	KP_ST02CS2_02	11.87	4037	7.67	9.65	30.1	49.0		3692
CS4	KP_ST04CS4_02	15.80	4034	7.14	9.65	22.7	48.0	25.814	5154
	KP_ST04CS4_04	18.92	4014	7.14	9.65	22.7	53.1		5210
CS6	KP_ST06CS6_01	10.93	2675	7.01	9.70	19.7	46.2	27.774	3834
	KP_ST06CS6_02	10.93	2675	7.01	9.70	19.7	46.2		3834
	KP_ST06CS6_03	12.30	2671	7.01	9.70	19.7	49.6		3840

站场机组		功率 MW	通过 流量 $10^4 Nm^3/d$	进口 压力 MPa	出口 压力 MPa	进口 温度 ℃	出口 温度 ℃	自耗气 $10^4 Nm^3/d$	转速 r/min
CS7	KP_ST07CS7_02	15.80	4034	7.14	9.65	22.7	48.0	20.86	3802
	KP_ST07CS7_04	18.92	4014	7.14	9.65	22.7	53.1		3786
USC1	UCS1_KC1	8.27	1764	6.67	9.65	20.9	51.0	8.5608	6699
	UCS1_KC2	8.27	1764	6.67	9.65	20.9	51.0	8.5608	6699
USC3	UCS3_KC1	18.72	3030	6.21	9.64	31.3	69.9	14.0808	4797
	UCS3_KC3	18.72	3030	6.21	9.64	31.3	69.9	14.0808	4797
CCS1	CCS1_KC1	11.77	3022	7.26	9.65	32.5	57.2	8.9568	3896
	CCS1_KC2	11.77	3022	7.26	9.65	32.5	57.2	8.9568	3896
CCS2	CCS2_KC1	12.60	3014	7.13	9.65	30.4	56.9	10.0776	5056
	CCS2_KC2	12.60	3014	7.13	9.65	30.4	56.9	10.0776	5056
CCS4	CCS4_KC1	15.00	3006	6.65	9.65	25.2	56.9	11.7408	4320
	CCS4_KC2	15.00	3006	6.65	9.65	25.2	56.9	11.7408	4320
CCS6	CCS6_KC1	26.31	5996	6.78	9.47	22.4	50.6	19.908	5957
CCS8	CCS8_KC1	14.52	3000	6.13	8.80	21.5	52.2	10.9824	5468
	CCS8_KC2	14.52	3000	6.13	8.80	21.5	52.2	10.9824	5468
合计		532.99						397.5	

表 4.7　开启 CL04 跨接线后流量走势

名称	运行状态	通过流量 $10^4 Nm^3/d$	进口压力 MPa	出口压力 MPa	进口温度 ℃	出口温度 ℃
CL04	OPENED	2562	8.04	8.04	43.9	43.9
A 线管道		5397.173				
B 线管道		5416.914				
C 线管道		3546.018				

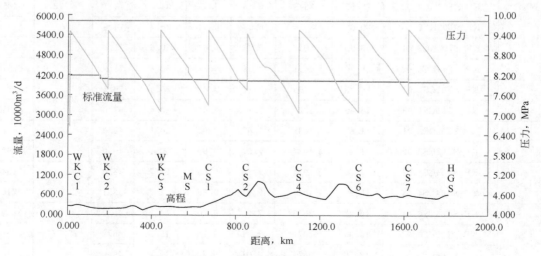

图 4.6　开启 CL04 跨接线后 A 线计算结果图

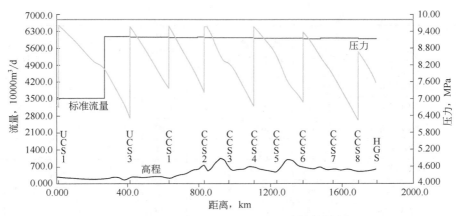

图 4.7　开启 CL04 跨接线后 C 线计算结果图

4.3.4　开启 CL08 号跨接阀室

A/B/C 线总输量为 $14200 \times 10^4 \mathrm{Nm}^3/\mathrm{d}$，其中 AB 线输量（至霍尔果斯末站）$8700 \times 10^4 \mathrm{Nm}^3/\mathrm{d}$，C 线输量（至霍尔果斯末站）$5500 \times 10^4 \mathrm{Nm}^3/\mathrm{d}$，开启 CL08 后该条跨接管线通过流量 $1832 \times 10^4 \mathrm{Nm}^3/\mathrm{d}$，其计算结果详见表 4.8 和表 4.9 及图 4.8 和图 4.9。

表 4.8　开启 CL08 跨接线后 A/B－C 线计算结果

站场机组		功率 MW	通过流量 $10^4\mathrm{Nm}^3/\mathrm{d}$	进口压力 MPa	出口压力 MPa	进口温度 ℃	出口温度 ℃	自耗气 $10^4\mathrm{Nm}^3/\mathrm{d}$	转速 r/min
WKC1	KP_ST01KC1_04	21.28	3602	6.42	9.65	40.4	77.0		6045
	KP_ST01KC1_03	22.41	3578	6.42	9.64	40.4	79.2	46.9	6132
	KP_ST01KC1_05	21.28	3602	6.42	9.65	40.4	77.0		6045
WKC2	KP_ST02KC2_01	22.90	3905	6.24	9.51	35.0	71.5		6405
	KP_ST02KC2_02	22.90	3905	6.24	9.51	35.0	71.5	46.2	6405
	KP_ST02KC2_03	21.20	2925	6.24	9.50	35.0	74.9		6405
WKC3	KP_ST03KC3_01	25.92	4435	6.21	9.50	30.6	67.2	33.3	5992
	KP_ST03KC3_02	25.92	4435	6.21	9.50	30.6	67.2		5992
CS1	KP_ST01CS1_01	19.01	4433	6.43	8.90	29.4	56.4	29.247	5612
	KP_ST01CS1_03	20.29	4407	6.43	8.90	29.4	58.4		5701
CS2	KP_ST02CS2_01	24.45	4401	6.25	9.49	29.0	63.9	39.119	5040
	KP_ST02CS2_02	24.45	4401	6.25	9.49	29.0	63.9		5040
CS4	KP_ST04CS4_01	15.78	2936	6.33	9.65	22.0	56.1		5494
	KP_ST04CS4_02	15.78	2936	6.33	9.65	22.0	56.1	35.919	5494
	KP_ST04CS4_03	17.02	2894	6.33	9.65	22.0	59.4		5580
CS6	KP_ST06CS6_01	15.24	2915	6.42	9.65	19.0	52.5		4368
	KP_ST06CS6_02	15.24	2915	6.42	9.65	19.0	52.5	37.722	4368
	KP_ST06CS6_03	16.97	2897	6.42	9.65	19.0	56.5		4397

站场机组		功率 MW	通过流量 $10^4 Nm^3/d$	进口 压力 MPa	出口 压力 MPa	进口 温度 ℃	出口 温度 ℃	自耗气 $10^4 Nm^3/d$	转速 r/min
CS7	KP_ST07CS7_01	11.48	2917	7.09	9.65	19.4	45.0		3840
	KP_ST07CS7_02	11.48	2917	7.09	9.65	19.4	45.0	27.779	3840
	KP_ST07CS7_03	12.14	2866	7.09	9.65	19.4	46.9		3921
USC1	UCS1_KC1	8.93	1890	6.65	9.65	20.8	51.2	9.252	6844
	UCS1_KC2	8.93	1890	6.65	9.65	20.8	51.2	9.252	6844
USC3	UCS3_KC1	20.96	3220	5.79	9.18	30.2	70.7	15.0936	5040
	UCS3_KC3	15.54	2364	5.79	9.18	30.2	71.1	12.6216	4735
CCS1	CCS1_KC1	10.56	2784	7.05	9.30	32.6	56.5	7.9968	3811
CCS4	CCS1_KC2	10.56	2784	7.05	9.30	32.6	56.5	7.9968	3811
	CCS2_KC1	22.15	5552	7.06	9.50	30.5	55.8	16.5552	5647
CCS4	CCS4_KC1	11.97	2767	6.97	9.65	25.7	53.3	9.144	3974
	CCS4_KC2	11.97	2767	6.97	9.65	25.7	53.3	9.144	3974
CCS6	CCS6_KC1	18.05	5519	7.29	9.40	23.2	44.3	14.1696	5170
CCS8	CCS8_KC1	25.70	5500	6.68	9.60	22.6	52.4	19.0056	5972
合计		568.45						426.4	

表 4.9 开启 CL08 跨接线后流量走势

名称	运行状态	通过流量 $10^4 Nm^3/d$	进口压力 MPa	出口压力 MPa	进口温度 ℃	出口温度 ℃
CL08	OPENING	1832	9.32	8.1	50	46.2
A 线管道		5404.554				
B 线管道		5404.202				
C 线管道		3780.993				

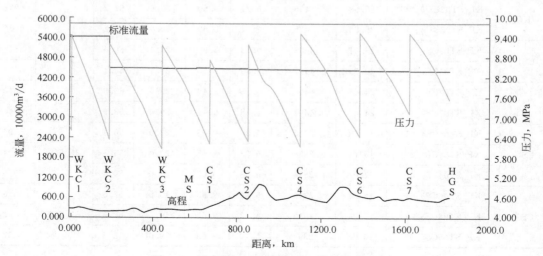

图 4.8 开启 CL08 跨接线后 A 线计算结果图

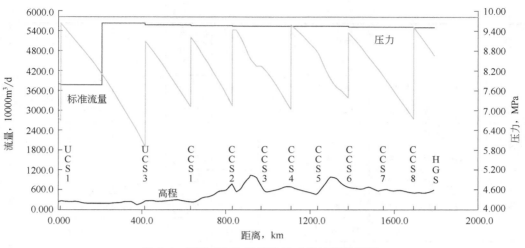

图 4.9 开启 CL08 跨接线后 C 线计算结果图

4.4 C 线土气失效时优化效果

UCS1 站失效,C 线只有乌国一个气源,当不开启跨接管线时,C 线管线输送量为 1500×10^4Nm³/d;AB 线管线输送能力(至霍尔果斯末站)约为 8900×10^4Nm³/d。

UCS1 站失效事故工况下,计算分别开启 CL02、CL05、CL07 和 CL08 连接线,比较各连接线开启后 AB 线和 C 线总输送能力。

4.4.1 开启 CL02 号跨接阀室

A/B/C 线总输量 12800×10^4Nm³/d,其中 AB 线输量(至霍尔果斯末站)8700×10^4Nm³/d,C 线输量(至霍尔果斯末站)为 4100×10^4Nm³/d,但 C 线土国上游事故关断,仅有乌国可以注入 1500×10^4Nm³/d 气量,通过开启跨接管线 CL02 由 AB 线调入 C 线气量为 2665×10^4Nm³/d,其计算结果详见表 4.10 和表 4.11 及图 4.10 和图 4.11。

表 4.10 开启 CL02 跨接线后 A/B－C 线计算结果

站场机组		功率 MW	通过 流量 10^4Nm³/d	进口 压力 MPa	出口 压力 MPa	进口 温度 ℃	出口 温度 ℃	自耗气 10^4Nm³/d	转速 r/min
WKC1	KP_ST01KC1_04	23.98	3877	6.36	9.64	40.2	78.5	50.6	6259
	KP_ST01KC1_03	25.08	3854	6.36	9.64	40.2	80.5		6351
	KP_ST01KC1_05	23.98	3877	6.36	9.64	40.2	78.5		6259
WKC2	KP_ST02KC2_01	17.47	2369	6.50	9.65	36.0	70.7	42.1	6022
	KP_ST02KC2_02	17.47	2369	6.50	9.65	36.0	70.7		6022
	KP_ST02KC2_03	24.41	4156	6.50	9.67	36.0	72.7		6405
WKC3	KP_ST03KC3_01	22.75	4431	6.52	9.50	31.0	63.3	30.6	5647
	KP_ST03KC3_02	22.75	4431	6.52	9.50	31.0	63.3		5647

站场机组		功率 MW	通过流量 $10^4 Nm^3/d$	进口压力 MPa	出口压力 MPa	进口温度 ℃	出口温度 ℃	自耗气 $10^4 Nm^3/d$	转速 r/min
CS1	KP_ST01CS1_01	23.86	4439	6.44	9.64	29.4	63.3	34.278	6095
	KP_ST01CS1_03	25.41	4389	6.44	9.64	29.4	65.9		6251
CS2	KP_ST02CS2_01	15.59	4400	7.27	9.58	29.7	52.3	28.791	4090
	KP_ST02CS2_02	15.59	4400	7.27	9.58	29.7	52.3		4090
CS4	KP_ST04CS4_01	14.85	2935	6.47	9.65	22.1	54.4	34.047	5342
	KP_ST04CS4_02	14.85	2935	6.47	9.65	22.1	54.4		5342
	KP_ST04CS4_03	16.07	2896	6.47	9.65	22.1	57.5		5421
CS6	KP_ST06CS6_01	15.23	2915	6.43	9.65	19.0	52.4	37.686	4366
	KP_ST06CS6_02	15.23	2915	6.43	9.65	19.0	52.4		4366
	KP_ST06CS6_03	16.95	2897	6.43	9.65	19.0	56.4		4394
CS7	KP_ST07CS7_01	11.48	2917	7.09	9.65	19.4	45.0	27.778	3840
	KP_ST07CS7_02	11.48	2917	7.09	9.65	19.4	45.0		3840
	KP_ST07CS7_03	12.14	2866	7.09	9.65	19.4	46.9		3921
USC3	UCS3_KC1	21.18	3308	5.86	9.18	31.8	71.6	15.1608	5040
	UCS3_KC3	13.15	828	5.86	9.18	31.9	73.2	10.5552	4612
CCS1	CCS1_KC1	3.90	2065	8.07	9.30	33.3	45.4	2.9088	2641
	CCS1_KC2	3.90	2065	8.07	9.30	33.3	45.4	2.9088	2641
CCS2	CCS2_KC1	9.49	4120	7.95	9.51	31.0	45.8	8.7864	4179
CCS4	CCS4_KC1	4.29	2057	8.22	9.65	26.5	40.1	3.1992	2706
	CCS4_KC2	4.29	2057	8.22	9.65	26.5	40.1	3.1992	2706
CCS6	CCS6_KC1	5.65	4109	8.42	9.40	24.3	33.3	5.46	3379
CCS8	CCS8_KC1	8.84	4100	8.06	9.61	23.7	37.8	8.4528	4020
合计		461.31						346.5	

表 4.11 开启 CL02 跨接线后流量走势

名称	运行状态	通过流量 $10^4 Nm^3/d$	进口压力 MPa	出口压力 MPa	进口温度 ℃	出口温度 ℃
CL02	OPENED	2665	7.74	7.74	42.1	42.1
A 线管道		5816.665				
B 线管道		5837.806				
C 线管道		1500				

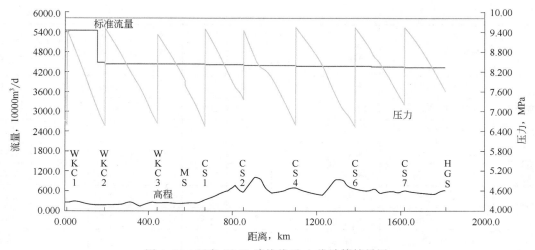

图 4.10　开启 CL02 跨接线后 A 线计算结果图

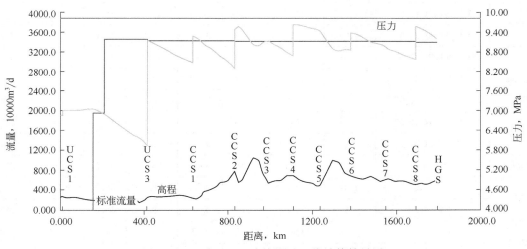

图 4.11　开启 CL02 跨接线后 C 线计算结果图

4.4.2　开启 CL07 号跨接阀室

A/B/C 线总输量 $10900 \times 10^4 \mathrm{Nm}^3/\mathrm{d}$,其中 AB 线输量(至霍尔果斯末站)$6400 \times 10^4 \mathrm{Nm}^3/\mathrm{d}$,C 线输量(至霍尔果斯末站)为 $4500 \times 10^4 \mathrm{Nm}^3/\mathrm{d}$,但 C 线土国上游事故关断,仅有乌国可以注入 $1500 \times 10^4 \mathrm{Nm}^3/\mathrm{d}$ 气量,通过开启跨接管线 CL07 由 AB 线调入 C 线气量为 $3000 \times 10^4 \mathrm{Nm}^3/\mathrm{d}$,其计算结果详见表 4.12 和表 4.13 及图 4.12 和图 4.13。

表 4.12　开启 CL07 跨接线后 A/B‐C 线计算结果

站场机组		功率 MW	通过流量 $10^4\mathrm{Nm}^3/\mathrm{d}$	进口压力 MPa	出口压力 MPa	进口温度 ℃	出口温度 ℃	自耗气 $10^4\mathrm{Nm}^3/\mathrm{d}$	转速 r/min
WKC1	KP_ST01KC1_04	17.95	3205	6.49	9.65	40.6	75.3		5771
	KP_ST01KC1_03	19.09	3180	6.49	9.65	40.6	77.8	41.9	5852
	KP_ST01KC1_05	17.95	3205	6.49	9.65	40.6	75.3		5771

站场机组		功率 MW	通过流量 $10^4 Nm^3/d$	进口压力 MPa	出口压力 MPa	进口温度 ℃	出口温度 ℃	自耗气 $10^4 Nm^3/d$	转速 r/min
WKC2	KP_ST02KC2_01	14.19	3203	7.01	9.65	36.8	64.6	31.2	5430
	KP_ST02KC2_02	14.19	3204	7.01	9.65	36.8	64.6		5430
	KP_ST02KC2_03	15.26	3153	7.01	9.65	36.8	67.1		5544
WKC3	KP_ST03KC3_01	27.99	4762	5.81	8.72	29.5	66.1	35.0	6141
	KP_ST03KC3_02	27.99	4762	5.81	8.72	29.5	66.1		6141
CS1	KP_ST01CS1_01	17.02	3275	6.68	9.70	30.9	63.7	27.065	5671
	KP_ST01CS1_03	18.38	3168	6.68	9.70	30.9	66.5		5912
CS2	KP_ST02CS2_01	5.77	3216	8.43	9.70	30.5	42.1	10.161	2844
	KP_ST02CS2_02	5.77	3217	8.43	9.70	30.5	42.1		2844
CS4	KP_ST01CS1_05	6.61	3209	8.18	9.65	23.0	36.5	11.871	3707
	KP_ST02CS2_04	8.09	3212	8.18	9.65	23.0	39.6		3692
CS6	KP_ST02CS2_05	4.61	2133	8.12	9.70	19.9	34.1	12.119	2761
	KP_ST02CS2_06	4.61	2133	8.12	9.70	19.9	34.1		2761
	KP_ST01CS1_07	5.24	2142	8.12	9.70	19.9	36.0		2730
CS7	KP_ST01CS1_09	5.45	3203	8.49	9.70	19.5	30.8	9.04	2779
	KP_ST02CS2_08	5.62	3197	8.49	9.70	19.5	31.2		2812
USC3	UCS3_KC3	4.81	1496	6.59	8.20	33.1	52.8	3.588	3173
CCS1	CCS1_KC1	9.89	2266	7.07	9.65	33.0	60.6	7.5096	3845
	CCS1_KC2	9.89	2266	7.07	9.65	33.0	60.6	7.5096	3845
CCS2	CCS2_KC1	5.48	2260	8.12	9.65	31.2	46.7	5.292	3767
	CCS2_KC2	5.48	2260	8.12	9.65	31.2	46.7	5.292	3767
CCS3	CCS3_KC1	2.49	2259	8.89	9.65	33.1	40.3	1.86	2161
	CCS3_KC2	2.49	2259	8.89	9.65	33.1	40.3	1.86	2161
CCS4	CCS4_KC1	2.57	2257	8.84	9.65	28.6	36.0	1.9152	2171
	CCS4_KC2	2.57	2257	8.84	9.65	28.6	36.0	1.9152	2171
CCS5	CCS5_KC1	1.66	2255	9.10	9.65	27.6	32.5	1.6032	2255
	CCS5_KC2	1.66	2255	9.10	9.65	27.6	32.5	1.6032	2255
CCS6	CCS6_KC1	3.19	2252	8.66	9.65	28.9	38.1	3.0816	2971
	CCS6_KC2	3.19	2252	8.66	9.65	28.9	38.1	3.0816	2971
CCS7	CCS7_KC1	2.73	2250	8.78	9.65	27.2	35.1	2.0328	2218
	CCS7_KC2	2.73	2250	8.78	9.65	27.2	35.1	2.0328	2218
合计		302.59						228.5	

表 4.13　开启 CL07 跨接线后流量走势

名称	运行状态	通过流量 $10^4 \mathrm{Nm^3/d}$	进口压力 MPa	出口压力 MPa	进口温度 ℃	出口温度 ℃
CL07	OPENED	3052	8.16	8.16	46.4	46.4
A 线管道		4807.691				
B 线管道		4825.274				
C 线管道		1500				

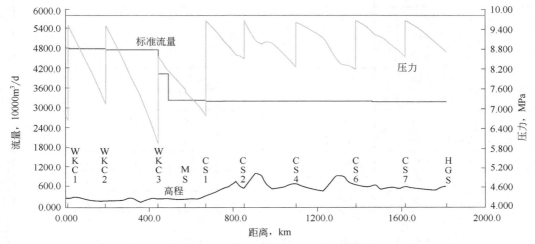

图 4.12　开启 CL07 跨接线后 A 线计算结果图

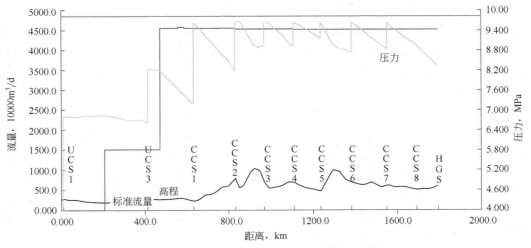

图 4.13　开启 CL07 跨接线后 C 线计算结果图

4.4.3　开启 CL04 号跨接阀室

A/B/C 线总输量 $12350 \times 10^4 \mathrm{Nm^3/d}$,其中 AB 线输量(到霍尔果斯末站) $6950 \times 10^4 \mathrm{Nm^3/d}$, C 线输量(到霍尔果斯末站)为 $5400 \times 10^4 \mathrm{Nm^3/d}$,但 C 线土国上游事故关断,仅有乌国可以注

入 $1500 \times 10^4 Nm^3/d$ 气量,通过开启跨接管线 CL04 由 AB 线调入 C 线气量为 $3900 \times 10^4 Nm^3/d$,其计算结果详见表 4.14 和表 4.15 及图 4.14 和图 4.15。

表 4.14 开启 CL04 跨接线后 A/B－C 线计算结果

站场机组		功率 MW	通过流量 $10^4 Nm^3/d$	进口压力 MPa	出口压力 MPa	进口温度 ℃	出口温度 ℃	自耗气 $10^4 Nm^3/d$	转速 r/min
WKC1	KP_ST01KC1_04	22.13	3683	6.39	9.64	40.3	77.5	48.1	6117
	KP_ST01KC1_03	23.26	3660	6.39	9.64	40.3	79.7		6205
	KP_ST01KC1_05	22.13	3683	6.39	9.64	40.3	77.5		6117
WKC2	KP_ST02KC2_01	22.12	3835	5.91	8.96	34.1	69.8	45.4	6405
	KP_ST02KC2_02	22.12	3835	5.91	8.96	34.1	69.8		6405
	KP_ST02KC2_03	20.76	3314	5.91	8.95	34.1	72.9		6405
WKC3	KP_ST03KC3_01	23.74	3512	5.85	9.64	30.7	72.8	31.9	6196
	KP_ST03KC3_02	23.74	3512	5.85	9.64	30.7	72.8		6196
CS1	KP_ST01CS1_01	9.72	3515	7.85	9.70	31.2	48.9	17.372	4333
	KP_ST01CS1_03	10.40	3492	7.85	9.70	31.2	50.3		4388
CS2	KP_ST02CS2_01	7.34	3497	8.23	9.70	30.4	43.9	12.923	3095
	KP_ST02CS2_02	7.34	3497	8.23	9.70	30.4	43.9		3095
CS4	KP_ST04CS4_02	8.87	3488	7.89	9.66	23.0	39.6	15.858	4138
	KP_ST04CS4_04	10.89	3490	7.89	9.66	23.0	43.3		4133
CS6	KP_ST06CS6_01	6.79	2529	7.80	9.71	19.8	37.4	16.298	3143
	KP_ST06CS6_02	6.79	2529	7.80	9.71	19.8	37.4		3143
	KP_ST06CS6_03	5.95	1905	7.80	9.70	19.8	40.3		2940
CS7	KP_ST07CS7_01	6.79	3280	8.24	9.70	19.5	33.2	12.219	3023
	KP_ST07CS7_03	8.08	3670	8.24	9.71	19.5	34.0		3192
USC3	UCS3_KC1	19.49	2725	5.84	9.60	33.5	77.8	14.6688	5040
	UCS3_KC3	19.49	2725	5.84	9.60	33.5	77.8	14.6688	5040
CCS1	CCS1_KC1	8.33	2733	7.70	9.65	33.0	52.4	6.2376	3424
	CCS1_KC2	8.33	2733	7.70	9.65	33.0	52.4	6.2376	3424
CCS2	CCS2_KC1	9.20	2725	7.57	9.65	30.9	52.5	8.0088	4514
	CCS2_KC2	9.20	2725	7.57	9.65	30.9	52.5	8.0112	4514
CCS4	CCS4_KC1	9.98	2717	7.30	9.65	25.9	49.5	7.5264	3682
CCS6	CCS4_KC2	9.98	2717	7.30	9.65	25.9	49.5	7.5264	3682
	CCS6_KC1	9.81	2708	7.40	9.65	23.4	46.6	8.3808	4625
	CCS6_KC2	9.81	2708	7.40	9.65	23.4	46.6	8.3808	4625
CCS8	CCS8_KC1	8.04	2700	7.18	9.01	23.0	42.2	7.284	4291
	CCS8_KC2	8.04	2700	7.18	9.01	23.0	42.2	7.284	4291
合计		398.64					304.4		

表 4.15　开启 CL04 跨接线后流量走势

名称	运行状态	通过流量 $10^4 Nm^3/d$	进口压力 MPa	出口压力 MPa	进口温度 ℃	出口温度 ℃
CL04	OPENED	3955	7.49	7.49	43.4	43.4
A 线管道		5532.802				
B 线管道		5553.037				
C 线管道		1500				

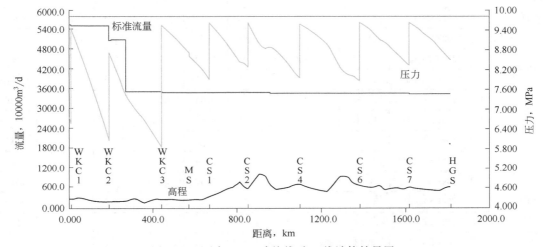

图 4.14　开启 CL04 跨接线后 A 线计算结果图

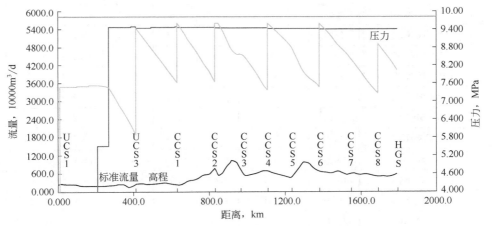

图 4.15　开启 CL04 跨接线后 C 线计算结果图

4.4.4　开启 CL08 号跨接阀室

A/B/C 线总输量 $13500 \times 10^4 Nm^3/d$,其中 AB 线输量(至霍尔果斯末站)$7600 \times 10^4 Nm^3/d$,C 线输量(至霍尔果斯末站)为 $4900 \times 10^4 Nm^3/d$,但 C 线土国上游事故关断,仅有乌国可以注入 $1500 \times 10^4 Nm^3/d$ 气量,通过开启跨接管线 CL08 由 AB 线调入 C 线气量为 3480 ×

$10^4 \mathrm{Nm}^3/\mathrm{d}$,其计算结果详见表 4.16 和表 4.17 及图 4.16 和图 4.17。

表 4.16　开启 CL08 跨接线后 A/B - C 线计算结果

站场机组		功率 MW	通过流量 $10^4\mathrm{Nm}^3/\mathrm{d}$	进口压力 MPa	出口压力 MPa	进口温度 ℃	出口温度 ℃	自耗气 $10^4\mathrm{Nm}^3/\mathrm{d}$	转速 r/min
WKC1	KP_ST01KC1_04	22.82	3763	6.38	9.64	40.3	77.8		6168
	KP_ST01KC1_03	23.93	3739	6.38	9.64	40.3	79.9	49.1	6258
	KP_ST01KC1_05	22.82	3763	6.38	9.64	40.3	77.8		6168
WKC2	KP_ST02KC2_01	22.13	3890	5.82	8.78	33.9	69.1		6405
	KP_ST02KC2_02	22.13	3890	5.82	8.78	33.9	69.1	45.5	6405
	KP_ST02KC2_03	21.05	3438	5.82	8.77	33.9	71.8		6405
WKC3	KP_ST03KC3_01	23.87	3850	6.01	9.50	31.2	69.8	31.7	6038
	KP_ST03KC3_02	23.87	3850	6.01	9.50	31.2	69.8		6038
CS1	KP_ST01CS1_01	14.34	3858	7.27	9.65	30.7	54.3	23.798	5026
	KP_ST01CS1_03	15.31	3819	7.27	9.65	30.7	56.2		5132
CS2	KP_ST02CS2_01	9.59	3830	7.88	9.58	30.3	46.4	17.031	3411
	KP_ST02CS2_02	9.59	3830	7.88	9.58	30.3	46.4		3411
CS4	KP_ST04CS4_01	8.66	2551	7.34	9.65	22.7	44.7		4322
	KP_ST04CS4_02	8.66	2551	7.34	9.65	22.7	44.7	21.312	4322
	KP_ST04CS4_03	9.36	2536	7.34	9.65	22.7	46.6		4349
CS6	KP_ST06CS6_01	8.48	2536	7.38	9.65	19.7	41.5		3469
	KP_ST06CS6_02	8.48	2536	7.38	9.65	19.7	41.5	21.925	3469
	KP_ST06CS6_03	9.58	2544	7.38	9.65	19.7	44.2		3459
CS7	KP_ST07CS7_01	6.24	2382	7.83	9.65	19.4	36.7		3067
	KP_ST07CS7_02	6.24	2382	7.83	9.65	19.4	36.7	16.279	3067
	KP_ST07CS7_03	7.92	2837	7.83	9.66	19.4	37.8		3299
USC1	UCS1_KC1	8.93	1890	6.65	9.65	20.8	51.2	9.252	6844
	UCS1_KC2	8.93	1890	6.65	9.65	20.8	51.2	9.252	6844
USC3	UCS3_KC1	20.95	3215	5.79	9.18	30.3	70.8	15.0888	5040
	UCS3_KC3	15.58	2369	5.79	9.18	30.3	71.2	12.6576	4738
CCS1	CCS1_KC1	10.56	2784	7.05	9.30	32.6	56.5	7.9968	3811
CCS2	CCS1_KC2	10.56	2784	7.05	9.30	32.6	56.5	7.9968	3811
	CCS2_KC1	22.15	5552	7.06	9.50	30.5	55.8	16.5552	5647
CCS4	CCS4_KC1	11.97	2767	6.97	9.65	25.7	53.3	9.144	3974
	CCS4_KC2	11.97	2767	6.97	9.65	25.7	53.3	9.144	3974
CCS6	CCS6_KC1	18.05	5519	7.29	9.40	23.2	44.3	14.1696	5171
CCS8	CCS8_KC1	25.70	5500	6.68	9.60	22.6	52.4	19.008	5972
合计		470.41						356.9	

表 4.17　开启 CL08 跨接线后流量走势

名称	运行状态	通过流量 $10^4\,Nm^3/d$	进口压力 MPa	出口压力 MPa	进口温度 ℃	出口温度 ℃
CL08	OPENED	3480	8.55	8.4	50	49.5
A 线管道		5646.637				
B 线管道		5667.172				
C 线管道		1500				

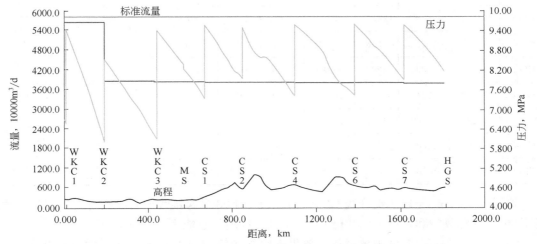

图 4.16　开启 CL08 跨接线后 A 线计算结果图

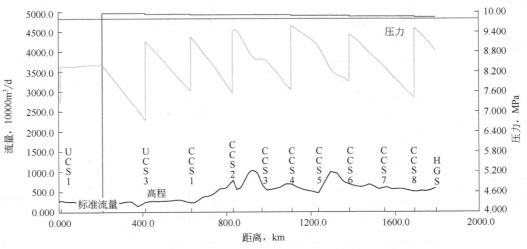

图 4.17　开启 CL08 跨接线后 C 线计算结果图

4.5 小结

根据"正常工况保能耗,异常情况保输量"的优化目标,对开启 4 条跨接线的情况下分别从输量的增加情况和能耗的降低情况进行比对,结果如表 4.18 及表 4.19 所示。

表 4.18 事故工况下开跨接阀室优化分析结果 1 $10^4 \mathrm{Nm}^3/\mathrm{d}$

跨接阀	总能力	有跨接线		无跨接线			能力增加	失效气源	备注
		AB线进气	C线进气	总能力	AB线进气	C线进气			
CL02	13300	8900	4400	13300	8900	4400	0	乌气	
CL07	13802	9308	4494	13300	8900	4400	502		
CL05	14160	10614	3546	13300	8900	4400	860		
CL08	14598	10800	3798	13300	8900	4400	1298		
CL02	13143	11643	1500	10400	8900	1500	2743	UCS1	乌气注入 1500
CL07	11133	9633	1500	10400	8900	1500	733		
CL05	12300	10800	1500	10400	8900	1500	1900		
CL08	12300	10800	1500	10400	8900	1500	1900		

根据上述结果,开启跨接管线 CL04、CL07 和 CL08 号跨接线能明显提高 C 线气源事故工况下(土国气源故障和乌国气源故障)的 AB 和 C 线输气总能力。

CL02 跨接阀室对乌气失效后优化效果不明显,但对于 UCS1 首站失效增输效果较明显。

表 4.19 事故工况下开跨接阀室优化分析结果 2 $10^4 \mathrm{Nm}^3/\mathrm{d}$

跨接阀	总输气能力	有跨接线			无跨接线			能耗减少	失效气源	备注
		总能耗	AB线能耗	C线能耗	总能耗	AB线能耗	C线能耗			
CL02	13300	350.2	289.6	60.6	350.2	289.6	60.6	0	乌气	
CL07	13300	340.1	241.5	98.6	350.2	289.6	60.6	10		
CL05	13300	319.7	241.5	78.2	350.2	289.6	60.6	31		
CL08	13300	312.4	241.5	70.9	350.2	289.6	60.6	38		
CL02	10400	174.8	120.6	54.2	251.7	251.7	0	76.9	UCS1	乌气注入 1500
CL07	10400	188.5	141.8	46.7	251.7	251.7	0	63.2		
CL05	10400	170.6	118.8	51.8	251.7	251.7	0	81.1		
CL08	10400	189.0	120.8	68.2	251.7	251.7	0	62.7		

C 线气源事故工况下(土国气源故障和乌国气源故障),输送相同气量天然气,有跨接线相较于无跨接线,能耗降低明显。

5 应用效果

5.1 创新康采恩"分时供气"模式

2016 年,康采恩 C 线供气协议签署,由于 AB 线与 C 线气价不同,同时考虑 AB 线 170 亿合同的照付不议风险(目前 AB 线 170 亿合同的分月计划是按照全年照付不议气量进行安排,若通过管道方手段增加 C 线康采恩上游进气,减少 AB 线进气,则会触发照付不议),因此合同规定的商务条款极其苛刻,中联油多次明确要求康采恩 AB 线与 C 线气量必须严格按照合同气量执行,即康采恩 C 线上游进气量需保证稳定的 $900\times10^4\,\mathrm{m^3/d}$。但通过模拟计算研究,在康采恩现有的供气工艺条件下,C 线上游康采恩进气需达到 $3300\times10^4\,\mathrm{m^3/d}$ 时,A 线与 C 线 DN500mm 管线连接处压力处于平衡,A 线(康采恩方向)通过 DN500 管线向 C 线方向开始有气量注入,因此如果康采恩 C 线上游来气量只有 $900\times10^4\,\mathrm{m^3/d}$,C 线最大输气量为 $2600\times10^4\,\mathrm{m^3/d}$(阿 1700+康 900)(详见图 5.1 图 5.2)。

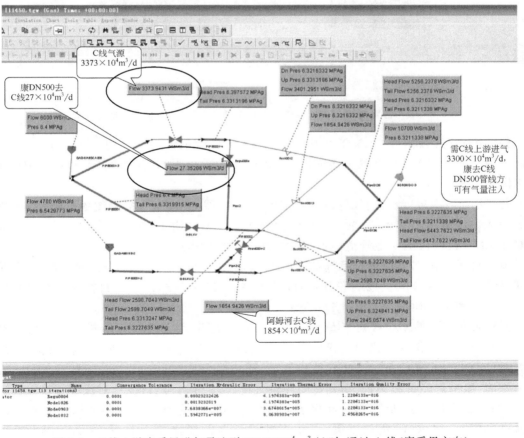

图 5.1 C 线上游康采恩进气需达到 $3300\times10^4\,\mathrm{m^3/d}$ 时,通过 A 线(康采恩方向)
与 C 线 DN500mm 管线刚有气量向 C 线注入

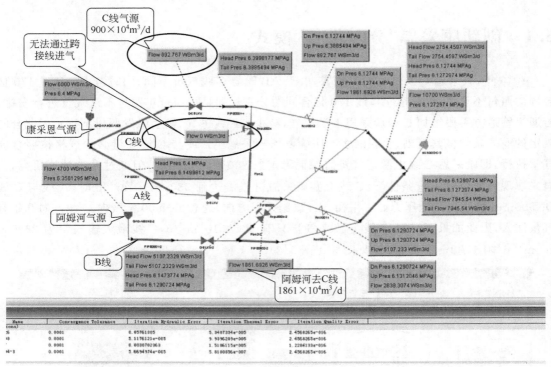

图 5.2　康采恩输量 $900\times10^4\,\mathrm{m}^3/\mathrm{d}$ 时,A 线通过 DN500 管线无气量注入 C 线

据上述研究,意味着 2016 年 3 月、11 月、12 月 C 线最大输气量为 $2600\times10^4\,\mathrm{m}^3/\mathrm{d}$(阿 1700＋康 900),4—9 月 C 线最大输气量为 $2325\times10^4\,\mathrm{m}^3/\mathrm{d}$(阿 1700＋康 625),将对中亚造成如下影响:

若严格执行 ABC 线合同气量,在乌气无法进入 C 线的情况下,ABC 线冬季最大输气能力为 $11500\times10^4\,\mathrm{m}^3/\mathrm{d}$(8900＋2600),不但无法完成 3 月份日均 $11600\times10^4\,\mathrm{m}^3/\mathrm{d}$ 的输量,而且将对 2016 年 11—12 月中亚管道冬季保供能力产生极大影响。

根据测算研究,按本年度分月气量安排,C 线输气 $4000\times10^4\,\mathrm{m}^3/\mathrm{d}$ 全线能耗最优,若按照合同气量执行,3 月、11 月、12 月份能耗将增加约 $30\times10^4\,\mathrm{m}^3/\mathrm{d}$,4—9 月自耗气将增加约 $20\times10^4\,\mathrm{m}^3/\mathrm{d}$,计算分析如表 5.1 和表 5.2 所示

面对此问题,通过积极思考研究,创新了 C 线康采恩合同供气新模式——按照日均 $2000\times10^4\,\mathrm{m}^3/\mathrm{d}$ 的供气量集中完成康采恩 C 线月度总供气量,之后通过流程切换,继续由 A 线通过 DN500mm 的跨接线向 C 线供气,保证 C 线全月 $4000\times10^4\,\mathrm{m}^3/\mathrm{d}$ 的输量。随后与中联油、康采恩多番协调,推动其接受此供气模式;3 月初与 ATG 针对流程切换方案进行研究,确定了流程切换具体方案,确保了创新的 C 线康采恩合同供气模式顺利实现。2016年通过实施"分时供气"优化方案,一年来共避免自耗气损耗 $6000\times10^4\,\mathrm{m}^3$,相当于节约 1020 万美元。

表 5.1　冬季 $11370\times10^4\,m^3/d$ 的输气计划下，C 线输 $4000\times10^4\,m^3/d$ 较 $2600\times10^4\,m^3/d$ 耗气节省约 $30\times10^4\,m^3/d$

序号	C线4000 $\times10^4\,m^3/d$	通过量 $10^4\,m^3/d$	进口压力 MPa	出口压力 MPa	进口温度 ℃	出口温度 ℃	自耗气 $10^4\,m^3/d$	转速 r/min	序号	C线2600 $\times10^4\,m^3/d$	通过量 $10^4\,m^3/d$	进口压力 MPa	出口压力 MPa	进口温度 ℃	出口温度 ℃	自耗气 $10^4\,m^3/d$	转速 r/min
1	WKC1-3	3111	6.23	7.50	36.18	52.30	7.21	4513	1	WKC1-3	3670	6.23	8.00	36.21	58.14	10.50	5299
	WKC1-5	3111	6.23	7.50	36.18	52.30	7.16	4513		WKC1-5	3670	6.23	8.00	36.21	58.14	10.43	5299
2	WKC2-1	3783	6.09	8.59	42.55	70.59	13.90	6073	2	WKC2-1	4338	6.11	9.20	42.96	76.52	15.78	6021
	WKC2-2	3783	6.09	8.59	42.55	70.59	13.90	6073		WKC2-2	4338	6.11	9.20	42.96	76.52	15.78	6021
3	WKC3-1	3769	6.13	8.87	33.63	63.02	13.92	5548	3	WKC3-1	4321	6.14	9.10	33.21	65.29	16.50	5879
	WKC3-2	3769	6.13	8.87	33.63	63.02	13.92	5548		WKC3-2	4321	6.14	9.10	33.21	65.29	16.50	5879
4	CS1-1	3406	6.64	8.94	28.56	51.90	11.54	5118	4	CS1-1	3424	6.16	9.20	28.15	60.26	13.84	5953
	CS1-2	4107	6.64	8.94	28.56	51.90	12.74	5283		CS1-2	5188	6.16	9.20	28.15	60.26	16.86	6450
5	CS2-1	7442	7.34	8.75	20.65	37.39	18.19	4362	5	CS2-1	4292	7.17	9.20	20.78	39.61	13.27	3825
6	CS4-1	3710	6.73	9.35	16.12	41.76	11.07	5148		CS2-2	4292	7.17	9.20	20.78	39.61	13.27	3825
	CS4-2	3710	6.73	9.35	16.12	41.76	11.07	5148	6	CS4-1	4279	6.60	9.40	15.88	44.17	13.27	5608
7	CS6-1	3700	7.27	9.15	17.33	36.98	9.99	3683		CS4-2	4279	6.60	9.40	15.88	44.17	13.27	5608
	CS6-2	3700	7.27	9.15	17.33	36.98	9.99	3683	7	CS6-1	4264	6.52	9.20	15.63	45.68	15.06	4645
8	CS7-1	3678	7.45	9.44	15.62	34.72	9.70	3624		CS6-2	4264	6.52	9.20	15.63	45.68	15.06	4645
	CS7-2	3678	7.45	9.44	15.62	34.72	9.70	3624	8	CS7-1	4238	6.87	9.65	14.69	42.55	14.07	4457
9	GCS1	1370	4.10	6.50	46.00	82.30	7.34	8282		CS7-2	4238	6.87	9.65	14.69	42.55	14.07	4457
10	UCS1-1	2000	6.18	9.17	36.31	66.86	7.86	7442	9	GCS1	685	4.10	7.20	46.00	95.52	5.94	8066
	UCS1-2	2000	6.18	9.17	36.31	66.86	7.86	7442		GCS2	685	4.10	7.20	46.00	95.52	5.94	8066
11	UCS3-1	3963	6.28	9.55	30.70	66.61	15.56	5059	11	UCS1-1	1300	6.21	9.65	36.39	70.83	6.96	7152
12	CCS2-1	3948	7.53	9.71	14.63	33.67	11.16	4809		UCS1-2	1300	6.21	9.65	36.39	70.83	6.96	7152
14	CCS6-1	3994	7.57	9.71	13.09	31.65	10.26	4730	14	CCS2-1	2575	6.99	9.71	14.36	38.78	10.74	5037
总计							234.04		总计							264.09	

表 5.2 夏季 8445×10⁴m³/d 的输气计划下，C 线输 4000×10⁴m³/d 较 2600×10⁴m³/d 耗气日节省 20×10⁴m³/d

C 线 4000 ×10⁴m³/d

序号	机组	通过量 10⁴m³/d	进口压力 MPa	出口压力 MPa	进口温度 ℃	出口温度 ℃	自耗气 10⁴m³/d	转速 r/min
1	WKC1-4	3334	6.52	8.00	36.57	54.31	8.22	4684
2	WKC3-1	4688	6.65	9.40	32.77	61.47	14.00	5584
3	CS4-1	4675	7.00	9.29	21.83	45.51	12.00	5440
4	GCS1	685	4.25	7.70	46.00	99.78	6.29	8284
	GCS2	685	4.25	7.70	46.00	99.78	6.29	8284
5	UCS1-1	1984	6.47	9.45	36.88	66.26	7.62	7208
	UCS1-2	1984	6.47	9.45	36.88	66.26	7.62	7208
6	UCS3-2	2027	6.75	9.51	30.72	58.30	16.13	4600
7	CCS2-1	3924	7.47	9.68	21.70	41.46	11.46	4964
8	CCS6-1	3915	7.52	9.10	22.98	37.84	8.82	4497
总计							99.45	

C 线 2600 ×10⁴m³/d

序号	机组	通过量 10⁴m³/d	进口压力 MPa	出口压力 MPa	进口温度 ℃	出口温度 ℃	自耗气 10⁴m³/d	转速 r/min
1	WKC1-4	2358	6.52	8.60	36.59	58.38	7.38	4628
	WKC1-5	2358	6.52	8.60	36.59	58.38	7.33	4628
2	WKC3-1	3031	6.28	9.35	33.10	64.28	12.41	5483
	WKC3-2	3031	6.28	9.35	33.10	64.28	12.41	5438
3	CS2-1	6041	6.89	9.10	28.16	50.55	19.96	4606
4	CS6-1	3008	6.23	9.70	20.46	55.33	13.21	4638
	CS6-2	3008	6.23	9.70	20.46	55.33	13.21	4638
5	GCS1	685	4.25	8.00	46.00	104.19	6.64	8562
	GCS2	685	4.25	8.00	46.00	104.19	6.64	8562
6	UCS1-1	1298	6.50	9.45	37.18	66.57	5.88	6492
	UCS1-2	1298	6.50	9.45	37.18	66.57	5.88	6492
7	CCS2-1	2575	7.26	9.45	22.60	42.51	8.72	4581
总计							119.68	

5.2 乌铁换管

根据乌国总统要求,乌兹别克斯坦布哈拉—米斯金铁路需在乌国独立日(2017 年 9 月 1 日)前通车,2017 年 6 月 24 日至 8 月 7 日 ATG 合资公司完成穿越铁路位置 ABC 线换管工程及 BC 线互联工程。共计更换管道 1129m,新建管道 50m。乌铁换管位置位于管线 249km 处,工程整体内容为将 A/B/C 三线穿越处管道进行断管、换厚壁管,同时重点段加套管保护。A 线和 B 线换管各 363m,C 线换管 403m。

按原工艺,若开展 C 线换管,中乌管道仅 AB 线运行,C 线停输 692km,管输能力降至 $8800\times10^4\,m^3/d$,与计划缺口达 $2000\times10^4\,m^3/d$,按照 ATG 合资公司最初上报的 C 线换管 20d 施工计划,或将影响输量 $4\times10^8\,m^3$。

为避免换管降量,优化运行小组在年初确定工艺改造方案,并通过模拟仿真技术验证,即在 C 线 15# 阀室与 AB 线 10# 阀室间增设跨接线 CL05,将 C 线上有缺口通过 WKC1 - WKC2 间的富裕能力输送,由新增 CL05 跨接线转回 C 线输送,确保输量不受影响;此方案与 ATG 深入探讨,并协调中国石油管道局工程公司进行方案设计,最终确定在中乌管道 392km C 线 15# 阀室处建设 BC 线互联跨接 CL05(图 5.3)。

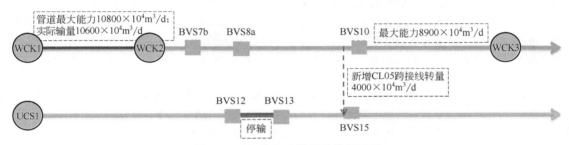

图 5.3　AB 线和 C 线最优气量匹配

经优化工期安排,C 线换管仅用时 12d 完成。BC 线互联工程共计为公司"争输"$2.1\times10^8\,m^3$,为合资公司"争收"管输费 1365 万美元。此外,该工程将中乌管道 AB 线及 C 线水力系统有效连接在了一起,极大增强了调控运行的灵活性,对降本增效、优化运行、事故应对都有重要意义。

参 考 文 献

[1] 胡冬,蒲明,于达,等. 天然气管道干线并行跨接方案研究[J]. 石油规划设计,2013,24(6):34 - 37.

[2] Oleg M I. Historical Look:Soviet Union Pipeline Construction[J]. Pipeline Industry,1992,1.

[3] William R Q. PipeLine Construction between 1948 and 1991[J]. Pipeline Industry,1992,2.

[4] 周英,陈凤,孙在蓉. 陕京输气系统整合优化[J]. 天然气与石油,2011,2.

[5] 马轩,刘佳明,任梓健. 天然气并行管道系统跨接方案探讨及优化[J]. 油气田地面工程,2016,3.

[6] 张监,王勋,李哲,等. 国内外输气管廊带的建设与运行[J]. 油气储运,2015,09:919 - 923.

[7] Goldberg D E. Computer - aided gas pipeline operation using genetic algorithms and rule learning:(dissertation). Michigan:Univ. of Michigan,1983.

[8] Wong P J,Larson R E. Optimization of natural - gas pipeline systems via dynamic programming[J]. IEEE Transactions on Automatic Control,1968,13(5):475 - 481.

[9] 刘定智,刘定东,李茜.TGNET 和 SPS 在天然气管道稳态计算中的差异和分析和比较[J].石油规划设计,2011,22(1):18－22.

[10] Martch H B,McCall N J. Optimization of the Design and Operation of Natural Gas Pipeline Systems[J]. SPE 4006,1972.

[11] 郑云萍,肖杰,孙啸,等.输气管道仿真软件 SPS 的应用与认识[J].天然气工业,2013,33(11):104－109.

[12] 郭雁冰,岳志波.利用 SPS 软件分析城市高压燃气管网工况[J].油气储运,2010,29(10):788－790.

[13] 常大海,王善珂,肖尉.国外管道仿真技术发展状况[J].油气储运,1997,10:9－13.

[14] 吴长春,张鹏,蒋方美.输气管道仿真软件及其在供气调峰中的应用[J].石油工业技术监督,2005,05:33－36.

[15] 刘喜超,唐胜利.基于偏最小二乘法的压气机特性曲线的拟合[J].汽轮机技术,2006,48(5):327－329.

[16] 崔茂佩.压缩机特性线的系数拟合法[J].热能与动力工程,1999,14(1):43－46.

[17] 吴森.基于船用燃气轮机外特性的建模方法[J].中国造船,2008,49(4):61－64.

[18] Odom F M,Muster G L. Tutorial on modeling of gas turbine driven centrifugal compressors[C]//PSIG Annual Meeting. 2009.

[19] 杨义.中国石油主干输气管网稳态仿真与优化运行软件的开发[D].北京:中国石油大学(北京),2008.

[20] 杨廷胜.西气东输管道稳态优化运行软件的开发及应用[D].北京:中国石油大学(北京),2002.

[21] 仇攀.济—青输气管道复线事故模拟分析[J].云南化工,2015,05:55－57.

[22] 袁璐,闫小军.利用 SPS 软件分析输气管道的瞬态工况[J].辽宁化工,2014,02:149－151.

[23] 操泽.长输天然气管道事故工况模拟分析[J].当代化工,2015,44(12):2842－2843.

[24] 张鹏.模拟软件在长输天然气管道上的应用[J].油气储运,2004,23(6):52－54.

[25] Ferber E P. CNGT intalls fuel minimization system to reduce operating cost[J]. Pipe Line & Gas Industry,1999,3.

[26] 王希勇.天然气长输管道运行优化及压气站负荷调度研究[D].成都:西南石油学院,2004.

[27] 金光.天然气输气管线系统优化设计与运行研究[D].广州:华南理工大学,2012.

[28] 高松竹.输气干线压缩机站优化运行研究[D].成都:西南石油学院,2002.

[29] 陈进殿,汪玉春,黄泽俊.天然气管网系统最优化研究[J].油气储运,2006,25(2):6－12.

天然气输气量预测性研究

1　背景情况

中亚天然气管道是我国第一条跨多国进口天然气管道项目,也是规模最大的陆上天然气进口通道。冬供期间,中油国际管道公司输气量约占我国石油天然气管网输送总量的1/4,冬供责任重大。中亚进口气共有四个气源,分别为土气康采恩、土气阿姆河、乌气、哈气。在实际运行中,各气源国均由于资源开采能力、本国需求变化以及其他政治因素而影响向我国出口天然气的能力。此情况在冬季期间尤为突出。通过引入大数据预测模型,对中亚天然气管道各气源进气量进行预测与分析,为科学决策提供支持,对冬季保供工作有重大意义。

中亚天然气管道气源主要来自土库曼斯坦的阿姆河和康采恩,乌兹别克斯坦(简称乌国),以及哈萨克斯坦(简称哈国)。三气源国均为天然气大国,天然气产量除了保证国内需求,主要用于对外出口,包括中国、伊朗、俄罗斯、塔比和跨里海项目等。因此,影响中亚天然气管道输气量的主要因素包括气田产能、气源国内需以及他国出口三个方面。从时间角度,可以分为长期影响因素和短期影响因素。

2020 年全球遭遇新冠肺炎疫情,按照之前的正常预测,IHS Markit Ltd 及 LNG 专家当时认为,2020 年我国天然气及 LNG 的消费量将达到 $327 \times 10^8 \mathrm{m}^3$ 左右,比上年增长 8%。此次疫情,或将导致天然气消费增速回落 2 个百分点,预计 2020 年我国天然气消费量将比上年增长 6% 左右,达到 $321 \times 10^8 \mathrm{m}^3$。

受到新冠肺炎疫情的影响,2019 年冬天到 2020 年春天的供暖季,我国的人均消费量呈现先热后冷的态势。2020 年 1 月和 2 月,全国天然气销量首次出现连续负增长。

中亚管道方面,疫情重启对中国—中亚经贸的影响,体现在对进口中亚油气产品生产、运输、需求等环节。2020 年第一季度,中亚天然气管道向我国输送天然气超 $101 \times 10^8 \mathrm{m}^3$,比 2019 年同期($115 \times 10^8 \mathrm{m}^3$)减少 12%。

本文建立了中亚进口气预测大数据模型,通过分析中亚气源所在国内需、出口天然气等数据,预测冬季保供期间各气源未来一周的日保供量。由于本文针对的是短期输气量预测,因此特别重视短期影响因素数据。

2 状况描述

2.1 我国天然气需求情况

2018 年我国气源构成中,国产气占 56.3%;其中,鄂尔多斯、川渝、新疆三大气区占 43.3%,是国产天然气的供应主体。进口 LNG 占 26.6%,进口管道气占 17.1%。

天然气发电、制造业、生活消费等是天然气消费量主要增长领域,十年平均增速分别为 17.1%、13.4%、11.3%。

天然气需求继续保持高增长速度。我国近年来的天然气消费需求呈现持续上升状态,未来也将高速增长。其主要原因是我国不断推行环保正常,大力倡导天然气的使用,减少煤炭和石油的使用,改善空气质量;其次是我国城镇化建设不断扩展,我国城市化范围越来越广,对天然气的需求不断上升;天然气相较于其他能源具有价格优势,更受消费者欢迎。

我国天然气进口量逐年增加,从 2014 年的 $578 \times 10^8 m^3$ 增加到 2018 年的 $1262 \times 10^8 m^3$,复合增长率达 22%。我国天然气的进口资源包括管道气和液化天然气(LNG),前者主要来自中亚和缅甸,后者主要来自澳大利亚、卡塔尔、马来西亚、印度尼西亚、巴布亚新几内亚、美国等国家。管道气的进口增幅相对有限,LNG 进口资源近年来则呈多渠道的状态。中亚天然气管道和中缅天然气管道是保证我国天然气能源安全的主要通道。我国已成为全球最大的天然气进口国,2018 年对外依存度上升至 45.3%,需求量增速远高于国内产量增速,供需矛盾日益突出。

2.2 各气源国情况

2.2.1 土库曼斯坦

2.2.1.1 天然气资源情况

土库曼斯坦(简称土国)油气资源丰富,天然气探明储量约 $19.5 \times 10^{12} m^3$,远景储量约 $26.2 \times 10^{12} m^3$,居世界第四位,约占世界总储量的 9.9%。近年来,土国在全球能源供应领域迅速崛起,该国当时计划 2020 年实现天然气年产量 $1877 \times 10^8 m^3$、出口 $1300 \times 10^8 m^3$ 的目标,力争将自身打造成油气大国。

土国天然气资源非常丰富,主要蕴藏在东部和中部阿姆达利亚油气区,在西部油田也有少量伴生气。当时共探明 127 个气田,其中 39 个正在开采。

土国独立后即确立了"油气资源立国"战略,开放其所属里海区域的油气开发,相继划出 31 个区块以国际招标方式吸引跨国油气企业进行风险勘探开发,同时出台了一系列对外国投资者的优惠政策。俄罗斯为了自身利益通过共同参与里海大陆架油气开发、购买土国出口的油气、修建输出管道等多种方式扩大其在土国的影响力和控制力。美国出于政治目的,于 1993 年与土国签订《双边贸易协定》,为美国油气企业进入土国投资奠定基础,雪佛龙、康菲获得了里海附近两油气区块的开发竞标权,支持南向、西向的天然气管理建设。欧盟石油公司也在土国占有一席之地,如丹麦 Maersk 石油公司、德国 Wintershall 公司、英国 Burren 石油公司、意大利埃尼公司都参与了里海大陆架的油气开采。

目前,土国是我国主要的天然气供应商,而我国也是土国天然气出口的第一承销商,占该国天然气出口总量的 61% 以上。我国油气企业在土国天然气的投资合作较为顺利,双方共同建设了中国—中亚天然气管线 A、B、C 三线,正在建设的 D 线将绕过哈萨克斯坦直接向我国输送天然气。与土国天然气康采恩签署中土天然气购销协议,自 2007 年起未来 30 年内每年向我国出口 $400 \times 10^8 m^3$ 的天然气,2011 年双方又签署了每年 $250 \times 10^8 m^3$ 的天然气供销合同。与土国石油康采恩签署"古穆达克油田提高采收率技术服务合同",获得古穆达克油田 100% 的权益,2007 年获得"阿姆河右岸勘探开发许可证",参与阿姆河右岸项目的勘探开发业务。

2.2.1.2 能源消费情况

土国的天然气消费量远低于生产量,因此天然气大部分用于出口。2016 年土国的出口量为 $372 \times 10^8 m^3$,主要流向哈萨克斯坦($11 \times 10^8 m^3$)、伊朗($67 \times 10^8 m^3$)和中国($294 \times 10^8 m^3$)。

按照当时伍德麦肯兹能源咨询公司的预测,未来一段时间土国的天然气生产量将保持较快增长,到 2020 年达 $1650 \times 10^8 m^3$,消费量达 $300 \times 10^8 m^3$,出口量为 $1350 \times 10^8 m^3$,主要流向俄罗斯及乌克兰(共 $900 \times 10^8 m^3$)、中国($300 \times 10^8 m^3$)和伊朗($150 \times 10^8 m^3$)。到 2025 年,生产量将达到 $1800 \times 10^8 m^3$,消费量为 $400 \times 10^8 m^3$,约有 $1400 \times 10^8 m^3$ 的天然气需要出口,将主要流向俄罗斯($800 \times 10^8 m^3$)、中国($300 \times 10^8 m^3$)、伊朗($200 \times 10^8 m^3$)及欧盟($100 \times 10^8 m^3$)。到 2030 年,生产量将达 $2300 \times 10^8 m^3$,消费量为 $500 \times 10^8 m^3$,约 $1800 \times 10^8 m^3$ 的天然气出口。

2.2.1.3 地缘政治情况

土国采用的是高度集权的政治经济体制,市场机制不发达,政府机构经常对外资企业或涉外合作项目进行行政干预和检查,有土方在与外企产生合同争议情况下单边停止合同履约的个案发生。2007 年,我国和土国签署为期 30 年、每年供应我国 $300 \times 10^8 m^3$ 的中土天然气购销协议。2017 年冬至 2018 年春,土国发生项目违约,天然气供应量大幅缩减。据悉,2018 年 1 月末,土国天然气供应量从商定的 $1.3 \times 10^8 m^3/d$ 下降至 $0.7 \times 10^8 m^3/d$。土国给出的理由是国内天然气需求增加和设备损坏缺少资金维修。同时,土国政府存在违约风险。2017 年年底至 2018 年年初我国北方供暖期间,中亚管道天然气输送量骤降,在中国石油下发的《关于再次重申严格执行日指定计划的通知》中指出,中亚来气持续欠气 $2000 \times 10^4 m^3/d$,日均欠量达 $3000 \times 10^4 m^3$ 以上。土国没按计划执行天然气合同,2018 年 1 月,土国对华输气的气源土天然气康采恩已经停机 3 次。

2.2.2 乌兹别克斯坦

2.2.2.1 天然气资源情况

乌兹别克斯坦是中亚地区的油气资源大国之一。拥有布哈拉—希瓦、乌斯秋尔特、吉萨尔西南部、苏尔汉河和费尔干纳 5 大油气区。油气田主要分布在东部和东南部,天然气主要分布在西部的卡拉库姆沙漠地区。

费尔干纳地区是乌国勘探程度最高和开采石油最早的油气区。1890 年这里发现了第一个油气田"奇米恩",1904 年开始开采。到 20 世纪 80 年代初,费尔干纳地区无论是油气产量还是储量、增速,都在乌国占主导地位。1985 年,拥有加兹里和苏坦尔两个特大型油气田的布哈拉—希瓦油气区的探明储量和产量后来居上,超过费尔干纳,成为乌国石油和天然气的主要供应基地。

据《BP 世界能源统计年鉴志》2019 年数据,乌国天然气资源也十分丰富,2018 年探明含量为 $1.2×10^{12} m^3$,年产量 $566×10^8 m^3$,居中亚地区第二位。天然气田主要分布在卡拉库姆盆地东北部边缘的查尔米和布哈拉地台,以及吉萨尔山脉西南部和布哈拉—希瓦油气区内,比较著名的气田有加兹里、扎尔卡克斯、穆巴列克、舒尔坦等。

我国油气企业于 2006 年进入乌国油气领域,与该国签署了咸海水域 5 个勘探区块合同。2008 年,与乌国家油气公司签署合作协议,共同开发费尔干纳盆地的明格布拉克油田,此外双方组建合资公司共同修建、运营中国—中亚天然气管线乌国段。2010 年,与乌国签署每年向我国出口 $100×10^8 m^3$ 天然气的购销协议。2014 年,中国—中亚天然气管线 D 线开工,该线将绕过哈萨克斯坦途经乌国向我国输送天然气。但总体来说,我国油气企业在乌能源领域的对外投资中所占比重不高,短时期内也很难打破俄罗斯对乌国油气投资的优势地位、韩国和马来西亚等油气企业先入为主的格局。

2.2.2.2 能源消费情况

如图 2.1 所示,2006—2016 年,乌国国内天然气消费需求整体呈上升趋势,特别是 2013 年以来,乌国经济复苏,工业化进程加快,国民经济水平发展稳定,刺激了乌国国内对天然气的需求。

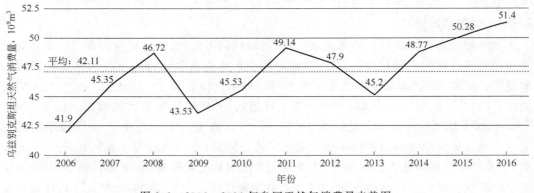

图 2.1　2006—2016 年乌国天然气消费量走势图

如图 2.2 所示,2007—2016 年乌国天然气产量及消费量都呈现波动变化的趋势,在 2014 年以后都呈逐年上升的趋势,其天然气产量的增幅更为明显。此外,2007—2016 年乌国的天然气产量一直都高于其天然气消费量的水平,乌天然气消费量在不断增长,天然气生产量也不断扩大。从变化趋势可见其天然气生产量和消费量抵消的盈余部分在不断扩大,也意味着其可用于出口的天然气总量在不断扩大。

随着乌斯丘尔特地区的天然气田投入大规模工业开发,乌国天然气的生产量、消费量以及出口量都有所增长。据当时预测,到 2020 年生产量可能增加到 $605×10^8 m^3$,消费量为 $434×10^8 m^3$,出口量达 $171×10^8 m^3$;2025 年生产量增加到 $643×10^8 m^3$,消费量为 $453×10^8 m^3$,出口量达 $189×10^8 m^3$;2030 年生产量达到 $682×10^8 m^3$,消费量为 $475×10^8 m^3$,出口量达 $207×10^8 m^3$,其中主要出口给俄罗斯($150×10^8 m^3$),塔吉克斯坦等中亚邻国($37×10^8 m^3$)以及亚太地区($20×10^8 m^3$)。

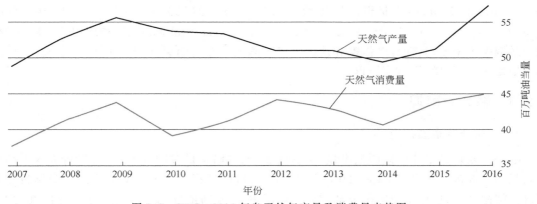

图 2.2　2007—2016 年乌天然气产量及消费量走势图

2.2.2.3　工业消耗用气情况

乌国有两个天然气处理厂,姆己列克天然气加工厂和舒尔坦石油天然气公司。姆己列克天然气加工厂的功率为 $30.7 \times 10^9 \, m^3$ 天然气,主要负责脱硫、低温分离、采集和生产硫凝析油。因为受企业的需求和负载的不稳定性影响,该工厂计划维持 $24 \times 10^9 \, m^3$ 天然气的处理能力,并计划引进新通用脱硫设备,同时淘汰技术落后的陈旧设备。舒尔坦天然气加工厂的年加工能力约为 $170 \times 10^8 \, m^3$,主要负责对天然气进行深加工。

乌国 GTL 工厂每年计划加工 $36 \times 10^8 \, m^3$ 的天然气,生产超过 $150 \times 10^4 \, t$ 的合成燃料。其中,$74.3 \times 10^4 \, t$ 为柴油燃料,$31.1 \times 10^4 \, t$ 为煤油,$43.1 \times 10^4 \, t$ 为挥发油,另有 $2.1 \times 10^4 \, t$ 为液化气。天然气制油工厂项目的总造价超过 45×10^8 美元。

2.2.2.4　地缘政治情况

在乌国周边国家中,俄罗斯和哈萨克斯坦的石油资源都极为丰富,石油及石油产品也是两国最重要的出口商品。2016 年,俄罗斯出口原油和成品油达到 $2.74 \times 10^8 \, t$ 和 $1.51 \times 10^8 \, t$,均排在世界第 2 位;同期哈萨克斯坦出口原油 $6600 \times 10^4 \, t$,土库曼斯坦出口原油 $600 \times 10^4 \, t$,分别达到其产量 83% 和 47%。但自独立以来至 2016 年,乌国保持了相对中立的地缘政治发展战略,在大国之间总体亲俄又追求多边平衡,实际与包括俄罗斯在内的周边国家多数时间近而不亲;乌国在独立之后推行了长时间的去俄罗斯化政策,与哈萨克斯坦由于发展理念差异导致多方面存在摩擦,与吉尔吉斯斯坦领土纠纷和边界冲突持续不断,与塔吉克斯坦及永久中立国土库曼斯坦处于互不通航、限制交往的状态。在周边各国大量出口石油的情况下,乌国 2016 年石油进口总量却不足 $20 \times 10^4 \, t$。

中亚地区是局势比较动荡、地区环境不安全、经常有热点事件发生,属于具有较高风险的敏感地区。乌国属于中亚地区,安全风险突出,政治环境不稳定,这将使得我国与乌国之间的油气合作面临较高的安全风险。中亚各国在形式上均采用了西方政治体制,但是又没有完全仿造西方的形式。中亚地区的国家总统集权于一身,拥有最高的权力,总统的行为和决策未受到约束,使得总统决策不一定准确而带来一系列问题,导致国内政治环境不稳定。乌国总统拥有绝对权力,国家的政治经济决策权都掌握在总统手中,集权化的政治导致国内的政治状况不太稳定。这使得在中亚地区开展油气合作面临着较为复杂的环境和一定的风险。

2.2.2.5　天然气出口情况

本研究的数据由联合国 Comtrade 国际贸易数据库（UN Comtrade International

TradeStatistics Database)获得。具体数据按照气态天然气海关代码(271121,Petroleum gases and other gaseous hydrocarbons;in gaseous state;natural gas)项下搜索出口(export)得到。从数据上来看,乌向五个国家和地区出口天然气。五个国家分别为中国、哈萨克斯坦、吉尔吉斯斯坦、俄罗斯、塔吉克斯坦。

2.2.3 哈萨克斯坦

2.2.3.1 天然气资源情况

哈萨克斯坦是中亚各国原油产量、探明储量、地质储量最多的国家,一直奉行大国平衡外交政策和资源多元化出口战略。20世纪90年代初,世界石油大公司就纷纷进驻哈国投资设厂进行能源开发,形成了以哈国家油气公司占据主导、垄断地位,美、英、荷、法、意、中、俄、瑞士等多个国家参与合作开发的多元化投资格局。其中,埃克森美孚、英国天然气集团(BG)、埃尼、壳牌等欧美石油公司,中国石油等中国石油公司,卢克等俄罗斯石油公司,在勘探开发业务中占据较大的市场份额。而里海输油管道的建设和运营,主要是由哈国家油气公司与雪弗龙、埃尼、埃克森美孚、卢克、BG等组成的财团负责。

我国在哈国投资的油气企业有中国石油、中国石化、中国海油、新疆广汇、中信集团卡拉赞巴斯石油公司等,主要进行油气的勘探开发和管道建设,其中中国石油是最早在哈国开展油气合作的我国企业。我国油气企业是哈国第二大外国石油生产商,在该国拥有7个上游项目、9份合同,即阿克纠宾项目、PK项目、北布扎奇项目、曼格什套项目、KMK项目、KAM项目、ADM项目,拥有石油储量6202×10^4t、天然气储量74×10^8m^3。同时,与哈国家油气公司合资建设运营了4个管道项目,即肯基亚克—阿特劳输油管道、中哈原油管道、中亚天然气管道、扎纳诺尔—KC13天然气管道。此外,在炼油和成品油销售市场中,享有奇姆肯特炼厂及其所属油品销售网络和物流体系。

2.2.3.2 能源消费情况

1991年受苏联解体影响,哈国独立后经济出现危机,天然气生产量在1996年前呈下降趋势,1997年恢复到苏联解体时的水平;之后稳步上升,2016年达到199×10^8m^3。同时,消费量也呈逐年上升趋势,1999年之前的消费量高于生产量,2000年至今消费量均低于生产量。在中亚三国中,哈国的生产量和消费量均处于最低水平,2016年出口量为165×10^8m^3,主要流向俄罗斯(161×10^8m^3)和中国(4×10^8m^3)。

据预测,哈国天然气产量到2020年为247×10^8m^3,消费量为163×10^8m^3,出口量为84×10^8m^3;到2025年生产量为231×10^8m^3,消费量为176×10^8m^3,出口量为55×10^8m^3;到2030年,哈国内天然气生产量达224×10^8m^3,消费量达到181×10^8m^3,其中工业用气52×10^8m^3,热能及发电用气72×10^8m^3,居民用气51×10^8m^3,汽车运输行业用气5×10^8m^3,出口量达50×10^8m^3。

2.2.3.3 地缘政治情况

哈国地缘位置较为突出,政治上存在不稳定因素,其发展面临多种选择,既可在欧美主导的体系下发展,特殊情况下也可能会被俄国并入其体系,因此"一带一路"仅是其可选项之一,不排除未来政策转向的可能;民族矛盾问题也很突出,哈国1695万人口,却由多达130多个民族组成。

2.2.3.4 天然气出口情况

本研究的数据由联合国Comtrade国际贸易数据库(UN Comtrade International

TradeStatistics Database)获得。具体数据按照气态天然气海关代码(271121,Petroleum gases and other gaseous hydrocarbons;in gaseous state;natural gas)项下搜索出口(export)得到。从数据上来看,哈向 7 个国家和地区出口天然气。五个国家分别为中国、吉尔吉斯斯坦、俄罗斯、乌克兰、瑞士、乌兹别克斯坦、波兰。

2.3 中亚进口气在我国冬季保供的调峰作用及问题

我国天然气调峰方式包括地下储气库(以下简称储气库)调峰、LNG 调峰、气田放大压差调峰和进口管道气调峰口。上述调峰方式联合使用保证了供暖季民用气的需求,但仍需压减甚至中断部分工业及商业用户的供气。我们国家《"十三五"天然气发展规划》明确提出 2020 年天然气消费在一次能源消费中的比例提升到 8.3% ~ 10%,天然气消费量要超过 3600 × $10^8 m^3$。其中进口管道气的情况为,我国已形成西北、西南、东北和海上天然气进口通道格局,2016 年天然气对外依存度已达到 34.9%,而 2018 年天然气对外依存度为 45.3%。陆上进口管道气主要来自中亚和缅甸,随着中俄管道的开通,俄罗斯也会成为我国进口管道气来源。2016 年和 2017 年中亚管道出于多种原因,土国多次减供,加之国、哈国的无序下载,日减供量与合同供气量相差(2000 ~ 5000) × $10^4 m^3$,给西气东输沿线及京津冀地区调峰保供造成巨大的压力。在未来一段时间内,违约减供和无序下载的风险依然存在。

中亚供气国的断供及无序下载的情况直接影响到了我国冬季保供的任务,结合目前对中亚管道天然气供应量的分析,影响天然气供应量的原因十分复杂,涉及中亚、俄罗斯、欧洲多国的天然气开采、本国工业和民生用气量、中亚几国和俄罗斯和欧洲间的天然气贸易量、可替代能源相关、汇率、天气、政治等诸多因素。难以明确哪些因素会影响供气量,影响程度大小,是否一定会影响,是否是次要影响因素。故本又通过查阅国内外大量文献、论文、新闻等资料,辅助数据提供的支持启发,罗列每条线路的影响因素列表,并且注明影响力强弱定义为一级、二级影响因子,来提供预测中亚管道冬供期间的供气量,来给冬季保供提供决策依据。

3 解决方案

3.1 整体方案思路

如图 3.1 所示为整体方案思路。

(1)明确需求。首先了解项目需求,了解业务特点,明确预测任务和目标并且进行子任务设计和分解。这个阶段我们明确了两块任务:一是理清影响输气量变化的影响因素,二是基于这些影响因素进行序列预测,包括预测未来 1 天和未来 7 天的输气量。

(2)影响因子分析。通过业务理解和查阅文献明确影响每一条目标预测管道的输气量的影响因

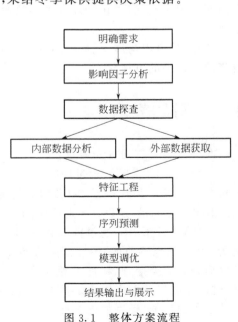

图 3.1 整体方案流程

素,依照业务相关性将影响因子分为两个等级:一级为直接影响因子,即在业务理解上有明确理由说明其对输气量的影响,例如管道进气点气量、气源国气田产能、气源国内部需求等;二级因子为可能的影响因子,在文献上提到有关,但缺乏直接业务关系的影响因素,例如管道沿线城市气温、汇率、油气价格数据等。

(3)数据探查。

① 内部数据。将项目已有的系统内部的管道生产管理系统数据(PPS 数据)通过公式计算转化为平衡表数据。然后通过数据整体趋势分析和对照计算,判断历史数据的有效范围,采用历史 30 天的数据预测未来 1 天和 7 天的输气量。然后考察数据的时间序列分析指标和查看数据的分布情况,得出结论在"序列预测"阶段,可以考虑机器学习、时间序列和深度学习模型,但是由于数据分布并没有可循规律,因此时间序列模型很有可能产生很大的偏差,所以更多考虑机器学习和深度学习模型。

② 外部数据。外部数据指的是"影响因子分析"提到的影响因素但不包含在内部数据中的数据。首先要明确是否有正规、可靠的数据来源,再对能够获取的数据进行分析和整理,与内部数据保持格式统一。这里我们去掉了年粒度的数据,极少考虑月粒度的数据,进行特征筛选,因为考虑到我们用历史 30 天的数据进行预测,年粒度和月粒度的数据无法为数据波动提供数据支持。

(4)特征工程。这个过程是分别从每一条管道输气量的众多影响因子中,通过算法和模型,选择出对预测准确性提高有显著帮助的一组影响因子。这里我们通过算法理论分析和对照实验选择遗传算法来进行特征筛选。

(5)序列预测。根据"数据探查"得出的结果选择合适的模型,这里考虑合适的机器学习和深度学习模型,通过算法理论的比较,采用机器学习方法中的 LightGBM 和深度学习中的 LSTM 分别进行预测和比较,综合考虑预测效果和算力开销,最后决定采用 LightGBM 预测未来 1 天的输气量,用 LSTM 预测未来 7 天的输气量。在预测过程中,将"特征工程"过程选取的影响因子投入模型中进行预测。

(6)模型调优。对预测结果进行分析,寻找可能导致误差的原因,回溯之前整个过程,从多个角度实现算法优化,包括加入更多的数据、选择更好的特征工程方法、优化训练模型和调整参数等。

(7)结果输出与展示。将经过优化并保持效果稳定的模型部署在大数据平台上,实现各条线路预测结果的可视化。

3.2　明确需求

本项目主要有两方面需求:

(1)影响因子分析。通过理解业务领域的专业知识和查阅相关文献,从政治、能源、气候、经济和人口等多个维度挖掘可能影响输气量的影响因素,构建分析文档和思维导图,用于业务梳理。值得注意的是,这里并不对影响因子进行数据层面的处理,是仅仅从业务角度进行梳理。

(2)输气量预测。通过内部数据和可获得的、影响因子相关的外部数据,分别预测保供暖期间(12 月初至春节前)中亚国际管道未来 1 天和未来 7 天各输气管道的输气量。具体算法过程细分为数据探查、特征工程、序列预测、模型调优和结果输出。这一部分需求是在"影响因子分析"的成果基础上对内部数据和外部数据进行数据层面的分析和处理。具体算法流程和可供参考的数据、模型如图 3.2 所示。

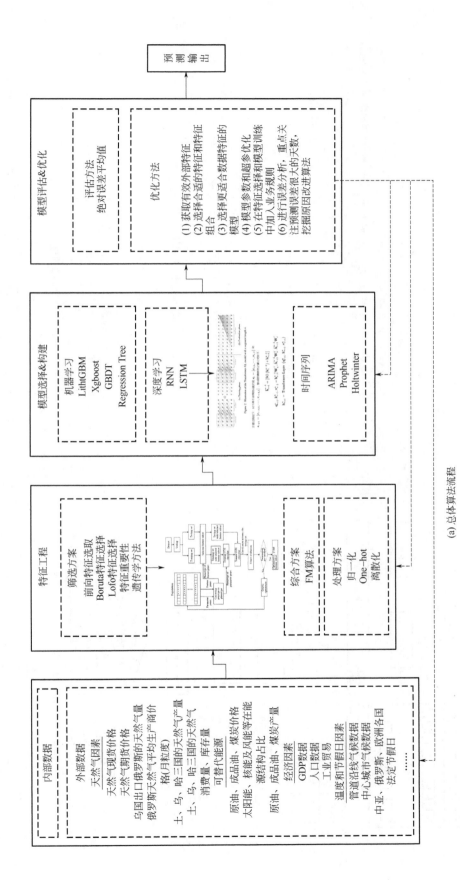

（a）总体算法流程

图 3.2

69

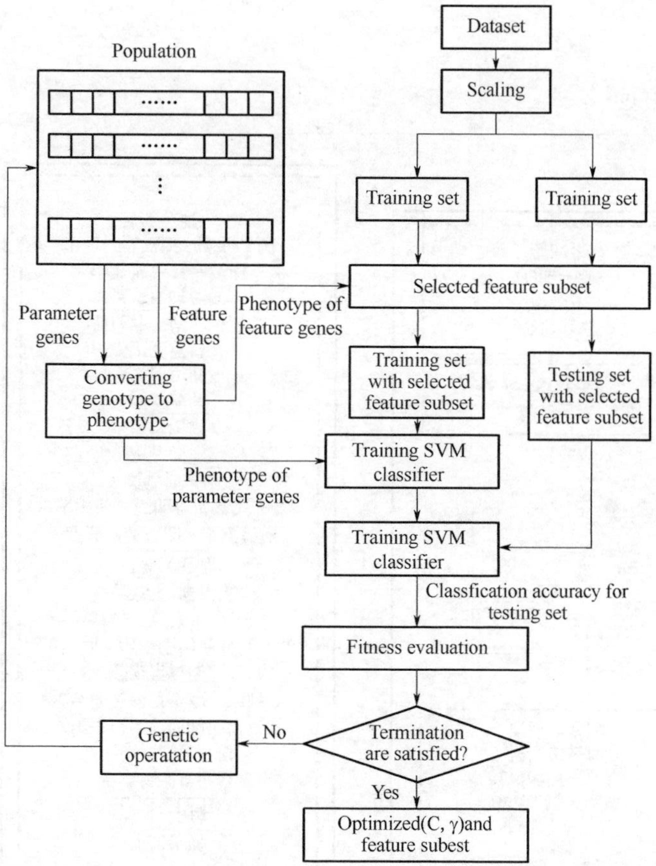

Evaluation phase.

Training phase.

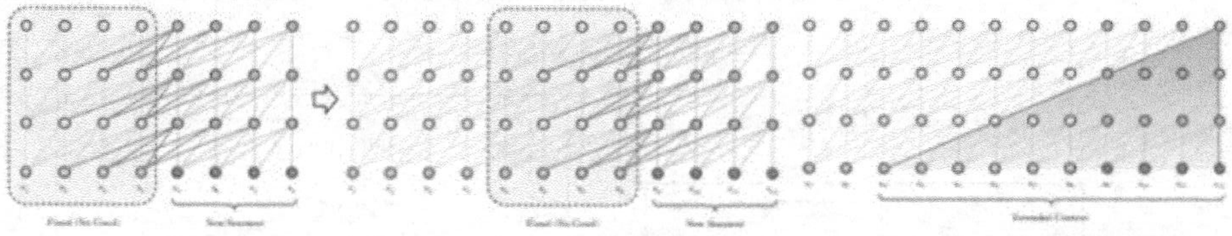

Illustration of the Transformer-XL model with a segment length 4.

计算过程如下：对于两个连续的分割片段 $s_\tau=[x_{\tau 1}, \cdots, x_\tau, L]$ 和
$s_{\tau+1}=[x_{\tau+1,1}, \cdots, x_{\tau+1}, L]$，第$n$层隐的状态计算公式如下：

$$\widetilde{h}_{\tau+1}^{n-1}=[SG(h_\tau^{n-1}) \circ h_{\tau+1}^{n-1}]$$

$$q_{\tau+1}^n, \ k_{\tau+1}^n, \ v_{\tau+1}^n = h_{\tau+1}^{n-1} W_q^T, \ \widetilde{h}_{\tau+1}^{n-1} W_k^T, \ \widetilde{h}_{\tau+1}^{n-1} W_v^T$$

$$h_{\tau+1}^n = \text{Transformer-Layer}(q_{\tau+1}^n, \ k_{\tau+1}^n, \ v_{\tau+1}^n)$$

(c) LSTM算法流程

图 3.2　输气量预测算法流程

Dataset → Scaling

Training set

Training set

Selected feature subset

Testing set with selected feature subset

Training set with selected feature subset

Training SVM classifier

Training SVM classifier

Classification accuracy for testing set

Fitness evaluation

Termination are satisfied?

No

Yes

Genetic operation

Optimized(C, γ)and feature subset

Population

Parameter genes

Feature genes

Converting genotype to phenotype

Phenotype of feature genes

Phenotype of parameter genes

(b) 遗传学方法算法流程

3.3 影响因子分析

通过业务分析和查阅文献资料获得各线路的影响因子和数据获取情况。天粒度、月粒度的数据可用于建模，年粒度的数据不适合用于模型，更细粒度的数据不可得。

3.3.1 一级数据

转供国内合计的影响因素是其他所有线路的合集，详见表3.1至表3.4。

表 3.1 乌国供气影响因子分析表 I

因素名称	类型	因素名称	类型
加兹里供气	气源计量数据	吉尔吉斯斯坦	能源量数据
加兹里气源总量	气源数据	俄罗斯	能源量数据
加兹里日供气总能力	气源数据	塔吉克斯坦	能源量数据
压气站数量及能力	气源数据	英国	能源量数据
乌国天然气探明量	能源量数据	中国	能源量数据
乌国天然气产量	能源量数据	乌国国内工业用气量	能源量数据
乌国天然气消费量	能源量数据	主要用气工厂	能源量数据
乌国天然气出口量	能源量数据	乌国国内居民用气量	能源量数据
哈国	能源量数据		

表 3.2 阿姆河影响因子分析表 I

因素名称	类型	因素名称	类型
阿姆河供气	气源计量数据	土国天然气出口量	能源量数据
阿姆河气源总量	气源数据	伊朗	能源量数据
阿姆河日供气总能力	气源数据	中国	能源量数据
压气站数量及能力	气源数据	土国国内工业用气量	能源量数据
土国天然气探明量	能源量数据	主要用气工厂	能源量数据
土国天然气产量	能源量数据	乌国国内居民用气量	能源量数据
土国天然气消费量	能源量数据		

表 3.3 康采恩合计影响因子分析表 I

因素名称	类型	因素名称	类型
康采恩供气	气源计量数据	土国天然气出口量	能源量数据
康采恩气源总量	气源数据	伊朗	能源量数据
康采恩日供气总能力	气源数据	中国	能源量数据
压气站数量及能力	气源数据	土国国内工业用气量	能源量数据
土国天然气探明量	能源量数据	主要用气工厂	能源量数据
土国天然气产量	能源量数据	乌国国内居民用气量	能源量数据
土国天然气消费量	能源量数据		

表 3.4　哈国供气影响因子分析表Ⅰ

因素名称	类型	因素名称	类型
哈国供气	气源计量数据	波兰	能源量数据
AB 线 TIP02	气源计量数据	俄罗斯	能源量数据
C 线 TIP02	气源计量数据	瑞士	能源量数据
C 线 AKBULAK	气源计量数据	乌克兰	能源量数据
C 线 小计	气源计量数据	世界	能源量数据
哈国西南部气源日供气总能力	气源数据	乌国	能源量数据
压气站数量及能力	气源数据	阿塞拜疆	能源量数据
哈国天然气探明量	能源量数据	吉尔吉斯斯坦	能源量数据
哈国天然气产量	能源量数据	哈国国内工业用气量	能源量数据
哈国天然气消费量	能源量数据	主要用气工厂	能源量数据
哈国天然气出口量	能源量数据	哈国国内居民用气量	能源量数据
中国	能源量数据		

　　由以上数据分析和探查得知,能够获取到日粒度数据的只有平衡表,总体来说一级因子数据缺失问题严重,在能够获取的数据里面,年粒度的数据不适合用于模型预测,因此不可用,只有月粒度和天粒度数据可用于输入模型。为了弥补一级数据的缺失带来的影响,我们查找了可能影响输气量的因素作为二级数据用于辅助模型训练。

3.3.2　二级数据

　　转供国内合计的影响因素是其他所有线路的合集,详见表 3.5 至表 3.8。

表 3.5　乌国供气影响因子分析表Ⅱ

因素名称	类型	因素名称	类型
乌国主要城市温度情况	气温数据	塔吉克斯坦	气温数据
塔什干、铁尔梅兹	气温数据	Nurek	气温数据
气源地涉及管线沿线城市	气温数据	Yavan	气温数据
乌国	气温数据	KurganTyube	气温数据
Turtkul	气温数据	Kulyab	气温数据
Bukhara	气温数据	Vakhsh	气温数据
Cizhduvan	气温数据	Termez	气温数据
Navoi	气温数据	哈国	气温数据
Karshi	气温数据	Shalkar	气温数据
Kitab	气温数据	Irgiz	气温数据
Shakhrisabz	气温数据	Karabutak	气温数据
Zarafshan	气温数据	Khromoeu	气温数据
Uchkuduk	气温数据	Batamshinskiy	气温数据
Mangit	气温数据	Karabalyk	气温数据
Nukus	气温数据	Zhitikara	气温数据

因素名称	类型	因素名称	类型
Kamysty	气温数据	Bredy	气温数据
Lisakovsk	气温数据	Varka	气温数据
Kostanay	气温数据	Yuzhnouralsk	气温数据
Ubaganskoye	气温数据	Troitsk	气温数据
阿拉木图	气温数据	其他因素	
奇姆肯特	气温数据	出口国家的能源价格	价格数据
卡拉兹	气温数据	Kazakhstan	价格数据
俄罗斯	气温数据	Kyrgyzstan	价格数据
Orsk	气温数据	俄罗斯	价格数据
Gai	气温数据	塔吉克斯坦	价格数据
Svetly	气温数据	英国	价格数据
Adamovka	气温数据	中国	价格数据
Iriklinskiy	气温数据		

表 3.6　阿姆河影响因子分析表Ⅱ

因素名称	类型	因素名称	类型
乌国主要城市温度情况	气温数据	Irgiz	气温数据
巴尔坎纳巴德、达沙古兹、土库曼巴希	气温数据	Karabutak	气温数据
		Khromoeu	气温数据
气源地涉及管线沿线城市	气温数据	Batamshinskiy	气温数据
土国	气温数据	Karabalyk	气温数据
Seide	气温数据	Zhitikara	气温数据
Turkmenabad	气温数据	Kamysty	气温数据
Atamyrai	气温数据	Lisakovsk	气温数据
格达依姆	气温数据	Kostanay	气温数据
乌国	气温数据	Ubaganskoye	气温数据
Turtkul	气温数据	阿拉木图	气温数据
Bukhara	气温数据	奇姆肯特	气温数据
Cizhduvan	气温数据	卡拉兹	气温数据
Navoi	气温数据	其他因素	
哈国	气温数据	出口国家的能源价格	价格数据
shalkar	气温数据		

表 3.7　康采恩合计影响因子分析表Ⅱ

因素名称	类型	因素名称	类型
乌国主要城市温度情况	气温数据	气源地涉及管线沿线城市	气温数据
巴尔坎纳巴德、达沙古兹、土库曼巴希	气温数据	土国	气温数据
		Seide	气温数据

因素名称	类型	因素名称	类型
Turkmenabad	气温数据	Batamshinskiy	气温数据
Atamyrai	气温数据	Karabalyk	气温数据
格达依姆	气温数据	Zhitikara	气温数据
乌国	气温数据	Kamysty	气温数据
Turtkul	气温数据	Lisakovsk	气温数据
Bukhara	气温数据	Kostanay	气温数据
Cizhduvan	气温数据	Ubaganskoye	气温数据
Navoi	气温数据	阿拉木图	气温数据
哈国	气温数据	奇姆肯特	气温数据
Shalkar	气温数据	卡拉兹	气温数据
Irgiz	气温数据	其他因素	
Karabutak	气温数据	出口国家的能源价格	价格数据
Khromoeu	气温数据		

表 3.8　哈国供气影响因子分析表 Ⅱ

因素名称	类型	因素名称	类型
哈国主要城市温度情况	气温数据	Talgar	气温数据
Nur Sultan	气温数据	Taraz	气温数据
气源地涉及管线沿线城市	气温数据	哈南线	气温数据
哈国	气温数据	Bozoy	气温数据
Shalkar	气温数据	Aralsk	气温数据
Irgiz	气温数据	Aitake－bi	气温数据
Karabutak	气温数据	Zhosaly	气温数据
Khromoeu	气温数据	Zhandarya	气温数据
Batamshinskiy	气温数据	Kyzylorda	气温数据
Karabalyk	气温数据	Shiyeli	气温数据
Zhitikara	气温数据	Turkestan	气温数据
Kamysty	气温数据	Kentau	气温数据
Lisakovsk	气温数据	Arys	气温数据
Kostanay	气温数据	Shymkent	气温数据
Ubaganskoye	气温数据	其他因素	
Almaty	气温数据	出口国家的能源价格	价格数据
Chimkent	气温数据	中国	价格数据
Kulan	气温数据	波兰	价格数据
Shu	气温数据	俄罗斯	价格数据
Otar	气温数据	瑞士	价格数据
Almaty	气温数据	乌克兰	价格数据

因素名称	类型	因素名称	类型
世界	价格数据	阿塞拜疆	价格数据
乌国	价格数据	吉尔吉斯斯坦	价格数据

3.4 数据探查

数据探查是通过观察数据图像和计算一些数据相关指标,目的是分析数据的一些特征,包括数据整体变化趋势、是否有异常值、是否服从哪些已知的分布函数、是否有周期性等等,也会通过计算一些统计学指标来定量地进行分析。这一部分的任务是从多个维度认识数据,从而选择合适的数据以及数据范围,为"序列预测"过程选择模型提供恰当的建议。

3.4.1 探查内部数据

内部数据指的是系统内部已经采集到的 PPS 数据,也是本次项目的主要数据。PPS 数据涉及土气、乌气、哈气等多条管线的气源计量数据、转供计量数据和管道能耗数据等,除此之外还有中亚管线的输差、代输气、自耗气等数据,共 314 条数据类别。进行数据探查前,首先将 PPS 数据通过公式计算转化为平衡表数据。然后对平衡表数据中关键线路的输气量的历史数据进行分析,包括:(1)历年变化趋势;(2)时间序列特征;(3)数据分布情况。目的是针对这些数据特征选择合适的预测时间窗口和预测模型;对于平衡表的其他数据,只考虑是否存在大量 0 值和缺失值,以及数据粒度是否满足建模要求,因为这部分数据仅仅是辅助预测的影响因子,而不是要预测的序列,所以数据分布和特点并不影响预测模型的选择,只影响是否提升预测精确度。

以乌国供气的输气量为例,以下是具体的数据探查过程。

3.4.1.1 乌国供气历年变化趋势

用乌国供气 2017 年至 2019 年的数据,绘图分析乌国供气的历年变化趋势,对源数据的整体走势进行定性的分析,进而筛选出有效时间范围内的数据。

如图 3.3 所示为 2017—2019 年乌国供气量源数据曲线。

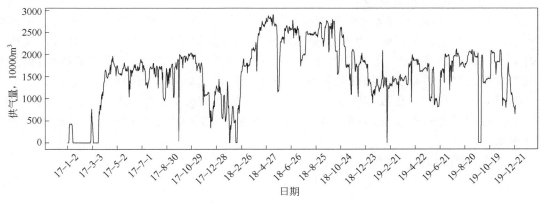

图 3.3　2017—2019 年乌国供气量源数据

首先分析源数据的整体趋势变化。很明显的,由于政策、合约和开采量等因素,2017年、2018年和2019年输送天然气整体水平存在很大差异。2017年、2018年、2019年三年平均输气量依次为 $1238 \times 10^4 \mathrm{m}^3$、$2010 \times 10^4 \mathrm{m}^3$、$1514 \times 10^4 \mathrm{m}^3$,标准差约为 $677.9 \times 10^4 \mathrm{m}^3$、$688.7 \times 10^4 \mathrm{m}^3$、$424.1 \times 10^4 \mathrm{m}^3$。2018年平均输气量较2017年、2019年明显更大,2019年波动性比2017年、2018年更小。从季节角度来看,夏季的供气量相比同年冬季更高更稳定,乌气管道每年11月开始出现输气量下滑,直到第二年4月回升。通过查阅资料和业务知识了解到,夏季中亚各国均处于天然气供过于求的状态,气源国温度适宜,因此中国—中亚管道供气量稳定;但是冬季我国由于供暖需求都对天然气需求大大提升,输气量却大幅减小并且持续震荡,我国作为天然气进口国家,精准预测管道供应量对保障供应、调整供需有重大意义。通过数据探查,综合考虑训练模型的消耗和对效果的提升,选取适当的数据进行建模。根据资料发现,乌气2019年的供气情况较2017年、2018年发生较大变化,故主要采取2019年数据进行建模。同时,2019年夏季与冬季数据整体趋势不同,因此建模仅需要考虑2019年冬季的数据。

3.4.1.2　乌国供气的时间序列特征

因输气量数据是一个时间序列数据,我们一般会对时间序列数据分析其自相关系数 ACF(Auto - Correlation Function)、偏自相关系数 PACF(partial auto - correlation function)和数据周期性,这些指标是我们选择合适的时间序列模型和进行参数设置的重要依据。

如图3.4所示为2019年11月1日—12月22日乌国供气量曲线。

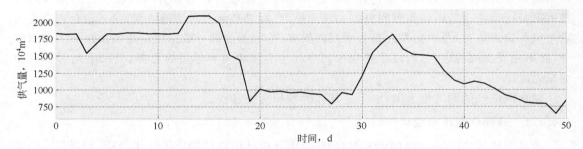

图3.4　2019年11月1日—12月22日乌国供气输气量

根据源数据的变化趋势分析出,乌气从 $2000 \times 10^4 \mathrm{m}^3$ 不断降到 $600 \times 10^4 \mathrm{m}^3$,均值在 $1500 \times 10^4 \mathrm{m}^3$ 左右,数据波动较大。

在时间序列中,除了整体趋势和周期性特征之外,自相关系数 ACF 也是非常重要的分析指标。自相关系数度量的是历史数据对自己当前数据的影响,如果自相关性强则说明该数据受历史数据影响很大,尤其常见于持续变化的数据,例如输气量、温度等数据;如果自相关性弱则说明当前数据受历史数据影响很小或可以忽略不计,典型的例子就是彩票号码。如果数据的自相关性强,那么应该更多关注该数据的历史数据,学习其历史变化规律,有助于准确地预测未来数据;如果数据的自相关性弱,那么需要更多地借用外部数据特征进行预测。

自相关系数的计算公式如下:

$$\sum_{t=k+1}^{n} \frac{(x_t - \mu)(x_{t-k} - \mu)}{\sum_{t=1}^{n}(x_t - \mu)^2}$$

式中　x_t——在 t 时刻的输气量取值；

　　　k——滞后天数；

　　　μ——这个数列总体的均值。

分母部分 $\sum\limits_{t=1}^{n}(x_t-\mu)^2$ 的计算结果与 k 滞后量无关，只和这个数列每个数据的取值有关，计算的是这个数列的方差。自相关系数计算的就是将数列滑动 k 个单位后原数列和新数列之间的相关性，相关性越强则取值越大。

如图 3.5 所示为乌国供气的 k 取值为 $0,1,2,\cdots,20$ 时的自相关系数取值。

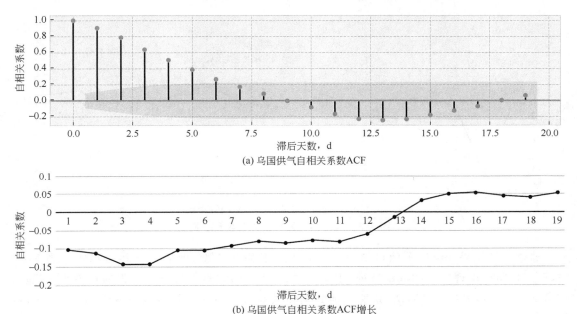

(a) 乌国供气自相关系数ACF

(b) 乌国供气自相关系数ACF增长

图 3.5　乌国供气自相关系数及增长

根据自相关系数 ACF 的计算结果和绘制的图像分析得出，自相关系数 ACF 单次变化幅度不超过 0.15，总体为平稳且缓慢的、先减后增的变化趋势，曲线呈现拖尾特征，因此当前序列有很强的自相关性。

偏自相关系数 PACF(partial auto–correlation function)通常是跟自相关系数结对出现的，表示是在给定中间 $k-1$ 个随机变量 $x_{t-1},x_{t-2},\cdots,x_{t-k+1}$ 的条件下，或者说，在剔除了中间 $k-1$ 个随机变量的干扰后，x_{t-k} 对 x_t 影响的相关度量。这个系数是更加进一步找出历史多少个数据会对当前数据有很强的影响。最后选定的数据窗口不能低于这个取值，否则会影响模型的准确率。

偏自相关系数的公式如下：

$$\rho_{x_t,x_{t-k}}=\frac{E[(x_t-Ex_t)(x_{t-k}-Ex_{t-k})]}{E[(x_{t-k}-Ex_{t-k})]^2}$$

式中　x_t——在 t 时刻的输气量取值；

　　　k——滞后天数；

　　　E——数列期望。

偏自相关系数计算的是 t 时刻的数值和 $t-k$ 时刻的数据值的相关性度量,取值越大说明相关性越大。

如图 3.6 所示为乌国供气的 k 取值为 $0,1,2,\cdots,20$ 时的偏自相关系数取值。

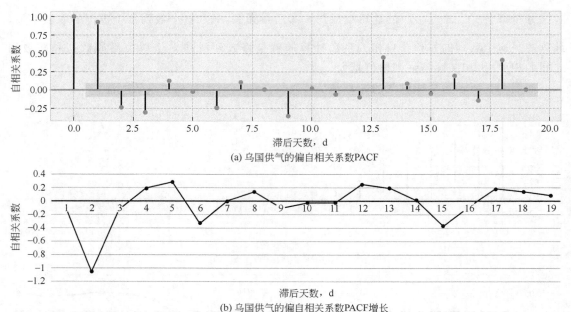

(a) 乌国供气的偏自相关系数PACF

(b) 乌国供气的偏自相关系数PACF增长

图 3.6　乌国供气偏自相关系数及增长

通过计算结果和绘制图像可得,$k=2$ 时 PACF 发生突变,此后变化相对稳定。当 $k\geqslant2$ 时,PACF 曲线出现明显的截尾特征,也就是说,当 $k\leqslant1$ 时,两个数据有很强的相关性,但是当 $k\geqslant2$ 时,这个相关性立即减弱,说明当前数据强依赖历史前一天的数据。另外当 $k\geqslant2$ 时,没有一个 PACF 值大于 0.5,因此数据不存在周期性。

综上所述,根据 ACF,PACF 的计算和绘图可以得出以下结论:输气量是一个自相关性很强的序列,受自身历史数据的影响很大,但是仅仅强依赖历史前一天的数据,对于更早的数据则没有十分显著的相关性。

3.4.1.3　乌国供气数据分布

通过观察乌国供气输气量的数据分布,目的是查看是否存在异常值,数据分布是否满足常规统计学函数分布。

图 3.7 和图 3.8 是关于数据分布的箱型图表示和直方图表示。

箱型图是用作显示数据分散情况的统计图。中间方框的上、下两条线对应的纵轴数据分别表示数据的上四分位数和下四分位数。方框中间的横线对应的纵轴数据表示中位数。方框上、下的两条横线分别表示数据的上边缘和下边缘,超出边缘的数据则判断为异常值。

上边缘和下边缘的计算公式如下:

$$上边缘=Q_3+1.5\times IQR$$

$$下边缘=Q_1-1.5\times IQR$$

式中　Q_3——上四分位数,位于数据序列 75% 位置处的数;

Q_1——下四分位数,位于数据序列 25% 位置处的数;

IQR——四分位间距,$IQR = Q_3 - Q_1$。

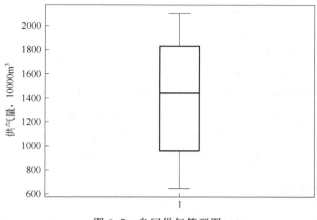

图 3.7　乌国供气箱型图

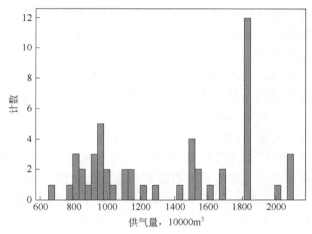

图 3.8　乌国供气数据分布直方图

如果在垂直方向出现圆点,则表示异常值。因此可以同时考虑机器学习模型和时间序列模型等对异常值比较敏感的模型。

数据分布直方图表示数据的分布情况,如图 3.8 所示,横轴表示取值范围,纵轴表示这组数据中有多少个数据位于这个取值范围内。

根据箱型图的结果显示,乌国供气的数据箱型图中没有圆点,这说明没有明显的异常点,但是由分布直方图说明数据分布非常分散,没有合适的分布函数用于拟合,如采用 shapiro - wilk 检验可以判断是否符合正态分布,计算后 p - value 约为 0.00045,远小于 0.05,故不符合正态分布。因此,选择合适的特征学习历史数据显得尤为重要,并且我们会更多地考虑机器学习和深度学习模型,时间序列模型在数据拟合方面很可能会存在很大偏差。

除此之外,在考虑选择具体的时间范围上,分别测试了采用历史 7 天、15 天、30 天、90 天、一年的数据对乌国供气 12 月 1 日的数据进行预测,其预测和计算耗时如表 3.9 所示。误差值越小,模型表现越好。

表 3.9　乌国供气预测和计算耗时

历史数据长度	误差值,$10^4 m^3$	耗时
7 天	282	约 0.7h
15 天	257	约 0.8h
30 天	210	约 1h
90 天	209	约 4h
一年	213	>10h

综上所述,经过数据探查,确定采用历史 30 天的数据预测未来 1 天的输气量,即用 11 月 1 日—11 月 30 日预测 12 月 1 日,日期以此类推;在方法上,主要考虑机器学习模型和深度学习模型;并且在确保模型学到足够多的特征基础上,节省算力和模型训练时间。

3.4.2　探查外部数据

探查外部数据的目的是为预测任务提供更多有效特征。外部数据来源是网站公开数据或购买的官方数据。通过"影响因子分析"后,区分为一级影响因子和二级影响因子:

一级影响因子是在业务领域能够明确解释与管道输气量有相关性的影响因子,用于和内部数据一起进行序列预测。二级影响因子则是在业务领域无法明确解释相关性的影响因子,例如期货价格与输气量的关系。

众所周知夏季中亚各国和我国的输气量都是平稳而充足的,但是进入冬季就变得供不应求,所以宏观地讲,季节气候的确是对输气量的供应有影响的。与此同时,近年来也有一些相关领域的研究成果,从生产、需求、市场波动、弹性等方面进行综述和研究。中国-中亚管道的天然气输气量影响因素非常复杂,BožidarSoldo 曾在 2011 年发表了一篇调查报告,分析和综合了当时已发表的预测天然气消耗的论文,包括对应用领域的见解,使用的数据、模型和取得的成果。对本文挖掘影响天然气输气量的影响因素有很大帮助。Dongmin Qian 使用多参数训练 ANN 模型进行小时级天然气负荷预测,参考和对比了诸多影响因素,例如天气数据、节日等,He Guangjing 的论文中提到了工业、城市、人口等因素。

借鉴以上学者的研究,本文也将二级影响因子纳入"模型优化"中。

以乌国供气为例,天粒度、月粒度的数据可用于建模,年粒度的数据不适合用于模型,更细粒度的数据不可得(表 3.10)。

表 3.10　影响因子分析表

因素名称	类型	关系程度	获取	获取频率	获取来源
加兹里供气	气源计量数据	一级		天	供销表
加兹里气源总量	气源数据	一级	否		
加兹里日供气总能力	气源数据	一级	否		
压气站数量及能力	气源数据	一级	否		
乌国天然气探明量	能源量数据	一级		年	BP 表
乌国天然气产量	能源量数据	一级		年	BP 表
乌国天然气消费量	能源量数据	一级		年	BP 表
乌国天然气出口量	能源量数据	一级		年/月	comtrade 数据库

因素名称	类型	关系程度	获取	获取频率	获取来源
哈国	能源量数据	一级		年/月	comtrade 数据库
吉尔吉斯斯坦	能源量数据	一级		年/月	comtrade 数据库
俄罗斯	能源量数据	一级		年/月	comtrade 数据库
塔吉克斯坦	能源量数据	一级		年/月	comtrade 数据库
英国	能源量数据	一级		年/月	comtrade 数据库
中国	能源量数据	一级		年/月	comtrade 数据库
乌国国内工业用气量	能源量数据	一级	否		
主要用气工厂	能源量数据	一级	否		
乌国国内居民用气量	能源量数据	一级	否		
乌国主要城市温度情况	气温数据	二级		天	爬虫
塔什干、铁尔梅兹	气温数据	二级		天	爬虫
气源地涉及管线沿线城市	气温数据	二级		天	爬虫
乌国	气温数据				
Turtkul	气温数据	二级		天	爬虫
Bukhara	气温数据	二级		天	爬虫
Cizhduvan	气温数据	二级		天	爬虫
Navoi	气温数据	二级		天	爬虫
Karshi	气温数据	二级		天	爬虫
Kitab	气温数据	二级		天	爬虫
Shakhrisabz	气温数据	二级		天	爬虫
Zarafshan	气温数据	二级		天	爬虫
Uchkuduk	气温数据	二级		天	爬虫
Mangit	气温数据	二级		天	爬虫
Nukus	气温数据	二级		天	爬虫
塔吉克斯坦	气温数据				
Nurek	气温数据	二级		天	爬虫
Yavan	气温数据	二级		天	爬虫
Kurgan Tyube	气温数据	二级		天	爬虫
Kulyab	气温数据	二级		天	爬虫
Vakhsh	气温数据	二级		天	爬虫
Termez	气温数据	二级		天	爬虫
哈国	气温数据				
shalkar	气温数据	二级		天	爬虫
Irgiz	气温数据	二级		天	爬虫
Karabutak	气温数据	二级		天	爬虫
Khromoeu	气温数据	二级		天	爬虫
Batamshinskiy	气温数据	二级		天	爬虫

因素名称	类型	关系程度	获取	获取频率	获取来源
Karabalyk	气温数据	二级		天	爬虫
Zhitikara	气温数据	二级		天	爬虫
Kamysty	气温数据	二级		天	爬虫
Lisakovsk	气温数据	二级		天	爬虫
Kostanay	气温数据	二级		天	爬虫
Ubaganskoye	气温数据	二级		天	爬虫
阿拉木图	气温数据	二级		天	爬虫
奇姆肯特	气温数据	二级		天	爬虫
卡拉兹	气温数据	二级		天	爬虫
俄罗斯	气温数据				
Orsk	气温数据	二级		天	爬虫
Gai	气温数据	二级		天	爬虫
Svetly	气温数据	二级		天	爬虫
Adamovka	气温数据	二级		天	爬虫
Iriklinskiy	气温数据	二级		天	爬虫
Bredy	气温数据	二级		天	爬虫
Varka	气温数据	二级		天	爬虫
Yuzhnouralsk	气温数据	二级		天	爬虫
Troitsk	气温数据	二级		天	爬虫
其他因素					
出口国家的能源价格	价格数据	三级			
哈国	价格数据	三级			
吉尔吉斯斯坦	价格数据	三级			
俄罗斯	价格数据	三级			
塔吉克斯坦	价格数据	三级			
英国	价格数据	三级			
中国	价格数据	三级			

3.5 特征工程

特征工程是人工智能领域中处理数据的一个重要步骤,指的是从内部数据和外部数据的影响因子中,选取在数据层面对预测序列有提升作用的一组影响因子,这样做的好处是既可以保证预测准确率、又可以提升运算速度。我们考虑的特征工程方法包括前向特征选择,后向特征选择、遗传算法、特征重要性排序等,根据模型性能和贡献选择最好的特征工程方法。我们从两个方面进行评估和选择:一是通过数据探查的结果,对比特征工程算法的原理进行理论分析判断,排除掉明显不合适的筛选方法;二是通过使用 2019 年 12 月的数据实际进行特征筛选和预测,通过判断真实的预测效果选择最优的特征筛选方法。这里,我们确保测试数据、预测序列的模型和模型评估标准完全一致,以达到对比实验的效果。

3.5.1 算法理论分析

在对数据进行数据探查的时候,我们对数据之间进行了相关性分析,以如下数据为例,如图 3.9 所示是部分数据的相关性分析的可视化结果。

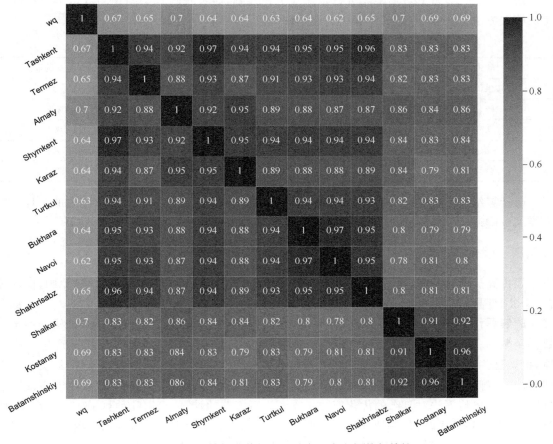

图 3.9 乌国供气和其他主要城市温度之间的相关性

图 3.9 中第一列即为乌国供气和与其相关的主要城市温度数据的比较。从计算的数据来看,乌国供气和各个主要城市温度的相关性都在 0.6~0.7 之间,说明乌国供气与其相关的主要城市,例如塔什干、奇姆肯特、阿拉木图等都有很高的影响力。换句话说,用这些城市的温度预测乌国供气未来的输气量是比较合适的方法。

在考虑筛选影响因子的方法中,分别考虑三种方法:FM 算法、前向特征选取和遗传算法。这三种方法都是目前比较流行用于复杂特征筛选的工具。

(1)FM 算法在计算速度上很有优势,适用于 0 值比较多的数据,这点非常匹配平衡表中一些有大量 0 值的特征。

(2)前向特征选择的原理,是依次选择对提升模型预测效果最好的特征,直到选择的特征对模型提升效果微乎其微,此时会更多地考虑算法性能,优化计算时间,简化流程。这种方式非常匹配我们对特征筛选的普遍认知。

（3）遗传学方法是目前非常流行的特征筛选方法，虽然在算法复杂度上高于前两种方案，但是通过不断循环迭代的方法，可以找到全局最优解。

以下是三种特征选择方法的预测结果对比。

3.5.2 数据对比试验

用 2019 年 12 月的数据实际进行特征筛选和预测，通过判断真实的预测效果选择最优的特征筛选方法。表 3.11 是三种算法的误差值比较，较小的为更优。

表 3.11　三种算法误差比较

管道	FM 算法	遗传算法	前向特征选取
转供国内	359.30	334.528	417.145
哈气	115.06	88.774	127.225
乌气	190.79	145.578	210.391
康采恩小计	279.56	239.082	301.554
阿姆河	41.32	42.56	53.800

由计算结果可得，遗传算法的表现更好，因此最终选用遗传算法作为特征筛选的工具。以下详细讲解遗传算法的计算过程。

3.5.3 遗传算法

遗传算法的基本思想是仿效生物进化与遗传，根据"生存竞争"和"优胜劣汰"原则，借助选择、交叉、变异等遗传操作，使所要解决的问题从初始解一步步地逐渐靠近最优解。它将每个可能的解看作是群体中的一个个体（染色体），并将每个个体编码成字符串的形式，根据预定的目标函数对每个个体进行评价，给出一个适应度。算法开始迭代时，总是随机地产生一些个体，根据这些个体适应度，利用遗传算子对这个个体进行遗传操作，保留优等个体，淘汰劣质个体，得到一群新的个体，新个体继承了父代的优良性状，因而要优于父代，使算法朝着更优解的方向进化。遗传算法对复杂的优化问题不需要进行复杂的计算，只用几种算子（选择、交叉、变异等）就能得到最优解，是一种全局寻优算法。如图 3.10 所示为算法流程示意图。

（1）产生初始种群。将所有特征排为一列，随机设定一个类似的数组 $[0,0,1,1,\cdots,0,0]$，如果是 0 则意味着没有选择该特征，如果是 1 则意味着选择了该特征，定义为第一代种群。

（2）计算和评价算法的适应度，公式如下：

$$f(x_j) = \beta \cdot \text{simdeg}(x_j) + \gamma \cdot \text{accurary}$$

其中，第 j 个个体的相似度可以采用下式计算：

$$\text{simdeg}(x_j) = \frac{1}{m} |\text{simnum}(x_j)|$$

$$\text{simnum}(x_j) = \{\text{set}(x_j) | i = j \wedge \text{sim}(x_i, x_j) \geqslant \theta\}$$

$|\text{simnum}(x_j)|$ 为与 x_j 相似度超过 θ 的个体数目，θ 为设定的相似度阈值，$\text{sim}(x_i, x_j)$ 表示个体 x_i 和个体 x_j 的相似程度，可用余弦相似度表示。

accuracy 是用当前的特征组合进行序列预测得到的准确度值，以此作为衡量适应度模型的好坏。

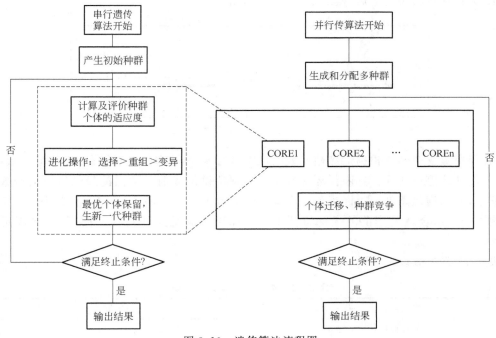

图 3.10　遗传算法流程图

（3）进化操作。

① 选择。种群中第 i 条个体入选成为父母个体的概率公式为：

$$P(i) = \frac{Fit_i}{\sum_{i=1}^{n} Fit_i}$$

Fit_i 表示的是种群中第 i 条个体的适应度函数值，根据初代种群中设置的数量进行相应次数的选择，由此得到与初代种群数相同数量的个体。

② 交叉。是将通过选择操作后留下的父母个体进行特征互换，图 3.11 为父母个体最后一位特征交叉互换产生新个体的示例。

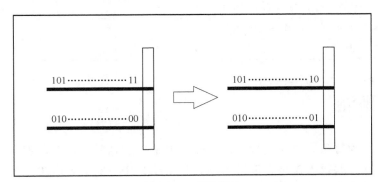

图 3.11　交叉算法

③ 变异。变异操作是针对单个特征的操作，根据变异的概率来确定发生突变特征的数量，在二进制个体当中，变异方式是将 0 变 1 或是 1 变 0，通过这样的方式产生新的个体。

图 3.12 为特征位当中的最后一位发生变异的示例。

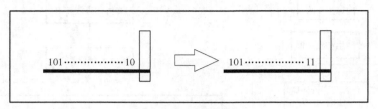

图 3.12   变异算法

(4)保留最优个体。根据适应性函数的取值进行排序,选择最优的个体,产生新一代种群。

(5)循环或停止迭代。判断循环次数是否达到预设值或前后两次的最优适应度函数的取值足够小,如果满足条件则返回当前适应度最好的数组[1,1,0,0,0,…,1,1],其中所有 1 对应的影响因子的组合就是当前的最优特征组合。如果不满足条件则继续循环,直到满足条件为止。

表 3.12 是参数设定值。

表 3.12   遗传算法参数设定值

参数名称	设定值
初始种群数量	150
终止进化代数	200
交叉概率	0.3
变异概率	0.001

表 3.13 是筛选出的影响因子,以乌国供气为例。

表 3.13   乌气一级影响因子

级别	影响因子
乌气 一级影响因子	中亚管道 ABC 线合计监督计量数据-乌哈边境交气-乌气交气
	放空 AB
	哈南线计量数据-哈南线分输-KP952
	中亚管道 C 线监督计量数据 UKMS-土气
	自耗气-中乌 C 线-UCS1 土气背负
	加兹里供气

3.6   序列预测

序列预测是在为每条管道输气量选择好影响因子之后,将所有选择的影响因子和要预测的序列的历史数据一起投入模型中进行预测。在本项目中,我们采用 2019 年 12 月 1 日—30 日的数据分别预测未来 1 天和未来 7 天的输气量。与"特征工程"思路相同,从两个方面进行评估和选择,一是通过数据探查的结果,对比序列算法的原理进行理论分析判断,排除掉明显不合适的预测方法;二是通过使用 2019 年 12 月的数据和筛选后的影响因子实际进行预测,通过对比实验判断真实的预测效果选择最优的序列预测方法。

3.6.1 算法理论分析

通过总结"数据探查"的结果,发现有以下特点:

(1)一级影响因子数据尚不充分;

(2)数据分布非常分散,没有合适的分布函数用于拟合;

(3)数据总维度高;

(4)数据没有明显的周期性特征;

(5)数据经常出现无规律震荡,且波动范围较大。

所以传统的时间序列模型很可能不能很好地学习数据规律,例如 ARIMA、Prophet、Holtwinter 等,因为时间序列模型不能很好地学习到不规则的数据分布和震荡数据中的变化规律。在这方面,机器学习模型和深度学习则表现更好。

机器学习领域,LightGBM、XGBoost、GBDT 和 Regression Tree 都是非常常见的进行序列预测的模型,其中 LightGBM 是 XGBoost、GBDT 和 Regression Tree 的优化方案,不仅提升了预测的准确度,而且降低了计算复杂度。在工业应用、算法大赛中应用都非常广泛,因此采用 LightGBM 进行预测。

同时,我们也考虑了深度学习模型。天然气输气量预测是一个典型的序列预测问题。Saud M. Al-Fattah 采用时间序列的方法预测美国天然气产量。R. H. Brown,I. Matin 提出对比线性回归和 LSTM 的预测效果,RokHribar 曾经使用城市居民数据用于天然气需求预测,参考对比了多种机器学习和 LSTM(Long Short-Term Memory,长短期记忆)模型。对比结果都是神经网络在预测准确性方面表现更好。因此我们也在模型中引入 LSTM 模型。

3.6.2 数据对比试验

由表 3.14 的计算结果可得,在预测未来 1 天的问题上,LightGBM 的表现与 LSTM 大致相同,因此考虑算法复杂度和模型运行时间,这方面 LightGBM 比 LSTM 有相当大的优势,对于机器和算力的要求也更低,因此采用 LightGBM 进行未来 1 天的预测。

表 3.14　Light GBM 与 LSTM 模型数据对比　　　　　　　10^4m^3

管道	LightGBM	STM
转供国内合计	333	421
哈气	88	92
乌气	145	113
康采恩小计	239	237
阿姆河	42	45

对于预测未来 7 天的问题,机器学习和时间序列模型都无法做到,这是模型本身的局限性。只能采用深度学习进行预测。以下详细阐述 LSTM 模型的计算原理和过程。

3.6.3 LSTM 模型

LSTM(Long Short-Term Memory,长短期记忆模型)是一个常见的深度学习模型,是由 RNN(Recurrent Neural Network,循环神经网络)模型优化发展而来。众所周知,深度学习是高度智能化的模型,可以通过自动化的训练超参来控制参数的迭代和优化,有百万级别的参数矩阵,目前神经网络的可解释性依然是人工智能领域科学家致力于研究的方向。以下用一个简单的示例展示一个 RNN 神经元——LSTM 模型的基础框架的计算过程:

图 3.13 是一个 RNN 简单的神经元的计算框架,将其中的隐藏层[7]h 拆分,可以看到图 3.14 的示例计算过程。

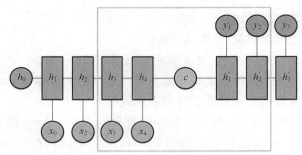

图 3.13　RNN 神经元框架

其中蓝色框是输入部分,包括上一个计算结果的传递和当前的 x 值输入。

灰色框是参数矩阵 W 和 b,这个参数矩阵是通过超参不断迭代优化的。

红色框是输出结果 $O=Wx+b$,输出的结果一份传递给右边进行下一个数值的计算;另一份再通过一个输出函数的计算或者当前序列的输出值。

下面以数组序列[1.0,2.0]展示计算过程,相当于是假设仅仅使用历史两天的输气量[1.0,2.0]预测未来 1 天的输气量,而不考虑其他任何因素:

(1)首先合并上一轮的输出[0.0,0.0]展和当前的输入 x 值 1.0,得到神经元的输入[0.0,0.0,1.0]。

(2)通过公式 $Wx+b$ 进行矩阵计算:

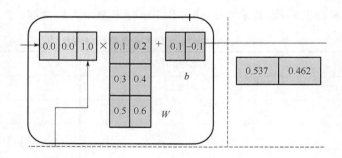

$$0.0\times0.1+0.0\times0.3+1.0\times0.5+0.1=0.6$$
$$0.0\times0.2+0.0\times0.4+1.0\times0.6-0.1=0.5$$

因为机器计算结果可能会保留小数点后很多位,但是显示结果被简化为 1 位,所以从显示的计算结果[0.6,0.5]与机器的计算结果[0.537,0.462]在小数点后稍有出入,但这个不影响模型运算的正确性,只是中间结果的输出可视化进行适当简化。

(3)将上一轮输出的结果[0.537,0.462]输入下一个单元的输入框中。

(4)重复上述过程,首先合并上一轮的输出和当前的输入[0.537,0.462,2.0]。

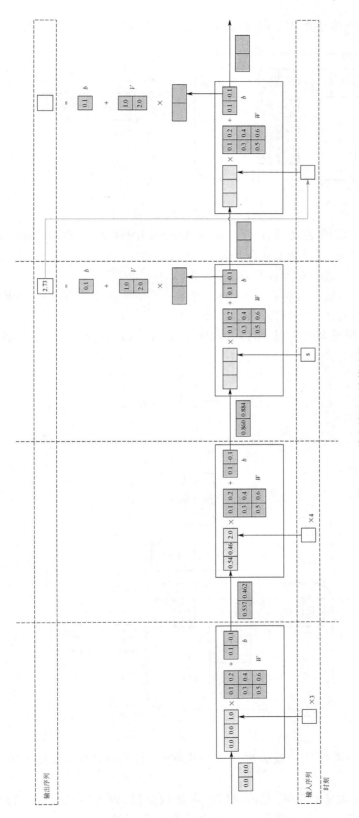

图 3.14　单个神经元计算过程

（5）然后同样经过矩阵计算 $Wx+b$ 得到结果 $[0.860, 0.884]$。

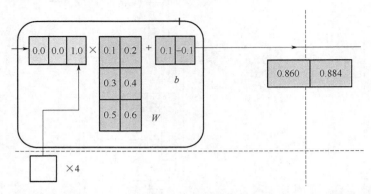

（6）逐个输入预测的序列值之后，接下来的步骤就是预测输出：设初始的输入值为 1.0，将之前输出的数组 $[0.860, 0.884]$ 和 1.0 合并为 $[0.860, 0.884, 1.0]$。

（7）通过公式 $Wx+b$ 进行矩阵计算，得到结果 $[0.93, 1.01]$。

（8）与之前不同的是，这一次需要输出结果，将上一步骤计算的结果再一次进行矩阵计算 $Vh+b$ 得到第一个预测值：$0.93 \times 1.0 + 1.01 \times 2.0 + 0.1 = 2.73$。

（9）如果还需要预测更多的序列，则将上式计算的 $[0.93, 1.01]$ 和 2.73 作为输入继续矩阵运算，直到满足预测需求。

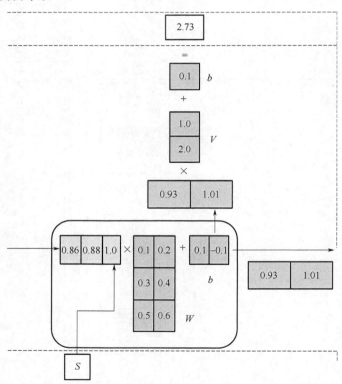

经过上述计算，我们得到已知过去两天的历史输气量 $[1.0, 2.0]$，预测未来 1 天的数据为 2.73。

假设仅仅采用上述 RNN 模型，考虑我们实际的数据量，输入历史 30 天的数据序列，用 100 个神经元来预测未来 1 天的输气量，那么参数个数如下所示：

W、b 权重矩阵所包含的参数个数为：$(30+100))\times100+100=13100$；

V、b 权重矩阵所包含的参数个数为：$100\times1+1=101$。

因此共有参数 1.4 万余个。这仅仅是依据某线路历史数据进行预测，实际上我们还要考虑几十个影响因素，因此参数数量在几十万到几百万不等。

上述是采用经典的 RNN 模型，我们为了提升序列预测的效果，采用了更为复杂的 LSTM 模型，是在 RNN 的基础上对每一个神经元内部的运算进行的一系列优化：

如图 3.15 所示为 LSTM 的单元结构，相比 RNN 的经典结构具有更多的参数和计算过程，计算公式如下：

$$C_t=f_t\times C_{t-1}+i_t\times\widetilde{C}_t$$
$$f_t=\sigma(W_f\cdot[h_{t-1},x_t]+b_f)$$

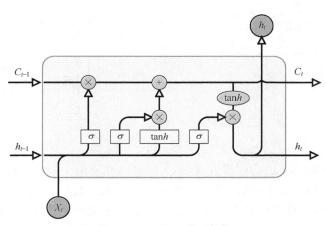

图 3.15　LSTM 单元结构

f_t 称为遗忘门[8]，是 [0,1] 范围内的 sigmoid 激活函数[9]，表示 C_{t-1} 的哪些特征被用于计算 C_t。

$$i_t=\sigma(W_i\cdot[h_{t-1},x_t]+b_i)$$

$$\widetilde{C}_t=\tanh(W_C\cdot[h_{t-1},x_t]+b_C)$$

$\widetilde{C}_t$ 表示状态更新值，由输入数据 x_t 和隐节点 h_{t-1} 经由一个神经网络层得到，单元状态更新值的激活函数通常用 $\tanh$ 函数。

$$C_t=f_t\times C_{t-1}+i_t\times\widetilde{C}_t$$

i_t 是输入门[10]，同 f_t 一样是 sigmoid 激活函数，用于控制 $\widetilde{C}_t$ 的哪些特征被用于计算 C_t。

$$o_t=\sigma(W_o\cdot[h_{t-1},x_t]+b_o)$$

$$h_t=o_t\times\tanh(C_t)$$

最后，为了计算 $\hat{y}_t$ 和生成下个时间片完整地输入，需要计算隐节点的输出 h_t。h_t 由输出门 o_t 和单元状态得到，其中 o_t 的计算方式和 f_t 以及 i_t 相同。

3.7 模型调优

模型优化如图 3.16 虚线箭头指示,是指算法流程各个方面的优化,包括几个方面。

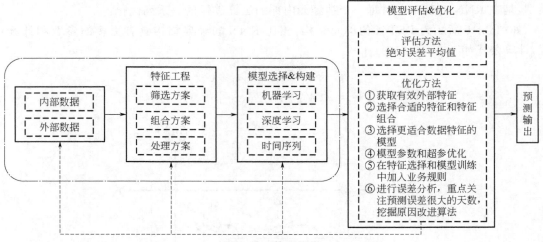

图 3.16 算法流程

通过采用一级影响因子进行建模发现,最大的问题在于由于一级影响因子的大量缺失,能够获取到日粒度数据的只有平衡表,导致很多数据的不规则波动无法识别波动原因。因此通过查阅文献和资料,结合业务经验总结了可能影响输气量的影响因素,定义为二级影响因子,包括管道沿线城市温度、汇率等。在"模型调优"阶段,为了弥补一级数据的缺失带来的影响,我们查找了可能影响输气量的因素作为二级数据用于辅助模型训练。

加入了新的影响因子之后,大数据模型的其他环节也同时配合进行优化:

(1)影响因子筛选优化。在多个筛选方法中,选取能够获得全局最优解的遗传算法,对算法进行优化,在特征选择时同时考虑业务因素和数据因素。与此同时,在已知一级影响因子情况下,探究增加哪些二级影响因子,能更好地优化模型。表 3.15 是加入二级影响因子且优化后的遗传算法中筛选出的影响因子。

表 3.15 一级及二级影响因子

一级影响因子	二级影响因子
中亚管道 ABC 线合计监督计量数据-乌哈边境交气-乌气交气	Iriklinskiy
放空 AB	Yuzhnouralsk
哈南线计量数据-哈南线分输-KP952	哈国城市温度
中亚管道 C 线监督计量数据 UKMS-土气	Irgiz
自耗气-中乌 C 线-UCS1 土气背负	Karabutak
加兹里供气	Khromoeu
乌国城市温度	Batamshinskiy

一级影响因子	二级影响因子
Bukhara	Kamysty
Karshi	阿拉木图
Kitab	卡拉兹
Shakhrisabz	俄罗斯城市温度
Zarafshan	Orsk
Mangit	Svetly
Kurgan	Iriklinskiy
Kulyab	Yuzhnouralsk
Vakhsh	

注：A-B-C形式因子，ABC依次为平衡表一、二、三级表头。

（2）序列预测优化。通过对深度学习模型 LSTM 进行优化，减弱异常值对预测的影响，提升预测精度。在原有 LSTM 的模型中，加入更多的一个门控模型[11]，输入为历史 2 天的预测线路真实值。通过控制超参学习一个阈值，如果过去两天的差值的绝对值超过阈值则判定为一个不规律大幅度震荡；再通过另一个超参学习一个合适的概率，用于预测时适当降低前一天输入的学习权重，更多地学习更早的数据，以达到平滑的效果。避免输气量在第二天回到正常水平时预测值受前一天异常值影响过大。以乌国供气预测未来 7 天的数据为例，加入二级特征且优化模型后的最优结果如表 3.16 所示。

表 3.16　模型优化表

天数	第1天	第2天	第3天	第4天	第5天	第6天	第7天
一级误差	878	1216	1268	1322	1764	1660	2011
一级+二级误差	209	247	204	255	289	263	551

（3）参数调整。在特征选择和模型预测时，通过控制参数调整优化。

（4）误差分析。重点关注预测误差很大的节点，分析误差原因和调整模型方法。

3.8　模型评估

采用机器学习中对于回归问题最常用指标之一，平均绝对误差 MAE（Mean Absolute Error）[12]作为评估模型准确性和筛选模型的标准。对同一管道的输气量进行多次测量时，各次测量值及其绝对误差不会相同，我们将各次测量的绝对误差取绝对值后再求平均值，并称其为平均绝对误差。对于同一条管道 M 天的预测值 $\hat{y}_i$ 和真实值 y_i，平均绝对误差 MAE 的计算公式为：

$$MAE = \frac{1}{M} \sum_{i}^{M} |\hat{y}_i - y_i|$$

4 结果输出

4.1 基于一级影响因子的建模及分析

4.1.1 未来 1 天的预测结果

表 4.1 是预测 2019 年 12 月 1 日—12 月 30 日期间,预测未来 1 天的各线路的输气量预测结果。

表 4.1　预测 1 天结果(基于一级影响因子)　　　　　　　　　　　　$10^4\,m^3$

线路名称	平均绝对值误差
转供国内合计	333
阿姆河	42
康采恩小计	239
乌国供气	145
哈国供气	88

(1)转供国内合计。以下结果是预测 2019 年 12 月 1 日—12 月 30 日期间预测未来 1 天的预测结果,误差平均值为 333。图 4.1 表示预测值与真实值的走势图。

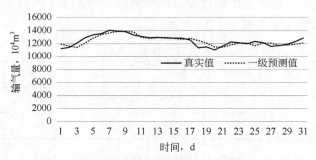

图 4.1　转供国内预测 1 天结果

(2)阿姆河。以下结果是预测 2019 年 12 月 1 日—12 月 30 日期间预测未来 1 天的预测结果,误差平均值为 42。图 4.2 表示预测值与真实值的走势图。

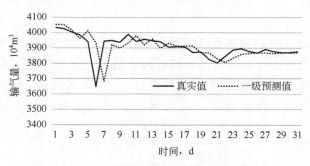

图 4.2　阿姆河预测 1 天结果

（3）康采恩小计。以下结果是预测 2019 年 12 月 1 日—12 月 30 日期间预测未来 1 天的预测结果，误差平均值为 239。图 4.3 表示预测值与真实值的走势图。

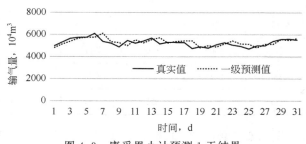

图 4.3　康采恩小计预测 1 天结果

（4）乌国供气。以下结果是预测 2019 年 12 月 1 日—12 月 30 日期间预测未来 1 天的预测结果，误差平均值为 145。图 4.4 表示预测值与真实值的走势图。

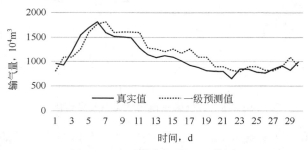

图 4.4　乌国供气预测 1 天结果

（5）哈国供气。以下结果是预测 2019 年 12 月 1 日—12 月 30 日期间预测未来 1 天的预测结果，误差平均值为 88。图 4.5 表示预测值与真实值的走势图。

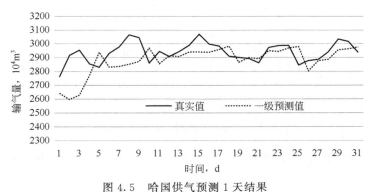

图 4.5　哈国供气预测 1 天结果

4.1.2　未来 7 天的预测结果

表 4.2 是预测 2019 年 12 月 1 日—12 月 30 日期间预测未来 7 天的各线路预测结果。

表 4.2　预测 7 天结果(基于一级影响因子)　　　　　　　　　　　　　$10^4\,m^3$

名称	第 1 天	第 2 天	第 3 天	第 4 天	第 5 天	第 6 天	第 7 天
转供国内合计	700	876	890	660	603	670	730
阿姆河	45	64	74	57	75	80	80
康采恩小计	270	296	300	317	312	293	283
乌国供气	878	1216	1268	1322	1764	1660	2011
哈国供气	109	104	131	163	174	187	219

(1)转供国内合计。图 4.6 是预测 2019 年 12 月 1 日—12 月 30 日期间预测未来 7 天的输气量绝对误差平均值。

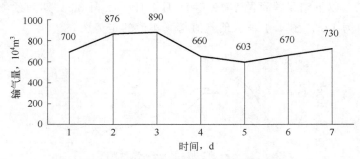

图 4.6　转供国内预测 7 天误差平均值

(2)阿姆河。图 4.7 是预测 2019 年 12 月 1 日—12 月 30 日期间预测未来 7 天的输气量绝对误差平均值。

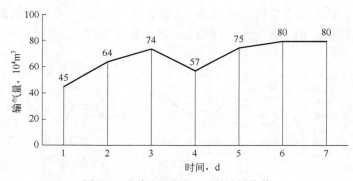

图 4.7　阿姆河预测 7 天误差平均值

(3)康采恩小计。图 4.8 是预测 2019 年 12 月 1 日—12 月 30 日期间预测未来 7 天的输气量绝对误差平均值。

(4)乌国供气。图 4.9 是预测 2019 年 12 月 1 日—12 月 30 日期间预测未来 7 天的输气量绝对误差平均值。

(5)哈国供气。图 4.10 是预测 2019 年 12 月 1 日—12 月 30 日期间预测未来 7 天的输气量绝对误差平均值。

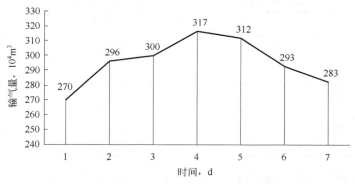

图 4.8 康采恩小计预测 7 天误差平均值

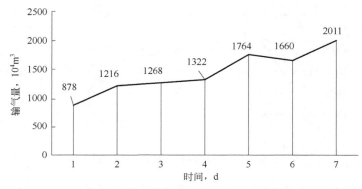

图 4.9 乌国供气预测 7 天误差平均值

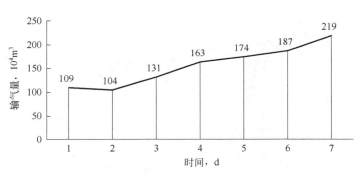

图 4.10 哈国供气预测 7 天误差平均值

4.2 基于一级和二级影响因子的建模及分析

4.2.1 未来 1 天的预测结果

选取 2019 年 12 月 1 日—12 月 30 日的数据进行预测未来 1 天,各线路的预测结果对比见表 4.3。

表 4.3　预测 1 天结果（基于一级和二级影响因子）　　　　　　　　　　$10^4\,m^3$

管道	一级误差	一级＋二级误差	提升效果
转供国内合计	333	331	2
阿姆河	42	43	－1
康采恩小计	239	253	－14
乌国供气	145	83	62
哈国供气	88	93	－5

（1）转供国内合计。取 2019 年 12 月 1 日—12 月 30 日的数据进行预测未来 1 天的预测结果对比见图 4.11。

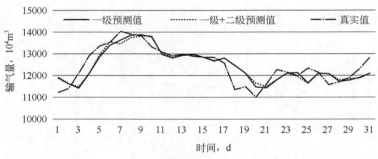

图 4.11　转供国内预测 1 天结果

（2）阿姆河。选取 2019 年 12 月 1 日—12 月 30 日的数据进行预测未来 1 天的预测结果对比见图 4.12。

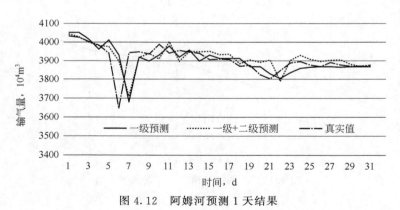

图 4.12　阿姆河预测 1 天结果

（3）康采恩小计。选取 2019 年 12 月 1 日—12 月 30 日的数据进行预测未来 1 天的预测结果见图 4.13。

（4）乌国供气。选取 2019 年 12 月 1 日—12 月 30 日的数据进行预测未来 1 天的预测结果对比见图 4.14。

（5）哈国供气。选取 2019 年 12 月 1 日—12 月 30 日的数据进行预测未来 1 天的预测结果对比见图 4.15。

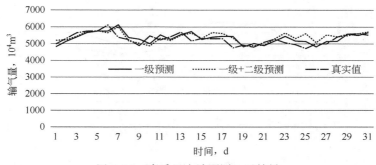

图 4.13　康采恩小计预测 1 天结果

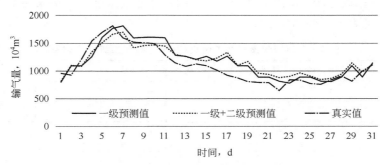

图 4.14　乌国供气预测 1 天结果

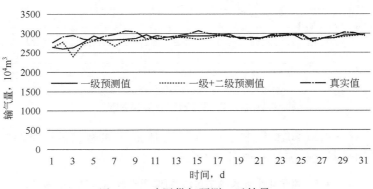

图 4.15　哈国供气预测 1 天结果

4.2.2　未来 7 天的预测结果

（1）转供国内合计。选取 2019 年 12 月 1 日—12 月 30 日的数据进行预测未来 7 天,转供国内的预测结果对比见表 4.4 和图 4.16。

表 4.4　转供国内预测 7 天结果(基于一级和二级影响因子)　　　　　　　$10^4 m^3$

天数	第 1 天	第 2 天	第 3 天	第 4 天	第 5 天	第 6 天	第 7 天
一级误差	700	876	890	660	603	670	730
一级＋二级误差	667	897	780	804	691	810	732

99

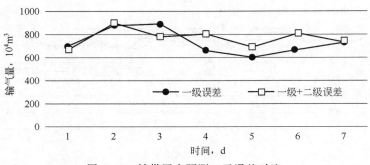

图 4.16 转供国内预测 7 天误差对比

（2）阿姆河。选取 2019 年 12 月 1 日—12 月 30 日的数据进行预测未来 7 天,阿姆河线路的预测结果对比见表 4.5 和图 4.17。

表 4.5 阿姆河预测 7 天结果（基于一级和二级影响因子） 10⁴ m³

天数	第 1 天	第 2 天	第 3 天	第 4 天	第 5 天	第 6 天	第 7 天
一级误差	45	64	74	57	75	80	80
一级＋二级误差	48	55	62	57	69	96	65

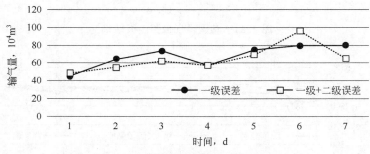

图 4.17 阿姆河预测 7 天误差对比

（3）康采恩小计。选取 2019 年 12 月 1 日—12 月 30 日的数据进行预测未来 7 天,康采恩小计线路的预测结果对比见表 4.6 和图 4.18。

表 4.6 康采恩小计预测 7 天结果（基于一级和二级影响因子） 10⁴ m³

天数	第 1 天	第 2 天	第 3 天	第 4 天	第 5 天	第 6 天	第 7 天
一级误差	270	296	300	317	312	293	283
一级＋二级误差	296	317	320	292	295	271	250

（4）乌国供气。选取 2019 年 12 月 1 日—12 月 30 日的数据进行预测未来 7 天,乌国供气线路的预测结果对比见表 4.7 和图 4.19。

表 4.7 乌国供气预测 7 天结果（基于一级和二级影响因子） 10⁴ m³

天数	第 1 天	第 2 天	第 3 天	第 4 天	第 5 天	第 6 天	第 7 天
一级误差	878	1216	1268	1322	1764	1660	2011
一级＋二级误差	209	247	204	255	289	263	551

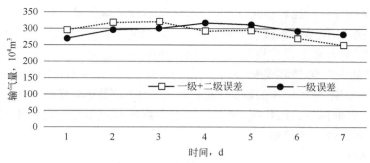

图 4.18　康采恩小计预测 7 天误差对比

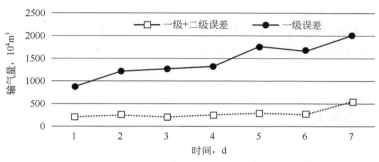

图 4.19　乌国供气预测 7 天误差对比

(5)哈国供气。选取 2019 年 12 月 1 日—12 月 30 日的数据预测未来 7 天的预测结果对比见表 4.8 和图 4.20。

表 4.8　哈国供气预测 7 天结果(基于一级和二级影响因子)　　　　　　　　$10^4 m^3$

天数	第 1 天	第 2 天	第 3 天	第 4 天	第 5 天	第 6 天	第 7 天
一级误差	109	104	131	163	174	187	219
一级＋二级误差	98	104	117	153	172	262	293

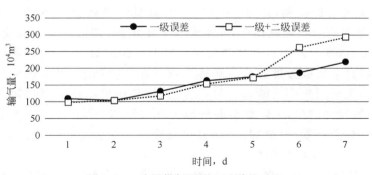

图 4.20　哈国供气预测 7 天误差对比

4.3　模型效果总结

首先考虑一级特征的建模效果:

(1)结果离我们的期望还有一段距离,乌国供气是相对平稳的线路,准确率依然存在提升空间;阿姆河效果已经达到比较稳定的空间;康采恩小计的输气量比较大,相对于这个量级来说误差效果可以接受,但是仍需继续改进。

（2）总体来说,对未来7天的预测,天数越久,预测误差越大。

（3）一级数据缺失严重,能够获取日粒度数据的只有平衡表。年粒度的数据缺2019年的数据。月粒度的数据缺2017年和2018年的数据。总体来说一级外部数据对模型的贡献非常有限。

（4）对于业务明确强相关的特征,继续抓取更多数据投入模型。尝试不同的建模方法,继续调研对提升效果有帮助的模型。

加入二级特征后:

（1）加入更多的外部数据有利于提升乌气的模型效果,但是二级特征对于阿姆河和康采恩小计的提升效果并不明显。

（2）在选择特征的方法上,可以继续改进,不仅依赖业务相关性,可以加入提升系数和相关关系考虑特征有效性,选择一些对提升模型效果有用的特征,来提升模型效果。

5　成果总结

总体来看,通过大量查阅文献资料,深入剖析影响供气量的影响因素,涉及中亚、俄罗斯、欧洲各重要城市的温度、工业、人口、气候、产量、汇率等多个因素。按照影响程度分为一定影响因素和可能影响因素,为科学建模及分析提供了准确的业务分析支撑。

采用大数据分析和建模的方法,通过对数据规律的理解采用历史30天来预测未来1天和7天的输气量。总体来看,预测准确率在93%左右,最高预测准确率可达98%。转供国内合计和康采恩合计因为输气量大,相对误差也比较大,阿姆河、乌国供气、哈国供气的预测误差绝对值比较小,都可以控制在 $200 \times 10^4 \, m^3$ 以内。预测一天的准确性相比预测未来7天更高,数据的不确定性小,预测更精确。

此外,基于该输气量模型,搭建的输气量预测服务平台已经成功部署,并持续运行（图5.1）。该平台实现全自动化作业,无须大量人工操作,即可自动生成预测结果（目前每天两次）。一方面,该平台能够自动更新数据。对于内部数据,该平台目前已成功对接内部数据平台,每日将自动从服务器获取平衡表数据。在此基础上,对于该平台可以自动抓取并解析外源数据,无须用户手动输入。另一方面,该平台可以在指定时间自动根据最新数据,更新模型,计算预测结果,最终结合图表形式展现给用户（图5.2）。由于整个工作流程不需要人工参与,数据获取、模型训练、结果预测等都将在非工作时间自动完成,避免了长时间训练模型对于用户实际使用的影响。

在实际使用的过程中,也发现一些特殊情况可能导致模型预测结果与实际情况产生较大误差。比如哈气预测结果输气量为 $3800 \times 10^4 \, m^3$,但由于当日临时进行管道检修,导致实际输气量为 $1000 \times 10^4 \, m^3$,当日实际数据与预测结果出现极大偏差。并且,由于该数据点是一个不具备参考价值的极端情况,可能会对之后一段时间内的输气量预测造成不良影响。又比如,乌气的预计输气量为 $2600 \times 10^4 \, m^3$,但是由于政策等原因,对于管道限流为 $1500 \times 10^4 \, m^3$,当日实际数据会与预测数据产生较大偏差。并且,政策改变这一信息,难以在短时间内被充分模型习得,可能会出现接下来几天输气量的预测值高于 $1500 \times 10^4 \, m^3$ 情况,产生较大偏差。

图 5.1　输气量结果入口

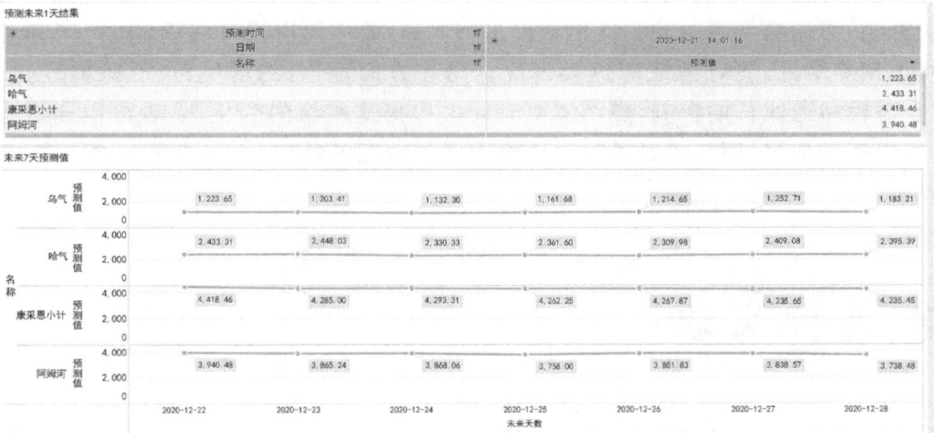

图 5.2　输气量预测结果展示

6　下一步建议

首先,对于现有内部数据,可以进一步提高数据质量。

一方面,可以人工参与,深入分析,对现有数据进行清理。比如非周期性的检修、输气管道故障、突发公共事件(如新冠肺炎)、临时性的政策变动等等,可能引发突然大幅度的数据变动,这可能导致对应的数据成为不具备学习价值的噪声,甚至对模型产生不良干扰,结合业务背景,适当处理此类数据,提升数据质量,可能在一定程度上提高模型准确度。

另一方面,时间粒度更细数据,也能够提升最终预测结果的准确性。比如小时级别的管道输气量数据,可能提升最终的预测效果。

第二，引入更多高质量的外源数据。

一方面，部分数据与输气量紧密相关，但难以获得高精度的有效数据。以乌国为例（参"探查外部数据"章节），诸如加兹里日供气总能力、压气站数量及能力、乌国国内工业用气量等6项一级因子，均获取对应数据，乌国天然气消费量、乌国天然气出口量等10项一级因子，只能获取年或月层级的数据，所有一级因子中仅有加兹里供气一项可以获得日层级的数据，这对日级别的输气量预测极为不利。来自全球领先的石油天然气行业数据信息服务提供商（如 IHS 等）表示对于三个中亚国家来说，管道天然气的计量数据公开度很低，例如土国并没有公布其生产数据。而像哈国和乌国一般是按照季度或者年度来公布其生产数据，而且数据的准确性存在一定的偏差。如果要有针对性地获取日级别的数据，可以考虑和专业的油气行业数据服务商合作，设立一个咨询类的项目，进行专题研究。

另一方面，对于可能有效的二级、三级因子可以结合石化行业专业知识，进行进一步扩展。以乌国为例，目前考虑了乌国、哈国、俄罗斯等国的主要城市温度、能源价格等因素，是否可以通过进一步的专业分析，将更多可能的因素纳入考虑，再通过人工智能技术进行特征筛选，最终选出更好的影响因子。

第三，在输气量预测过程中适当引入人工干预。模型往往考虑的是没有外界干扰的人工情况，那么能不能将人工干预引入模型之中？一方面，比如临时性检测、管道限流可能对模型造成短期影响，而模型无法对此类突发状况进行判断，是否可以通过权重、常量、特殊判断逻辑等形式修正预测结果，更好地适应这类情况。另一方面，新合约的签订、政策的变化、疫情出现，可能会对模型造成长期影响，模型需要时间去习得这些新的变化，是否可以通过人工干预的形式，加快模型学习过程，或者通过对历史上类似情况的总结分析，修正预测结果，也是一个可能的方案。

7　术语释义表

序号	术语	释义
[1]	拖尾特征	是用于时间序列数据的数据分析的一种特征，拖尾意为随着横坐标的 k 值不断增大，Y 轴的取值是逐渐减小，然后在 0 值附近有规则的上下波动
[2]	截尾特征	是用于时间序列数据的数据分析的一种特征，拖尾意为随着横坐标的 k 值不断增大，Y 轴的取值在某一点后被突然截断
[3]	自相关性	是一种时间序列数据的数据特征的指标，指的是一个数据被它的历史数据的影响程度。如果历史数据很大程度上决定了当前数据，则是自相关性强，例如天气、温度数据；如果历史数据对当前数据的影响程度很弱，则自相关性弱，例如彩票号码
[4]	特征工程	特征工程是人工智能领域总处理数据的一个重要步骤，目的是从众多数据中选择一些对建模效果有提升作用的影响因子
[5]	适应度	这个概念来自遗传算法中的适应度函数。适应度函数是用于评价一组影响因子的优劣。如果一组影响因子能够准确地进行预测，那么这组影响因子的适应度函数取值就很大，称之为适应度高；反之，称之为适应度低

序号	术语	释义
[6]	遗传算子	指的是遗传算法中对种群的三种操作:选择、交叉和变异。从数据维度来讲,可以理解为这就是一个函数,对输入的数据进行一系列操作,然后输出结果
[7]	隐藏层	这是神经网络模型中的专有名词。在神经网络中,除了输入层和输出层,其他都称之为隐藏层,可以理解为计算的中间过程
[8]	遗忘门	这是 LSTM 模型中的一个独特的计算结构的名称,可以理解为这是一个函数。当输入历史数据的结算时,会自动判断要保留多少历史数据信息,其余将不会采纳,所以形象地称之为"遗忘"
[9]	激活函数	激活函数是一个非线性函数。因为线性函数拟合数据趋势的认识往往存在很大局限性,所以需要非线性函数进行学习
[10]	输入门	这是 LSTM 模型中计算结构的名称,输入门实际上就是处理当前输入数据的一组函数
[11]	门控模型	门控模型是 LSTM 模型中的计算结构,可以理解为是用于数据计算的函数组合。例如输入门是用于处理输入数据的一组函数
[12]	平均绝对误差	平均绝对误差是所有单个观测值与平均值的偏差的绝对值的平均。平均绝对误差可以避免误差相互抵消的问题,因而可以准确反映实际预测误差的大小
[13]	平衡表	收集归纳中亚天然气管线的上气、下气等关系到输入及输出的数据,反应过程数量关系的表格

中油国际管道工控信息安全研究及优化

1 概述

随着信息化和工业化深度融合的不断推进以及工业控制系统网络化、信息化和智能化的快速发展,工业控制系统(Industrial Control System,ICS)的网络安全问题也面临更多的挑战。由于 ICS 广泛采用通用软硬件和网络设施,与企业管理信息系统发生集成,与互联网产生了大量的数据交换,导致 ICS 越来越开放,以往由物理环境的封闭性和专用性所带来的安全性将不复存在。智能制造、工业 4.0、工业互联网等工作的深入发展,万物互联互通时代的到来,控制高危险性工业装置的 ICS,将直接暴露在互联网平台上。工控信息安全威胁从"虚拟世界"已经渗透到了"物理世界",网络远程恶意控制工业装置已经成为可能的现实,中国战略基础设施面临巨大的安全威胁。

近年来,国际社会正在经历"百年未有之大变局",工控信息安全形势日趋复杂严峻,专门针对已具备较高防护能力的企业和组织网络的 APT(Advanced Persistent Threat,高持续性威胁)攻击正在成为工控系统的首要威胁。APT 攻击不同于以往病毒、木马、蠕虫等恶意程序的饱和传播、广泛杀伤、不计后果等特点,它是一种定时定点定向的攻击,APT 攻击发生前会有严格的传播路径、预置的攻击对象以及明确的伤害程度。尤其是针对 ICS 的 APT 攻击,已经将触手直接伸向物理实体对象,不同于传统信息系统针对数据的窃取和篡改,ICS 的 APT 攻击可以造成不可恢复的损失。

工控信息安全问题的产生涉及控制系统产品功能特性、设计缺陷以及系统应用过程中的行为操作、业务流程、维护管理等很多方面。同时 ICS 因其具有实时通信、长期不间断运行、环境和人员人身安全问题、多平台多标准、多种通信网络接入通道等特点,而这些特点也随之造就了 ICS 安全问题有别于传统信息系统安全问题的独特性。所以在传统互联网安全、计算机安全领域有效的手段和产品对工控系统不一定有效。对工控系统的网络安全防护和保护,需同时从工控系统的软件、硬件、网络以及生产工艺、生产流程、生产装置的角度出发,才能够防护得住有组织的专业团队的攻击,也才能保护我们国家重要基础设施的安全。

2　国内外工控信息安全发展现状

当前全球网络安全威胁和风险日益突出,并向政治、经济、文化、社会、生态、国防等领域传导渗透。石化行业的 ICS 长期以来一直是网络攻击的重要目标,特别是长输油气管道等保障国家能源供应的关键基础设施,已经成为国际谍报战、经济战等各种活动的重要目标。因此,虽然我国石化企业的工控信息安全保障体系建设已经初见成效,但仍然面临诸多工控信息安全风险。

我国石化行业的信息化建设尚未脱离大量依赖非专利技术的状态,整个工控系统缺乏自主技术支撑。关键基础设施依赖国外产品和技术,石化行业所使用的工控系统设备和软件基本上是发达国家公司的产品。目前,美国微软几乎垄断了我国电脑软件的基础和核心市场,离开了微软的操作系统,国产的软件都失去了操作平台;霍尼韦尔、西门子、通用、罗克韦尔、泰尔文特等公司的产品更是几乎垄断了石化行业 ICS,这些因素使得 ICS 安全性能大大降低。由于对国外软硬件产品和关键装备中可能预做的手脚无从检测和排除,可能造成既花费大量资金又买来生产运行中的隐患。中国工程院院士、信息专家沈昌祥就曾形象地将之比喻为"美元买来的绞索"。倘若国外 ICS 硬件、软件中隐藏着"特洛伊木马",一旦发生重大情况,那些隐藏在设备芯片和操作软件中的"特洛伊木马"就有可能在某种秘密指令下激活,如使我国石化行业 ICS 瘫痪,将造成灾难性的经济、社会和军事后果。因此,这种没有关键的自主技术,关键基础设施严重依赖国外的现状,使我国石化行业的工控信息安全处于非常脆弱的状态,被认为是易窃视和易打击的"玻璃网"。

2.1　工控信息安全事件案例

2.1.1　石化行业工控信息安全事件案例及分析

2.1.1.1　土耳其原油输送管道爆炸事件

2014 年 12 月,土耳其境内,由伊拉克向土耳其输送原油的输油管道发生爆炸。这条管道安装了压力探测器和摄像头,用以监控从里海通向地中海的 1099mile 石油管道内的每一步流程。然而管道爆炸事件发生前,却没有引发一个遇险信号,原因是黑客给管道内原油大幅增压的同时关闭了警报、切断了通信。

这条管道的摄像头通信软件存在薄弱之处,黑客利用它们进入警报系统。进入系统后,黑客发现一台使用 Windows 操作系统的电脑负责警报管理网络。随后黑客在这台电脑上安装了一个恶意程序,以便日后随时可以偷偷潜入系统。

这次攻击的核心部分是如何进入 ICS,并在不触动警报的情况下加大管道内压力。由于这条管道的设计原因,黑客可以在不进入主控制室的情况下,通过几个阀门站侵入主控制室的小型工业电脑,并操纵管道内压力。最终黑客一边给管道内原油大幅增压,一边关闭警报系统,导致管道发生爆炸。

2.1.1.2　墨西哥石油公司遭受勒索攻击

2019 年 11 月 10 日,墨西哥国有石油公司 Pemex 遭受到勒索软件攻击,被索要 565 个比特币,约 490 万美元的赎金。不过 Pemex 表示,只有不到 5% 的电脑受到了影响。但是根据内部备忘录的记录,Pemex 要求所有员工切勿打开电脑,在晚些时候再重新开机,同时拒绝按攻击者的要求在 48h 内支付赎金。

最初有报道称,Pemex 受到了 Ryuk 勒索软件的影响,但泄露出的赎金信息和 Tor 付款网站都证实这是 DoppelPaymer 勒索软件,属于 BitPaymer 勒索软件的变种。

DoppelPaymer 勒索软件利用的是 CVE-2019-19871 漏洞。该漏洞还未被解决,详细漏洞利用步骤也还未公开。DoppelPaymer 勒索软件首先会想办法获取到目标网络系统的管理员凭证,并利用这些凭证来入侵目标组织的整个网络系统,然后将勒索软件 Payload(攻击载荷)部署到所有设备之中。

2.1.1.3　台湾两大炼油厂遭勒索软件攻击

据报道,2020 年 5 月,台湾石油、汽油和天然气公司 CPC 公司及其竞争对手台塑石化公司(FPCC)在过去两天内都受到了网络攻击。CPC 高管声称,网络攻击是由勒索软件引起的。

CPC 首先受到攻击,而 FPCC 在第二天也遭受攻击。2020 年 5 月 4 日,对 CPC 的攻击使其 IT 系统和计算机系统关闭,加油站无法访问用于管理收入记录的数字平台。由于 CPC 的安全事件,FPCC 员工处于"高度戒备"状态。2020 年 5 月 5 日,FPCC 注意到自己公司的网络中存在"违规行为",随即命令每个部门都立即关闭 IT 系统,以调查问题。一个"病毒"被发现并迅速得到处理,但目前尚不清楚是否属于勒索软件。

2.1.1.4　美国成品油管道运营商遭勒索软件攻击停运事件

2021 年 5 月 7 日,美国最大成品油管道运营商 Colonial Pipeline 遭受网络攻击,此次攻击事件导致提供美国东部沿海主要城市 45% 燃料供应的输送油气管道系统被迫下线。2021 年 5 月 9 日,美国交通运输部联邦汽车运输安全管理局(FMCSA)发布区域紧急状态声明,以便豁免使用汽车运输油料。正常情况下,成品油按规定只能通过管道运输。紧接着美国政府发布豁免通知,允许汽车运输石油产品,以缓解针对燃料运输的各种限制。

多个消息来源声称本次攻击来自一个名为 DarkSide 的勒索软件团伙,该团伙在 2021 年 5 月 6 日入侵了 Colonial Pipeline 的网络,并窃取近 100GB 的数据,随后黑客对目标系统植入勒索软件,并要求受害者付款解密,否则将把数据泄漏到互联网上。

有国外安全公司认为,攻击是由工程师因新冠疫情原因在家办公,通过远程访问管道控制系统而导致攻击的发生,但这只是其中一种推测。据彭博社报道,Colonial Pipeline 公司于 2021 年 5 月 7 日就已向 DarkSide 勒索软件组织支付了 440 万美元赎金。该组织在收到赎金后,为 Colonial Pipeline 公司提供了解密工具,用以恢复内部被加密的计算机系统。但是,可能是由于工控主机计算不足或勒索软件的加密算法复杂度太高,解密工具恢复运行速度过慢,Colonial Pipeline 公司最后使用备份数据恢复了系统。同年 5 月 17 日,Colonial Pipeline 公司汽油、柴油及航空燃油供应恢复到正常水平。

针对本次事件,美国国土安全部 2021 年 5 月 27 日发布《油气管道网络安全指令》,强制要求输油管道所有方和运营方向联邦政府报告一切网络安全事件,并且自我评估网络安全状况。这项条例要求输油管道所有方和运营方向国土安全部下属的网络安全与基础设施安全局,报告已经确认以及潜在的网络安全事件。相关企业需要指定一名随时可以联络的"网络安全协调人"。

2.1.1.5 石化行业工控信息安全事件分析

工控信息安全的焦点问题是生产过程稳定可靠,强调的是可用性,不能停产、不能发生生产安全事故;其次是完整性、机密性。

在土耳其原油输送管道爆炸事件中,由伊拉克向土耳其输送原油的输油管道爆炸。管道虽然安装了压力探测器和摄像头,然而管道爆炸破坏事件发生前,却没有引发任何遇险信号,原因是黑客在给管道内原油大幅增压的同时,关闭警报系统并切断其通信。黑客关闭警报、切断通信使得警报系统不能接收到现场的数据信息,使数据完整性受到破坏;黑客通过对原油管道加压,实现对管道的直接攻击,造成其可用性被破坏,最终导致严重后果。

在墨西哥石油公司遭受勒索攻击的事故中,攻击者通过 DoppelPaymer 勒索软件对墨西哥石油公司系统的漏洞进行利用和攻击,只有支付赎金才能继续正常使用公司系统。石油公司系统在遭受勒索攻击后被限制了使用,导致不能对其进行正常访问,系统可用性受到破坏,但并未对生产过程造成实质性的破坏。

在台湾两大炼油厂遭勒索软件攻击的事故中,攻击者通过勒索软件对网络当中的操作系统进行攻击使其 IT 系统和计算机系统关闭,加油站无法访问用于管理收入记录的数字平台。攻击造成了系统的关闭,系统可用性受到破坏,导致正常的业务流程受到较为严重的破坏。

在美国成品油管道运营商遭勒索软件攻击停运事件中,攻击者通过勒索软件迫使 Colonial 公司主动将关键系统设为离线状态,最终 Colonial Pipeline 公司被迫关闭管道系统。由于管道系统被关闭,其系统可用性受到严重破坏,严重影响美国东海岸成品油供应,导致美国政府发布"区域紧急状态声明"。此外 Colonial Pipeline 公司最终使用数据备份恢复了系统,可见在遭到勒索攻击后,数据备份和恢复能力对企业恢复数据起到关键性作用。

美国国土安全部部长亚历杭德罗·马约卡斯(Alejandro N. Mayorkas)说:"对 Colonial 石油管道的勒索软件攻击表明,管道系统的网络安全对我们的国土安全至关重要。"正是因为管道系统网络安全的重要性,美国国土安全部迅速采取行动,同年 5 月 27 日发布首个关于输油管道的强制性网络安全条例——《油气管道网络安全指令》,管道系统的网络安全对美国国土安全至关重要。同样的,作为我国"一带一路"倡议和能源动脉的中油国际管道,不能简单地从企业角度来看待自身工控信息安全问题,更应该从地缘政治、国家战略等层面来看待自身工控信息安全问题。

近几年各种勒索软件变种层出不穷,工业行业遭受勒索软件攻击越演越烈。勒索软件的传播手段与常见的木马非常相似,通常利用网页木马、钓鱼邮件、移动存储介质或操作系统漏洞进行传播。而工控系统相较传统信息系统普遍存在人员信息安全意识防范不足、移动存储介质管控不到位、漏洞无法及时更新补丁等问题,为勒索软件提供良好的传播条件;另一方面,工业行业遭受勒索软件攻击后所带来的巨大经济压力和机密数据的高价值属性,使得勒索软件攻击者会有更大的概率获得高额赎金,最终导致黑客组织将勒索软件攻击目标转向工业行业的工控系统。

2.1.2 其他行业工控信息安全事件案例

2.1.2.1 俄罗斯黑客对美国核电站和供水设施攻击事件

2018 年 3 月,美国计算机应急准备小组发布了一则安全通告 TA18 - 074A,详细描述了俄罗斯黑客针对美国某发电厂的网络攻击事件。通告称俄黑客组织通过:(1)收集目标相关的互联网信息和使用的开源系统的源代码;(2)盗用合法账号发送鱼叉式钓鱼电子邮件;(3)在受信任网站插入 Java 或 PHP 代码进行水坑攻击;(4)利用钓鱼邮件和水坑攻击收集用户登录凭证信息;(5)构建基于操作系统和工业控制系统的攻击代码发起攻击。本次攻击主要以收集情报为主,攻击者植了收集信息的程序,该程序通过捕获屏幕截图,记录有关计算机的详细信息,并在该计算机上保存有关用户账户的信息。

2.1.2.2 俄罗斯黑客入侵美国电网

2018 年 7 月,一位美国国土安全部官员称:"我们跟踪到一个行踪隐秘的俄罗斯黑客,该人有可能为政府资助组织工作。他先是侵入了主要供应商的网络,并利用前者与电力公司建立的信任关系轻松侵入到电力公司的安全网络系统。"

2018 年 11 月 30 日,火眼(FireEye)分析员 Alex Orleans 指出"目前仍然有瞄准美国电网的俄罗斯网络间谍活动,电网仍然会遭受到不断的攻击",火眼已经识别出一个俄罗斯网络黑客组织正在通过 TEMP Isotope,Dragonfly 2.0 和 Energetic Bear 等漏洞进行试探和攻击。尽管美国的电网已经通过 NERC(North American Electric Reliability Council,北美电力可靠性委员会)发布的一系列 CIP 标准增强了网络防御能力,但是并不是每一处的电网组成设施都固若金汤。比如部分承包给本地企业的地方电网的网络防御能力就非常差,这留给了来自俄罗斯(包括伊朗和朝鲜)的网络黑客们可乘之机。

2.1.2.3 台积电遭勒索病毒入侵

2018 年 8 月 3 日晚间,台积电位于台湾新竹科学园区的 12in 晶圆厂和营运总部的部分生产设备受到勒索病毒 WannaCry 的一个变种感染,具体现象是电脑蓝屏,加密锁各类文档、数据库,设备宕机或重复开机。几个小时之内,台积电位于台中科学园区的 Fab 15 厂,以及台南科学园区的 Fab 14 厂也陆续被感染。这代表台积电在台湾北、中、南三处重要生产基地,同时因为病毒入侵而导致生产线停摆。经过应急处置,截至 2018 年 8 月 5 日下午 2 点,该公司约 80%受影响设备恢复正常,至 2018 年 8 月 6 日下午,生产线已经全部恢复生产。

2.1.2.4 意大利石油与天然气开采公司 Saipem 遭受网络攻击

2018 年 12 月 10 日,意大利石油与天然气开采公司 Saipem 遭受网络攻击,主要影响了其在中东的服务器,包括沙特阿拉伯、阿拉伯联合酋长国和科威特,造成公司 10%的主机数据被破坏。Saipem 发布公告证实此次网络攻击的罪魁祸首是 Shamoon 恶意软件的变种。

公告显示,Shamoon 恶意软件袭击了 Saipem 公司在中东、印度等地的服务器,导致数据和基础设施受损,公司通过备份缓慢地恢复数据,没有造成数据丢失。此次攻击来自印度金奈,但攻击者的身份尚不明确。

2.1.2.5 委内瑞拉全国性停电事件

2019 年 3 月 7 日下午 4 点 50 分,委内瑞拉首都加拉加斯在夜幕降临之前陷入停电状态。全市数千房屋停电停水,地铁停止运行,电话服务和网络接入服务无法使用。令人惊恐的是,相似的情况同样发生在了委内瑞拉的其他城市。总统马杜罗表示,这是拉丁美洲国家史上最严重的一场停电。

除了停水和各大公共设施及服务停止使用之外,委内瑞拉还关闭了学校、办公室和商店,而更多的恐慌和混乱则发生在医院里。据法新社报道援引一位病患家属称,停电发生后,加拉加斯市中心 JM de Rios 儿童医院的备用发电机未能启动。马杜罗透露,有超过 50%的医院未能启动备用发电机。

当地时间 3 月 7 日,委内瑞拉全国电力供应公司 Corpoelec 报告称,由于该国最大的电力设施——古里水电大坝遭到"破坏",导致委内瑞拉 21 个或 23 个州的停电情况。随后,委内瑞拉进入全国抢修电力设施的状态。

委内瑞拉总统马杜罗在当地时间 3 月 9 日说:"今天,我们已经恢复了本国 70% 的领土供电,但就在中午,敌对势力又对我们其中一个电力设施发动了网络攻击。在此之前,该设施运行良好。由于这个原因,我们本来在 9 日下午三点左右应该取得的所有进展都被中断了。"马杜罗指责美国对委内瑞拉发动了一场电力能源战争。电力完整恢复几乎花了一个星期的时间。

2.1.2.6　多位美政府前任高官宣称美国正在入侵俄罗斯电网

2019 年 6 月 15 日晚,据《纽约时报》报道,多名美国前政府和现任政府官员表示,美国对俄罗斯电网系统发动了网络攻击。早在 2012 年,美国就已将侦察探测器植入俄罗斯电网控制系统,开展侦察活动。2018 年夏末,美国国会通过的《2019 财年国防授权法》指出,国防部部长有权在网络空间进行秘密军事活动和行动,以阻止、保护或防御针对美国的攻击或恶意网络攻击。此外,美国国土安全部和联邦调查局还声称,俄罗斯还向美国发电厂、油气管道系统或战时供水系统植入恶意代码。两国恶意代码网络攻击行为再次凸显,重要基础设施已成为网络攻击的首要目标,是当今网络战争的前沿和主战场。

2.1.2.7　乌克兰某核电厂发生严重网络安全事故

2019 年 8 月 24 日,乌克兰国家安全局在南乌克兰核电厂内部逮捕了一批以盗用站内电能来获取数字货币的工作人员及军方驻守人员。据悉,该团伙利用众多未经授权使用的显卡、硬盘等计算机零部件及光纤、网线等通信器材,在核电站中搭建了一个可以访问互联网的小型局域网,严重破坏了核电站的网络防护安全,并导致核电站物理保护系统的机密信息惨遭泄露。

2.1.2.8　伊朗石油和金融设施遭受大范围攻击

当地时间 2019 年 9 月 22 日晚,伊朗遭遇了一次大规模袭击。整个伊朗网络系统遭遇了不明来源的大规模攻击,其中重点攻击目标在于伊朗的石油和金融设施,对此毫无准备的伊朗,受到了惨重损失。在短时间之内,其金融和石油设施迅速瘫痪,一切正常交易都无法进行下去。好在德黑兰方面及时向俄罗斯请求援助,俄罗斯派遣了大量网络战专家远程指挥伊朗网络安全部门反击,才度过了这一劫。

根据伊朗高层不愿透露姓名的官员表示,目前俄罗斯已经确定攻击来源正是美国中央情报局。中情局希望用这种手段,让伊朗暴露出自己的弱点,最终达到让伊朗方面屈膝投降的目的。

前段时间沙特油田被炸,美国指责伊朗在背后捣鬼,扬言伊朗要为其负责。就沙特油田事件,美伊关系再度恶化,所以美国在幕后支持这次网络攻击行动的可能性极大。

2.1.2.9　印度核电公司遭受朝鲜黑客攻击

位于印度泰米尔纳德邦的 Kudankulam 核电站,是目前印度最大的核电站。2019 年 10 月 19 日,一场突如其来的"故障"让这座庞然大物陷入"半瘫痪"。发生故障的是这家核电厂两座反应堆中的一座。故障的原因是"SG level low",一种发生在蒸汽发生器(Steam Generator)上的故障,这一部件是反应堆冷却剂系统压力边界的一部分。

而此时,推特用户 Pukhraj Singh 发布于 2019 年 9 月 7 日的一条推文终于引起人们的注意。当时他说:"我刚刚在印度网络空间中目睹了一个大灾难,它在各个层面上都很糟糕。"Pukhraj Singh 是一名印度的威胁情报分析师。据他透露,2019 年 9 月 4 日以前,第三方机构发现针对印度核电厂的网络攻击活动,并告知了他。于 9 月 4 日通报了英国 NCSC(National Cyber Security Centre,英国国家网络安全中心)机构,并在 9 月 7 日对外提起了此事件。

2019 年 10 月 28 日,某 Twitter 用户披露了一个名为 DTrack 的病毒样本,并且指出其内嵌了疑似与印度核电厂相关的用户名 KKNPP,随后引发热议。

2019 年 10 月 29 日,各大新闻媒体公开披露该事件,并且印度安全人员对历史情况进行一些解释和说明,并且披露攻击者已经获取核电厂内部域控级别的访问权限。

最初,核电站方面否认他们遭受了任何恶意软件感染,发表声明将这些推文描述为"虚假信息"。2019 年 10 月 30 日,这一被官方称之为"虚假消息"的事件却被自己推翻,核电站方面在另一份声明中承认核电站确实感染了黑客组织创建的恶意软件。这一黑客组织名为 Lazarus Group,由朝鲜政府资助。

但是,核电站方面也强调,朝鲜恶意软件仅感染了其管理网络,并未到达其关键的内部网络,例如用于控制发电厂核反应堆的工控网络。言外之意,朝鲜攻击并非造成核反应堆"停工"的原因。

2.1.2.10　以色列供水设施突遭袭击

2020 年 4 月,以色列国家网络局发布公告称,收到了多起针对废水处理厂、水泵站和污水管的入侵报告,因此各能源和水行业企业需要紧急更改所有联网系统的密码,以应对网络攻击的威胁。以色列计算机紧急响应团队(CERT)和以色列政府水利局也发布了类似的安全警告,水利局告知企业"重点更改运营系统和液氯控制设备"的密码,因为这两类系统遭受的攻击最多。

2.1.2.11　伊朗霍尔木兹海峡的重要港口遭受网络攻击

2020 年 5 月 9 日,伊朗霍尔木兹海峡的重要港口沙希德·拉贾伊遭遇网络攻击。调节船只、卡车、货物流通的计算机系统一度崩溃,致使该港口水路和道路运行发生严重混乱。

伊朗港口和海事组织总干事穆罕默德·拉斯塔德也就此事承认:不明身份的外国黑客令其港口计算机发生短暂性"停工"。但表示,网络攻击并没有渗透到核心计算机。据《以色列时报》报道,2020 年 5 月 9 日通往沙希德·拉贾伊港的高速公路上出现了长达数公里的交通拥堵,甚至一连几天,大量船只仍无法入港进行卸载。

有消息称,对此攻击事件以色列似乎予以了间接性承认。以色列陆军司令阿维夫·科哈维表示:"我们将继续使用各种军事工具和专门的战斗技术来伤害敌人。"

2.1.2.12　Windows 源代码泄露使 IOT 设备易受攻击

2020 年 11 月,Windows XP 和 Windows Server 2003 的源代码泄漏并发布在多个文件共享站点上,例如 Mega 和 4Chan。Microsoft 在 2014 年终止了对 Windows XP 的支持,在 2015 年终止了对 Windows Server 2003 的支持。像 Windows XP 和 Windows Server 2003 这样的 EOL(end - of - life)操作系统有数百个已知的漏洞,黑客可以通过这些漏洞渗透组织的 OT 网络。运行 EOL Windows 操作系统的 IOT 设备在医院中很常见。一个典型的中型医院平均有 75 种不同类型的医疗成像设备,其中继续依赖使用 Windows XP 和 Windows Server 2003 的设备非常多。不仅限于医疗保健行业中的 IOT 设备,此问题也影响到制造业等其他行业。

2.1.3 工控信息安全事件小结

通过对近几年国内外安全事件的梳理不难发现,攻击主要发生在电力(发电和电网)、水利、天然气、石油石化以及关键制造业等行业。因为这些行业属于国家关键信息基础设施,承载着重大的国家命脉,威胁着社会民生、国家安全。这些事件存在如下共同点:

(1)攻击者通常为黑客组织,个人黑客较少针对工控行业发起攻击。

(2)新一代信息技术与工业制造深度融合,工业制造加速由数字化向网络化、智能化发展,使得传统 IT 网络与工业控制网络(OT)进行了互联互通,导致病毒、木马、勒索软件、黑客等针对工控系统的攻击变得更加方便,攻击成本更加低廉。

(3)制造行业主要遭遇勒索软件和信息窃取攻击。勒索软件导致生产线停工对工厂带来巨大的经济压力,恶意分子要求他们迅速付款以恢复运营;而且停机、清理、合同支付和股价下跌之间的成本可能是巨大而无法估量的。另外制造行业的机密数据也具有极其重要的商业价值,是有组织的黑客的重点目标。一些重要的大型制造厂商也可能遭遇国家级黑客组织的攻击,这些攻击不以勒索为目的,而是为了破坏生产,造成严重的经济损失。

(4)能源行业(包括电力、石油等),主要遭遇破坏性攻击。能源行业是社会正常运行的基础,没有电、没有石油,现代社会无法正常运行。从早些年的"震网"事件,到近几年核电站、水电等电力系统和炼油厂的安全事件,充分表明针对能源行业的攻击事件正越来越多。

(5)工控系统本身使用的工业控制设备、工控软件、操作系统等也存在着大量的漏洞和后门(这是因为当时工控系统在设计时没有考虑安全性,只考虑了系统的稳定性、实时性),据CVE、CNVD 等统计,西门子、施耐德、罗克韦尔、AB、ABB、艾默生、欧姆龙等占据工控漏洞数量排行前列。一旦这些漏洞和后门被病毒、木马、勒索软件,甚至黑客、敌对势力所利用必然导致安全事件。

(6)黑客组织的国家背景凸显。低廉的攻击代价和高危的攻击结果,让破坏性攻击逐渐泛化,越来越多拥有国家支持背景的黑客,开始利用破坏性攻击紧盯能源、制造等关键性领域。

2.2 国内外工控信息安全要求介绍

为了更好地理解各国工控信息安全法律法规要求,需要先对各国的网络安全战略进行了解。近年来,绝非一般黑客或非政府组织力所能及的高级持续性威胁(APT)攻击,日益成为一种国家级对抗的重要手段,国家层面的网络安全对抗已经变成现实。为应对国家级威胁,各国纷纷制定国家网络安全战略,以降低网络空间的脆弱性,提升网络安全。国家网络安全战略是一国网络安全的顶层设计和战略框架,体现了国家安全、危险管理和用户保护的三位一体。

目前,根据不同的网络能力,全球网络防御可分成三个档次:发达国家,处于智能迭代为特点的智能防御 3.0 时代;发展中国家,部分进入安全可控为特点的主动防御 2.0 时代;欠发达国家,处于合规保障为特点的被动防御 1.0 时代。

总体而言,各国网络安全战略有如下共性:其一,根本目的是提升综合国力,促进国家安全和发展,而基本思路就是遏制网络的消极影响,充分发挥网络的积极作用;其二,越来越多的国家把网络空间视为维护和拓展自身价值观的重要领域,使网络安全战略带有浓重的意识形态色彩;其三,为争夺网络空间权益特别是主导权,各大国积极进行战略谋划和利益协调,致力于构建网络战略同盟；其四，很多国家设立专门机构居中负责网络安全事务，协调政府各部门，整合政府、企业和社会力量，以形成整体合力；其五，各大国网络战略的目标，已经超越一国的网络安全，重点着眼于现实世界中的战略竞争，抢抓网络规则制定权，争夺网络空间战略优势。可以说，因为发展阶段、价值理念、国际地位等的差异，各国网络安全战略存在诸多冲突之处。

美国网络安全战略的推演，共经历了从克林顿、小布什、到奥巴马、再到特朗普的四个阶段，从"建网络""保网络""管网络"再到"控网络"，战略包含法律法规、组织管理、技术以及执行四个方面。从阶段性特点来看，美国四任总统实施的网络安全政策，历经保护关键基础设施，扩展先发制人的网络打击，到谋取全球制网权的演变，凸显"扩张性"本质。

欧盟在2013年发布的《欧盟网络安全战略》(EU Cybersecurity Strategy)是欧盟最重要的政策之一。它为欧洲数字市场开辟了一条新道路，欲打造世界上最安全的市场，同时捍卫基本价值观。它提出了五项原则和五项战略优先事项，以指导欧盟和国际网络安全的发展。该战略还指出，相关行动者负有"共同责任"，以减轻风险并进行有效合作。值得注意的是，欧盟"不要求为网络问题建立新的国际法律文书"。相反，它建议把重点放在如何促进和执行现有的法规，以及如何制定新的行为规范。这似乎也是缘于欧盟运作的特点，即认为"集中的欧洲监督不是解决日益复杂问题的办法"，欧盟希望成员国家、机构独立工作，但在需要跨国合作的地方开展合作。

俄罗斯作为美国全球网络霸主地位的主要竞争者，2009年出台《2020年前国家安全战略》，将现实法律条款不断从传统社会引向网络社会；2013年俄罗斯联邦政府公布了《2020年前俄罗斯联邦国际信息安全领域国家政策框架》《俄罗斯联邦网络信息安全战略构想》等。俄罗斯多次在国际大会上倡导由世界各国共同参与和制定网络空间行为准则，积极反对西方国家借推行网络自由之名，行霸权之实。为了对抗美国及周边国家的网络攻击，满足国家安全利益的需要，俄罗斯不仅加强网络监管，还组建网络司令部，将网络攻击作为其军事战略的一个关键要素。

中国在2016年12月27日发布了首个网络空间安全战略——《国家网络空间安全战略》。该战略提出了中国在网络空间面临的机遇与挑战，明确了推进网络空间"和平、安全、开放、合作、有序"的发展战略目标。更重要的是，该战略还提出了包括捍卫网络空间主权在内的"九大战略任务"。《国家网络空间安全战略》是中国第一份指导网络安全工作的战略性文件。该战略正式对外表明了中国在网络空间发展和安全方面的重大立场，在中国网络安全体系架构中占有重要地位。

2.2.1 国外工控信息安全要求

2.2.1.1 工控信息安全国际标准

目前国际主流工控信息安全标准是国际电工委员会(International Electrotechnical Commission, IEC)发布的 IEC 62443 标准(工业通信网络-网络和系统安全)，标准分为四个部分，12个文档。

第一部分描述了信息安全的通用方面，如术语、概念、模型、缩略语、符合性度量。

第二部分主要针对用户的信息安全程序。主要包括整改信息安全系统的管理、人员和程序设计方面，是用户建立其信息安全程序需要考虑的。

第三部分主要针对系统集成商保护系统所需的技术性信息安全要求。它主要是系统集成商在把系统组装到一起时需要处理的内容，包括将整体工业自动化控制系统设计分配到各个区域和通道的方法,以及信息安全保障等级的定义和要求。

第四部分主要针对制造商提供的单个部件的技术性信息安全要求。包括系统的硬件、软件和信息部分,以及当开发或获取这些类型的部件时需要考虑的特定技术性信息安全要求。

IEC 62443 标准通过四个部分,对资产所有者、系统集成商、组件供应商进行了相关信息安全的要求。为了推广 IEC 62443 并抢占标准一致性测试市场,美国于 2010 年成立了 ISA(Industry Standard Architecture,工业标准体系结构)信息安全符合性研究院 ISCI(ISA Security Compliance Institute,国际自动化协会安全合规学会)开展标准符合性测试认证,由此可见美国正在不断获取 IEC 62443 标准相关的话语权。

2.2.1.2 美国工控信息安全要求

美国政府和行业联盟出台政策、标准与规范、指南文件,积极引导工控信息安全产业发展。政府层面,2002 年 7 月,布什政府发布美国首份《国土安全国家战略》,将保护工控系统基础设施安全列为重要内容,并要求强化安全措施。2003 年发布的《保护网络空间国家战略》,将控制系统安全纳入战略范畴,成为工业控制系统信息安全保护的行动指南。2009 年,新修订的《国家基础设施保护计划》(NIPP)规定,对网络信息、通信设备等 17 类关键基础设施实施重点保护,通过保护国家重要的工控系统,强化相关应急响应和迅速恢复重建的能力。2014 年,美国发布《国家网络安全保护法》,将 ICS(Industrial Control System,工业控制系统)列为网络安全重点保护对象。2016 年,美国发布了《网络安全研发战略规划》《保障物联网安全战略原则》《美国国土安全部工业控制系统能力增强法案》等相关政策,并设立网络安全监管机构,强调网络安全重要性,从工业控制系统安全、物联网安全等角度提出相应保障策略,将关键基础设施网络攻击视为新的战场。

2021 年 5 月 28 日,因为 Colonial 输油管道公司遭到勒索软件攻击而引起美国东南部油气供给出现严重短缺,美国国土安全部(DHS)下属的运输安全管理局(TSA)发布了一项关于加强管道网络安全的安全指令(Security Directive Pipeline - 2021 - 01)。该安全指令将要求关键管道所有者和运营商向美国国土安全部网络安全与基础设施安全局(CISA)报告确认的和潜在的网络安全事件,并指定一名网络安全协调员,每周 7 天、每天 24h 待命。它还要求重要的管道所有者和运营商审查他们当前的做法,找出任何差距和相关的补救措施,以解决网络相关风险,并在 30 天内向 TSA 和 CISA 报告结果。TSA 还在考虑采取后续强制性措施,进一步支持管道行业加强其网络安全,并加强公私伙伴关系,并表示这对美国的网络安全至关重要。

行业联盟层面,2016 年以来,美国工业互联网联盟(IIC)发布《工业物联网安全框架》《端安全最佳实践》,提出工业物联网安全的六大内容;美国石油学会(API)制订了《API 管道 SCADA 安全标准》(API - 1164),从系统管理、物理层安全、系统访问控制、信息发布、网络设计和数据交换以及现场通信几方面对石油天然气管道 SCADA 系统安全进行了规范,还包括设备认证、检查要点和推荐防护措施,以支撑管道 SCADA 系统的安全检查。美国燃气协会(AGA)发布了《SCADA 通信加密保护规范》(AGA:12),从背景、政策及测试计划、通信链路加密算法更新、网络系统保护和保护措施的组件级嵌入四个方面对天然气生产企业的 SCADA 系统安全保密工作进行指导,给出了具体的部署要求。美国埃克森美孚石油公司(Exxon Mobily)出台了《工业控制系统要求》,明确提出了该公司工业自动化控制系统安全要求,包括技术评估、系统集成、项目执行、运行与维护等四方面内容。

最值得关注的是美国国家标准与技术研究院(National Institute of Standards and Technology,NIST)发布的《工业控制系统安全指南》(NIST – SP800 – 82),虽然 NIST – SP800 – 82 并不作为正式法定标准,但在实际工作中,已经成为美国和国际工控信息安全界广泛认可的事实标准和权威指南。该指南为保障 ICS 提供指南,包括监控与数据采集系统(SCADA)、分布式控制系统(DCS)和其他完成控制功能的系统。它概述了 ICS 和典型的系统拓扑结构,指出了这些系统的典型威胁和脆弱点所在,为消减相关风险提供了建设性的安全对策。同时,根据 ICS 的潜在风险和影响水平的不同,指出了保障 ICS 安全的不同方法和技术手段。该指南适用于电力、水利、石化、交通、化工、制药等行业的 ICS 系统。

2.2.1.3 欧洲工控信息安全要求

欧盟高度重视工业战略下的网络安全问题。2012 年,发布《未来经济复苏与增长:建设一个更强的欧洲工业》,强调提升工控系统的安全防护能力。2013 年,欧洲网络与信息安全局(ENISA)相继发布《工业控制系统网络安全白皮书》《智能制造背景下的物联网安全实践》《工业 4.0 – 网络安全挑战和建议》,给出工业 4.0 下的网络安全建议。2019 年,欧盟发布《增强欧盟未来工业的战略价值链》报告,指出增强工业互联网战略价值链需大力发展欧洲网络安全产业。

各个欧洲国家也相继出台政策、标准与规范指南文件。英国国家基础设施保护中心(CP-NI)发布了《过程控制和 SCADA 安全指南》《SCADA 和过程控制网络的防火墙部署》,并同美国国土安全部联合发布了《工业控制系统安全评估指南》《工业控制系统远程访问配置管理指南》。

德国加快推进"工业 4.0"战略实施,同步强调安全保障工作。2013 年,德国政府推出《德国工业 4.0 战略计划实施建议》,提出保障工业 4.0 安全的措施建议。随后,德国工业 4.0 平台发布《工业 4.0 安全指南》《跨企业安全通信》《安全身份标识》等指导性文件,提出以信息物理系统平台为核心的分层次安全管理思路。同时荷兰、法国、挪威和瑞典也先后发布了多项工业控制系统信息安全方面具有通用范畴或行业范畴的标准、指南及规范。

俄罗斯从 21 世纪初开始,陆续颁布实行了《俄罗斯联邦通讯法》《有关消息、信息技术与信息保护法》《俄罗斯联邦网络主权法》等。这几部法律是俄罗斯在网络安全法律体系方面的基本框架;此外,还陆续颁布了《有关 2020 年前国际信息安全的国家基本政策法令》《俄罗斯联邦信息安全学说》《俄罗斯联邦信息社会发展战略》等法律,对具体的网络安全防护获得进行指导与治理。

2.2.2 我国工控信息安全要求

2.2.2.1 工控信息安全法律法规

2015 年 5 月 8 日,国务院印发了《中国制造 2025》,它是我国实施制造强国战略第一个十年的行动纲领。《中国制造 2025》提出,要加强智能制造工业控制系统网络安全保障能力建设,健全综合保障体系。

2016 年 10 月 17 日,工业和信息化部印发了《工业控制系统信息安全防护指南》,指导和管理全国工业企业工控信息安全防护和保障工作,并根据实际情况对指南进行了修订。该指南适用于工业控制系统应用企业以及从事工业控制系统规划、设计、建设、运维和评估的企事业单位。《工业控制系统信息安全防护指南》提出从 11 个方面对工控信息安全建设内容进行了明确规定,指导工业企业开展工控信息安全防护工作。

2016 年 11 月,人大常委会审议通过了《中华人民共和国网络安全法》,并于 2017 年 6 月 1 日起施行。该法案明确提出要保障关键信息基础设施运行安全,对关键信息基础设施的安全风险进行抽查检测,提出改进措施等。

2016 年 12 月 27 日,国家互联网信息办公室发布了《国家网络空间安全战略》。该战略提出要坚决维护国家安全,保护关键信息基础设施,夯实网络安全基础,提升网络空间防护能力。《国家网络空间安全战略》提出的统筹网络安全与发展,是工控信息安全工作需要解决的一个重要认识问题,是工控信息安全的难点和重点问题。该战略要求采取一切必要措施保护关键信息基础设施及其重要数据不受攻击破坏。坚持技术和管理并重、保护和震慑并举,着眼识别、防护、检测、预警、响应、处置等环节,建立实施关键信息基础设施保护制度,从管理、技术、人才、资金等方面加大投入,依法综合施策,切实加强关键信息基础设施安全防护。

2017 年 11 月,中华人民共和国工业和信息化部发布了《关于深化"互联网＋先进制造业"发展工业互联网的指导意见》,该政策明确提出了建立工业互联网安全保障体系、提升安全保障能力的发展目标,部署"强化安全保障"的主要任务,为工业互联网安全保障工作制定了时间表和路线图。

2018 年 9 月 19 日,工信部信息化和软件服务业司副司长李冠宇在"2018 年国家网络安全宣传周开幕式"中表示,信息化和软件服务业司将加快完善工业信息安全政策标准体系,健全工作管理和技术支撑体系,全面提升国家工业信息安全保障能力。

2020 年 10 月,中华人民共和国工业和信息化部印发了印发《"工业互联网＋安全生产"行动计划(2021－2023 年)》,该政策明确提出了"工业互联网＋安全生产"的发展要求,要增强工业安全生产的感知、监测、预警、处置和评估能力,加速安全生产从静态分析向动态感知、事后应急向事前预防、单点防控向全局联防的转变,提升工业生产本质安全水平。

2.2.2.2 法律法规解读

(1)《工业控制系统信息安全防护指南》。

《工业控制系统信息安全防护指南》(简称《指南》)坚持"安全是发展的前提,发展是安全的保障",以发布时我国工业控制系统面临的安全问题为出发点,注重防护要求的可执行性,从管理、技术两方面明确工业企业工控信息安全防护要求。《指南》所列 11 项要求充分体现了《网络安全法》中网络安全支持与促进、网络运行安全、网络信息安全、监测预警与应急处置等法规在工控信息安全领域的要求,是《网络安全法》在工业领域的具体应用。

《指南》强调工业控制系统全生命周期安全防护,涵盖工业控制系统设计、选型、建设、测试、运行、检修、废弃各阶段防护工作要求,从安全软件选型、访问控制策略构建、数据安全保护、资产配置管理等方面提出了具体实施细则。

(2)《中华人民共和国网络安全法》。

《中华人民共和国网络安全法》(简称《网络安全法》)是我国网络安全领域的基础性法律,是我国第一部网络安全领域的法律,也是我国第一部保障网络安全的基本法,对于确立国家网络安全基本管理制度具有里程碑式的重要意义。

《网络安全法》具有三大原则:第一是网络空间主权平等原则;第二是网络安全与信息化发展并重原则;第三是共同治理原则。

此外《网络安全法》还存在六大显著特征:一是明确了网络空间主权的原则;二是明确了网络产品和服务提供者的安全义务;三是明确了网络运营者的安全义务;四是进一步完善了个人信息保护规则;五是建立了关键信息基础设施安全保护制度;六是确立了关键信息基础设施重

要数据跨境传输的规则。

最终为了更好地履行《网络安全法》，运营者需要建立九类网络安全保障制度，分别是网络安全等级保护制度、网络产品和服务安全制度、关键信息基础设施运行安全保护制度、网络安全风险评估制度、用户实名制度、网络安全事件应急预案制度、网络安全监测预警和信息通报制度、用户信息保护制度、关键信息基础设施重要数据境内留存制度。

(3)关于深化"互联网＋先进制造业"发展工业互联网的指导意见。

《关于深化"互联网＋先进制造业"发展工业互联网的指导意见》(简称《指导意见》)以构建工业互联网安全保障体系为目标，重点从提升工业互联网安全防护能力、建立数据安全保护体系、推动安全技术手段建设等方面提出了具体任务，全面强化工业互联网安全保障能力。

一是提升工业互联网安全防护能力。《指导意见》从技术和管理两个层面双管齐下，构建覆盖设备、控制、网络、平台和数据的工业互联网安全保障体系。在技术层面，加大技术研发和成果转化支持力度，重点突破标识解析系统安全、工业互联网平台安全、工业控制系统安全、工业大数据安全等相关核心技术，推动面向工业互联网的攻击防护、漏洞挖掘、入侵发现、态势感知、安全审计、可信芯片等安全产品的研发。在管理层面，通过构建工业互联网安全评估认证体系，依托产业联盟等第三方机构开展安全能力评估和认证，推动工业互联网安全产品和服务推广应用，不断提升工业互联网企业安全防护能力。

二是建立数据安全保护体系。工业互联网上承载着大量价值巨大的工业数据，能够揭示工业生产情况及运行规律，也承载了大量市场、客户、供应链等信息，是工业互联网核心要素，数据安全因此成为工业互联网安全保障的重要任务之一。一方面，推动建立工业互联网全产业链数据安全管理体系，明确相关主体的数据安全保护责任和具体要求，加强数据生命周期各环节的安全防护能力，避免用户隐私或重要工业数据遭到不法窃取或利用；另一方面，建立工业数据分级分类管理制度，形成工业互联网数据流动管理机制，明确数据留存、数据泄露通报要求；最后，通过加强监督检查落实工业互联网企业的数据安全保护责任。

三是推动安全技术手段建设。技术手段建设是提升工业互联网安全保障能力的重要途径，《指导意见》分别从企业、行业、国家三个层面提出了安全技术手段建设任务。企业层面，要求相关企业落实网络安全主体责任，加大安全投入，通过加强技术手段建设提升自身安全防护能力，开展工业互联网安全试点示范；行业层面，支持相关产业联盟积极发挥引导作用，整合行业资源，创新安全服务模式，提升行业整体安全保障服务能力；国家层面，充分发挥国家专业机构和社会力量的作用，增强国家级工业互联网安全技术支撑能力，着力提升隐患排查、攻击发现、应急处置和攻击溯源能力。

(4)"工业互联网＋安全生产"行动计划(2021—2023年)。

"安全生产"是实现工业高质量发展的重要保障。要实现工业高质量发展，就必须把安全生产问题放在首要位置，不断提升安全监管能力，消除安全生产隐患，防范化解安全生产风险，杜绝重、特大事故的发生。工业互联网通过实现全要素的全面深度互联，打通产品设计、生产、管理、服务等制造活动各个环节的信息流，实现资源动态调配，增强工业安全生产的感知、监测、预警、处置和评估能力，从而加速安全生产从静态分析向动态感知、事后应急向事前预防、单点防控向全局联防的转变，提升工业生产本质安全水平。

《"工业互联网＋安全生产"行动计划(2021—2023年)》(简称《行动计划》)围绕建设新型基础设施、打造新型能力、深化融合应用、构建支撑体系等四个方面提出了重点任务，其中建设新型基础设施是基础，建设新型能力是核心，深化融合应用是重点，构建支撑体系是保障。

第一，建设"工业互联网＋安全生产"新型基础设施。通过建设新型基础设施，支持安全生产全过程、全要素、全产业链的连接和融合，提升安全生产管理能力。

第二，打造基于工业互联网的安全生产新型能力。安全生产新型能力是提升工业企业安全生产水平的关键，依托新型基础设施，建设安全生产快速感知、实时监测、超前预警、应急处置、系统评估等五大新型能力，推动安全生产全过程中风险可感知、可分析、可预测、可管控。

第三，深化工业互联网和安全生产的融合应用。为保障工业互联网向安全生产场景纵深发展，提升工业企业数字化、网络化、智能化水平，需通过深入实施基于工业互联网的安全生产管理，推动生产、仓储、物流、环境等各环节各方面的管理模式升级，促进跨企业、跨部门、跨层级的生产管理协同联动，提升数字化管理、网络化协同、智能化管控水平。

第四，构建"工业互联网＋安全生产"支撑体系。为推动工业互联网和安全生产深度融合，提高推广应用效率，需构建坚持协同部署、聚焦本质安全、完善标准体系、培育解决方案、强化综合保障等五位一体的全面支撑体系，培育工业互联网和安全生产协同创新模式。

2.2.2.3　工控信息安全标准

为了保障我国工控网络的安全运行，实现工控网络与办公网络之间的数据交换，全国信息安全标准化技术委员会推动了我国工控信息安全国家标准的制定。我国现有的工控信息安全国家标准主要包括如下标准：

(1)GB/T 26333—2010《工业控制网络安全风险评估规范》。

此标准于2011年发布实施，作为我国工控信息安全第一个国家标准，解决了我国工控信息安全标准空白的问题，实现了工控信息安全标准零的突破。

(2)GB/T 30976.1—2014《工业控制系统信息安全　第1部分：评估规范》。

作为我国工控信息安全第一个有内容的国家标准，解决了我国工控信息安全无标准可依的窘境。《工业控制系统信息安全第1部分：评估规范》分为管理评估和系统能力(技术)评估。评估对照风险接受准则和组织机构相关目标，识别、量化并区分风险的优先次序。

(3)GB/T 30976.2—2014《工业控制系统信息安全　第2部分：验收规范》。

此标准解决了我国工业控制系统信息安全验收上的空白，解决了工控信息安全验收无标准可依的困境。那些需要借助第三方测评能力来完成验收的用户，可以使用该标准完成验收阶段的安全测试。

(4)GB/T 33009.1～4—2016《工业自动化和控制系统网络安全　集散控制系统(DCS)》。

此标准发布于2016年10月，由四个文档组成。分别是：①GB/T 33009.1 防护要求；②GB/T 33009.2 管理要求；③GB/T 33009.3 评估指南；④GB/T 33009.4 风险与脆弱性检测要求。该套标准吸收了国内外在工控系统安全方面的研究成果，将信息安全相关理论和工作方法与DCS系统的实际相结合，融先进性、实用性、可操作性于一体。

(5)网络安全等级保护系列标准。

核心标准GB/T 22239—2019《信息安全技术　网络安全等级保护基本要求》于2019年12月1日正式实施。由于《网络安全法》的明确要求，等级保护制度已经成为法律制度，等级保护制度正式从1.0时代变成2.0时代，是针对网络安全的通用要求，也是国家主管部门监督油气行业企业网络安全行为的主要参考依据。新标准在保护对象方面，将云计算、移动互联、物联网、工控系统等列入标准范围，构成了"安全通用要求＋新型应用安全扩展要求"的要求内容；在安全措施方面，从外到内依次为通信网络、区域边界、计算环境，形成纵深防御体系，同时这个防御体系上的控制措施要受安全管理中心这个"大脑"控制，既"一个中心，三重防御"；新标准还强调可信计算新技术的使用,把可信验证列入各个级别并逐级提出各个环节的主要可信验证要求。

2.2.3 工控信息安全要求小结

通过对国内外各类工控信息安全要求的梳理,不难看出现有的工控信息安全要求聚焦于工控系统这个大类,偏向于工控系统的总体要求,缺乏针对某个行业或某个具体工业场景的具体执行方法、措施等。例如《网络安全法》是国家网络空间治理的第一部法律,它是网络安全工作的总纲;工信部作为国家工业产业主管部门,它的政策要求面向整个工业产业,缺少行业区分;国标委的工控信息安全系列标准,目前仍然还停留在面向所有的工控系统,没有进行工业行业和场景细分。

油气管道具有线路里程长,管路单点故障将影响全线,途经区域地形和社会状况复杂等特点,导致油气管道 SCADA 功能实现需要依靠一个调控中心,以及分布于各站场和阀室的远程站控设备。油气管道 SCADA 调控中心、场站和阀室具备不同的功能和系统,工控信息安全需求也不同,无法将相关法律、法规、标准等要求直接进行落地实施。

3 中油国际管道工控信息安全分析

3.1 跨国网络拓扑

中油国际管道有限公司是中国石油旗下的海外油气管道运营专业化公司。十余年来,中油国际管道有限公司以保障国家能源供应为崇高使命,相继建成西北、西南两大油气战略通道,是"一带一路"建设的先行者和践行者,在保障国家能源供应、改善能源消费结构和建设美丽中国进程中发挥着重要作用。

西北方向通道包含如下管道。

中亚天然气管道 ABC 线乌兹别克斯坦段由中乌天然气管道公司(简称 ATG)管理,哈萨克斯坦段由中哈天然气管道公司(简称 AGP)管理,两国公司业务首先汇聚于各自国内的调度中心,再通过跨国网络将数据在霍尔果斯二次汇总后,经由国内中国石油现有光通信系统传输至北京调控中心。乌、哈两国 SCADA 系统和北京调度中心采用卫星网络和 DDN 链路作为备用通信方式,主、备通道无缝切换,不会造成数据丢失和中断(图 3.1)。

中哈原油管道是我国第一条陆路进口的跨国原油管道,由中哈管道有限责任公司(简称 KCP)和西北管道(输油)股份公司(简称 MT)共同管理。MT 公司数据在调控中心汇总后,首先通过跨国光纤传输至 KCP 调度中心,然后 MT 公司汇聚数据和 KCP 公司的汇聚数据再通过跨国光纤,与北京调控中心通信(图 3.2)。

哈南线天然气管道由哈国南线天然气管道公司(简称 BSGP)进行管理。BSGP 公司数据在调控中心汇聚后,通过 DDN 链路和北京调控中心通信(图 3.3)。

西南方向为中缅油气管道,具体情况如图 3.4 所示。

中缅天然气管道由东南亚天然气管道有限公司(简称 SEAGP)负责管理,中缅原油管道

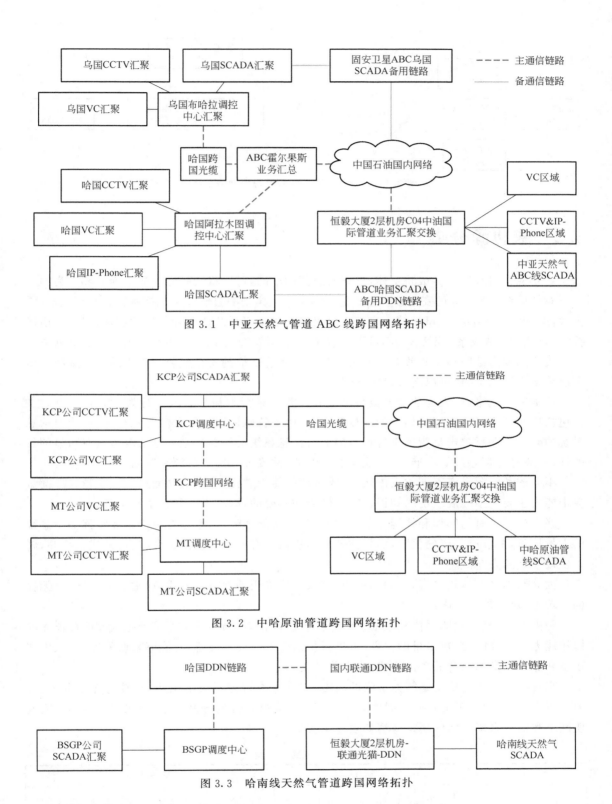

图 3.1　中亚天然气管道 ABC 线跨国网络拓扑

图 3.2　中哈原油管道跨国网络拓扑

图 3.3　哈南线天然气管道跨国网络拓扑

由东南亚原油管道有限公司(简称 SEAOP)负责管理。SEAGP 公司和 SEAOP 公司数据在曼德勒调控中心汇聚后,经过跨国光纤与北京调控中心进行通信。

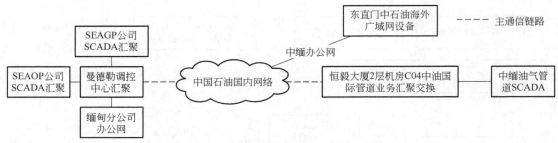

图 3.4　东南亚中缅油气管道跨国网络拓扑

3.2　威胁源分类

威胁源是对系统产生威胁主体,根据威胁源的不同,可以将威胁分为非人为的和人为的。

对信息系统非人为的安全威胁主要是自然灾难。典型的自然灾难包括水灾、台风、地震、雷击、坍塌、火灾、恐怖袭击、战争等。自然灾难可能会对信息系统造成毁灭性的破坏。另外,由于技术的局限性,造成系统不稳定、不可靠等情况,也会引发安全事件,这也是非人为的安全威胁。

人为的安全威胁是指某些个人或组织对信息系统造成的安全威胁。人为的安全威胁主体可以来自组织内部,也可以来自组织外部。

从威胁动机来看,人为的安全威胁可细分为非恶意行为和恶意攻击行为。非恶意行为主要包括粗心或未受到良好培训的管理员和用户,由于特殊原因而导致的无意行为,造成对信息系统的破坏。恶意攻击是指出于各种目的而对信息系统实施的攻击。恶意攻击具有明显的目的性,一般经过精心策划和准备,可能是有组织的,并投入一定的资源和时间。

不同的危险源具有不同的攻击能力,攻击者的能力越强,攻击成功的可能性就越大。衡量攻击能力主要包括施展攻击的知识、技能、经验和必要的资金、人力和技术资源等。

恶意员工具有的知识和技能一般非常有限,攻击能力较弱,但恶意员工可能掌握关于系统的大量信息,并具有一定的权限,而且比外部的攻击者有更多的攻击机会,攻击的成功率高,属于比较严重的安全威胁。

独立黑客是个体攻击者,可利用资源有限,主要采用外部攻击方式,通常发动零散的、无目的的攻击,攻击能力有限。

国内外竞争者、犯罪团伙和恐怖组织是有组织攻击者,具有一定的资源保障,具有较强的协作能力和计算能力,攻击目的性强,可进行长期深入的攻击准备,并能够采取外部攻击、内部攻击和邻近攻击相结合的攻击方式,攻击能力很强。

来自国家行为的攻击是能力最强的攻击,国家攻击行为不仅组织严密,具有充足资金、人力和技术资源,而且可能在必要时实施高隐蔽性和高破坏性的分发攻击,窃取组织核心机密或使网络和信息系统全面瘫痪。详情如表 3.1 所示。

表 3.1　威胁源分类

威胁源分类	动机	威胁能力
内部员工	由于误操作、对机构不满或出于某种目的,对系统信息进行窃取或实施破坏	掌握内部情况,了解系统结构和配置,具备系统合法账户,或掌握可利用的账户信息,可以从内部攻击系统最薄弱环节

威胁源分类		动机	威胁能力
独立黑客		利用系统的脆弱性,达到满足好奇心,检验技术能力的目的,动机复杂,目的性不强	占有少量资源,一般从系统外部侦察并攻击网络和系统,攻击者水平差异较大
有组织攻击者	国内外竞争者	窃取商业秘密,进行恶意竞争	具有一定资金、人力、和技术资源。主要通过多种渠道搜集情报,包括利用竞争对手内部员工、独立黑客甚至犯罪团伙
	民间黑客组织	勒索钱财,窃取机密	具有一定的资金、人力和技术资源,实施网上犯罪,对犯罪有精密计划和准备
	恐怖组织	制造破坏,散布恐慌	即有丰富的资金、人力和技术资源,对攻击行为可进行长时间策划和投入,可能获得敌对国家的支持
外军网络战部队及外国政府支持的黑客组织		从其他国家收集政治、经济、军事情报或机密信息,实施网络打击或制裁,目的性极强	最为严密,具有充足的资金、人力和技术资源,将网络和信息系统攻击作为战争的作战手段

根据中油国际管道及过境国合资公司的现状和 2.1.3 工控信息安全事件小结,以及威胁源所具备的威胁能力出发,暂不对独立黑客进行举例。

从组织人员情况来说,过境国合资公司招募了大量所在国的非中国籍人员,这些人员作为内部员工,背景复杂、审查困难、难以管控,存在人员专业素养不够、操作行为不规范等情况,容易出现误操作而引发风险;此外,非中国籍人员还可能存在被间谍混入或被收买等现象,从而对系统信息进行窃取或实施破坏。

从经济角度出发,中油国际管道及过境国合资公司主要面临来自国内外竞争者和民间黑客组织的威胁,中油国际管道公司和过境国合资公司竞争者目前未知,潜在的民间黑客组织主要以 BlackShadow、darksider 和 Silence Hacking Crew 这类以勒索或窃取机密信息并售卖的黑客组织为主。

从地理位置上看,中亚天然气管道、哈南线天然气管道、中哈原油管道所处中亚地区,为东伊运组织的活动范围;中缅油气管道所处南亚地区,缅甸与孟加拉国交界地带恐怖组织罗兴亚救世军活动较为频繁。这两大恐怖组织是影响系统安全的重要潜在威胁源。

全球具有高超网络战实力的国家主要有美国、以色列、俄罗斯、英国、印度、朝鲜、韩国、伊朗、德国、日本等,根据我国当前国际政治环境,中油国际管道及过境国合资公司主要面临的国家级组织的威胁源以美国、印度和日本为主。

3.3　威胁接入方式分类

威胁接入方式是脆弱性被利用的初始条件,也是攻击者期望获得非法访问的切入点。威胁接入方式分类就是要识别并枚举这些可能导致脆弱性被利用的接入点,使得我们深入了解系统的哪些部分对威胁开放,并以此寻求减小他们的方法,从而降低安全风险,并密切关注威胁接入方式何时和如何改变。威胁接入方式分类详见表 3.2。

表 3.2　威胁接入方式分类表

序号	威胁源	威胁接入方式	描述
1	内部员工、独立黑客、有组织攻击者、外军网络战部队及外国政府支持的黑客组织	远程网络接入方式	威胁无需在物理位置上接近目标,而是通过外部网络接近目标,通常情况下是最常见的威胁接入方式
2	内部员工、有组织攻击者、外军网络战部队及外国政府支持的黑客组织	网络跳板接入方式	由于工控网络的配置可能屏蔽了许多传统的远程网络接入方式,同时工作站和与它通信的服务器之间互相信任。所以,威胁源会将关注点转移到这些工作站或服务器上来,以他们作为网络跳板
3	内部员工、有组织攻击者、外军网络战部队及外国政府支持的黑客组织	物理相邻接入方式	油气管道作为广域工业环境的 SCADA 系统,支持 VSAT 卫星链路和 GPS 校时系统,这些链路和系统具有特有的频率,可能受到主动攻击和被动攻击
4	内部员工、外军网络战部队及外国政府支持的黑客组织	物理接触接入方式	这类接入方式依赖于物理接触设备,与物理相邻接入方式的区别在于物理相邻不需要实际接触目标

以远程网络接入方式之一的光纤链路为例。油气管道 SCADA 远距离通信将以光纤为介质的光通信作为主链路,通常采用时隙复用方式进行信息传输,理论上不存在非工控网络攻击通过光纤进入场站工控系统的风险。同时光纤通信网络窃听技术需要与光纤进行物理接触,而一般情况下光纤线缆敷设在地下,不易被人接触。所以光纤链路的安全性与以太网链路相似。

物理相邻接入方式中需要关注 VSAT 卫星链路和 GPS 校时系统。卫星通信采用电磁波,攻击者可以在不进行物理接触的情况下,对卫星信号进行干扰、窃听和欺骗等;GPS 卫星授时通常使用明码明文通信,缺乏加密认证机制,发送伪造的卫星欺骗信号可实现卫星时间同步攻击,造成系统时间紊乱,进而利用系统工作机制进行攻击破坏。

3.4　脆弱性分类

脆弱性是指资产能被威胁利用的弱点。狭义的脆弱性有时等同于"弱点"和"漏洞"等。脆弱性一般可以分为两大类:资产本身的脆弱性,即系统漏洞,产品设计实现时安全方面的先天不足;安全控制措施的不足,安全控制措施、手段不足也可以认为其本身就是存在弱点的。由于本报告基于静态分析,因此仅描述工控协议脆弱性、工业控制设备脆弱性、操作系统脆弱性、数据库软件脆弱性和工控软件脆弱性等资产本身的脆弱性。安全控制措施的脆弱性主要依赖工控网络等保测评内容。

表 3.3　脆弱性分类表

序号	脆弱性名称	脆弱性描述
1	通信协议明文传输	攻击者可以使用协议分析工具或者其他设备解析 profibus、DNP、modbus、CIP 等协议传输数据,实现对工业控制系统的网络监控。使用这些协议也可以使攻击者更容易攻击工业控制系统或控制工业控制系统的网络行为
2	通信协议缺少认证机制	profibus、DNP、modbus、CIP 等工业控制协议不具备认证机制,采用此类型的通信协议,存在重放或篡改数据的可能性
3	缺少通信完整性保护	profibus、DNP、modbus、CIP 等工业控制系统协议不具备完整性检查机制,攻击者可以操纵这类没有完整性检查的通信

序号	脆弱性名称	脆弱性描述
4	不安全的工业控制系统组件远程访问	系统工程师或厂商在无安全控制措施的情况下,实施对工业控制系统的远程访问,可能导致工业控制系统访问权限被非法用户获取
5	工业控制设备存在漏洞	工业控制设备存在已知漏洞,且未安装相关补丁或暂无补丁
6	操作系统存在漏洞	操作系统存在已知漏洞,且未安装相关补丁或暂无补丁
7	微软停止支持旧版操作系统	微软官方正式宣布 Windows XP 于 2014 年 4 月 8 日、Windows Server 2003 于 2015 年 7 月 14 日、Windows 7 和 Windows Server 2008 于 2020 年 1 月 14 日停止支持。停止支持并不会影响操作系统运行,但微软将不再提供任何问题的技术支持、软件更新和安全更新或修复,这将导致电脑遭受病毒和恶意软件攻击的风险会更大
8	数据库软件存在漏洞	数据库软件存在已知漏洞,且未安装相关补丁或暂无补丁
9	工控软件存在漏洞	工控软件存在已知漏洞,且未安装相关补丁或暂无补丁

3.5 中乌天然气管道公司(ATG)工控信息安全分析

3.5.1 ATG 工控网络通信线路现状

ATG 工控网络分为 AB 线工控网络和 C 线工控网络两大部分,共 8 个场站,21 个 BVS 阀室,23 个 BVSC 阀室,3 个 PTS 阀室。ATG 工控网络以光纤链路作为主链路,各场站必须通过在布哈拉调控中心的路由策略才能实现相互间的通信,各 RTU 会将数据同步发送给所属场站和调控中心。当光纤链路出现故障时,RTU 阀室会将数据传输至上、下游其他场站,使用场站的 VSAT 卫星链路与调控中心进行数据交互。

其中 AB 线工控网络通信线路拓扑如图 3.5 所示,除卫星通信链路、调控中心和 GCS 场站外,其余场站和阀室均使用同一根光缆。BVS4 左侧(包括 BVS4)为 WKC1 场站控制区域;BVS11(包括 BVS11,不包括 MS 和 GCS 场站)右侧为 WKC3 场站控制区域;中间则为 WKC2 场站控制区域;调控中心可以对 AB 线的场站和阀室进行控制。

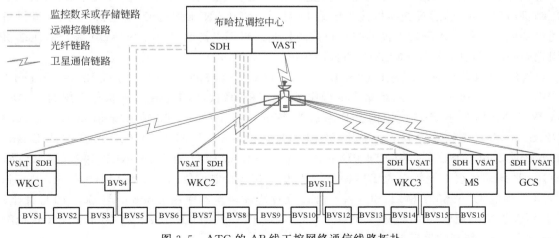

图 3.5　ATG 的 AB 线工控网络通信线路拓扑

C 线工控网络通信线路拓扑如图 3.6 所示,除卫星通信链路、调控中心和 GCS 场站外,其余场站和阀室均使用同一根光缆。在通信逻辑上,RTU 阀室数据必须经由场站转发至调控中心,此外 3 个 C 线阀室经过 AB 线的 WKC2 场站设备(WKC2 场站不具有 3 个阀室的监控权),将数据传输至调控中心。根据通信情况来看,C 线工控网络可以划分为 UCS1 场站控制区、UCS3 场站控制区和 UKMS 场站控制区,调控中心可以对 C 线的场站和阀室进行控制。

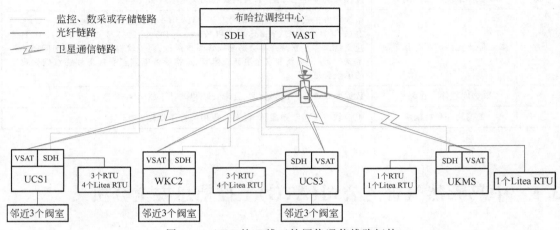

图 3.6　ATG 的 C 线工控网络通信线路拓扑

通过对 ATG 工控网络通信线路的分析,可以发现 RTU 阀室无论使用光纤链路或是卫星链路进行数据交互时,最终都需要经过调控中心或场站的核心交换机,所以针对 RTU 阀室的防护和检测能力,可以由所属场站和调控中心来提供。此外调控中心作为生产控制的中心,还兼具场站通信的路由功能,应该具有比场站更全面和更强大的防护和检测能力。

3.5.2　ATG 场站工控信息安全分析

3.5.2.1　ATG 场站工控网络现状

中乌天然气管道公司场站工控网络拓扑如图 3.7 所示。场站与调控中心以随管道铺设的自有光纤作为主通信链路,租用卫星网络为备用通信链路,同时在核心交换机处存在通向上、下游相邻 RTU 阀室的链路(非相邻阀室直接和调控中心通信)和 GPS 校时信号的链路。GE 压缩机组独立组网,通过交换机接入场站工控网络;SOLAR 压缩机组、发电机组、第三方设备通过协议转换器接入场站工控网络。目前的控制逻辑不支持调控中心 SCADA 系统对压缩机组控制系统(包括 GE 和 SOLAR)的直接操控。

ATG 所使用的 RTU 为 Bristol Babcock CWM CPU 396879‐11‐0 或 Bristol Babcock CWM CPU 396879‐01‐2;场站中的操作员站、工程师站、HMI 等使用的操作系统为 WIN 7 或 WIN XP SP6,服务器使用的操作系统为 Windows server 2003 或 Windows server 2008 R2;SCADA 工控软件为 Honeywell PKS R311 或 Honeywell PKS R410;SCS PLC 为 Bristol Babcock ControlWave CWREDCPU‐1‐12‐2;ESD PLC 为 Honeywell SM 系列产品;SOLAR 压缩机组工控软件为 TT 4000(上位机不接入控制网络),PLC 使用 AB ControlLogix 1756 系列的 Logix5561 模块,SOLAR PLC 通过协议转换器使用 modbus 与 SCS PLC 通讯;GE 压缩机组工控软件为 CIMPLICITY V6.1,GE PLC 使用 GE mark VI 系列,此外 GE 机组还包括一套本特利的振动监控系统。

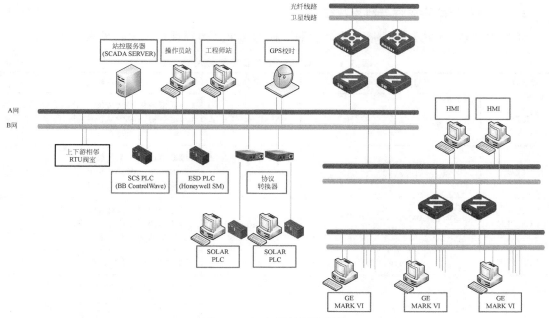

图 3.7 ATG 场站网络拓扑

压缩机组网络可能存在远程诊断系统、VPN 等方式,使得国外厂商运维工程师可以进行远程巡检、调整参数等操作。当威胁源利用钓鱼邮件、钓鱼链接、木马程序等获得远程运维电脑权限后,便可通过这些不可控接入方式进入压缩机组网络,然后基于压缩机组网络对 ATG 工控系统展开攻击。

通过以上描述,可以认定远程诊断系统、VPN 等方式都是不安全的工业控制系统组件远程访问。

在场站中各个部分诸如燃气发电机、空压机、GE 压缩机、Solar 压缩机、流量计算机等均使用 MODBUS TCP 协议与站控系统(SCS)进行通信。MODBUS TCP 协议贯穿了整个站控系统,该协议的重要性对于整个系统是不言而喻的。ATG 场站站控系统所使用的工控协议详见图 3.8。

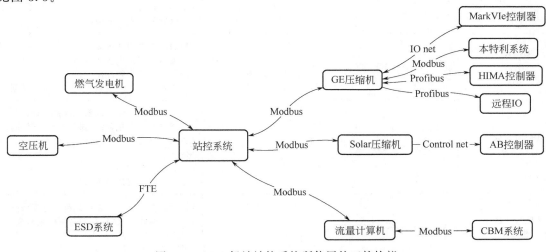

图 3.8 ATG 场站站控系统所使用的工控协议

127

3.5.2.2 ATG 场站脆弱性与利用路径

经过对 ATG 场站资产的信息收集和漏洞检索结果及脆弱性详细描述见表 3.4。

表 3.4 ATG 场站资产及脆弱性清单

设备类型	厂商及型号	使用通信协议	存在脆弱性
RTU	Bristol Babcock CWM CPU 396879 – 11 – 0	Modbus TCP	(1)通信协议明文传输； (2)通信协议缺少认证机制； (3)缺少通信完整性保护
RTU	Bristol Babcock CWM CPU 396879 – 01 – 2	Modbus TCP DNP3	(1)通信协议明文传输； (2)通信协议缺少认证机制； (3)缺少通信完整性保护
SCS PLC	Bristol Babcock ControlWave CWREDCPU – 1 – 12 – 2	Modbus TCP	(1)通信协议明文传输； (2)通信协议缺少认证机制； (3)缺少通信完整性保护
ESD PLC	Honeywell SM	FTE	目前暂无已公开的脆弱性
GE 压缩机 PLC	GE MarkVIE	Modbus TCP	(1)通信协议明文传输； (2)通信协议缺少认证机制； (3)缺少通信完整性保护； (4)不安全的工业控制系统组件远程访问； (5)工业控制设备存在漏洞,知名漏洞编号如： ICSA – 19 – 281 – 02
操作员站、 工程师站、 GE HMI 操作系统	WIN 7	—	(1)不安全的工业控制系统组件远程访问； (2)操作系统存在漏洞,知名漏洞编号如： MS17 – 010、 CVE – 2018 – 8563、 CVE – 2019 – 0575、 CVE – 2019 – 0554、 CVE – 2017 – 0191； (3)微软停止支持旧版操作系统
操作员站、 工程师站、 GE HMI 操作系统	WIN XP SP6	—	(1)不安全的工业控制系统组件远程访问； (2)操作系统存在漏洞,知名漏洞编号如： MS08 – 067、 MS10 – 061、 (3)微软停止支持旧版操作系统
SOLAR 压缩机 PLC	SOLAR TT4000	经协议转换器后 使用 Modbus TCP	(1)通信协议明文传输； (2)通信协议缺少认证机制； (3)缺少通信完整性保护； (4)不安全的工业控制系统组件远程访问
站控服务器 操作系统	Windows server 2003	—	(1)不安全的工业控制系统组件远程访问； (2)操作系统存在漏洞,知名漏洞编号如： MS08 – 067、 MS17 – 010、 CVE – 2017 – 7269； (3)微软停止支持旧版操作系统
站控服务器 操作系统	Windows server 2008 R2	—	(1)不安全的工业控制系统组件远程访问； (2)操作系统存在漏洞,知名漏洞编号如： CVE – 2020 – 0618、 CVE – 2012 – 1856、

设备类型	厂商及型号	使用通信协议	存在脆弱性
站控服务器操作系统	Windows server 2008 R2	—	CVE－2017－0143、 CVE－2017－0144、 CVE－2017－0145、 CVE－2017－0146、 CVE－2017－0147、 CVE－2017－0148、 CVE－2019－0708； (3)微软停止支持旧版操作系统
工控软件	Honeywell PKS R311	—	目前暂无已公开的脆弱性
工控软件	Honeywell PKS R410	—	目前暂无已公开的脆弱性
工控软件	SOLAR TT4000	—	目前暂无已公开的脆弱性
工控软件	CIMPLICITY V6.1	—	目前暂无已公开的脆弱性

根据 ATG 场站拓扑结构,脆弱性的利用途径如下:

(1)图 3.9 实线箭头表示威胁源通过物理接触接入方式抵达工作站(包括操作员站、工程师站、HMI 等),直接操作工控软件,获得该工作站的相应工控操作权限,实现对现场设备(如阀门、压缩机)的启停等;

(2)图 3.9 虚线箭头表示威胁源通过网络跳板接入方式从场站内部网络(如核心交换机、GE 机组交换机、协议转换器交换机等)向工作站发起访问,利用其脆弱性获得工作站远程操控权限,进而将工作站的屏幕界面导出给攻击者,此时攻击者将获得该工作站的相应工控操作权限;威胁源向 PLC 发起访问时,利用工控协议脆弱性,向 PLC 发送符合协议规约要求格式

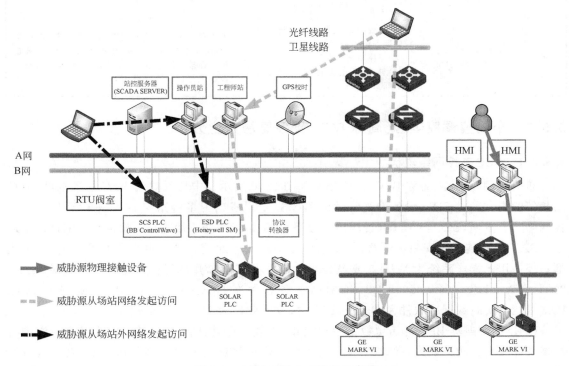

图 3.9　ATG 场站攻击路径示意图

的指令即可达到控制 PLC 的目的;

(3)图 3.9 点画线箭头表示威胁源通过远程网络接入方式或物理相邻接入方式从场站外界网络(如 RTU 阀室链路、光纤链路、卫星线路、GPS 校时链路等)向工作站发起访问,利用其脆弱性获得工作站远程操控权限,进而将工作站的屏幕界面导出给攻击者,此时攻击者将获得该工作站的相应工控操作权限;威胁源向 PLC 发起访问时,利用工控协议脆弱性,向 PLC 发送符合协议规约要求格式的指令即可达到控制 PLC 的目的。

3.5.2.3 ATG 场站脆弱性潜在影响分析

威胁必须利用脆弱性才能对资产造成影响。分析脆弱性潜在影响能够直观地观察某项脆弱性或某几项脆弱性一旦被威胁成功利用就可能对资产造成的损害。在对 ATG 场站的资产和脆弱性进行梳理后,脆弱性潜在影响如表 3.5 所示。

表 3.5　ATG 场站脆弱性潜在影响分析表

序号	被攻击对象	脆弱性	潜在影响
1	控制设备(RTU、BB ControlWave、SOLAR PLC、GE MARK VIE)	通信协议明文传输	存在控制设备与上位机通信过程中关键信息被窃取的风险
		通信协议缺少认证机制	存在控制设备被任意设备操控的风险,可能导致攻击者对 PLC 的启停控制、IO 劫持、组态篡改等攻击行为的发生
		缺少通信完整性保护	存在控制设备被重放或篡改数据的风险,可能导致攻击者对控制设备的拒绝服务或数据污染
2	GE MARK VIE	(1)不安全的工业控制系统组件远程访问; (2)工业控制设备存在漏洞	压缩机组系统存在被非授权用户访问、控制的风险
3	站控服务器、操作员站、工程师站、HMI 等	(1)不安全的工业控制系统组件远程访问; (2)操作系统存在漏洞; (3)微软停止支持旧版操作系统	攻击者可利用操作系统漏洞对站控服务器、操作员站、工程师站进行拒绝服务、渗透入侵等攻击,被攻击目标存在被迫终止服务、窃取信息、植入后门或对控制设备进行恶意操控的风险

3.5.3　布哈拉调控中心(简称 BCC)工控信息安全分析

3.5.3.1 BCC 工控网络现状

布哈拉调控中心(简称 BCC)网络拓扑如图 3.10 所示。中乌天然气 ABC 线各场站、非场站相邻的阀室通过 SDH 设备的光纤链路和 VSAT 设备的卫星链路与 BCC 进行通信。在工控网络边界方面,BCC 与 PHD(过程历史数据库)网络通过防火墙进行逻辑隔离;PHD 网络通过 VSAT 设备连接固安卫星链路,与北京调控中心实现通信。调控中心中的操作员站、工程师站等使用的操作系统为 WIN 7 或 WIN XP SP6,服务器使用的操作系统为 Windows server 2003 或 Windows server 2008 R2;SCADA 工控软件为 Honeywell PKS R311 或 Honeywell PKS R410;实时数据库软件为 Oracle,PHD 数据库软件为 Honeywell PHD。

PHD 网络兼具 BBC 的历史数据库功能和 PI 数据库功能,但没有像 PI 数据库一样进行数据镜像等安全防护能力,导致 ATG 办公网、BCC 和北京调控中心都会和 PHD 网络进行数据交互。由于 PHD 网络边界模糊,数据交互情况复杂,有可能成为工控系统的攻击突破口,

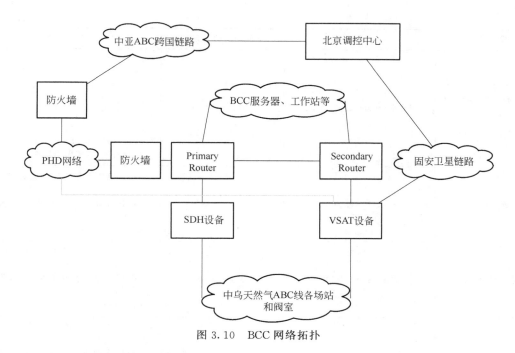

图 3.10　BCC 网络拓扑

也属于不安全的工业控制系统组件远程访问。

3.5.3.2　BCC 脆弱性与利用途径

经过对 BCC 资产的信息收集和漏洞检索结果及脆弱性详细描述见表 3.6。

表 3.6　BCC 资产及脆弱性清单

设备类型	厂商及型号	使用通信协议	存在脆弱性
工作站操作系统	WIN 7	—	(1)不安全的工业控制系统组件远程访问； (2)操作系统存在漏洞，知名漏洞编号如： MS17－010、 CVE－2018－8563、 CVE－2019－0575、 CVE－2019－0554、 CVE－2017－0191； (3)微软停止支持旧版操作系统
站控服务器操作系统、实时数据库操作系统	Windows server 2003	—	(1)不安全的工业控制系统组件远程访问； (2)操作系统存在漏洞，知名漏洞编号如： MS08－067、 MS17－010、 CVE－2017－7269； (3)微软停止支持旧版操作系统
站控服务器操作系统、实时数据库操作系统、数据库(PHD)操作系统	Windows server 2008 R2	—	(1)不安全的工业控制系统组件远程访问； (2)操作系统存在漏洞，知名漏洞编号如： CVE－2020－0618、 CVE－2012－1856、

设备类型	厂商及型号	使用通信协议	存在脆弱性
站控服务器操作系统、实时数据库操作系统、数据库(PHD)操作系统	Windows server 2008 R2	—	CVE－2017－0143、 CVE－2017－0144、 CVE－2017－0145、 CVE－2017－0146、 CVE－2017－0147、 CVE－2017－0148、 CVE－2019－0708； (3)微软停止支持旧版操作系统
实时数据库软件	SQL Server 2003	Sql Server	(1)不安全的工业控制系统组件远程访问； (2)数据库软件存在漏洞,知名漏洞编号如： MS03－031
实时数据库软件	SQL Server 2008	Sql Server	(1)不安全的工业控制系统组件远程访问； (2)数据库软件存在漏洞,知名漏洞编号如： MS15－058
PHD软件	Oracle	—	(1)不安全的工业控制系统组件远程访问； (2)数据库软件存在漏洞,知名漏洞编号如： CVE－2014－6477、 CVE－2014－6577
PHD软件	Honeywell PHD	—	目前暂已无已公开的脆弱性
工控软件	Honeywell PKS R311	—	目前暂无已公开的脆弱性
工控软件	Honeywell PKS R410	—	目前暂无已公开的脆弱性

根据 BCC 拓扑结构,脆弱性的利用途径如下：

(1)图 3.11 实线箭头表示威胁源通过物理接触接入方式抵达工作站(包括操作员站、工程师站等),直接操作工控软件,获得该工作站的相应工控操作权限,实现对现场设备(如阀门、压缩机)的启停等；

(2)图 3.11 虚线箭头表示威胁源通过网络跳板接入方式从调控中心内部网络(如核心交换机等)向工作站发起访问,利用其脆弱性获得工作站远程操控权限,进而将工作站的屏幕界面导出给攻击者,此时攻击者将获得该工作站的相应工控操作权限；

(3)图 3.11 点画线箭头表示威胁源通过远程网络接入方式或物理相邻接入方式从调控中心外界网络(如中亚 ABC 跨国链路、固安卫星链路、PHD 网络等)向工作站发起访问,利用其脆弱性获得工作站远程操控权限,进而将工作站的屏幕界面导出给攻击者,此时攻击者将获得该工作站的相应工控操作权限。

这条途径需要特别注意 PHD 网络。PHD 网络兼具 BBC 的历史数据库功能和 PI 数据库功能,其与 ATG 办公网络、工控网络和北京调控中心均会发生数据交互。同时 PHD 网络没有采用 PI 数据库的建设方式,例如使用网闸确保与工控网络物理隔离,使用镜像数据库分离源数据库和对外服务数据库等措施,导致 PHD 网络安全性不足,容易成为威胁源的网络跳板。

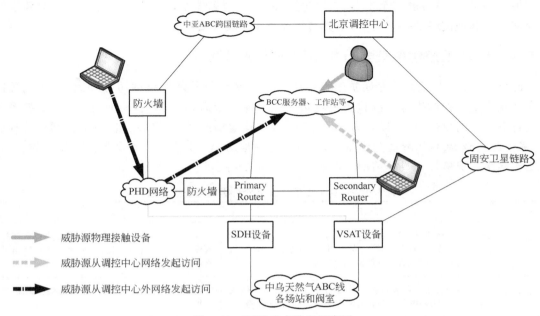

图 3.11　BCC 攻击路径示意图

图例说明：

威胁源物理接触设备

威胁源从调控中心网络发起访问

威胁源从调控中心外网络发起访问

3.5.3.3　BCC 脆弱性潜在影响分析

威胁必须利用脆弱性才能对资产造成影响。分析脆弱性潜在影响能够直观地观察该脆弱性一旦被威胁成功利用就可能对资产造成的损害。在对 BCC 的资产和脆弱性进行梳理后,脆弱性潜在影响如表 3.7 所示。

表 3.7　BCC 脆弱性潜在影响分析表

序号	被攻击对象	脆弱性	潜在影响
1	实时数据库、PHD软件	(1)不安全的工业控制系统组件远程访问; (2)数据库软件存在漏洞	历史数据库和实时数据库系统适用软件存在漏洞,攻击者可以利用数据库软件漏洞,对数据库系统进行拒绝服务攻击、渗透和信息窃取
2	站控服务器、操作员站、工程师站、实时数据库服务器、PHD数据库服务器	(1)不安全的工业控制系统组件远程访问; (2)操作系统存在漏洞; (3)微软停止支持旧版操作系统	攻击者可利用操作系统漏洞对站控服务器、操作员站、工程师站、实时数据库、PHD进行拒绝服务、渗透入侵等攻击,被攻击目标存在被迫终止服务、窃取信息、植入后门或对控制设备进行恶意操控的风险

3.5.4　ATG 工控网络等保测评

本报告基于文档资料,按照网络安全等级保护要求对 ATG 工控网络进行抽项测评,测评结果如表 3.8 所示。

表 3.8　ATG 等保测评结果表

公司名称	ATG
检查项数量	27
检查项完全符合数量	7
检查项完全符合比例	25.9%

根据等保 2.0 标准"一个中心,三重防护"的纵深防御体系,ATG 工控网络目前只建设了工控网络与其他网络的一重防护,不能满足等级保护相关要求。

3.5.5 ATG 工控信息安全分析小结与改进建议

此时 ATG 工控信息安全防护重点集中在工控网络与其他网络的边界隔离,对于工控网络内部缺少安全控制措施。威胁源由场站入侵工控系统后,将较为容易地对 ATG 工控系统发起自下而上的攻击,也可以较为容易地对 ATG 其他场站发起横向攻击,对工控网络造成破坏;威胁源突破 BCC 边界防护设备后,将较为容易地对 ATG 工控系统发起自下而上的攻击,对工控网络造成破坏。具体情况与改进建议如表 3.9 所示。

表 3.9　ATG 工控信息安全分析小结与改进建议

序号	安全问题	改进建议
1	工控系统网络缺乏 OT 行为审计手段,对非法的工控操作行为无法及时发现,对非法接入、异常通信、非法外链等网络事件无法及时预警,威胁事件发生后无法审计和分析	在场站和调控中心核心交换机部署专门的工控入侵检测和网络审计设备,实现对工控网络的检测、审计和分析
2	调控中心和场站未部署边界防护设备,一旦被威胁源侵入引发威胁,无法将威胁限制在有限范围内,导致威胁扩散	在场站网络边界处部署工业防火墙实现边界防护
3	国外厂商运维工程师通过可能存在的远程诊断系统、VPN 等直接访问压缩机组网络,进行远程巡检、调整参数等操作。一旦远程运维电脑钓鱼攻击,威胁源将可以直接访问压缩机组网络,继而引发威胁	在场站内部网络部署工业防火墙,隔离站控 SCADA 网络、压缩机组网络和第三方设备网络
4	操作系统和数据库软件存在安全漏洞,难以进行补丁更新或系统升级,攻击者可利用操作系统漏洞进行拒绝服务、渗透入侵、勒索软件等攻击,被攻击目标存在被迫终止服务、窃取信息、植入后门或对控制设备进行恶意操控的风险	安装基于白名单机制的主机防护软件,对工控主机的运行资源、数据资源和物理存储资源(包括 U 盘等)进行管控,阻断脆弱性利用途径
5	北京调控中心缺乏对 ATG 工控系统健康状态监控、工控风险感知等能力;当地合资公司缺乏与北京调控中心建设的管道地理信息系统、管道完整性系统、远程诊断系统等联动的能力	以确保 ATG 工控网络边界完整性不被破坏为前提,在 BCC 工控网络外建设工控数据隔离 DMZ 区,使用跨国链路的独立带宽,实现和北京调控中心数据交互
6	工业控制设备存在安全漏洞且处于无防护状态,存在关键信息被窃取、被任意设备操控、被重放或篡改数据的风险	部署专业的控制器防护系统,对访问控制的数据包进行深入解析和过滤,阻断脆弱性利用途径,为生产运行构筑最后一道防线
7	从震网等事件中总结经验,目前缺乏针对控制器程序的实时监测和快速恢复能力,当发生更改控制器程序的安全事件时,无法及时发现和恢复生产运行	通过部署专业的控制器完整性监测与恢复系统,增强控制器恢复的能力,配合手动操控应急制度快速恢复生产,维持现场的稳定

3.6　中哈天然气管道公司(AGP)工控信息安全分析

3.6.1　AGP 工控网络通信线路现状

AGP 工控网络共 15 个场站,33 个 BVS 阀室,27 个 CBVS 阀室,16 个 PBVS 阀室,23 个 mini RTU 阀室,以及用于区域监控的 6 个 OAD 和位于 CS7 场站的备用调控中心。AGP 工控网络以光纤链路作为主链路,各场站必须通过在阿拉布图调控中心的路由策略才能实现相互间的通信,各 RTU 会将数据同步发送给所属场站和调控中心。当光纤链路出现故障时,RTU 阀室会将数据传输至上下游其他场站,使用场站的 VSAT 卫星链路与调控中心进行数据交互。

AGP 工控网络通信线路拓扑如图 3.12 所示,分为光纤通信链路和卫星通信链路。AB 线中 CS 场站配合上下游的 BVS 阀室,形成以 CS 场站为中心的控制区域和通信链路;C 线中 CCS 场站配合上下游的 PBVS、CBVS 和 mini RTU,形成以 CCS 场站为中心的控制区域和通信链路;OAD 作为区域监控中心,下辖数个场站控制区域;调控中心可以对所有场站和阀室进行控制。

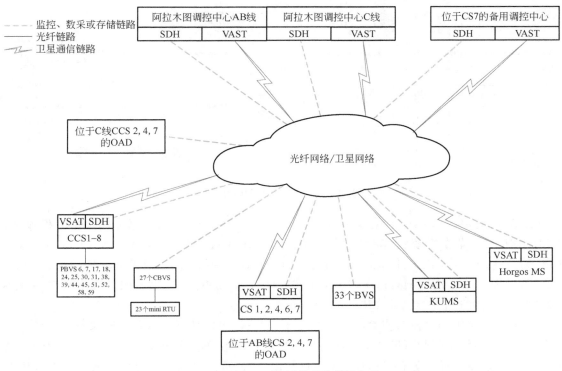

图 3.12　AGP 工控网络通信线路拓扑

通过对 AGP 工控网络通信线路的分析,可以发现 RTU 阀室无论使用光纤链路或是卫星链路进行数据交互时,最终都需要经过调控中心或场站的核心交换机,所以针对 RTU 阀室的防护和检测能力,可以由所属场站和调控中心来提供。OAD 作为区域监控中心,应当具备对下辖场站控制区域的安全监测能力,可以视为调控中心的简化或弱化型,建设相应的防护和监测能力。此外调控中心作为生产控制的中心,还兼具场站通信的路由功能,应该具有比场站更全面和更强大的防护和检测能力。

3.6.2　AGP 场站工控信息安全分析

3.6.2.1　AGP 场站工控网络现状

中哈天然气管道公司场站工控网络拓扑如图 3.13 所示。场站与调控中心以随管道铺设的自有光纤作为主通信链路,租用卫星网络为备用通信链路,同时在核心交换机处存在通向上下游 RTU 阀室的链路和 GPS 校时信号的链路。AB 压缩机组独立组网,通过交换机接入场站工控网络；发电机组、第三方设备通过协议转换器接入场站工控网络。ACL 策略配置只允许阿拉布图调控中心和 AGP 场站通信，场站相互之间不能直接通信，各 RTU 阀室数据必须经由场站交换机才能送至调控中心。

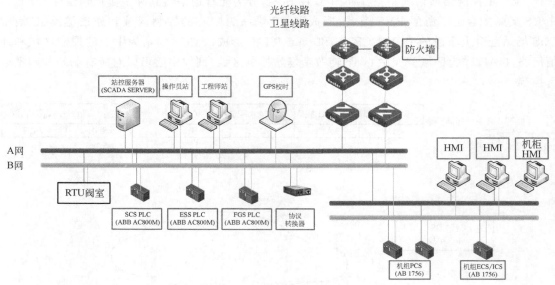

图 3.13　AGP 场站网络拓扑

AGP 所使用的 RTU 为 Asea Brown Boveri Ltd 560C；场站中的操作员站、工程师站、HMI 等使用的操作系统为 WIN 7 专业版；SCADA 工控软件为 SCADAVANTAGE；SCS PLC 为 Asea Brown Boveri Ltd PM866 或 Asea Brown Boveri Ltd PM865；ESD PLC、FGS PLC 为 ABB AC800M SM811；压缩机组工控软件为 intouch v9.5，PCS PLC 和机组 ECS/ICS PLC 使用 AB 1756L61 或 AB 1756L63。

部分压缩机组和站控系统通过路由器相连，压缩机组内部署有远程诊断系统、VPN 等额外链路，厂商运维工程师可以从工控网络外直接进行参数修改或操控。当威胁源利用钓鱼邮件、钓鱼链接、木马程序等获得远程运维电脑权限后，便可通过这些不可控接入方式进入压缩机组网络，然后基于压缩机组网络对 AGP 工控系统展开攻击。通过以上描述，可以认定远程诊断系统、VPN 等方式都是不安全的工业控制系统组件远程访问。

除此以外，场站部署的防火墙为传统防火墙，通常不具备工控协议深度解析能力和工业环境适应能力，无法为工控系统提供全面的防护。

3.6.2.2　AGP 场站脆弱性与利用路径

经过对 AGP 场站资产的信息收集和漏洞检索，结果脆弱性详细描述见表 3.10。

表 3.10　AGP 场站资产及脆弱性清单

设备类型	厂商及型号	使用通信协议	存在脆弱性
RTU	Asea Brown Boveri Ltd 560C	TCP/IP	目前暂无已公开的脆弱性
SCS PLC	Asea Brown Boveri Ltd PM865	CIP	(1)通信协议明文传输； (2)通信协议缺少认证机制； (3)缺少通信完整性保护

136

设备类型	厂商及型号	使用通信协议	存在脆弱性
SCS PLC	Asea Brown Boveri Ltd PM866	CIP	(1)通信协议明文传输； (2)通信协议缺少认证机制； (3)缺少通信完整性保护
EDS PLC、 FGS PLC	ABB AC800M SM811	CIP	(1)通信协议明文传输； (2)通信协议缺少认证机制； (3)缺少通信完整性保护
PCS PLC	AB 1756L61	CIP	(1)通信协议明文传输； (2)通信协议缺少认证机制； (3)缺少通信完整性保护
ECS/ICS PLC	AB 1756L63	CIP	(1)通信协议明文传输； (2)通信协议缺少认证机制； (3)缺少通信完整性保护
站控机、 操作员站、 工程师站 操作系统	WIN 7 专业版	—	(1)不安全的工业控制系统组件远程访问； (2)操作系统存在漏洞，知名漏洞编号如： MS17－010、 CVE－2018－8563、 CVE－2019－0575、 CVE－2019－0554、 CVE－2017－0191； (3)微软停止支持旧版操作系统
工控软件	SCADAVANTAGE	—	目前暂无已公开的脆弱性
工控软件	intouch v9.5	—	目前暂无已公开的脆弱性

根据 AGP 场站拓扑结构，脆弱性的利用途径如下：

(1)图 3.14 实线箭头表示威胁源通过物理接触接入方式抵达工作站(包括操作员站、工程师站、HMI 等)，直接操作工控软件，获得该工作站的相应工控操作权限，实现对现场设备(如阀门、压缩机)的启停等；

(2)图 3.14 虚线箭头表示威胁源通过网络跳板接入方式从场站内部网络(如核心交换机、AB 压缩机组交换机、协议转换器交换机等)向工作站发起访问，利用其脆弱性获得工作站远程操控权限，进而将工作站的屏幕界面导出给攻击者，此时攻击者将获得该工作站的相应工控操作权限；威胁源向 PLC 发起访问时，利用工控协议脆弱性，向 PLC 发送符合协议规约要求格式的指令即可达到控制 PLC 的目的；

(3)图 3.14 点画线箭头表示威胁源通过远程网络接入方式或物理相邻接入方式从场站外界网络(如 RTU 阀室链路、光纤链路、卫星线路、GPS 校时链路等)向工作站发起访问，利用其脆弱性获得工作站远程操控权限，进而将工作站的屏幕界面导出给攻击者，此时攻击者将获得该工作站的相应工控操作权限；威胁源向 PLC 发起访问时，利用工控协议脆弱性，向 PLC 发送符合协议规约要求格式的指令即可达到控制 PLC 的目的。

3.6.2.3 AGP 场站脆弱性潜在影响分析

威胁必须利用脆弱性才能对资产造成影响。分析脆弱性潜在影响能够直观地观察某项脆弱性或某几项脆弱性一旦被威胁成功利用就可能对资产造成的损害。在对 AGP 场站的资产和脆弱性进行梳理后，脆弱性潜在影响如表 3.11 所示。

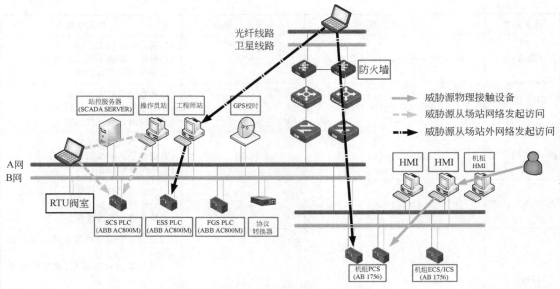

图 3.14 AGP 场站攻击路径示意图

表 3.11 AGP 场站脆弱性潜在影响分析表

序号	被攻击对象	脆弱性	潜在影响
1	SCS PLC、 EDS PLC、 FGS PLC、 PCS PLC、 ECS/ICS PLC	通信协议明文传输	存在控制设备与上位机通信过程中关键信息被窃取的风险
		通信协议缺少认证机制	存在控制设备被任意设备操控的风险,可导致攻击者对控制设备的启停控制、IO 劫持、组态篡改等攻击行为的发生
		缺少通信完整性保护	存在控制设备通信被重放或篡改数据的风险,可导致攻击者对控制设备的拒绝服务或数据污染
2	站控服务器、操作员站、工程师站操作系统	(1)不安全的工业控制系统组件远程访问; (2)操作系统存在漏洞; (3)微软停止支持旧版操作系统	攻击者可利用操作系统漏洞对场站站控机、操作员站、工程师站操作系统进行拒绝服务、渗透入侵等攻击,被攻击目标存在被迫终止服务、窃取信息、植入后门或对控制设备进行恶意操控的风险

3.6.3　阿拉布图调控中心(简称 ACC)工控信息安全分析

3.6.3.1　ACC 工控网络现状

阿拉布图调控中心(简称 ACC)网络拓扑如图 3.15 所示。中哈天然气 ABC 线各场站、阀室通过 SDH 设备的光纤链路和 VSAT 设备的卫星链路与 ACC 进行通信。在工控网络边界方面,ACC 与 OPC 服务器通过防火墙进行逻辑隔离;OPC 服务器通过 SCADA ROUTER 分为中亚 ABC 跨国链路(主通信链路)和 DDN 链路(备通信链路),与北京调控中心实现通信;ACC 与 WEB 发布服务器通过防火墙进行逻辑隔离,并将工控数据传输至 WEB 发布服务器,使得 AGP 办公网可以访问并获得工控网络信息;ACC 与 VPN 设备通过防火墙进行逻辑隔离,该 VPN 用于远程访问 ACC 服务器和工作站。

ACL 策略配置只允许 ACC 和 AGP 场站通信,场站相互之间不能直接通信,各 RTU 阀

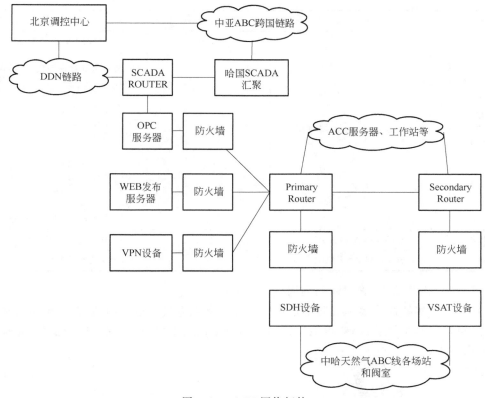

图 3.15　ACC 网络拓扑

室数据必须经由场站交换机才能送至调控中心。存在远程诊断系统、VPN 等额外链路,厂商运维工程师可以从工控网络外直接进行参数修改或操控。部署的防火墙为传统防火墙,通常不具备工控协议深度解析能力和工业环境适应能力,无法为工控系统提供全面的防护。

调控中心的工作站操作系统为 WIN 7 专业版,服务器操作系统为 Windows server 2008 企业版;数据库软件为 SCADAVANTAGE;SCADA 工控软件为 SCADAVANTAGE。

3.6.3.2　ACC 脆弱性与利用途径

经过对 ACC 资产的信息收集和漏洞检索,结果及脆弱性详细描述见表 3.12。

表 3.12　ACC 资产及脆弱性清单

设备类型	厂商及型号	使用通信协议	存在脆弱性
操作员站、工程师站操作系统	WIN 7 专业版	—	(1)不安全的工业控制系统组件远程访问; (2)操作系统存在漏洞,知名漏洞编号如: MS17−010、 CVE−2018−8563、 CVE−2019−0575、 CVE−2019−0554、 CVE−2017−0191; (3)微软停止支持旧版操作系统

设备类型	厂商及型号	使用通信协议	存在脆弱性
实时数据库、历史数据库操作系统	Windows server 2008 企业版	—	(1)不安全的工业控制系统组件远程访问； (2)操作系统存在漏洞,知名漏洞编号如： CVE-2020-0618、 CVE-2012-1856、 CVE-2017-0143、 CVE-2017-0144、 CVE-2017-0145、 CVE-2017-0146、 CVE-2017-0147、 CVE-2017-0148、 CVE-2019-0708； (3)微软停止支持旧版操作系统
工控软件	SCADAVANTAGE	—	目前暂无已公开的脆弱性
数据库软件	SCADAVANTAGE	—	目前暂无已公开的脆弱性

根据 ACC 拓扑结构,脆弱性的利用途径如下：

(1)图 3.16 实线箭头表示威胁源通过物理接触接入方式抵达工作站(包括操作员站、工程师站等),直接操作工控软件,获得该工作站的相应工控操作权限,实现对现场设备(如阀门、压缩机)的启停等；

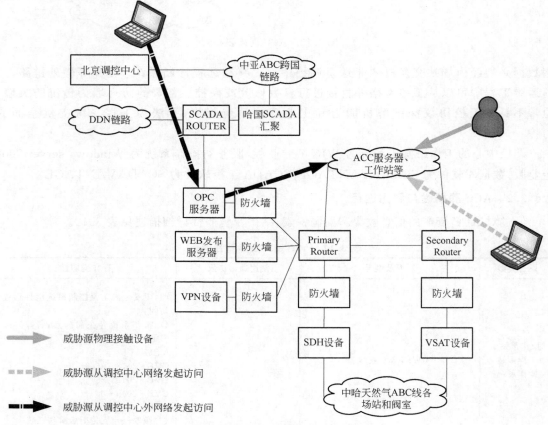

图 3.16　ACC 攻击路径示意图

（2）图3.16虚线箭头表示威胁源通过网络跳板接入方式从调控中心内部网络（如核心交换机等）向工作站发起访问，利用其脆弱性获得工作站远程操控权限，进而将工作站的屏幕界面导出给攻击者，此时攻击者将获得该工作站的相应工控操作权限；

（3）图3.16点画线箭头表示威胁源通过远程网络接入方式或物理相邻接入方式从调控中心外界网络（如中亚ABC跨国链路、DDN链路、OPC服务器等）向工作站发起访问，利用其脆弱性获得工作站远程操控权限，进而将工作站的屏幕界面导出给攻击者，此时攻击者将获得该工作站的相应工控操作权限。

这条途径需要注意OPC服务器。OPC服务器功能类似PI数据库，其与AGP办公网络和北京调控中心均会发生数据交互。同时OPC服务器没有采用PI数据库的建设方式，例如使用网闸确保与工控网络物理隔离，使用镜像数据库分离源数据库和对外服务数据库等措施，导致OPC服务器安全性不足，容易成为威胁源的网络跳板。

其次需要注意WEB发布服务器。WEB发布服务器使得AGP办公网可以间接获取工控系统信息，但该服务器没有使用网闸确保与工控网络物理隔离，而且WEB方式又是众多黑客的攻击重点，导致WEB发布服务器容易成为威胁源的网络跳板。

最后需要关注VPN设备。该条VPN链路被用于远程访问ACC的服务器和工作站等，正是由于这个用途导致ACC非常信任通过VPN访问的设备。如果此时通过VPN访问的设备被钓鱼攻击或植入木马，将会把病毒、木马等恶意软件或恶意攻击行为传导至ACC网络。

3.6.3.3 ACC脆弱性潜在影响分析

威胁必须利用脆弱性才能对资产造成影响。分析脆弱性潜在影响能够直观地观察该脆弱性一旦被威胁成功利用就可能对资产造成的损害。在对ACC的资产和脆弱性进行梳理后，脆弱性潜在影响如表3.13所示。

表3.13　ACC脆弱性潜在影响分析表

序号	被攻击对象	脆弱性	潜在影响
1	操作员站、工程师站、实时数据库服务器、历史数据库操作系统	（1）不安全的工业控制系统组件远程访问；（2）操作系统存在漏洞；（3）微软停止支持旧版操作系统	攻击者可利用操作系统漏洞对站控服务器、操作员站、工程师站、实时数据库、历史数据库进行拒绝服务、渗透入侵等攻击，被攻击目标存在被迫终止服务、窃取信息、植入后门或对控制设备进行恶意操控的风险

3.6.4　AGP工控网络等保测评

本报告基于文档资料，按照网络安全等级保护要求对AGP工控网络进行抽项测评，测评结果如表3.14所示。

表3.14　AGP等保测评结果表

公司名称	AGP
检查项数量	27
检查项完全符合数量	8
检查项完全符合比例	29.6%

根据等保 2.0 标准"一个中心,三重防护"的纵深防御体系,AGP 工控网络目前只建设了工控网络与其他网络、工控网络内部的两重防护,不能满足等级保护相关要求。

3.6.5 AGP 工控信息安全分析小结与改进建议

此时,AGP 工控信息安全防护重点集中在工控网络与其他网络的边界隔离,对于工控网络内部缺少安全控制措施。威胁源由场站入侵工控系统后,将较为容易地对 AGP 工控系统发起自下而上的攻击,也可以较为容易地对 AGP 其他场站发起横向攻击,对工控网络造成破坏;威胁源突破 ACC 边界防护设备后,将较为容易地对 AGP 工控系统发起自下而上的攻击,对工控网络造成破坏。具体情况与改进建议如表 3.15 所示。

表 3.15　AGP 工控信息安全分析小结与改进建议

序号	安全问题	改进建议
1	工控系统网络缺乏 OT 行为审计手段,对非法的工控操作行为无法及时发现,对非法接入、异常通信、非法外链等网络事件无法及时预警,威胁事件发生后无法审计和分析	部署专门的工控入侵检测和网络审计设备,实现对工控网络的检测、审计和分析
2	调控中心和场站部署边界防护设备可能不具有工控协议深度解析功能,无法提供全面的工控安全防护能力,一旦被威胁源侵入引发威胁,无法将威胁限制在有限范围内,导致威胁扩散	在场站网络边界处部署工业防火墙实现边界防护
3	国外厂商运维工程师通过远程诊断系统、VPN 等直接访问压缩机组网络,进行远程巡检、调整参数等操作。一旦远程运维电脑被钓鱼攻击,威胁源将可以直接访问压缩机组网络,继而引发威胁	在场站内部网络部署工业防火墙,隔离站控 SCADA 网络、压缩机组网络和第三方设备网络
4	操作系统存在安全漏洞,难以进行补丁更新或系统升级,攻击者可利用操作系统漏洞进行拒绝服务、渗透入侵、勒索软件等攻击,被攻击目标存在被迫终止服务、窃取信息、植入后门或对控制设备进行恶意操控的风险	安装基于白名单机制的主机防护软件,对工控主机的运行资源、数据资源和物理存储资源(包括 U 盘等)进行管控,阻断脆弱性利用途径
5	北京调控中心缺乏对 AGP 工控系统健康状态监控、工控风险感知等能力;当地合资公司缺乏与北京建设的管道地理信息系统、管道完整性系统、远程诊断系统等联动的能力	以确保 AGP 工控网络边界完整性不被破坏为前提,在 ACC 工控网络外建设工控数据隔离 DMZ 区,使用跨国链路的独立带宽,实现和北京调控中心数据交互
6	工业控制设备存在安全漏洞且处于无防护状态,存在关键信息被窃取、被任意设备操控、被重放或篡改数据的风险	部署专业的控制器防护系统,对访问控制的数据包进行深入解析和过滤,阻断脆弱性利用途径,为生产运行构筑最后一道防线
7	从震网等事件中总结经验,目前缺乏针对控制器程序的实时监测和快速恢复能力,当发生更改控制器程序的安全事件时,无法及时发现和恢复生产运行	通过部署专业的控制器完整性监测与恢复系统,增强控制器恢复的能力,配合手动操控应急制度快速恢复生产,维持现场的稳定

3.7　中哈原油管道公司(KCP)

3.7.1　KCP 工控网络通信线路现状

KCP 工控网络需要管理两条管道线路,分别为阿塔苏—阿拉山口管道(简称阿—阿管道)

和肯基亚克—库姆科尔(简称肯—库管道),共 9 个场站,7 个 RTU 阀室,阿塔苏同时存在调控中心和场站。KCP 工控网络以光纤链路作为主备链路,阿-阿管道首站就是阿塔苏,其泵站是哈输油公司(KazTransOil,简称 KTO)的资产,是通过 KTO 的系统实现,管线剩余泵站的控制是通过 KCP 的系统实现的。而肯库管道仅有肯基亚克首站属于 KTO 资产,肯-库管道系统数据通过 KTO 管道光纤的一个 100M 通道传送到阿塔苏调控中心(MCC Atasu),并在 MCC 中设有一个肯-库管道的监控终端。各 RTU 会将数据同步发送给所属场站和调控中心。当一条光纤链路出现故障时,RTU 阀室会将数据通过另一条链路进行传输,最终与调控中心进行数据交互。

MT 工控网络通信线路拓扑如图 3.17 所示。阿塔苏调控中心可以对阿-阿管道的场站和阀室进行控制,并监控肯-库管道。

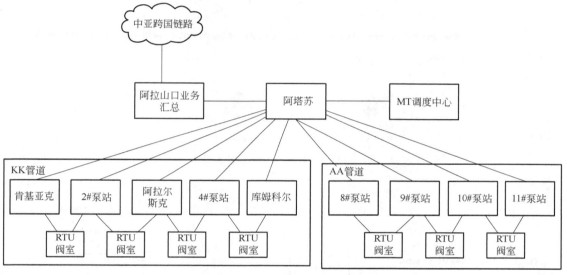

图 3.17　KCP 工控网络通信线路拓扑

通过对 KCP 工控网络通信线路的分析,可以发现 RTU 阀室使用光纤链路进行数据交互时,最终都需要经过调控中心或场站的核心交换机,所以针对 RTU 阀室的防护和检测能力,可以由所属场站和调控中心来提供。此外调控中心作为生产控制的中心,还兼具场站通信的路由功能,应该具有比场站更全面和更强大的防护和检测能力。

3.7.2　KCP 场站工控信息安全分析

3.7.2.1　KCP 场站工控网络现状

中哈原油管道公司场站工控网络拓扑如图 3.18 至图 3.20 所示。场站与调控中心以随管道铺设的自有光纤作为主通信链路,租用卫星网络为备用通信链路,同时在核心交换机处存在 GPS 校时信号的链路。RTU 阀室数据直接通过光端机传输至调控中心,不进入场站网络。站控服务器、操作员站、工程师站的操作系统分别使用 Windows Server 2012 R2;Windows Server 2008;Win XP/Win 7;Sun Solaris 10;SCS PLC 和 ESD PLC 使用 Allen Bradley 1756 系列;肯库管道 SCADA 系统是 WinCC,阿阿管道使用 OASys。

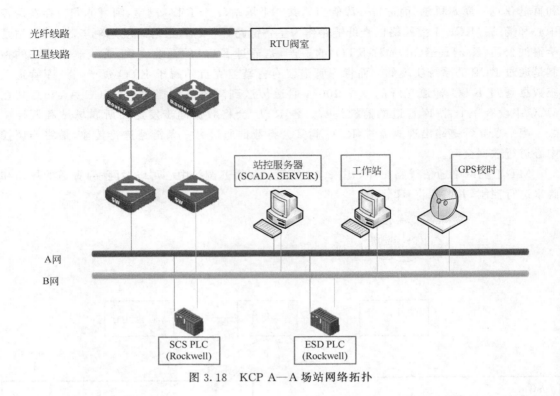

图 3.18　KCP A—A 场站网络拓扑

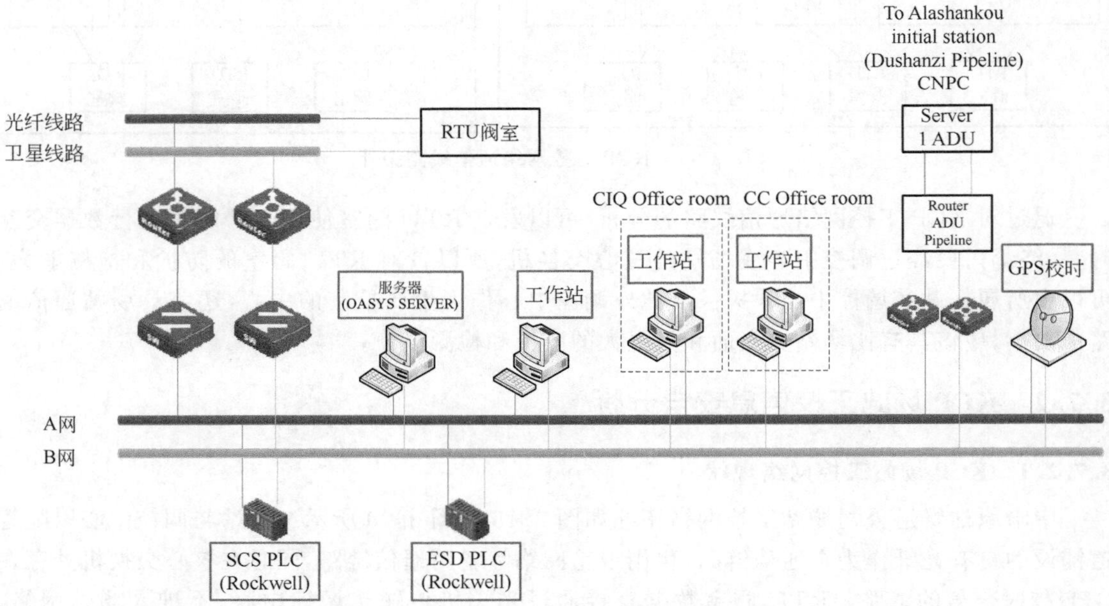

图 3.19　A—A 管线 ATMS 计量站网络拓扑

3.7.2.2　KCP 场站脆弱性与利用路径

经过对 KCP 场站资产的信息收集和漏洞检索,结果及脆弱性详细描述见表 3.16。

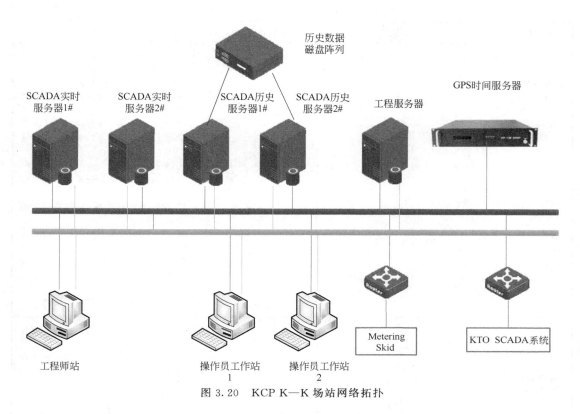

图 3.20 KCP K—K 场站网络拓扑

表 3.16 KCP 场站资产及脆弱性清单

设备类型	厂商及型号	使用通信协议	存在脆弱性
SCS PLC ESD PLC	AB 1756 系列	CIP	(1)通信协议明文传输； (2)通信协议缺少认证机制； (3)缺少通信完整性保护
站控服务器、 工作站 操作系统	Win2012R2	—	(1)不安全的工业控制系统组件远程访问； (2)操作系统存在漏洞,存在漏洞： CVE－2017－0144、 CVE－2018－0833、 CVE－2016－0099
服务器操作系统	Windows server 2008	—	(1)不安全的工业控制系统组件远程访问； (2)操作系统存在漏洞,知名漏洞编号如： CVE－2020－0618、 CVE－2012－1856、 CVE－2017－0143、 CVE－2017－0144、 CVE－2017－0145、 CVE－2017－0146、 CVE－2017－0147、 CVE－2017－0148、 CVE－2019－0708； (3)微软停止支持旧版操作系统

设备类型	厂商及型号	使用通信协议	存在脆弱性
站控服务器、操作员站、工程师站、工控软件	WinCC	S7COMM	(1)通信协议明文传输； (2)通信协议缺少认证机制； (3)缺少通信完整性保护； (4)不安全的工业控制系统组件远程访问； (5)工控软件存在漏洞，存在漏洞： CVE-2018-11453、 CVE-2016-5744
操作员站、工程师站	WIN 7专业版	—	(1)不安全的工业控制系统组件远程访问； (2)操作系统存在漏洞，知名漏洞编号如： MS17-010、 CVE-2018-8563、 CVE-2019-0575、 CVE-2019-0554、 CVE-2017-0191； (3)微软停止支持旧版操作系统
操作员站、工程师站	WIN XP	—	(1)不安全的工业控制系统组件远程访问； (2)操作系统存在漏洞，知名漏洞编号如： MS17-010、 MS08-067、 CVE-2018-8174、 CVE-2019-0708； (3)微软停止支持旧版操作系统
操作员站、工程师站	Sun Solaris 10	—	(1)不安全的工业控制系统组件远程访问 (2)操作系统存在漏洞，知名漏洞编号如： CVE-2011-0412、 CVE-2020-14871

根据 KCP 场站拓扑结构，脆弱性的利用途径如下：

（1）图 3.21 实线箭头表示威胁源通过物理接触接入方式抵达工作站（包括服务器等），直接操作工控软件，获得该工作站的相应工控操作权限，实现对现场设备（如阀门、压缩机）的启停等；

（2）图 3.21 虚线箭头表示威胁源通过网络跳板接入方式从场站内部网络（如核心交换机等）向工作站发起访问，利用其脆弱性获得工作站远程操控权限，进而将工作站的屏幕界面导出给攻击者，此时攻击者将获得该工作站的相应工控操作权限；威胁源向 PLC 发起访问时，利用工控协议脆弱性，向 PLC 发送符合协议规约要求格式的指令即可达到控制 PLC 的目的；

（3）图 3.21 点画线箭头表示威胁源通过远程网络接入方式或物理相邻接入方式从场站外界网络（如光纤链路、卫星线路、GPS 校时链路等）向工作站发起访问，利用其脆弱性获得工作站远程操控权限，进而将工作站的屏幕界面导出给攻击者，此时攻击者将获得该工作站的相应工控操作权限;威胁源向 PLC 发起访问时,利用工控协议脆弱性,向 PLC 发送符合协议规约要求格式的指令即可达到控制 PLC 的目的。

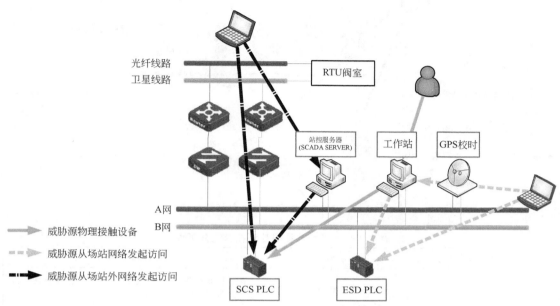

图 3.21　KCP AA 场站攻击路径示意图

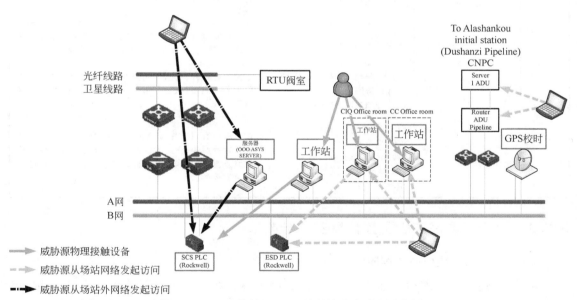

图 3.22　A—A 管线 ATMS 计量站攻击路径示意图

3.7.2.3　KCP 场站脆弱性潜在影响分析

威胁必须利用脆弱性才能对资产造成影响。分析脆弱性潜在影响能够直观地观察某项脆弱性或某几项脆弱性一旦被威胁成功利用就可能对资产造成的损害。在对 KCP 场站的资产和脆弱性进行梳理后,脆弱性潜在影响如表 3.17 所示。

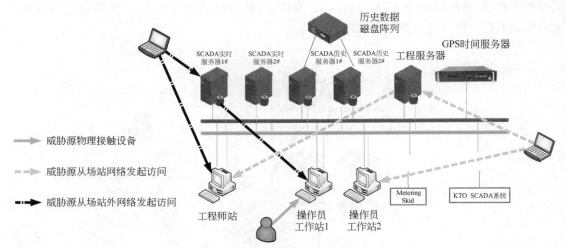

图 3.23　KCP KK 场站攻击路径示意图

威胁源物理接触设备

威胁源从场站网络发起访问

威胁源从场站外网络发起访问

表 3.17　MT 场站脆弱性潜在影响分析表

序号	被攻击对象	脆弱性	潜在影响
1	SCS PLC、ESD PLC	通信协议明文传输	存在控制设备与上位机通信过程中关键信息被窃取的风险
		通信协议缺少认证机制	存在控制设备被任意设备操控的风险,可导致攻击者对控制设备的启停控制、IO 劫持、组态篡改等攻击行为的发生
		缺少通信完整性保护	存在控制设备通信被重放或篡改数据的风险,可导致攻击者对控制设备的拒绝服务或数据污染
2	站控服务器、工作站的工控软件	(1)不安全的工业控制系统组件远程访问; (2)工控软件存在漏洞	上位机软件存在漏洞,可导致攻击者利用上位机软件漏洞对上位机进行拒绝服务攻击、渗透或信息窃取
4	站控服务器、工作站操作系统	(1)不安全的工业控制系统组件远程访问; (2)操作系统存在漏洞; (3)微软停止支持旧版操作系统	攻击者可利用操作系统漏洞对站控服务器、工作站进行拒绝服务、渗透入侵等攻击,被攻击目标存在被迫终止服务、窃取信息、植入后门或对控制设备进行恶意操控的风险

3.7.3　阿塔苏调控中心工控信息安全分析

3.7.3.1　阿塔苏调控中心工控网络现状

阿塔苏调控中心网络拓扑如图 3.24 所示。阿塔苏调控中心包含阿塔苏场站,其余阿-阿管道场站、阀室通过光纤链路和卫星链路与阿塔苏调控中心进行通信,肯-库管道的场站、阀室通过专门的监控终端进行监控。在工控网络边界方面,现有拓扑表面工控网络与其他网络的边界暂未隔离。KCP 的 SCADA 数据上传到阿拉山口业务汇总处之后,通过跨国链路最终与北京调控中心实现通信。RTU 阀室数据直接通过光端机传输至调控中心,不进入场站网络。站控服务器、操作员站、工程师站的操作系统分别使用 Windows Server 2012 R2;Windows Server 2008;Win XP/Win 7;Sun Solaris 10;SCS PLC 使用 Allen Bradley 1756 系列;工控软件为 Telvent OASyS、WinCC 7.4 SP1。

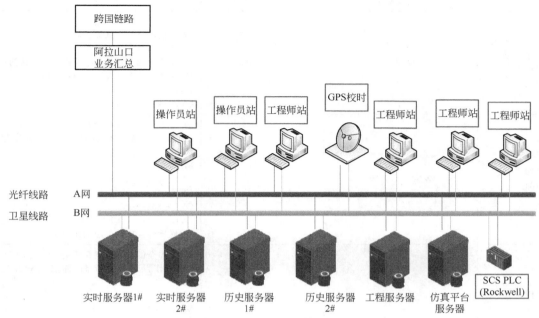

图 3.24　阿塔苏调度中心网络拓扑图

3.7.3.2　阿塔苏调控中心脆弱与利用途径

经过对肯基亚克调控中心资产的信息收集和漏洞检索,结果及脆弱性详细描述见表 3.18。

表 3.18　肯尼亚可调控中心资产及脆弱性清单

设备类型	厂商及型号	使用通信协议	存在脆弱性
SCS PLC	AB 1756 系列	CIP	(1)通信协议明文传输; (2)通信协议缺少认证机制; (3)缺少通信完整性保护
服务器、操作员站、工程师站操作系统	Win2012R2	—	(1)不安全的工业控制系统组件远程访问; (2)操作系统存在漏洞,存在漏洞: CVE－2017－0144、 CVE－2018－0833、 CVE－2016－0099
服务器操作系统	Windows server 2008	—	(1)不安全的工业控制系统组件远程访问; (2)操作系统存在漏洞,知名漏洞编号如: CVE－2020－0618、 CVE－2012－1856、 CVE－2017－0143、 CVE－2017－0144、 CVE－2017－0145、 CVE－2017－0146、 CVE－2017－0147、 CVE－2017－0148、 CVE－2019－0708; (3)微软停止支持旧版操作系统

设备类型	厂商及型号	使用通信协议	存在脆弱性
站控服务器、操作员站、工程师站工控软件	WinCC	S7COMM	(1)通信协议明文传输； (2)通信协议缺少认证机制； (3)缺少通信完整性保护； (4)不安全的工业控制系统组件远程访问； (5)工控软件存在漏洞,存在漏洞： CVE－2018－11453、 CVE－2016－5744
操作员站、工程师站	WIN 7 专业版	—	(1)不安全的工业控制系统组件远程访问； (2)操作系统存在漏洞,知名漏洞编号如下： MS17－010、 CVE－2018－8563、 CVE－2019－0575、 CVE－2019－0554、 CVE－2017－0191； (3)微软停止支持旧版操作系统
操作员站、工程师站	WIN XP	—	(1)不安全的工业控制系统组件远程访问； (2)操作系统存在漏洞,知名漏洞编号如下： MS17－010、 MS08－067、 CVE－2018－8174、 CVE－2019－0708； (3)微软停止支持旧版操作系统
操作员站、工程师站	Sun Solaris 10	—	(1)不安全的工业控制系统组件远程访问； (2)操作系统存在漏洞,知名漏洞编号如下： CVE－2011－0412、 CVE－2020－14871

根据 KCP 场站拓扑结构,脆弱性的利用途径如下：

(1)图 3.25 实线箭头表示威胁源通过物理接触接入方式抵达工作站(包括服务器等),直

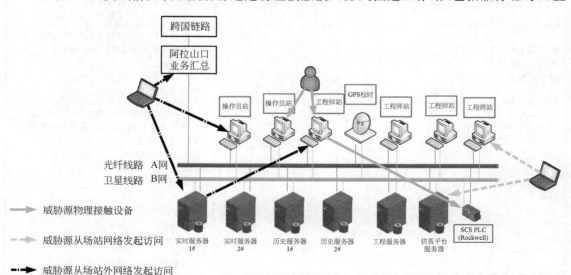

图 3.25　阿塔苏调控中心攻击路径示意图

接操作工控软件,获得该工作站的相应工控操作权限,实现对现场设备(如阀门、压缩机)的启停等;

(2)图 3.25 虚线箭头表示威胁源通过网络跳板接入方式从调控中心内部网络(如核心交换机、场站交换机等)向工作站发起访问,利用其脆弱性获得工作站远程操控权限,进而将工作站的屏幕界面导出给攻击者,此时攻击者将获得该工作站的相应工控操作权限;

(3)图 3.25 点画线箭头表示威胁源通过远程网络接入方式或物理相邻接入方式从调控中心外界网络(如跨国链路、办公网、中间接口数据服务器、GPS 校时系统链路等)向工作站发起访问,利用其脆弱性获得工作站远程操控权限,进而将工作站的屏幕界面导出给攻击者,此时攻击者将获得该工作站的相应工控操作权限。

3.7.3.3 阿塔苏调控中心脆弱性潜在影响

威胁必须利用脆弱性才能对资产造成影响。分析脆弱性潜在影响能够直观地观察该脆弱性一旦被威胁成功利用就可能对资产造成的损害。在对肯基亚调控中心的资产和脆弱性进行梳理后,脆弱性潜在影响如表 3.19 所示。

表 3.19　肯基亚调控中心脆弱性潜在影响分析表

序号	被攻击对象	脆弱性	潜在影响
1	SCS PLC	通信协议明文传输	存在控制设备与上位机通信过程中关键信息被窃取的风险
		通信协议缺少认证机制	存在控制设备被任意设备操控的风险,可导致攻击者对控制设备的启停控制、IO 劫持、组态篡改等攻击行为的发生
		缺少通信完整性保护	存在控制设备通信被重放或篡改数据的风险,可导致攻击者对控制设备的拒绝服务或数据污染
2	服务器、操作员站、工程师站工控软件	(1)不安全的工业控制系统组件远程访问; (2)工控软件存在漏洞	上位机软件存在漏洞,可导致攻击者利用上位机软件漏洞对上位机进行拒绝服务攻击、渗透或信息窃取
3	服务器、操作员站、工程师站操作系统	(1)不安全的工业控制系统组件远程访问; (2)操作系统存在漏洞; (3)微软停止支持旧版操作系统	攻击者可利用操作系统漏洞对站控服务器、工作站进行拒绝服务、渗透入侵等攻击,被攻击目标存在被迫终止服务、窃取信息、植入后门或对控制设备进行恶意操控的风险

3.7.4　KCP 工控网络等保测评

本报告基于文档资料,按照网络安全等级保护要求对 KCP 工控网络进行抽项测评,测评结果如表 3.20 所示。

表 3.20　MT 等保测评结果表

公司名称	MT
检查项数量	26
检查项完全符合数量	6
检查项完全符合比例	23.08%

根据等保 2.0 标准"一个中心,三重防护"的纵深防御体系,KCP 工控网络目前未建设工控信息安全防护能力,不能满足等级保护相关要求。

3.7.5　KCP 工控信息安全分析小结与改进建议

此时,KCP 工控信息安全防护重点集中在工控网络与其他网络的边界隔离,对于工控网络内部缺少安全控制措施。威胁源由场站入侵工控系统后,将较为容易地对 KCP 工控系统发起自下而上的攻击,也可以较为容易地对 KCP 其他场站发起横向攻击,对工控网络造成破坏;威胁源突破阿塔苏调控中心边界防护设备后,将较为容易地对 KCP 工控系统发起自下而上的攻击,对工控网络造成破坏。具体情况与改进建议如表 3.21 所示。

表 3.21　KCP 工控信息安全分析小结与改进建议

序号	安全问题	改进建议
1	工控系统网络缺乏 OT 行为审计手段,对非法的工控操作行为无法及时发现,对非法接入、异常通信、非法外链等网络事件无法及时预警,威胁事件发生后无法审计和分析	部署专门的工控入侵检测和网络审计设备,实现对工控网络的检测、审计和分析
2	调控中心和场站未部署边界防护设备,一旦被威胁源侵入引发威胁,无法将威胁限制在有限范围内,导致威胁扩散	在场站网络边界处部署工业防火墙实现边界防护
3	国外厂商运维工程师通过可能存在的远程诊断系统、VPN 等直接访问压缩机组网络,进行远程巡检、调整参数等操作。一旦远程运维电脑被钓鱼攻击,威胁源将可以直接访问压缩机组网络,继而引发威胁	在场站内部网络部署工业防火墙,隔离站控 SCADA 网络、压缩机组网络和第三方设备网络
4	操作系统存在安全漏洞,难以进行补丁更新或系统升级,攻击者可利用操作系统漏洞进行拒绝服务、渗透入侵、勒索软件等攻击,被攻击目标存在被迫终止服务、窃取信息、植入后门或对控制设备进行恶意操控的风险	安装基于白名单机制的主机防护软件,对工控主机的运行资源、数据资源和物理存储资源(包括 U 盘等)进行管控,阻断脆弱性利用途径
5	国内北京调控中心缺乏对 KCP 工控系统健康状态监控、工控风险感知等能力;当地合资公司缺乏与北京建设的管道地理信息系统、管道完整性系统、远程诊断系统等联动的能力	以确保 KCP 工控网络边界完整性不被破坏为前提,在克勒奥尔达调控中心工控网络外建工控数据隔离 DMZ 区,使用跨国链路的独立带宽,实现和北京调控中心数据交互
6	工业控制设备存在安全漏洞且处于无防护状态,存在关键信息被窃取、被任意设备操控、被重放或篡改数据的风险	部署专业的控制器防护系统,对访问控制的数据包进行深入解析和过滤,阻断脆弱性利用途径,为生产运行构筑最后一道防线
7	从震网等事件中总结经验,目前缺乏针对控制器程序的实时监测和快速恢复能力,当发生更改控制器程序的安全事件时,无法及时发现和恢复生产运行	通过部署专业的控制器完整性监测与恢复系统,增强控制器恢复的能力,配合手动操控应急制度快速恢复生产,维持现场的稳定

3.8　西北原油管道公司(简称 MT)工控信息安全分析

3.8.1　MT 工控网络通信线路现状

MT 工控网络共 4 个场站,24 个 RTU 阀室,肯基亚克同时存在调控中心和场站。MT 工控网络以光纤链路作为主备链路,各场站必须通过在肯基亚克调控中心的路由策略才能实现相互间的通信,各 RTU 会将数据同步发送给所属场站和调控中心。当一条光纤链路出现故障时,RTU 阀室会将数据通过另一条链路进行传输,最终与调控中心进行数据交互。

　　MT 工控网络通信线路拓扑如图 3.26 所示。肯基亚克、3 号站、马卡特场站、阿特劳场站和各自相邻的上下游 RTU 将 MT 的工控系统分为 4 个控制区域;调控中心可以对所有场站和阀室进行控制。

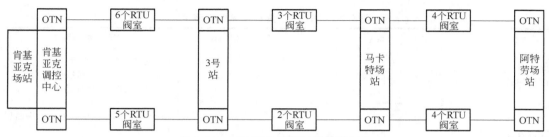

图 3.26　MT 工控网络通信线路拓扑

　　通过对 MT 工控网络通信线路的分析,可以发现 RTU 阀室使用光纤链路进行数据交互时,最终都需要经过调控中心或场站的核心交换机,所以针对 RTU 阀室的防护和检测能力,可以由所属场站和调控中心来提供。此外调控中心作为生产控制的中心,还兼具场站通信的路由功能,应该具有比场站更全面和更强大的防护和检测能力。

3.8.2　MT 场站工控信息安全分析

3.8.2.1　MT 场站工控网络现状

　　西北原油管道公司场站工控网络拓扑如图 3.27 所示。场站与调控中心以随管道铺设的自有光纤作为主通信链路,租用卫星网络为备用通信链路,同时在核心交换机处存在 GPS 校

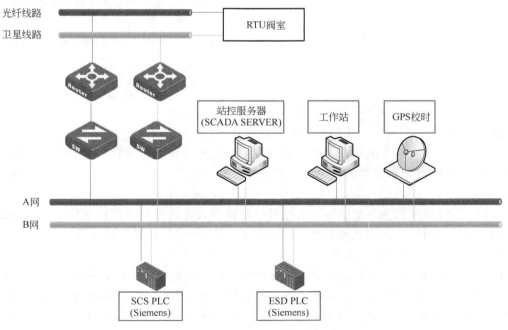

图 3.27　MT 场站网络拓扑

时信号的链路。RTU 阀室数据直接通过光端机传输至调控中心,不进入场站网络。站控服务器、工作站操作系统使用 Win 2012 R2;SCS PLC 和 ESD PLC 使用 Simens s7 - 400 系列;工控软件为 WinCC,少数工程师站会安装 Step 7 用于调试 PLC 程序。

3.8.2.2　MT 场站脆弱性与利用路径

经过对 MT 场站资产的信息收集和漏洞检索,结果及脆弱性详细描述见表 3.22。

表 3.22　MT 场站资产及脆弱性清单

设备类型	厂商及型号	使用通信协议	存在脆弱性
SCS PLC、ESD PLC	Simens s7 - 400	S7COMM	(1)通信协议明文传输; (2)通信协议缺少认证机制; (3)缺少通信完整性保护
站控服务器、工作站操作系统	Win2012R2	—	(1)不安全的工业控制系统组件远程访问; (2)操作系统存在漏洞,存在漏洞: CVE - 2017 - 0144、 CVE - 2018 - 0833、 CVE - 2016 - 0099
站控服务器、工作站工控软件	WinCC	S7COMM	(1)通信协议明文传输; (2)通信协议缺少认证机制; (3)缺少通信完整性保护; (4)不安全的工业控制系统组件远程访问; (5)工控软件存在漏洞,存在漏洞: CVE - 2018 - 11453、 CVE - 2016 - 5744
工作站工控软件	Step 7	S7COMM	(1)通信协议明文传输; (2)通信协议缺少认证机制; (3)缺少通信完整性保护; (4)不安全的工业控制系统组件远程访问; (5)工控软件存在漏洞,存在漏洞: CVE - 2020 - 7581、 CVE - 2020 - 7587、 CVE - 2020 - 7588、 CVE - 2016 - 7165

根据 MT 场站拓扑结构,脆弱性的利用途径如下:

(1)图 3.28 实线箭头表示威胁源通过物理接触接入方式抵达工作站(包括服务器等),直接操作工控软件,获得该工作站的相应工控操作权限,实现对现场设备(如阀门、压缩机)的启停等;

(2)图 3.28 虚线箭头表示威胁源通过网络跳板接入方式从场站内部网络(如核心交换机等)向工作站发起访问,利用其脆弱性获得工作站远程操控权限,进而将工作站的屏幕界面导出给攻击者,此时攻击者将获得该工作站的相应工控操作权限;威胁源向 PLC 发起访问时,利用工控协议脆弱性,向 PLC 发送符合协议规约要求格式的指令即可达到控制 PLC 的目的;

(3)图 3.28 点画线箭头表示威胁源通过远程网络接入方式或物理相邻接入方式从场站外界网络(如光纤链路、卫星线路、GPS 校时链路等)向工作站发起访问,利用其脆弱性获得工作站远程操控权限,进而将工作站的屏幕界面导出给攻击者,此时攻击者将获得该工作站的相应

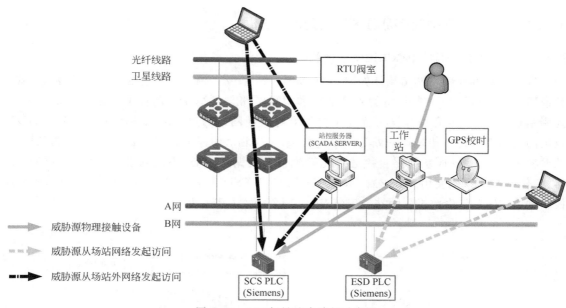

光纤线路
卫星线路
RTU阀室
站控服务器
(SCADA SERVER)
工作站
GPS校时
A网
B网

→ 威胁源物理接触设备
---→ 威胁源从场站网络发起访问
⟹ 威胁源从场站外网络发起访问

SCS PLC
(Siemens)
ESD PLC
(Siemens)

图 3.28　MT 场站攻击路径示意图

工控操作权限;威胁源向 PLC 发起访问时,利用工控协议脆弱性,向 PLC 发送符合协议规约要求格式的指令即可达到控制 PLC 的目的。

3.8.2.3　MT 场站脆弱性潜在影响分析

威胁必须利用脆弱性才能对资产造成影响。分析脆弱性潜在影响能够直观地观察某项脆弱性或某几项脆弱性一旦被威胁成功利用就可能对资产造成的损害。在对 MT 场站的资产和脆弱性进行梳理后,脆弱性潜在影响如表 3.23 所示。

表 3.23　MT 场站脆弱性潜在影响分析表

序号	被攻击对象	脆弱性	潜在影响
1	SCS PLC、ESD PLC	通信协议明文传输	存在控制设备与上位机通信过程中关键信息被窃取的风险
		通信协议缺少认证机制	存在控制设备被任意设备操控的风险,可导致攻击者对控制设备的启停控制、IO 劫持、组态篡改等攻击行为的发生
		缺少通信完整性保护	存在控制设备通信被重放或篡改数据的风险,可导致攻击者对控制设备的拒绝服务或数据污染
2	站控服务器、工作站的工控软件	(1)不安全的工业控制系统组件远程访问; (2)工控软件存在漏洞	上位机软件存在漏洞,可导致攻击者利用上位机软件漏洞对上位机进行拒绝服务攻击、渗透或信息窃取
3	站控服务器、工作站操作系统	(1)不安全的工业控制系统组件远程访问; (2)操作系统存在漏洞	攻击者可利用操作系统漏洞对站控服务器、工作站进行拒绝服务、渗透入侵等攻击,被攻击目标存在被迫终止服务、窃取信息、植入后门或对控制设备进行恶意操控的风险

3.8.3 肯基亚克调控中心工控信息安全分析

3.8.3.1 肯基亚克调控中心工控网络现状

肯基亚克调控中心网络拓扑如图 3.29 所示。肯基亚克调控中心包含肯基亚克场站,MT 其余场站、阀室通过 OTN 设备的光纤链路和卫星链路与肯基亚克调控中心进行通信。在工控网络边界方面,现有拓扑没有描述工控网络与其他网络的边界隔离情况。MT 的 SCADA 数据同时向两处进行传输。一处为跨国链路,最终与北京调控中心实现通信;另一处为阿斯塔纳调控中心。RTU 阀室数据直接通过光端机传输至调控中心,不进入场站网络。站控服务器、工作站操作系统使用 Win 2012 R2;SCS PLC 和 ESD PLC 使用 Simens s7-400 系列;工控软件为 WinCC,少数工程师站会安装 Step 7 用于调试 PLC 程序。

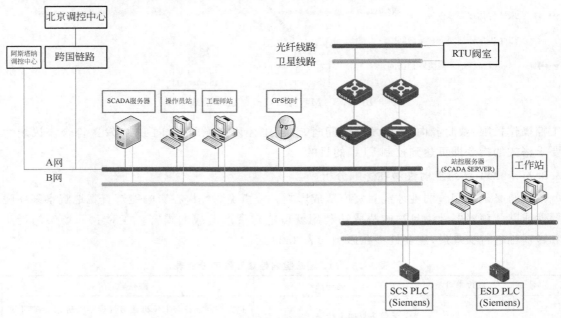

图 3.29　肯基亚克调控中心网络拓扑

3.8.3.2 肯基亚克调控中心脆弱与利用途径

经过对肯基亚克调控中心资产的信息收集和漏洞检索,结果及脆弱性详细描述见表 3.24。

表 3.24　肯尼亚可调控中心资产及脆弱性清单

设备类型	厂商及型号	使用通信协议	存在脆弱性
SCS PLC、 ESD PLC	Simens s7 300	S7COMM	(1)通信协议明文传输; (2)通信协议缺少认证机制; (3)缺少通信完整性保护
站控服务器、 工作站、 SCADA 服务器、 操作员站、 工程师站 操作系统	Win2012R2	—	(1)不安全的工业控制系统组件远程访问; (2)操作系统存在漏洞,存在漏洞: CVE-2017-0144、 CVE-2018-0833、 CVE-2016-0099

设备类型	厂商及型号	使用通信协议	存在脆弱性
站控服务器工控软件	WinCC	S7COMM	(1)通信协议明文传输; (2)通信协议缺少认证机制; (3)缺少通信完整性保护; (4)不安全的工业控制系统组件远程访问; (5)工控软件存在漏洞,存在漏洞: CVE-2018-11453、 CVE-2016-5744
工作站工控软件	Step 7	S7COMM	(1)通信协议明文传输; (2)通信协议缺少认证机制; (3)缺少通信完整性保护; (4)不安全的工业控制系统组件远程访问; (5)工控软件存在漏洞,存在漏洞: CVE-2020-7581、 CVE-2020-7587、 CVE-2020-7588、 CVE-2016-7165

根据 MT 场站拓扑结构,脆弱性的利用途径如下:

(1)图 3.30 实线箭头表示威胁源通过物理接触接入方式抵达工作站(包括服务器等),直接操作工控软件,获得该工作站的相应工控操作权限,实现对现场设备(如阀门、压缩机)的启停等;

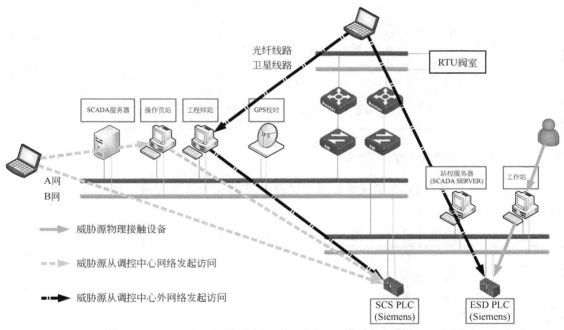

图 3.30　肯基亚克调控中心攻击路径示意图

(2)图 3.30 虚线箭头表示威胁源通过网络跳板接入方式从调控中心内部网络(如核心交换机、肯基亚克场站交换机等)向工作站发起访问,利用其脆弱性获得工作站远程操控权限,进而将工作站的屏幕界面导出给攻击者,此时攻击者将获得该工作站的相应工控操作权限;威胁源向 PLC 发起访问时,利用工控协议脆弱性,向 PLC 发送符合协议规约要求格式的指令即可

达到控制 PLC 的目的;

（3）图 3.30 点画线箭头表示威胁源通过远程网络接入方式或物理相邻接入方式从调控中心外界网络（如光纤链路、卫星线路、GPS 校时链路等）向工作站发起访问,利用其脆弱性获得工作站远程操控权限,进而将工作站的屏幕界面导出给攻击者,此时攻击者将获得该工作站的相应工控操作权限;威胁源向 PLC 发起访问时,利用工控协议脆弱性,向 PLC 发送符合协议规约要求格式的指令即可达到控制 PLC 的目的。

3.8.3.3 肯基亚克调控中心脆弱性潜在影响

威胁必须利用脆弱性才能对资产造成影响。分析脆弱性潜在影响能够直观地观察该脆弱性一旦被威胁成功利用就可能对资产造成的损害。在对肯基亚调控中心的资产和脆弱性进行梳理后,脆弱性潜在影响如表 3.25 所示。

表 3.25　肯基亚调控中心脆弱性潜在影响分析表

序号	被攻击对象	脆弱性	潜在影响
1	SCS PLC、ESD PLC	通信协议明文传输	存在控制设备与上位机通信过程中关键信息被窃取的风险
		通信协议缺少认证机制	存在控制设备被任意设备操控的风险,可导致攻击者对控制设备的启停控制、IO 劫持、组态篡改等攻击行为的发生
		缺少通信完整性保护	存在控制设备通信被重放或篡改数据的风险,可导致攻击者对控制设备的拒绝服务或数据污染
2	站控服务器、工作站工控软件	（1）不安全的工业控制系统组件远程访问; （2）工控软件存在漏洞	上位机软件存在漏洞,可导致攻击者利用上位机软件漏洞对上位机进行拒绝服务攻击、渗透或信息窃取
3	站控服务器、工作站、SCADA 服务器、操作员站、工程师站操作系统	（1）不安全的工业控制系统组件远程访问; （2）操作系统存在漏洞	攻击者可利用操作系统漏洞对站控服务器、工作站进行拒绝服务、渗透入侵等攻击,被攻击目标存在被迫终止服务、窃取信息、植入后门或对控制设备进行恶意操控的风险

3.8.4　MT 工控网络等保测评

本报告基于文档资料,按照网络安全等级保护要求对 MT 工控网络进行抽项测评,测评结果如表 3.26 所示。

表 3.26　MT 等保测评结果表

公司名称	MT
检查项数量	25
检查项完全符合数量	6
检查项完全符合比例	24%

根据等保 2.0 标准"一个中心,三重防护"的纵深防御体系,MT 工控网络目前未建设工控信息安全防护能力,不能满足等级保护相关要求。

3.8.5　MT 工控信息安全分析小结与改进建议

此时,MT 工控信息安全防护重点集中在工控网络与其他网络的边界隔离,对于工控网络内部缺少安全控制措施。威胁源由场站入侵工控系统后,将较为容易地对 MT 工控系统发起自下而上的攻击,也可以较为容易地对 MT 其他场站发起横向攻击,对工控网络造成破坏;威胁源突破肯基亚克调控中心边界防护设备后,将较为容易地对 MT 工控系统发起自下而上的攻击,对工控网络造成破坏。具体情况与改进建议如表 3.27 所示。

表 3.27　MT 工控信息安全分析小结与改进建议

序号	安全问题	改进建议
1	工控系统网络缺乏 OT 行为审计手段,对非法的工控操作行为无法及时发现,对非法接入、异常通信、非法外链等网络事件无法及时预警,威胁事件发生后无法审计和分析	部署专门的工控入侵检测和网络审计设备,实现对工控网络的检测、审计和分析
2	调控中心和场站未部署边界防护设备,一旦被威胁源侵入引发威胁,无法将威胁限制在有限范围内,导致威胁扩散	在场站网络边界处部署工业防火墙实现边界防护
3	操作系统和工控软件存在安全漏洞,难以进行补丁更新或系统升级,攻击者可利用操作系统漏洞进行拒绝服务、渗透入侵、勒索软件等攻击,被攻击目标存在被终止服务、窃取信息、植入后门或对控制设备进行恶意操控的风险	安装基于白名单机制的主机防护软件,对工控主机的运行资源、数据资源和物理存储资源(包括 U 盘等)进行管控,阻断脆弱性利用途径
4	北京调控中心缺乏对 MT 工控系统健康状态监控、工控风险感知等能力;当地合资公司缺乏与北京建设的管道地理信息系统、管道完整性系统、远程诊断系统等联动的能力	以确保 MT 工控网络边界完整性不被破坏为前提,在肯基亚克调控中心工控网络外建设工控数据隔离 DMZ 区,使用跨国链路的独立带宽,实现和北京调控中心数据交互
5	工业控制设备存在安全漏洞且处于无防护状态,存在关键信息被窃取、被任意设备操控、被重放或篡改数据的风险	部署专业的控制器防护系统,对访问控制的数据包进行深入解析和过滤,阻断脆弱性利用途径,为生产运行构筑最后一道防线
6	从震网等事件中总结经验,目前缺乏针对控制器程序的实时监测和快速恢复能力,当发生更改控制器程序的安全事件时,无法及时发现和恢复生产运行	通过部署专业的控制器完整性监测与恢复系统,增强控制器恢复的能力,配合手动操控应急制度快速恢复生产,维持现场的稳定

3.9　哈国南线天然气管道公司(简称 BSGP)工控信息安全分析

3.9.1　BSGP 工控网络通信线路现状

BSGP 工控网络共 9 个场站,46 个 BVS 阀室,其中别伊涅乌和阿克布拉克是计量站,巴卓依同时具有压气站和计量站,其余均为压气站。BSGP 工控网络以光纤链路作为主链路,各场站必须通过在克孜勒奥尔达调控中心的路由策略才能实现相互间的通信,各 RTU 会将数据同步发送给所属场站和调控中心。当光纤链路出现故障时,RTU 阀室会将数据传输至上下游其他场站,使用场站的 VSAT 卫星链路与调控中心进行数据交互。

BSGP 工控网络通信线路拓扑如图 3.31 所示,分为光纤通信链路和卫星通信链路。场站和各自相邻的上下游 BVS 形成各自的控制区域;调控中心可以对所有场站和阀室进行控制。

通过对 BSGP 工控网络通信线路的分析,可以发现 RTU 阀室无论使用光纤链路或是卫星链路进行数据交互时,最终都需要经过调控中心或场站的核心交换机,所以针对 RTU 阀室的防护和检测能力,可以由所属场站和调控中心来提供。此外调控中心作为生产控制的中心,还兼具场站通信的路由功能,应该具有比场站更全面和更强大的防护和检测能力。

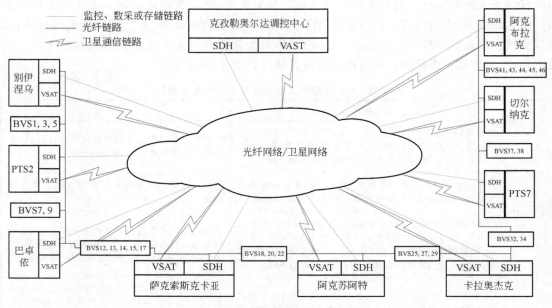

图 3.31　BSGP 工控网络通信线路拓扑

3.9.2　BSGP 场站工控信息安全分析

3.9.2.1　BSGP 场站工控网络现状

　　哈国南线天然气管道公司场站工控网络拓扑如图 3.32 所示。场站与调控中心以随管道铺设的自有光纤作为主通信链路,租用卫星网络为备用通信链路,同时在核心交换机处存在通向上下游 RTU 阀室的链路和 GPS 校时信号的链路。压缩机组独立组网,通过交换机接入场站工控网络;发电机组、第三方设备通过协议转换器接入场站工控网络。ACL 策略配置只允

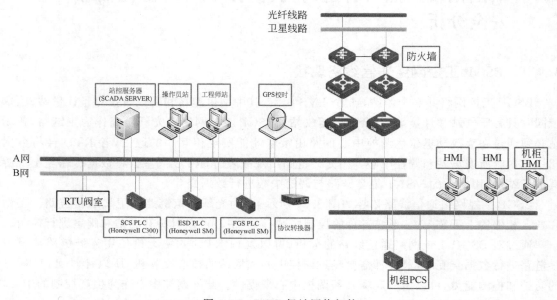

图 3.32　BSGP 场站网络拓扑

许克孜勒奥尔达调控中心和 BSGP 场站通信，场站相互之间不能直接通信，各 RTU 阀室数据必须经由场站交换机才能送至调控中心。部分压缩机组和站控系统通过路由器相连，压缩机组内部署有远程诊断系统、VPN 等额外链路，厂商运维工程师可以从工控网络外直接进行参数修改或操控。部署的防火墙为传统防火墙，通常不具备工控协议深度解析能力和工业环境适应能力，无法为工控系统提供全面的防护。

BSGP 场站中的操作员站、工程师站、HMI 等使用的操作系统为 WIN 7 专业版，服务器的操作系统为 Windows server 2003 或 Windows server 2008 R2；卡拉奥杰克场站的 SCS PLC 为 Siemens S7 - 400 系列，站控软件为 winCC；巴卓依压气站的 SCS PLC 为 ABB PM865，站控软件为 SCADAVANTAGE；其余场站 SCS PLC 为 Honeywell C300 系列，ESD PLC、FGS PLC 为 Honeywell SM 系列，站控软件为 Honeywell PKS R311 或 Honeywell PKS R410；所有场站的机组 PCS 为 AB 1756 系列。

部分压缩机组和站控系统通过路由器相连，压缩机组内部部署有远程诊断系统、VPN 等额外链路，厂商运维工程师可以从工控网络外直接进行参数修改或操控。当威胁源利用钓鱼邮件、钓鱼链接、木马程序等获得远程运维电脑权限后，便可通过这些不可控接入方式进入压缩机组网络，然后基于压缩机组网络对 AGP 工控系统展开攻击。

通过以上描述，可以认定远程诊断系统、VPN 等方式都是不安全的工业控制系统组件远程访问。

除此以外，场站部署的防火墙为传统防火墙，通常不具备工控协议深度解析能力和工业环境适应能力，无法为工控系统提供全面的防护。

3.9.2.2　BSGP 场站脆弱性与利用途径

经过对 BSGP 场站资产的信息收集和漏洞检索，结果及脆弱性详细描述见表 3.28。

表 3.28　BSGP 场站资产及脆弱性清单

设备类型	厂商及型号	使用通信协议	存在脆弱性
SCS PLC	Siemens S7 - 400 系列	S7COMM	(1)通信协议明文传输； (2)通信协议缺少认证机制； (3)缺少通信完整性保护
SCS PLC	ABB PM865	CIP	(1)通信协议明文传输； (2)通信协议缺少认证机制； (3)缺少通信完整性保护
SCS PLC	Honeywell C300	FTE	目前暂无已公开的脆弱性
EDS PLC、FGS PLC	Honeywell SM	FTE	目前暂无已公开的脆弱性
机组 PCS	AB 1756 系列	CIP	(1)通信协议明文传输； (2)通信协议缺少认证机制； (3)缺少通信完整性保护
操作员站、 工程师站、 HMI 操作系统	WIN 7 专业版	—	(1)不安全的工业控制系统组件远程访问； (2)操作系统存在漏洞，知名漏洞编号如： MS17 - 010、 CVE - 2018 - 8563、 CVE - 2019 - 0575、 CVE - 2019 - 0554、 CVE - 2017 - 0191； (3)微软停止支持旧版操作系统

设备类型	厂商及型号	使用通信协议	存在脆弱性
站控服务器操作系统	Windows server 2003	—	(1)不安全的工业控制系统组件远程访问; (2)操作系统存在漏洞,知名漏洞编号如: MS08-067、 MS17-010、 CVE-2017-7269; (3)微软停止支持旧版操作系统
站控服务器操作系统	Windows server 2008 R2	—	(1)不安全的工业控制系统组件远程访问; (2)操作系统存在漏洞,知名漏洞编号如: CVE-2020-0618、 CVE-2012-1856、 CVE-2017-0143、 CVE-2017-0144、 CVE-2017-0145、 CVE-2017-0146、 CVE-2017-0147、 CVE-2017-0148、 CVE-2019-0708; (3)微软停止支持旧版操作系统
工控软件	winCC	S7COMM	(1)通信协议明文传输; (2)通信协议缺少认证机制; (3)缺少通信完整性保护; (4)不安全的工业控制系统组件远程访问; (5)工控软件存在漏洞,存在漏洞: CVE-2018-11453、 CVE-2016-5744
工控软件	SCADAVANTAGE	—	目前暂无已公开的脆弱性
工控软件	Honeywell PKS R311	—	目前暂无已公开的脆弱性
工控软件	Honeywell PKS R410	—	目前暂无已公开的脆弱性

根据 BSGP 场站拓扑结构,脆弱性的利用途径如下:

(1)图 3.33 实线箭头表示威胁源通过物理接触接入方式抵达工作站(包括操作员站、工程师站、HMI 等),直接操作工控软件,获得该工作站的相应工控操作权限,实现对现场设备(如阀门、压缩机)的启停等;

(2)图 3.33 虚线箭头表示威胁源通过网络跳板接入方式从场站内部网络(如核心交换机、压缩机组交换机、协议转换器交换机等)向工作站发起访问,利用其脆弱性获得工作站远程操控权限,进而将工作站的屏幕界面导出给攻击者,此时攻击者将获得该工作站的相应工控操作权限;威胁源向 PLC 发起访问时,利用工控协议脆弱性,向 PLC 发送符合协议规约要求格式的指令即可达到控制 PLC 的目的;

(3)图 3.33 点画线箭头表示威胁源通过远程网络接入方式或物理相邻接入方式从场站外界网络(如 RTU 阀室链路、光纤链路、卫星线路、GPS 校时链路等)向工作站发起访问,利用其脆弱性获得工作站远程操控权限,进而将工作站的屏幕界面导出给攻击者,此时攻击者将获得该工作站的相应工控操作权限;威胁源向 PLC 发起访问时,利用工控协议脆弱性,向 PLC 发送符合协议规约要求格式的指令即可达到控制 PLC 的目的。

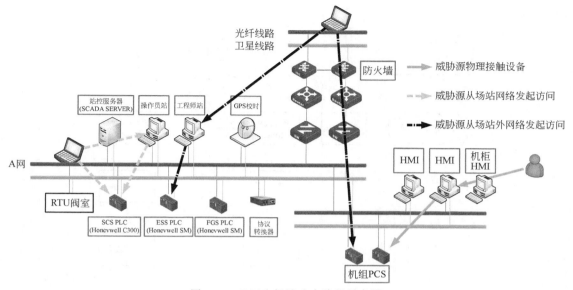

图 3.33　BSGP 场站攻击路径示意图

3.9.2.3　BSGP 场站脆弱性潜在影响

BSGP 场站脆弱性潜在影响分析见表 3.29。

表 3.29　BSGP 场站脆弱性潜在影响分析表

序号	被攻击对象	脆弱性	潜在影响
1	站控服务器、操作员站、工程师站	(1)不安全的工业控制系统组件远程访问； (2)操作系统存在漏洞； (3)微软停止支持旧版操作系统	攻击者可利用操作系统漏洞对站控服务器、操作员站、工程师站进行拒绝服务、渗透入侵等攻击，被攻击目标存在被迫终止服务、窃取信息、植入后门或对控制设备进行恶意操控的风险

3.9.3　克孜勒奥尔达调控中心工控信息安全分析

3.9.3.1　克孜勒奥尔达调控中心工控网络现状

克孜勒奥尔达调控中心网络拓扑如图 3.34 所示。BSGP 各场站、阀室通过 SDH 设备的光纤链路和 VSAT 设备的卫星链路与 BCC 进行通信。在工控网络边界方面，克孜勒奥尔达调控中心与哈南线 DDB 链路通过防火墙进行逻辑隔离；SCADA 数据经由哈南线 DDN 链路，与北京调控中心实现通信。ACL 策略配置只允许克孜勒奥尔达调控中心和 BSGP 场站通信，场站相互之间不能直接通信，各 RTU 阀室数据必须经由场站交换机才能送至调控中心。部分压缩机组和站控系统通过路由器相连，压缩机组内部署有远程诊断系统、VPN 等额外链路，厂商运维工程师可以从工控网络外直接进行参数修改或操控。部署的防火墙为传统防火墙，通常不具备工控协议深度解析能力和工业环境适应能力，无法为工控系统提供全面的防护。

克孜勒奥尔达调控中心中的工作站使用的操作系统为 WIN 7 专业版，服务器的操作系统为 Windows server 2003 或 Windows server 2008 R2；工控软件为 SCADAVANTAGE；数据库软件为 SCADAVANTAGE。

3.9.3.2　克孜勒奥尔达调控中心脆弱性与利用途径

经过对克孜勒奥尔达调控中心资产的信息收集和漏洞检索，结果及脆弱性详细描述见

163

表 3.30。

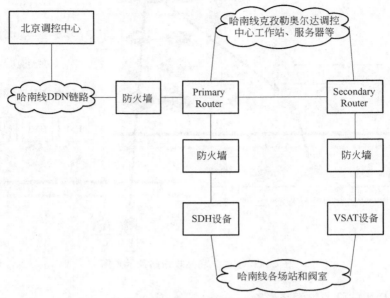

图 3.34　克孜勒奥尔达调控中心网络拓扑

表 3.30　克孜勒奥尔达调控中心资产及脆弱性清单

设备类型	厂商及型号	使用通信协议	存在漏洞
工作站操作系统	WIN 7 专业版	—	(1)不安全的工业控制系统组件远程访问； (2)操作系统存在漏洞,知名漏洞编号如: MS17-010、 CVE-2018-8563、 CVE-2019-0575、 CVE-2019-0554、 CVE-2017-0191; (3)微软停止支持旧版操作系统
服务器操作系统	Windows server 2008 R2	—	(1)不安全的工业控制系统组件远程访问； (2)操作系统存在漏洞,知名漏洞编号如下: CVE-2020-0618、 CVE-2012-1856、 CVE-2017-0143、 CVE-2017-0144、 CVE-2017-0145、 CVE-2017-0146、 CVE-2017-0147、 CVE-2017-0148、 CVE-2019-0708; (3)微软停止支持旧版操作系统
工控软件	SCADAVANTAGE	—	目前暂无已公开的脆弱性
数据库软件	SCADAVANTAGE	—	目前暂无已公开的脆弱性

根据克孜勒奥尔达调控中心拓扑结构,脆弱性的利用途径如下:

(1)图 3.35 实线箭头表示威胁源通过物理接触接入方式抵达工作站(包括服务器等),直接操作工控软件,获得该工作站的相应工控操作权限,实现对现场设备(如阀门、压缩机)的启停等;

164

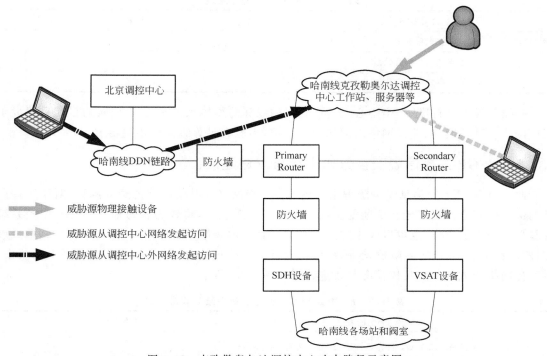

图 3.35　克孜勒奥尔达调控中心攻击路径示意图

（2）图 3.35 虚线箭头表示威胁源通过网络跳板接入方式从调控中心内部网络（如核心交换机等）向工作站发起访问，利用其脆弱性获得工作站远程操控权限，进而将工作站的屏幕界面导出给攻击者，此时攻击者将获得该工作站的相应工控操作权限；

（3）图 3.35 点画线箭头表示威胁源通过远程网络接入方式或物理相邻接入方式从调控中心外界网络（如哈南线 DDN 链路等）向工作站发起访问，利用其脆弱性获得工作站远程操控权限，进而将工作站的屏幕界面导出给攻击者，此时攻击者将获得该工作站的相应工控操作权限。

3.9.3.3　克孜勒奥尔达调控中心脆弱性潜在影响

克孜勒奥尔达调控中心脆弱性潜在影响见表 3.31。

表 3.31　克孜勒奥尔达调控中心脆弱性潜在影响分析表

序号	被攻击对象	脆弱性	潜在影响
1	服务器、工作站	（1）不安全的工业控制系统组件远程访问； （2）操作系统存在漏洞； （3）微软停止支持旧版操作系统	攻击者可利用操作系统漏洞对站控服务器、工作站进行拒绝服务、渗透入侵等攻击，被攻击目标存在被迫终止服务、窃取信息、植入后门或对控制设备进行恶意操控的风险

3.9.4　BSGP 工控网络等保测评

本报告基于文档资料，按照网络安全等级保护要求对 BSGP 工控网络进行抽项测评，测评结果如表 3.32 所示。

表 3.32　BSGP 等保测评结果表

公司名称	BSGP
检查项数量	27
检查项完全符合数量	8
检查项完全符合比例	29.6%

根据等保 2.0 标准"一个中心，三重防护"的纵深防御体系，BSGP 工控网络目前只建设了工控网络与其他网络、工控网络内部的两重防护，不能满足等级保护相关要求。

3.9.5　BSGP 工控信息安全分析小结与改进建议

此时，BSGP 工控信息安全防护重点集中在工控网络与其他网络的边界隔离，对于工控网络内部缺少安全控制措施。威胁源由场站入侵工控系统后，将较为容易地对 BSGP 工控系统发起自下而上的攻击，也可以较为容易地对 BSGP 其他场站发起横向攻击，对工控网络造成破坏；威胁源突破 BCC 边界防护设备后，将较为容易地对 BSGP 工控系统发起自下而上的攻击，对工控网络造成破坏。具体情况与改进建议如表 3.33 所示。

表 3.33　BSGP 工控信息安全分析小结与改进建议

序号	安全问题	改进建议
1	工控系统网络缺乏 OT 行为审计手段，对非法的工控操作行为无法及时发现，对非法接入、异常通信、非法外链等网络事件无法及时预警，威胁事件发生后无法审计和分析	部署专门的工控入侵检测和网络审计设备，实现对工控网络的检测、审计和分析
2	调控中心和场站未部署边界防护设备，一旦被威胁源侵入引发威胁，无法将威胁限制在有限范围内，导致威胁扩散	在场站网络边界处部署工业防火墙实现边界防护
3	国外厂商运维工程师通过可能存在的远程诊断系统、VPN 等直接访问压缩机组网络，进行远程巡检、调整参数等操作。一旦远程运维电脑被钓鱼攻击，威胁源将可以直接访问压缩机组网络，继而引发威胁	在场站内部网络部署工业防火墙，隔离站控 SCADA 网络、压缩机组网络和第三方设备网络
4	操作系统存在安全漏洞，难以进行补丁更新或系统升级，攻击者可利用操作系统漏洞进行拒绝服务、渗透入侵、勒索软件等攻击，被攻击目标存在被迫终止服务、窃取信息、植入后门或对控制设备进行恶意操控的风险	安装基于白名单机制的主机防护软件，对工控主机的运行资源、数据资源和物理存储资源（包括 U 盘等）进行管控，阻断脆弱性利用途径
5	北京调控中心缺乏对 BSGP 工控系统健康状态监控、工控风险感知等能力；当地合资公司缺乏与北京建设的管道地理信息系统、管道完整性系统、远程诊断系统等联动的能力	以确保 BSGP 工控网络边界完整性不被破坏为前提，在克勒奥尔达调控中心工控网络外建设工控数据隔离 DMZ 区，使用跨国链路的独立带宽，实现和北京调控中心数据交互
6	工业控制设备存在安全漏洞且处于无防护状态，存在关键信息被窃取、被任意设备操控、被重放或篡改数据的风险	部署专业的控制器防护系统，对访问控制的数据包进行深入解析和过滤，阻断脆弱性利用途径，为生产运行构筑最后一道防线
7	从震网等事件中总结经验，目前缺乏针对控制器程序的实时监测和快速恢复能力，当发生更改控制器程序的安全事件时，无法及时发现和恢复生产运行	通过部署专业的控制器完整性监测与恢复系统，增强控制器恢复的能力，配合手动操控应急制度快速恢复生产，维持现场的稳定

3.10 中缅油气管道工控信息安全分析

3.10.1 中缅油气管道工控网络通信线路现状

中缅油气管道分为原油管道和天然气管道,原油管道由东南亚原油管道有限公司(简称 SEAOP)管理,天然气管道由东南亚天然气管道有限公司(简称 SEAGP)管理。其中中缅天然气管道共1个曼德勒调控中心,5个场站,7个 RTU 阀室;中缅原油管道1个曼德勒调控中心,共5个场站,8个 RTU 阀室。中缅油气管道工控网络以光纤链路作为主链路,各场站必须通过在曼德勒调控中心的路由策略才能实现相互间的通信,各 RTU 会将数据同步发送给所属场站和调控中心。当光纤链路出现故障时,RTU 阀室会将数据传输至上下游其他场站,使用场站的 VSAT 卫星链路与调控中心进行数据交互。

中缅天然气管道工控网络通信线路拓扑如图 3.36 所示,分为光纤通信链路和卫星通信链路。场站和各自相邻的上下游 BVS 形成各自的控制区域;调控中心可以对所有场站和阀室进行控制。

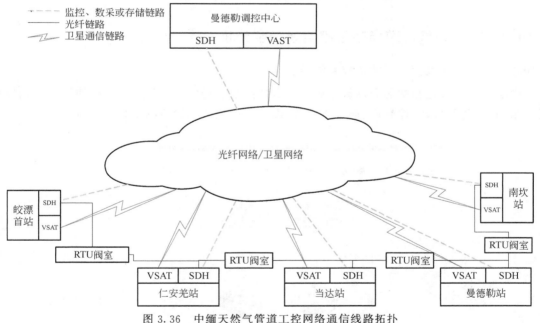

图 3.36 中缅天然气管道工控网络通信线路拓扑

中缅原油管道工控网络通信线路拓扑如图 3.37 所示,分为光纤通信链路和卫星通信链路。场站和各自相邻的上下游 BVS 形成各自的控制区域;调控中心可以对所有场站和阀室进行控制。

通过对中缅油气管道工控网络通信线路的分析,可以发现 RTU 阀室无论使用光纤链路或是卫星链路进行数据交互时,最终都需要经过调控中心或场站的核心交换机,所以针对 RTU 阀室的防护和检测能力,可以由所属场站和调控中心来提供。此外调控中心作为生产控制的中心,还兼具场站通信的路由功能,应该具有比场站更全面和更强大的防护和检测能力。

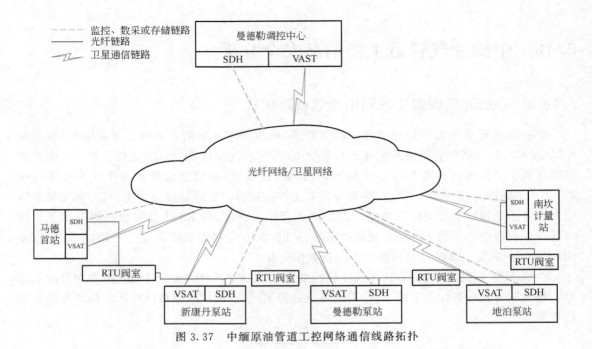

图 3.37 中缅原油管道工控网络通信线路拓扑

3.10.2 中缅油气管道场站工控信息安全分析

3.10.2.1 中缅油气管道场站工控网络现状

中缅天然气管道和中缅原油管道场站除具体的组态程序、控制逻辑等外,使用高度相似的网络结构、设备型号、工控软件、连接方式等,因此将中缅油气管道场站合并分析。

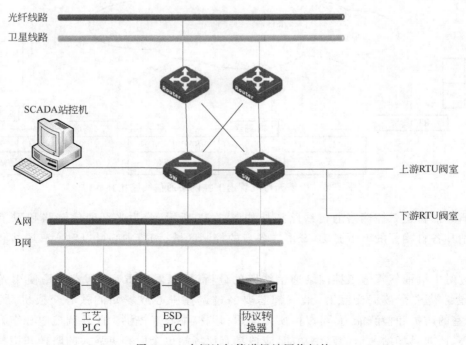

图 3.38 中缅油气管道场站网络拓扑

中缅油气管道场站工控网络拓扑如图 3.38 所示。中缅油气管道场站与调控中心以随管道铺设的自有光纤作为主通信链路,租用卫星网络为备通信链路,同时在核心交换机处存在通向上下游 RTU 阀室的链路。发电机组、第三方设备通过协议转换器接入场站工控网络。RTU 阀室数据必须经由场站交换机才能送至曼德勒调控中心。

中缅油气管道使用的 RTU 为 BristolBabcock Controlwave micro;场站中站控机的操作系统为 Windows 7;工艺 PLC 和 ESD PLC 为 Allen – Bradley ControlLogix 5000 系列;工控软件为泰尔文特的 OASYS;交换机为 Hirschmann MS20 – 1600SAAEHC,路由器为 CISCO 2911/K9。

原油管道马德首站额外存在消防站控机和消防 PLC,连接在核心交换机处上,网络拓扑如图 3.39 所示。

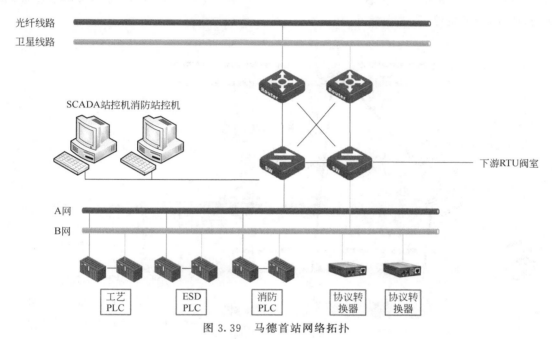

图 3.39 马德首站网络拓扑

3.10.2.2 中缅油气管道场站脆弱性与利用路径

经过对中缅油气管道场站资产的信息收集和漏洞检索,结果及脆弱性详细描述见表 3.34。

表 3.34 中缅管道场站资产及脆弱性清单

设备类型	厂商及型号	使用通信协议	存在脆弱性
RTU	BristolBabcock Controlwave micro	TCP/IP	目前暂无已公开的脆弱性
工艺 PLC、ESD PLC、消防 PLC	Allen – Bradley,ControlLogix 5000	CIP	(1)通信协议明文传输; (2)通信协议缺少认证机制; (3)缺少通信完整性保护
SCADA 站控机、消防站控机操作系统	Windows 7	—	(1)不安全的工业控制系统组件远程访问; (2)操作系统存在漏洞,知名漏洞编号如: MS17 – 010、

设备类型	厂商及型号	使用通信协议	存在脆弱性
SCADA 站控机、消防站控机操作系统	Windows 7	—	CVE－2018－8563、 CVE－2019－0575、 CVE－2019－0554、 CVE－2017－0191； (3)微软停止支持旧版操作系统
工控软件	OASyS	—	目前暂无已公开的脆弱性

根据中缅油气管道场站拓扑结构，脆弱性的利用途径如下：

(1)图 3.40 实线箭头表示威胁源通过物理接触接入方式抵达工作站(包括操作员站、工程师站、HMI 等)，直接操作工控软件，获得该工作站的相应工控操作权限，实现对现场设备(如阀门、压缩机)的启停等；

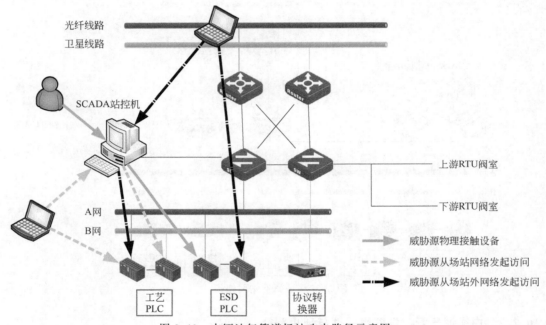

图 3.40　中缅油气管道场站攻击路径示意图

(2)图 3.40 虚线箭头表示威胁源通过网络跳板接入方式从场站内部网络(如核心交换机、协议转换器交换机等)向工作站发起访问，利用其脆弱性获得工作站远程操控权限，进而将工作站的屏幕界面导出给攻击者，此时攻击者将获得该工作站的相应工控操作权限；威胁源向PLC 发起访问时，利用工控协议脆弱性，向 PLC 发送符合协议规约要求格式的指令即可达到控制 PLC 的目的；

(3)图 3.40 点画线箭头表示威胁源通过远程网络接入方式或物理相邻接入方式从场站外界网络(如 RTU 阀室链路、光纤链路、卫星线路等)向工作站发起访问，利用其脆弱性获得工作站远程操控权限，进而将工作站的屏幕界面导出给攻击者，此时攻击者将获得该工作站的相应工控操作权限；威胁源向 PLC 发起访问时，利用工控协议脆弱性，向 PLC 发送符合协议规约要求格式的指令即可达到控制 PLC 的目的。

3.10.2.3 中缅管道场站脆弱性潜在影响

中缅管道场站脆弱性潜在影响分析见表3.35。

表 3.35　中缅管道场站脆弱性潜在影响分析表

序号	被攻击对象	脆弱性	潜在影响
1	工艺 PLC、ESD PLC、消防 PLC	通信协议明文传输	存在工艺 PLC、ESD PLC、消防 PLC 与上位机通信过程中关键信息被窃取的风险
		通信协议缺少认证机制	存在工艺 PLC、ESD PLC、消防 PLC 被任意设备操控的风险，可能导致攻击者对 PLC 的启停控制、IO 劫持、组态篡改等攻击行为的发生
		缺少通信完整性保护	存在工艺 PLC、ESD PLC、消防 PLC 被重放或篡改数据的风险，可能导致攻击者对控制设备的拒绝服务或数据污染
2	SCADA 站控机、消防站控机操作系统	(1)不安全的工业控制系统组件远程访问； (2)操作系统存在漏洞； (3)微软停止支持旧版操作系统	攻击者可利用操作系统漏洞对 SCADA 站控机、消防站控机操作系统进行拒绝服务、渗透入侵等攻击，被攻击目标存在被迫终止服务、窃取信息、植入后门或对控制设备进行恶意操控的风险

3.10.3　曼德勒调控中心工控信息安全分析

3.10.3.1　曼德勒调控中心工控网络现状

两条管道调控中心均位于曼德勒的同一物理地点，除具体的组态程序、控制逻辑、设备数量等外，使用高度相似的网络结构、设备型号、工控软件、连接方式等，因此将中缅油气管道场站合并分析。

曼德勒调控中心网络拓扑如图3.41所示。中缅油气管道的原油和天然气 SCADA 系统各自独立组网，场站、阀室通过 SDH 设备的光纤链路和 VSAT 设备的卫星链路与各自调控中心进行通信。在工控网络边界方面，曼德勒调控中心与中间接口数据服务器区通过工业安全隔离与信息交换系统进行物理隔离；中间接口数据服务器区再经由工业安全隔离与信息交换

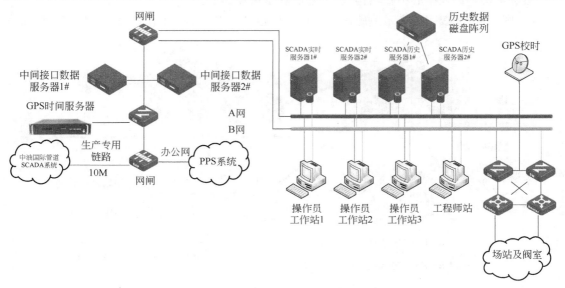

图 3.41　曼德勒调控中心网络拓扑

系统和跨国链路，与北京调控中心实现通信。RTU 阀室数据必须经由场站交换机才能送至曼德勒调控中心。

曼德勒调控中心中操作员站、工程师站的操作系统为 Windows 7，服务器的操作系统为 Linux、Solaris；数据库软件为 Sybase；工控软件为泰尔文特的 OASYS。交换机是赫斯曼 MACH4002－48G－L3PHC，路由器是 CISCO 3945，中间接口数据服务器区交换机是 CISCO 2960－8TC。

3.10.3.2 曼德勒调控中心脆弱性与利用路径

经过对曼德勒调控中心资产的信息收集和漏洞检索，结果及脆弱性详细描述见表 3.36。

表 3.36 中缅管道调控中心资产及脆弱性清单

设备类型	厂商及型号	使用通信协议	存在脆弱性
SCADA 实时服务器、SCADA 历史服务器、操作员站、工程师站操作系统	Windows 7	—	(1)不安全的工业控制系统组件远程访问； (2)操作系统存在漏洞，知名漏洞编号如： MS17－010、 CVE－2018－8563、 CVE－2019－0575、 CVE－2019－0554、 CVE－2017－0191； (3)微软停止支持旧版操作系统
工控软件	OASyS	—	目前暂无已公开的脆弱性
实时数据库、历史数据库软件	Sybase	—	(1)不安全的工业控制系统组件远程访问； (2)数据库软件存在漏洞，知名漏洞编号如： CVE－2014－6477、 CVE－2014－6577、 CVE－2014－6284

根据曼德勒调控中心拓扑结构，脆弱性的利用途径如下：

（1）图 3.42 实线箭头表示威胁源通过物理接触接入方式抵达工作站（包括操作员站、工程

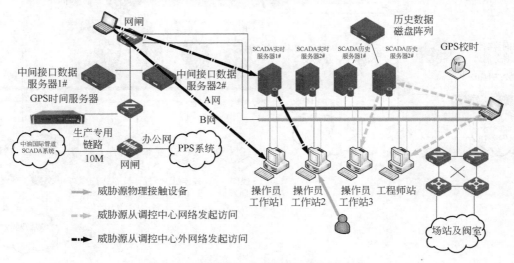

图 3.42 曼德勒调控中心攻击路径示意图

师站、服务器等),直接操作工控软件,获得该工作站的相应工控操作权限,实现对现场设备(如阀门、压缩机)的启停等;

(2)图 3.42 虚线箭头表示威胁源通过网络跳板接入方式从调控中心内部网络(如核心交换机等)向工作站发起访问,利用其脆弱性获得工作站远程操控权限,进而将工作站的屏幕界面导出给攻击者,此时攻击者将获得该工作站的相应工控操作权限;

(3)图 3.42 点画线箭头表示威胁源通过远程网络接入方式或物理相邻接入方式从调控中心外界网络(如跨国链路、办公网、中间接口数据服务器、GPS 校时系统链路等)向工作站发起访问,利用其脆弱性获得工作站远程操控权限,进而将工作站的屏幕界面导出给攻击者,此时攻击者将获得该工作站的相应工控操作权限。

3.10.3.3　曼德勒调控中心脆弱性潜在影响

威胁必须利用脆弱性才能对资产造成影响。分析脆弱性潜在影响能够直观地观察该脆弱性一旦被威胁成功利用就可能对资产造成的损害。在对曼德勒调控中心的资产和脆弱性进行梳理后,脆弱性潜在影响如表 3.37 所示。

表 3.37　曼德勒调控中心脆弱性潜在影响分析表

序号	被攻击对象	脆弱性	潜在影响
1	实时数据库历史数据库软件	(1)不安全的工业控制系统组件远程访问; (2)数据库软件存在漏洞	历史数据库和实时数据库系统适用软件存在漏洞,攻击者可以利用数据库软件漏洞,对数据库系统进行拒绝服务攻击、渗透和信息窃取
2	SCADA 实时服务器、SCADA 历史服务器、操作员站、工程师站操作系统	(1)不安全的工业控制系统组件远程访问; (2)操作系统存在漏洞; (3)微软停止支持旧版操作系统	攻击者可利用操作系统漏洞对 SCADA 实时服务器、SCADA 历史服务器、操作员站、工程师站操作系统进行拒绝服务、渗透入侵等攻击,被攻击目标存在被迫终止服务、窃取信息、植入后门或对控制设备进行恶意操控的风险

3.10.4　中缅油气管道工控网络等保测评

本报告基于文档资料,按照网络安全等级保护要求对中缅油气管道工控网络进行抽项测评,测评结果如表 3.38 所示。

表 3.38　中缅油气管道等保测评结果表

公司名称	中缅油气管道
检查项数量	27
检查项完全符合数量	8
检查项完全符合比例	29.6%

根据等保 2.0 标准"一个中心,三重防护"的纵深防御体系,中缅油气管道工控网络目前只建设了工控网络与其他网络的一重防护,不能满足等级保护相关要求。

3.10.5　中缅油气管道工控信息安全分析小结与改进建议

此时,中缅油气管道工控信息安全防护重点集中在工控网络与其他网络的边界隔离,对于工控网络内部缺少安全控制措施。威胁源由场站入侵工控系统后,将较为容易地对中缅油气管道工控系统发起自下而上的攻击,也可以较为容易地对中缅油气管道其他场站发起横向攻击,对工控网络造成破坏;威胁源突破曼德勒调控中心边界防护设备后,将较为容易地对中缅油气管道工控系统发起自下而上的攻击,对工控网络造成破坏。具体情况与改进建议如表 3.39 所示。

表 3.39　中缅油气管道工控信息安全分析小结与改进建议

序号	安全问题	改进建议
1	工控系统网络缺乏 OT 行为审计手段,对非法的工控操作行为无法及时发现,对非法接入、异常通信、非法外链等网络事件无法及时预警,威胁事件发生后无法审计和分析	部署专门的工控入侵检测和网络审计设备,实现对工控网络的检测、审计和分析
2	调控中心和场站未部署边界防护设备,一旦被威胁源侵入引发威胁,无法将威胁限制在有限范围内,导致威胁扩散	在场站网络边界处部署工业防火墙实现边界防护
3	操作系统和数据库软件存在安全漏洞,难以进行补丁更新或系统升级,攻击者可利用操作系统漏洞进行拒绝服务、渗透入侵、勒索软件等攻击,被攻击目标存在被迫终止服务、窃取信息、植入后门或对控制设备进行恶意操控的风险	安装基于白名单机制的主机防护软件,对工控主机的运行资源、数据资源和物理存储资源(包括 U 盘等)进行管控,阻断脆弱性利用途径
4	北京调控中心缺乏对中缅油气管道工控系统健康状态监控、工控风险感知等能力;当地合资公司缺乏与北京建设的管道地理信息系统、管道完整性系统、远程诊断系统等联动的能力	以确保中缅油气管道工控网络边界完整性不被破坏为前提,在曼德勒调控中心工控网络外建设工控数据隔离 DMZ 区,使用跨国链路的独立带宽,实现和北京调控中心数据交互
5	工业控制设备存在安全漏洞且处于无防护状态,存在关键信息被窃取、被任意设备操控、被重放或篡改数据的风险	部署专业的控制器防护系统,对访问控制的数据包进行深入解析和过滤,阻断脆弱性利用途径,为生产运行构筑最后一道防线
6	从震网等事件中总结经验,目前缺乏针对控制器程序的实时监测和快速恢复能力,当发生更改控制器程序的安全事件时,无法及时发现和恢复生产运行	通过部署专业的控制器完整性监测与恢复系统,增强控制器恢复的能力,配合手动操控应急制度快速恢复生产,维持现场的稳定

4　总体解决方案

4.1　安全策略及原则

针对中油国际管道工控网络内部缺乏防御纵深的现状,中油国际管道工控信息安全防护体系的建设应遵循以下原则:

(1)动态立体。

工控系统网络安全问题会随着管理相关的组织结构、组织策略、信息系统和操作流程的改变而改变。因此,应根据中油国际管道工控系统的变化情况,及时调整安全保护策略及措施,使得对中油国际管道工控系统安全防护的策略一直处于最佳状态。

(2)深度防御。

建立深度防御体系,对计算环境、网络边界、通信网络、用户和数据进行全面防护,重点建设针对工业控制器的专属安全防护盾,深度分析中油国际管道工控系统内的工控协议,建设符合工控系统安全需要的安全计算环境、安全区域边界和安全通信网络。

(3)协同联动。

着眼于中油国际管道工安全技术体系内部的协同性,注重体系内部署的各个安全产品之间及运维管理人员与安全产品之间的联动。

（4）持续监管。

必须强化对中油国际管道工控信息安全防护体系的持续监管，构架专业的工控信息安全团队，定期进行网络安全风险评估和管理，为中油国际管道工控系统定制全生命周期的网络安全措施，从理念、目标、技术三方面不断提升中油国际管道工控信息安全防护能力与防护效率。

4.2 总体架构

中油国际管道工控系统网络安全技术架构（图 4.1）以安全需求为牵引，构建基于安全业务视图、安全功能视图、安全实施视图、安全技术视图的中油国际管道工控信息安全防护体系，明确体系功能定义与实施部署方式的设计思路，阐明需要的技术体系及创新点，覆盖油气管道包含的调控中心、场站、阀室等相关业务的工控信息安全建设，可以对中油国际管道工控信息安全防护体系建设起指导作用。同时，具有可观的行业推广价值，为油气运输提供坚实的基础保障。

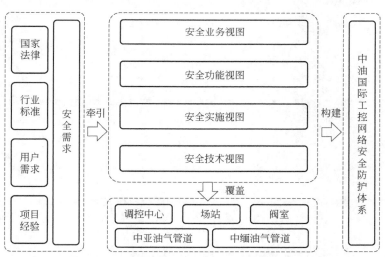

图 4.1 中油国际管道工控系统网络安全技术架构图

安全业务视图确立中油国际管道工控信息安全防护体系的建设目标，确定中油国际管道工控信息安全的前进方向，规范中油国际管道油气运输各个流程中应具备的安全防护。主要用于指导中油国际管道油气运输业务内的各个管道公司明确工控信息安全的定位和作用，提出的安全能力需求为后续功能视图设计提供依据。

安全功能视图明确建设中油国际管道工控信息安全防护体系的核心功能、基本原理和关键要素，主要用于指导中油国际管道构建工控信息安全防护体系的支撑能力和核心功能，为后续实施视图设计提供标准。

安全实施视图描述各项功能在中油国际管道工控系统落地实施的层级结构、软硬件系统和部署方式，主要用于指导中油国际管道各个管线工控信息安全防护体系具体落地的统筹规划与建设方案，进一步可用于指导中油国际管道工控信息安全技术选型与系统搭建。

安全技术视图描述建设中油国际管道工控信息安全防护体系所需要的技术体系与技术措施，为中油国际管道工控系统网络安全技术架构提供技术支撑。

4.2.1　总体业务视图

安全业务视图（图4.2）包括行业维度、企业维度、业务维度和能力维度四个维度。其中，行业维度立足于整个油气管道行业，自上而下引导油气管道行业在信息化和智能化融合的过程中，有效提升油气管道的工控信息安全防护水平，建设油气管道行业工控信息安全防护标准，培养相关人员的安全意识。其他各维度各尽其职，自下而上将工控信息安全落到实处，层层驱动业务维度及企业维度的安全发展，并最终实现中油国际管道工控信息安全防护体系建设。

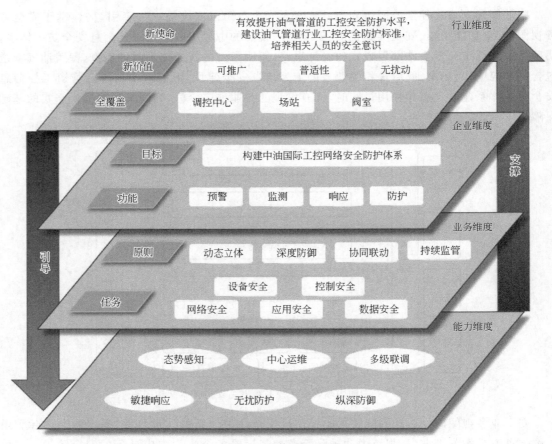

图4.2　总体业务视图

行业维度在油气管道行业信息化和智能化的发展趋势下，从网络安全角度出发，完成有效提升油气管道的工控信息安全防护水平及相关人员安全意识的行业新使命，具备可推广、普适性、无扰动的新价值，必须覆盖油气管道运输的各个流程，引导油气管道工控信息安全防护体系建设。

企业维度以建设中油国际管道工控信息安全防护体系为目标，从中油国际管道油气运输的各个流程涉及的企业整体安全需求出发，实现对中油国际管道工控信息安全的预警、监测、响应和防护，完成企业对中油国际管道工控信息安全的可视、可知、可管、可控。

业务维度基于动态立体、深度防御、协同联动和持续监管的建设原则，确保中油国际管道工控系统的设备安全、控制安全、网络安全、应用安全、数据安全。

能力维度实质表达的是在建设工控信息安全防护体系时需要同步建设达到的工控信息安全能力,包括态势感知、中心运维、多级联调、敏捷响应、无扰防护、纵深防御等。

4.2.2 行业维度

行业维度主要阐释了中油国际管道工控系统安全防护体系建设对促进油气管道行业安全事业发展方面的主要目标、实现价值与适用场景。其使命是有效提升油气管道的工控信息安全防护水平,建设油气管道行业工控信息安全防护标准,培养相关人员的安全意识,全方位构建中油国际管道工控信息安全防护体系,并向全行业进行推广。

油气管道行业在工控信息安全方面仍处于起步阶段,境外合资公司所管理的工控网络由于建设时间、建设标准和当地法律法规要求均不相同,导致遵循网络安全防护标准不一,防护能力和水平参差不齐,缺乏完善的信息安全规范制度与突发信息安全事件应急响应措施,相关人员对工控信息安全方面的知识储备不足,信息安全意识淡薄,在油气管道行业的未来发展规划中,对安全生产信息化建设缺乏重视。本框架从油气管道行业的角度出发,完善油气管道行业工控信息安全的缺失,覆盖油气管道运输的全流程,满足不同工控场景的要求,不对工控系统的业务造成影响。除此之外,本架构应具有向其他流程工业行业推广的潜质,具备可推广、无扰动、普适性的新价值。

4.2.3 企业维度

企业维度主要明确了中油国际管道油气运输中的各个管道公司应用工控信息安全产业构建工控信息安全防护体系的具体目标及企业需求。

与传统的 IT 网络安全相比,工控信息安全产品具备一定的特殊性,根据保护对象、安全需求、通信协议、网络和设备环境的不同,工控信息安全产品可分为预警、监测、响应、防护四大类,形成中油国际管道工控信息安全技术体系,全方位保障中油国际管道工控系统安全。

企业维度详细内容如图 4.3 所示。

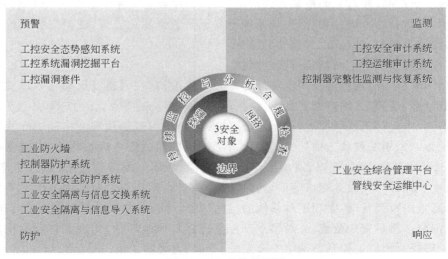

图 4.3　企业维度视图

预警类产品是指工控信息安全态势感知系统、工控系统漏洞挖掘平台、工控漏洞套件等具备预判网络风险能力的产品。通过收集安全产品的数据、工业控制器数据、网络设备数据等，对资产进行全方位的画像展示，对安全流量基线化，实现安全态势可视、威胁风险可知。

监测类产品是指工控安全审计系统、工控运维审计系统、控制器完整性监测与恢复系统等对工控系统内发生网络行为及工控行为进行监测的产品。负责数据及运维行为的捕捉和分析，为态势预警提供数据支持。

响应类产品是指工业安全综合管理平台、管道安全运维中心这类具备管理中心能力的产品。提供用户威胁事件的详细分析，攻击路径还原，帮助用户查找故障点和风险点，并进行修复和确认。

防护类产品是指工业防火墙、控制器防护系统、工业主机安全防护系统、工业安全隔离与信息交换系统、工业安全隔离与信息导入系统这类具备边界隔离能力的产品。可以根据策略对工控组态进行防护、对控制器进行定点防护、对主机进行定点防护、对生产管理区和生产控制区进行隔离和访问控制。

通过监测类产品发现的风险点可以经过用户响应后成为相应的防护策略，防护过程中拦截的异常数据也可以作为用户响应和态势预警的数据支持，最终形成可视、可知、可管、可控于一体的工控信息安全防御体系。

4.2.4　业务维度

业务维度主要明确了中油国际管道工控信息安全技术体系在应用的具体场景中需遵循的原则及完成的任务。

油气管道行业作为与国计民生息息相关的重要产业，工控信息安全防护体系的建设目标将不能仅仅满足于合规性，要从设备安全、控制安全、网络安全、应用安全、数据安全等五个角度出发，深度防护，确保中油国际管道工控系统网络安全。主要完成以下几项任务。

（1）保障工控系统的可用性。

大部分工控信息安全厂家会忽视安全防护产品串接进工控系统造成的延时影响，本系统中的控制器防护产品，在对工业控制器进行防护时，采用业务流程模型和基于规则树的规则推理引擎技术，并结合芯片级处理优势，从原理上保证了数据线速处理，使得工控系统在保障安全的同时，维持高稳定、低延时、无扰动的特性。

（2）实现工控系统的空间测绘与资产画像。

中油国际管道工控系统涉及多国境外合资公司建设，存在因建设周期与管理规范不一导致的资产数量多、品牌杂、网络部署乱、上位机软件版本不一的特点，让用户对自身工控系统的情况并不清晰，难以对工控系统进行有针对性的安全防护与威胁预警。中油国际管道工控信息安全防护体系采用主被动扫描的方式对接入工控系统内的资产进行测绘，有效测绘硬件资产（包括 IP、资产名称、开放端口、通信协议、设备类型、所属厂商等信息）及软件资产（软件名称、软件版本、所属厂商、服务端口等信息），形成资产信息库。通过对网内通信关系的实时捕获，并结合高效的资产管理，实现工控系统的空间测绘。同时，基于自有知识库进行比对，联系上下文进行分析，展示资产全貌，并对整个工控系统进行风险评估，实现了将碎片化的资产信息综合加工形成对相应工控系统网络安全系统、全面、直观的认识。

（3）加强对工业控制器的保护。

通过采取设备身份鉴别与白名单访问控制实现对工业控制器的保护，使得所有对工业控制器的访问均为已授权的访问,确保工业控制器执行的控制命令均来自合法用户。同时,实现对工业控制器的运行状态、数据状态等进行实时、深度监测,根据异常情况进行告警与防护;

(4)加强对工业主机的保护。

对各个场站工控系统的生产控制大区的各个工控主机、服务器、接口机等设备安装工业主机安全防护系统进行安全加固,能够对工控主机的运行资源、数据资源和物理存储资源进行管控,防范未知病毒的运行及其对主机资源的利用,并对已知病毒进行查杀。在保证主机不受入侵和病毒感染的同时,防止主机被当作宿主机,对其他主机和工控系统造成攻击伤害,全方位地防护工控系统的主机安全。

(5)加强对控制的保护。

采用工控安全审计系统、工业防火墙等安全设备能对中油国际管道工控系统中通信的协议进行深度解析,实现对系统中工控行为及网络行为的监测和防护,支持通过行为识别和自学习方式进行智能策略配置及管理,实现对工控系统参数变更的阈值及变更频率的监测,及时发出预警并根据用户的授权情况进行阻断,避免发生安全事故,并可以为安全事故的调查提供详实的数据支持。同时,可实现攻击异常检测、无流量异常检测、重要操作行为审计、告警日志审计等功能。

(6)加强对网络的保护。

调研各个油气管道工控系统的网络部署情况,对各个油气管道的网络部署提出改进建议,建议各个场站内的 PLC 主站和中控室的工业以太网交换机用光纤组成环形结构的全双工快速以太网,中控室工作站、服务器各不少于 2 台,并对油气管线内的网络进行合理分区。在各线路、场站之间部署工业防火墙、工业安全隔离与信息交换系统等产品进行隔离,对网络边界进行监视,识别边界上的入侵行为并进行有效阻断,保障生产控制区和生产管理区之间的安全。

实现对网络设备通信接口的管理,支持对油气管线工控系统内资产进行准入管理,保障系统内接入的资产 IP、MAC 地址、服务端口均为合法的。

(7)加强对应用的保护。

采用工控运维审计系统,在逻辑上将使用者与目标设备分离,建立"人→主账号授权→从账号"的模式,基于身份标识,通过集中管控安全策略的账号管理、授权管理和审计,建立针对维护人员的"主账号→登录→访问操作→退出"的全过程完整审计管理,实现对各种运维加密/非加密、图形操作协议的命令级审计。

(8)加强对数据的保护。

注重对工控系统内的数据进行备份,如各个场站主站控制器的组态工程,重点工艺参数,定期对数据进行备份。当发生组态工程篡改、删除、修改等事故时能及时恢复,从而降低用户的损失。

注重各个管线调控中心(站点)与北京调控中心间的数据安全,保障各个站点与北京调控中心间的数据传输安全,防止数据在传输过程中发生被窃取、篡改。

(9)构建系统管理中心。

在各个管线调控中心内部部署安全运维中心,对管线内部署的工控信息安全产品及网络设备实现集中管理与统一配置,能获取各个安全产品的日志信息及各个网络设备的接口使用情况,基于安全事件特征进行聚类分析,发现并确认安全事件,及时报警响应处理,提高管理效率,实现产品功能协同,降低运行维护成本。同时,在北京调控中心部署网络安全态势感知系统,主要对各个管线的整体安全态势、资产情况、流量数据等信息进行集中展示,方便北京调控中心及时了解各个管线的安全状态。

4.2.5　能力维度

能力维度描述了中油国际管道工控信息安全防护体系建设需构建的核心安全能力。

根据上文中中油国际管道工控信息安全建设的主要目标、实现价值与企业需求,中油国际管道工控信息安全建设的过程中需构建态势感知、中心运维、多级联调、敏捷响应、无扰防护、纵深防御等六项核心安全能力,以支撑中油国际管道油气运输在不同流程下的具体应用实践。

(1)态势感知。

通过广泛部署感知终端与安全防护产品,完成工控系统内各类安全信息及网络信息的采集,实现中油国际管道工控系统的资产管理,并实时对工控系统进行全面深度监测,汇聚工控系统内的 OT、IT 安全事件。进一步分析预判安全风险,挖掘工控系统安全趋势,实时感应风险威胁,智能关联因果关系,预知安全隐患并协同处置,综合打造中油国际管道全线工控系统网络安全的态势感知能力。

(2)中心运维。

设置综合处置中心,实现对业务系统范围内的资源和用户进行统一标记,对工控网络中的安全产品及网络设备进行集中管理,可统一配置安全策略,对各个产品的日志进行集中展示,做到管理全局统一,监控严密,响应及时。

(3)多级联动。

通过在中油国际管道油气管线运输业务的不同层级(北京调控中心及各个管道公司调控中心)部署态势感知系统,将关键数据进行层层上报、分析,形成自上而下的树形结构,使得每一级的管理人员都能对本级及以下层级的工控系统网络安全态势有整体了解,便于对风险进行预测,提前做好安全应对办法。

(4)敏捷响应。

基于信息数据的充分利用与高效集成,并结合硬件级处理优势,保障安全产品的响应速度。从安全防护产品的协同自动响应,再到安全防护体系例行检查补丁,最后安全专家协同响应等层层响应,将防护措施和应急响应制度有效结合,综合形成中油国际管道工控信息安全防护体系敏捷响应的能力。

(5)无扰防护。

从旁路部署的部署方式、防护模式的平稳过渡等措施,确保安全防护产品在防护策略逐步开启的过程中,不会对原有工控系统的正常运行产生影响,有效保证中油国际管道工控系统的网络安全。

(6)纵深防御。

从现场控制层、过程监控层、生产管理层、企业资源层等层层部署相应的安全产品,以实现附加在设备、控制、网络、应用、数据等基础架构之上的相对静态、被动、外挂式、高稳定的安全能力。具体包括工控系统防护、网络边界防护、终端安全防护等。通常无需人员持续介入,其防御思想是通过层次化防御,逐层收缩攻击暴露面来消耗攻击者资源,以阻止中低水平攻击者的攻击活动。

这六大能力保障了中油国际管道工控系统网络安全可控、日常运维可管、工控行为可知、业务安全可信、安全威胁可防、攻击事件可溯、安全态势可视,以支撑中油国际管道油气运输中各个调控中心、场站、阀室等流程的工控系统的安全应用实践。具体如下：

(1)构建中油国际管道工控信息安全防护体系的所有产品、组件自身要安全可控；

(2)中油国际管道工控信息安全防护体系的日常运维要自主管控；

(3)中油国际管道工控信息安全防护体系应符合各个国家网络安全相关法律、法规、政策及行业标准，并具有一定前瞻性；

(4)能够就针对中油国际管道工控系统内的安全风险进行评估与排查，安全威胁进行检测、保护、预警与响应处置，以尽可能减少风险与损失；

(5)针对发生的攻击事件可以审计与追溯，以防范再次发生；

(6)能够实现工业企业的安全状态全面呈现，安全风险与威胁趋势可预测。

4.3 主要功能

4.3.1 总体功能视图

中油国际管道工控信息安全功能框架可以概括为预警、监测、响应和防护四部分体系建设，各部分体系建设的功能有机协同，形成可视、可知、可管、可控的工控信息安全防御体系。功能框架如图4.4所示。

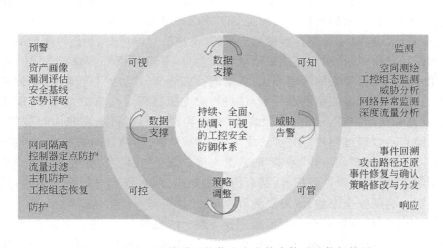

图4.4 中油国际管道工控信息安全技术体系功能架构图

"预警"功能，会整合大量信息，包含监测、防护产品采集的信息，运维中心主动扫描获取的信息，以及跟随知识库实时更新的最新威胁情报信息，对用户的资产进行资产画像整理，帮助用户查看资产的详细信息、网络事件、风险暴露点和潜在的漏洞风险等，即"预测"资产的风险并"感知"网络的隐患。同时根据上述数据，建立安全基线，对当前的态势进行评级，对未来的风险进行预测。

"监测"功能，通过网络流量捕捉、主机信息捕捉、组态信息捕捉、工业控制器信息捕捉、网络设备信息捕捉等方式，全面监测用户网络中的安全状态。实现网络的空间测绘，全息展现网络中的通信关系；实现威胁分析，包含扫描、病毒、恶意代码、高危远程访问等网络威胁分析；实现深度流量分析，分析维度包含资产流量、协议流量、接口流量等；实现工控组态监测，监测控制器的组态文件插入、组态文件删除、组态文件篡改等异常行为;实现工控操作的审计,细粒度至协议、功能码、操作地址、操作值的审计;实现工控资产识别,识别资产的品牌、型号、系列、固件版本、操作系统等信息;实现工控异常网络事件监测,包含异常通信、跨域链接、非法外链、异常资产接入等网络事件监测;实现非法工控操作监测,包含非法访问控制器,非法操作功能码等异常行为监测。全方位、持续性地监测网络中存在的威胁。

“响应”功能,当网络中出现威胁的时候,可以进行威胁事件回溯、攻击路径还原,帮助用户查看攻击的攻击源、攻击路径、攻击类型、攻击阶段、影响范围等,以此进一步帮助用户对攻击源进行处理,并对攻击影响范围进行修复。同时,还可以针对威胁进行策略的优化并分发至防护产品进行防护,举例来说,当“监测”功能发现一个异常外链的网络风险,即可通过“响应”功能形成相应的防护策略,并下发至“防护”产品,阻断该外链行为的数据包。

“防护”功能,根据用户配置的策略,保障用户的操作行为符合白名单的设置,对用户网络进行防护。以小至大,分别可以对控制器和操作主机进行定点防护,防护内容包含非法操作IP 与 MAC 阻断、非法操作功能码阻断、非法写入数值阻断等;可以对控制器组态异常进行恢复,当“监测”到控制器的组态文件插入、组态文件删除、组态文件篡改等事件时,即可协同“防护”功能,将保存的组态基线恢复至控制器,保证控制器的组态不被篡改;可以对生产管理区和生产控制区进行隔离防护,阻断不符合白名单的通信报文;可以对管线级“站点”和集团级中心进行隔离防护。

中油国际管道工控信息安全功能框架形成一个有机整体。“监测”功能负责数据的捕捉和分析,为态势“预警”提供数据支持。当捕捉到工控组态变化、网络病毒攻击等威胁时,会产生告警并上送至管线级安全运维中心以便用户进行“响应”。“响应”功能提供用户威胁事件的详细分析,攻击路径还原,帮助用户查找故障点和风险点,并进行修复和确认。同时针对故障点和风险点,用户可以进行策略的调整和优化,以进行更全面的“防护”。“防护”功能可以根据策略对工控组态进行防护、对控制器进行定点防护、对主机进行定点防护、对生产管理区和生产控制区进行隔离和访问控制、对管线级“站点”和集团级中心进行隔离和访问控制。通过“监测”发现的风险点可以经过用户“响应”后成为相应的“防护”策略,“防护”过程中拦截的异常数据也可以作为用户“响应”和态势“预警”的数据支持。态势“预警”功能通过收集安全产品的数据、工业控制器数据、网络设备数据等,结合内置的知识库,对资产进行全方位的画像展示,对安全流量基线化,实现安全态势、威胁预测可视化。

中油国际管道工控信息安全功能框架充分考虑了信息安全、功能安全和资产安全,聚焦中油国际管道工控信息安全所具备的主要特征,包括可靠性、完整性、可用性、隐私和数据保护。该框架包括防护对象、防护措施和安全管理三个维度。

4.3.2 防护对象维度

中油国际管道工控信息安全防护对象包括设备、控制、网络、应用、数据五类。

(1)设备安全。

在中油国际管道工控网络中,需重点防护的设备对象主要分为工业控制器和工业主机两大类。工业控制器包括 PLC 控制器、DCS 控制器和 RTU 控制器等,在油气管道行业中,场站的工业控制器以 PLC 控制器和 DCS 为主,阀室的工业控制器以 RTU 控制器为主;工业主机包括操作员站、工程师站、运行服务器、数据服务器等。在中油国际管道工控信息安全功能框架中,应重点加强工控系统内设备的抗渗透能力、恶意代码防范能力、抗 DDoS 能力、漏洞隐患隐藏能力,避免设备受到未授权访问、恶意控制、数据窃取等指令。

（2）控制安全。

控制安全包括控制协议安全、控制软件安全以及控制指令安全。控制协议安全主要体现在认证与加密上,保证指令的发起者是合法的,同时需对指令内容进行加密;控制软件安全体现在软件加固上,对可能存在的漏洞进行修复或隐藏,实现对端口的白名单控制;控制指令安全体现在监测审计上,实现协议深度解析、攻击异常检测、无流量异常检测、重要操作行为审计、告警日志审计等功能。

（3）网络安全。

网络安全重点在于保护中油国际管道工控系统的网络安全,包括网络边界安全、通信传输安全、网络准入安全等,可以快速识别网络内的病毒及攻击特征,并有效防护。

同时,会根据相应工控现场情况,对其网络拓扑提出的整改建议,让工控系统中的通信更为合理、高效。

（4）应用安全。

应用安全主要分为平台安全和本地应用安全,加强用户授权与管理,严格管理不同用户对不同的数据资产的访问权限。

（5）数据安全。

数据安全应保障整个中油国际管道工控系统中业务需要的各类生产数据、网内的安全数据及网络数据,涵盖采集、传输、存储、处理等各个环节。对重要数据进行加密,防止数据泄露,做好数据备份。

4.3.3　防护措施维度

从中油国际管道工控信息安全功能框架可知,主要功能都是围绕预警、监测、响应和防护四部分构成,各部分功能有机协同,形成可视、可知、可管、可控的工控信息安全防护体系。

（1）预警。

预警是指在威胁或攻击发生之前,根据以往总结的规律或观测得到的可能性前兆,向相关人员发出紧急信号,报告危险情况,以避免危害在不知情或准备不足的情况下发生,从而最大限度地减轻危害所造成的损失行为。

中油国际管道工控信息安全预警与传统网络安全预警相比,难点在于缺乏标准化的判断依据,需要结合具体工艺流程、安全需求、法律法规综合判断工控行为的合法性。中油国际管道工控信息安全预警以工控信息安全事件及网络安全事件为主,对需预警的工控系统进行全网监测,帮助用户查看网内资产的详细信息、网络事件、风险暴露点和潜在的漏洞风险等,预测资产的风险并感知网络的隐患。同时建立安全基线,对当前的态势进行评级,对未来的风险进行预测。

（2）监测。

监测是指在工控系统内的重要节点部署相应的监测措施,主动发现工控系统内部的安全风险,具体措施包括对资产终端、核心节点的数据采集,对网络报文的特征提取,对工控行为的完整解读,完成数据的关联分析,全息展现网络中的资产、关系、行为、威胁及异常。

（3）响应。

响应是指建立响应恢复机制,及时应对安全威胁,并优化防护措施,形成闭环防御。

响应恢复机制可以从产品和管理的两方面出发,相关的安全产品可以智能地根据网内威胁情况,帮助对防护策略进行优化,实现威胁事件回溯、攻击路径还原,以此进一步帮助用户对攻击源进行处理,并对攻击影响范围进行修复;相关的管理制度主要用于设置工控信息安全的相关职能小组,划分对应的安全职责,形成应对不同威胁的预案措施,方便企业能尽快响应出现的威胁。

除此之外,分析评估风险也是响应中的重要一环。通过分析识别相应工控系统面临的风险来制定合理的响应预案,并依据安全事件处理评估结果进行持续修正,从而达到改进处置恢复策略的目的。

(4)防护。

针对五大防护对象,部署主被动防护措施,阻止外部入侵,加强内部防御,构建安全运行环境,消除潜在安全风险。防护措施主要包括:

① 确保工业控制器的访问安全,拒绝未授权的 IP、端口、协议、指令访问。

② 确保工控控制器内部的参数变更安全,可对参数的变更范围、变更频率、变化率进行参数变更控制。

③ 确保工业主机安全,防范未知病毒的运行及其对主机资源的利用,并对已知病毒进行查杀,防止主机被当作宿主机,对其他主机和工控系统造成攻击伤害。

④ 确保工控系统内的数据传输安全,避免受到窃取与篡改。

⑤ 确保工控系统网络安全,通过物理隔离或逻辑隔离,实现区与区之间的网络边界安全。

4.3.4 防护管理维度

防护管理维度旨在指导企业构建适应自身业务可实时调整的安全防护管理制度,在明确防护对象及安全需求后,前期对需要防护的系统进行安全调研,了解系统整体情况并对可能面临的安全风险进行评估,根据实际情况,制定相应的安全防护策略,提升安全防护能力,并在此过程中不断对管理流程进行调整。除此之外,由于中油国际管道行业的特殊性,需为各个流程定制专属的应急响应制度,帮助企业能在遭受攻击后,快速响应,寻根溯源。

(1)安全调研。

为保障中油国际管道工控信息安全防护体系的建设符合企业实际生产情况、满足企业安全需求。应在方案设计初期,对相关企业、管线、场站及阀室进行安全调研。调研前期收集需防护的工控系统的基础信息,了解被测系统的业务目标、业务特性、管理特性、技术特性以及系统构成,准备检查表单与检测工具校准;现场调研时,通过访谈、检查、测试、扫描等手段,对被测系统进行检测,记录现场信息及扫描结果;调研后期对现场、远程收集到的各种信息进行整理和分析,并提出合理的风险处置建议;最后,把所有的资料进行汇总、分析,编制调研报告。

(2)安全目标。

为确保中油国际管道工控系统的正常运转和安全可信,应根据前期的调研结果、风险处置建议和用户预期,对中油国际管道工控系统设定合理的安全目标,制定安全防护方案。虽然中油国际管道工控系统具体的安全目标需要结合不同的管线情况进行单独定制,但整体方向还是相当明确,基本围绕协同性、可用性、可靠性、安全性等四大准则构建"N+1"模式的中油国际管道工控信息安全防护体系。

① 协同性。

中油国际管道工控信息安全防护体系应注重系统内各个安全产品的协同性,根据实际需求构建多级平台,满足集中配置、统一管理的需求,并具备对各个安全产品上报的日志进行分析的能力,构建各管线工控系统网络安全图谱,实现对中油国际管道工控系统网络安全的整体态势展示,洞悉、掌握中油国际管道工控管道网络安全情况。

② 可用性。

确保中油国际管道工控系统的业务可以正常进行,不会受到误阻断及时延的影响,实现无扰防护。

③ 可靠性。

确保中油国际管道工控信息安全防护体系内的各个产品能在其寿命区间内以及在正常运行条件下全方位保障中油国际管道工控系统安全,涵盖通信网络、区域边界、计算环境、管理中心的防护需求。

④ 安全性。

确保中油国际管道工控系统内的各项数据,包括工艺参数、生产数据、安全信息等在存储、使用、传输的过程中不会泄露给非授权用户或实体。

(3)安全策略。

中油国际管道工控信息安全防护体系的安全策略,应覆盖安全业务全生命周期,集预警、监测、响应、防护于一体。能够在威胁发生前进行有效的预警和防护,并实现有效监测,以便后续能快速锁定威胁源,进行有效响应,避免实质损失的发生。

中油国际管道工控信息安全防护体系的安全策略必须根据实际业务情况,基于最小特权原则、最小泄漏原则、多级安全策略设置工控系统需要的安全策略,确保中油国际管道的相关业务能够正常运行,维护生产正常、数据安全,为油气的正常运输提供保障。

安全策略中描述了中油国际管道工控系统的整体安全考虑,并定义了保证中油国际管道油气运输业务正常运行的指导方针及安全模型。通过结合安全目标以及风险评估结果,明确当前中油国际管道工控系统各方面的安全策略,包括对设备、控制、网络、应用、数据等防护对象应采取的预警、监测、响应、防护措施等。同时,为保障中油国际管道工控系统的持续安全,面对不断出现的新威胁、不断更新的中油国际管道工控系统及不断更新的管理制度,需不断完善安全策略。

(4)应急响应。

根据网络安全事件严重程度,分为重大、较大和一般网络事件。

① 先行处置。

发生网络安全事件后,应立即启动应急预案,实施处置并报送信息。各部门组织先期处置,控制事态,消除隐患,同时组织研判,注意保护证据,做好信息通报工作。对于初判为特别重大、重大网络安全事件的,立即报告应急办。

Ⅰ级响应:

当发生重大网络安全事件的,北京调控中心应及时启动Ⅰ级响应,成立指挥部,对相关管道公司统一领导、指挥、协调职责,应急办 24h 值班。相关管道公司应急指挥机构进入应急状态,在指挥部的统一领导、指挥、协调下,负责本部门应急处置工作或支援保障工作,24h 值班,并派员参加应急办工作。辖下场站及阀室跟踪事态发展,检查影响范围,及时将事态发展变化情况、处置进展情况报应急办。指挥部对应急工作进行决策部署,辖下场站及阀室负责组织实施。

Ⅱ、Ⅲ级响应:

当发生较大和一般网络安全事件时,由北京调控中心应急办通知相关管道公司,相关管道公司应急指挥机构进入应急状态,实行24h值班,相关人员保持通讯畅通,相关单位派员参加应急工作。

② 决策部署。

启动Ⅰ级响应后,指挥部紧急召开会议,听取各相关方面情况汇报,研究紧急应对措施,对应急处置工作进行决策部署。针对突发事件的类型、特点和原因,要求相关管道公司采取以下措施:带宽紧急扩容、控制攻击源、过滤攻击流量、修补漏洞、查杀病毒、关闭端口、启用备份数据、暂时关闭相关系统等;防止发生次生、衍生事件的必要措施;其他可以控制和减轻危害的措施。

启动Ⅱ、Ⅲ级响应后,相关管道公司组织开展处置工作。处置中需要其他管道公司提供配合和支持的,接受请求的管道公司应当在权限范围内积极配合并提供必要的支持。

③ 结束响应。

突发事件的影响和危害得到控制或消除后,Ⅰ级响应经北京调控中心指挥部批准后结束;Ⅱ、Ⅲ级响应由相关管道公司应急指挥机构决定结束,并报北京调控中心应急办。

④ 事后调查。

网络安全事件应急响应事件结束后,事发场站或阀室要及时调查突发事件的起因(包括直接原因和间接原因)、经过、责任,评估网络安全事件造成的影响和损失,总结网络安全事件防范和应急处置工作的经验教训,提出处理意见和改进措施,在应急响应结束后10个工作日内形成总结报告。

此外,对在本次应急处置工作中作出突出贡献的先进集体和个人给予表彰或奖励。对不按照规定制定应急预案和组织开展演练,迟报、谎报、瞒报和漏报突发事件重要情况,或在预防、预警和应急工作中有其他失职、渎职行为的单位或个人,由指挥部给予约谈、通报或依法、依规给予问责或处分。

4.4　网络安全技术视图

4.4.1　安全技术体系总览

中油国际管道工控信息安全防护体系的技术架构如图4.5所示。

中油国际管道工控信息安全技术体系的技术架构可分为"信息采集 & 发送""深度流量检测 & 工控协议解析""实时 & 智能分析引擎""管线安全运维""态势感知"和"知识库"等六层。

"信息采集 & 发送"层主要实现数据的采集与发送。第一,体系支持无损流量采集技术,通过交换机镜像口进行流量采集,不影响原有网络、不增加故障点;第二,通过定制化的软硬件实现高性能转发,对于串接在网络中的产品,能做到低时延,不影响客户业务;第三,体系支持主机信息采集,通过安装在主机上的工业主机安全防护系统,可以实时采集操作站的数据,监测其中的异常;第四,体系支持资产探测技术,结合知识库中的资产,通过自研、无害的探测数据包,探测网络中的工业控制器、控制主机、网络设备等资产的详情,获取各个资产的动静态参数。"信息采集 & 发送"层能采集工控网络中丰富的数据信息,为后续分析、检测和态势感知提供数据基础。

"深度流量检测 & 工控协议解析"层主要实现数据的解析和检测。第一,体系支持协议深度解析技术。经过安全团队多年的协议库积累,体系在支持深度解析多种传统协议的基础上,

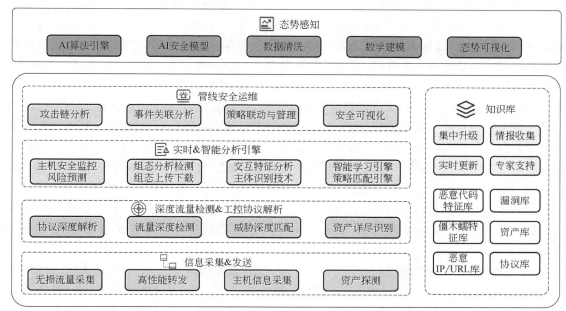

图 4.5　中油国际管道工控信息安全防护体系技术架构图

还支持解析多种工控协议,包含 MODBUS、ENIP、FINS、S7COMM 等,解析的细粒度可达操作的功能码、功能码地址、数值类型和数值。第二,体系支持深度流量检测技术,可以检测并记录资产流量、协议流量、接口流量等,检测会话的连接状态、异常中断、异常重连等。第三,体系支持威胁深度匹配技术,可以结合自研的恶意代码特征库、僵木蠕特征库、恶意 IP/URL 库检测网络中的扫描探测、病毒、恶意代码、高危远程链接等网络威胁,同时结合用户的策略配置,还可以检测异常通信、跨域链接、非法外链、异常资产接入等网络中潜在的风险。第四,体系实现资产识别技术,结合"信息采集 & 发送"层采集到的资产信息数据以及自研的资产库,可以对工控软硬件资产的详情,包含资产的品牌、型号、系列、固件版本、操作系统等进行匹配和识别。"深度流量检测 & 工控协议解析"层能将采集到的数据进行细粒度的提取和分析,为后续数据的关联分析,告警展示等提供基础。

"实时 & 智能分析引擎"层主要实现业务功能。第一,体系通过主机安全监控技术实现主机的风险预测,通过实时采集主机的程序运行状态信息、文件操作信息和外部接口信息,监测并防止有威胁的操作进行。第二,体系支持工控组态监测与恢复技术。通过"深度流量检测 & 工控协议解析"层采集到的工控组态信息,结合特征分析与智能搜索技术,对组态文件进行基线对比,对偏离基线的工控组态进行告警,并支持恢复原有的组态。第三,体系支持交互特征分析技术和主体识别技术,通过分析"深度流量检测 & 工控协议解析"层采集到的工控数据,进行数据的整合,并通过特征分析和主体识别技术,将工控网络的资产信息,资产的通信关系进行梳理,将网络中存在的风险事件进行整合,全息展现资产画像,为用户溯源风险、查看资产状态提供了便利。第四,体系支持智能学习技术。通过智能学习,可以自动生成用户策略,包含资产通信关系策略,工作操作的功能码策略,组态文件基线等,并下发至各个安全产品,同时通过高性能匹配算法,对策略进行匹配和告警。"实时 & 智能分析引擎"层实现对数据的整合与分析,为数据报文的告警与阻断提供决策,是实现系统"监测"与"防护"功能的核心。

"管线安全运维"层的载体是各个管线安全运维中心,主要实现各个管线数据的整合,完成安全的可视化,为用户响应提供平台。第一,支持事件关联分析和攻击链分析技术,管线安全运维中心通过收集多种安全产品分析后的事件,包含组态异常事件、控制器阻断事件、防火墙阻断事件、异常网络通信事件、病毒事件、主机风险事件等,进行数据的整合与关联,完善资产的资产画像。当遭遇攻击事件时,可以根据多种安全产品上报的事件,结合攻击链分析技术,全息展示攻击的攻击源、攻击路径、攻击类型、攻击阶段、影响范围等,帮助用户定位攻击的源头,消除攻击的危害。第二,支持策略的管理与协同,管线安全运维中心与其他的安全产品通过统一的通信协议进行消息通信,用户可在管线安全运维中心统一管理安全策略,并下发至其他安全产品;同时管线内的监测产品还会根据监测到的异常通信、非法外链等事件,上报至管线安全运维中心并形成防护策略,下发至防护类产品,形成"监测—响应—防护"的管理链。第三,支持丰富的安全可视化,包含资产可视化、威胁可视化、流量可视化等。管线安全运维中心支持威胁事件处置平台,同时结合关联分析和攻击链分析技术,帮助用户响应和处置威胁事件。管线安全运维中心是系统管线"站点"的枢纽,实现数据的收集和分析,策略的管理和中转,用户的交互和管理。

"态势感知"层的载体是北京调控中心的网络安全态势感知系统,主要实现大数据的清洗和分析,态势的预测和可视化。第一,支持数据清洗技术,采用归一或标准化等方式进行无量纲化分析,消除不同指标之间由于量纲不同而存在的问题。第二,支持机器学习技术建立流量基线,通过机器学习技术创建安全模型,实现对用户的行为进行分析,对历史数据进行记录,对网络的态势进行预测,对偏离基线的行为进行告警。第三,支持全局可视化,包含态势可视化、攻击链可视化、健康指数可视化、失陷资产可视化等,为客户提供完整的态势可视。网络安全态势感知系统作为系统数据集中的中心,集中展示集团与各个"站点"的安全态势。

"知识库"包含恶意代码特征库、僵木蠕特征库、恶意 IP/URL 库、漏洞库、资产库、协议库等,在系统的各个层级均需要应用。知识库由安全团队研制,根据最新的工业威胁情报,进行实时的知识库研发和更新,每个更新都能使客户检测紧急的威胁和最新的 zero-day 攻击。知识库支持集中升级,只需要在管道安全运维中心升级,即可分发至各个场站及阀室的安全产品,实现知识库及时、快速的升级和应用。

4.4.2 安全技术

4.4.2.1 工控私有协议的字段分割和语义解析逆向技术

由于工控协议私有化的特性,难以获得其规范文档,这对保护工控系统安全造成了一定的难度。针对工控系统中大量的私有协议,逐层分析、破解出其相应的格式,为安全人员设计、开发防护措施提供了指导与保障。本技术首先按照文本和二进制两种属性对报文字节流进行分词,采用序列比对算法对报文属性序列进行初始聚类;其次对各个域进行语义推断,根据识别出的格式标志域取值进行再分类;然后不断进行递归,直到子类中的报文数目小于某个阈值;最后为避免对样本集过分类,合并属性和语义序列相似度高的子类,实现协议解析。

4.4.2.2 基于主被动双重检验的组态工程重建和监测技术

主被动双重检验的组态工程重建和监测技术,为控制器建立全生命周期组态信息管理档案,解决控制器在遭受组态篡改攻击后无法快速恢复、控制器组态文件无法审计分析的问题。

利用资产识别和探测技术,识别工控系统中每一控制器的资产特征,利用资产特征属性建立与之对应的逻辑实体关联模型。根据逻辑实体关联模型单元索引表中设定的探测策略,采用主动和被动方式获取控制器组态信息,并进行双重检验。

利用组态文件的特征分析与智能搜索技术,基于各自使用的组态工程的文件组织形式和特征,智能分析组态文件,建立组态信息管理档案库,记录组态文件中的控制代码、硬件配置、原始参数等关键数据信息,为应急处置提供决策依据和处置手段。

4.4.2.3 基于工艺指令组合智能识别的控制器防护技术

根据工艺要求和控制流程,结合 IO 点表信息,智能识别工控系统应用服务对象、角色关联对象、目标系统安全域对象、目标系统参数安全范围对象,再根据识别出来的安全对象,映射生成控制器防护策略规则树。

利用业务流程模型和基于规则树的规则推理引擎,根据输入的数据报文的源地址、工控协议进行规则匹配推理,高效匹配工控指令码、参数安全范围等策略规则,并智能执行,使策略匹配性能达到最优,实现业务处理的低延时、可预测,保证了工控系统安全、高效、稳定的运行。

4.4.2.4 工控系统通信主体交互特征分析与提取技术

基于工控模拟平台及工业企业现场资产通信样本,从资产安全的角度分析各类型工控系统以及工控网络中各通信主体间的连接关系,建立较为全面的工控系统资产库,分析和识别系统类型、关键组件构成、网络结构并分析通信主体间的交互特征,并根据特征的共性建立报文序列特征自动建立方法,形成以通信主体为集合主键的交互特征库。

通过分析监控层网络捕获的数据流来识别目标控制系统中主机应用、控制器类型和版本,并进行漏洞匹配,从而利用安全场景重建实现对系统的风险管控,用以发现和识别隐蔽攻击。

4.4.2.5 基于交互特征的工控通信主体识别技术

工控非法资产识别与威胁检测是基于对不同类型工业通信主机通信报文序列进行识别的资产类型和版本判定专利技术,能够判别非法资产以及资产的版本变更,从而识别非法接入系统,实现威胁检测。

基于工控网络通信主体交互特征库,主动扫描和被动监控相结合的工控通信主体识别方法,通过策略自学习、测试模式等设定,针对连接状态、认证状态、请求-响应等变迁特征形成高效、高准确度的工控通信主体识别方法,并分别对工控设备关键组件中所运行的系统软件、应用软件的类型进行识别,同时充分采集实验室和现场实际通信样本,通过不断地训练完善算法的有效性而提升识别检测效率。

4.4.2.6 工控系统特有威胁识别与检测技术

工控专有病毒通过逐级渗透至现场层控制网络,直接对主机及现场控制设备进行恶意操控和逻辑篡改,达到破坏工业生产流程和损伤物理实体的目的。利用该系统能够自动化及半自动化地构建工业专有威胁,从而形成多种安全攻击方式,协助验证原生系统及部署安全防护设备后的系统防护能力。攻击生成技术基于实体功能及其漏洞影响,按生产业务流程分解功能,并建立生产业务流程子功能与实体漏洞关联映射,利用未知威胁预测与验证专利技术占据主动安全优势,实现工控系统特有威胁的检测与防御。具体流程如图 4.6 所示,流程包括:

(1)基于生产业务安全描述的流程分解,根据各业务流程建立已分解的各个功能之间的关联关系,按业务流程形成功能链。

(2)基于实体特性安全描述的功能分解,建立实体与功能之间的一对一或一对多的映射关系。

(3)基于工业资产漏洞描述的业务影响分析,根据工业资产已知漏洞所影响的功能,以及功能关联关系,建立实体漏洞关联关系,并形成漏洞关联链。

(4)基于工业专有漏洞利用描述的未知威胁构建,根据每一条漏洞关联链中各漏洞的利用方法,通过威胁生成系统实现各漏洞利用代码的组合,从而生成所需的工业未知威胁。

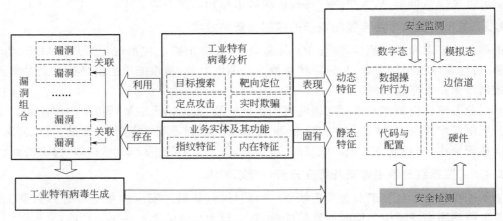

图 4.6 工控系统特有威胁识别与检测技术流程图

4.4.2.7 基于机器学习的进化基线检测技术

由于当下工控网络恶意行为的复杂性以及快速变异等特性,已有的特征库及漏洞库因其标准化及滞后性,导致对未知威胁的检测能力较弱。本项目采用基于机器学习的基线自学习威胁检测技术,可以依据正常情况下的工控网络各项数据进行深度学习,建立起初始多节点复合基线,并在日常运行中进一步学习当前工控网络特点,调整基线情况,从而精准检测流量、通信、行为偏移,发现未知威胁。

基线自学习威胁检测技术以机器学习为基础,在以业界标准数据集训练出初始基线模型的情况下,将短时真实数据作为小样本测试集进行异常检测,并以未检测出异常的网络各节点的流量数据、系统总体均时流量数据、设备参数、设备通信行为等基础信息作为新的训练数据集对模型进行训练,从而通过数据驱动模型不断升级,形成精准匹配现场实况的混合基线模型。

4.5 整体解决方案

中油国际管道工控信息安全技术架构主要采用"管线安全运维"+"态势感知"的多级部署模式。部署模式如图 4.7 所示。

管线安全运维中心作为"管线安全运维"的核心,负责管线安全数据的收集与分析,管线安全策略的定制与分发,管线安全事件的查看与处置。管线安全运维中心可以全面地收集安全产品信息、工业控制器信息以及网络设备信息等,对数据进行联合分析并识别异常事件,生成对应的防护策略。用户可以对异常事件进行处置,对防护策略进行管理与分发,形成某条管线的监测、响应与防护的安全体系。

网络安全态势感知系统是"态势感知"的载体,负责收集各个管线"站点"态势感知甚至场站、阀室的数据,并进行分析和可视化,实现态势观测和威胁预测的功能。

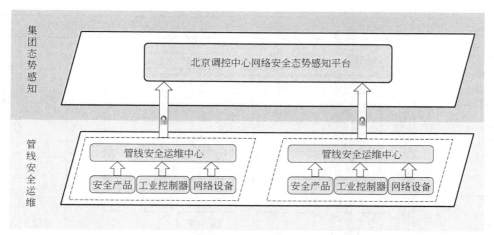

图 4.7　中油国际管道工控信息安全技术体系部署模式图

4.5.1　北京调控中心

北京调控中心作为整个中油国际管道的中心,汇聚了中油国际管道各过境国合资公司工控系统相关数据。

在北京调控中心建设上层网络安全态势感知系统,集中分析各过境国合资公司负责管道的综合安全数据及工控数据,及时掌握中油国际管道工控系统的整体安全态势,预判中油国际管道工控系统整体安全趋势,对中油国际管道工控系统发生的安全事件进行快速响应。

北京调控中心存在 ABC 线气 SCADA 工作站区、哈南线 BSGP 气 SCADA 工作站区、中缅管道油气 SCADA 工作站区、KCP&MT 线油 SCADA 工作站区、CCTV&IP 电话网络区、视频会议网络区、气 SCADA 服务器区、油 SCADA 服务器区,现已为各业务功能区域划分不同网段,并且使用防火墙进行逻辑隔离。

同时,北京调控中心对外存在几处边界:与过境国合资公司的网络边界,与中石油办公网的网络边界等。在边界应根据业务情况,部署具备逻辑隔离功能的工业防火墙、物理隔离的工业安全隔离与信息交换系统或单向传输功能的单向工业安全隔离与信息交换系统,做好北京调控中心的边界防护。

北京调控中心的安全防护还应满足等级保护安全计算环境的要求,在核心业务汇聚区部署工控安全审计系统、工控入侵检测系统、工业日志审计系统及工控运维审计系统。实现对北京调控中心网络中产生的工控行为及网络异常实时检测,及时检测出网络中发生的风险及攻击,并对人员的运维操作进行记录。

在北京调控中心的关键业务主机及服务器上应部署工业主机安全防护系统进行安全加固,能够对工控主机的运行资源、数据资源和物理存储资源进行管控,防范未知病毒的运行及其对主机资源的利用并对已知病毒进行查杀。在保证主机不受入侵和病毒感染的同时,防止主机被当作宿主机,对其他主机和工控系统造成攻击伤害,全方位地防护工业控制系统的主机安全。

北京调控中心与过境国合资公司油气管道 SCADA 间的跨国链路应划分单独的时隙网络传输相应 SCADA 数据和 DMZ 区的管道地理信息系统、管道完整性系统、远程诊断系统等。

北京调控中心解决方案如图 4.8 所示。

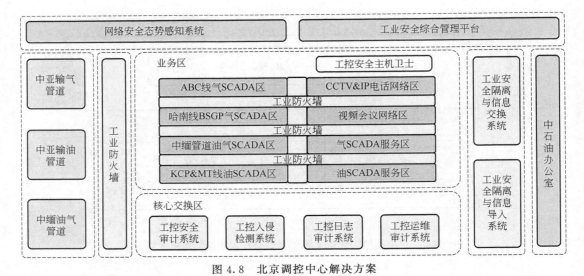

图 4.8　北京调控中心解决方案

4.5.2　管线调控中心

中油国际管道工控系统覆盖中亚输气管道、中亚输油管道及中缅油气管道,涉及 7 家过境国合资公司,共配有 7 个调控中心,分别是乌兹别克斯坦境内负责综合控制 ABC 线的 ATG调控中心 BCC、哈萨克斯坦境内负责综合控制 ABC 线的 AGP 调控中心 ACC、哈萨克斯坦境内负责综合控制哈南线的 BSGP 调控中心克孜勒奥尔达、综合控制西北原油管道的 MT 调控中心、综合 K—K 管道和 A—A 管道的 KCP 调控中心阿塔苏首站、综合控制中缅气管道的SEAGP 调控中心、综合控制中缅油管道的 SEAOP7 调控中心。各家管道公司调控中心的网络结构类似,在此设计统一的解决方案。

在各家管道公司的调控中心建设该管线的网络安全态势感知分系统。此类网络安全态势感知分系统功能与北京调控中心的网络安全态势系统的功能类似,只是感知的范围不同。此类网络安全态势感知分系统仅收集本管线内的综合安全数据及网络数据,使得相应的管理者能及时掌握该管道工控系统的整体安全态势。同时,将管线的综合安全数据上传给北京调控中心的网络安全态势感知系统。

为更好地对管道的安全事件进行快速响应,在各家管道公司的调控中心还部署了工业安全综合管理平台,可在该平台上对管线内部署的安全产品进行统一管理,方便人员进行运维。

管线调控中心直接接受各个场站及阀室的数据,需要在调控中心与场站及阀室的网络边界部署支持解析工控协议的工业防火墙进行逻辑隔离。同时为了保证工控系统与其他系统的安全隔离,需要在工控系统和合资公司其他系统的网络边界部署支持解析工控协议的工业安全隔离与信息交换系统进行物理隔离。

管线调控中心的安全防护还应满足等级保护安全计算环境的要求,在核心业务汇聚区部署工控安全审计系统、工控入侵检测系统、工业日志审计系统及工控运维审计系统。实现对管线调控中心网络中产生的工控行为及网络异常实时检测,及时检测出网络中发生的风险及攻击,并对人员的运维操作进行记录。

在管线调控中心的关键业务主机及服务器上应部署工业主机安全防护系统进行安全加固,能够对工控主机的运行资源、数据资源和物理存储资源进行管控,防范未知病毒的运行及其对主机资源的利用并对已知病毒进行查杀。在保证主机不受入侵和病毒感染的同时,防止主机被当作宿主机,对其他主机和工控系统造成攻击伤害,全方位地防护工业控制系统的主机安全。

过境国合资公司油气管道 SCADA 与北京调控中心间的跨国链路应划分单独的时隙网络传输相应 SCADA 数据和 DMZ 区的管道地理信息系统、管道完整性系统、远程诊断系统等。

管线调控中心解决方案如图 4.9 所示。管线的 OAD 也可参考此方案。

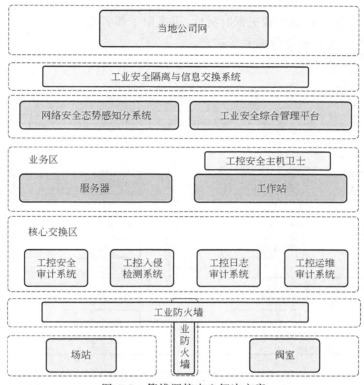

图 4.9　管线调控中心解决方案

4.5.3　场站

中亚输气管道、中亚输油管道及中缅油气管道涵盖的场站均是油气运输的重要一环,各场站网络结构类似,在此设计统一的解决方案。

场站工控系统主要由工作站、服务器及工业控制器构成。

针对工作站及服务器,为保障油气运输业务的正常运行,在重点工作站及服务器上应部署工业主机安全防护系统进行安全加固,能够对工控主机的运行资源、数据资源和物理存储资源进行管控,防范未知病毒的运行及其对主机资源的利用并对已知病毒进行查杀。在保证主机不受入侵和病毒感染的同时,防止主机被当作宿主机,对其他主机和工控系统造成攻击伤害,全方位地防护工业控制系统的主机安全。

一般来说,场站均直接与本管线的调控中心直接相连,与其他场站的交互必须通过调控中心的路由策略。针对这种情况,需在场站与场站的网络边界处部署工业防火墙进行边界防护。

同管线调控中心一致,场站的安全防护也应满足等级保护安全计算环境的要求,在核心业务汇聚区部署工控监测预警系统。实现对场站工控系统网络中产生的工控行为及网络异常实时检测,及时检测出网络中发生的风险及攻击。

针对重点工业控制器,构建控制器专属安全防护盾,全方位保障工业控制安全。控制器专属安全防护盾主要由 2 款产品构成:一是控制器完整性检测与恢复系统,主要用于对工业控制器的运行状态进行实时监测,一旦控制器状态出现异常就及时预警,还支持对工业控制器内的组态工程进行实时监测,发现组态工程被篡改即刻进行恢复,保障工业控制器的安全,最大化减少因组态变更造成的损失;一是控制器防护系统,可以深层次地对发向工业控制器的指令进行检测与防护,具备比工业防火墙更低时延性,更适用于部署在工业控制器的前端。二者相辅相成,共同作用,实现工业控制器的有效防护。

场站解决方案如图 4.10 所示。

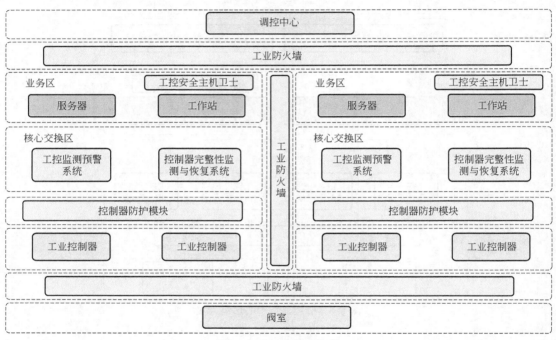

图 4.10　场站解决方案

4.5.4　阀室

阀室较场站相比,网络结构更加简单,数据量更小,仅部署 RTU 控制器,一般处于无人值守状态。

所以,相较而言阀室的安全防护也较为简单,可以由上下游场站或调控中心提供对阀室的安全防护和监测能力。如果 RTU 阀室内还连接了 lite RTU 或 mini RTU 等其他阀室或系统,可以在阀室网络核心交换处部署工控监测预警系统,收集网络内的工控行为与网络事件,实时上传至调控中心的网络安全态势感知分系统进行集中分析。同时应安装视频监控和门禁系统,保证当阀室区域被物理入侵时能够及时报警,并在物理入侵事件后进行追溯。

4.5.5　工控系统蜜罐

在工控系统中部署蜜罐能够吸引攻击,分析攻击,推测攻击意图,并将结果补充到防火墙、

IDS 以及 IPS 等威胁阻断技术。蜜罐越表现得像是正常使用的真实系统，就越能实现上述的功能，也意味着更昂贵的建设费用和更专业的安全团队，所以本报告只对蜜罐技术进行介绍。

蜜罐的发展主要分为三个阶段：

（1）初级阶段。蜜罐思想首次被提出，这是蜜罐的形成阶段；

（2）中期阶段。蜜罐工具的大规模开发，比如 DTK、honeyd、honeybrid 等工具的提出；

（3）后期阶段。采用虚拟仿真、真实设备、真实系统、IDS、数据解析工具以及数据分析技术等综合构建的网络体系进行入侵诱捕。

蜜罐至少包括一个主机和一个由主机运行的程序，主机和程序都有输入和输出，"交互"被定义为发送查询和收到答复。典型分类主要分为三类：

（1）低交互性。对手能够与主机但是不能与程序进行交互。

（2）中等交互性。对手能够与主机和程序进行交互。

（3）高交互性。对手能够与主机和程序进行交互，并且能够读写程序。

近年来，随着工控安全形势的严峻，蜜罐技术被越来越多地应用在工控领域，从协议的仿真做起到工控环境的模拟，交互能力越来越高，结构也日趋复杂。开源工控蜜罐中，主要针对 modbus、s7、IEC－104、DNP3 等工控协议进行模拟。其中 conpot 和 snap7 是相对成熟的蜜罐代表。conpot 实现了对 s7comm、modbus、bacnet、HTTP 等协议的模拟，属于低交互蜜罐。conpot 部署简单，协议内容扩展方便，并且设备信息是以 xml 形式进行配置，便于修改和维护。

Snap7 是专门针对 Siemens PLC 的蜜罐，基本实现了 s7comm 协议栈，属于高交互蜜罐。它可以模拟实际设备的信息与状态，而且实现常用 PLC 操作的交互。但这些主流的虚拟蜜罐只能模拟单一工控协议，因此只能捕获单一工控协议的攻击数据。

而为了提高蜜罐的部署能力，降低蜜罐部署成本，陆续有研究者提出采用低交互蜜罐与高交互蜜罐混合部署的架构，在合适的时候调度合适的蜜罐，在学术领域称为混合蜜罐。目前混合蜜罐技术还属于新型技术，仅从技术层面进行了阐述，并未提出无懈可击的理论依据，尚存在诸多问题需要解决。

4.6　油气管道工控信息安全研究方向

4.6.1　综合运维管理技术

中油国际管道工控网络地缘广袤，安全防护体系建设涉及安全产品众多，为实现安全有效的统一管理与协同联动，必须解决安全传输及应急联动两大难点，研究综合运维管理技术。

综合运维管理技术一方面需要实现对所有监测类、防护类及平台类安全产品的管理，形成企业级的统一安全管理体系，并作为中心节点协调内部各个产品之间的联动；另一方面需要提供适应的网络安全事故应急响应预案，对接油气管道运输网络安全事故处置相关资源，从控制、网络、人员、设施等多方面进行安全保障。

4.6.1.1　基于工控信息安全统一描述的安全传输通道

综合运维管理技术强调联动协同，因此需要在中油国际管道安全防护体系内部以及外部对接方面形成统一的描述手段和传输通道。以工业现场高可靠性、高可用性、高稳定性为基础原则,通过对工业生产业务安全和工控系统实体安全需求的描述与分析,对所有部署的安全设备及其功能进行业务融合的无损化设计,并在安全设备部署实施前进行与业务系统的适配,保证对工业业务流程的无扰动安全检测与实施,有助于工业安全无障碍的安全检测目标。

统一的工控信息安全描述语言传输途径如图 4.11 所示。

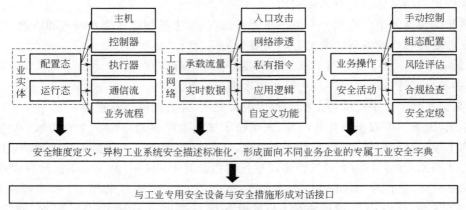

图 4.11　统一的工控信息安全描述语言

基于统一的工业安全描述语言,有利于建立统一的检测通道。其意义在于:工控信息安全的可描述问题,通过一种语言把工控系统从下到上的安全描述清楚,消除中油国际管道安全维护人员对工控信息安全实施的疑虑和顾虑;基于这种工控信息安全描述语言,实现了各种安全设备间的互通,让不同安全设备的安全分析结果综合在一起,使工控信息安全风险分析的依据更加全面化;不同厂商安全设备借助安全语言能够实现集成,使安全解决方案不再依赖于单一厂商,有利于各安全厂商发挥优势,同时使工业生产企业降低安全投入成本;通过这种工控安全描述语言,有助于保护工业生产企业和工控设备供应商的隐私;工控信息安全各类产品和服务都能输出标准化的结果,能够实现各类安全服务的数据对接,同样可以降低企业的安全投入成本,使安全服务更为高效。

安全定义的专有通道详情如图 4.12 所示。

4.6.1.2　基于安全防护策略生成的自主协同联动

综合运维管理体系:一方面在安全防护策略设置方面需要与中油国际管道已经实施的安全防护体系相结合,获取更多的工业网络漏洞与威胁信息;另一方面需要通过基于监测类产品提供的信息向防护类产品下发更新策略,以提升原有防护体系的防护能力水平,从而解决监测类产品与防护类产品的信息互通、共享、协同问题。

自主协同联动是一个面向威胁事件的生命周期保障问题,需要覆盖:

(1)事故发生前,以管理平台为基础的日常安全运维,并设定预测、预防和预案;

(2)事故发生前,日常性的工控系统版本管控、漏洞管控,非应急性补丁管理和补丁升级;

(3)事故发生时,工控系统的紧急停止运行,如通过下发停止指令等;

(4)事故发生时,区域级的工控信息安全防护系统临时性策略联动设置,需结合其他如防火墙的防护设备;

(5)事故发生时及发生后,控制器、主机组态恢复;

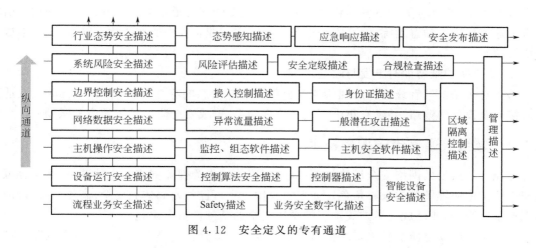

图 4.12　安全定义的专有通道

（6）事故发生后，根据从工控系统本身受到攻击的角度分析威胁源头与路径，升级防护措施。

详见图 4.13 和图 4.14。

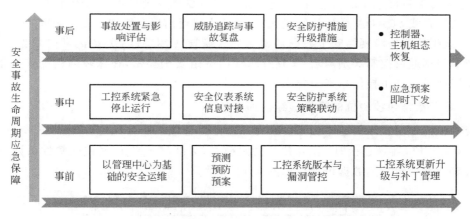

图 4.13　安全事故生命周期应急保障 I

图 4.14　安全事件生命周期应急保障 II

设定联动机制的关键：一方面在于响应预案的科学有效设计上；另一方面在于发生后的防护策略升级问题。重点通过以下方式解决：

（1）通过离线化安全策略形成应急预案。

基于对每条油气管线的资产现状和安全需求的综合分析，智能化自动生成适用于对接安全设备的策略,并具有集中下发和管理能力;通过模拟油气管道运输业务流程运行的训练引擎引入工业流量进行预置训练,消除安全设备与系统在工业企业中的在线化上线风险,并形成安全应急预案。

(2)安全防护策略即时下发与联动。

基于对每条油气管线的资产现状和安全事故发生状态的综合分析,智能化自动生成适用于对接安全设备的策略,并具有集中下发和管理能力,形成安全防护系统的应急联动。

4.6.2 轻量级通信传输加密技术

工控系统所处的网络安全环境日趋严峻,密码体制作为保障网络安全的基石,在工控系统的安全防护中应继续扮演核心角色。如何将我国自主可控的密码体制安全、高效、合理地应用到工控系统当中,业已成为维护我国工控系统安全的基础性重大课题。

工控系统的安全防护较之传统信息安全难度大大提升。一是工控系统的发展与信息技术深度融合,这种融合表现在集成和使用大量资源受限设备,例如传感器、可编程逻辑控制器、智能仪表等,使得对安全的关注主要集中在资源受限设备或系统上;二是安全技术在工控系统实现的有效性和适配性使得安全防护难度加大,因为安全技术的实现除考虑技术本身的可行和有效外,还需考虑目标系统的可靠性、性能等重要指标受到安全技术影响的程度。

针对油气管线 SCADA 系统通信现状,开展长距离通信轻量级加密技术研究,形成轻量级加密样机,做到既能保障网络安全数据加密又能保障管网 SCADA 系统的即时数据传输。轻量加密技术依据通信控制级别需求,实现针对性的网络安全加密,在保障通信的前提下,最大程度保障网络系统的工控信息安全要求。

4.6.2.1 基于数据包校验位的轻量级纵向加密技术

传统的纵向加密技术普遍遵循 IPSEC 标准,密钥管理采用公私钥体制,加密算法使用国密算法。在 IPSEC 隧道连接时,采用 ESP 隧道模式,提供数据加、解密包完整性认证、IP 地址封装屏蔽等功能。封装的数据包结构如图 4.15 所示。

图 4.15　传统纵向加密技术的数据包结构

传统的纵向加密技术的特点是对每一个数据包都进行封装并添加新的 IP 头部,同时对每一个数据包的实际 IP 头部和载荷进行加密。考虑油气管线 SCADA 系统通信现状,即 SCADA 系统使用的控制协议较为单一、关键的控制指令报文数量较少,更适合使用一种轻量级的加密技术,封装的数据包结构如图 4.16 所示。

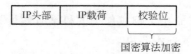

图 4.16　轻量级数据包加密技术的数据包结构

轻量级数据包加密技术有两个特点：一是仅在数据包 IP 载荷结尾处增加一段校验位的报文；二是仅对关键的控制数据包进行加密（例如 MODBUS 的写操作，IEC60870－5－104 的遥调、遥控操作），而对于读取等非关键控制数据包，不进行加密和校验，这样一来能大大降低纵向加密装置的负荷，保证纵向加密装置的运行效率。

4.6.2.2 基于国密算法与公私钥体制的校验位计算

轻量级数据包加密的校验位计算，首先使用国密摘要算法 SM3，对 IP 载荷进行摘要计算，然后通过国密非对称加密算法 SM2，对密钥和时间戳进行加密，最终生成校验位并附在数据包后。其中主站侧纵向加密装置持有私钥，对数据报文进行加密；RTU/DTU 侧的纵向加密客户端持有公钥，对数据报文进行验证，确认是主站发过来的控制报文，再转发至 RTU/DTU。

通过该方式进行加密和校验位计算，摘要可以保证数据不被篡改，密钥可以验证主站的可信程度，时间戳可以防止数据重放。

4.6.2.3 轻量级纵向加密装置快速部署方案

一种快速部署的方案，在无需修改主站与 DTU/RTU 的任何配置，通过将纵向加密装置部署在主站与 DTU/RTU 的链路中间，另外将一个纵向加密客户端安装在 DTU/RTU 上，即可完成部署。部署的示意图如图 4.17 所示。

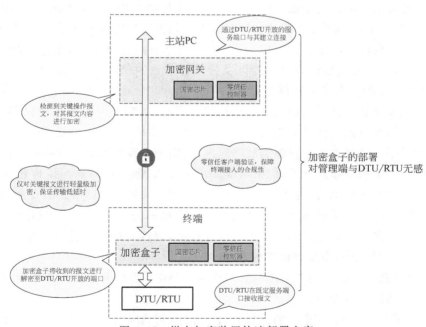

图 4.17　纵向加密装置快速部署方案

快速部署后，加密网关检测到关键操作的报文（例如 IEC104 的遥控操作、MODBUS 的写操作），通过国密算法对数据包进行签名并附在负载尾部；对于普通数据包通过 TLS 传输。加密盒子收到报文后进行解密，并转发至 DTU/RTU。

同时加密盒子安装零信任客户端，上线后需与加密网关的零信任控制器进行验证。身份验证后，才可与加密网关进行密钥交换以及与主站 PC 进行通信。

基本业务流程如图 4.18 所示。

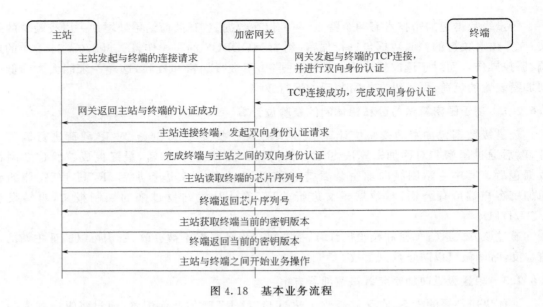

图 4.18　基本业务流程

4.6.3　无线安全认证技术

中油国际管道工控网络已经在各过境国合资公司的调控中心、场站、RTU 阀室三者之间应用了 VSAT 卫星网络，随着 5G 等技术的迅猛发展和大量应用，用于监测与控制各类工业任务的工业无线传感器网络（Industrial Wireless Sensor Network，IWSN）也将不断和现有工控网络融合。但是，由于无线通信的开放性以及传感器节点的局限性，使得 IWSN 很容易遭受攻击，也使得 IWSN 的安全问题显得尤为重要。

已有的无线安全认证技术大都基于中央授权验证机制，需要一个中央集权实体对各传感结点进行验证。每个节点的认证都指向同一个中央认证实体，该实体存储所有信息，并根据信息完成认证和授权。这种方式存在单点故障问题，当集中式服务器出现问题时，所有认证都将失效。区块链技术采用分布式技术，以密码学算法为基础，通过点对点网络构建分布式账簿。由于区块链技术没有中央机构，也从根本上解决了基于中央集权模型带来的安全问题，并通过非对称加密、数字签名、哈希函数和共识算法保证了交易的安全、可追溯和数据的一致性。虽然区块链技术有诸多优点和先天的安全可信认证保障，但现有的区块链技术解决方案并不能直接应用到 IWSN 环境中，主要有以下原因：

（1）共识机制复杂。区块链中采用的共识机制（POW），需要大量的计算资源，远远超出大多数无线传感网络设备的能力。

（2）资源开销巨大。区块链中的区块都需要广播到每一个节点进行存储和验证，对于 IWSN 设备来说，这将耗费大量的能量和带宽资源。

（3）延迟高。用区块链技术生成一个新的区块需要较长的延迟，这是 IWSN 不能接受的，例如在比特币（bitcoin）中，一笔交易需要 10min 才能确认。

由于 IWSN 设备存在较大的局限，如计算能力较弱，内存空间较小，带宽资源有限等，这与现有基于区块链的重量级分布式安全解决方案的要求不兼容。针对 IWSN 安全需求和资源限制，研究将区块链技术应用到 IWSN，构建轻量级区块链结构，建立基于区块链的无线安全认证技术来解决 IWSN 的安全问题。

4.7　安全建设效益分析

4.7.1　经济效益

随着工业化、信息化的快速发展,工业控制系统在石油石化领域的运用也越来越广。特别是中国制造 2025、德国工业 4.0 等战略的提出,对工业控制系统的智能化、网络化提出了更高的要求,同时也导致工业控制系统所面临的安全形势越来越严峻。尤其是面对当前集团化、国家行为的网络空间安全威胁形势,广泛采用国外先进控制系统、工控协议等国家关键基础设施一旦遭到恶意攻击、破坏,可能造成人员伤亡、环境污染、停产停工等严重后果,严重威胁我国经济安全、政治安全、国家安全和社会稳定。目前,世界各地的石油石化行业已经发生了大大小小的网络安全事故,如 2017 年沙特石化设施停产、2018 年美国输气管道遭网络攻击、2019 年伊朗石油设施瘫痪、2020 年美国输气管道被迫关闭等,被用于接管并控制管道泵和压气站等设备 SCADA 的恶意软件正变得越来越普遍。因此,我国亟需增强油气管道运输工业控制系统的网络安全防护能力,保障我国社会安全与国家安全。

中油国际管道践行"西气东输""一带一路"等国家战略,保障国家能源供应。因此,建设中油国际管道工控系统安全防护体系,实现动态立体、深度防御、协同联动、持续监管的安全防护原则,加强工控系统抵御跨信息物理空间未知威胁的能力,将切实保护中油国际管道关键基础设施、重大工程工业控制系统设计、运行、服务全生命周期的安全可控,维护工业生产安全,保障我国经济的高速发展与能源的稳定供应。另外,建设中油国际管道工控系统安全防护体系所研究的各类关键技术、产出的产品成果,将打破国外发达国家在工控信息安全领域的技术垄断和市场垄断,可以作为油气管道运输行业工控系统安全防护的典型案例向全行业进行有效推广,并向其他相关行业、领域进行辐射,大大提升国产工控信息安全防护产品及其系统安全解决方案的市场竞争力与占有率,创造非常可观的经济效益。

4.7.2　社会效益

本项目在中油国际管道工控系统中的应用,合作研究的主动防护理论、技术研究将有助于推动我国油气管道运输工控信息安全主动防御体系的形成与技术创新。同时也有助于培养一支理论基础扎实、技术一流、掌握工控系统深度安全主动防护核心技术的人才队伍与产业化群体,推动我国工控系统网络安全快速发展。

当前,我国关键基础设施现役工业控制系统多由国外产品垄断,时刻可能受到预埋"软件炸弹"或超级病毒的攻击。利用本项目的研究,能够对中油国际管道工控系统提供安全防护技术体系、解决方案、防护产品、安全测评等方面的支撑与指导,保障中油国际管道工控系统免受干扰和攻击,安全稳定运行,保障国家财产不受损失,社会秩序有条不紊,维持社会的高速平稳发展。

压缩机组研究探索

本篇主要为压缩机组性能优化方面取得的成果，旨在为相关领域的研究人员、工程师和管理者提供专业而深入的机组问题解决方案，促进压缩机组技术的进步和应用。

压缩机组运维服务模式研究

1　背景情况

中亚天然气管道 A、B、C 线和哈南线共有燃驱离心压缩机组 86 台,包含 GE、Solar、Siemens 三种品牌,9 种不同型号燃气轮机和 8 种不同型号压缩机,多品牌、多型号压缩机组配置给中油国际管道有限公司及各合资公司的压缩机管理带来挑战。

自中乌、中哈、哈南线天然气管道投产运行以来,ATG、AGP 和 BSGP 分别根据所在国和合资公司实际情况,针对运行、维护、中大修等作业使用了多种服务模式,主要有自主维护、长期服务支持、CSA 大包合同、外委等,各模式均有自身优势和问题,存在提升、优化的空间。

各合资公司前期储备压缩机组重要备件,如 GG、PT 等,均根据实际需求采购,目前逐渐进入第一个大修周期结束期间,需要提出压缩机机芯备件储备的标准和依据。

为提高公司压缩机组管理水平,保障机组运行可靠性、可用率,公司应统一确定并提出各合资公司差异化的压缩机组运维服务模式标准、中大修服务采购标准和重要备品、备件储备标准。

2　已有运维服务总结

2.1　AGP 运维服务

AGP 共配备燃驱离心压缩机组 42 台,其中 A、B 线 18 台,C 线 24 台,GE 机组 19 台,Siemens 机组 23 台。

AGP 机组运维服务模式大体上可以划分为两个阶段:第一阶段即机组投产及初期运行阶段,因运行人员技术能力和经验较为薄弱,对技术服务依赖高,此阶段所有运行站场均配备长周期技术服务人员,机组日常维护及故障处理基本依靠技服,费用高昂;第二阶段约从 2015 年开始至今,合资公司运行人员经几年后技能水平有了很大提高,对技术服务的依赖明显降低,因此开始对服务模式进行优化转变,并签订了 CSA 服务合同。自 2016 年起,长周期技术服务从长期驻站调整为流动服务组模式,现场技术服务人员数量明显减少,在保障机组服务的同时进一步强化了对合资公司运行人员技术水平的锻炼。

AGP 现有机组服务分两种模式:一是 CSA,二是长周期技术服务。

(1)CSA 是 2015 年与 GE 签署的技术服务与燃机中修一体的长期合同,合同期限为 6 年或在完成 CS1、CS4 站全部 7 台燃机中修后提前结束。合同主要包含三部分内容:一是技术服务部分,主要包含提供每站各一组常驻技术服务人员(含一名机械工程师和一名自控工程师),28 天轮换倒班,工作时间为 7×8h;设驻阿拉木图 CSA 项目经理一名,每周工作 5 天,每天8h;设意大利中心协调项目经理一名,负责资源调配和在意工作推进;提供 AM&D 远程诊断功能,可以 24×7(h)监控机组状态并提供故障诊断报告。二是燃机中修部分,合同负责完成两站 7 台燃机的 25000h 返厂中修。三是非计划性维修部分,主要包含固定金额的机组非计划性维修和损坏备件赔付。

(2)长周期技术服务合同周期为 1 年,服务内容主要包含机组例行维护、故障处理、厂家技术支持等基础性服务,不包含机组中修和大修等维修服务。按照合资公司实际需求,长周期技术服务均采用流动服务组模式。

2.2 ATG 运维服务

ATG 共配备燃驱离心压缩机组 21 台,其中 A、B 线 11 台,C 线 10 台,GE 机组 9 台,Solar机组 9 台,Siemens 机组 3 台。

由于乌国特殊商务环境、乌方对中外服务商固有理解和对机组维修责任的关切等原因,目前中乌项目 3 种机型的机组均采用与 OEM 厂家签订运维服务合同,现场运行问题和各级别维修寻求厂家支持的模式,虽然设备原厂家具有责任清晰、技术支持雄厚等优点,但也存在价格高、响应不及时和服务水平参差不齐等问题。引入高性价比、竞争性的服务资源,对于提高中乌项目压缩机管理水平越发重要。

2.2.1 GE 机组运维服务

ATG 针对 GE 机组采取长周期驻站服务和短期服务(应急和计划服务支持)相结合的方式。GE 机组的长周期驻站服务起始于 2011 年投产早期,故障高发,同时中乌管道仅 WKC1、WKC3 站运行,若运行机组故障将严重影响全线输量,故 ATG 在投产初期采取 2+2 长服模式。随时间推移,机组逐渐进入偶然故障期(平稳期),同时各站工程师技术水平不断提高,逐步掌握了一定的机组运行操作和故障处理能力。考虑以上情况,中乌管道削减人数至 1+1 长服模式。

9 台 GE 机组的长周期驻站服务合同期限为 5 年,服务内容主要包含机组例行维护、故障处理、厂家技术支持等基础性服务。

2.2.2 Siemens 机组运维服务

ATG 配置的 3 台 Siemens 机组全部位于 UCS3 站。UCS3 站投产初期间断运行,后长期运行 1 台机组,在当时输气工况条件下机组年使用率低、运行时间较少,站场有充足备机。Siemens 机组投产初期出现过较多问题,经摸索实践,在处理问题的过程中运行人员提升了技术水平,当时 3 台机组运行较为稳定,问题相对较少,因此针对 Siemens 机组中乌项目采取自主运行为主、短期服务(应急和计划服务支持)结合的方式。

Siemens 机组的短期服务为开口服务合同,按需协调,主要服务内容为机组状态检查分析、常规维护保养、疑难故障、突发大型故障、大型或专项维护检修作业等。

2.2.3　Solar 机组运维服务

ATG 配置的 9 台 Solar 机组位于 WKC1(2 台)、UCS1(3 台)和 GCS 站(4 台)。WKC1 站 2 台 Solar 机组作为应急和调峰使用,使用频率低、总运行时间少。UCS1 站按输气量安排约半年时间仅运行 1 台机组,GCS 站为乌气接入站,投产之初因乌气输量不足长期运行 1 台机组,后因乌气增量长期运行 2 台机组,在当时输气工况条件下两站都有充足的备机,机组故障时紧急情况较 GE 站场偏低。另外,Solar 机组控制系统相对简单、运行较为稳定,因此 ATG 针对 Solar 机组采取自主运行为主、短期服务(应急和计划服务支持)结合的方式。

2.2.4　GE 和 Siemens 机组中大修服务

GE 和 Siemens 机组燃气发生器(GG)需要在运行 25000h 时进行 Level2 级别维修(中修),运行 50000h 时进行 Level3 级别维修(大修);动力涡轮(HSPT)需要在运行 50000h 时进行返厂维修,运行 100000h 时进行更高级别的返厂大修;压缩机(CC)需要在运行 50000h 时现场检修,运行 100000h 时需要进行更高级别的现场检修,若发现问题,则进行返厂维修。截至 2019 年 7 月,中乌项目已完成 8 台 GE 机组 GG 的中修工作,目前已开展 GG 中大修、动力涡轮返厂维修和压缩机现场维修等工作。

关于 GE 机组燃气发生器(GG)的大修和动力涡轮(HSPT)的返厂维修服务,由于暂未找到合适的国内服务厂家,ATG 计划采取类似 GG 中修的策略,引入全球其他优质服务商参与竞标。HSPT 已于 2019 年 6 月启动商务流程,GG2020 年启动大修。

针对压缩机维修,中乌项目暂定现场维修,并根据维修情况决定是否返厂维修的策略。根据与该压缩机生产商 GE 新比隆公司沟通,届时将通过短期服务方式邀请一名 GE 技术人员赴现场开展压缩机维修工作,叶轮和叶轮隔板的荧光探伤检查计划尝试寻找其他服务商进行。此种维修方式具有简单、高效和操作性强等特点,无需签署额外合同,利用现有的长服合同即可完成。存在的问题主要是无法引入国内优质的压缩机大修服务商参与,使 ATG 较为全面地对比分析各方服务质量;另外还无法较为全面地检查机组,探伤等维修方法需要额外招标进行。

按照当时输量测算,首台 Siemens 燃气发生器(GG)2022 年到达中修,动力涡轮(HSPT)和压缩机(CC)预计 2030 年后需要维修,机组三部分的维修模式预计与 GE 机组类似,可在 GE 机组中大修模式的基础上优化。

2.2.5　Solar 机组中大修

Solar 机组燃气轮机是燃气发生器(GP)和动力涡轮(PT)的整体式结构,根据维修手册需要在运行 30000h 时返厂大修,大修后机组运行时间清零并进入下一个运行周期;Solar 机组压缩机(CC)无大修要求,可长期运行,根据经验可在运行 50000～60000h 时视情况进行现场检修,或根据现场输量计算压缩机工作状况进行叶轮调级等工作。

2020 年 ATG 会有 2 台 Solar 机组大修,随后 4～5 年需完成后续几台机组的大修工作,亟需寻找具备资质和性价比较高的厂家签署大修合同,遇到的问题是调研到仅 Solar 原厂家具备大修资质和能力。

2.3 BSGP 运维服务

哈国南线天然气管道巴佐伊压气站(以下简称"巴站")是哈南项目的首站,巴站共有 5 台 Siemens SGT-400 型燃气轮机机组。

以 ICA(Intergas Central Asia)的技术水平和运维能力,很难完全承担巴站压缩机组的运行、保养和故障处理等全方位服务,故巴站压缩机组的故障处理和维护保养必然需要专业高水平的公司提供服务。为了更好地保障巴站压缩机组的运行,参考其他项目相关经验,BSGP 采用压缩机组专业技术服务的外包模式,即同有资质有能力的专业公司签署压缩机组维护服务合同(长周期驻站服务),以保证现场机组运行的可靠和稳定。

3 运维服务模式对比

3.1 AGP 运维服务

因 CSA 作为一种大包服务模式,仅在 AGP 与 GE 之间有合作经验,作为大包服务模式的试点与探索,具有重要的分析与借鉴意义。在此以 CSA 合同为参考对比 AGP 其他长服合同,比较两种形式的优势与不足。

3.1.1 设备稳定性保障

CSA 服务的稳定性主要体现在以下几个方面:一是服务稳定性,CSA 合同可以保障提供持续稳定的技术支持服务;二是人员稳定性,因服务团队相对稳定,服务人员对现场设备的熟悉和了解程度更高,可以更高效处理问题;三是设备稳定性,通过比对 2018 年中哈气项目各技术服务商机组运行指标发现,CSA 合同服务站场机组本体平均无故障时间最高,达到 4726h,均高于其他服务商水平。

3.1.2 商务流程效率

通过签订 CSA 服务合同极大减少了每年合资公司繁琐的商务采办招标工作,为运行部门节省大量时间。同时在 CSA 合同下执行燃机中修服务,既可以获得燃机优先维修权,又可以得到专业管理团队维检修规划建议,从而很好地保障燃机按时完成维护。

3.1.3 服务项目

CSA 合同相比普通长服合同,除了包含必需的基础性服务项目外,还额外提供机组稳定性提升及设备升级改造等服务,基于长周期合同,服务商一方面有充足的时间对客户设备进行数据采集分析,同时能够对设备存在的问题提出改进方案并执行。例如 CSA 合同下已开具 13 项提升机组稳定性改造项目,其中 5 项已完成,剩余项目正在推进当中;此外还进行了诸多逻辑优化项目,并于 2019 年 5 月免费开展了 CS4 站 1 台机组控制器升级改造项目。同时 CSA 合同还提供了 AM&D 设备远程监控服务以及设备维检修专项培训等服务项目,对于运行人员掌握设备状态及提升技能水平给予了很大帮助。

3.1.4　合同灵活性

因 CSA 合同为长期固定合同,因此即便在生产实际需求发生改变的情况下也很难通过变更合同内容来进行调整,比如 CSA 合同在 CS1 站和 CS4 站均配备一组长期驻站服务工程师,而自 2016 年起其余站场已调整为流动组服务模式且被证明完全可行,同时可以有效降低服务费用,但即便如此也无法通过变更 CSA 合同内容来改变服务模式,因此该合同服务费用相比其他站场偏高;同时 CSA 合同对于非计划维修费用的使用存在诸多限制,其中规定无法用于赔付蓄电池、开关及指示灯等诸多消耗性备件,与最初设想的可以赔付所有备件的预期不符。

3.1.5　合同计费风险性

CSA 合同中的可变费率基于机组的点火运行时间来计算费用,按照合同条款,如果机组每年的点火运行时间未达到合同规定运行小时数(CS1 站 10000h,CS4 站 14000h),则 GE 将有权向客户收取补偿费用,假如运行工况发生变化则可能导致燃机运行时间不足情况发生,存在一定的合同执行风险。

3.1.6　合同额外工作量问题

CSA 合同中对额外工作量有明确界定,尤其燃机中修并不属于全包模式,需要对额外工作量进行额外费用支付。

3.1.7　备件赔付速度

CSA 合同包含对机组部分损坏设备的赔付服务,当时已开具 340 多项赔付备件,其中约一半备件仍处在准备发货或者采购当中,物流周期通常在半年以上,到货十分缓慢。此项服务起初是考虑到合资公司存在库存积压、备件采购困难等问题,通过备件赔付的方式可以减少备件采购,降低库存并提高备件周转效率,理论上是非常符合合资公司实际需求的,但实际上 GE 在备件采购上需要花费一定时间,同时受哈国商务及物流清关等因素影响,导致此项服务远没有达到预期设想的效果。

3.1.8　长服驻站服务合同的优势与不足

长服合同期限通常为 1 年,周期相对较短的特点,同时存在优势与不足。

周期短的主要优势为,可以根据生产情况变化对服务需求进行灵活调整,合同结束后即可通过修改技术规格书重新进行招标。

周期短的不足之处在于,一是需要重复进行商务采办;二是服务团队的稳定性没有保障,如果服务商频繁变换不但会增加磨合时间,服务工程师对现场的熟悉程度也相对不足;三是服务费用存在逐年上调的可能性,同时不可能提供额外的服务项目以及进行设备提升管理等服务;四是缺乏可靠的设备维检修规划管理,采用单独招标的方式经常发生流标或无法按时完成维修的情况发生,对设备的正常稳定运行带来影响。

3.2 ATG运维服务

ATG运维服务模式主要分为长期驻站服务、短期和应急服务、中大修服务等三种模式。

（1）长期驻站服务。优点是厂家人员长期驻站，具有能随时检查机组和分析运行状态、及时配合处理故障、针对问题响应及时并可与技术中心联系、对现场问题和大修等合同执行情况进行现场验证等。缺点是工作量不饱满、长服人员技术水平有限和服务合同价格较高等问题。

（2）短期和应急服务。具有按需所派、目的明确等特点，能节省现场费用。存在短期工程师水平参差不齐、动迁速度不及时等缺点。

（3）中大修维修服务。优点是机组返回原厂维修，维修质量、水平和后续运行质保具有保障。缺点是维修价格高、维修周期长，无法引入国内外优质的服务商参与，使ATG限于厂家服务，无法较为全面地对比分析各方服务质量。

4 下步运维服务和中大修模式建议

4.1 AGP运维服务及中大修模式建议

4.1.1 服务模式建议

考虑到AGP运行人员专业能力仍存在死角、DLE机型的特殊性需求、高输量下的机组稳定性需求等因素，较长一段时间合资公司还需继续采购运维服务支持。

结合服务模式优缺点及机组维检修需求，采用长合同期限、包装式服务模式将更有优势。主要原因为：一是避免了重复招标采办；二是可以获得稳定的服务；三是机组的维检修返厂效率能够得到保障。

4.1.2 长期限合同改进建议

为避免出现CSA合同服务模式下灵活性不足、额外工作量等问题，中哈项目经研究提出了模块化长周期服务模式构想如下。

4.1.2.1 服务项目模块化

模块化长服的基础是将可能需要的各项服务进行模块化定义，明确每项服务的工作内容并确定服务价格以供选择，可能需要的服务项目主要有：流动技术服务组、项目经理、机组远程诊断、DLE标定、机组培训、机组LEVEL1保养、燃机25000h中修、燃机50000h大修、动力透平50000h大修、压缩机25000h检修、压缩机50000h检修、干气密封更换维修等，所有服务模块的工作范围及服务价格在合同期间将是固定不变的，且不允许出现额外费用等问题；对于可能需要的紧急维修服务等额外工作量，明确服务费率及材料费率，必要时选择性采购。模块化定价后可以确保各项服务花费清晰明了，且服务费用和维修费用互不牵扯。

4.1.2.2 服务合同开口化

为确保服务合同灵活性,必须选择签订开口合同,否则模块化的服务模式就失去其意义。此模式下与服务商签订的合同类似于框架协议,每年的具体服务项目及维修项目根据实际需求进行确定并签订补充协议。随着项目独立自主维检修建设目标的推进,所需的服务项目及技服人员将逐渐减少,比如技术服务小组可能由当时的 5 组减少到 3 组或 2 组,机组 4K、8K 维护保养也将实现完全自主,需要不断变化服务合同内容。

4.1.3 模块化服务可能的合作模式

AGP 现有 GE 和 Siemens 两种厂家机组,主要有 GE、Siemens 和 TCT 三个潜在服务商。其中 GE 只能为 GE 机组提供服务,Siemens 在与 MTU 建立合作关系后具备了 GE 机组的维检修资质,TCT 一直以来获得了 GE 和 Siemens 授权,同时具备 GE 和 Siemens 机组的维检修资质。按照项目运行机组的型号及潜在服务商具备的服务能力分析,新的模块化服务模式可能采用以下几种方式与服务商合作。

4.1.3.1 GE 和 Siemens 机组分别采购服务

采用此种方式则中标的服务商可能为同一服务商或不同的服务商,但都需要按两个合同来执行,即便是同一服务商中标也需要两个服务团队,按照当时运行需求,GE 机组需要配备 2~3 个流动服务小组,Siemens 机组也需要配备 2~3 个流动服务小组。

4.1.3.2 GE 和 Siemens 机组采购一个服务

因部分潜在服务商同时具备 GE 和 Siemens 机组的服务资质,可以两种机型采购一个服务,如此只需签订一个服务合同即可,既可以减少服务团队数量降低成本,又可以减少合同管理工作量。此外机组维修集中到一个合同,理论上可以获得更优惠的价格。

4.1.3.3 技术服务与维修服务分别采购

如技术服务与维修服务分开采购,可使两种不同服务互不牵扯,费用统计更为清晰,但在招标时可能出现技术服务与维修服务由不同服务商中标的情况,理论上会增加服务成本以及合同管理工作量。

4.1.4 结论

经上述对比分析,采用长期服务模式会更符合合资公司实际。综合考虑乌、哈运行经验和实际,建议 AGP 在长期、模块化服务合同中考虑以下建议:

(1)中修服务。考虑到国产化进程和油气服务更多元化的合作模式,采用不固定的中修服务模式对公司的发展更加有利。比如国内沈鼓集团和陕鼓集团具备设计制造机芯的能力,为国内管道压缩机机芯提供多次维修服务,可进一步咨询国内管道或压缩机生产商,尝试探索选择国内服务商赴项目开展维修、视情况返厂维修的方式,通过引入国内高效、优质的服务资源,在降低维修成本的情况下促进中国技术在"一带一路"国家的使用落地。

(2)远程诊断服务。OEM 厂商基本都提供了远程诊断服务,一些第三方服务商也提供了类似服务,如 liburdi。

(3)LV1 维护和日常维修。考虑将 LV1 级别保养服务从长期服务合同内移除,采取开口服务模式在需要时邀请 OEM 工程师工作。另外,随专业技术组建设的越发完善,以及各项目间交流更加便捷,AGP 应考虑逐步削减人员技术能力死角,自主开展 LV1 维护和日常维修。

4.2 ATG 运维服务建议

4.2.1 GE 机组运维服务建议

经多年运行,ATG 中乌双方员工已具备一定技术水平,掌握机组的运行操作和常规维护,包括日常检查、LV1 级别保养和孔探(4K 和 8K),负责机组运行参数监控和状态检查,判断故障后立足自主解决。关于更换 GG 和 PT 等大型作业,ATG 虽已掌握,但涉及质保等问题,仍需厂家现场验证。

关于疑难故障和大型故障,ATG 在运行管理团队和专业技术组框架下具备前期分析、故障判断、与厂家或专家探讨故障原因和解决方案的能力,建议立足自主或邀请相关专业人员到现场解决。

关于专项或大型维检修作业(燃机大修、压缩机更换干气密封和大修),由于专业性高,ATG 当时尚不具备自主开展的实力。建议利用专业维修组,固定相关人员,通过开展专业培训和维修实践掌握压缩机检查。

在 ATG 持续与 GE 沟通情况下,GE 机组长周期服务质量持续提高,但仍存在服务价格较高等问题。现场最需要的是让长服人员解决现场突发的机组故障和疑难故障,但多数情况下出现疑难故障而现场长服工程师仍需要依靠 GE 技术支持中心,存在响应慢、无法提出有效的解决排查方法等问题。

下步建议:

(1)尝试引入第三方优质外委资源提供长期服务,不限中方和外方,激活服务生态,避免 GE 成为单一服务商,还能推动 GE 降价或提升服务质量。另一方面需要保证引入的资源能提供有效的技术支持,尤其是自动化方面。

(2)引入中方资源提供长期驻站服务。优点是:便于中方掌控;紧急故障排查和响应速度比较快捷;能有效对 ATG 中方人员开展培训;如果可能,组建一支队伍,提供 Solar、GE、Siemens 三种机型的现场服务和专项维修,提供全覆盖服务。需要关注的问题是:中方资源能否具备签署美元合同的资质;中方资源能否提供更具性价比的服务;中方资源的技术优势能否保证现场的故障排查和处理。

(3)对于应急和计划服务支持。建议引入第三方资源,同时继续维持与 GE 签署的开口服务合同。引入第三方资源签署开口服务合同,承担一些现场的技术服务和维修维护工作。ATG 根据需要针对一项工作,来确认需要用哪个开口合同,这样极大增强灵活性。

4.2.2 Solar 和 Siemens 机组运维服务建议

GE 机组经多年运行,ATG 中乌双方员工已具备一定技术水平,掌握 Solar 和 Siemens 机组的运行操作和常规维护,更换 GG 和 PT 等大型作业涉及质保等问题,仍需厂家现场验证。

疑难故障和大型故障建议立足自主或邀请相关专业人员到现场解决。专项或大型维检修作业(燃机大修、压缩机更换干气密封和大修),由于专业性高,ATG 尚不具备自主开展的实力。建议利用专业维修组,固定相关人员,通过开展专业培训和维修实践掌握压缩机检查。

下步建议:

同 GE 机组采用双开口合同。在维持现在与 Solar 和 Siemens 签署的开口服务合同的基础上引入第三方资源签署开口服务合同，承担一些现场的技术服务和维修维护工作。ATG 根据需要确认需要用哪个开口合同，可极大增强灵活性。

4.3　BSGP 运维服务建议

4.3.1　加强对外委服务商 ICA 的管理

当时，合资公司对运行承包商 ICA 的管控主要依据为服务协议的条款内容和生产维修计划的审批，而运行服务协议对运行承包商具体事项的制约能力有限，后续应对继续完善协议条款和提高生产计划的合理性和科学性，利用合资公司部门内部各专业工程师小组，深入参与到各类外委服务合同的条款审核和谈判中，建立一套日常生产管理制度补充到运行服务协议附件中，以期实现用详尽的制度来约束 ICA，做到奖罚有据，不断促使其提高管道运维能力和运行管理效率。

加大外委人员招聘审核力度，严把质量关，形成一套成熟的人员聘用制度，除简历审核和专业工程师面试外，可对现场操作人员和工程师增加现场实操等项目的考核。此外，还应严格执行运行人员绩效考核制度，将其纳入运行服务协议的相关条款中，并根据岗位不同设置不同的考核指标，年底根据完成的指标数量和质量来进行考评，杜绝走过场等情况，使绩效考核成绩能真实体现出被考核人员的实际能力。

4.3.2　加强对压缩机长服的管理

进一步加强针对压缩机组的指标管理，以指标作为长服执行效果的考核依据，迫使长服承包商更好地履行义务，承担责任。

对压缩机组长服人员同样应有完善的筛选及评价制度，务必保证留有用的人在现场，在现场的人能发挥作用。

中亚天然气管道全水力系统压缩机性能优化研究

1　项目来源

1.1　项目背景及问题分析

中亚天然气管道是我国西北方向重要能源战略通道,具备 $550 \times 10^8 \, \mathrm{m^3/a}$ 的保供能力,年输量占我国表观消费量约七分之一,占陆上天然气进口能力 75%,对于推进能源结构转型、践行"双碳"政策、建设美丽中国,发挥着不可替代的作用。国际管道在践行"国际化"战略的道路上,与 10 家国际一流管道企业进行了对标,已达到世界先进的水平,但距离一流还有 1.51 的分差,其中能耗单项分差 2 分,减排措施分差 3 分,若将现有耗气量降低 3%,可达到一流企业的能耗水平。管道能耗高、排放高,主要是运行方案不优化、压缩机效率低和管输能耗评价不科学三点原因。

本项目主要针对中亚天然气管道联运运行仿真模型建立与校正、管输效率评价标准制定、不同压缩机在不同站场的性能适应性问题分析解决、AB/C 线联合优化运行、全线压缩机机芯调换方案以及同一站场不同压缩机机型负荷六项内容开展研究,打破现有管输规模下运行瓶颈问题,探索全水力系统压缩机性能优化方案,提升能源战略通道运行效率与效益,保障国家能源供应安全。

1.2　创新点

本项目共获得六项创新成果,我们也进行了查新,共检索中文文献 390 篇,英文文献 580篇。结果表明,项目研究的并行管道建模与校正方法、压缩机特性曲线校正方法、并行管道"压力平衡"联合运行方法、并行管道优化运行方法、基于等距原理的压缩机负荷分配方法和多层级能效评价方法六项创新内容,尚属国内技术空白。

（1）研发了一种不同水力系统并行管道建模及校正方法。利用相似定律,建立了一套校正管道元件仿真参数的方法,明确了通过大数据方法训练管道、设备特性参数的理论路线,提升管壁粗糙度、摩阻系数、传热系数、管壁保温层导热性等参数的准确性,为中亚管道优化运行建立仿真基础。

（2）研发了基于"二维坐标平移"的离心式压缩机性能曲线校正方法。提出了压缩机性能曲线"流量—压头"和"流量—效率"的"二维坐标"曲线模型，通过引入流量偏差 X 和多压头/效率偏差 Y 两个校正量，实现校正后的曲线性能与压缩机实际性能偏差小于 3%。

（3）创建不同水力系统并行管道联合运行"压力平衡"控制方法。不同水力系统并行管道各线最优输量分配是能耗水平的决定性因素，动态拟合不同总输量下 AB 线和 C 线最优分配输量组合，建立了 AB 线和 C 线的最优输量分配的函数表达式；创新了"压力平衡"控制方法，有效调节跨接线在不同工况下的通过量，实现不同水力系统并行管道的联合运行，异常工况保输量，正常工况降能耗。

（4）研发了输气管道整体运行优化方法。针对管道在不同运行工况下可选方案多、最优方案难以筛选的问题，利用能量守恒、质量守恒和动量守恒原理，开展多气源并行管道多级递阶优化运行研究，将全水力系统多阶段决策问题转化为依次求解的多个单阶段决策问题；并应用动态规划法智能测算各个阶段的全部可行决策，并从中选取最优方案，从而有效解决管道多级递阶优化问题，保障管道安全、高效运行。

（5）研发了一种基于等距原理的压缩机组负荷分配方法。结合压缩机机芯调换后的生产需求，建立一套不同机型多机联运的负荷分配方法，确保机组安全、高效运行；以不同压缩机运行工况点与喘振线距离相等为目标函数，以各压缩机出口压力为调整变量，建立了压力控制和转速控制下机组流量分配计算方法和逻辑控制原则，明确了远程和就地两种模式下无扰切换理论，有效解决了不同机型并机运行负荷分配问题，提升了压缩机运行的稳定性及效率。

（6）研发了一种并行管道多层级能效评价方法。针对单一指标无法科学评价管输方案优劣性的问题，基于大数据思想和熵权法理论，构建了以管输综合能效最优为目标的函数，分析各个评价变量对于目标函数的影响权重，再通过 TOPSIS 评价方法确定运行方案的综合能效得分，选取历史相同工况排名前 20% 的得分平均值作为该输量台阶下的能效得分基准线，从而实现科学评价运行方案的优劣性。

2　项目攻关及问题求解

2.1　问题的初步分析

针对本项目，从问题提出、分析问题、解决问题、方案评价几个步骤，应用 TRIZ 工具，分析并解决问题。

2.1.1　最终理想解

根据最终理想解的 6 个步骤，对现有问题进行分析，见表 2.1。

表 2.1　用最终理想解方法分析问题

步骤	分析
（1）设计的最终目标？	将现有能耗水平降低 3%

步骤	分析
(2)最终理想解？	系统自己实现最优运行模式
(3)达到理想解的障碍是什么？	管道没有达到设计输量； 不同输量下可选的运行模式多
(4)出现这种障碍的原因是什么？	气源供气量不足； 管道实际输送能力远大于实际输量
(5)不出现这种原因的条件是什么？	增加管道输量达到设计水平； 运用科学方法制定出最优运行模式
(6)创造这些条件所用的资源是什么？	购销气协议、管道历史运行数据、模拟仿真软件、优化算法

根据分析，提出了解决方案 1：搭建 AB/C 联合运行模拟仿真模型。

2.1.2 因果链分析

进一步，以管道运行能耗高为结果，对原因进行层次分析并构建因果链条，如图 2.1 所示。

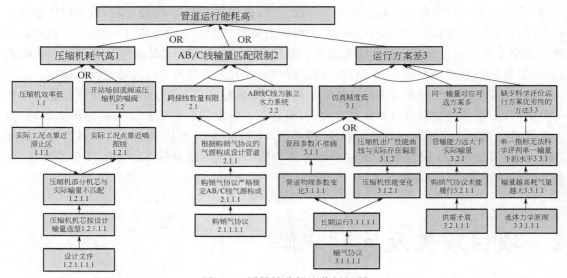

图 2.1 因果链分析法分析问题

根据 1.2.1.1 压缩机部分机芯与实际输量不匹配，得出方案 2：重新设计压缩机叶轮，使其适应实际工况。

根据 3.1.1 管段参数不准确，得出：方案 3：运用历史数据校正管段物理参数。

根据 3.1.2 压缩机出厂性能曲线与实际存在偏差，得出方案 4：运用历史数据校正压缩机压头—效率-流量特性曲线。

根据 3.2 同一输量对应可选方案，得出：方案 5：选用优化算法、结合仿真技术开发管道优化运行测算软件。

2.1.3 九屏图

应用九屏图，拓展思路，寻找更多可利用的资源。以基于模拟仿真人工调整的水力系统为当前系统，寻找当前系统的过去和未来，以及各自的子系统及超系统，具体分析结果如图 2.2 所示。

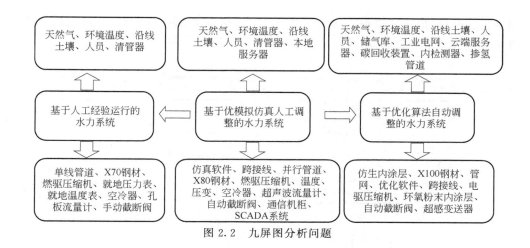

图 2.2　九屏图分析问题

2.1.4　资源分析

应用资源分析,寻找各种资源。

(1)物资资源:天然气、并行管道、跨接线、压缩机、空冷器、自动截断阀。

(2)能量资源:温度、压力、天然气热值。

(3)信息资源:SCADA 系统生产数据、CCTV 系统、跨国光缆通信、卫星通信系统、空间资源:上游气源、下游国内管网、管道内外径、跨接线直径。

(4)功能资源:冷却装置、压缩机效率、温度变送器、压力变送器、流量计。

(5)时间资源:优化前机组运行时间、优化后机组运行时间。

按照九屏图梳理得到的超系统和子系统,经过资源分析,提出方案如下。

方案 6:提高进气压力,降低接气压力,降低全水力系统需求功率。

方案 7:改善天然气气质,增大压缩因子,降低全水力系统需求功率。

2.1.5　功能分析

首先,应用功能分析的组件分析,将系统组件识别出来,并对存在相互作用的功能载体和功能客体进行功能水平分析,如图 2.3 所示。

	跨接线	并行管道	燃驱压缩机	管道内壁	空冷器	自动截断阀	自控机柜	天然气	环境温度
跨接线		√				√			
并行管道	√			√					√
燃驱压缩机						√	√	√	
管道内壁		√							
空冷器								√	
自动截断阀	√						√		
自控机柜			√			√			
天然气		√	√	√	√				√
环境温度			√		√		√		

序号	功能载体	作用	功能对象	参数	类型
1	跨接线	优化	并行管道	灵活性	不足
2	并行管道	支撑	跨接线	位置	充分
3	跨接线	支撑	自动截断阀	位置	充分
4	并行管道	支撑	管道内壁	位置	充分
5	并行管道	输送	天然气	多少	充分
6	燃驱压缩机	驱动	天然气	多少	不足
7	管道内壁	保护	并行管道	强度	充分
8	管道内壁	阻碍	天然气	多少	有害
9	空冷器	冷却	天然气	温度	不足
10	自动截断阀	阻碍	跨接线	开关	有害
11	自控机柜	控制	燃驱压缩机	运转	不足
12	自控机柜	控制	自动截断阀	开关	不足
13	天然气	支持	燃驱压缩机	运转	不足
14	天然气	腐蚀	管道内壁	强度	有害
15	环境温度	限制	燃驱压缩机	功率	有害
16	环境温度	限制	空冷器	功率	有害
17	环境温度	提高	天然气	温度	有害
18	环境温度	限制	自控机柜	温度	有害

图 2.3　功能分析法分析问题

根据上述分析,搭建模型图,可以看到环境温度,作为超系统,对空冷器、燃驱压缩机、自控机柜以及天然气均是有害的(图2.4)。

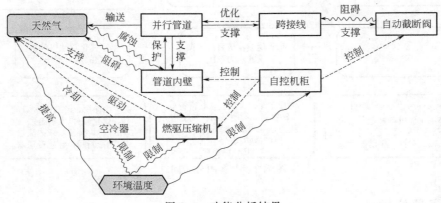

图 2.4　功能分析结果

从改善环境温度与其相关的功能对象关系,提出方案如下。

方案8:在通信机柜内增加空调。

方案9:增加燃气轮机入口进气制冷装置,降低入口空气进气温度。

方案10:增加空冷器支路及冷却能力。

方案11:增加管道清管频次。

进一步,对模型图中的自动截断阀进行裁剪,得到方案12:将跨接线自动截断阀更换为流量调节阀。

2.1.6　STC 算子

团队创建基于 STC 算子的方案评估方法,方案分写按照空间(管径尺寸)、时间(天然气流速)和成本三个方面的参数进行相对值量化,提出解决方案。

方案13:增大管径,降低压缩机运行数量。

方案14:建立压缩机性能预测性维护机制,延长设备维护保养周期。

方案15:沿线建设储气库,实现管道部分时间满输。

方案16:更换燃驱压缩机为电驱压缩机。

方案17:回收管道放空天然气,再注回管道。

2.2　应用创新方法解决问题

2.2.1　小人法

利用小人法(图2.5),黑色小人代表 AB 线的管道,黄色小人代表 C 线管道,红色小人代表天然气,根据因果链分析,在购销气协议下,已严格锁定 AB/C 线气源构成,造成 AB/C 线输量分配受限。

由于红色的小人只能单独分别在 AB 线和 C 线内流动,进一步分析,得到了方案18:建立 AB/C 线最优输量分配原则。

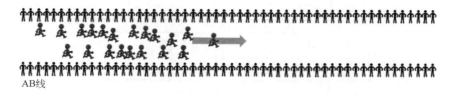

图 2.5　小人法

为了打破这种瓶颈,用蓝色小人代表跨接线,将黑色小人和黄色小人之间的通道打通,处于 AB 线和 C 线内的红色小人可以通过蓝色小人通道实现天然气在 AB 线与 C 线间的流动(图 2.6)。

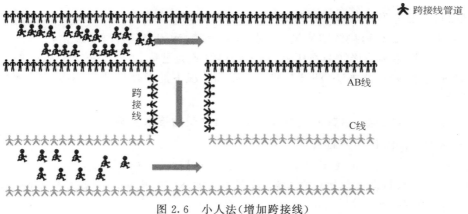

图 2.6　小人法(增加跨接线)

由此,得到了方案 19:利用跨接线实现 AB 线和 C 线的最优输量分配。

2.2.2　技术矛盾

2.2.2.1　基于跨接线的安全性与能耗间的技术矛盾

(1)确定要解决的技术矛盾为:

受购销气协议限制,AB/C 线输量无法通过气源灵活分配只能通过跨接线实现 AB/C 输量最优分配。

AB/C 属于非同一水力系统,两系统之间的跨接线未设置流量计和流量控制阀,开启后会大大增加工艺调控的复杂性,影响管道安全运行。

(2)改善了参数 No27(可靠性),恶化了其参数 No22(能量损耗)表现为:

不应用跨接线,工艺简单,安全风险小,能耗高;

应用跨接线,工艺复杂,安全风险大,能耗低(图2.7)。

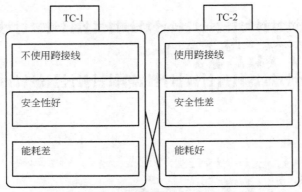

图2.7 基于跨接线的安全性与能耗的技术矛盾

(3)查找矛盾矩阵表,确定的技术矛盾为No27可靠性与No22能量损耗,对照TRIZ矩阵表找到了解决系统问题的3个发明原理:10预先作用原理,11预先防范原理,35物理或化学参数改变原理。

根据10预先作用原理提出了解决方案20,根据35物理或化学参数改变原理提出了解决方案21。

方案20:将现有跨接线截断球阀更改为流量调节阀。

通过控制AB/C线跨接线的流量,实现AB/C线输量的安全合理分配。

方案21:通过控制跨接线两端压力,调节跨接线的通过量。

通过"压力平衡"控制方法,调节跨接线在不同工况下的通过量,实现不同水力系统并行管道的安全联合运行。

2.2.2.2 基于压缩机运行台数的设备效率与安全性间的技术矛盾

(1)确定要解决的技术矛盾为:

中亚管道单个压气站配备多台压缩机组,可以单机运行,也可多机并联运行。

(2)改善一个参数会恶化另一个参数:改善了参数No27(可靠性),恶化了其参数No39(生产量/生产率)表现为:

压缩机运行台数多,设备效率较高,但存在喘振风险,影响生产安全;

压缩机运行台数少,设备效率较低,但生产安全风险小(图2.8)。

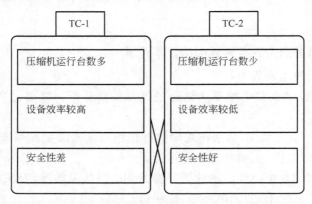

图2.8 基于压缩机运行台数的设备效率与安全性的技术矛盾

（3）查找矛盾矩阵表,确定的技术矛盾为 No27 可靠性与 No39 生产量/生产率,对照 TRIZ 矩阵表找到了解决系统问题的 4 个发明原理:1 分割原理,29 气压和液压结构原理,35 物理或化学参数改变原理,38 强氧化剂原理,根据 1 分割原理提出了解决方案 22 和 23。

方案 22:对压缩机叶轮进行切削改造。

改变现有叶轮的叶片尺寸,使其适应实际输量,解决多台机组并机运行的喘振问题。

方案 23:对不同站场间压缩机机芯进行调换。

实现同一站场压缩机大小叶轮搭配,提高多台机组并机运行灵活性,解决喘振问题。

2.2.3 物场模型

根据方案 22、23,压缩机机芯改造后,将带来新问题:如何解决一个站场内不同压缩机的负荷分配问题。

方案 24:制定不同机型压缩机并机运行负荷分配方法。

依据 76 标准解 S3.1.1 将单台压缩机改变为多台并联运行的压缩机,依据标准解 S3.1.2 增加压缩机负荷分配系统,使多台并联压缩机组能够按照出口设定压力平衡天然气通过量分配,确保压缩机稳定运行(图 2.9)。

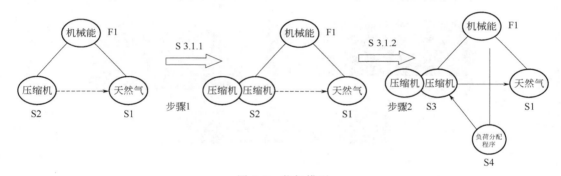

图 2.9 物场模型

2.2.4 物理矛盾

（1）定义物理矛盾为:天然气管道内的管存高,满足能耗优化的需求,管存低,满足安全生产的需求。

（2）分析分离原理。

时间分离方法:根据中亚管道管存的实际变化范围,把能耗优化与安全生产矛盾双方在不同的时间段分离开来,以降低解决问题的难度。

基于条件分离方法:在管存高的工况下,既能满足能耗优化的需求,又能满足安全生产的需求,探索基于条件分离的可能。

（3）应用分离原理。

应用动态化原理,得出方案 25:建立不同输量台阶下的管道管存控制原则。

应用物理化学参数改变原理得出方案 26:提高管道压力等级。

2.2.5 金鱼法

为了解决科学评价优化方案合理问题,根据现实:仅通过耗气量占比评价整体管输能效;

耗气量、气单耗及耗气占比等多维度指标单位不统一,各指标影响权重不一样;目标函数中的气单耗、耗气占比及耗气量等变量可以进行无量纲化,并通过赋权后整合,通过幻想:利用气单耗、耗气占比及耗气量等多维度指标评价天然气管道管输能效,将气单耗、耗气占比及耗气量等多维度指标整合成一个评价天然气管道管输能效的目标函数、利用历史数据计算各指标的权重,形成目标函数表达式,进而实现:利用确定的目标函数计算方案得分,评价运行方案的优劣性(图 2.10)。

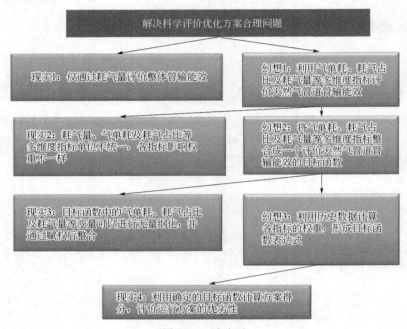

图 2.10　金鱼法

通过金鱼法,对比现实和幻想,得到解决方案。

方案 27:利用 TOPSISS 方法建立评价管输能效的目标函数。

方案 28:利用熵权法计算目标函数中各变量的常数。

2.3　方案总结与实施评价

2.3.1　方法与方案总结

方法与方案总结见表 2.2。

表 2.2　方法与方案总结

方案	使用 TRIZ 方法	具体方案
方案 1	最终理想解	搭建 AB/C 联合运行模拟仿真模型
方案 2	因果链分析	重新设计压缩机叶轮,使其适应实际工况
方案 3	因果链分析	运用历史数据校正管段物理参数

方案	使用 TRIZ 方法	具体方案
方案 4	因果链分析	运用历史数据校正压缩机压头—效率-流量特性曲线
方案 5	因果链分析	选用优化算法、结合仿真技术开发管道优化运行测算软件
方案 6	资源分析	提高进气压力,降低接气压力,降低全水力系统需求功率
方案 7	资源分析	改善天然气气质,增大压缩因子,降低全水力系统需求功率
方案 8	功能分析	在自控机柜内增加空调
方案 9	功能分析	增加燃气轮机入口进气制冷装置,降低入口空气进气温度
方案 10	功能分析	增加空冷器支路及冷却能力
方案 11	功能分析	增加管道清管频次
方案 12	功能分析	将跨接线自动截断阀更换为流量调节阀
方案 13	STC算子	增大管径,降低压缩机运行数量
方案 14	STC算子	建立压缩机性能预测性维护机制,延长设备维护保养周期
方案 15	STC算子	沿线建设储气库,实现管道部分时间满输
方案 16	STC算子	更换燃驱压缩机为电驱压缩机
方案 17	STC算子	回收管道放空天然气,再注回管道
方案 18	小人法	建立 AB/C 线最优输量分配原则
方案 19	小人法	利用跨接线实现 AB线和 C 线的最优输量分配
方案 20	技术矛盾	将现有跨接线截断球阀更改为流量调节阀
方案 21	技术矛盾	通过控制跨接线两端压力,调节跨接线的通过量
方案 22	技术矛盾	对压缩机叶轮进行切削改造
方案 23	技术矛盾	对不同站场间压缩机机芯进行调换
方案 24	物理矛盾	建立不同输量台阶下的管道管存控制原则
方案 25	物理矛盾	提高管道压力等级
方案 26	物场模型	制定不同机型压缩机并机运行负荷分配方法
方案 27	金鱼法	利用 TOPSISS 方法建立评价管输能效的目标函数
方案 28	金鱼法	利用熵权法计算目标函数中各变量的常数
合计	11 种方法	28 种方案

2.3.2　方案优选与评价

建立评分标准见表 2.3。

表 2.3　评分标准

评价方面	评价情况	分值
消除矛盾	消除矛盾	2 分
	未完全消除矛盾	1 分
	没有消除矛盾	0 分

评价方面	评价情况	分值
产生新的危害	没有危害	2分
	危害可接受	1分
	产生危害	0分
成本	成本低	2分
	成本较高	1分
	成本高	0分
复杂性	简易	2分
	较复杂	1分
	复杂程度高	0分
可行性	可行性高	2分
	可行性一般	1分
	不可行	0分

对 28 个方案进行评价打分,具体如表 2.4 所示。

表 2.4　方案评分

	解决问题	消除矛盾	产生新的危害	成本	复杂性	可行性	得分	排名
方案 1	2	2	2	2	1	2	11	1
方案 2	1	1	1	1	0	0	4	18
方案 3	2	1	2	1	0	1	7	8
方案 4	2	1	2	1	0	1	7	9
方案 5	2	2	2	1	0	1	8	7
方案 6	1	1	0	1	0	1	4	19
方案 7	1	1	1	1	0	1	5	14
方案 8	1	1	1	1	1	1	6	12
方案 9	0	0	1	1	1	1	4	20
方案 10	1	1	0	1	1	0	4	21
方案 11	1	1	1	1	0	0	4	22
方案 12	1	1	0	1	1	0	4	23
方案 13	1	1	1	0	1	1	5	15
方案 14	1	1	0	0	1	1	4	24
方案 15	0	0	1	1	1	1	4	25
方案 16	1	1	1	0	1	1	5	16
方案 17	1	1	1	0	1	0	4	26
方案 18	1	2	2	2	1	1	9	5
方案 19	1	2	2	2	1	1	9	6
方案 20	1	1	1	0	1	1	5	13
方案 21	0	0	1	1	1	1	4	27
方案 22	1	1	1	0	1	0	4	28

	解决问题	消除矛盾	产生新的危害	成本	复杂性	可行性	得分	排名
方案 23	1	1	1	2	1	1	7	10
方案 24	2	1	2	1	0	1	7	11
方案 25	1	1	0	1	1	1	5	17
方案 26	2	2	2	2	1	1	10	2
方案 27	2	2	2	2	1	1	10	3
方案 28	2	2	2	2	1	1	10	4

2.3.3　方案融合

为了使优化的方案考虑全面,可以采用 TRIZ 方法中方案融合的思维,将上述方案进行方案融合形成较为全面的方案。

把方案 1:搭建 AB/C 联合运行模拟仿真模型、方案 3:运用历史数据校正管段物理参数、方案 4:运用历史数据校正压缩机压头—效率-流量特性曲线,融合成方案 29:搭建 AB/C 联合运行模拟仿真模型,并结合历史数据校正模型参数。

把方案 18:建立 AB/C 线最优输量分配原则、方案 19:利用跨接线实现 AB 线和 C 线的最优输量分配,融合成方案 30:建立 AB/C 线最优输量分配原则,并利用跨接线实现输量分配。

把方案 27:利用 TOPSISS 方法建立评价管输能效的目标函数、方案 28:利用熵权法计算目标函数中各变量的常数,融合成方案 31 建立科学评价管输能效的评价方法。

2.3.4　最终方案

形成的最终方案见表 2.5。

表 2.5　最终方案

方案	使用 TRIZ 方法	具体方案
方案 30	方案融合	建立 AB/C 线最优输量分配原则,并利用跨接线实现输量分配
方案 29	方案融合	搭建 AB/C 联合运行模拟仿真模型,并结合历史数据校正模型参数
方案 9	因果链分析	选用优化算法、结合仿真技术开发管道优化运行测算软件
方案 31	方案融合	建立科学评价管输能效的评价方法
方案 26	物场模型	制定不同机型压缩机并机运行负荷分配方法
方案 25	物理矛盾	建立不同输量台阶下的管道管存控制原则
方案 17	功能分析(功能模型裁剪)	在自控机柜内增加空调

2.4　工作方案设计、分析及结论

2.4.1　搭建中亚天然气管道模拟仿真模型

2.4.1.1　管网系统运行数据的收集、整理

为了准确建立中亚天然气管道管网的模型并为接下来对输气管网的效率进行评价,需要

管网内各压缩机组和内燃机实际运行数据以及管网的实际运行数据进行收集和整理;并分析管网的输气特点和压缩机组运行情况。

2.4.1.2　管网模型搭建

仿真模型分为在线仿真模型和离线仿真模型。在线仿真模型通过 OPC 通信同 PI 数据库进行数据交互,对现场工况进行实时计算,并将现场数据和计算数据实时传递给离线仿真模型和优化软件。离线仿真模型通过接收在线仿真模型提供的数据和优化软件提供的优化方案,对优化方案进行校验,并且展示出计算结果。

2.4.2　管网模型校正

管道是输气管网系统中尤为重要的一环,利用 SPS 仿真软件对中亚管道 ABC 线的联合优化运行进行了研究,对于一个成熟的长输天然气管道系统,搭配仿真软件模拟运行是输气管道设计与运行管理重要的技术方法,对于仿真软件而言模拟出的结果与实际值的准确度是衡量一个仿真模型好坏的重要标准,一个好的输气管道模型中压缩机组的建立是尤为重要的,而其中最重要的是压缩机组特性曲线的准确性。在输气管道仿真模型中通常直接采用压缩机出厂特性曲线,通过近些年的运行数据表明,随着管道运行时间的逐渐增加,输气管道压气站中压缩机组的实际运行参数值与根据出厂特性曲线计算的对应参数值往往存在较为显著的差异,因此有必要对压缩机的出厂特性曲线进行更新和校正。同时也可以对管道的其他参数进行更新和校正以提高模型的准确度,本文结合中亚管道的生产运行日报表,对模型的粗糙度、夏季和冬季传热系数进行了校核,之后又选取了现场运行数据对模型进行了进一步的验证。最终通过调整的中亚管道模型的模拟结果数据与现场实时数据误差在可接受的误差范围内,可以认为该模型较好地模拟了中亚管道系统的真实运行情况,为本文后面的研究奠定了良好的基础,使研究结果真实可靠,并且可以为中亚管道的生产运行提供参考和指导。

2.4.2.1　压缩机特性曲线校正

中亚管道 ABC 线上各压气站场所配备压缩机组的实际特性曲线与生产厂家所提供的特性曲线有所不同,因此在建立模型之前需要通过现场运行数据对压缩机组特性曲线进行更新和校正,所需要更新和校正的特性曲线包括压缩机的压头特性曲线、效率特性曲线与燃气轮机的效率(热耗率)特性曲线。

本次研究首先优选出能够精确拟合压缩机组出厂特性的方程类型;然后,整理并筛选对压缩机组特性曲线校正所需的现场运行数据,最后对出厂特性曲线进行更新和校正并验证校正的效果。

2.4.2.2　SPS 仿真模型其他参数的校核

SPS 软件是在国际上被广泛认同的长输管道水力、热力计算软件。该软件能够实现长输管道的离线实时模拟计算,是世界公认的用于长距离输油(气)管道设计、计算以及全线自动化控制模拟的高精度软件。该软件引入中国后,已完成多条大中型长输管道的仿真模拟工作。

本文主要论述管网模型中管段参数的校准。为提高 SPS 模型仿真结果的准确性,在中亚管道 C 线所配备压缩机组特性校正后的基础上,还需要校准验证站间管段参数,即先对站间管段的粗糙度与总传热系数进行校准,然后利用校准后的 SPS 模型对中亚管道 C 线进行运行模拟来验证校正结果。

本文介绍校准站间管段的粗糙度、总传热系数的方法。在其他相关热力参数使用 SPS 提供的默认值的基础上,通过改变土壤导热率来调节管道总传热系数。具体做法:基于中亚管道 C 线运行日报表中的相关数据,设置站间管段起点压力、温度、终点压力、站间地温,比较报表数据与 SPS 仿真模型计算的管段输量、终点温度。通过不断调整管段粗糙度与土壤导热率,使 SPS 仿真模型计算得到的管段输量、终点温度与报表记录值尽可能地接近。

2.4.3 制定优化算法,开发优化运行软件

通过分析输气干线管线结构可以看出,输气管网优化问题是输送方向确定的按压气站顺序进行的多阶段决策问题,对于此类问题最有效的解决方法是动态优化法。动态规划法对于目标函数和约束条件的处理更加灵活,管网稳态优化软件通过动态规划法求解最优运行方案。优化软件开发思路见图 2.11。

2.4.3.1 确定状态空间

由首站开始,确定每个压气站的状态空间(即每一个压缩机站所有可行出站压力的集合)。状态空间的上下限由压气站的最高与最低出站压力确定。压气站的最高出站压力取管线的设计压力;压气站的最低出站压力可以由管线末端客户要求的最低压力向上游反算得到。再选取合适的离散步长就可以确定压气站的状态空间。

2.4.3.2 站内递推

站内递推是计算当前阶段每个状态变量对应的最优指标函数,即计算压气站的每个出站压力对应的最低总能耗,并将每个压气站站内递推关系记录下来。站内递推中包含站内优化过程:

(1)枚举出所有可行的开机方案;

(2)根据压缩机滞止曲线方程和喘振曲线方程计算的排量对分配的流量进行约束,去掉不满足流量约束的开机方案,计算剩余可行开机组合的最低能耗;

(3)计算每个开机组合的最低能耗,选取总能耗最低的开机方案为最优开机方案,该方案对应的能耗即为站内优化的最低能耗。

2.4.3.3 站间递推

站间递推是由第 k 个压气站的出站空间(出站压力、出站温度、前 k 站的总能耗),通过管段的水力和热力计算,得到第 $k+1$ 个压气站的进站空间。若共有 M 个压气站,则划分为 M 个阶段(如图 2.12 所示),对于每个阶段,按照管流方向依次进行确定状态空间、站内递推、站间递推三个过程。

2.4.3.4 算法回溯

回溯是根据在优化过程中记录的压缩机站的入口、出口状态去确定的最优运行组合。从末站开始,根据每阶段站内递推所记录的过程,找出压气站最优出站状态、对应的进站状态以及前一站的出站状态。

2.4.3.5 数学模型与边界条件

已知中亚输气管道系统起点以及沿线分输点流量,首站进站压力、进站温度以及终点最低允许压力,中亚管道稳态优化模型可以表示为:

(1)目标函数:以各压缩机站的压缩机能耗之和最低或者末端交气压力最高。

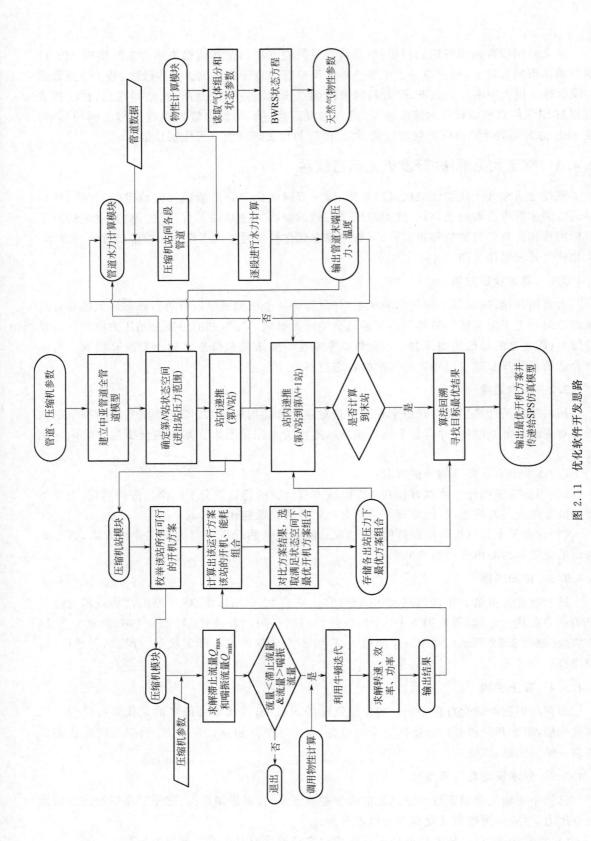

图 2.11 优化软件开发思路

228

（2）优化变量：压缩机站的能耗主要为压缩机运行能耗，末端交气压力取决于压缩机站出站压力，因此压缩机的运行状态直接决定总能耗值和末端交气压力，所以将压缩机站出站压力以及压缩机启动台数确定为优化变量。

2.4.4 AB 线和 C 线最优输量分配原则制定

利用开发的优化运行测算软件，针对在总输量$(11255 \sim 15106) \times 10^4 \, \mathrm{m^3/d}$［$(380 \sim 510) \times 10^8 \, \mathrm{m^3/a}$］的输量台阶，按照每 $10 \times 10^8 \, \mathrm{m^3/a}$ 的输量台阶分别测算各输量台阶下的能耗基线，形成不同总输量下 AB 线和 C 线能耗最优的输量分配原则。

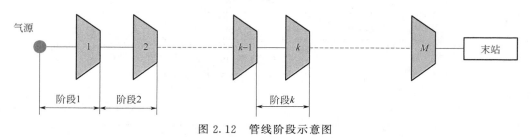

图 2.12　管线阶段示意图

2.4.4.1 中亚 AB 线能耗曲线

根据各输量能耗最低推荐启机方案的耗气量，绘制了不同输量下的 AB 线的耗气量，如图 2.13 所示。可以看出随着 AB 线输量的增加，耗气量逐渐增加。在 $250 \times 10^8 \, \mathrm{m^3/a}$（$7405 \times 10^4 \, \mathrm{m^3/d}$）输量时曲线发生了波动，主要是由于启机方案改变导致的能耗增加规律的改变。

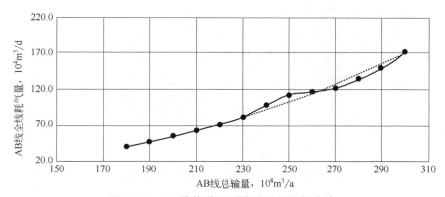

图 2.13　AB 线管道不同输量下的能耗曲线

2.4.4.2 中亚 C 线能耗曲线

根据各输量能耗最低推荐启机方案的耗气量，绘制了不同输量下的 C 线的耗气量，如图 2.14 所示。可以看出随着 C 线输量的增加，耗气量逐渐增加。在 $180 \times 10^8 \, \mathrm{m^3/a}$（$5331 \times 10^4 \, \mathrm{m^3/d}$）输量时曲线发生了波动，主要是由于注气量的改变导致的能耗增加规律的改变。

2.4.4.3 A/B 线及 C 线输量分配方案优化

为得到 AB/C 线联合运行时的能耗最优运行方案，对不同输量组合下的能耗进行了分析。

以 C 线输量为横轴，AB/C 线总耗气量为纵轴，做出不同输气总量下的能耗曲线，如图 2.15 所示。

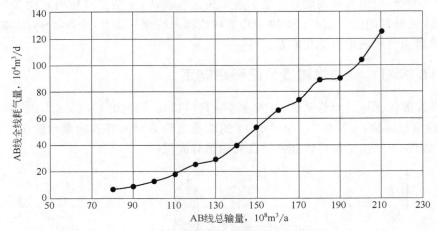

图 2.14　C 线管道不同输量下的能耗曲线

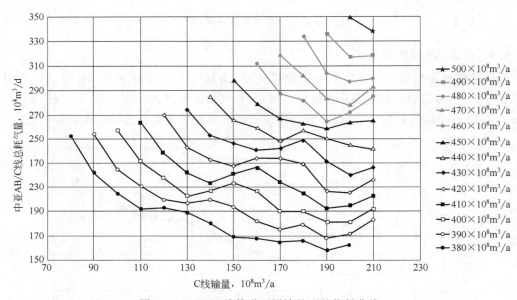

图 2.15　AB/C 线管道不同输量下的能耗曲线

根据图 2.15 可以得到 AB/C 线不同输量下，能耗最低时对应的 C 线输量，进而得到能耗最优曲线，如图 2.16 所示。

可根据公式，得到 AB/C 线能耗最低时的 C 线输量，进而控制各线输量以达到全线能耗最低。

2.4.5　不同类型压缩机组负荷分配研究

完成机芯进行调换后，同一个压气站内各压缩机组的机芯特性往往不尽相同。而在实际运行中，压缩机自动压力控制需要基于负荷分配功能实现；同样在基于 SPS 的模拟计算中，不同机芯的压缩机组的流量往往需要进行控制，以保证与现场运行机组的控制模式保持一致，从而保证能耗模拟的准确性与合理性。中亚管道各压气站已具备相通机型压缩机的负荷分配功

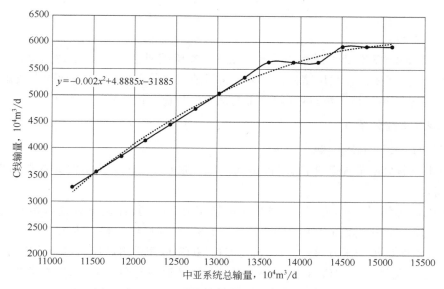

图 2.16　AB/C 线管道最优能耗对应 C 线输量图

能,下一步需要在完成机芯调换后对不同机型的负荷分配功能进行调节完善,以实现不同机型机组负荷的自动分配。

　　并联压缩机组的流量控制,又称之为并联压缩机组的负荷分配,通常负荷分配有两个控制目标。其一,为了保证并联压缩机组运行安全性,要求各并联压缩机组工作点距离喘振线的百分比相同;其二,为了保证并联压缩机组运行的节能性,要求各并联压缩机组的工作点位于各机组对应的高效区。结合天然气管道压缩机组的运行现状,压缩机组负荷分配更加关注机组运行的安全性,即要求保证各并联压缩机组的工作点距离喘振线的百分比相同,在这种思想的指导下,进行了并联压缩机组负荷分配控制的研究工作。

2.4.5.1　操作方法

　　如图 2.17 所示,对于有两种机芯的压气站,第一个机芯的工作点对应的工作流量为 Q,同扬程下喘振线对应的工作流量为 Q_1,阻塞线对应的工作流量为 Q_2;第二个机芯的工作点对应的工作流量为 Q',同扬程下喘振线对应的工作流量为 Q'_1,阻塞线对应的工作流量为 Q'_2。在保证各并联压缩机组的工作点距离喘振线的百分比相同条件下,得到如下等式:

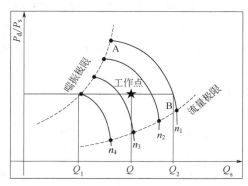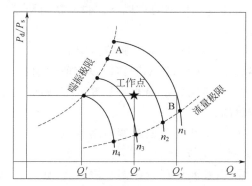

图 2.17　不同机芯工作点示意图

231

$$\frac{Q-Q_1}{Q_2-Q_1}=\frac{Q'-Q'_1}{Q'_2-Q'_1}=R$$

式中 R——常数。

通过上述公式,以流量比例相等为控制目标,各压缩机组的出口压力为修改变量,通过 SPS 编程语句,实现提高并联压缩机组中某 1 台压缩机组的出口压力,进而提高机组的流量使其到达目标流量。通过该方法,可以解决压缩机组的负荷分配问题。

2.4.5.2　现场负荷分配方案

(1)RR 机组负荷分配方法。

RR 机组负荷分配前提条件:压缩机组在远程控制模式、速度控制模式在自动模式、机组防喘阀关闭。

RR 机组负荷分配分为进站压力调节和出站压力调节,具体调节方式由相应模式的 PID 输出值决定(以 PID 输出数值小的模式为主)。单机运行时,根据相应进出站压力设定值进行转速调节,直到满足相关压力设定值;多机运行时,优先按照进出站压力设定值进行转速调节,当相应压力设定值满足设定值后,双机根据负荷等距原理进行负荷调整,当本机与其他参与负荷分配机组负荷的平均值的差值大于 6 时,降低转速,转移负荷到其他机组;当本机与其他参与负荷分配机组负荷的平均值的差值小于−6 时,提升转速,分担其他机组转移的负荷;当本机与其他参与负荷分配机组负荷的平均值的差值在 ±6 区间时,停止升降速,满足负荷分配要求,实现多台机组负荷分配。

(2)GE 机组负荷分配方法。

负荷分配控制系统通过采集压缩机进口汇管和出口汇管的压力,与负载需求设置值进行比对,通过 PI 调节器,将汇管进口压力需求的 PI 输出信号和汇管出口压力需求的 PI 输出信号进行比较获取较小的信号值,分别输出给各压缩机的控制系统,通过压缩机控制系统内的负载分配控制算法模块运算后,驱动燃机的转速或防喘阀开度的变化,来调节当前机组的实际负载以满足负载需求的设定要求。

GE 机组的负载分配控制功能由 MCS 控制系统和压缩机的 MARKVIe 系统上的负载分配模块相关的功能逻辑实现。MCS 控制系统由独立的双冗余 PLC(GE Fanuc Rx3i)实现负载分配功能中负载需求信号的计算和输出,通过输出负载需求设定值(0~100%)给三台机组,以实现全站负载的分配。MARKVIe 系统上的负载分配模块根据接收到的 MCS 的负载需求信号,结合机组的运行工况,进行机组转速或防喘阀开度的自动调节。

负载分配控制通过以下逻辑来执行防喘阀的开度和 GG 转速的调节,以跟踪负载需求设定值的变化:

① 当检测到正偏差调节需求时,如果工作点靠近控制线 SCL(L20AS_OPCAL=1)或者防喘阀是全关的,则 GT 转速设定值增加;

② 当检测到正偏差调节需求时,如果工作点远离控制 SCL(L20AS_OPCAL=0),则防喘阀应关闭;

③ 当检测到负偏差调节需求时,如果工作点远离控制线 SCL(L20AS_OPCAL=0),则 GG 转速设定值降低;

④ 当检测到负偏差调节需求时,如果工作点靠近控制线 SCL(L20AS_OPCAL=1),或者 GG 转速设定点值为最小位置值(L33CDMN=1)则防喘阀自动打开。

3 应用及效果

自中亚天然气管道全水力系统联合优化运行技术实施以来,截至 2022 年 11 月,在经济效益和社会效益方面均取得了显著成效。

3.1 经济效益

2022 年中油国际管道有限公司通过实施成果实现经济效益增加 803.92 万元,具体如下。

3.1.1 有效优化亿方气自耗气率

2022 年 6—10 月期间,全线自耗气率(输亿立方米气消耗自耗气量)较 2021 年同期降低 21.63,节省自耗气 $1383 \times 10^4 \, m^3$,节约成本合计约 677.75 万元。

3.1.2 有效优化亿方气机组运行时间

2022 年全线亿方气机组运行时间较 2021 年降低 77.93h,累计节省机组运行时间 3154h,节约成本(亿方机组运行时间)合计约 126.17 万美元。

3.2 社会效益

3.2.1 节能减排

自成果实施以来,实现累计自耗气量降低 $1383 \times 10^4 \, m^3$,减少二氧化碳排放 $1.97 \times 10^4 \, t$,二氧化硫 303t,相当于替代 $1.82 \times 10^4 \, t$ 煤炭,种植 109×10^4 棵树,阻止 7 次汤加火山喷发,为全球环保事业贡献突出。

3.2.2 强化人才培养,减少仿真工程师培养周期

通过优化运行方法论的建立,经广泛调研普查,可提高新晋优化仿真工程师培养效率,平均培养周期缩短 1 年,按照每年培养两名优化仿真工程师计算,每年将为公司节省人工成本 60 万元。

3.2.3 提升企业形象

本次研究成果已申请发明专利 1 项,软件著作权 1 项,考虑到中亚天然气管道跨四国运行的实际,成果的实施,也进一步提升和巩固了中方技术团队的专业、务实、高效的形象以及国际竞争力。

站场关键设备完整性研究

1 研究背景

1.1 研究的意义

油气资源作为我国主要的能源结构之一,对于国家安全、社会发展有着至关重要的意义。由于油气资源的特殊性,从油气开采到加工炼化最后到成品油使用之间的距离跨度往往非常大,因此长输管道作为油气资源的主要输送方式,为国家和社会的能源需求提供了一个重要保障。为了保证长输管道的输送效率,通常是在高温高压的条件下进行输送。但是输送距离跨度太大,在相隔一定距离就会有油气站场通过关键设备为长输管道内的油气介质进行加压来保证输送效率,因此油气站场的一些关键设备也是油气资源长距离输送的重要环节。但是随着早期投入使用的燃气发电机使用年限增加,其维检修成本在不断提高,给油气站场的安全有效运行带来了许多隐患,所以对油气站场关键设备完整性管理至关重要。

完整性管理是指通过先进的管理理念与技术使设备始终处于安全可靠、受控的工作状态。中油国际管道有限公司的完整性管理主要局限在油气管道线路方面,还未开展站场内的完整性管理工作。公司在关键设备管理方面有着大量技术文件和管理经验,已经编制完成标准化手册以及系列运行管理标准,建立经济指标管理体系,正在逐步建立设备的全生命周期管理模式,作为核心管理工具的 EAM 系统也正在搭建过程中,需要系统性研究与其配套的完整性管理模式。通过编制总则文件、程序文件、作业文件、关键设备设施完整性管理解决方案等材料,进一步指导未来设备管理和系统平台的建设。

1.2 研究的内容

本次开展的站场关键设备完整性研究项目主要以 GE 压缩机组和 CAT 内燃机组为对象,建立站场关键设备完整性管理体系,包括编制总则文件、程序文件、作业文件、评价文件和解决方案,用以指导现场设备管理,提升设备管理精细化程度,提高设备管理水平,进一步提升站场运行的安全性、可靠性和高效性。

具体选取中油国际管道有限公司所辖站场内的 GE PGT25＋型燃驱压缩机组和 CAT

G3516 型内燃机组进行研究。分别对现有的技术和管理资料进行梳理,对比管道完整性管理的六步循环,梳理总结机组故障模式并深入研究失效机理,建立故障溯源与退化模型,建立两种机组的完整性管理体系。总结出两项关键研究内容如下:

(1)站场关键设备完整性管理技术框架研究。

(2)关键设备故障溯源与退化模型建立方法研究。

2　研究过程及创新

随着油气站场关键设备使用年限的增加所带来的维检修问题,同时为了提高油气站场关键设备的管理水平,保障站场输送的稳定性与安全性,本次开展了站场关键设备完整性研究。设备完整性管理(MI)是运用风险管理技术管理实物资产全生命周期的活动,是一个完善、系统的管理过程。1985 年,美国化学工程师学会颁发工艺安全实施导则来指导设备的完整性管理。2010 年,Temowchek 等人研发了在线设备完整性检测系统来对关键设备实施在线监测。2015 年,DNV 发布了水下生产系统的操作规程建议,对水下设备进行完整性管理。美国 ABS Consulting 公司在设备完整性管理中的概率风险评估等方面作了相应研究,以提高完整性水平。另外,英国 Advantica 公司致力于站场设备完整性管理技术研究,开发了 QRA 系统来提高设备的完整性管理水平。2012 年,中国石油天然气有限公司在管道完整性的基础上,修订了 Q/SY 1516—2012《设施完整性管理规范》。2013 年,北京化工大学建立了用于石化企业的高危泵的完整性管理系统,对特定设备进行了深入研究。2017 年,昆明理工大学对压缩机关键部件性能退化进行动力学与智能算法的研究,证实研究的可行性。2022 年,国家管网集团基于 ERP 系统对长输油气站场设备的完整性管理作了相关研究。总的来说,我国石油石化企业的设备管理基本还采用传统的管理模式,对于 MI 相关技术与关键设备退化模型的研究和应用还处于起步阶段。

在本次项目中,我们利用 STPA 的思想提出了一个新的设备完整性管理框架体系用于两种油气站场关键设备的完整性管理,研究框架如图 2.1 所示。麻省理工学院的 NANCY

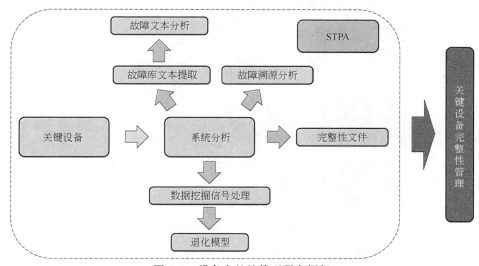

图 2.1　设备完整性管理研究框架

G. LEVESON 教授于 2012 年提出 STPA(Systems - Theoretic Process Analysis,系统理论过程分析法),基于系统理论和控制理论,将系统的安全性问题看作系统的涌现性,而对这种涌现特性的控制方法是对系统部件行为和交互进行约束,即认为系统的安全状态是由系统对部件行为和部件间交互施加安全约束而得以保持或加强的。如图 2.1 所示,本次项目主要借鉴STPA 的思想,对设备进行系统分析从故障库文本分析处理、故障溯源分析、基于数据驱动的退化模型研究以及完整性框架体系文件编写这几个大的模块入手来实现对 GE 机组与 CAT机组的完整性管理。

3 完整性文件编写

3.1 MI 基本原理

MI(mechanical integrity,设备完整性,又称为机械完整性、资产完整性)源自美国职业安全与健康管理局(OSHA)于 1992 年颁布的《高度危险性化学品的过程安全管理》法规,该法规包括 14 个要素,其中机械完整性是第 8 个要素。MI 是必要活动的程序化实施,以确保重要的设备在整个操作生命周期中适合其预期的应用。

设备完整性管理是设备管理者为保证设备完整性而进行的一系列管理活动,具体指设备管理者针对设备不断变化的因素,对设备面临的风险因素进行识别和评价,不断消除识别到的不利影响因素,采取各种风险减缓措施,将风险控制在合理、可接受的范围内,最终达到持续改进、减少设备事故、经济合理地保证设备安全运行的目的。

设备完整性管理的 PDCA 流程见图 3.1。

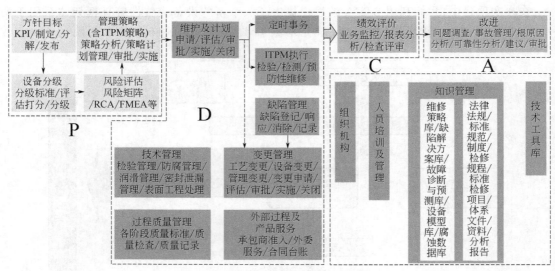

图 3.1　设备完整性管理 PDCA 流程图

良好的设备完整性管理特征见图 3.2。

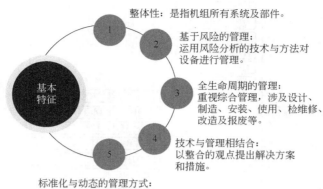

图 3.2　设备完整性管理基本特征

通过良好的设备完整性管理实践,可以实现图 3.3 所示的目标。

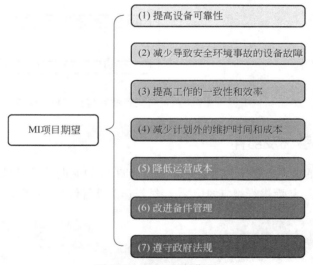

图 3.3　MI 项目的期望

3.2　完整性框架

在本次项目开展过程中,通过对站场 GE 机组、CAT 机组采用设备完整性管理方法,建立设备完整性管理的体系文件,来保证设备在物理上和功能上的完整性。让机组的运行阶段,处于安全可靠的受控状态,符合其预期的功能和用途,从而提高设备安全性、可靠性、维修性和完好性。避免机组各部件发生一系列的生产安全事故或环境污染事件的发生,保证满足站场中"安、稳、长、满、优"运行的要求,为实施机组的过程安全管理奠定基础。

图 3.4 为本次项目根据 GE 与 CAT 机组设备的系统特性,编制的完整性管理技术框架体系。

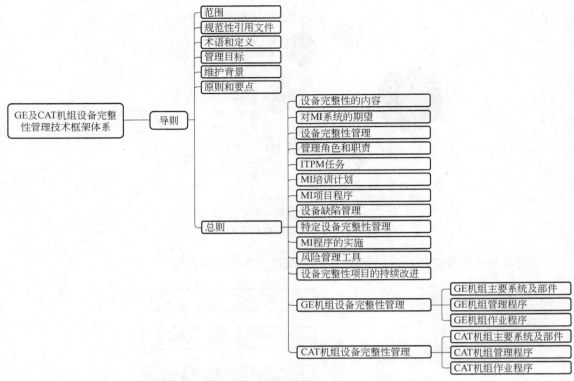

图 3.4 GE 及 CAT 机组设备完整性管理技术框架体系

3.2.1 设备主要系统及部件

设备完整性管理的核心内容是 ITPM 任务,进行 ITPM 的前提是识别 GE、CAT 机组容易引发故障的主要部件及系统,从而进行相应的检验、测试及预防性维修维护(图 3.5 和图 3.6)。

图 3.5 GE 机组主要部件及系统

3.2.2 状态监测与故障诊断

ITPM 任务的第一要素是监测检测设备运行状况,发现缺陷,分析原因,预测故障,并采取有效措施消除缺陷。在本次项目开展过程中汇总了最常用的状态监测与故障诊断方法,如图 3.7 所示。

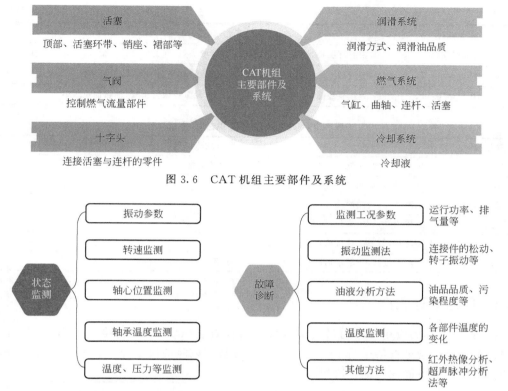

图 3.6 CAT 机组主要部件及系统

图 3.7 机组的状态监测及故障诊断

3.2.3 设备故障分析

通过状态监测、故障诊断，总结 GE、CAT 机组离心压缩机常见的故障及其原因分析（表 3.1 和表 3.2）。

表 3.1 离心压缩机的常见故障分析

常见故障	可能故障原因
转子系统异常振动与异常噪声	转子不对中，转子不平衡转子轴弯曲，轴上零件松动转子磨损和腐蚀叶轮变形与损坏，气管应力传给机壳导致不对中，联轴器不平衡，附近机器传振；轴瓦合金脱落，油温油压不正常，轴瓦间隙过大，油污染导致轴承磨损，密封环不良
压缩机喘振	吸入管路堵塞，吸入温度升高，出口压力升高，超过相同转速下的喘振压比，开(停)车发生喘振
轴承故障	轴承温度高：油供给不足或中断，润滑油含水，轴承与轴颈间隙小，进油温度高；润滑不正常：油品不合格，油被污染；不对中、轴承间隙不当、压缩机或联轴器不平衡
止推轴承故障	轴向推力过大：气体进出口压差异常，轴承间隙不当，内密封或平衡盘密封间隙过大
油密封环故障	润滑不正常：油品质不合格，油路系统故障，油温或油压或供油量异常；不对中或振动，油中有污物，环间隙有偏差或精度不足，密封油品质和油温不合要求
密封系统工作不稳定、不正常	密封环精度不足，密封油品质和油温不合要求，油(气)压差系统工作不良，密封部分磨损或损坏，浮环座不均匀磨损或端面有缺口，密封面磨损，密封环断裂或破坏，密封件被腐蚀，低温操作密封部分结冰
叶轮破损	材质不合格，工作条件异常，异常振动，落入或沉积夹杂物，应力或化学腐蚀

常见故障	可能故障原因
压缩机漏气	密封环破损,断裂,腐蚀,磨损,密封胶失效,气缸或管接头漏气,运转不正常
耗油量大	润滑油系统动作不良,密封油污染,收集器排油阀失灵,浮环磨损
油压急剧下降	主油泵故障,油管破裂,过滤器堵塞,油泵吸入管漏气,油箱油位过低

表 3.2　CAT 机组的常见故障分析

常见故障	可能故障原因
压力异常	压力计失效、进气压力低、气阀气密性失效、水压失常
排气匮乏	气阀泄漏、活塞气密性失效、法兰垫片破损
温度异常	水路故障、气阀泄漏、气缸破损
不正常声响	连接松动、阀组失效、活塞失效
不正常震动	零部件间隙大、连接松动、磨损过度
温度过高	气缸温度过高、轴承温度过高、活塞杆温度过高

3.2.4　风险管理工具

风险管理工具的应用可协助对机组设备进行检查、测试和预防性维护(ITPM)任务和频率决策;在完整性管理框架中将 ITPM 决策推进为基于风险的决策方法。根据实际的现场运行工况中,汇总了可能涉及的风险管理工具(图 3.8)。

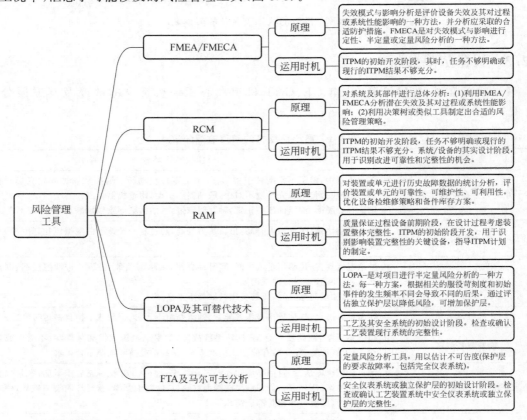

图 3.8　风险管理技术说明

3.2.5　MI 程序文件

有效的 MI 程序需要为 MI 程序活动和特定任务（如 ITPM 任务）编写书面程序。书面程序有助于确保 MI 项目活动和任务得到充分、安全、一致地执行，这也是工艺安全法规要求为 MI 项目活动制定和实施程序的主要原因。基于 GE 机组与 CAT 的系统特性，为提高对两类关键设备的完整性管理水平，在本次项目开展过程中分别对两类设备建立了程序文件，框架如图 3.9 所示。

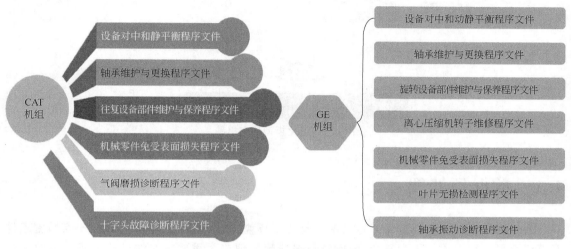

图 3.9　机组完整性管理程序文件

3.3　成果展示

本次项目根据中油国际管道有限公司所辖站场内的 GE PGT25＋型燃驱压缩机组和 CAT G3516 型内燃机组的系统特性与实际运行工况编制了两台机组设备的完整性管理体系文件，编制两项关键设备完整性管理体系标准。

4　退化模型研究

本项目开展了基于数据驱动的退化模型研究，以提高对 GE 机组与 CAT 机组的完整性管理水平。通过对相应算法的改进与应用，对原始的机组运行数据进行了分析，具体的退化模型研究思路如图 4.1 所示。本次项目主要通过数据的预处理，特征分析与提取，以及自主编程的基于深度学习的退化模型搭建来实现对油气站场的两个典型设备 GE 机组与 CAT 机组的退化趋势预测。

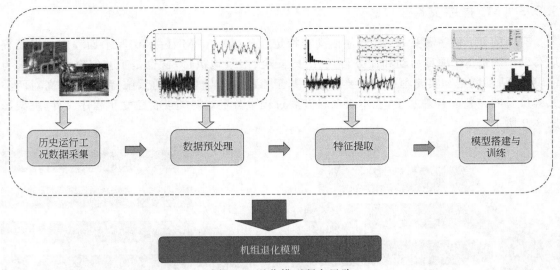

图 4.1　退化模型研究思路

4.1　数据预处理

由于油气站场设备的实际运行工况容易受到环境、生产等因素的影响,相比于实验室条件下模拟测得的理想数据更为复杂,因此对数据的预处理非常重要。对站场两台机组的原始运行历史工况数据进行了分析,图 4.2 所展示的是原始数据的分布,通过软件编程对原始数据进行了可视化分析,如图 4.3 所示。从图中可以看出,在原始数据过程中存在异常点数据,初步分析属于传感器异常导致的实时监测的数据异常,如图中标注所示。

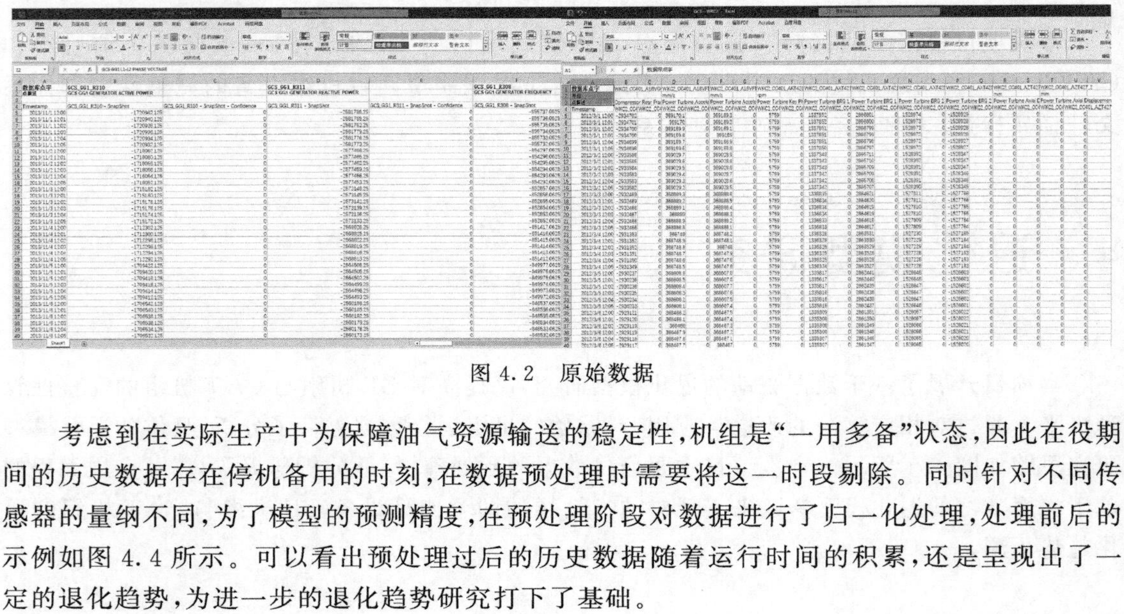

图 4.2　原始数据

考虑到在实际生产中为保障油气资源输送的稳定性,机组是"一用多备"状态,因此在役期间的历史数据存在停机备用的时刻,在数据预处理时需要将这一时段剔除。同时针对不同传感器的量纲不同,为了模型的预测精度,在预处理阶段对数据进行了归一化处理,处理前后的示例如图 4.4 所示。可以看出预处理过后的历史数据随着运行时间的积累,还是呈现出了一定的退化趋势,为进一步的退化趋势研究打下了基础。

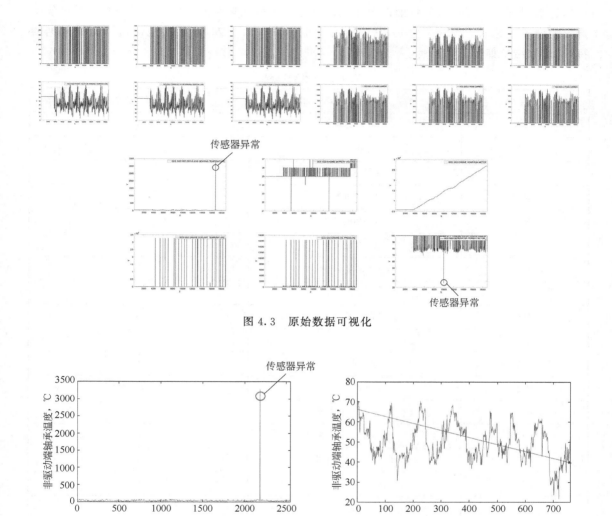

图 4.3　原始数据可视化

图 4.4　数据预处理

4.2　特征提取

　　由于原始数据的特征往往隐藏在数据内部,为了提高退化模型的性能,在数据预处理过后进行了特征提取。本次项目主要采用了一个经典的特征提取方法——主成分分析(PCA 算法)来对两个机组数据进行特征提取。PCA 算法是一种用于降维与特征提取的统计方法,它借助于一个正交变换,将其分量相关的原随机向量转化成其分量不相关的新随机向量,这在代数上表现为将原随机向量的协方差阵变换成对角形阵,以实现在另外空间上的一个等价特征映射。

　　报告以 GCS 站的 CAT 机组为例,将 PCA 算法进行特征提取的过程进行展示。CAT 机组的原始传感器类别与特征变量含义如表 4.1 所示,对原始的多维传感器数据进行了 PCA 分析,提取出各主元成分,数据映射前后的对比图,如图 4.5 所示。然后分析出了各主元成分所占的比重,如图 4.6 所示,并将前四个主元成分进行了可视化对比分析。在保证特征尽可能不损失的情况下选取了前两个主元,它们所占比重的总和 70% 左右,极大地保留了原始数据的特征,选取结果如图 4.7 所示。

表 4.1　数据预处理

传感器名称	物理变量解释	单位
R1	有功功率	kW
R2	无功功率	kvar
R3	发电机频率	Hz
R4	L1 相电流	A
R5	L2 相电流	A
R6	L3 相电流	A
R7	非驱动端轴承温度	C
R8	启动电池电压	V
R9	运行时间	h
R10	冷却液温度	℃
R11	润滑油压力	kPa
R12	功率因子	cos/100
R13	L1－L2 相间电压	V
R14	L2－L3 相间电压	V
R15	L3－L1 相间电压	V
R16	A 相绕组温度	℃
R17	B 相绕组温度	℃
R18	C 相绕组温度	℃

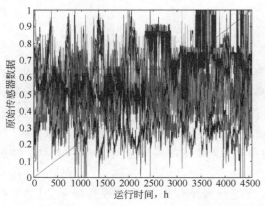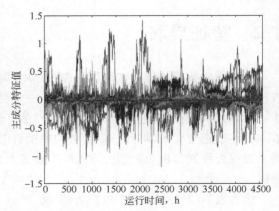

图 4.5　体征提取前后对比图

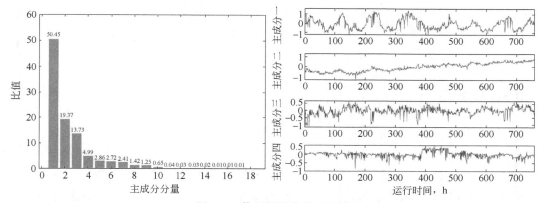

图 4.6　体征提取前后对比图

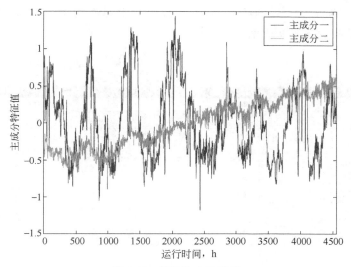

图 4.7　提取的主元特征

4.3　模型搭建与训练

本次项目开展过程中是以数据驱动的方式搭建了基于深度学习的退化模型来进行研究。深度学习(DL,Deep Learning)是机器学习(ML,Machine Learning)领域中的一个重要分支。深度学习通过组合低层特征形成更加抽象的高层表示属性类别或特征,以发现数据的分布式特征表示。研究深度学习的动机在于建立模拟人脑进行分析学习的神经网络,它模仿人脑的机制来解释数据,例如图像、声音和文本等。深度学习随着发展,展现出了一些成熟的结构,如深度全连接网络、卷积神经网络、循环神经网络等。

本次项目通过自主编程所搭建的退化模型主要是基于全连接神经网络(Dense)与循环神经网络(RNN)中一个经典结构长短期记忆网络(LSTM)。LSTM 对于时间序列具有较好的一个学习能力,Dense 层利用内部神经元能够对特征进行非线性映射,其具体的数学原理如下。

LSTM 各门结构:

$$f_{(t)} = \sigma(W_{xf}^T X_t + W_{hf}^T h_{t-1} + b_f)$$

$$i_{(t)} = \sigma(W_{xi}^T X_t + W_{hi}^T h_{t-1} + b_i)$$
$$o_{(t)} = \sigma(W_{xo}^T X_t + W_{ho}^T h_{t-1} + b_o)$$
$$c_{(t)} = f_{(t)} \otimes c_{(t-1)} + i_{(t)} \otimes a_{(t)}$$
$$h_{(t)} = o_{(t)} \otimes \tanh(c_{(t)})$$

Dense 层原理：

$$f(x) = \sum_i^j w_{ij} x_j + b$$

$$y = relu\left(\sum_i^j w_{ij} x_j + b\right)$$

根据处理过后的机组数据集，基于专家经验搭建了一个 LSTM – Dense 剩余寿命预测的回归学习网络，七层网络结构，学习参数为 59.4 万，结构如图 4.8 所示。模型训练参数为：Adam 优化器；Batchsize 为 24；训练次数为 200；初始学习率为 2e – 3，每 10 次训练下降为 1/5，具体的训练过程如图 4.9 所示。

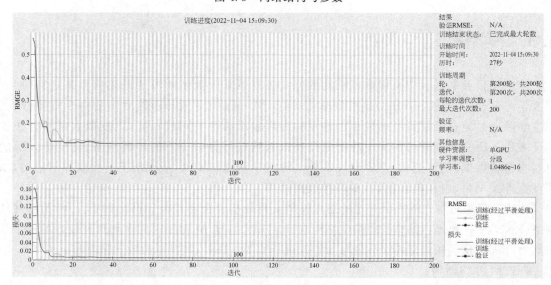

图 4.8　网络结构与参数

图 4.9　模型训练过程

4.4 结果验证

对每个站场每个机组的退化模型训练完成后,利用测试集进行了验证,各机组的验证结果如图 4.10 所示。

将预测的机组退化结果与实际的站场的故障库记录进行对比反演。GE 机组的反演结果如图 4.11 所示,均方根误差(RMSE)为 0.11196,平均绝对误差 MAE 为 0.096722。CAT 机组的反演结果如图 4.12 所示,均方根误差(RMSE)为 0.10671,平均绝对误差 MAE 为 0.088759。

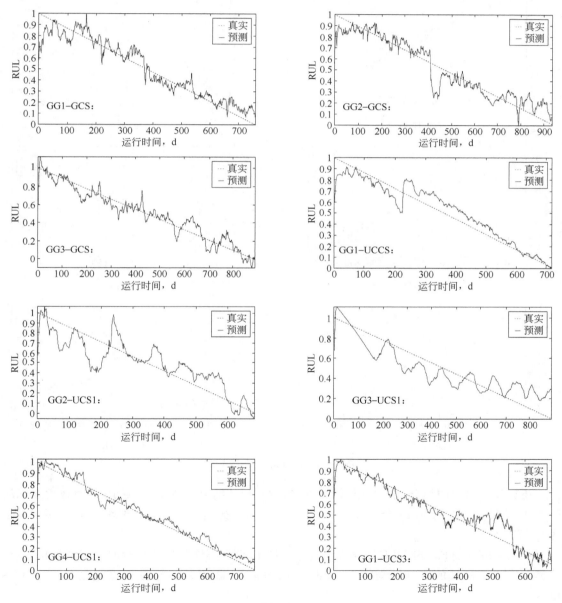

图 4.10

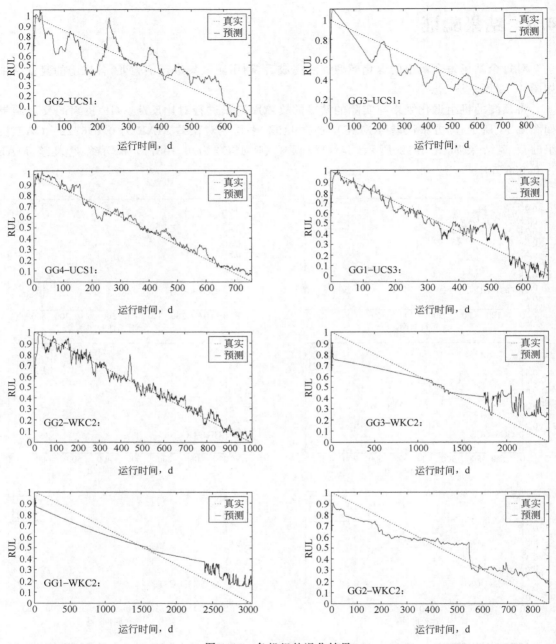

图 4.10 各机组的退化结果

还通过数据集的划分,来对退化模型进行预测,预测结果如图 4.13 所示,同时也用实际故障库进行反演,如图 4.14 所示,均方根误差(RMSE)为 0.09243,平均绝对误差 MAE 为 0.17582。

利用 SimilarityBasedRULE 退化模型进行了对比,两种不同的退化模型的预测结果相似,也从侧面验证了模型的准确性与稳定性,SimilarityBasedRULE 的机组预测退化结果如图 4.15 所示。

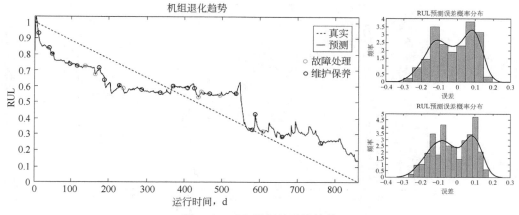

图 4.11 GE 机组的反演结果

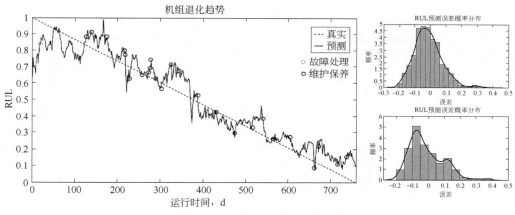

图 4.12 CAT 机组的反演结果

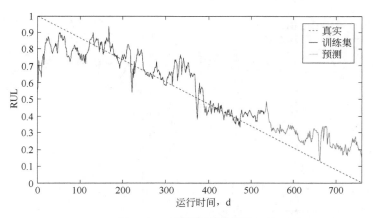

图 4.13 机组的预测结果

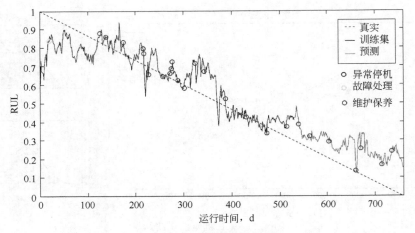

图 4.14　机组预测结果反演

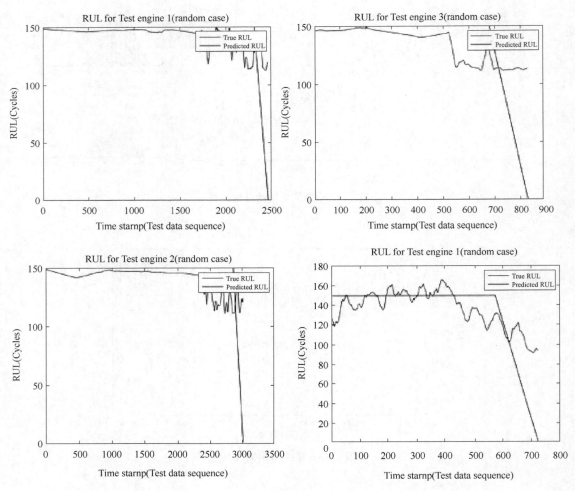

图 4.15

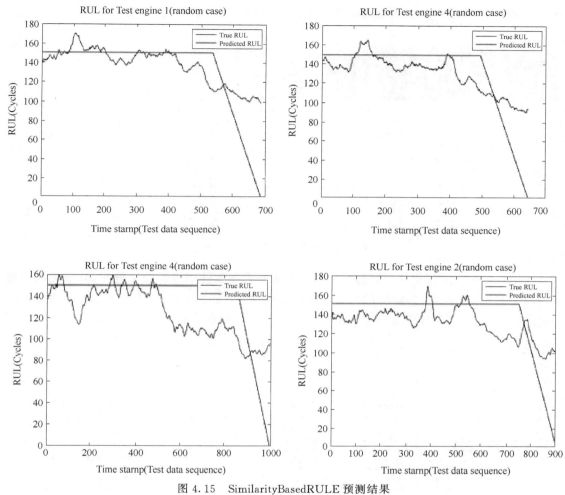

图 4.15　SimilarityBasedRULE 预测结果

5　文本处理与故障溯源分析

为了进一步对油气站场两个关键设备 CAT 机组与 GE 机组的完整性管理，找出设备的薄弱环节，分析发生故障的原因，故障导致的后果以及应对措施，以提高管理水平，本次项目开展了基于现场实际运行的故障库的文本处理与溯源分析。

5.1　故障库文本分析

在项目开展过程中，对机组系统与现场的故障处理与维检修记录进行了细致分析，通过各站场在实际运行过程中的故障库文本，对实际机组发生的故障、故障类型、故障原因与故障处理进行了分析简化，如图 5.1 所示。图中所展示的案例是 GCS 站 CAT 机组的文本处理过程，对中油国际管道有限公司所辖站场内的 GE 机组与 CAT 机组都进行了相关分析。

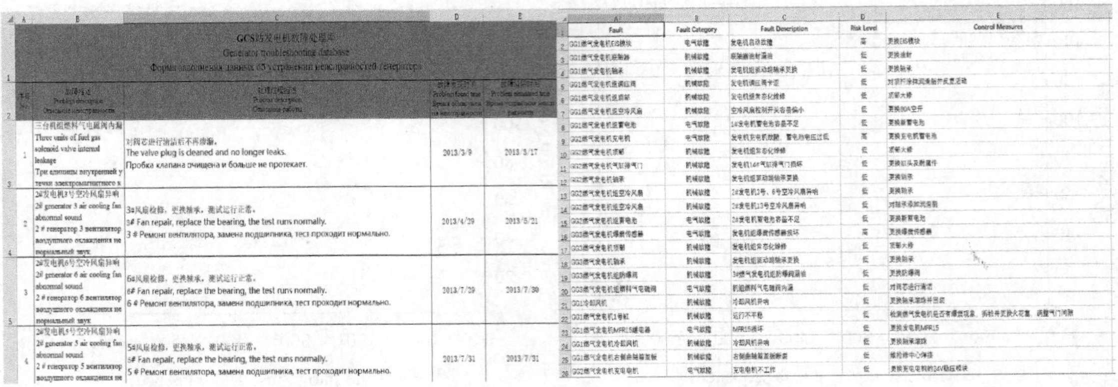

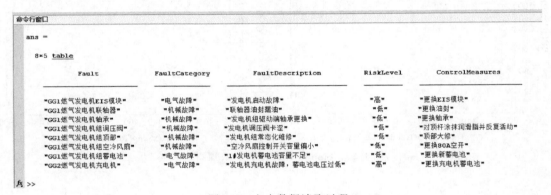

图 5.1　故障文本处理前后展示

通过自主编程对简化分析处理过后的文本数据库在软件中进行读取分析，软件读取的展示过程如图 5.2 所示。读取完成后，通过软件编程对导入的文本进行词句分解，然后对分解的词句进行统计分析，对故障类别等词长度划分与出现频次的可视化如图 5.3 所示。

命令行窗口

ans =

8×5 table

Fault	FaultCategory	FaultDescription	RiskLevel	ControlMeasures
"GG1燃气发电机EIS模块"	"电气故障"	"发电机启动故障"	"高"	"更换EIS模块"
"GG1燃气发电机联轴器"	"机械故障"	"联轴器油封漏油"	"低"	"更换油封"
"GG1燃气发电机轴承"	"机械故障"	"发电机组驱动端轴承更换"	"低"	"更换轴承"
"GG1燃气发电机组调压阀"	"机械故障"	"发电机调压阀卡涩"	"低"	"对顶杆涂抹润滑脂并反复活动"
"GG1燃气发电机组顶部"	"机械故障"	"发电机组常态化维修"	"低"	"顶部大修"
"GG1燃气发电机组空冷风扇"	"机械故障"	"空冷风扇控制开关容量偏小"	"低"	"更换80A空开"
"GG1燃气发电机组蓄电池"	"电气故障"	"1#发电机蓄电池容量不足"	"低"	"更换新蓄电池"
"GG2燃气发电机充电机"	"电气故障"	"发电机充电机故障，蓄电池电压过低"	"高"	"更换充电机蓄电池"

fx >>

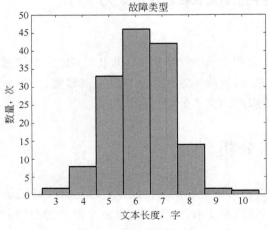

图 5.2　文本数据读取过程

图 5.3　文本统计分析

对划分处理后的文本进行了进一步的提取分析,搭建了词云分析模型,对文本数据库的故障原因、故障类型、故障后果与处理措施分别进行统计与可视化分析,制作了对应的词云如图 5.4 所示。图 5.4(a)汇总了 GE 机组的故障描述、故障类型、故障导致的后果与处理措施的分析结果,CAT 机组的分析结果如图 5.4(b)所示。

(a) GE机组

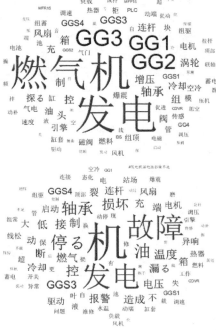

(b) CAT机组

图 5.4　词云分析结果

5.2 基于 Hazop 的故障溯源分析

通过前面的对文本信息的统计分析的结果与实际机组的故障记录,利用 Hazop 方法对不同站场的两台机组设备进行了故障溯源分析。对机组最易发生的故障、导致故障发生的原因、故障发生的后果、不同故障类型的风险程度与应对措施进行了细致的分析。

Hazop 是作为安全领域一种重要的分析方法,它全面考察对象分析,对每一个细节提出问题,如的生产运行中,要了解工艺参数(温度、压力、流量、浓度等)与设计要求不一致的地方(即发生偏差),继而进一步分析偏差出现的原因及其产生的结果,并提出相应的对策。常用的引导词包括:None(否)、More(多)、Less(少)、As well as(以及、而且)、Part of(部分)、Reverse(相反)、Other than(其他)等,来反演出所有可能出现的偏差。

具体的分析步骤为:

(1)提出问题。

(2)划分单元,明确功能。

(3)定义关键词表。

(4)分析原因及后果。

(5)制定对策。

(6)填写汇总表。

本次项目开展过程中,利用 isograph hazop+7.0 专业 Hazop 软件进行溯源分析。软件的整体界面如图 5.5 所示,根据实际站场的机组设备设置了参数和引导词,并指定了相应的风险矩阵,如图 5.6 所示。各站场 CAT 机组的 Hazop 的分析过程如图 5.7 至图 5.9 所示。各站场 GE 机组的 Hazop 的分析过程如图 5.10 至图 5.14 所示。

图 5.5　软件界面

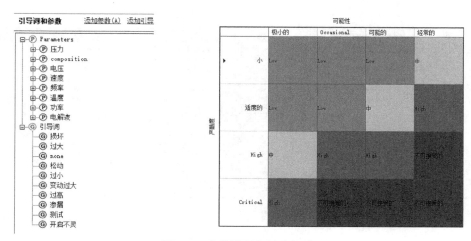

图 5.6 参数设置与风险矩阵

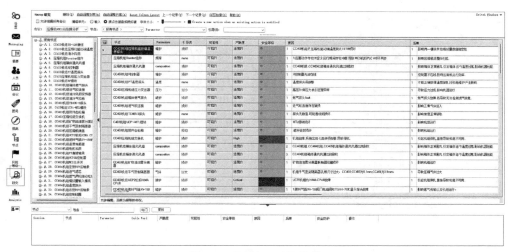

图 5.7 WKC1-GE机组

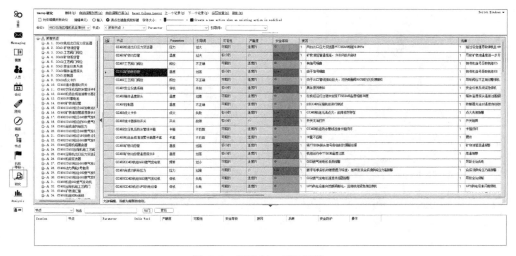

图 5.8 WKC2-GE机组

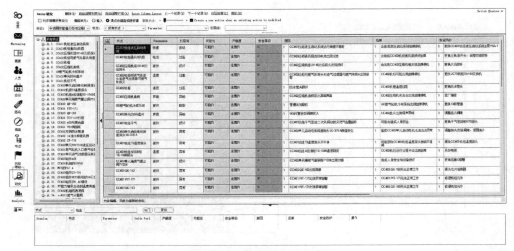

图 5.9　WKC3 – GE 机组

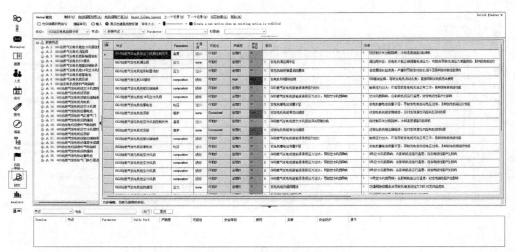

图 5.10　GCS – CAT 机组

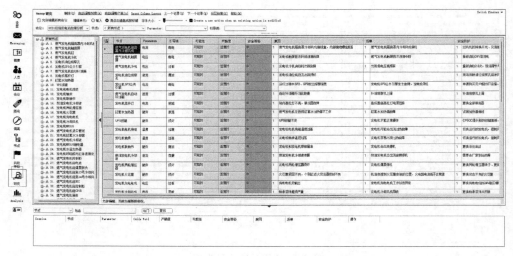

图 5.11　UCS1 – CAT 机组

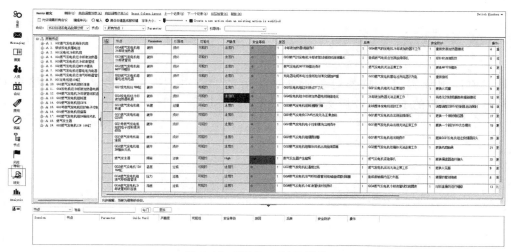

图 5.12　UCS2 - CAT 机组

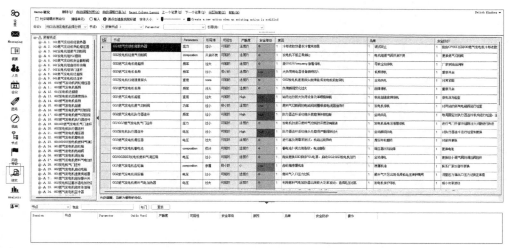

图 5.13　WKC2 - CAT 机组

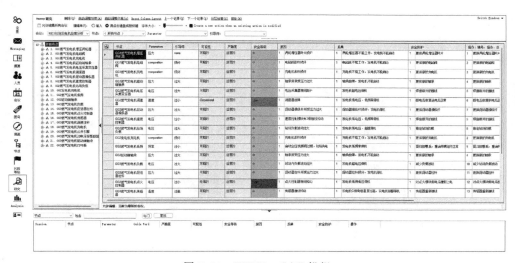

图 5.14　WKC3 - CAT 机组

5.3　成果展示

形成中油国际管道有限公司各所辖站场内的 GE PGT25＋型燃驱压缩机组和 CAT G3516 型内燃机组的 Hazop 分析文件。

中亚管道天然气管道压缩机远程诊断系统需求分析

1 引言

本文描述了燃驱压缩机组远程监测与诊断系统的组成和功能需求框架,具体内容包括:系统的系统功能需求,系统的设计约束,系统的质量要求,以及其他需求等,以用于为中油国际管道有限公司建设管道燃驱压缩机组远程运行监测与诊断系统的招标设计提供参考。

本文包括中油国际管道有限公司燃驱压缩机组远程监测与故障诊断系统(RM&D)项目相关的需求及系统设计要求,不包括相关实现方案、用户指导及测试方案等。

2 项目概述

2.1 项目背景

中油国际管道有限公司负责运营中哈原油管道、中亚天然气管道、中缅油气管道等"六气三油"巨型管道网络,油气管道总里程超过 1.1×10^4 km,管输能力每年 9630×10^4 t 油当量,管道里程占集团公司海外管道总里程的 75%、管道输量占 80% 以上,跻身世界管道公司前列。2017 年天然气管道累计输气 479.2×10^8 m³,原油管道累计输油 2073×10^4 t,对于解决我国原油资源缺口、缓解国内天然气用气紧张局面发挥了重要作用,为国民经济健康持续发展提供有力支撑。

中亚天然气管道使用燃气轮机驱动天然气管道压缩机组。燃气轮机驱动天然气管道压缩机组(以下简称燃驱压缩机组)作为天然气长输管道的核心设备,分布在管道沿线的各个压气站,通过不断对天然气加压,克服流动过程中摩擦阻力,保证天然气的长距离输送。

燃驱压缩机组安全稳定运行是天然气管输系统安全平稳运行的基础。目前中亚天然气管道运行中发现以下一些问题:

(1)缺乏实时有效的监测手段,不能及时发现出故障停机以外的机组性能衰退、潜在故障恶化等问题;

（2）机组优化运行缺乏可靠的依据；

（3）关键部件缺乏监测分析及故障诊断的手段，预知能力差，对部件的健康状况不了解，导致关键部件出现多次损坏，增加了维修成本；

（4）缺乏科学的寿命管理方式，关键部件欠维修、过维修情况较多，未能充分利用部件的使用寿命；

（5）目前采用的定期维修策略成本很高，缺乏科学智能的维修管理模式。

因此对燃驱压缩机组开展健康管理显得十分迫切。通过采用成熟的压缩机组故障诊断手段，通过 Internet 跨地域地将压缩机组使用单位及其技术部门，发动机生产厂商，掌握压缩机组健康状况，及时发现和处理运行中存在的问题，保障机组高效运行，为管输系统调度和设备维修决策提供技术支持。

考虑到中亚管道在保障国内天然气供应中的重要作用，建设压缩机组远程诊断系统，保障压缩机组安全、高效、经济运行具有重要意义和经济价值。作为动力装备行业与大数据紧密结合的典型案例，面向燃驱压缩机组远程运行监测与诊断的构建充分体现了"智能制造"理念在大型工业装备产品运行、维护及维修领域的应用价值。该系统的建设将成为中亚天然气管道有限公司"创新驱动发展"的一个重要成就。

2.2　项目目标

本文通过调研与分析中油国际管道有限公司压缩机远程诊断系统平台需求，包括数据需求、技术需求和应用需求等。对公司已有压缩机系统及数据进行梳理根据行业标准进行资料调查和现场调查，补充、增加相关的专业信息，形成一个较为完整的压缩机远程诊断系统需求，可指导中油国际管道有限公司压缩机远程诊断系统平台设计。

系统功能可归纳为，在对中油国际管道有限公司原有的数据传输条件影响尽量小的前提下，搭建一个高效可靠的数据通信平台用以提取和传输项目所需的全部数据；开发全套稳健优化的数据库和 API 用以存储和管理所有数据的记录调用功能；构建专业的展示层和系统管理的完整框架；开发专业的数据分析与处理系统进行机组状态监测与诊断；发布机组自身信息与诊断结果以对中油国际管道有限公司燃气轮机发电机组的运行提供远程技术支持。

2.2.1　搭建高效可靠的数据通信平台

数据通信平台需与原有的远程系统协作完成工作。流程见图 2.1（加框部分为平台已有的系统）。以下对每个流程的功能详细说明如下。

2.2.1.1　中油国际管道有限公司各平台端的数据通信

（1）采集原始振动数据。

在平台端通过接收传感器上的变送数据，监测燃气轮机组的振动情况，并将数据传送到振动数据采集服务器上。

（2）传输振动数据和初步分析结果到原始远程系统。

振动数据采集服务器对采集到的数据进行初步分析，并将原始数据及分析结果传输到海上平台端的原始远程系统中。

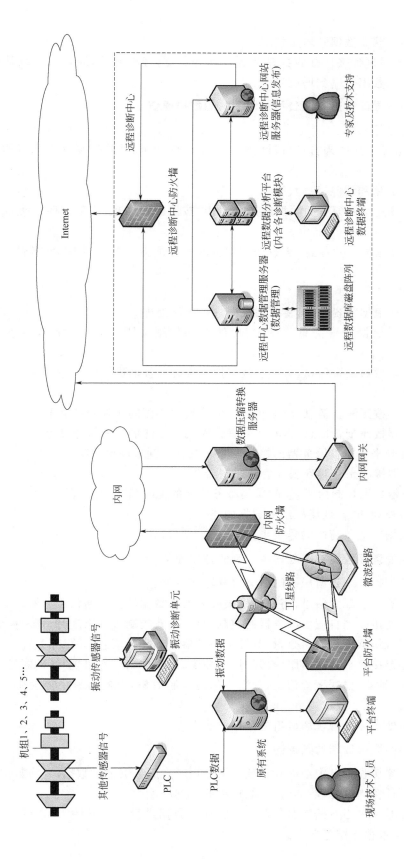

图 2.1　数据传输方案图

（3）传输振动和状态数据到增压站端。

原始远程系统通过各接口接收振动数据及状态数据，经处理后，通过卫星或其他传输信道，将振动和各状态数据传输到增压站端。

2.2.1.2　实现中油国际管道有限公司各增压站的数据通信

（1）数据临时存储。

增压站端的数据库接收来自各自对应的所有平台的数据，并将数据存入原有的数据库服务器中。

（2）采集所有数据和清除振动数据。

① 采集服务器连接到原有的数据库服务器中，按照配置信息，从数据库中提取所需的状态数据。

② 采集服务器根据配置信息，从数据库中提取所需的振动数据，并将数据库中对应的数据块清空。

（3）组织数据。

① 采集服务器根据配置信息，将振动数据进行压缩处理。

② 采集服务器根据配置信息，将压缩后的振动数据按照对应的设计标准进行标识并打包。

③ 采集服务器按照配置信息，将状态数据按照设计的标准进行标识并打包。

（4）传输数据。

① 采集服务器按照配置信息，将振动数据传到中心侧的转发服务器上。

② 采集服务器按照配置信息，将状态数据传输到中心侧的转发服务器上。

（5）监听并接受来自转发服务器的控制命令。在有控制事件出现时：

① 采集服务器接收来自转发服务器的控制命令。

② 采集服务器根据控制命令，修改采集服务器上的配置信息，并保存。

（6）具备同时处理 50 台现场机组的数据的能力。

（7）对原有数据库的负荷影响尽量小。

2.2.1.3　实现中油国际管道有限公司中心侧的数据通信

（1）转发服务器接收来自增压站的采集服务器的数据。

（2）转发服务器根据配置信息，将来自采集服务器的数据转发往通信服务器。

（3）转发服务器接收来自通信服务器的控制命令，当有控制事件出现时，判断控制对象，如果目标是转发服务器，根据控制命令，修改转发服务器上的配置信息，并保存。

（4）转发服务器接收来自通信服务器的控制命令，当有控制事件出现时，判断控制对象，如果目标不是转发服务器，根据配置信息，判断实际的控制对象，将控制命令转发往对应增压站侧的采集服务器。

（5）具备同时处理 200 台现场机组的数据的能力。

2.2.1.4　实现中心服务器端的数据通信

（1）通信服务器接收来自中油国际管道有限公司转发服务器上的数据，并将数据保存到中心数据库机器上，具备同时处理 200 台现场机组的数据的能力。

（2）计算服务器对中心数据库服务器已接收到的数据进行分析、压缩等处理，并将处理结果更新或加入中心数据库服务器上。

① 具备同时处理 200 台现场机组的数据的能力。

② 网站和系统配置服务器根据配置信息,提取中心数据库服务器上的数据,以展示应用。

③ 网站和系统配置服务器可接受通过 Internet 的 http 网页匿名访问。

④ 网站和系统配置服务器可接受有对应权限功能的用户调用,查看各个功能和提供的数据视图。

(3)网站和系统配置服务器接收来自有管理权限用户的管理指令,在接收到指令要求时,分析控制对象,如果控制对象是自己本身,则根据命令修改本服务器上的配置信息。

(4)网站和系统配置服务器接收来自有管理权限用户的管理指令,在接收到指令要求时,分析控制对象,如果控制对象不是自己本身,则将控制指令传输往中油国际管道有限公司总部侧的数据转发服务器。

2.2.2　中心数据库和 API 应用

数据库存储系统作为远程数据中心的核心组成部分之一,下面分别从结构分析、数据压缩存储、API 模块等方面来说明中心数据库系统的功能。

2.2.2.1　具备稳定优化的数据库结构

中心数据库(图 2.2)是整个远程服务中心的数据记录的重要保障,设计并完成针对应用和具有可扩展性的稳定优化的数据库是系统高效运行的必要条件。数据库包括实时和关系两种类型的数据库,主要由 4 大部分组成,分别为:各站端的历史数据库、异常数据库、实时解决方案数据库以及企业服务数据库,各对应着一系列相互独立的系统:缓存服务、报警服务、解决方案服务及企业服务。

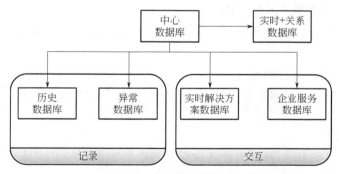

图 2.2　中心数据库组成

(1)历史数据库。

主要用来存储从各个增压站端传输回来的历史数据,以供进一步分析使用。这些历史数据主要包括轮机系统各机组 DCS 数据、DEH 数据及其他系统异常数据等。

(2)异常信息数据库。

用来存储发生异常或报警的案例的详细信息,以供进一步的案例分析等操作使用。

(3)分析结果数据库。

整个可视化系统的核心组成,用来存储使用各个专业分析模块后得出的最后的分析、关联结果,供进一步的使用;异常检测,趋势预测等分析结果都记录于此;用户端可视化时直接从此数据库中取数据。

（4）企业服务数据库。

用来存储涉及企业管理内容的数据，在网络上交流以及发布的信息，以供浏览查询使用。这些信息主要包括通过网站发布的公告、通知等信息。

中心数据库具有承上启下的作用，对数据访问进行负载平衡，并将信息的刷新实时地发布给浏览器客户端。

2.2.2.2 具备高质量的数据压缩和存储功能

中心数据库的管理是整个系统记录、分析和展示功能的重要支撑。

来自 200 台机组的庞大数据量对数据压缩和存储带来极大的压力。中心数据库不但要保存海量的数据，而且要保证数据读取有一定的速度。此外，也要确保数据的安全性与可靠性。因此，这就对数据库管理系统提出了很高的要求。

（1）压缩功能。

对海量数据的原始存储是不可能的，庞大的数据流很容易就能把硬盘空间耗尽。因而需对读入的数据进行压缩处理后再进行保存，以减小存储空间的使用量。

针对慢变数据和振动数据，系统提供了分段线性化、傅里叶变换、小波变换等压缩算法，在一定的压缩比例下，对原始数据进行压缩处理，并将结果存储到中心数据库上。

（2）存储功能。

对不同的原始数据或者收到的需保存的上传数据，系统可将之存入中心数据库中，在需要使用时，再将之调出。

数据库针对各种应用情形，设计数据存储结构。

（3）具备同时处理现场 200 台机组的数据的能力。

2.2.2.3 具备完善的数据交互的 API

数据组织和存储的目的是为系统应用服务，需与实现完善的数据交互的 API 结合来完成。

（1）保证数据调用和传递的稳定、安全。

针对各种系统服务和数据存储结构，开发完成各种通用的 API 端口，保证数据调用和传递的稳定、安全。

（2）便于应用扩展。

针对现有的应用和系统设计，方便各种程序的应用连接。

（3）可供二次开发的扩展功能。

预留可供二次开发的结构。

2.2.3 构建专业的表现层和系统管理的框架

系统的表现层和系统管理框架直接面向最终用户，是成果最终被使用的直接接入点。构建的表现层为可供在线访问的网络服务平台的方式，基于此平台，具有对应权限的人员可实时在网络上便捷直观地监测和分析燃气轮机机组的运行情况。

而服务平台作为信息展示层，网页和系统配置服务器用于和用户进行直接交互。用户只简单地使用网页浏览器就可以实现对现场机组运行的有效监控和及时管理。

服务系统带有权限管理功能，只对符合权限的人员提供应用服务。

图 2.3 为系统提供展示服务功能的网络拓扑结构图。

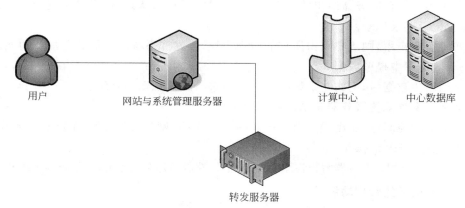

图 2.3　数据中心端网络服务连接图

构建的服务平台的主要功能包括：系统管理、应用展现、专业分析应用功能。

2.2.3.1　服务功能流程

网页服务流程如图 2.4 所示。

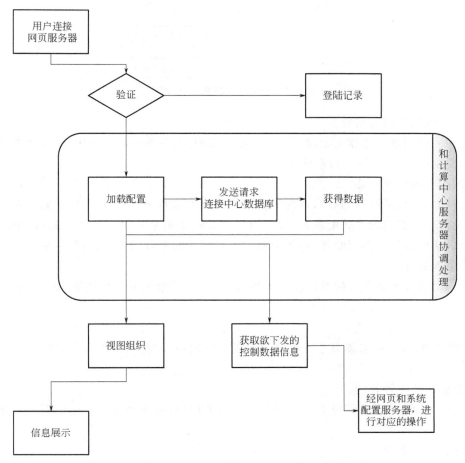

图 2.4　网页服务处理流程

(1)用户通过网页访问方式连接到网站和系统配置服务器上。

(2)合法用户可在服务器给出的接口上进行登录,经权限认证后,提供对应的服务功能,并在数据库中记录登录记录。

(3)如是监测应用,则用户点击所需的应用模块,网站和系统配置服务器加载功能服务,并连接到中心数据库中提取数据。

(4)收到回传数据后,网站与系统配置服务器进行相关视图的组织。

(5)网站与系统配置服务器将结果展示给用户。

(6)如果出现控制应用,则用户点击所需的应用模块,网站和系统配置服务器加载相应功能服务,并接受用户修改操作。

(7)网站和系统配置服务器解析控制命令,并根据控制目标和指令要求,执行对应的操作。

2.2.3.2 完备的系统管理功能

在构建的在线平台上,服务器系统管理的功能见图 2.5。

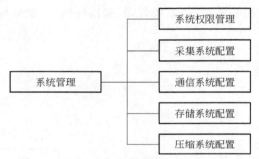

图 2.5 服务器系统管理的功能

(1)在线的网络服务功能。

网站和系统配置服务器上架设了一个应用网络服务,在许可的范围中,用户可在任意地点通过 http 连接到所端的网页和系统配置服务器上。

(2)用户权限管理功能。

对用户的使用权限进行管理,对各不同用户在整个远程故障诊断平台分配不同管理和应用权限,包括对中心端的系统配置,中油国际管道有限公司总公司端的系统配置,中油国际管道有限公司增压站端的系统配置,对各个机组运行数据的查看和分析的权限,对网站相应功能模块的使用权限等。

可基于角色权限及个人配置信息获得数据,根据不同角色的信息需求为其定制信息的组织形式。

(3)采集系统管理配置。

基于网站服务,具有采集服务器配置管理权限的用户,可在网站上对采集服务器下发控制指令。

(4)通信系统配置管理。

基于网站服务,具有通信服务器配置管理权限的用户,可在网站上对通信服务器下发控制指令。

(5)存储系统管理。

基于网站服务,具有存储管理权限的用户,可对存储的数据实现部分管理功能。

(6)压缩系统管理。

基于网站服务,具有压缩管理权限的用户,可对压缩的数据实现部分管理功能。

(7)信息交互平台。

基于网站服务,具有信息发布权限的用户可在网站发布信息。

基于网站服务,具有故障上传权限的用户可将出现故障时的相关信息上传到服务器上。

基于网站服务,具有数据报表使用权限的用户可将运行的相关数据以报表方式取出。

2.2.3.3 完备的应用展现层

在构建的在线平台上,服务器应用展现的功能见图2.6。

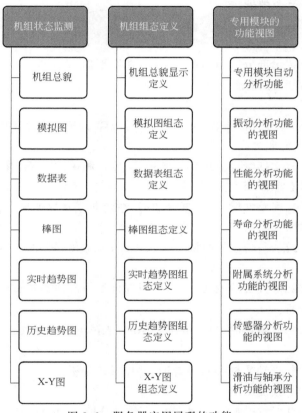

图2.6 服务器应用展现的功能

(1)提供丰富直观的信息表达图,可视化达到的标准为:直观、美观;包括:

① 机组总貌图显示;

② 数据表显示;

③ 模拟图显示;

④ 棒图显示;

⑤ 实时趋势图;

⑥ 历史趋势图;

⑦ X－Y图显示。

(2)提供对显示的组态和定义的配置,包括:

① 机组总貌图定义;

② 数据表显示组态；

③ 模拟图显示组态；

④ 棒图显示组态；

⑤ 实时趋势图组态；

⑥ 历史趋势图组态；

⑦ X－Y图显示组态。

（3）对专业应用模块的视图功能，除了通用视图外，并提供专业罗盘、趋势分析图、报警视图等；可视化达到的标准为：直观、美观；和计算服务器通信，实现各专业分析模块的自动处理。

2.2.3.4　完备的专业应用功能

系统提供的服务功能包括：

（1）自动组织。

对不同的用户，可记录部分应用的组态情况，在需要时直接调用，对部分经标识的故障数据，可记录并自动更新相应的存储信息。

（2）案例管理功能。

基于网站服务，具有故障应用权限的用户，可对故障案例进行管理和分析。

（3）电子文档管理功能。

基于网站服务，具有文档管理应用权限的用户，可对相关的电子文档进行管理和调用。

（4）燃气轮机机状态监测与性能评估。

可测参数实时监测、完整性能计算、报警功能、性能曲线及数据显示、性能评估。

（5）传感器故障诊断。

传感器状态监测与报警；传感器故障分类及诊断；故障传感器的正常信号恢复。

（6）趋势与预测。

预测燃气轮机性能、部件性能变化趋势；机组部件运行寿命预估；维修建议。

（7）故障诊断与分析。

燃气轮机故障分类；故障诊断分析；故障知识库；故障记录数据库。

（8）振动分析。

实时机旁振动监测、振动数据存储及管理、远程振动分析。

（9）机组寿命分析与预测。

使用当量运行时间法对机组实际运行时间进行统计分析，预测整机实际寿命，给出维修建议。

（10）附属系统诊断。

提取附属系统的监测数据、对相应数据进行趋势预估、参数超限报警、附属系统故障诊断。

（11）轴承与滑油系统诊断模块。

对轴承振动和滑油系统数据进行综合分析，依据温度变化趋势及机组实际运行状态，给出轴承状态。

2.3　建设原则

在系统建设过程中采取的建设原则包括：统筹规划、统一标准、统一管理、联合建设、分级负责、分步实施、重点突出、保证安全、保护投资。

2.3.1　充分整合现有资源

在中油国际管道有限公司和七〇三研究所长期的生产过程中,积累了大量的各类资源,这些资源包括:

(1)中油国际管道有限公司方面为了保证安全生产,实时监测着分布在各区域的燃气轮机发电机组的运行状态,积累了一些机组重要的特性数据(包括安装、调试、启停机数据)以及故障数据,具备数台机组的运行经验。

(2)七〇三研究所方面在各试验室有很多关于机组的重要实验数据,以及不同技术服务人员的故障处理结果和经验;将这些宝贵的经验与先进的数据采集及故障分析软硬件平台相结合,形成包括振动分析、热力性能分析、动平衡分析、经济性诊断、调节系统诊断、专家系统、转子寿命预测分析等在内的智能专家诊断系统。

(3)人力资源方面,七〇三研究所燃气轮机各专业专家具有丰富的专业知识和实际经验,可作为该系统的一个有机组成部分。

本系统建设的一个重要原则是通过先进的网络技术,将这些分布的资源实现最有效的整合,以使这些现有的资源以小的投入,而在整个燃气轮机发电机组运行过程中发挥更大的作用。

2.3.2　可扩展性

虽然在系统设计之初力求能将系统设计的尽可能完美,并为系统的应用和发展预留尽可能大的适应空间,但随着接入远程专家支持中心的中油国际管道有限公司节点规模扩大,和对系统需求提出更高的要求,必须要求系统具有良好的可扩展性。可扩展性直接影响了整个系统的生命周期,因此在整个系统的设计过程中,坚持系统的可扩展性为一个重要原则。主要体现在如下几个方面:

(1)机组节点规模的可扩展性,目前设计系统具有管理200台机组的能力,在进行数据库存储和管理系统时,必须充分考虑到将来系统的中油国际管道有限公司发电机组节点规模的方便可扩展性,能够在不对系统进行大规模升级改动的基础上,仅通过硬件设备的扩充和升级就能实现监测机组节点规模的扩充。

(2)现场远程数据获取的可扩展性。充分考虑到对不同数据采集系统的可扩展性,设计可方便扩展的机制,能够在小量开发的基础上,实现从不同数据采集厂家获取和传输数据的要求,使系统具有良好的适应性。

(3)专业数据分析模块的可扩展性。专业数据分析模块是整个系统的核心部分,目前已设计了众多的专业数据分析功能,几乎能满足各种常规辅助决策要求。但对于将来可能遇到的特殊数据分析要求,现在无法将其全部涵盖在内。因此在系统的专业数据分析模块的接口设计时,考虑接口的标准性和方便可扩充性,能够在遇到特殊需要时,按照接口标准开发新的专业数据分析模块,扩充系统的分析功能。

2.3.3　保密性与开放性

建立远程在线技术管理中心的意义在于信息和资源的共享,所以要保证信息的开放性,然而这些宝贵的信息和资源优势重要的商业资源,必须确保其安全性和保密性。信息传输必须采用安全的数据通道,并通过加密严格保证数据的安全和保密,并对数据的浏览和访问设置不同的访问权限,不允许数据在未授权的情况下泄漏或受到网络黑客的攻击。

在保密性和安全性的前提下,对授权的单位及专家开放,中心需要专家知识,专家也可以根据需要从中心请求开放信息,研究单位需要现场的运行数据进行专业技术分析,分析结果反馈给中心作为中心知识库的扩充,通过中心再为燃气轮机设计制造和机组维护的基础,实现优势互补,信息共享,充分发挥远程技术管理中心的作用。

2.4　对承制方的要求

(1)燃驱压缩机组 RM&D 系统要求承制方应该具备工业软件系统开发经验。

(2)燃驱压缩机组 RM&D 系统建设方应具备丰富的旋转机械相关领域丰富的经验。

(3)机组运行数据安全可控。燃驱压缩机组的运行数据包含了重要的能源信息,考虑到对国家的能源战略安全具有重大的影响,系统安全和未来的发展,该系统的建设应该优先考虑依托于国内企业。

3　系统需求详细分析

3.1　系统的功能需求

3.1.1　机组运行监视/机组可视化管理

燃驱压缩机组远程监测与诊断系统应提供机组的在线运行监视功能,包括机队设备总览(显示关键性能参数)、关键运行指标(KPI)、机组运行的统计、报警和事件总览/管理,通知管理等。

机组运行监测应支持在包括手机、平板电脑等移动设备上查看设备的运行状态信息。

3.1.2　机组状态监测

燃驱压缩机组运行监测和诊断系统应提供对机组的关键性能参数的监测与分析功能。具体包括图 3.1 所示的监测功能。其中每条水平线表示一个对发动机状态的监视能力,每条垂直线表示一个监视功能,每个交点代表一个信息处理节点,该节点实现一个或者多个监测和诊断算法。

3.1.2.1　气路性能监测

对燃驱压缩机组的气路部件,包括燃气轮机的压气机、燃烧室和涡轮,以及离心压缩机部件的气动热力参数和性能参数分析,监视发动机以及压缩机气路部件的健康状况,并能够对机组性能衰退的程度进行预测评估,作为判断机组气路部件是否发生故障的依据,以及机组水洗周期优化和大修期延长的依据。

3.1.2.2　机组滑油系统监测

滑油系统监视的目的是利用滑油系统工作参数来监视滑油本身的理化性能和机组所有接

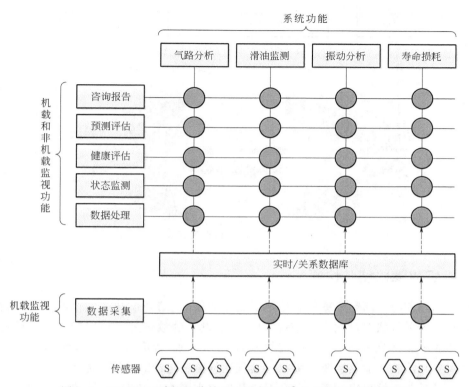

图 3.1　OSACBM 建议的旋转机械设备 RM&D 的监测与分析功能

触滑油的零部件的健康情况,从而提供有关机组健康状态信息。具体包括滑油系统工作状态监视、滑油碎屑监视、滑油理化性能监视功能等。滑油理化性能监视可以在线进行,也可以离线进行,系统应提供将滑油理化性能离线分析的结果输入系统中的途径。

3.1.2.3　机组振动监测

振动分析系统负责对机组的振动数据进行深入分析,分析振动异常的原因,对异常情况如不平衡、不对中、磨损、碰摩等提出早期告警,早期发现设备损伤和潜在的故障,以便维修人员及时采取措施,避免因机组部件退化所造成的二次损坏,从而保证机组的结构完整性。

由于目前中亚管道上的燃驱压缩机组普遍安装了 Bently 3300/3500 系统,因此机组振动监测应该能够从上述系统中采集振动数据,并且不能影响 3300/3500 自身的保护功能(图 3.2)。

3.1.2.4　高温部件寿命管理

高温部件寿命管理通过精确的部件使用、损伤状况跟踪评估,对部件的剩余寿命预测,据此作出维修保障决策,并保证备件及其他保障资源的供应,以实现对部件寿命的科学管理,最大限度地利用部件的使用寿命,提高机组的安全性并改善经济性,优化维修保障资源配置。

但是由于准确预测高温部件的剩余寿命需要安装较多的附加传感器,尤其是可能需要在高温通道安装传感器,从而给机组的安全运行带来潜在的危险,对部件材料在疲劳、蠕变、腐蚀等方面的力学性能需进行准确测定,高温部件寿命监测比较困难,并且寿命预测精度难以保证。

考虑到此项功能的引入而导致的费用和风险增加,因此此项功能并不是必要的。

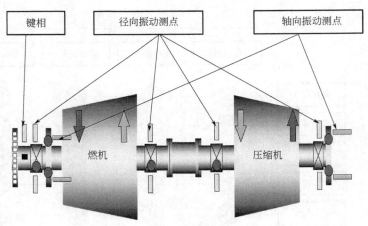

键相　　径向振动测点　　轴向振动测点

燃机　　压缩机

图 3.2　离心压缩机组测点布置

3.1.3　机组故障预警与诊断

机组故障预警与诊断是根据状态监测所获得的信息,结合设备的工作原理、结构特点、运行参数及其历史运行状况,对燃驱压缩机组有可能发生的故障进行分析、预报,对设备已经或正在发生的故障进行分析、判断,以确定故障的性质、类别、程度、部位及趋势。

故障预警与诊断功能是燃驱压缩机组远程运行监测与诊断系统的基本功能之一。因此此项功能应该是燃驱压缩机组远程诊断和系统开发重点考察的功能,系统的预测和诊断结果应该保证较高的准确率、较低的误报率和漏报率。

3.1.4　机组健康评估与预测

对燃驱压缩机组的本体和主要辅助设备的健康状态进行评估和预测,为用户实现降低整体运营成本、提高资产回报率、提高资产运行时间以及优化、延长大修时间、精确维护、提高运营效率、风险识别及减少等目标提供支持。

机组健康评估与预测包括设备健康度显示、部件可用率评估、故障历史记录、设备健康通知与跟踪、系统健康趋势分析等功能。

3.1.5　报警和事件管理

对于燃驱压缩机组远程监测与诊断系统而言,需要同时监测几十台甚至几百台设备,因此强大灵活的报警与事件管理是远程监测与诊断系统必须具备的功能。

系统应该可以由用户自定义报警种类、级别,可根据报警类别和级别查看系统的报警和事件信息,同时也应该可以根据报警和事件的级别和类型定制报警、报告等消息,通过邮件、短信和即时通信软件等推及时送给相关技术人员和管理人员。

3.1.6　文档及案例管理

燃驱压缩机组远程监测与诊断系统应具备文档和案例管理和共享机制,对有价值的事件案例进行完善,生成相应标准案例,存入案例库,并建立强大的查询检索功能,供授权用户进行查询,以便于用户积累处理经验。

3.1.7 备品备件管理与优化

燃驱压缩机组远程监测与诊断系统提供备品备件管理功能,为客户提供监视、诊断、维修、备品备件服务,并可协调备品备件资源,优化备品备件库存的管理,指导检维修计划制定、备件采购。

3.2 性能需求

(1)系统应该能够存储至少 200 台压缩机组,一个大修期的运行和维护数据;
(2)系统操作响应速度不应该有可感觉到的延迟;
(3)在置信度 0.75 时,对于可检测故障的准确率不低于 85%;
(4)能够保证查询压缩机组一个大修期的运行数据;
(5)能够保证查询到压缩机组一个大修期的报警历史。

3.3 外部接口需求

3.3.1 用户接口

(1)用户接口可基于 B/S 或者 C/S 模式,或者同时具备两种模式;
(2)用户可以通过智能手机或者平板电脑等移动设备查看本系统的结果;
(3)用户能够通过微信、短消息、邮件等方式接收本系统提供的报警信息。

3.3.2 软件接口

(1)具备对于主要的压缩机组测控系统数据通信接口,包括但不限于 GE Cimplicity,Solar TT4000,Wonderware Intouch,Rockware Factory Talk 的通信接口;
(2)具备对主要的实时数据库软件的通信接口,包括 OSI PI,GE Historian,Kepware TOP Server 的通信接口。

3.3.3 硬件接口

目前中油国际管道有限公司的燃驱压缩机组均采用了 Bently 3300/3500 振动监测系统。

3.4 其他需求

3.4.1 国际化需求

燃驱压缩机组远程运行监测与故障诊断系统应支持包括汉语和英语在内多种语言。

3.4.2 保密性需求

燃驱压缩机组远程运行监测与故障诊断系统中的信息和资源优势是中油国际管道有限公

司重要的商业资源,必须确保其安全性和保密性。信息传输必须采用安全的数据通道,并通过加密严格保证数据的安全和保密,并对数据的浏览和访问设置不同的访问权限,不允许数据在未授权的情况下泄漏或受到网络黑客的攻击。

在保密性和安全性的前提下,可以对授权的单位及专家开放,实现优势互补,信息共享,充分发挥远程技术管理中心的作用。

3.4.3　安全性需求

系统的安全性问题包括两方面的内容:系统的安全性和数据的安全性。

由于工控系统的特殊性,工控系统对各种外部的威胁比较敏感,因此在燃驱压缩机组远程运行监测与故障诊断系统的设计与开发过程中,必须采取多种措施保证系统的安全性,例如采用网闸、防火墙(尤其是工业防火墙)等多种措施保证网络安全,构建强有力的安全保障体系。

数据的安全性设计主要包括:(1)数据安全,防止对数据未授权的非法访问;(2)防止在灾害情况下数据的损失。在系统一开始建设前就应该统筹考虑。通过采用物理安全设计,保证系统不应因操作失误、设备故障、外电源中断、维护和检修而导致系统运行中断。冗余措施,采用分布式存储和冗余措施,保证数据不至于因为计算机故障而损失。制定详细的备份计划,保证系统故障时将数据的损失减至最小。授权和审计措施,包括统一账号、认证、授权和审计体系,及加密和密级管理体系,以防泄漏、防窃取、防匿名化等。

3.4.4　系统保障需求

燃驱压缩机组远程运行监测与故障诊断系统建设主要立足于中油国际管道有限公司现有数据采集和存储设备,原则上在尽量减少新增硬件设备,利用现有的设备和系统。

3.4.5　培训需求

由于燃驱压缩机组远程运行监测与故障诊断系统的组成与功能复杂,因此承制方需要提供完整的培训,包括:系统维护、系统使用,以及关于涡轮机械故障诊断以及旋转机械振动分析技术方面培训。

培训可以在现场进行,也可以在承制方的地点进行。

中亚管道天然气管道压缩机远程诊断系统技术方案

1　引言

本文描述了中亚气管道燃驱压缩机组远程监测与诊断系统(RM&D)设计方案建议,以用于为中油国际管道有限公司建设管道燃驱压缩机组远程运行监测与诊断系统的招标设计提供参考,而非具体的系统设计方案。

本文包括中油国际管道有限公司管道燃驱压缩机组远程监测与故障诊断系统(RM&D)项目的规划设计和建议,具体内容包括:项目需求分析,项目设计约束,项目技术方案建议,以及项目实施方案建议;不包括系统的相关实现方案、用户指导及测试方案等内容。

本文中燃驱压缩机组指燃气轮机驱动天然气压缩机组;RM&D 指 Remote Monitoring and Diagnostic,远程监测与诊断;PHM 指 Prognostics and Healthy Management,预测与健康管理;COTS 指 Commercial off - the - shelf,商用现货产品。

本文参考了 GB/T 22393—2015《机器状态监测与诊断　一般指南》。

2　项目概述

2.1　项目背景

中油国际管道有限公司负责运营中哈原油管道、中亚天然气管道、中缅油气管道等"六气三油"巨型管道网络,油气管道总里程超过 1.1×10^4 km,管输能力每年 9630×10^4 t 油当量,管道里程占集团公司海外管道总里程的 75%、管道输量占 80% 以上,跻身世界管道公司前列。2017 年天然气管道累计输气 479.2×10^8 m³,原油管道累计输油 2073×10^4 t,对于解决我国原油资源缺口、缓解国内天然气用气紧张局面发挥了重要作用,为国民经济健康持续发展提供有力支撑。

中亚天然气管道使用燃气轮机驱动天然气管道压缩机组,燃驱压缩机组分布在管道沿线的各个压气站,通过不断对天然气增压,克服流动过程中摩擦阻力,保证天然气的长距离输送。中油国际管道有限公司的中亚天然气管道就运营着包括 GE 公司的 PGT25/PGT25＋、

Siemens 公司的 RB211‐G62 和 Solar 公司的 Titan130 等型号的 63 台燃驱压缩机组，分布在沿程 18 个压气站。

作为生产的关键设备，燃驱压缩机组的可靠性是保证管输系统正常运行的基础，直接关系到经济效益以及人员与设备的安全。燃驱压缩机组长期处于高温、高压、振动、潮湿、沙尘的恶劣环境之中，压缩机组各热力部件在上述恶劣条件下运行时，机组性能会随运行时间延长而发生衰退，主要表现在热力性能参数降低，稳定裕度下降，而且随着运行时间的增加会变得越来越严重，影响燃气轮机的安全性和经济性，严重时还可能会引起机组整体失效，造成重大的运行事故。燃驱压缩机组一旦因故障造成停机，将给天然气管线的生产带来巨大的损失。

燃驱压缩机组稳定运行强烈依赖于装备的维护与保障水平。以诊断和预测为标志的燃气轮机预测与健康管理技术（PHM）是提高燃驱压缩机组运行可靠性、安全性、可维护性最主要的技术途径。机组远程运行监测与诊断系统（RM&D）是开展燃驱压缩机组预测与健康管理（PHM）工作的前提和基础。通过采用智能算法和先进推理技术针对机组的关键部件进行实时状态监视和剩余寿命分析，最大化维修和部件采购间隔时间，提高全机关键部件的后勤管理能力，降低维修人力、备件和修理费用，进而达到降低寿命周期费用的目标。

考虑到中亚天然气管道在保障国内天然气供应中的重要作用，建设压缩机组远程诊断系统，保障压缩机组安全、高效、经济运行具有重要意义和经济价值。

2.2　建设目标

建设基于工业大数据云技术的燃驱压缩机组远程运行监测与诊断系统（RM&D），开发完善的机组状态监控、机组异常告警、机组故障诊断、异常处置模块，实现异常告警、异常处置、异常处置结果反馈的闭环，为透平设备的精细化管理和智能化运维提供支撑。

2.3　设计原则

2.3.1　充分整合现有资源

远程运行监测与故障诊断（RM&D）的引入，固然可以达到预测故障发生、减少维修保障费用等目的，但它也同样会带来一些负面效应，例如 RM&D 的硬件设施会增加费用，它可能会引起虚警。在系统级，为了减少风险而引入的 RM&D 必须能够补偿由于该项技术的引入而导致的费用和风险增加，即要对其进行费效比分析。最后的设计，最低程度应能满足必需的安全和控制的需要，最高程度可以覆盖全部的故障模式。

系统建设主要立足于中油国际管道有限公司现有数据采集和存储设备，原则上尽量减少新增硬件设备，利用现有的如 PLC 以及振动监测等监测系统。

2.3.2　保密性与开放性

建立远程运行监测与故障诊断系统的意义在于信息和资源的共享，所以要保证信息的开放性，然而这些宝贵的信息和资源是重要的商业资源，必须确保其安全性和保密性。信息传输必须采用安全的数据通道，并通过加密严格保证数据的安全和保密，并对数据的浏览和访问设置不同的访问权限,不允许数据在未授权的情况下泄漏或受到网络黑客的攻击。

在保密性和安全性的前提下,对授权的单位及专家开放,中心需要专家知识,专家也可以根据需要从中心请求开放信息,研究单位需要现场的运行数据进行专业技术分析,分析结果反馈给中心作为中心知识库的扩充,信息如此交互,可以实现优势互补,信息共享,充分发挥远程技术管理中心的作用。这部分工作应该在系统一开始建设就加以统筹规划。

2.3.3　可扩展性

虽然在系统设计之初力求能将系统设计的尽可能完美,并为系统的应用和发展预留尽可能大的适应空间,但随着接入远程专家支持中心的节点规模扩大,和对系统需求提出更高的要求,必须要求系统具有良好的可扩展性。可扩展性直接影响了整个系统的生命周期,因此在整个系统的设计过程中,坚持系统的可扩展性为一个重要原则。

在系统建设过程中采取的建设原则包括:统筹规划、统一标准、统一管理、联合建设、分级负责、分步实施、重点突出、保证安全、保护投资。

3　系统总体框架

燃驱压缩机组远程运行监测与故障诊断系统的总体功能框架如图 3.1 所示。按照系统的功能组成燃驱压缩机组远程运行监测与故障诊断系统可以分为:

(1)数据层,即数据平台,其功能在于解决数据的采集、传输和存储功能。系统从机组测控系统读取运行数据,并从操作日志和维保记录读取机组的操作记录和维护记录,通过将数据传输到远程支持中心数据库。

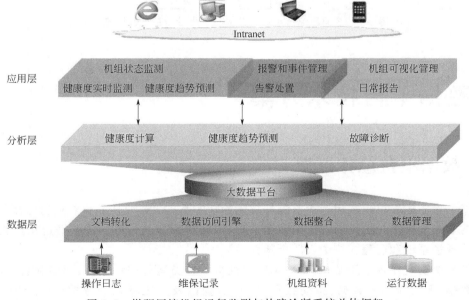

图 3.1　燃驱压缩机组运行监测与故障诊断系统总体框架

（2）分析层,功能在于基于旋转机械的专业知识和诊断分析模型,分析燃驱压缩机组的运行数据,实现异常检测、故障诊断和健康状态的评估。

（3）应用层,功能在于将数据采集的结果和计算的结果,融合成合适的方式显示给用户,包括机组健康评估结果,报警和事件管理、机组可视化管理以及日常报告的管理等。

则燃驱压缩机组远程运行监测与故障诊断系统的建设内容可以分成:

（1）燃驱压缩机组 RM&D 系统数据平台建设;

（2）燃驱压缩组智能分析系统开发;

（3）燃驱压缩机组 RM&D 应用层系统开发。

系统数据流见图 3.2。

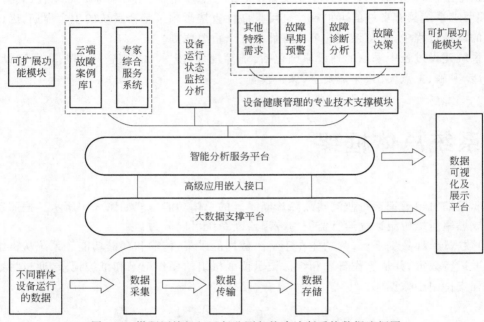

图 3.2　燃驱压缩机组运行监测与故障诊断系统数据流框图

4　数据平台技术方案

4.1　数据平台总体框架

数据是燃驱压缩机组远程运行监测与故障诊断的基础。燃驱压缩机组运行监测与故障诊断系统的数据支撑平台则是处理机组数据采集、传输和管理的任务。数据平台按照物理位置可以分成现场系统和远程支持中心两个部分。

现场系统安装在各增压站,负责采集压缩机组的各类运行采集数据、存储和管理,包括机组运行数据、天然气工艺数据、振动数据、PLC 数据以及人工输入的数据(如滑油分析结果等），并通过网络上传到远程支持中心。

远程支持中心支持系统从各增压站采集运行数据，并存储到数据中，供机组的专业分析软件调用，并提供报警和事件管理、报告管理等功能，为机组的专业应用包括机组运行监测、数据分析与趋势预测、故障诊断等功能提供支撑。

系统数据平台框架见图 4.1。

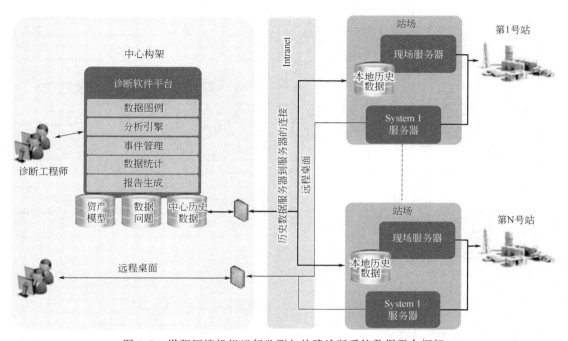

图 4.1　燃驱压缩机组运行监测与故障诊断系统数据平台框架

4.2　现场系统设计方案

为了保证机组的安全性，现场数据采集应保证传输是单向的，即数据流只能从机组测控系统传向数据采集系统，而不应该反向往机组测控系统写入数据。为了防止因网络中断等原因导致数据缺失，系统应具备断点续传功能，可以在网络故障时将数据缓存在现场的数据库中。同时为了保证大量数据网络传输的高效性和快速性，应对各类数据进行压缩处理，减小网络数据传输量。

图 4.2 给出了燃驱压缩机组 RM&D 系统现场数据采集系统框架，现场数据采集系统包括：工业防火墙和数据采集接口服务器，实时数据库服务器。

4.2.1　工业防火墙

数据采集接口服务器与测控系统之间的通信都采用制造商专有工业通信协议，及其他工业通信标准（Modbus、SIMATIC S7 - 300、CDT 等）。同时由于 OPC 通信每次连接采用不固定的端口号，使用传统的 IT 防火墙进行防护时，不得不开放大规模范围内的端口号，在这种情况下，防火墙提供的安全保障被降至最低，上位实时数据库一旦感染病毒或被控制，控制网

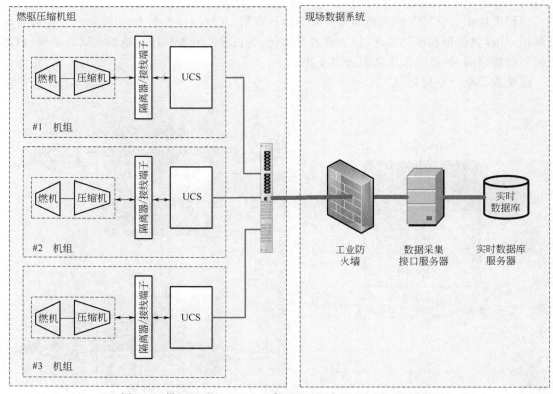

图 4.2　燃驱压缩机组运 RM&D 系统现场数据采集系统框架

络的系统及设备就完全暴露。

因此本项目建议采用专业的工业防护墙,解决 OPC 通信采用动态端口带来的安全防护瓶颈问题,阻止病毒和任何其他的非法访问,提升网络区域划分能力的同时从本质上保证网络通信安全。

4.2.2　数据采集接口服务器

所有采集完毕的数据通过数据采集接口服务器进行发布。考虑到部分场站已经安装了 Kepserver 软件。为了统一系统结构,简化备品备件的管理,数据采集接口服务器建议采用 Kepserver 软件。Kepserver 是全球工业界领先的通用 OPC 服务器,在嵌入式工业市场上广泛范围(超过数百种以上设备型号的可下载驱动程序)的驱动程序和组件。

对于中亚气管道的燃驱压缩机组所采用的测控系统,虽然属于不同的厂家,Kepserver 均有 COTS 驱动程序,从而可以简化现场系统的开发。

4.2.3　实时数据库

工业监控数据要求采集速度和响应速度均是毫秒级的,这么大容量的高频数据,常规的关系数据库一般很难达到要求。实时数据库通过转为快速读写设计的时标型数据结构、高频缓存等技术,可以实现海量数据的实时读写操作。同时实时数据库采用了专门的压缩算法,包括哈弗曼算法、旋转门算法以及一些二次压缩算法,压缩比普遍能够达到 30∶1 左右,大大减低了存储空间的需求。

因此考虑到工业系统的特殊性,现场应采用实时数据库系统,以解决海量数据的实时读写操作问题。

4.3　远程支持中心设计方案

远程支持中心系统采用流行的云解决方案,系统的框架如图4.3所示。利用云大数据平台,实时采集生产过程的各种数据,通过流计算基于标准参数曲线模型和备件预测模型对生产进行透明化展现及报警。

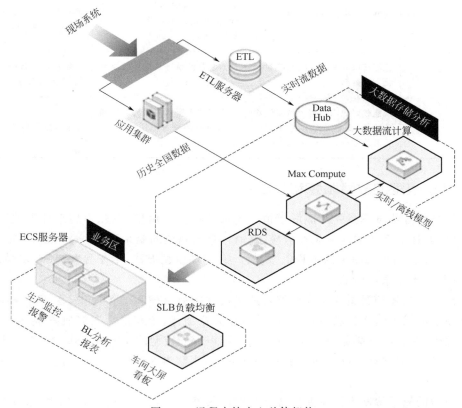

图4.3　远程支持中心总体架构

根据中油国际管道有限公司的需求,本项目可以采用私有云或者公有云方式实现。云大数据平台可以通过采购 COTS 商业化产品或者服务实现。

5　智能分析技术方案

5.1　智能分析技术概述

PHM 方法主要可分为基于模型的预测方法(model–based approaches)、数据驱动的预测方法(data-driven approaches)、混合预测方法(hybrid approaches)三类。各种故障诊断算法都有各自的优点和不足,没有哪种算法一定优于其他算法,因此故障诊断算法的研究应重点解决各种算法的不足之处,并研究结合各种故障诊断算法优点的融合方法,提高故障诊断结果的准确性,并最终在燃气轮机状态监视和故障诊断系统中应用。表 5.1 对这三类方法进行了比较。

表 5.1　数据挖掘及智能分析方法比较

类别	适用条件	优点	缺点
基于模型的预测方法	能够建立模拟系统物理特性的模型	能很好地理解系统的物理特性,能更精确地预测出潜在的故障,误差小	实际应用中很难建立精确的数学模型,适用范围较窄
数据驱动的预测方法	能够获取大量的反映系统运行状态的数据	能对复杂的动态系统进行故障预警,适用范围广	需要大量的数据去训练模型,误差较其他方法大
混合预测方法	既能较好地用模型模拟系统物理特性,又能获取到系统运行状态的数据	综合了基于模型的预测方法和数据驱动的预测方法的优点,误差小	方法难度更高,工作量大

5.1.1　基于模型的故障预警和诊断方法

基于模型的方法试图找一个能够模拟系统物理特性的模型,以此模型来计算关键零部件的损耗程度,并评估系统的故障累积效应,从而计算出系统的剩余寿命(remaining useful life,RUL)。它主要包括动态模型或过程的预测方法,物理模型方法,卡尔曼/扩展卡尔曼滤波,粒子滤波,以及基于专家经验的方法。

基于模型的故障预警适合用在能够构造出精确的数学模型的情况中,将实际系统的测量值与数学模型的输出值作比较,将它们的差值作为特征,这个差值需要对故障敏感,能够反应出故障的发生,并且能够排除系统正常的干扰,噪声以及模型的误差等的影响。产生差值的方法主要有三种:参数估计法(parameter estimation),观察者法(observers),比较关系法(parity relations)。

基于模型的故障诊断方法主要的优点是它能很好地理解系统的物理特性,随着对系统性能退化的认识提高,模型能更精确地预测出潜在的故障。而且在很多情况下,系统特征向量的变化往往与相关的模型参数紧密联系,因此可以建立一个趋势参数和特定预测特征之间的映射关系。而它的缺点在于,通常难以针对复杂动态系统建立精确的数学模型,因此基于模型的故障预警与诊断技术在实际中的应用和效果受到了很大限制。

5.1.2　数据驱动的故障预警与诊断方法

在数据驱动的故障诊断方法中,通常会使用模式识别和机器学习技术来检测系统状态的变化。在非线性系统中,传统的数据驱动方法经常会使用随机模型,如向量自回归模型、阈值自回归模型,双线性模型,多变量统计方法适应回归样,Volterra 级数展开等方法。但近十年,数据驱动方法的研究更多集中在柔性模型上,如各种各样的神经网络模型,模糊神经网络系统。

深入挖掘并提取运行数据中反映燃气轮机健康状态的有效信息是当前及未来基于多源信

息融合燃气轮机异常检测的发展趋势。基于数据挖掘技术的燃气轮机异常检测的本质就是对燃气轮机健康状态的模式识别,常用的算法主要有决策树、模糊C均值聚类、支持向量机以及人工神经网络等。这些方法在实际应用时各有优缺点,因此有大量的研究去针对实际问题来优化这些异常检测算法,使其适用于所应用的领域,其中也包括旋转机械故障预警与诊断领域。

数据驱动的故障诊断方法适合用在系统太过复杂以至于很难建立合适的模型,或者建立模型的成本太过高昂的情况下。因此数据驱动的方法最大的优势就是比其他方法更加快速廉价,而且适用范围广。而它的缺点在于它预测的置信区间较其他方法宽,意味着虚警率可能较高,而且需要大量的数据去训练模型。

5.1.3　混合故障预警与诊断方法

混合故障预警方法试图结合前两种方法,提出一种既能集成它们优点又能避免它们缺点的新型故障预警方法,而且在实际故障预警工作中,也不会单一地只使用其中一种方法。更多的情况是,在基于模型的故障预警方法中包含数据驱动的预测方法中的一些策略;在基于数据驱动的诊断方法中利用模型获取一些有用信息。

对于燃驱压缩机组这样的复杂系统而言,由于预测研究的困难性,使用单一方法进行预测往往难以保证其应用效果,因此将多种不同的预测方法进行融合是提高预测的综合性能的有效途径。

5.2　燃驱压缩机组典型的故障诊断方法

对于燃驱压缩机组这样一个复杂的系统,涉及材料、结构、气动热力、控制等多个学科的综合。参考GE的系统,燃驱压缩机组运行监测与故障诊断应包括至少以下五个方面的内容。

5.2.1　机组性能监测(GPA)

机组性能监视和部件故障诊断的目的就是通过传感器测量发动机的气动热力参数、性能参数和几何可调部件的位置参数,来监视发动机以及其气路部件的健康状况。可检测的主要异常包括压气机、燃烧室以及涡轮部件由于结垢、侵蚀、腐蚀等造成的性能衰退,也可检测气路部件的突发故障,例如外物击伤等。

常用的方法分为两类:一类是基于线性模型的方法,包括参数估计、小偏差方程、卡尔曼滤波、主成分分析(PCA)等;另一类是基于非线性模型的方法,包括遗传算法、神经网络、粗糙集、模糊逻辑、专家系统、决策树、支持向量机等(表5.2)。

表 5.2　气路分析功能和方法

典型故障	监测指标	方法
压气机、燃烧室以及涡轮部件的结垢、侵蚀、腐蚀等原因造成的性能衰退;外物击伤等	压气机压力、温度,压气机效率系数、流量系数等	参数估计、小偏差方程、卡尔曼滤波、主成分分析(PCA)等;遗传算法、神经网络、粗糙集、模糊逻辑、专家系统、决策树、支持向量机等

5.2.2 燃烧系统监测

对于燃驱压缩机组而言,燃烧系统是容易发生故障的系统,典型的故障包括喷嘴结焦、堵塞,以及燃烧室翘曲、变形、裂纹等。

燃烧系统监测一般是通过监测机组高压排气温度进行,同时为了更准确地诊断故障,同时也需要监测燃料系统的参数,如燃料温度、压力以及各燃料调节机构的参数等。

一般而言,建立精确的燃烧系统的模型非常困难,因此一般是采用基于数据的方法进行监测,包括相关分析、主成分分析等,也有研究提出采用遗传算法、神经网络粗糙集、支持向量机等方法进行燃烧系统监测(表 5.3)。

表 5.3 燃烧系统的功能和方法

典型故障	监测指标	方法
喷嘴堵塞、喷嘴安装、火焰筒翘曲、变形、裂纹等	燃气发生器 EGT,燃气发生器 EGT 分散度,燃气发生器 EGT 传感器,故障燃料气压力,燃料气温度等	相关分析、主成分分析等,目前也有研究提出采用遗传算法、神经网络粗糙集、支持向量机

5.2.3 机械系统健康管理

振动监视旨在监视发动机的结构系统,识别发动机在所有工作转速下的危险振动状态,避免由发动机部件退化引起的二次损伤。通过振动监视可实现发动机损伤的早期检测,分析振动参数的变化率和变化趋势并据以发现潜在的故障,从而保证发动机的结构完整性,提高飞行的安全性。

振动监视由机载和地面两部分组成:机载部分负责实时监视。将测得的振幅与预先规定的阈值进行比较,如果超限,就触发告警信息,传给显示系统和监控系统。地面部分负责对记录的振动数据进行深入分析。利用更复杂的算法和模型对记录的数据做进一步处理,分析振动趋势,对异常情况如失衡、磨损和摩擦提出早期告警,以便维修人员及时采取措施。

中压气管道的燃驱压缩机组都安装了 Bently System1 振动分析系统,因此本项目中主要是如何充分发挥 System1 系统的作用,帮助运行人员以及振动分析专业工程师分析机组的振动故障。

振动频谱分析需要的数据量非常大,实时将振动采集数据传输到远程中心对网络会带来很大的压力。为了解决此问题,振动数据的处理应该在现场侧进行,平时仅仅传输振动趋势数据,以降低对网络带宽的要求。当发现机组的振动异常后,自动将异常时刻前后一段时间的振动数据和工艺数据打包发送到远程中心的服务器,由远程中心的振动专业工程师进行分析。远程支持中心的振动专业工程师也可以通过远程桌面登录到现场的振动分析服务器进行分析。为了提高系统的安全性,可以通过 VPN 方式连接(图 5.1)。

5.2.4 滑油监测

滑油监视的目的是利用滑油系统工作参数来监视滑油本身的理化性能和发动机所有接触滑油的零部件的健康情况,从而提供有关发动机健康状态信息。滑油监视主要包括以下 3 个方面。

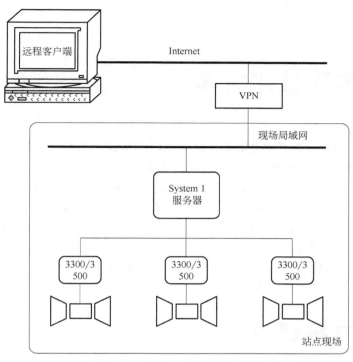

图 5.1 通过远程桌面访问现场的振动分析服务器

（1）滑油系统工作状态监视。

滑油系统工作状态监视是对滑油的压力、温度、总量和消耗量及油滤堵塞参数的指示，其方法有超限警告和趋势分析。例如，滑油喷嘴、油滤堵塞或调压工作异常可能造成滑油压力增大；而泄漏、油管破裂、调压阀门工作异常等则会引起滑油压力减小。过高的滑油温度同其他滑油系统监视参数一起可反映发动机子系统的故障。

监视滑油量和添加量可得到有关滑油消耗量及滑油泄漏的信息。

（2）滑油碎屑监视。

滑油不但具有润滑和冷却的作用，同时还具有运输碎屑的作用。滑油碎屑监视任务是监视接触滑油的发动机零部件的健康状况，及时发现这些零部件由于表面故障产生的碎屑，避免造成发动机二次损伤。

（3）滑油理化性能监视。

对滑油进行理化性能监视，可提供滑油的状态及某些发动机工作异常的信息。通风、温度及滑油的消耗量、系统容量和成分等均可能影响滑油理化性能降低速率和程度。可对滑油的氧化性、附加损耗、胶体杂质含量和总酸度等理性化性能进行监测，以确定滑油的可用性，提前发现滑油油脂劣化。

5.2.5　控制系统监测

控制系统监测的主要功能是监测机组的主要控制机构的故障，包括燃油泵、燃油阀，进口可调导叶、放气阀等执行机构。

这些部件的故障相对而言比较明确，并一般都安装了相应的传感器进行检测，通过监测相应的传感器的参数即可基本确定这些机构的故障,需要注意的是区分传感器故障还是控制机构的故障。

6　人机界面技术方案

人机界面设计可提高生产力并有助于降低风险和错误。随着浏览器技术的发展,目前基于浏览器的 B/S 人机界面无论在功能、性能、方便性等方面已经与基于桌面应用的 C/S 模式相当。考虑到维护的方便性,本项目建议采用基于浏览器的 B/S 模式的界面。

考虑到兼容性和未来的发展,系统应该能够适应各种主流的浏览器,包括 Microsoft EDGE,Google Chrome,Apple Safari 等主流浏览器,对于比较旧的 Microsoft Internet Explorer 则不一定要求兼容。

对于移动设备,包括手机和平板电脑等移动设备,则可以通过开发专用的 App 实现。

7　实施方案建议

7.1　开发方案建议

方案一:采购 OEM 厂商的 RM&D 服务。

几乎所有重要的燃气轮机和汽轮机制造商(OEM)都推出了各自的远程运行监测与诊断服务,为用户提供关键设备的远程监测和诊断服务,其中也包括燃气轮机和汽轮机机组。许多 OEM 厂商还承诺,只要采购其提供的远程监测与诊断服务,可以免费提供 RM&D 系统的建设费用。

因此采购 OEM 厂商的 RM&D 服务能够快速建立起可用的燃驱压缩机组 RM&D 系统,并且这些 OEM 厂商能够提供专业的诊断与维护服务。国内外提供燃驱压缩机组远程监测与诊断服务的厂商有 GE 公司的 APM 系统,Siemens 公司的 PDS 系统,Solar 公司的 InSight 系统,Liburdi 公司的 CEHM 系统,以及中船重工 703 研究所的 TES 系统等。

其中 GE 公司的 APM 系统和中船重工 703 研究所的 TES 系统均支持在中油国际管道有限公司建立本地支持中心,从而既可以获得服务提供商的提供的远程诊断支持和服务,也可以自己开展燃驱压缩机组的监测与诊断。

因此根据需求,可以考虑在系统建设方和中油国际管道有限公司分别建设支持中心,一方面可快速形成对中亚气管道的燃驱压缩机组的服务能力,提高机组管线的稳定性和可靠性,另一方面也可以建立自己的维护团队,为后期发展打下基础(图 7.1)。

方案二:自行开发燃驱压缩机组 RM&D 系统。

采用此方案能够完全按照需求定制,从而能够满足中油国际管道有限公司的需求。

对于燃驱压缩机组 RM&D 系统而言,底层的数据平台涉及的计算机数据采集、通信和存

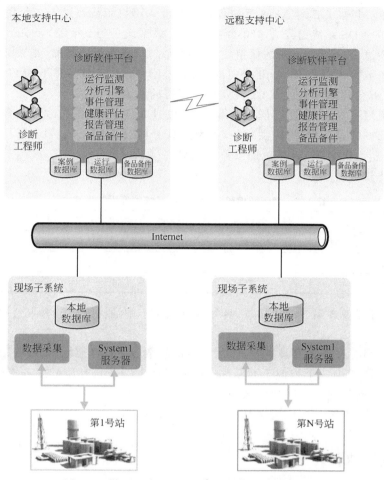

图 7.1　燃驱压缩机组 RM&D 总体架构建议方案

储等均为成熟技术,有成熟的商业化产品可供选用。而燃气轮机以及压缩机的专业分析和诊断技术是各厂商的核心技术秘密,除了振动分析系统以外,基本上没有现成的产品。燃驱压缩机组 RM&D 的开发需要同时具备较高的旋转机械专业领域的经验和知识,以及计算机软、硬件的开发能力,因此系统的开发难度非常高。

　　方案三:基于 PHM 平台定制燃驱压缩机组 RM&D 系统。

　　为了解决 PHM 系统的开发需求,已经出现了一些集设计、开发、验证和评估等多功能于一体的商业化的 PHM 开发平台,解决了 PHM 图形化建模、推理机、集成数据库、PHM 模型网络化协同设计及验证评估等关键技术。采用 PHM 系统开发平台可以由工程师而不是程序员完成燃气轮机的建模、诊断以及验证评估软件的开发,从而可以简化系统的开发。例如美国 GE 公司的 APM 就是基于 GE 公司的 Predix 平台开发的,而 Liburdi 公司的 CEHM 则是基于 OSI 公司的 PI 平台开发的。

　　但是这种方案存在的问题在于 PHM 开发平台是一套通用的平台,需要针对燃驱压缩机组进行大量的定制开发工作,对开发者的在旋转机械领域的专业技能和经验要求还是很高,因此系统开发的难度依旧比较高。

同时对于远程监测与诊断系统而言,入网的装备数量是决定燃驱压缩机组 RM&D 效果的一个关键因素。例如 GE 的 APM 系统仅油气行业入网机组就超过 730 台套(2015 年),Siemens/RR 公司的 PDS 系统已经有 670 台机组加入该系统(2014 年底),Solar 公司的 Insight 系统在全球有超过 1900 台 Solar 的机组使用此系统。入网设备的增加,则服务费即可支撑起远程支持服务的运行。对于 Liburdi 公司而言,其 CEHM 系统中仅有不到 200 多台设备,这可能也是 Liburdi 公司能够开放其 CEHM 系统销售的原因。

中亚气管道只有 63 台套燃驱压缩机组,入网数量太少,于数据和故障的积累不利。因此除非能够为第三方的设备/机组提供服务,成为类似于 GE、Siemens 或者七〇三研究所的服务提供商,否则独立建立 RM&D 系统的效益不明显。

三个方案比较见表 7.1。

表 7.1　燃驱压缩机组 RM&D 系统的开发方案比较

项　目	方案一	方案二	方案三
建设难度	低	高	中高
建设成本	低	较高	较高
运维成本	中高	中	中

总之,上述各开发方案各有优缺点,具体选择取决于中油国际管道有限公司的需求和发展规划:

如果公司的目标在于提高其主业,即油气输送的稳定性和可靠性,则应该采用方案一。

如果公司试图成为一个类似于 GE、Siemens 以及七〇三研究所的服务提供商,进入燃驱压缩机组的售后维修维护市场,则应该采用方案三。

对于公司而言,方案二在任何情况下都不推荐采用。

7.2　建设规划

燃驱压缩机组 RM&D 系统开发建设是一个长期的过程,提高故障预警及诊断精度的最根本的途径是燃气轮机典型故障数据的积累。国外燃气轮机的领先厂商如 Siemens、GE 公司也是由于其掌握了各类燃气轮机丰富的运行数据和大量的故障处理经验,才使得其所开发的故障预警及诊断相关产品的置信度很高,国外的领先厂商也是通过几十年的积累才达到目前的程度。

因此燃驱压缩机组 RM&D 系统的开发与建设需要持续地投入,系统建设完成后,也需要不断地投入,不断进行积累、完善和扩充,才能使服务体系逐步臻于完善。

2019 年:燃驱压缩机组 RM&D 系统开发。

本项目首先完成数据中心的建设,采用百万级别并发处理能力工业实时数据库,采集各压气站的压缩机组的数据,并传输到数据中心服务器,建立燃驱压缩机组 RM&D 的数据中心。开发燃驱压缩机组运行监测功能,实现对生产设备进行远程监控和管理,以便及时准确地掌握生产设备的状态。

同时采用成熟的统计预测方法如参数统计、利用先验信息的贝叶斯分析等方法、人工智能模型方法以及时序趋势预估技术,在高效安全的数据平台的支撑下,对能源生产设备故障做出精确度较高的预测。并与维修维护管理、备品备件管理的融合,实现一个功能比较完备的燃驱压缩机组的故障预警与诊断系统,实现生产现场与远程支持专家的协作机制。

2020—2022 年:燃驱压缩机组智能分析系统升级完善。

根据系统的运行结果,对燃驱压缩机组智能分析系统进行优化,进一步提高诊断分析的精确性,实现信息资源整合互用、人机结合的协同工作等多层次、智能化故障预警和诊断以及管理决策等目的,集成动力机组远程监测及故障预警和诊断的专家系统。

引入大数据分析技术,形成具有自主知识产权和实用、高效的燃气轮机大数据智能分析软件和系统,提高燃气轮机装备远程数据智能化分析水平。

8　结束语

8.1　建设必要性

天然气管输系统的稳定、可靠和经济运行对中油国际管道有限公司的发展具有重要意义。建立燃驱压缩机组远程运行监测与故障诊断系统,不单纯是要考虑燃机和压缩机的经济及运行,更重要的是为中油国际管道有限公司以及国家建立起一整套自主的燃驱压缩机组研究、生产、维护、维修体系奠定基础。

作为动力装备行业与大数据紧密结合的典型案例,面向燃驱压缩机组远程运行监测与诊断的构建充分体现了"智能制造"理念在大型工业装备产品运行、维护及维修领域的应用价值。该系统的建设将成为中油国际管道有限公司"创新驱动发展"的一个重要成就。

8.2　建设依托专业厂家

由于故障诊断与故障预警关键都具有领域相关的特点,尤其对于燃驱压缩机组而言,由于系统组成结构复杂,涉及机械、气动、振动、材料等各方面专业,对系统的开发提出了更高要求。因此对于燃驱压缩机组 RM&D 系统的开发,不但要求高的旋转机械的专业领域的经验和知识,也需要计算数据采集、通信和数据库方面的开发能力。

计算机数据采集、通信和存储技术已经成为成熟技术,有成熟的商业化产品可供选购。而对于燃气轮机以及压缩机的专业分析和诊断技术是各厂商的核心技术秘密,这也是主要的厂商都是销售产品服务,而很少卖软件的原因。即使有直接销售软件的公司,其分析结果也需要具备丰富领域经验的专家进行分析,因此燃驱压缩机组 RM&D 的建设应该依托于具有在燃气轮机和压缩机专业背景的专业厂家。

燃驱压缩机组 RM&D 系统开发与建设高度依赖于建设者的专业背景和经验,因此燃驱压缩机组 RM&D 系统建设应该依托于国内经验丰富的厂家。

8.3　建设重点考虑国内企业

天然气西气东输战略对国家的能源战略安全具有重大的影响,将燃驱压缩机组的运行数据传输到国外,等于将重要的能源安全信息拱手交到国外公司手中,可能对国家的能源安全带来不利的影响。因此从国家的能源安全和信息安全角度考虑,系统的建设应该重点考虑依托国内企业。

同时考虑到系统的未来的发展,建议在中油国际管道有限公司和承建方处建设两个支持中心,首先可以通过异地冗余保证数据安全,其次可以获得专业的故障预警与诊断支持服务,第三可以通过学习建立中油国际管道有限公司自己的燃驱压缩机组的服务能力。

国内在工业大数据服务方面还不能与国外先进企业相比。但是注意到中国企业的云计算产品和技术已经与世界一流企业站在同一起跑线上,在某些领域已经走到了世界前沿,从而使我们可以基于国内工业大数据技术云计算产品和技术,结合“互联网+”理念,站在一个更高起点,依托自身技术积累及行业领军优势,借助大数据综合利用技术快速发展的机遇,曲线超车,打造国内最高级别的动力装备数据存储及综合应用平台,推动客户服务大数据深度应用,促进从生产型企业向服务型企业转变。

GE 机组管道振动分析

1 引言

  CS-4 站 GE PCL803 系列压缩机进出口管道在某些工况存在振动。本报告根据委托内容,对该部分管道振动进行分析,并提出改进方案。

2 输入参数

2.1 管道规格

  本报告所涉及的压缩机进出口主工艺管道的规格见表 2.1。

表 2.1 管道规格

序号	规格	材质	备注
1	$\phi 1219mm \times 30.2mm$	API 5L X70	压缩机进出口汇管
2	$\phi 914mm \times 25.4mm$	API 5L X60	压缩机进出口管道
3	$\phi 813mm \times 23.8mm$	API 5L X60	防喘振管道
4	$\phi 762mm \times 22.2mm$	API 5L X60	压缩机进口管道
5	$\phi 610mm \times 17.5mm$	API 5L X60	压缩机出口管道、热旁通管道
6	$\phi 406.4mm \times 12.7mm$	API 5L X60	热旁通管道

2.2 气体组分

  本报告所涉及的气体组分见表 2.2 至表 2.4。

表 2.2 气体组分(土库曼斯坦气源)

成分	CH_4,%(摩尔分数)	C_2H_6,%(摩尔分数)	C_3H_8,%(摩尔分数)	iC_4H_{10},%(摩尔分数)
参数	≥92	≤6	≤3	≤2

成分	$\geqslant iC_5H_{12}$,%（摩尔分数）	CO_2,%（摩尔分数）	N_2,%（摩尔分数）	O_2,%（摩尔分数）
参数	$\leqslant 0.5$	$\leqslant 2$	$\leqslant 3$	$\leqslant 0.5$
成分	H_2S,mg/m^3	硫醇,mg/m^3	全硫,mg/m^3	—
参数	$\leqslant 7$	$\leqslant 36$	$\leqslant 100$	—

表 2.3　气体组分（阿姆河右岸气源）

成分	C_1,%（摩尔分数）	C_2,%（摩尔分数）	C_3,%（摩尔分数）	iC_4,%（摩尔分数）	nC_4,%（摩尔分数）	nC_5,%（摩尔分数）	nC_6,%（摩尔分数）	nC_7,%（摩尔分数）
参数	92.8538	3.6035	0.4154	0.1624	0.1098	0.0622	0.0398	0.0235
成分	nC_8,%（摩尔分数）	nC_9,%（摩尔分数）	nC_{10},%（摩尔分数）	H_2S,mg/m^3	CO_2,%（摩尔分数）	N_2,%（摩尔分数）	Ne,%（摩尔分数）	—
参数	0.0063	0.0012	0.0002	$\leqslant 7$	$\leqslant 2$	0.8011	0.0330	—

表 2.4　气体组分（哈萨克斯坦气源）

成分	CH_4,%（摩尔分数）	C_2H_6,%（摩尔分数）	C_3H_8,%（摩尔分数）	iC_4H_{10},%（摩尔分数）	nC_4H_{10},%（摩尔分数）
参数	94.8737	2.3531	0.309	0.025	0.054
成分	iC_5H_{12},%（摩尔分数）	nC_5H_{12},%（摩尔分数）	C_6H_{14},%（摩尔分数）	CO_2,%（摩尔分数）	N_2,%（摩尔分数）
参数	0.029	0.013	0.032	0.655	1.6562

3　管道振动测量数据分析

2021 年 9 月 22 日对不同运行工况压缩机进出口管道的振动进行了测量。
各测量工况及相关参数见表 3.1。

表 3.1　工况及相关参数

机组序号	转速,r/min	进口压力,kPa	进口温度,℃	出口压力,kPa	出口温度,℃	流量,Sm^3/h
1	5002.42	6345.53	25.76	8452.04	50.25	1070000
1	6097.48	5873.28	24.54	8846.6	59.8	1290000
3	5004.59	6337.31	25.96	8449.77	50.86	1070000
3	6100.79	5867.65	24.73	8842.62	60.55	1290000
1	5572.48	6424.91	25.35	9773.73	61.08	—

测点位置见图 3.1 至图 3.2。
每个测点最大振动幅值及对应频率见表 3.2。分析管道振动测量数据如下：

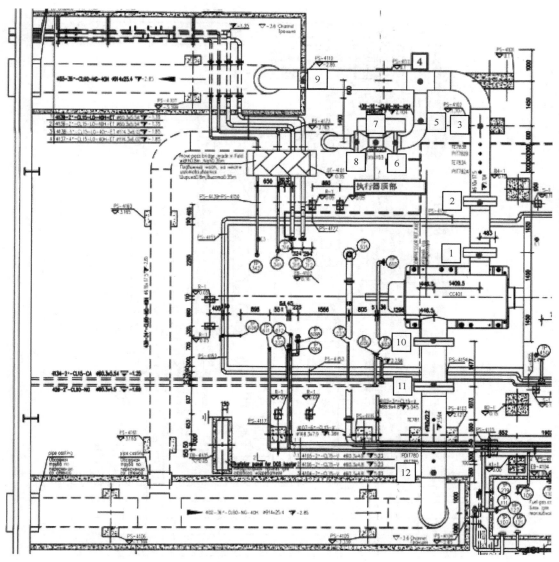

图 3.1　测点 1~12

（1）压缩机进出口法兰（测点 1、2、10、11）。

各运行工况，压缩机进出口法兰主要以叶片通过频率（转速频率乘以叶片数，转速 5000r/min 叶片通过频率为 1417Hz，转速 6100r/min 叶片通过频率为 1728Hz，）振动，也存在叶片通过频率两倍频的振动峰值。

除叶片通过频率以外，振动幅值次之的是转速频率。1♯机出口测点 2 在 5000r/min 时存在转速频率的峰值，振动幅值为 0.932mm/s。1♯机进口测点 11 在 5570r/min 时存在转速频率的峰值，振动幅值为 0.937mm/s。

除叶片通过频率和转速频率以外，也存在幅值较低的其他频率。1♯机出口测点 1 在 5000r/min 时存在 429Hz 的峰值，振动幅值为 0.625mm/s。3♯机进口测点 10 在 5000r/min 时存在 355Hz 的峰值，振动幅值为 0.313mm/s。

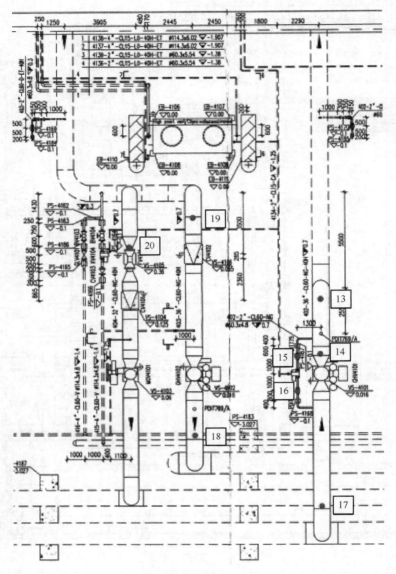

图 3.2　测点 13～20

　　随着输量增大,各点振动幅值增大。振动幅值最大的工况为 3♯机 6100r/min 出口测点 1,振动幅值为 2.99mm/s,对应频率 1728Hz。其他各点最大振动峰值对应频率均为叶片通过频率。

　　压缩机进出口法兰的振动表明,压缩机进出口法兰的振动主要受到叶片引起气流脉动的影响,输气量越大,进出口法兰的振动越大。

　　(2)压缩机进口管道第一个支撑处(测点 12)。

　　压缩机进口管道第一个支撑处管道的主要振动频率有:叶片通过频率、101Hz、388Hz、424Hz。最大振动幅值为 2.07mm/s(3♯机组 6100r/min),对应频率为叶片通过频率。其他频率最大振动幅值为 0.91mm/s。

表3.2 各测点最大振动幅值及对应频率

测点 1~7

机组	转速 r/min	转速频率 Hz	叶片通过频率 Hz	测点1 最大幅值 mm/s	测点1 对应频率 Hz	测点2 最大幅值 mm/s	测点2 对应频率 Hz	测点3 最大幅值 mm/s	测点3 对应频率 Hz	测点4 最大幅值 mm/s	测点4 对应频率 Hz	测点5 最大幅值 mm/s	测点5 对应频率 Hz	测点6 最大幅值 mm/s	测点6 对应频率 Hz	测点7 最大幅值 mm/s	测点7 对应频率 Hz
1#	5002.4	83.37	1417.35	0.625	429.688	0.932	83	0.782	2834.473	0.649	2834.473	2.181	67.139	1.385	2834.473	0.499	83
1#	6097.5	101.62	1727.62	2.042	1727.295	2.052	1727.295	6.465	56.152	1.397	1727.295	8.629	52.49	3.57	1727.295	1.297	1727.295
3#	5004.6	83.41	1417.97	0.954	1418.457	1.018	2835.693	1.88	1417.236					0.926	1418.457	0.495	1837.158
3#	6100.8	101.68	1728.56	2.991	1728.516	1.895	1728.516	4.084	62.256					0.711	2236.328	0.565	474.854
1#	5572.5	92.87	1578.87	1.138	1578.369	1.766	2260.742	2.867	1578.369	4.46	1578.369	11.038	56.152	0.817	2125.244	0.466	92.773

测点 8~14

机组	转速 r/min	转速频率 Hz	叶片通过频率 Hz	测点8 最大幅值 mm/s	测点8 对应频率 Hz	测点9 最大幅值 mm/s	测点9 对应频率 Hz	测点10 最大幅值 mm/s	测点10 对应频率 Hz	测点11 最大幅值 mm/s	测点11 对应频率 Hz	测点12 最大幅值 mm/s	测点12 对应频率 Hz	测点13 最大幅值 mm/s	测点13 对应频率 Hz	测点14 最大幅值 mm/s	测点14 对应频率 Hz
1#	5002.4	83.37	1417.35	0.251	83	1.1	1417.236	0.756	1417.236	0.251	1417.236	0.286	424.805	0.366	1417.236	0.154	1417.236
1#	6097.5	101.62	1727.62	1.403	1727.295	2.09	72.021	1.223	1727.295	1.182	1727.295	0.913	101.318	0.32	1727.295	0.373	1727.295
3#	5004.6	83.41	1417.97	0.53	1418.457			0.313	355.225	0.138	1417.236	0.375	388.184			0.127	1417.236
3#	6100.8	101.68	1728.56	0.434	1728.516	2.236	1728.516			0.84	1728.516	2.072	1728.516			0.535	1728.516
1#	5572.5	92.87	1578.87	0.662	1579.59	2.189	80.566	1.215	1578.369	0.937	92.773	1.186	1578.369	1.814	1578.369	0.974	1579.59

测点 15~20

机组	转速 r/min	转速频率 Hz	叶片通过频率 Hz	测点15 最大幅值 mm/s	测点15 对应频率 Hz	测点16 最大幅值 mm/s	测点16 对应频率 Hz	测点17 最大幅值 mm/s	测点17 对应频率 Hz	测点18 最大幅值 mm/s	测点18 对应频率 Hz	测点19 最大幅值 mm/s	测点19 对应频率 Hz	测点20 最大幅值 mm/s	测点20 对应频率 Hz
1#	5002.4	83.37	1417.35	0.733	117.188	0.201	112.305	0.275	1417.236	0.408	83.008	0.742	1417.236	0.173	1417.236
1#	6097.5	101.62	1727.62	0.211	111.084	0.341	1728.516	0.263	1727.295	1.285	1727.295	2.24	1727.295	1.873	1727.295
3#	5004.6	83.41	1417.97	0.235	117.188	0.5	117.188							0.536	1418.457
3#	6100.8	101.68	1728.56	0.146	1728.516	0.673	117.188							1.628	1728.516
1#	5572.5	92.87	1578.87	0.428	117.188	1.066	1578.369	1.812	1578.369	0.899	1578.369	1.621	1578.369	1.192	1579.59

(3)压缩机出口管道第一个支撑处(测点 3)。

压缩机出口管道第一个支撑处管道的主要振动频率有:56Hz、62Hz、叶片通过频率。最大振动幅值为 6.46mm/s(1♯机组 6100r/min),对应频率为 56Hz。62Hz 的振动幅值为4.08mm/s,叶片通过频率的最大振动幅值为 2.86mm/s。

(4)压缩机出口管道热旁通三通分支处(测点 4)。

压缩机出口管道热旁通三通分支处的主要振动频率为叶片通过频率或两倍的叶片通过频率。最大振动幅值为 4.46mm/s(1♯机组 5570r/min),对应频率为叶片通过频率。

(5)压缩机出口管道热旁通弯头处(测点 5)。

压缩机出口管道热旁通弯头处的主要振动频率有:52Hz、56Hz、67Hz。最大振动幅值为11.03mm/s(1♯机组 5570r/min),对应频率为 56Hz。

(6)压缩机出口管道热旁通阀处(测点 6、7、8)。

压缩机出口管道热旁通阀处的主要振动频率有:叶片通过频率和两倍的叶片通过频率、转速频率、474Hz、1837Hz、2125Hz、2236Hz。最大振动幅值为 3.57mm/s(1♯机组 6100r/min测点 6),对应频率为叶片通过频率。转速频率下最大振动幅值为 0.49mm/s。其他频率下最大振动幅值为 0.56mm/s。

(7)压缩机出口管道(测点 9)。

压缩机出口管道的主要振动频率有:叶片通过频率、72Hz、80Hz。最大振动幅值为2.23mm/s(3♯机组 6100r/min),对应频率为叶片通过频率。其他频率下最大振动幅值为2.18mm/s,对应频率为 80Hz。

(8)室外压缩机进口管道(测点 13、14、17)。

室外压缩机进口管道的主要振动频率为叶片通过频率。最大振动幅值为 1.814mm/s(1♯机组 5570r/min),对应频率为叶片通过频率。

(9)室外压缩机进口管道旁通管(测点 15、16)。

室外压缩机进口管道旁通管的主要振动频率有:叶片通过频率、111Hz、117Hz。最大振动幅值为 1.06mm/s(1♯机组 5570r/min),对应频率为叶片通过频率。其他频率下最大振动幅值为 0.73mm/s,对应频率为 117Hz。

(10)室外压缩机出口管道(测点 18、19、20)。

室外压缩机出口管道的主要振动频率为叶片通过频率。最大振动幅值为 2.24mm/s(1♯机组 6100r/min),对应频率为叶片通过频率。

综上所述,压缩机进出口管道的振动主要以叶片通过频率为主,是由叶片通过进出口时引起的气流脉动引起。进出口法兰处也存在转速频率的振动,是由机组振动引起。热旁通阀阀前管道存在明显的振动,主要是由三通分支处的涡流引起。随着输气量越大,管道的振动幅值也增大。在所测量的各个工况中,管道振动最大幅值为 11.03mm/s(1♯机组 5570r/min),低于 EFRC 指南的可接受值(19mm/s),管道振动水平较低。

4 管道振动分析

根据管道振动测量数据分析可知,压缩机进出口管道的振动频率有叶片通过频率、转速频率及其他频率。

叶片通过频率的振动是由叶片通过进出口时引起的气流脉动引起,主要与机组内部流道及叶片外形尺寸有关。

转速频率的振动是由机组振动引起,可能的原因有机组本身存在振动,或进出口管道对机组作用力过大,导致轴系变形产生振动。无论哪种原因,只要机组振动值在振动监测系统的允许值以下,则认为可以接受。

热旁通阀关闭时,热旁通管道为封闭的支管,形成了典型的三通分支处的涡流激励。若涡流激励频率与气柱固有频率接近,则将导致气柱共振,从而引起管道振动。

本部分分析机组振动对管道振动的影响、压缩机进出口叶片通过频率的气流脉动和三通分支处涡流激励对脉动的影响。

4.1 转速频率的机组振动对管道振动的影响

根据振动测量数据,选取转速频率下振动幅值较大的 1♯ 机 5000r/min 进行分析,进出口法兰处振动幅值按 0.93mm/s 施加到管道端部,分析模型见图 4.1。在机组法兰处转速频率振动激励作用下,进出口管道的振动计算值见表 4.1。

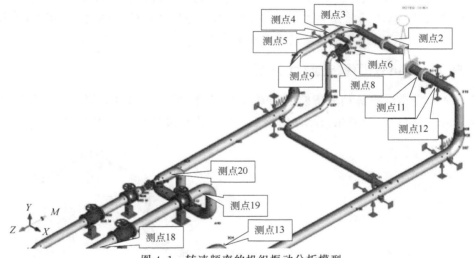

图 4.1 转速频率的机组振动分析模型

表 4.1 进出口管道的振动计算值

节点	位置	X 方向,mm/s	Y 方向,mm/s	Z 方向,mm/s
A01	测点 2	0.42	0.05	0.99
A18	测点 3	0.73	0.05	0.26
A03	测点 4	0.05	0.00	0.00
A21	测点 5	0.63	0.05	0.00
C02	测点 6	0.42	0.26	0.05
C03	测点 8	0.05	0.26	0.05
A04N	测点 9	0.16	0.05	0.05

节点	位置	X 方向,mm/s	Y 方向,mm/s	Z 方向,mm/s
D11	测点 11	0.31	0.47	0.16
D13	测点 12	0.57	1.15	0.26
D04N	测点 13	0.16	0.00	0.00
A16N	测点 18	0.00	0.10	0.00
A11F	测点 19	0.00	0.10	0.00
B01F	测点 20	0.05	0.00	0.00

根据振动计算值可知:在机组法兰处 0.93mm/s 的转速频率振动激励作用下,进出口管道均有振动,但振动幅值较低,最大振动幅值为 1.15mm/s。厂房内与机组进出口较近的管道振动幅值明显高于厂房外的振动幅值,厂房外的管道也会受到转速频率振动的影响,但影响较小。

4.2 叶片通过频率的气流脉动对管内气流脉动的影响

压缩机的每一片叶片在通过进口或出口时均会在进口或出口处产生压力脉动。因此,当压缩机以某一转速运行时,在进出口处存在叶片通过频率(转速频率乘以叶片数)的压力脉动。当该压力脉动较大时,将对管道系统产生影响。本部分以 1♯机为例,分别对 5000r/min 和 6100r/min 压缩机进口管道和出口管道进行脉动分析。

4.2.1 5000r/min 出口管道脉动分析

压缩机出口管道气流脉动分析模型见图 4.2。热旁通管线及防喘管线由于阀门关断设置为封闭端,压缩机出口处受到压力脉动的影响。由于出口处的压力脉动受叶片形状、转速、机

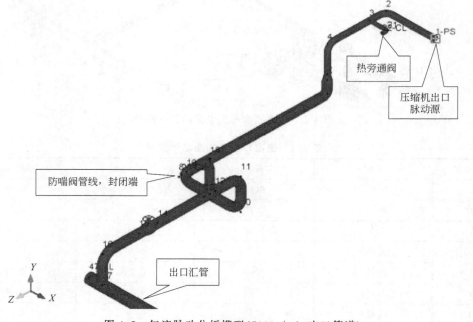

图 4.2 气流脉动分析模型(5000r/min 出口管道)

壳内部流道等因素影响,无法获得,因此此处假设1kPa用于定性分析出口管道内气柱受扰动的影响。

经计算,在压缩机出口1kPa压力脉动激励下,出口管道内的峰值压力脉动为287.19kPa,位于节点22(热旁通阀位置),对应频率为1596Hz。

从压力脉动频谱图可知,在压缩机出口压力脉动作用下,出口管道内压力脉动呈现多个响应频率。在叶片通过频率1417Hz附近,管道各点压力脉动较高的响应频率有1391Hz、1410Hz。因此,压缩机出口叶片通过频率的压力脉动极易引起管道内气柱的脉动响应。

4.2.2　6100r/min出口管道脉动分析

压缩机出口管道气流脉动分析模型见图4.3。热旁通管线及防喘管线由于阀门关断设置为封闭端,压缩机出口处受到压力脉动的影响。由于出口处的压力脉动受叶片形状、转速、机壳内部流道等因素影响,无法获得,因此此处假设1kPa用于定性分析出口管道内气柱受扰动的影响。

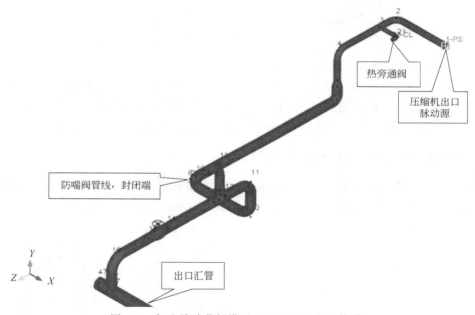

图4.3　气流脉动分析模型(6100r/min出口管道)

经计算,在压缩机出口1kPa压力脉动激励下,出口管道内的峰值压力脉动为140.36kPa,位于节点22(热旁通阀位置),对应频率为1720.5Hz。

从压力脉动频谱图可知,在压缩机出口压力脉动作用下,出口管道内压力脉动呈现多个响应频率。在叶片通过频率1728Hz附近,管道各点压力脉动较高的响应频率为1720Hz。因此,压缩机出口叶片通过频率的压力脉动极易引起管道内气柱的脉动响应。

4.2.3　5000r/min进口管道脉动分析

压缩机进口管道气流脉动分析模型见图4.4。热旁通管线由于阀门关断设置为封闭端,压缩机进口处受到压力脉动的影响。由于进口处的压力脉动受叶片形状、转速、机壳内部流道等因素影响,无法获得,因此此处假设1kPa用于定性分析出口管道内气柱受扰动的影响。

经计算,在压缩机进口1kPa压力脉动激励下,进口管道内的峰值压力脉动为61.28kPa,

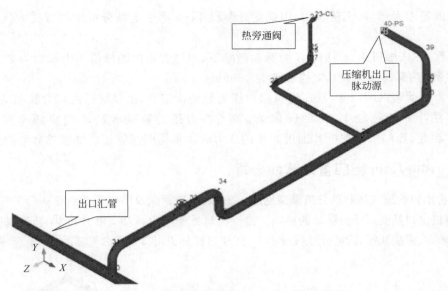

图 4.4 气流脉动分析模型（5000r/min 进口管道）

位于节点 23（热旁通阀位置），对应频率为 1659Hz。

从压力脉动频谱图可知，在压缩机出口压力脉动作用下，进口管道内压力脉动呈现多个响应频率。在叶片通过频率 1417Hz 附近，管道各点压力脉动较高的响应频率有 1397Hz、1403Hz。因此，压缩机进口叶片通过频率的压力脉动极易引起管道内气柱的脉动响应。

4.2.4　6100r/min 进口管道脉动分析

压缩机进口管道气流脉动分析模型见图 4.5。热旁通管线由于阀门关断设置为封闭端，压缩机进口处受到压力脉动的影响。由于进口处的压力脉动受叶片形状、转速、机壳内部流道

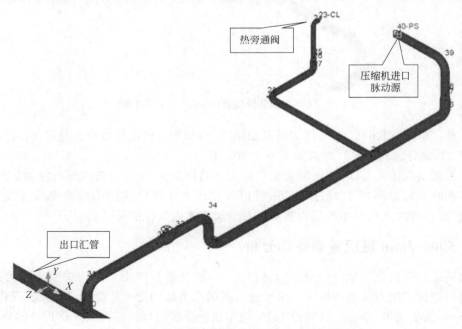

图 4.5　气流脉动分析模型（6100r/min 进口管道）

等因素影响,无法获得,因此此处假设1kPa用于定性分析出口管道内气柱受扰动的影响。

经计算,在压缩机进口1kPa压力脉动激励下,进口管道内的峰值压力脉动为58.39Pa,位于节点23(热旁通阀位置),对应频率为1276.5Hz。

从压力脉动频谱图可知,在压缩机出口压力脉动作用下,进口管道内压力脉动呈现多个响应频率。在叶片通过频率1728Hz附近,管道各点压力脉动较高的响应频率有1705Hz、1710Hz。因此,压缩机进口叶片通过频率的压力脉动极易引起管道内气柱的脉动响应。

4.3　三通分支处涡流激励对管内气流脉动的影响

热旁通阀关闭时,热旁通管道为封闭的支管,形成了典型的三通分支处的涡流激励(图4.6)。若气柱固有频率与涡流激励频率或其倍频接近,则将导致气柱共振,从而引起管道振动。

对于支管封闭的三通分支处产生的涡流频率,可以采用下式进行估算:

$$f = SV/d$$

式中　f——涡流脱落频率,Hz;

　　　S——斯特劳哈尔数,0.2~0.5,对于三通,取值通常为0.5;

　　　V——主管道介质流速,m/s;

　　　d——支管内径,m。

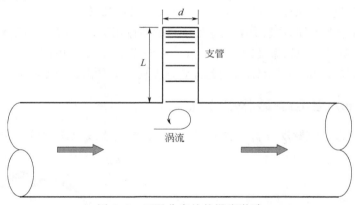

图4.6　三通分支处的涡流激励

对于压缩机出口三通:

(1)输量为1070000m³/h时,涡流激励频率约为:$f=0.5×10/0.574=24.4$(Hz)。

(2)输量为1290000m³/h时,涡流激励频率约为:$f=0.5×18.5/0.381=24.3$(Hz)。

对于压缩机进口三通:

(1)输量为1070000m³/h时,涡流激励频率约为:$f=0.5×10/0.574=8.7$(Hz)。

(2)输量为1290000m³/h时,涡流激励频率约为:$f=0.5×10.78/0.574=9.4$(Hz)。

脉动分析时假设三通处涡流压力脉动为1kPa。

4.3.1　5000r/min出口管道脉动分析

压缩机出口管道气流脉动分析模型见图4.7。热旁通管线及防喘管线由于阀门关断设置为封闭端,热旁通管线三通处受到压力脉动的影响。

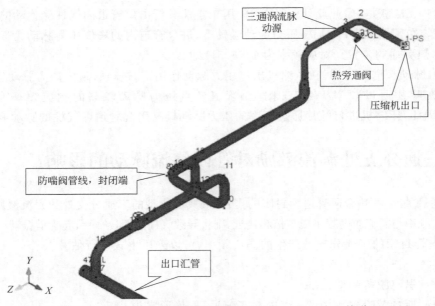

图 4.7　气流脉动分析模型(三通涡流,5000r/min 出口管道)

经计算,在热旁通三通处 1kPa 压力脉动激励下,出口管道内的峰值压力脉动为 359.32kPa,位于节点 22(热旁通阀位置),对应频率为 47.75Hz。

从压力脉动频谱图可知,在热旁通三通处压力脉动作用下,出口管道内压力脉动呈现多个响应频率。该工况下测点 5 现场振动频率为 67Hz,该点(节点 21)脉动响应频率与现场振动频率较近的频率是 64Hz、66.5Hz、69.75Hz,表明此处管道振动主要是由三通处涡流激励引起。

4.3.2　6100r/min 出口管道脉动分析

压缩机出口管道气流脉动分析模型见图 4.8。热旁通管线及防喘管线由于阀门关断设置

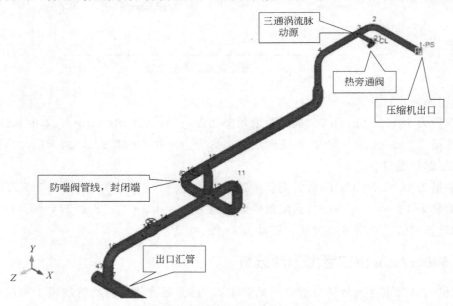

图 4.8　气流脉动分析模型(三通涡流,6100r/min 出口管道)

为封闭端,热旁通管线三通处受到压力脉动的影响。

经计算,在热旁通三通处 1kPa 压力脉动激励下,出口管道内的峰值压力脉动为 206.44kPa,位于节点 22(热旁通阀位置),对应频率为 48.75Hz。

从压力脉动频谱图可知,在热旁通三通处压力脉动作用下,出口管道内压力脉动呈现多个响应频率。该工况下测点 5 现场振动频率为 52Hz,该点(节点 21)脉动响应频率与现场振动频率较近的频率是 48.75Hz、49.75Hz。该工况下测点 3 现场振动频率为 56Hz、62Hz,该点(节点 2)脉动响应频率与现场振动频率较近的频率是 60Hz、65.25Hz。该工况下测点 9 现场振动频率为 72Hz,该点(节点 4)脉动响应频率与现场振动频率较近的频率是 67.75Hz、71Hz。脉动分析表明上述管道振动主要是由三通处涡流激励引起。

4.3.3 5000r/min 进口管道脉动分析

压缩机进口管道气流脉动分析模型见图 4.9。热旁通管线由于阀门关断设置为封闭端,热旁通管线三通处受到压力脉动的影响。

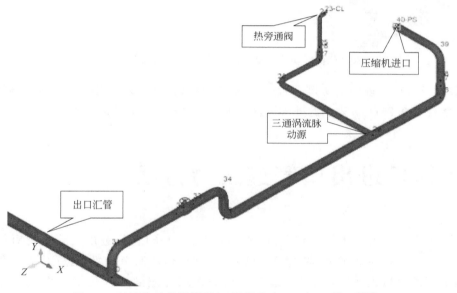

图 4.9 气流脉动分析模型(三通涡流,5000r/min 进口管道)

经计算,在热旁通三通处 1kPa 压力脉动激励下,进口管道内的峰值压力脉动为 104.15kPa,位于节点 23(热旁通阀位置),对应频率为 23.75Hz。

从压力脉动频谱图可知,在热旁通三通处压力脉动作用下,进口管道内压力脉动呈现多个响应频率。该工况下进口管道现场振动并无此范围的频率,表明进口管道一侧三通处的涡流激励并不是管道振动的主要因素。

4.3.4 6100r/min 进口管道脉动分析

压缩机进口管道气流脉动分析模型见图 4.10。热旁通管线由于阀门关断设置为封闭端,热旁通管线三通处受到压力脉动的影响。

经计算,在热旁通三通处 1kPa 压力脉动激励下,进口管道内的峰值压力脉动为 554.61kPa,位于节点 23(热旁通阀位置),对应频率为 23.75Hz。

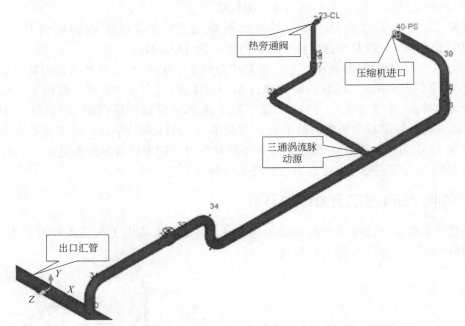

图 4.10　气流脉动分析模型(三通涡流,6100r/min 进口管道)

该工况下测点 12 现场振动频率为 101Hz,该点(节点 39)脉动响应频率与现场振动频率较近的频率是 100.25Hz。表明此处管道振动主要是由三通处涡流激励引起。

5　压缩机进出口管道应力分析

压缩机进出口管道与压缩机组相连,在温度和压力作用下,进出口管道将对机组产生作用力。若管道的作用力过大,将会导致机组轴系变形,从而引起机组振动,进而带动管道振动。根据压缩机数据表,进出口管道对机组的作用力应满足 8 倍美国电气制造协会的要求。

本部分对压缩机进出口管道对机组的作用力进行校核。

压缩机进出口管道应力分析模型见图 5.1 和图 5.2。根据施工图纸,靠近压缩机进出口位置的地上管道设置了导向支撑,出口管道地上弯头处设置了止推支撑,进出口管道在管沟内设置了止推支撑。

分析所考虑的工况见表 5.1。

表 5.1　压缩机进出口管道应力分析工况

位置	计算压力,MPa	计算温度,℃	安装温度,℃
进口管道	7.98	29.4	0
出口管道	9.80	60	

各台压缩机进出口受力见表 5.2 至表 5.5。

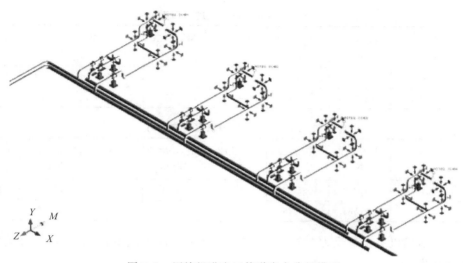

图 5.1 压缩机进出口管道应力分析模型

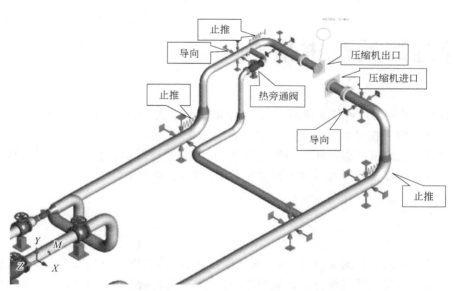

图 5.2 压缩机进出口管道应力分析模型(局部放大)

表 5.2 CC401 压缩机进出口受力

各向力/ 力矩	GlobalFX N	GlobalFY N	GlobalFZ N	GlobalFR N	GlobalMX N·m	GlobalMY N·m	GlobalMZ N·m	GlobalRM N·m
进口 D12	−26346	−45376	−35463	63331	14719	124708	−20821	127288
出口 A00	50312	−21558	−7948	55311	2614	−40479	57238	70154

表 5.3 CC402 压缩机进出口受力

各向力/ 力矩	GlobalFX N	GlobalFY N	GlobalFZ N	GlobalFR N	GlobalMX N·m	GlobalMY N·m	GlobalMZ N·m	GlobalRM N·m
进口 L12	−26594	−45365	−35520	63458	14813	124723	−20769	127305
出口 I00	52408	−21550	−7979	57225	2578	−40680	57182	70223

表 5.4 CC403 压缩机进出口受力

各向力/力矩	GlobalFX N	GlobalFY N	GlobalFZ N	GlobalFR N	GlobalMX N·m	GlobalMY N·m	GlobalMZ N·m	GlobalRM N·m
进口 P12	−26840	−45353	−35577	63584	14924	124755	−20714	127340
出口 M00	53843	−21534	−8001	58539	2537	−40818	57132	70261

表 5.5 CC404 压缩机进出口受力

各向力/力矩	GlobalFX N	GlobalFY N	GlobalFZ N	GlobalFR N	GlobalMX N·m	GlobalMY N·m	GlobalMZ N·m	GlobalRM N·m
进口 T12	−27019	−45350	−35618	63681	15001	124772	−20681	127361
出口 Q00	55403	−21538	−8026	59981	2524	−40964	57099	70319

根据各台压缩机进出口受力校核结果可知,在所分析的工况下,压缩机进出口受力较大,超出厂商的允许值。

6 管道振动改进措施

根据前文管道振动测量数据分析,管道振动最大幅值为 11.03mm/s(1♯机组 5570r/min),低于 EFRC 指南的可接受值(19mm/s),管道振动水平较低。

考虑到同类型机组可能存在振动严重的站场,根据上述振动分析,本部分从限定工况、优化进出口管道支撑等方面考虑可能的减缓振动的措施,供现场运营参考。

6.1 工况限定

通过上述振动测量数据分析、压缩机振动激励、气流脉动影响分析可知,进出口管道振动主要由气流脉动引起。该气流脉动包含两方面,一方面是压缩机进出口叶片通过频率的压力脉动,另一方面是热旁通阀三通处涡流引起的压力脉动。管道振动随着输量的增加而增大。因此,在机组和管道布置无法改变的情况下,降低输量是减缓振动的主要手段。

现场可通过振动测量确定最大输量工况,振动许用值可参考欧洲往复压缩机协会的 EFRC 指南,振动速度有效值(RMS)不超过 19mm/s。振动测量不仅要测量主管道,放空、排污、仪表开孔等管道也需测量。

6.2 进出口管道支撑优化

前文压缩机进出口管道应力分析表明,在所分析的工况下,压缩机进出口受力较大,超出厂商的允许值。本部分考虑在进出口管道布置不能改变的情况下,通过优化支撑减小进出口管道对机组的作用力。对于以转速频率为主的管道振动,该方案是减缓振动的主要手段。

管道布置及工况参数与压缩机进出口管道应力分析相同,通过试算,对进出口管道支撑进行如下调整:对进出口管道的支撑进行优化,将管沟内的承重支撑改为弹簧支撑,见图 6.1。

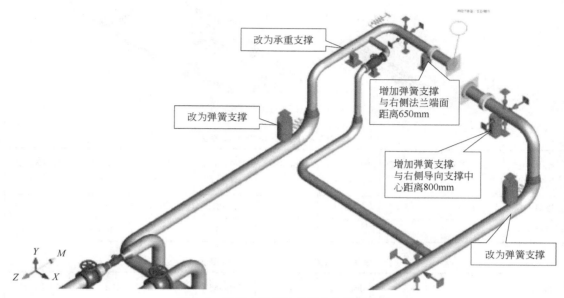

改为承重支撑

改为弹簧支撑

增加弹簧支撑
与右侧法兰端面
距离650mm

增加弹簧支撑
与右侧导向支撑中
心距离800mm

改为弹簧支撑

图 6.1　管沟内的承重支撑改为弹簧支撑

管道支撑优化后,压缩机进出口管道的应力计算结果见表 6.1。

表 6.1　管沟内的承重支撑改为弹簧支撑应力计算结果

应力类型	计算应力 MPa	许用应力 MPa	比值	节点	备注
持续应力	97.76	172.37	0.57	F01 N+3	持续应力,见图 6.2
位移应力	165.44	206.84	0.80	B03	位移应力范围,见图 6.3

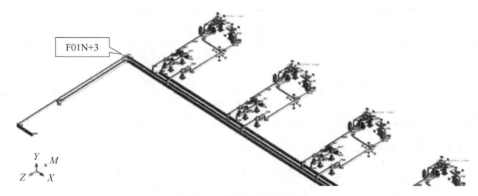

F01N+3

图 6.2　持续应力最大值

压缩机进出口受力计算结果见表 6.2 至表 6.5。

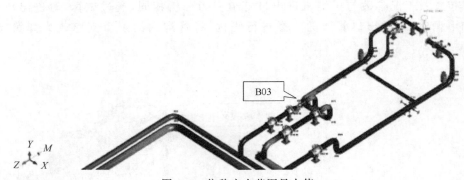

图 6.3　位移应力范围最大值

表 6.2　CC401 压缩机进出口受力

各向力/力矩	GlobalFX N	GlobalFY N	GlobalFZ N	GlobalFR N	GlobalMX N·m	GlobalMY N·m	GlobalMZ N·m	GlobalRM N·m
进口 D12	3846	−12410	−11219	17166	19521	45050	−8223	49782
出口 A00	14636	−827	−1349	14721	−2435	−27586	16856	14636

表 6.3　CC402 压缩机进出口受力

各向力/力矩	GlobalFX N	GlobalFY N	GlobalFZ N	GlobalFR N	GlobalMX N·m	GlobalMY N·m	GlobalMZ N·m	GlobalRM N·m
进口 L12	4007	−12394	−11261	17218	19741	44775	−7196	49460
出口 I00	13990	−503	−1130	14044	−4397	−26785	16419	31723

表 6.4　CC403 压缩机进出口受力

各向力/力矩	GlobalFX N	GlobalFY N	GlobalFZ N	GlobalFR N	GlobalMX N·m	GlobalMY N·m	GlobalMZ N·m	GlobalRM N·m
进口 P12	4144	−12349	−11315	17254	19973	44559	−6091	49209
出口 M00	13420	−249	−966	13457	−5018	−26185	16133	31163

表 6.5　CC404 压缩机进出口受力

各向力/力矩	GlobalFX N	GlobalFY N	GlobalFZ N	GlobalFR N	GlobalMX N·m	GlobalMY N·m	GlobalMZ N·m	GlobalRM N·m
进口 T12	4384	−12353	−11351	17340	20179	44303	−5090	48947
出口 Q00	12655	−7	−763	12678	−5469	−25446	15865	12655

所选弹簧参数见表 6.6。

表 6.6　弹簧参数表

位置	节点	热位移 mm	热态载荷 N	冷态载荷 N	弹簧刚度 N/mm	载荷变化率,%	允许载荷变化率,%	数量	类型
CC401 机组进口（地上）	D17	0.51		30000	799.86		10	1	座簧

位置	节点	热位移 mm	热态载荷 N	冷态载荷 N	弹簧 刚度 N/mm	载荷变 化率,%	允许载荷 变化率,%	数量	类型
CC401 机组进口(地下)	D14	-1.83		40000	799.86		10	1	吊簧
CC401 机组出口(地上)	A22	0.59		42000	533.18		10	1	座簧
CC401 机组出口(地下)	A19	-2.95		50932.29	799.86		10	1	吊簧
CC402 机组进口(地上)	L17	0.52		30000	799.86		10	1	座簧
CC402 机组进口(地下)	L14	-1.8		40000	799.86		10	1	吊簧
CC402 机组出口(地上)	I22	0.59		42000	533.18		10	1	座簧
CC402 机组出口(地下)	I19	-2.54		53398.6	799.86		10	1	吊簧
CC403 机组进口(地上)	P17	0.52		30000	799.86		10	1	座簧
CC403 机组进口(地下)	P14	-1.77		40000	799.86		10	1	吊簧
CC403 机组出口(地上)	M22	0.59		42000	533.18		10	1	座簧
CC403 机组出口(地下)	M19	-2.44		53461.58	799.86		10	1	吊簧
CC404 机组进口(地上)	T17	0.52		30000	799.86		10	1	座簧
CC404 机组进口(地下)	T14	-1.75		40000	799.86		10	1	吊簧
CC404 机组出口(地上)	Q22	0.59		42000	533.18		10	1	座簧
CC404 机组出口(地下)	Q19	-2.38		53508.4	799.86		10	1	吊簧

计算结果表明,进出口管道支撑优化后,压缩机进出口管道的应力满足规范要求,进出口受力满足厂商要求,进出口受力远小于优化前的计算值。

7 结论

根据以上分析,得出以下结论:

(1)在所测量的各个工况中,管道振动最大幅值为 11.03mm/s(1♯机组 5570r/min),低于 EFRC 指南的可接受值(19mm/s),管道振动水平较低。

(2)压缩机进出口管道振动主要以叶片通过频率为主,叶片通过进出口时产生的压力脉动是管道振动的主要原因。

(3)热旁通阀处存在除叶片通过频率和转速频率以外的振动频率,是由于热旁通阀关断形成典型的三通分支处的涡流激励引起。

(4)压缩机进出口法兰转速频率的振动对进出口管道有一定影响,但不是本站管道振动的主要因素。

(5)随着输气量的增大,管道的振动幅值也增大。

8 建议

(1)振动测量数据分析、压缩机振动激励、气流脉动影响分析表明,进出口管道振动主要由气流脉动引起。该气流脉动包含两方面,一方面是压缩机进出口叶片通过频率的压力脉动;另一方面是热旁通阀三通处涡流引起的压力脉动。

管道振动随着输量的增加而增大。因此,在机组和管道布置无法改变的情况下,降低输量是减缓振动的主要手段。

若同类型机组压缩机进出口管道振动严重,现场可通过振动测量确定最大输量工况,振动许用值可参考欧洲往复压缩机协会的 EFRC 指南,振动速度有效值(RMS)不超过 19mm/s。振动测量不仅要测量主管道,放空、排污、仪表开孔等管道也需测量。

(2)优化进出口管道支撑可以明显降低进出口管道对机组的作用力。若同类型机组进出口管道振动是以转速频率为主,建议参考本文进出口管道支撑优化方案,但具体支撑类型、设置位置、参数等应根据详细分析确定。弹簧支撑安装图可参考附件。

(3)压缩机出口地上弯头处的止推、进出口管沟弯头处的止推对进出口管道对机组的作用力影响较大,运行时应定期巡检确保这些支撑处于有效状态。

(4)现场测量振动时,建议采用磁座将振动传感器牢靠吸附到管道上,并采用具有频谱分析功能的采集仪或软件,以便后续数据分析。避免采用手持式顶针测振仪,手持式顶针测振仪可能不能完整测量管道的振动数据。

RR 机组管道振动分析

1　引言

CCS7 站 RR RFBB36 系列压缩机平衡管在某些工况振动严重。本报告根据委托内容,对该部分管道振动进行分析,并提出改进方案。

2　输入参数

2.1　管道规格

本报告所涉及的管道有压缩机平衡管及压缩机进出口主工艺管道,管道规格见表 2.1。

表 2.1　管道规格

序号	规格	材质	备注
1	$\phi1219mm\times28.6mm$	API 5L X70	压缩机进出口汇管
2	$\phi914mm\times25.4mm$	API 5L X60	压缩机进出口管道
3	$\phi762mm\times20.0mm$	API 5L X60	防喘振管道汇管
4	$\phi610mm\times17.5mm$	API 5L X60	防喘振管道
5	2.5in Sch80	A105	平衡管
6	3in Sch80	A105	平衡管

2.2　气体组分

本报告所涉及的气体组分见表 2.2 至表 2.3。

表 2.2　气体组分(乌兹别克斯坦气源)

成分,%(摩尔分数)	气源参数
CH_4	92.5469
C_2H_6	3.9582
C_3H_8	0.3353
iC_4H_{10}	0.1158
nC_4H_{10}	0.0863
iC_5H_{12}	0.221
CO_2	1.8909
N_2	0.8455
H_2S	0.0001

表 2.3　气体组分(哈萨克斯坦气源)

成分	Beineu 气源参数	Bozoi 气源参数
CH_4,%(摩尔分数)	94.757	91.579
C_2H_6,%(摩尔分数)	2.307	3.886
C_3H_8,%(摩尔分数)	0.3	1.356
iC_4H_{10},%(摩尔分数)	0.036	0.231
nC_4H_{10},%(摩尔分数)	0.059	0.266
iC_5H_{12},%(摩尔分数)	0.012	0.090
nC_5H_{12},%(摩尔分数)	0.015	0.068
C_6H_{14},%(摩尔分数)	0.008	0.099
CO_2,%(摩尔分数)	0.593	1.307
N_2,%(摩尔分数)	1.864	1.384
H_2S,g/m^3	0.002	0
Mercaptan,g/m^3	0.004	0

3　管道振动测量数据分析

2021 年 9 月 6 日和 9 月 7 日对不同运行工况压缩机本体、平衡管及进出口管道的振动进行了测量。现场测试照片见图 3.1 至图 3.3。

图 3.1　现场测试照片(1)

图 3.2　现场测试照片(2)

图 3.3　现场测试照片(3)

3.1　测量工况

各测量工况及相关参数见表 3.1 和表 3.2。

表 3.1 双机运行工况(9 月 6 日)

工况	机组序号	时间	转速,r/min	进口压力,kPa	出口压力,kPa	进口温度,℃	出口温度,℃	压比	眼压差	流量,10⁶ m³/d
1	2#机组	16:50	4000	7266	9462	27	50.0	1.29	0.0699	36.72
		17:00	4000	7197	9427	27	51.0	1.3	0.0672	36.04
		17:10	4000	7162	9404	27	51.0	1.31	0.0661	35.34
		17:20	4000	7112	9373	27	51.0	1.31	0.0635	34.11
		17:30	4000	7074	9346	27	51.0	1.31	0.0623	34.54
		17:40	4000	7051	9327	27	52.0	1.32	0.0615	33.65
	1#机组	18:50	4100	6824	9223	27	53.0	1.34	0.052	36.22
		19:00	4103	6805	9208	27	53.0	1.34	0.0513	37.39

表 3.2 单机运行工况(9 月 7 日)

工况	机组序号	时间	转速,r/min	进口压力,kPa	出口压力,kPa	进口温度,℃	出口温度,℃	压比	眼压差	流量,10⁶ m³/d
2	Unit 2	9:40	4000	6751	8370	30	51	1.24	0.0923	37.95
		9:50	4000	6797	8324	30	48	1.22	0.092	39.28
		10:00	4000	6828	8308	30	48	1.22	0.0934	40.17
		10:10	4000	6844	8301	30	48	1.21	0.0937	40.08
		10:20	4000	6855	8293	29	48	1.21	0.094	40.51
		10:30	4000	6867	8286	30	48	1.21	0.0949	41.02
		10:40	4000	6874	8285	30	48	1.20	0.0927	40.66
		10:50	4000	6882	8286	30	48	1.20	0.0955	41.12

工况	机组序号	时间	转速, r/min	进口压力, kPa	出口压力, kPa	进口温度, ℃	出口温度, ℃	压比	眼压差	流量, $10^6 m^3/d$
2	Unit 2	11:00	4000	6890	8278	30	48	1.20	0.0981	41.96
		11:10	4200	6874	8300	30	48	1.20	0.1094	44.38
		11:20	4610	6782	8393	30	51	1.23	0.1223	47.52
		11:30	4635	6728	8431	30	51	1.24	0.1343	48.07
		11:40	4650	6697	8454	30	53	1.25	0.1377	46.75
		11:50	4650	6682	8462	30	53	1.26	0.1342	46.96
		12:00	4650	6644	8470	30	53	1.26	0.1338	46.84
3	Unit 2	12:10	4650	6644	8470	30	53	1.26	0.1352	47.58
		12:20	4650	6636	8470	30	53	1.26	0.135	47.33
		12:30	4650	6628	8470	30	53	1.27	0.1356	47.64
		12:40	4650	6621	8470	30	53	1.27	0.1377	46.63
		12:50	4650	6613	8462	30	53	1.27	0.1348	46.14
		13:00	4500	6621	8439	30	53	1.27	0.136	44.6
4	Unit 2	15:30	3365	6947	8086	30	44	1.16	0.0582	32.63
		15:40	3365	7021	8047	30	43	1.14	0.0626	34.42
		15:50	3365	7051	8036	30	43	1.14	0.0639	34.84
		16:00	3365	7071	8032	30	43	1.13	0.0641	35.06
		16:10	3365	7086	8028	30	43	1.13	0.0645	34.42

工况	机组序号	时间	转速,r/min	进口压力,kPa	出口压力,kPa	进口温度,℃	出口温度,℃	压比	眼压差	流量,10^6 m³/d
4	Unit 2	16:20	3365	7109	8020	30	42	1.13	0.0665	34.82
		16:30	3365	7124	8036	30	42	1.13	0.0661	35.46
5	Unit 1	18:30	4100	7009	8220	29	47	1.17	0.0773	46.62
		18:40	4100	7003	8227	29	47	1.17	0.0763	45.76
		18:50	4100	6997	8236	29	47	1.17	0.0755	46.32
		19:00	4100	6982	8239	29	47	1.18	0.076	46.87
		19:10	4100	6974	8240	29	47	1.18	0.0752	47.13
		19:20	4100	6967	8242	29	47	1.18	0.0747	47.42
		19:30	4100	6963	8239	29	47	1.18	0.0753	47.97
		19:40	4100	6959	8236	29	47	1.18	0.0759	48.52
6	Unit 1	19:50	4600	6863	8343	29	51	1.21	0.1017	52.28
		20:00	4600	6816	8374	28	51	1.22	0.0992	52.96
		20:10	4600	6797	8385	28	51	1.23	0.0979	51.54
		20:20	4600	6774	8389	28	51	1.23	0.0987	51.97
		20:30	4600	6755	8393	28	51	1.23	0.0979	51.67

3.2 测量位置

测点位置见图 3.4 至图 3.9。

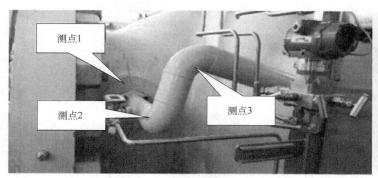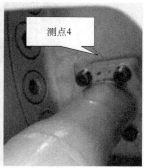

图 3.4　测点 1、2、3、4

图 3.5　测点 5(压缩机驱动端)

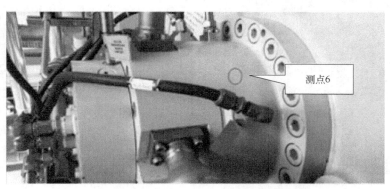

图 3.6　测点 6(压缩机非驱动端轴承座)

图 3.7 测点 7(压缩机进口法兰处)

图 3.8 测点 8(压缩机出口法兰处)

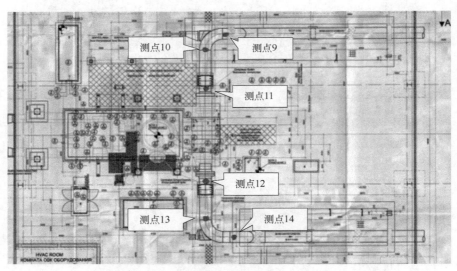

图 3.9 测点 9、10、11、12、13、14

3.3 测量数据分析

每个测点最大振动幅值及对应频率见表 3.3。分析管道振动测量数据如下：

表 3.3 各测点最大振动幅值及对应频率

工况	机组	叶片通过频率,Hz	测点1 最大幅值 mm/s	测点1 对应频率 Hz	测点2 最大幅值 mm/s	测点2 对应频率 Hz	测点3 最大幅值 mm/s	测点3 对应频率 Hz	测点4 最大幅值 mm/s	测点4 对应频率 Hz	测点5 最大幅值 mm/s	测点5 对应频率 Hz	测点6 最大幅值 mm/s	测点6 对应频率 Hz	测点7 最大幅值 mm/s	测点7 对应频率 Hz
1	1#	1161.67	1.05	1163	2.426	489	1.612	256	1.452	1162	0.542	1162	0.374	1162	1.477	1162
	2#	1133.33	2.083	1135	1.287	394	3.622	392	3.209	1135	2.216	1135	0.682	1135	0.67	1135
2	1#	1133.33	0.006	3400	0.063	150	0.071	151	0.003	41	0.002	41	0.003	1134	0.003	468
	2#	1133.33	2.328	1134	2.263	479	2.457	195	1.486	308	0.357	3400	0.485	1134	0.499	273
3	1#	1317.50	0.007	756	0.018	491	0.136	117	0.005	1318	0.005	38	0.003	71	0.003	326
	2#	1317.50	3.081	1318	126.063	470	11.499	198	3.378	1318	1.99	1318	1.433	1318	3.182	1318
4	1#	953.42	0.004	589	0.013	493	0.016	762	0.004	325	0.002	41	0.003	326	0.007	326
	2#	953.42	0.377	953	1.422	475	1.608	395	0.701	953	1.266	953	0.542	953	0.251	260
5	1#	1161.67	1.216	1160	1215	254	8.9	288	5.322	345	1.5	340	4.377	364	1.547	1160
	2#	1161.67	0.029	348	0.019	348	0.032	347	0.018	323	0.014	348	0.028	1179	0.039	332
6	1#	1303.33	255.8	1306	932.97	485	3029	409	11.056	363	5.641	363	8.893	392	358.6	1302
	2#	1303.33	0.053	327	0.026	126	0.045	126	0.004	325	0.003	127	0.003	326	0.034	327

转速 r/min —
工况1: 1#4100, 2#4000；
工况2: 1#4000, 2#4000；
工况3: 1#4650, 2#4650；
工况4: 1#3365, 2#3365；
工况5: 1#4100, 2#4100；
工况6: 1#4600, 2#4600

工况	机组	转速 r/min	叶片通过频率,Hz	测点8 最大幅值 mm/s	测点8 对应频率 Hz	测点9 最大幅值 mm/s	测点9 对应频率 Hz	测点10 最大幅值 mm/s	测点10 对应频率 Hz	测点11 最大幅值 mm/s	测点11 对应频率 Hz	测点12 最大幅值 mm/s	测点12 对应频率 Hz	测点13 最大幅值 mm/s	测点13 对应频率 Hz	测点14 最大幅值 mm/s	测点14 对应频率 Hz
1	1#	4100	1161.67	0.872	1163	1.021	1162	0.938	1162								
	2#	4000	1133.33	0.307	2270	2.95	1135	1.218	1135	2.815	1135	2.478	1135	1.45	1135	2.392	1135
2	1#	4000	1133.33	0.005	330					0.004	1134	0.01	332				
	2#	4000	1133.33	0.905	1134	2.19	1134	1.938	1134	1.768	1134	2.838	1134	5.217	1134	7.794	1134
3	1#	4650	1317.50	0.009	38					0.012	50	0.014	1318				
	2#	4650	1317.50	2.378	1318	1.383	1318	3.153	1318	10.25	1318	396.803	1318	447.172	1318	694.252	1318
4	1#	3365	953.42	0.006	323					0.012	50	0.005	56				
	2#	3365	953.42	0.357	1361	0.437	953	1.099	953	0.876	261	1.261	953	1.227	953	1.034	953
5	1#	4100	1161.67	5.951	1160					5.48	343	837	343				
	2#	4100	1161.67	0.256	323	0.013	348	0.012	1161	0.032	325	0.017	345	0.046	326	0.028	314
6	1#	4600	1303.33	2.384	1306					749.85	360	579.2	359				
	2#	4600	1303.33	0.049	326	0.023	37	0.021	37	0.027	325	0.019	328	0.03	327	0.025	327

（1）压缩机本体（测点1、4、5、6）。

各运行工况，压缩机本体主要以叶片通过频率（转速频率乘以叶片数）振动，叶片通过频率的两倍频和三倍频也存在明显的振动峰值。

除叶片通过频率以外，机组本体也存在 40Hz、70Hz、127Hz、308Hz、325Hz、345Hz、363Hz、392Hz、589Hz、756Hz 附近频率的振动，这些振动主要集中在 320～400Hz 左右。这些频率的振动在输量较大时（工况5、工况6）更明显。

随着输量的增加，振动幅值明显增大。振动幅值最大的工况为1♯机组工况6，振动幅值为 255.8mm/s，对应频率为叶片通过频率。

压缩机本体的振动表明，压缩机本体的振动主要受到气流脉动的影响，输气量越大，压缩机本体的振动越大。从工况5到工况6输量的增加，导致机组本体振动突然升高，表明工况6时气流脉动引起了机组的共振。

（2）平衡管（测点2、3）。

各运行工况，平衡管主要以 500Hz 以下的振动主要，主要振动频率有：117Hz、126Hz、150Hz、195Hz、254Hz、288Hz、348Hz、394Hz、409Hz、470Hz、475Hz、479Hz、485Hz、489Hz、491Hz、493Hz、762Hz。其中 254Hz、409Hz、470Hz、485Hz 振动幅值较高，振动幅值分别为 1215mm/s（1♯机组工况5）、3029mm/s（1♯机组工况6）、126mm/s（2♯机组工况3）、933mm/s（1♯机组工况6）。

工况1、工况2、工况4振动幅值均较低，最大振动幅值 3.6mm/s。

（3）进出口法兰（测点7、8）。

各运行工况，进出口法兰主要以叶片通过频率或 260Hz、273Hz、326Hz、468Hz 等频率振动。振动幅值最大的工况为1♯机组工况6，振动幅值为 358.6mm/s，对应频率为叶片通过频率。其他工况振动幅值均较低，最大振动幅值 5.9mm/s。

（4）进出口管道（测点9～14）。

各运行工况，进出口管道主要以叶片通过频率或 325Hz、345Hz、360Hz 等附近频率振动。振动幅值较大的工况有工况3、工况5和工况6，最大振动为 837mm/s，对应频率为343Hz。工况1、工况2、工况4振动幅值均较低，最大振动幅值 7.79mm/s。

（5）随着输量的增加，振动幅值升高。工况6输量最大，各测点振动幅值也最大。

4　管道振动分析

平衡管连接到压缩机本体上，当压缩机本体振动时将对平衡管产生激励。同时，压缩机壳体内的压力脉动也会对平衡管内的气流产生影响，当壳体内的压力脉动激发了平衡管内的气柱共振时，将产生较大的声学激振力，也会作用到平衡管上，引起平衡管振动。本部分分别对平衡管的固有频率、压缩机本体振动激励及气流脉动对平衡管的影响进行分析。

4.1　平衡管固有频率分析

平衡管固有频率计算值见表4.1，一至六阶振型见图4.1至图4.6。

表 4.1 平衡管固有频率

阶数	固有频率,Hz	阶数	固有频率,Hz
1	110.8275	9	1284.5327
2	184.8878	10	1321.5554
3	258.6267	11	1572.0918
4	389.9905	12	1630.7148
5	462.9041	13	1939.2122
6	736.1569	14	2020.8137
7	779.6609	15	2227.1172
8	952.2701		

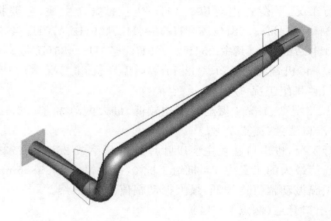

图 4.1 平衡管一阶振型

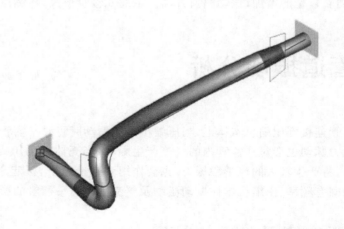

图 4.2 平衡管二阶振型

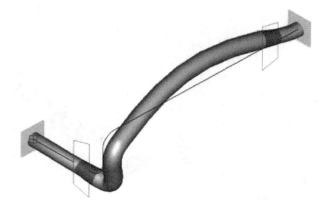

图 4.3　平衡管三阶振型

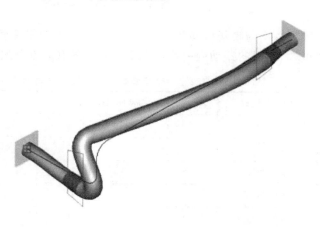

图 4.4　平衡管四阶振型

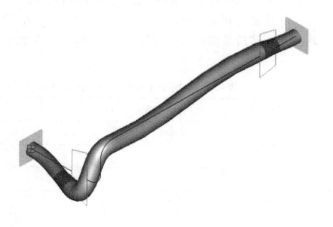

图 4.5　平衡管五阶振型

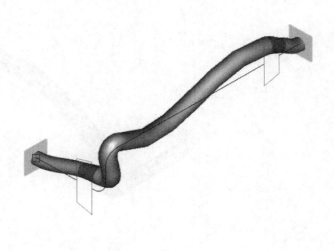

图 4.6　平衡管六阶振型

平衡管固有频率与现场振动频率比较见表 4.2。对比平衡管的固有频率和现场测量的振动主要频率可知,现场的振动频率均位于不同阶的固有频率共振范围内。

表 4.2　平衡管固有频率与现场振动频率比较

阶数	固有频率,Hz	共振区间,Hz		现场振动主要频率,Hz
1	110.8275	88.66	132.99	117、126
2	184.8878	147.91	221.87	150、195
3	258.6267	206.90	310.35	254、288
4	389.9905	311.99	467.99	348、394、409
5	462.9041	370.32	555.48	470、475、479、485、489、491、493
6	736.1569	588.93	883.39	762

平衡管固有频率与除叶片通过频率以外的机组本体振动频率比较见表 4.3。对比平衡管的固有频率和除叶片通过频率以外的机组本体振动频率可知,除叶片通过频率以外的机组本体振动频率均位于不同阶的固有频率共振范围内,从而表明机组本体的振动将引起平衡管的共振。

表 4.3　平衡管固有频率与机组本体振动频率比较

阶数	固有频率,Hz	共振区间,Hz		机组振动主要频率,Hz
1	110.8275	88.66	132.99	127
2	184.8878	147.91	221.87	
3	258.6267	206.90	310.35	308
4	389.9905	311.99	467.99	325、345、363、392
5	462.9041	370.32	555.48	589
6	736.1569	588.93	883.39	756

4.2 压缩机本体振动激励

分别选取现场振动幅值较大的 1♯机组工况 5、1♯机组工况 6、2♯机组工况 3 进行压缩机本体振动激励下的平衡管振动响应分析。

4.2.1 1♯机组工况 5

分析模型见图 4.7,在测点 1 位置施加 1♯机组工况 5 测点 1 的振动值,在测点 4 位置施加 1♯机组工况 5 测点 4 的振动值。

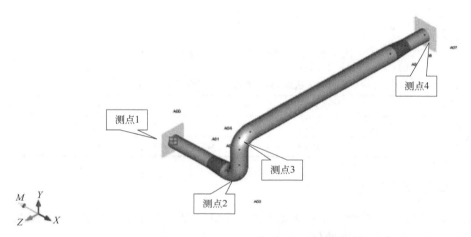

图 4.7 1♯机组工况 5 平衡管振动响应模型

经计算,在机组振动激励下,平衡管的振动计算值见表 4.4。对比振动测量值和计算值可知:测点 2 振动计算值明显低于振动测量值,测点 3 振动计算值与振动测量值接近。

表 4.4 机组振动激励下平衡管振动计算值

位置	X 方向,mm/s	Y 方向,mm/s	Z 方向,mm/s
测点 2	2.01	6.37	4.04
测点 3	7.74	7.22	2.93

测点 2 振动计算值明显低于振动测量值表明,平衡管除了受到机组振动激励外,还受到内部流体作用力的影响。

4.2.2 1♯机组工况 6

分析模型见图 4.8,在测点 1 位置施加 1♯机组工况 6 测点 1 的振动值,在测点 4 位置施加 1♯机组工况 6 测点 4 的振动值。

经计算,在机组振动激励下,平衡管的振动计算值见表 4.5。对比振动测量值和计算值可知:在机组振动激励下,测点 2 和测点 3 的振动计算值较大,但仍低于振动测量值,表明平衡管除了受到机组振动激励外,还受到内部流体作用力的影响。

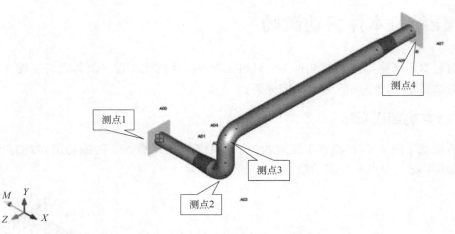

图 4.8　1♯机组工况 6 平衡管振动响应模型

表 4.5　机组振动激励下平衡管振动计算值

位置	X 方向,mm/s	Y 方向,mm/s	Z 方向,mm/s
测点 2	219.13	294.22	45.83
测点 3	591.93	152.72	34.18

4.2.3　2♯机组工况 3

分析模型见图 4.9,在测点 1 位置施加 2♯机组工况 3 测点 1 的振动值,在测点 4 位置施加 2♯机组工况 3 测点 4 的振动值。

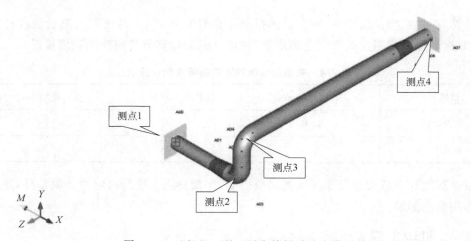

图 4.9　2♯机组工况 3 平衡管振动响应模型

经计算,在机组振动激励下,平衡管的振动计算值见表 4.6。对比振动测量值和计算值可知:测点 2 振动计算值明显低于振动测量值,测点 3 振动计算值也低于振动测量值。

测点 2 振动计算值明显低于振动测量值表明,平衡管除了受到机组振动激励外,还受到内部流体作用力的影响。

表 4.6　机组振动激励下平衡管振动计算值

位置	X 方向,mm/s	Y 方向,mm/s	Z 方向,mm/s
测点 2	4.08	5.11	4.78
测点 3	5.19	1.43	1.02

4.3　气流脉动分析

在机组振动激励下,平衡管振动计算值小于振动测量值,表明平衡管除了受到机组振动激励外,还受到内部流体作用力的影响。

管道内的气柱,像管道一样,也具有其自身的固有频率。当受到气流扰动激励后,如果扰动频率与气柱固有频率相当,将引起气柱共振。在同一时刻管道内各点的压力不一致将导致弯头和弯头之间的管段承受不平衡的声学激振力。当声学激振力足够大或作用频率与管道固有频率接近时,将引起管道振动。

压缩机平衡管一端连接到机组本体的驱动端,另一端连接到压缩机入口处。压缩机入口处的气流受到叶片的扰动及气流在管道内的流动,将存在一定的扰动,该扰动频率如果与平衡管内的气柱固有频率一致,将引起平衡管内的气柱共振。

平衡管内的气柱在气流扰动作用下的分析模型见图 4.10。与机组本体驱动端相连的一侧由于体积较小,考虑为封闭端。与进口相连的一端受到压力脉动的影响。由于进口处的压力脉动受叶片形状、转速、机壳内部流道等因素影响,无经计算,在压缩机入口 1kPa 压力脉动激励下,平衡管内的峰值压力脉动为 385.7kPa,位于节点 8(驱动端一侧)。管段受力峰值为 984N,位于节点 4 至节点 5 所在管段。

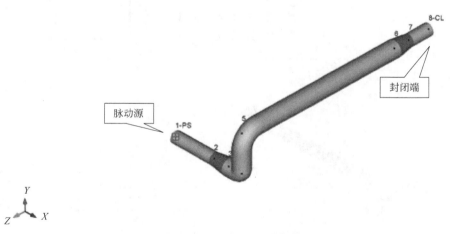

图 4.10　气流脉动分析模型

各节点压力脉动见图 4.11。各管段受力见图 4.12。

从压力脉动频谱图可知,在压缩机入口压力脉动作用下,平衡管内压力脉动呈现多个响应频率,压力脉动较高的响应频率有 52.2Hz、168.6Hz、296.6Hz、423.4Hz、541.4Hz 等。

从激振力频谱图可知,在压缩机入口压力脉动作用下,各管段激振力呈现多个响应频率,激振力较高的响应频率有 52.2Hz、168.6Hz、296.6Hz、423.4Hz、541.4Hz 等。

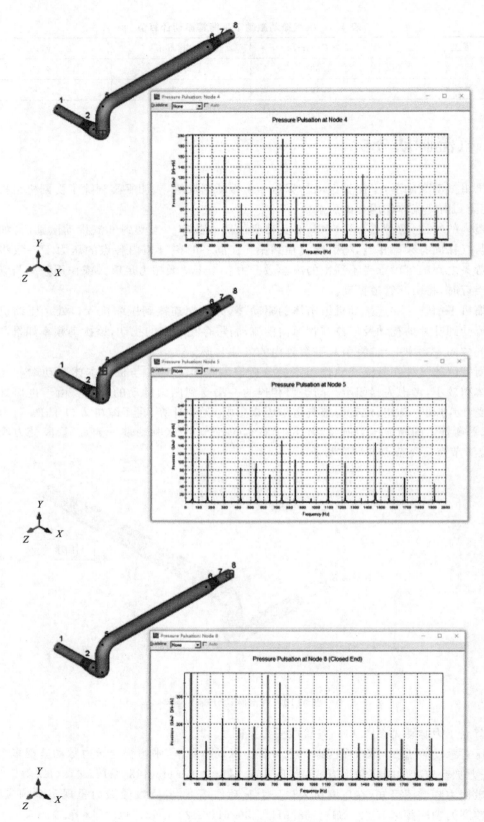

图 4.11　各节点压力脉动

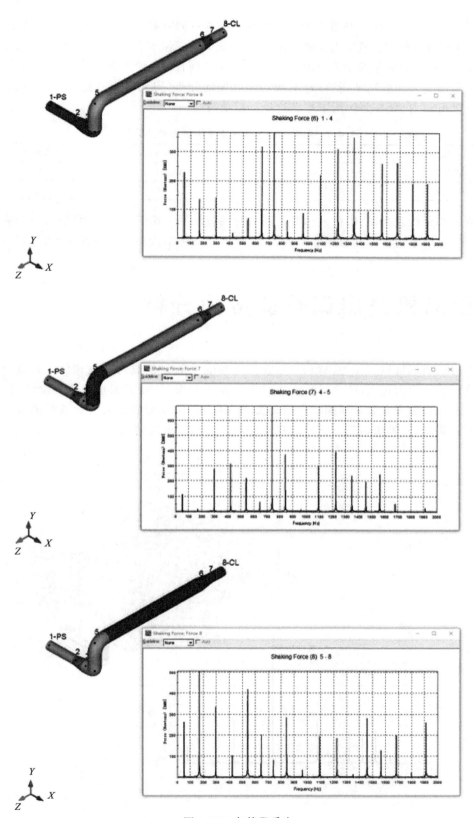

图 4.12　各管段受力

将平衡管内的压力脉动和激振力主要频率与平衡管固有频率相比较可知,168.6Hz位于平衡管的二阶固有频率共振范围内、296.6Hz位于平衡管的三阶固有频率共振范围内、423.4Hz位于平衡管的四阶固有频率共振范围内、541.4Hz位于平衡管的五阶固有频率共振范围内。

将各管段受力加载到平衡管,对平衡管进行振动分析,得到平衡管振动计算值见表4.7。从计算结果可知,在激振力作用下平衡管振动幅值较高。

表 4.7　脉动激振力作用下平衡管振动计算值

位置	X 方向,mm/s	Y 方向,mm/s	Z 方向,mm/s
测点 2	53.16	260.46	26.58
测点 3	146.18	260.46	15.95

气流脉动分析表明,压缩机入口处的压力脉动将激发平衡管内的声学响应,声学响应频率(激振频率)处于平衡管的共振频率范围内,脉动产生的声学激振力将激发平衡管的共振。

5　压缩机进出口管道应力分析

压缩机进出口管道与压缩机组相连,在温度和压力作用下,进出口管道将对机组产生作用力。若管道的作用力过大,将会导致机组进出口发生变形,从而影响平衡管。设计时,进出口管道对机组的作用力应满足压缩机厂商的要求。RR机组压缩机进出口管道对机组的作用力应满足相关要求,将进出口受力折算到机组中心的力和力矩应满足图5.1中的数值。

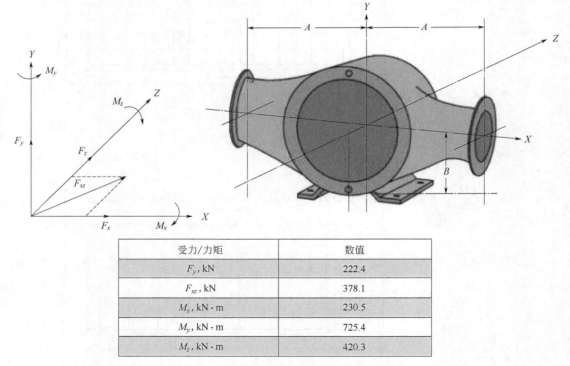

受力/力矩	数值
F_y, kN	222.4
F_{xz}, kN	378.1
M_x, kN·m	230.5
M_y, kN·m	725.4
M_z, kN·m	420.3

图 5.1　折算到机组中心的力和力矩及允许值

本部分分别对压缩机进出口管道的支撑有效和支撑松动两种情况进行校核。

5.1 压缩机进出口管道支撑有效

压缩机进出口管道应力分析模型见图 5.2 和图 5.3。根据施工图纸,靠近压缩机进出口位置的地上管道设置了导向支撑,地上弯头处设置了止推支撑,进出口管道在管沟内设置了承重支撑。

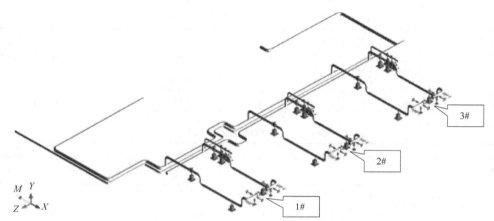

图 5.2　压缩机进出口管道应力分析模型

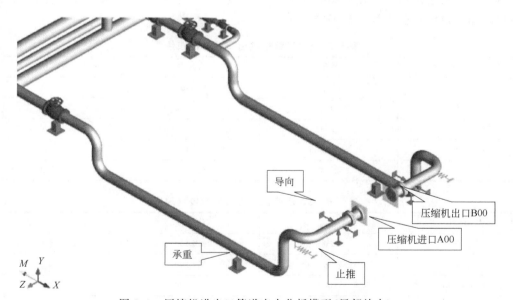

图 5.3　压缩机进出口管道应力分析模型(局部放大)

分析所考虑的工况见表 5.1。

表 5.1　分析工况

位置	计算压力,MPa	计算温度,℃	安装温度,℃
进口管道	7.34	30.7	0
出口管道	9.81	60	

各台压缩机进出口受力见表 5.2 至表 5.4。

表 5.2 1♯压缩机进出口受力

各向力/力矩	GlobalFX N	GlobalFY N	GlobalFZ N	GlobalFR N	GlobalMX N·m	GlobalMY N·m	GlobalMZ N·m	GlobalRM N·m
进口 A00	−44783	−10701	−35759	58299	−139213	25241	24830	143645
出口 B00	−81998	39694	65023	111925	454999	−47083	−32511	458583

表 5.3 2♯压缩机进出口受力

各向力/力矩	GlobalFX N	GlobalFY N	GlobalFZ N	GlobalFR N	GlobalMX N·m	GlobalMY N·m	GlobalMZ N·m	GlobalRM N·m
进口 C00	−44384	−11415	−35767	58133	−134514	25128	24323	138986
出口 D00	−81498	40061	63026	110540	450964	−45937	−34367	454598

表 5.4 3♯压缩机进出口受力

各向力/力矩	GlobalFX N	GlobalFY N	GlobalFZ N	GlobalFR N	GlobalMX N·m	GlobalMY N·m	GlobalMZ N·m	GlobalRM N·m
进口 E00	−43176	−10675	−31342	54410	−122134	22640	18669	125609
出口 F00	−82232	40209	65862	112768	456691	−47455	−33392	460363

各台压缩机进出口受力校核结果见表 5.5 至表 5.7。根据校核结果可知,支撑有效情况下各台压缩机进出口受力均满足要求。

表 5.5 1♯压缩机进出口受力校核结果

力/力矩	数值	许用值	校核结果
F_y,N	28993	222400	满足
F_{xz},N	130114.6	378100	满足
M_x,N·m	−7681	230500	满足
M_y,N·m	−269065	725400	满足
M_z,N·m	372322.4	420300	满足

表 5.6 2♯压缩机进出口受力校核结果

力/力矩	数值	许用值	校核结果
F_y,N	28646	222400	满足
F_{xz},N	128799.5769	378100	满足
M_x,N·m	−10044	230500	满足
M_y,N·m	−266278.9	725400	满足
M_z,N·m	372309.7	420300	满足

表 5.7 3♯压缩机进出口受力校核结果

力/力矩	数值	许用值	校核结果
F_y,N	29534	222400	满足
F_{xz},N	130072.2755	378100	满足

力/力矩	数值	许用值	校核结果
M_x, N·m	−14723	230500	满足
M_y, N·m	−269360.6	725400	满足
M_z, N·m	392148.3	420300	满足

5.2　压缩机进出口管道支撑松动

　　压缩机进出口的导向支撑和弯头处的止推支撑均有螺纹连接,管道长期运行存在松动的可能。支撑松动后压缩机进出口的受力也会改变,因此有必要校核支撑松动情况下压缩机管口的受力。假设支撑位置存在 2mm 间隙,各台压缩机进出口受力见表 5.8 至表 5.10。

表 5.8　1♯压缩机进出口受力

各向力/力矩	GlobalFX N	GlobalFY N	GlobalFZ N	GlobalFR N	GlobalMX N·m	GlobalMY N·m	GlobalMZ N·m	GlobalRM N·m
进口 A00	59154	−11864	−10224	61192	−104899	317227	18627	334639
出口 B00	85142	49690	19267	100446	440787	−443813	−32867	626373

表 5.9　2♯压缩机进出口受力

各向力/力矩	GlobalFX N	GlobalFY N	GlobalFZ N	GlobalFR N	GlobalMX N·m	GlobalMY N·m	GlobalMZ N·m	GlobalRM N·m
进口 C00	59161	−12817	−10400	61420	−99943	316540	18214	332443
出口 D00	83327	49631	18000	98644	436028	−438843	−34792	619608

表 5.10　3♯压缩机进出口受力

各向力/力矩	GlobalFX N	GlobalFY N	GlobalFZ N	GlobalFR N	GlobalMX N·m	GlobalMY N·m	GlobalMZ N·m	GlobalRM N·m
进口 E00	55161	−12803	−7682	57146	−86075	305386	12271	317522
出口 F00	85751	50367	19909	101422	442757	−445619	−33736	629085

　　支撑位置存在 2mm 间隙情况下各台压缩机进出口受力校核结果见表 5.11 至表 5.13。根据校核结果可知,1♯机组和 2♯机组在支撑松动情况下进出口受力仍满足要求,但 Mz 值已接近允许值。3♯机组在支撑松动情况下进出口受力不能满足要求。

表 5.11　1♯压缩机进出口受力校核结果

力/力矩	数值	许用值	校核结果
F_y, N	37826	222400	满足
F_{xz}, N	144579.0838	378100	满足
M_x, N·m	−14240	230500	满足
M_y, N·m	154791.2	725400	满足
M_z, N·m	409648.7	420300	满足

表 5.12　2#压缩机进出口受力校核结果

力/力矩	数值	许用值	校核结果
F_y,N	36814	222400	满足
F_{xz},N	142690.5398	378100	满足
M_x,N・m	−16578	230500	满足
M_y,N・m	155548.6	725400	满足
M_z,N・m	407872.3	420300	满足

表 5.13　3#压缩机进出口受力校核结果

力/力矩	数值	许用值	校核结果
F_y,N	37564	222400	满足
F_{xz},N	141441.5	378100	满足
M_x,N・m	−21465	230500	满足
M_y,N・m	134545.4	725400	满足
M_z,N・m	429931.8	420300	不满足

分析表明支撑松动将影响压缩机进出口受力并导致压缩机进出口受力不满足要求。因此,运行时应定期巡检确保这些支撑处于有效状态。

6　管道振动改进措施

由于平衡管振动值较高,且振动频率较高,存在短期运行即出现疲劳失效的风险,需要采取措施减缓平衡管振动。本部分将从限定工况、加固平衡管、优化进出口管道等方面考虑可能的减缓平衡管振动的措施。

6.1　工况限定

通过上述振动测量数据分析、压缩机振动激励、气流脉动影响分析可知,平衡管的振动是由于机组本体振动及气流脉动作用引起的。而机组本体的振动及气流脉动的影响均会随着输量的增加而增大,从而导致平衡管振动严重。由于平衡管两端连接到机组本体上,为了降低平衡管的振动,只能减小机组本体的振动和气流脉动。因此,可以通过限定运行工况避免机组振动从而减缓平衡管振动。

从现场测量工况可知,工况 3、工况 5、工况 6 平衡管的振动严重,而工况 1、工况 2、工况 4 平衡管的振动值很低。工况 3、工况 5、工况 6 的输量均在 $45 \times 10^6 \, m^3/d$ 以上,工况 1、工况 2、工况 4 的输量均在 $42 \times 10^6 \, m^3/d$ 以下。参考这些工况平衡管的振动,建议现场运行输量控制在 $42 \times 10^6 \, m^3/d$ 以下。

若单台机组运行输量控制在 $42 \times 10^6 \, m^3/d$ 以下不满足管道输送要求,现场也可进行振动测量,将平衡管振动速度有效值(RMS)控制在 $19mm/s$ 以下确定最大运行输量(参考 EFRC

Guidelines，Guidelines for Vibrations in Reciprocating Compressor Systems)。或者通过启动 3 台机组确保单台机组的输量控制在 $42 \times 10^6 \text{m}^3/\text{d}$ 以下。

6.2 平衡管加固

现场平衡管在测点 3 和测点 4 之间的管段上设置有 U 形管卡(图 6.1)，本节分析该 U 形管卡对平衡管振动的影响。

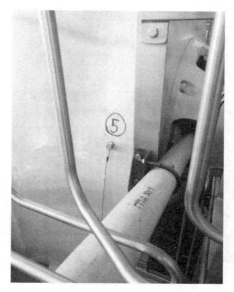

图 6.1 现场平衡管 U 形管卡

平衡管设置 U 形管卡的分析模型见图 6.2，选取平衡管振动严重的 1# 机组工况 6 进行分析。分别分析了 U 形管卡与同心异径接头焊缝的距离为 100～800mm 不同位置。U 形管

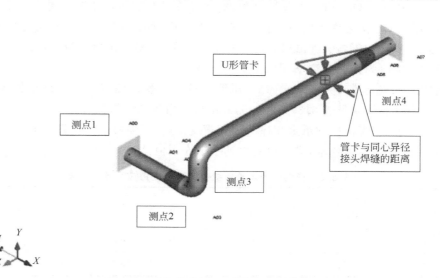

图 6.2 平衡管设置 U 形管卡分析模型

卡处于不同位置与无 U 形管卡平衡管的振动计算值对比见表 6.1。分析表明,U 形管卡与同心异径接头焊缝的距离为 600mm 时将加剧平衡管振动,U 形管卡与同心异径接头焊缝的距离为 100～150mm 和 300～400mm 时平衡管振动有所降低。建议 U 形管卡与同心异径接头焊缝的距离不大于 500mm,且最好位于 100～150mm 或 300～400mm 处。

表 6.1 U 形管卡处于不同位置与无 U 形管卡平衡管的振动计算值对比

情况	位置	X 方向,mm/s	Y 方向,mm/s	Z 方向,mm/s
无 U 形管卡	测点 2	219.13	294.22	45.83
	测点 3	591.93	152.72	34.18
U 形管卡与同心异径接头焊缝的距离为 600mm	测点 2	46.01	238.00	323.02
	测点 3	38.55	659.93	165.75
U 形管卡与同心异径接头焊缝的距离为 400mm	测点 2	56.99	157.24	23.77
	测点 3	266.49	135.17	10.54
U 形管卡与同心异径接头焊缝的距离为 200mm	测点 2	82.89	166.08	213.31
	测点 3	86.86	132.86	83.52

由于现场的 U 形螺栓对抑制管道振动作用不明显,建议将该 U 形螺栓改为附件图 9.1 抑振型 U 形管卡。

6.3 进出口管道支撑优化

前文压缩机进出口管道应力分析表明,支撑有效情况下各台压缩机进出口受力均满足要求,但合成力矩 M_z 接近许用值,且当支撑松动情况下,进出口受力将不能满足要求。

考虑进一步降低压缩机进出口管道对机组的作用力,对进出口管道的支撑进行优化,将管沟内的承重支撑改为弹簧支撑,见图 6.3。

管沟内的承重支撑改为弹簧支撑后,压缩机进出口管道的应力计算结果见表 6.2。压缩机进出口受力计算结果见表 6.3 至表 6.5,进出口受力校核结果见表 6.6 至表 6.8。

计算结果表明,管沟内的承重支撑改为弹簧支撑后,压缩机进出口管道的应力满足规范要求,进出口受力满足厂商要求,进出口受力远小于许用值。

表 6.2 管沟内的承重支撑改为弹簧支撑应力计算结果

应力类型	计算应力 MPa	许用应力 MPa	比值	节点	备注
持续应力	127	188	0.68	G05	持续应力,见图 6.4
位移应力	176	268	0.66	G05	位移应力范围,见图 6.5

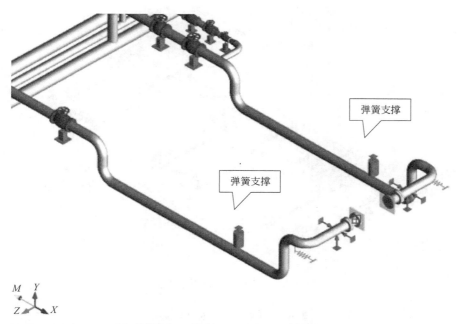

图 6.3　管沟内的承重支撑改为弹簧支撑

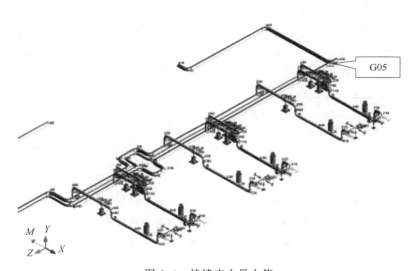

图 6.4　持续应力最大值

表 6.3　1♯压缩机进出口受力

各向力/ 力矩	GlobalFX N	GlobalFY N	GlobalFZ N	GlobalFR N	GlobalMX N・m	GlobalMY N・m	GlobalMZ N・m	GlobalRM N・m
进口 A00	−40881	−34069	−27068	59705	1807	21606	70893	74134
出口 B00	−71415	−17074	46415	86868	111583	−37648	95258	151467

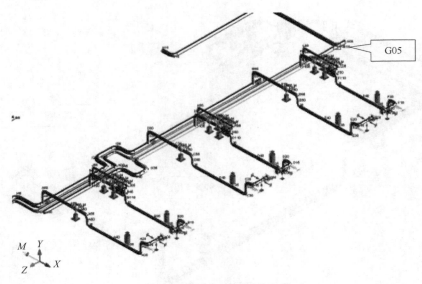

图 6.5　位移应力范围最大值

表 6.4　2♯压缩机进出口受力

各向力/力矩	GlobalFX N	GlobalFY N	GlobalFZ N	GlobalFR N	GlobalMX N·m	GlobalMY N·m	GlobalMZ N·m	GlobalRM N·m
进口 C00	− 38819	− 24073	− 31937	55736	18562	20353	85351	89686
出口 D00	− 69732	− 22914	43001	85069	67400	− 35669	105667	130309

表 6.5　3♯压缩机进出口受力

各向力/力矩	GlobalFX N	GlobalFY N	GlobalFZ N	GlobalFR N	GlobalMX N·m	GlobalMY N·m	GlobalMZ N·m	GlobalRM N·m
进口 E00	− 37559	− 15882	− 30755	51076	19613	17863	80319	84587
出口 F00	− 70516	− 22384	47325	87825	70071	− 37499	106399	132804

表 6.6　1♯压缩机进出口受力校核结果

力/力矩	数值	许用值	校核结果
F_y,N	− 51143	222400	满足
F_{xz},N	113950.4192	378100	满足
M_x,N·m	166151	230500	满足
M_y,N·m	− 235019.2	725400	满足
M_z,N·m	13661.15	420300	满足

表 6.7　2#压缩机进出口受力校核结果

力/力矩	数值	许用值	校核结果
F_y,N	-46987	222400	满足
F_{xz},N	109113.4	378100	满足
M_x,N・m	191018	230500	满足
M_y,N・m	-226990	725400	满足
M_z,N・m	-5662.65	420300	满足

表 6.8　3#压缩机进出口受力校核结果

力/力矩	数值	许用值	校核结果
F_y,N	-38266	222400	满足
F_{xz},N	109337.9	378100	满足
M_x,N・m	186718	230500	满足
M_y,N・m	-230382	725400	满足
M_z,N・m	15065.3	420300	满足

管沟内的承重支撑改为弹簧支撑后,为校核其适应性,考虑压缩机进出口的导向支撑和弯头处的止推支撑产生松动。支撑松动后压缩机进出口管道的应力计算结果见表 6.9。压缩机进出口受力计算结果见表 6.10 至表 6.12,进出口受力校核结果见表 6.13 至表 6.15。

表 6.9　管沟内的承重支撑改为弹簧支撑地上支撑松动应力计算结果

应力类型	计算应力 MPa	许用应力 MPa	比值	节点	备注
持续应力	127	188	0.68	G05	持续应力,见图 6.4
位移应力	176	268	0.66	G05	位移应力范围,见图 6.5

表 6.10　地上支撑松动 1#压缩机进出口受力

各向力/力矩	GlobalFX N	GlobalFY N	GlobalFZ N	GlobalFR N	GlobalMX N・m	GlobalMY N・m	GlobalMZ N・m	GlobalRM N・m
进口 A00	53988	-32270	-5538	63141	13981	299856	58836	305894
出口 B00	73005	-16025	5899	74976	97206	-398871	84123	419075

表 6.11　地上支撑松动 2#压缩机进出口受力

各向力/力矩	GlobalFX N	GlobalFY N	GlobalFZ N	GlobalFR N	GlobalMX N・m	GlobalMY N・m	GlobalMZ N・m	GlobalRM N・m
进口 C00	49999	-18486	-12338	54717	20905	288555	73309	298455
出口 D00	70105	-23778	4012	74137	48384	-389245	94683	403507

表 6.12　地上支撑松动 3♯压缩机进出口受力

各向力/ 力矩	GlobalFX N	GlobalFY N	GlobalFZ N	GlobalFR N	GlobalMX N・m	GlobalMY N・m	GlobalMZ N・m	GlobalRM N・m
进口 E00	45219	−10119	−12914	48103	21991	275920	68260	285088
出口 F00	73038	−23065	6961	76909	51491	−397279	95371	411798

表 6.13　地上支撑松动 1♯压缩机进出口受力校核结果

力/力矩	数值	许用值	校核结果
F_y, N	−48295	222400	满足
F_{xz}, N	126993.5	378100	满足
M_x, N・m	142959	230500	满足
M_y, N・m	148621.4	725400	满足
M_z, N・m	17011.75	420300	满足

表 6.14　地上支撑松动 2♯压缩机进出口受力校核结果

力/力矩	数值	许用值	校核结果
F_y, N	−42264	222400	满足
F_{xz}, N	120392.2	378100	满足
M_x, N・m	167992	230500	满足
M_y, N・m	133512.8	725400	满足
M_z, N・m	−13125.8	420300	满足

表 6.15　地上支撑松动 3♯压缩机进出口受力校核结果

力/力矩	数值	许用值	校核结果
F_y, N	−33184	222400	满足
F_{xz}, N	118406.7	378100	满足
M_x, N・m	163631	230500	满足
M_y, N・m	109242.2	725400	满足
M_z, N・m	8773.2	420300	满足

　　计算结果表明,管沟内的承重支撑改为弹簧支撑,压缩机进出口的导向支撑和弯头处的止推支撑产生松动,压缩机进出口管道的应力满足规范要求,进出口受力满足厂商要求,进出口受力远小于许用值。管沟内的承重支撑改为弹簧支撑有更好的适应性。所选弹簧参数见表 6.16。

表 6.16　弹簧参数表

位置	1♯机组进口	1♯机组出口	2♯机组进口	2♯机组出口	3♯机组进口	3♯机组进口
节点	A35	B30	C35	D35	E35	F35

位置	1#机组进口	1#机组出口	2#机组进口	2#机组出口	3#机组进口	3#机组进口
热位移,mm	−2.952	−6.161	−2.938	6.284	−3.022	−6.307
热态载荷,N	108135.1	101909.5	84937.2	87720.7	84924.4	87723.3
冷态载荷,N	101838.3	95338.6	81020	79343.1	80896	79315.5
弹簧刚度,N/mm	2132.7	1066.4	1332.9	1332.9	1332.9	1332.9
载荷变化率,%	5.82	6.45	4.61	9.55	4.74	9.58
允许载荷变化率,%	10	10	10	10	10	10
弹簧型号	2211	2212	2191	2191	2191	2191
弹簧编号范围	T20−29 R1	T20−29 R2	T20−29 R1	T20 29 R1	T20−29 R1	T20−29 R1
数量	1	1	1	1	1	1

7 结论

根据以上分析,得出以下结论:

(1)从振动数据分析可知,压缩机本体主要以叶片通过频率振动,叶片通过频率的两倍频和三倍频也存在明显的振动峰值。除叶片通过频率以外,机组本体也存在320～400Hz的振动频率,这些频率的振动在输量较大时(工况5、工况6)更明显。随着输量的增加,振动幅值明显增大。振动幅值最大的工况为1#机组工况6,振动幅值为255.8mm/s,对应频率为叶片通过频率。

压缩机本体、平衡管、进出口法兰、进出口管道随着输量的增加,振动幅值均增大。工况3、工况5和工况6振动幅值较大,工况1、工况2、工况4振动幅值均较低。

(2)对比平衡管的固有频率和现场测量的振动主要频率可知,现场的振动频率均位于不同阶的固有频率共振范围内。

对比平衡管的固有频率和除叶片通过频率以外的机组本体振动频率可知,除叶片通过频率以外的机组本体振动频率均位于不同阶的固有频率共振范围内,从而表明机组本体的振动将引起平衡管的共振。

(3)在机组振动激励下,平衡管的振动计算值低于振动测量值,表明平衡管除了受到机组振动激励外,还受到内部流体作用力的影响。

(4)对平衡管进行气流脉动分析表明,压缩机入口处的压力脉动将激发平衡管内的声学响应,声学响应频率(激振频率)处于平衡管的共振频率范围内,脉动产生的声学激振力将激发平衡管的共振。

(5)按施工图纸计算的压缩机进出口管道对机组的作用力满足要求,但支撑松动后进出口管道对机组的作用力不满足要求。

(6)通过振动测量数据分析、压缩机本体振动激励分析、气流脉动影响分析及压缩机进出口管道应力分析可知,平衡管的振动是由于机组本体振动及气流脉动作用引起。随着输量的增加,机组本体的振动及气流脉动的影响也增大,平衡管振动也更严重。

8　建议

(1)从现场测量工况可知,工况 3、工况 5、工况 6 平衡管的振动严重,而工况 1、工况 2、工况 4 平衡管的振动值很低。工况 3、工况 5、工况 6 的输量均在 $45 \times 10^6 \mathrm{m}^3/\mathrm{d}$ 以上,工况 1、工况 2、工况 4 的输量均在 $42 \times 10^6 \mathrm{m}^3/\mathrm{d}$ 以下。参考这些工况平衡管的振动,建议现场运行输量控制在 $42 \times 10^6 \mathrm{m}^3/\mathrm{d}$ 以下。

若单台机组运行输量控制在 $42 \times 10^6 \mathrm{m}^3/\mathrm{d}$ 以下不满足管道输送要求,现场也可进行振动测量,将平衡管振动速度有效值(RMS)控制在 19mm/s 以下确定最大运行输量,或者通过启动 3 台机组确保单台机组的输量控制在 $42 \times 10^6 \mathrm{m}^3/\mathrm{d}$ 以下。

(2)在平衡管上某些位置设置 U 形管卡对平衡管振动有所减缓,建议平衡管设置 U 形抑振管卡,管卡在压缩机本体上生根,设置位置参考 6.2 中的描述,管卡图纸参考图 9.1。对于现场安装的在压缩机本体上生根的 U 形螺栓也需改为抑振管卡。平衡管上距离驱动端一侧同心异径接头焊缝 600mm 处若有支撑则需要拆除,该位置设置支撑将加剧平衡管振动,由此建议拆除如 CCS3 站已经安装的距离大于 500mm 的管卡,改为在本文建议位置加装 U 形抑振管卡。

(3)压缩机进出口地上导向支撑和弯头处止推支撑松动将影响压缩机进出口受力并导致压缩机进出口受力不满足要求。运行时应定期巡检确保这些支撑处于有效状态。

(4)压缩机进出口管道管沟内的承重支撑改为弹簧支撑对降低压缩机进出口受力效果明显,在站场具备条件时,建议将管沟内的承重支撑改为弹簧支撑。弹簧支撑参数见表 6.16,弹簧支撑安装图见图 9.2。

(5)现场测量振动时,建议采用磁座将振动传感器牢靠吸附到管道上,并采用具有频谱分析功能的采集仪或软件,以便后续数据分析。避免采用手持式顶针测振仪,手持式顶针测振仪可能不能完整测量管道的振动数据。

9　附件

U 形抑振管卡图和弹簧支撑安装图见图 9.1 和图 9.2。

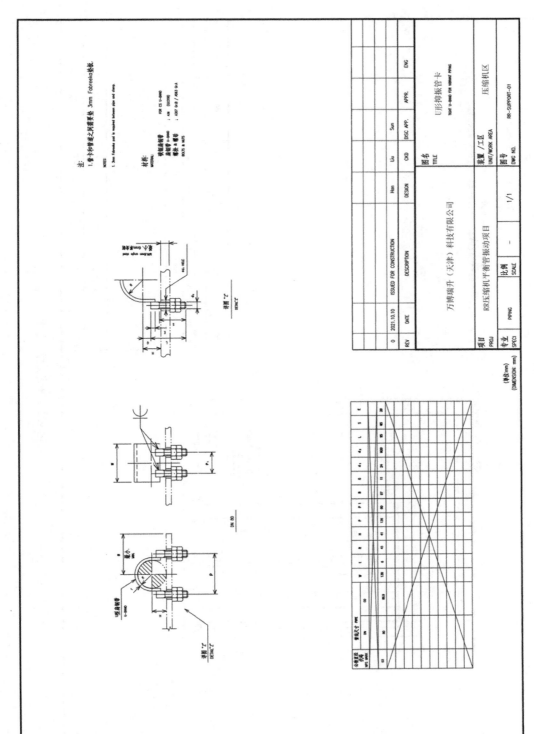

图 9.1 U 形抑振管卡图

343

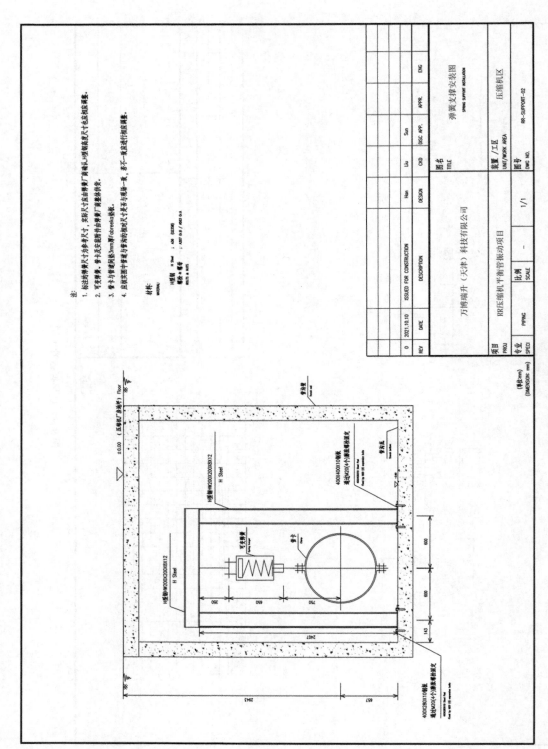

图 9.2 弹簧支撑安装图

天然气压缩机组管道振动分析

1　引言

　　管道振动引起的疲劳失效会导致安全及环境影响等方面的问题,振动疲劳失效越来越受到石油化工、电力等行业的重视。英国安全与健康部发布的关于海上工业的数据显示,英国北海区域碳氢化合物泄漏事故超过 20% 是由于管道振动和疲劳失效导致的。尽管没有陆上工业的全部统计数据,但石油化工厂的统计数据显示,在西欧,大约 10%～15% 的管道疲劳失效是由于管道振动导致的。

　　导致管道振动的因素通常是多方面的,可能是管道结构设计不合理,也可能是施工质量差降低了管道系统的刚度或者运行操作不当导致。国外经验表明,减小或消除管道振动最好的办法是在设计阶段进行管道振动分析、在施工阶段保证良好的施工质量、在运营阶段将管道振动监测作为投产运行测试的一部分。在设计阶段进行大量的分析是复杂的,且问题较多,目前除 API618 往复压缩机管道外,很少有项目在设计阶段进行系统的管道振动分析。这主要有两方面原因:一方面是管道规范关于管道振动方面的要求通常只是一些原则性的要求,这些原则性的要求在项目执行过程中可操作性差,从而导致管道振动被认为是一种特殊的、通常被忽视的情况;另一方面是管道振动分析技术涉及机械振动、材料力学、流体力学、声学、数值分析等多个学科的知识及工程经验,一般设计人员较难掌握。因此,在现场运行过程中尽早地发现管道振动对于管道安全运行至关重要。

2　管道振动的原因

　　从管道振动的振源进行划分,管道振动的原因可以分为两方面:设备振动引起的管道振动和流体引起的管道振动。

2.1　设备振动引起的管道振动

　　压缩机的振动某种程度上可能引起管道的振动。通常情况下,此类振动发生在设备附近的管道,随着管道与设备距离的加大,管道振动很快衰减。此类振动一般分为两种情况:一种情况是设备自身的振动带动管道振动;另一种情况是设备的振动引起其基础的振动,而管道支吊架的生根部位与基础相连,从而导致管道振动。上述两种情况是由设备本身或其基础的设计、施工缺陷造成的。要从根本上解决问题,应从设备及其基础的设计、施工方面寻找原因,并制定相应的解决方案。

对于设备振动引起的管道振动,可以通过振动频率查找原因,如表2.1所示。例如,如果转动设备不平衡,它的振动频率是旋转轴的转动频率,如果转动设备地脚螺栓松动,它的振动频率也是旋转轴的转动频率。

表 2.1　管道振动原因、主要振动频率和振动方向

原因	频率	方向
动平衡差	1 倍转速	径向
旋转轴轴向不对中	2 倍转速	径向
旋转轴角向不对中	1 倍和 2 倍转速	径向和轴向
地脚螺栓松动	1 倍转速	径向
底座开裂	2 倍转速	径向
轴承间隙大	1/2 转速的倍数	径向

分析时要综合考虑以下三个原则:

(1)管道柔性越大、振动的位移幅值往往越大。

(2)如果管道刚性较大,即使管道发生共振,其振幅通常也是很小的,特别是固有频率大于50Hz的管道。

(3)如果管道通过柔性接头(如波纹管或编织软管等)连接到设备管嘴,相连管道的振动受设备振动的影响则较小。但柔性接头并不适用于高压、可燃介质等场合。对于压气站内的给排水、消防、热工等管道可以考虑此形式避免设备的振动传递给管道。

2.2　流体引起的管道振动

流体引起的管道振动(流致振动)是由于流体的连续扰动产生了周期性的压力脉动,该压力脉动在管道方向改变(弯头、三通处)或流通面积变化处(阀、孔板)产生不平衡力,从而导致管道振动。

2.2.1　叶片运动

压缩机以平均压力 p 输送介质,在平均压力上会有一个小的正弦压力波动 $\mathrm{d}p(t)$。该压力脉动是由于离心机的叶片每次经过进出口(图2.1)或往复机活塞每次完成一个冲程导致,其频率见表2.2。

表 2.2　压力脉动频率

设备类型	振动原因	主频率,Hz	振动方向
离心机组	叶片通过	叶片数×RPM/60	径向的
往复机组	活塞运动	活塞数×CPM/60	任意的

注:RPM 为每分钟的转数,CPM 为每分钟活塞冲程周期数。

压缩机进出口周期变化的压力 $p+\mathrm{d}p$ 沿着管道向上下游传播，在管道方向改变或横截面积变化处，会产生不平衡力。通常情况下，离心机出口的压力脉动很小，不会导致明显的管道振动。但在启动时，由于转速从零到运行转速，旋转频率扫略了出口管道的固有频率，如果压力脉动频率与管道固有频率接近，将使管道在极短的时间内发生共振。另外，输气量超过机组的设计输量或工况点也会出现明显脉动，这和机组的设计有关。

每个叶片通过进口或出口均会产生一次压力波动

图 2.1　离心设备叶片示意图

机组转速频率＝机组转速÷60（Hz）
叶片通过频率＝机组转速÷60×叶片数量（Hz）

2.2.2　湍流引起的振动

对于管道内流，靠近壁面的流体流速低、远离壁面的流体流速高，当流体流过分支位置时剪切层流体发生剥离，从而形成涡流（图 2.2）。对于管道外流，稳态流动的流体流过障碍物时，障碍物后也将形成涡流（图 2.3）。涡流会引起压力波动，压力脉动足够大或引起流体声学共振时，将导致管道振动。压力脉动频率可以通过有限元流体分析确定，也可通过以下经验公式估算：

$$f_{HS}=nSv/D$$

式中　f_{HS}——由于涡流脱落引起的压力脉动频率，Hz；

n——垂直于流动方向为1，平行于流动方向为2；

S——斯特劳哈尔数（雷诺数在 10^{3} 到 10^{5} 之间 $S=0.2$，雷诺数在 10^{5} 到 2×10^{6} 之间 $S=0.2\sim0.5$，雷诺数在 2×10^{6} 到 10^{7} 之间 $S=0.2\sim0.3$）；

v——流速，m/s；

D——障碍物直径，m。

2.2.3　声学共振

当压力脉动从激振源（如压缩机进出口）向管道上下游传播时，在不连续处（关闭的阀门、孔板等）或体积变大处（罐，汇管等）会发生反射，入射波和反射波的叠加在管道系统内将形成

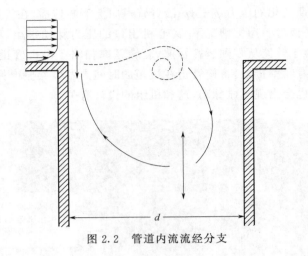

图 2.2　管道内流流经分支

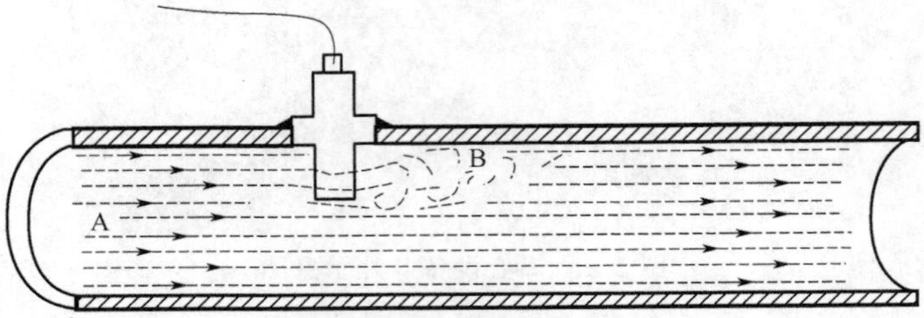

图 2.3　管道外流流过障碍物

驻波。当压力脉动频率与管道系统的声学频率接近时,便会发生声学共振。

对于两端为开口的管段(例如两汇管之间的支管)或两端为闭口的管段,气柱声学频率计算如下:

$$f_{AP} = na/(2L)$$

式中　f_{AP}——气柱声学频率,Hz;

　　　n——整数 1,2,3…;

　　　a——流体中的声速,m/s;

　　　L——管道长度,m。

对于一端为开口,一端为闭口的管段,气柱声学频率计算如下:

$$f_{AP} = (2n - 1)a/(4L)$$

在天然气站场,分支管道阀门关闭时在分支处极易产生涡流(图 2.4),是声学共振的典型案例。当涡流脱落频率与流体声学固有频率相同或接近时,流体便发生共振,此时支管内随时间变化的峰值压力远大于主管内的稳态压力,从而导致管道振动。若分支管道阀门是安全阀,当支管长度一定时,这个峰值压力足以间歇性地使安全阀打开,并导致阀门内件过早磨损。此类问题可以通过改变分支管长度解决,使涡流激振频率避开管内流体固有频率,但更好的方案是加大分支内倒角,从而削弱或消除涡流。

对于压力脉动引起的声学共振,应采用专用软件进行详细的声学分析,以避免产生声学共振。

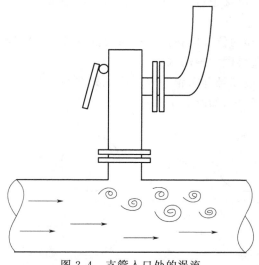

图 2.4　支管入口处的涡流

2.2.4　阀门噪声

除了机械振动外、压力变化也会产生噪声（在 20Hz 到 20kHz 范围的振动）。声压水平可按以下公式计算：

$$db = 20 \lg(P_{\text{measured}}/0.0002)$$

式中　　db——声压等级，dB；

P_{measuerd}——实测压力变化幅值，μbar。

人类能够承受的噪音大约是 145dB（压力脉动幅值 0.004 个大气压）。在美国，噪声水平是由职业安全与健康管理局（OSHA）来规定的。除了职业安全问题，有报告指出在 130dB 时，钢制阀门可能出现疲劳裂纹。通常，流致振动常伴随着阀门噪声，这是压力脉动产生的一个现象。

阀门噪声可能是由于以下三个原因产生：(1)阀门压力波动导致内部部件发出声音；(2)压力下降到蒸气压以下出现汽蚀；(3)在高流速和大压降下的紊流。

高频压力波动引起的阀门内的高频噪声，易激发管壁的高频模态，导致直管和分支管连接处失效。

3　振动测试

3.1　测试前的准备

3.1.1　测点位置设置

测点位置设置应考虑以下方面：

（1）振动测量应在多个位置进行，以确保捕捉到振动最大值，包括主观判断具有最高振幅的位置。

（2）对于主管道，传感器的位置应在振动最高的位置，通常位于跨中或未受支撑位置。

（3）应使用三轴测量获得最大振动水平。

（4）对于小支管连接，应在悬臂布置的末端法兰处测量。如果小支管布置包含多个阀门，则应该在远端法兰处进行测量，如图3.1所示。

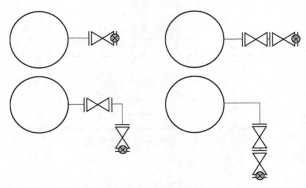

图3.1　小支管振动测量位置

3.1.2　传感器选型及固定

传感器选型：

（1）许多常用的加速度计的最高工作温度相对较低（最高可达120℃）。因此，在考虑对高温管道进行测量时，应确保所使用的加速度计适用。

（2）应选择三向压电式加速度传感器，应具有高灵敏度、低向间干扰。

（3）量程大于50g，配套提供磁座、线缆等。

传感器固定：

（1）传感器应固定到管道表面上，以测量管道表面的振动。

（2）对于碳钢管道，采用磁座安装。将加速度传感器固定到磁座上，将磁座吸附到需要测量的管道表面。

（3）对于不锈钢管道，采用刚性绑扎带将2mm厚的钢板绑扎到管道上，再将磁座吸附到钢板上。钢板宜短，能够吸住磁座即可，以确保与主管道振动一致。

3.1.3　数据采集参数设置

振动数据采集仪参数设置应考虑以下方面：

（1）应采用具有频谱分析功能（或软件）的数据采集仪。

（2）采集仪应至少有三个通道，以确保与三轴加速度传感器匹配。

（3）振动幅值可以设置为速度均方根（RMS）振幅或速度峰值（peak）振幅，单位为mm/s。

（4）分析频率范围为0～2000Hz，或更高的频率范围，以获取压缩机叶片通过频率及其高阶频率。

（5）将分辨率（即谱线数）设置为大于4000，确保频率分辨率至少为0.5Hz。

（6）采样频率应为分析频率的2.5倍以上。

3.2 测量注意事项

（1）应尽量测量管道振动大的工况。

（2）每个测量工况应详细记录所在管道的运行参数（转速、压力、温度、流量等）。

（3）每个测点应测量三个方向的振动数据，建议采用三轴加速度传感器。

（4）每个测点应清晰标注传感器坐标或方向。

（5）传感器应与管道表明直接接触且有效固定，传感器与采集仪之间接线可靠。

3.3 测量结果处理

对于加速度传感器，采集的信号为加速度信号，单位为 m^2/s，而评估数据为速度幅值。因此，需要将加速度数据转换为速度数据，在采集仪或分析软件中有数据处理模块，将加速度数据进行积分转换变为速度数据。

转换后的数据是速度时程数据（横轴为时间，纵轴为速度幅值），评估需要查看在某一振动频率下的速度幅值。因此，需要将速度时程数据进行频谱转换变为频域数据（横轴为频率，纵轴为速度幅值），也称频谱图。

在频谱图中提取主要频率及对应的振动速度峰值，如图3.2所示。

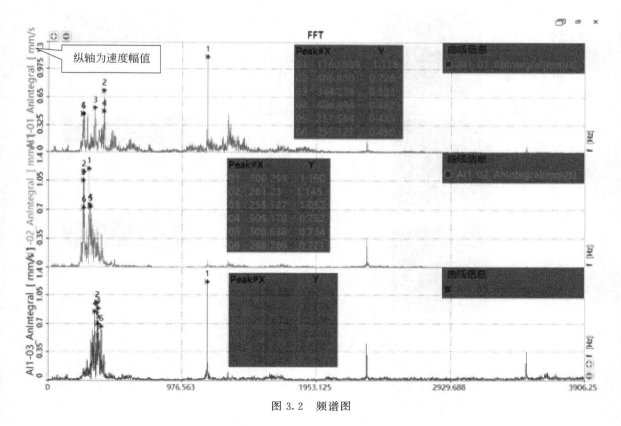

图 3.2　频谱图

3.4　测量结果分析

对测量数据进行处理,获得各测点频谱图后,提取各主要峰值速度幅值和对应的振动频率。将振动频率与机组的转速频率和叶片通过频率进行比较,若振动频率处于转速频率或转速频率倍频的±20%范围内,则表明管道的振动是机组转速振动引起的共振。若振动频率处于叶片通过频率或叶片通过频率倍频的±20%范围内,则表明管道的振动是机组转速振动引起的共振。

以图3.3为例(CS4站-GE机组-3号机-转速5000测点2),该工况机组转速为5000r/min,则转速频率为5000÷60=83.33(Hz),叶片通过频率为5000÷60×17=1416.66(Hz),叶片通过频率的两倍频为2833.33Hz。

图3.3中,X方向第一个峰值对应的振动频率为83.0Hz,即以转速频率振动。第二个峰值对应的振动频率为2835.6Hz,即以叶片通过频率的两倍频振动。

Y方向第一个峰值对应的振动频率为2835.6Hz,即以叶片通过频率的两倍频振动。第二个峰值对应的振动频率为1418.4Hz,即以叶片通过频率振动。

Z方向第一个峰值对应的振动频率为1418.4Hz,即以叶片通过频率振动。

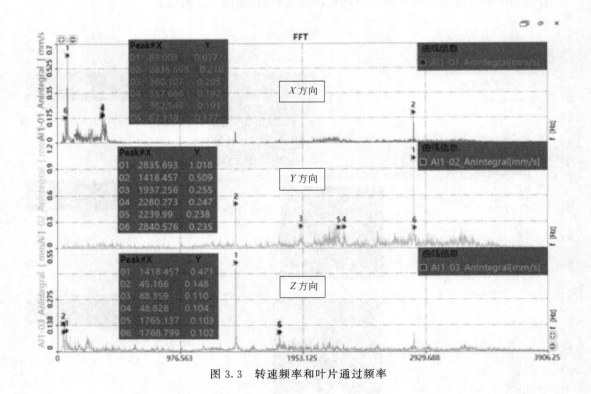

图3.3　转速频率和叶片通过频率

4　振动评价

4.1　可接受的振动标准

4.1.1　英国能源研究所(EI)指南

英国能源研究所出版的《避免工艺管道振动引起疲劳失效的指南》在石油天然气行业评估管道振动广泛应用。该指南适用于新建、已建、改造项目的管道振动评估。对于现场的管道振动水平,可参考图4.1进行评估:如果速度RMS值位于Problem(问题)区域,发生疲劳失效的风险较高,应该立即采取措施。如果速度RMS值位于Concern(关注)区域,意味着存在疲劳失效的可能,应该采取控制管道振动的措施。如果速度RMS值位于Accepetable(可接受)区域,意味着管道振动水平可以接受。

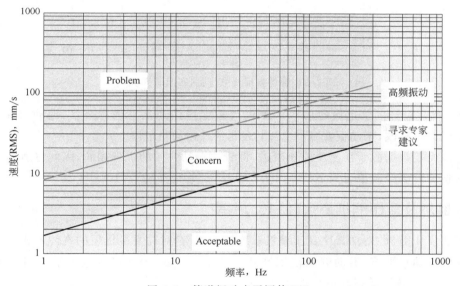

图4.1　管道振动水平评估(EI)

"Concern"和"Problem"两条线的值根据下式计算,式中 f 为振动频率:

$$Concern\ Vibration \geqslant 10^{\frac{(\log(f)+0.48017)}{2.127612}}$$

$$Problem\ Vibration \geqslant 10^{\frac{(\log(f)+1.871083)}{2.084547}}$$

尽管该指南应用较广,但现场振动值评估只适用于300Hz以下的管道振动。

4.1.2　美国西南研究院经验图

美国西南研究院在往复压缩机管道振动方面积累了大量现场数据,提出现场管道振动评估的图表,见图4.2。

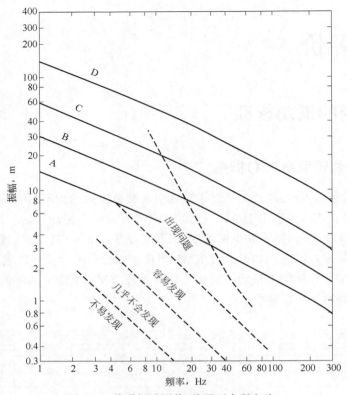

图 4.2　管道振动评估(美国西南研究院)

　　"A"线代表设计的管道振动水平,"B"线代表管道振动水平仍有余量,振动值在"C"线以上表明需要进行整改,振动值在"D"线以上表明管道振动很危险。

　　尽管该经验数据源于往复压缩机管道,但管道振动失效的机理相同,因此也适用于其他类型机组的管道。该经验值也只适用于 300Hz 以下的管道振动。

4.1.3　欧洲往复压缩机协会(EFRC)指南

　　欧洲往复压缩机协会的《往复压缩机系统振动指南》对往复机机组的本体及相连管道均给出可接受的振动水平值,振动频率范围涉及 10～1000Hz。该指南将振动水平划分为四个区域,详见表 4.1。各区域振动值见表 4.2。

表 4.1　振动水平区域定义

区域	等级	描述	注释
A	＜A/B边界	良好区域	处于测试、设计、安装时期的良好状态
B	＞A/B－B/C	可接受区域	处于可接受的现场运行状态
C	＞B/C－C/D	中间区域	应分析原因,尽可能开展维修,由 OEM 厂家向操作员澄清确保压缩机可以长期安全运行
D	＞C/D边界	不可接受区域	需要紧急停机维修

　　处于区域"A"的振动水平较低,处于区域"B"的振动水平较可以接受,处于区域"C"的振

动仍有硬顶余量,处于区域"D"的振动水平需要立即停车整改。

表 4.2   各区域振动值

部位	卧式压缩机,mm/s RMS			立式压缩机,mm/s RMS		
	关键区域			关键区域		
	A/B	B/C	C/D	A/B	B/C	C/D
地基	2.00	3.00	4.5	2.00	3.00	4.50
框架(顶部)	5.33	8.00	12.0	5.33	8.00	12.0
气缸(横向)	8.67	13.0	19.5	10.67	16.0	24.0
活塞杆	10.67	16.0	24.0	8.67	13.0	19.5
挡板	12.67	19.0	28.5	12.67	19.0	28.5
管道	12.67	19.0	28.5	12.67	19.0	28.5

对于管道,振动速度 RMS 值低于 19mm/s 是可以接受的。

4.1.4   NB/T 25081—2018《核电站管道系统振动测试与评估》

电力行业标准 NB/T 25081—2018《核电站管道系统振动测试与评估》对管道振动测试及评估进行了要求。该标准将稳态振动的管道系统振动等级分为 W1、W2、W3 级,各振动等级定义如下。

4.1.4.1   振动等级 1(W1)

满足下述条件之一的管道系统为 W1 级:

(1)可以获得其在原型或相似系统上的测试数据,且可观测到最小不可接受振动的管道系统。

(2)根据经验反馈,不会出现显著振动响应的管道系统。

4.1.4.2   振动等级 2(W2)

满足下述条件之一的管道系统为 W2 级:

(1)根据经验反馈,可能出现显著振动响应的管道系统。

(2)不适宜用 W1 级管道系统的评价方法进行评定的管道系统。

4.1.4.3   振动等级 3(W3)

满足下述条件之一的管道系统为 W3 级:

(1)响应特性不是简单管道模态的管道系统(如出现管壁振动)。

(2)不适宜用 W2 和 W1 类管道评价方法进行评定的管道系统。

各振动等级的管道振动评价可参考该标准进行。对于压气站的管道振动,大多数可参照振动等级 2 进行评估,振动等级 2 的管道振动允许最大速度峰值按该标准进行计算。

4.2   管道振动分析流程

对于不能通过测量数据分析出原因的管道系统,通常需要进行复杂的管道振动分析,这涉及到管道内流场的流动分析、管内介质的声学分析和管道结构的振动分析,涉及多种分析软件,一般分析流程如图 4.3 所示。

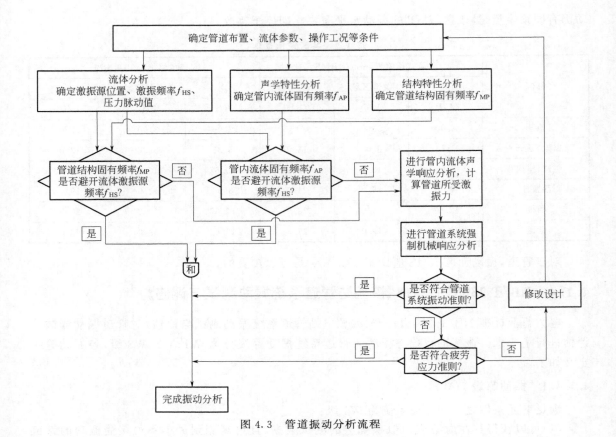

图 4.3　管道振动分析流程

5　振动预防和缓解措施

5.1　合理的布局和支撑

柔性大的管道系统,将会产生较大振幅的振动。为防止过大的振动,有必要在管道系统中设置刚性导向或防振管卡,特别是在管线上的大质量处(如大阀门处)。导向和防振管卡的设置同时要满足管道的静应力要求。

避免长跨度管道的主频率在转动设备频率的 20％ 以内。

易振动的管道系统在设计时,应避免振动导致疲劳失效的应力集中,如无加固的分支管处。应采用轮廓平滑的整体锻造三通管件代替管与管直角连接的焊接分支,以避免流体中涡旋的形成。

管道振动极易引起焊接管台处疲劳失效,因此,焊接管台处应考虑以下方面:

(1)放空或排污管道在排放反力方向上要进行固定;

(2)采用厚壁管;

(3)避免使用滑套接头;

(4)采用全焊透焊接；

(5)保证焊接质量；

(6)主管的焊角尺寸尽量是支管焊角尺寸的两倍；

(7)在易于产生振动的管道系统中,尽量避免不必要的方向改变。

5.2 减少气流脉动

5.2.1 压缩机产生的脉动

对于压缩机组,应避免在工况点以外运行。例如,在小流量下可能出现喘振,而在大流量下,机组进出口处的气流脉动也较大,这些气流脉动对上下游管道均会产生激励。

5.2.2 管道布置产生的脉动

管道布置不合理时,三通、弯头、阀门等位置存在涡流,从而产生气流脉动。对于这些脉动,在设计阶段应尽量减小。对于三通位置产生的脉动,可以根据2.2.2的公式计算涡流可能的频率,在确定支管长度时,计算气柱的固有频率,使气柱固有频率避开涡流激振频率。另一方面,加大三通分支处的圆角半径也可以减缓涡流。对于弯头处存在的脉动,可以增大曲率半径减小脉动,或在弯头内设置导流叶片,将流通面积分成多个窄的通道,如图5.1所示,这种情况通常适用于大口径弯头。

图 5.1 大口径弯头设置导流片

5.3 脉动衰减器

通过减小流量和转速可以减小压力脉动,但有时不能满足现场运行要求。这种情况下可以在压缩机上游或下游设置脉动衰减器。脉动衰减器通常为大体积元件,可以有效减小压缩机进出口的脉动,从而减小压缩机进出口脉动对管道系统的影响。但脉动衰减器并不能降低机壳内部的压力脉动,因此不能降低机壳本体的振动,对于与机壳本体相连接的管道振动不能采用该方案。脉动衰减器通常用于往复式压缩机的管道系统。

5.4 阻尼

振动的幅值可以通过增加管道系统的阻尼来减小。这可以通过在管道支撑处增加薄橡胶垫片或其他减振材料,或通过使用专门设计的阻尼器。将振动幅值从 R_0 减少到 R 所需的阻尼为:

$$\zeta = \frac{1}{2} \frac{1 - \left(\frac{\omega}{\omega_n}\right)^2}{\frac{\omega}{\omega_n}} \sqrt{\left(\frac{R_0}{R}\right)^2 - 1}$$

式中　ζ——阻尼系数；

　　　ω——激发频率，Hz；

　　　ω_n——固有频率，Hz；

　　　R_0——没有阻尼时振动幅值；

　　　R——阻尼系数为 ζ 时的振动幅值。

除非激发频率 ω 与固有频率 ω_n 接近，否则实际中很难实现阻尼 ζ 减少 R/R_0 的振动。这意味着黏性阻尼只有在激发频率约等于固有频率时才起作用。

5.5　柔性连接

在非可燃有毒介质、压力较低的泵和压缩机管道系统中，设备进出口可以采用柔性软管、编织软管、金属波纹管和法兰连接的橡胶波纹管，以解决设备与管道轴线对中问题，并使管道与设备的振动分离。柔性连接件比管道薄弱，因此不应支持重量或荷载。这些元件的安装应遵循供货商的程序，应与管道系统的设计压力一致，并考虑安全系数来满足管道规范的要求。材料应符合流体、环境和操作温度的要求，应该定期进行检查并根据需要进行更换。

柔性连接不适用于高压、可燃介质等场合。对于压气站内的给排水、消防、热工等管道可以考虑此形式避免设备的振动传递给管道。

5.6　制定测试计划

管道振动受到机组运行状态、介质、运行参数等条件的影响。机组转速的变化将引起气体流量和压力的变化，且机组进出口的脉动及本体的振动也不同。气体组分发生变化时，将影响气体的密度、声速等参数发生变化。不同压力和温度运行工况也将导致气体的密度、声速等参数发生变化。因此，当上述因素发生变化时，应及时对管道振动进行测量，以尽早了解管道振动水平。一般情况下，当有以下情况时，应进行管道振动数据采集并进行评估：

(1)机组转速变化时；

(2)气源变化时；

(3)温度变化超过5％时；

(4)压力变化超过5％时；

(5)输气量变化超过5％时。

泵机组研究探索

　　本篇主要介绍输油泵机组运行技术成果,通过对机组现场出现的运行问题以及相关前瞻性技术的深入研究和实践,取得了显著进展。这些成果的归纳总结可为后续泵机组稳定、可靠工作提供有力的技术支持。

原油管道燃气发动机冷却系统密封失效处置技术研究

1 立项背景

中缅原油管道设置有 4 座泵站,全线共有输油主泵机 10 台。输油泵机组由卡特彼勒天然气发动机驱动,单台发动机功率 3573kW,发动机通过增速齿轮箱驱动主泵,输油主泵由鲁尔泵制造。发动机燃料气由中缅天然气管道提供。

中缅原油管道在 2016 年 10 月水联运期间,2 个站 6 台输油主泵机组的天然气发动机在启机运行 140h 后陆续出现无法点火启机的故障。经分析,查明冷却液是由缸头预燃室燃烧处的合金密封环处进入气缸。通过拆卸备用机组更换至故障机组的方式,完成了中缅原油管道的水联运工作。

缸头(Cylinder Head)是发动机位于发动机气缸顶部的一种铸钢机加工部件,质量约 260kg,内部安装进排气阀,燃料气阀门,点火控制及燃烧检测部件,每台发动机有 16 个缸头。缸头下表面与气缸内高温燃气直接接触,缸头内有独立的冷却液和机油通道进行冷却和润滑,以确保高速运转的机械部件在高温环境下保持温度在设计范围内。卡特彼勒 G3616 型燃气发动机的缸头备件只在卡特彼勒公司的美国工厂生产,订货和采购周期通常需要 4~6 个月,短期内无法采购到足够数量的缸头配件进行更换。

水联运工作结束后,中缅原油管道的正式投产日益临近,因此中缅油气管道项目决定立项研究解决天然气发动机冷却系统短期内出现大面积失效原因及解决方法。研究项目拟实现的任务目标包括以下三项:

(1)查找冷却系统密封的失效原因;

(2)针对密封失效原因研究制定解决方案;

(3)解决方案的实施与验证。

若上述三个任务目标可按计划完成,将解决输油主泵机组冷却系统密封失效的故障,确保中缅原油管道按期投产。

2 研究内容

项目主要任务是解决天然气发动机冷却系统密封失效的故障,任务目标分解为三个阶段子任务。

第一阶段为查找密封失效的根本原因。从拆卸下的故障缸头部件着手,首先需要明确此故障的大面积出现是否由于制造缺陷引起。研究缸头工作原理及内部结构,同时和设备厂家进行沟通,要求其提供了证明文件,排除设备制造缺陷。然后通过渗透检测,查找准确渗漏位置。最后对故障缸头进行密封打压,定位渗漏准确位置。

第二阶段是针对查明的失效原因,提出解决方案。确认以上故障原因后,考虑缅甸特殊的社会环境、加工能力等限制条件,比如现场不具备液氮安装条件,缸头备件订货采购周期过长,缅甸社会依托条件有限。制定便于在中缅原油管道现场实施的解决方案。同时方案的实施需要在 3~4 周内完成。

实施方案里,为了提高清除效果,将内部锈蚀分类为两类。第一类是冷却系统内部悬浮状大颗粒锈蚀,它将导致冷却系统狭窄处形成栓塞,造成局部冷却液循环缓慢,是散热不良的主要原因。针对此类锈蚀,采用大于正常工作流量 2 倍以上的冲洗流量进行冲刷,对冲出的滤渣在旁接罐内过滤清理。本步骤明确的参数包括冲洗介质、循环泵出口压力控制、旁接管体积、工艺阀门管线材质、滤网目数、滤网安装形式和滤网清理间隔等。

第二类锈蚀为冷却系统内壁附着的锈蚀,这种形式的锈蚀会在内壁表面形成隔热层,冷却液无法直接与发动机内壁接触,热传导效率降低。研究项目确定通过酸洗处理此类锈蚀。本步骤明确的主要流程包括酸洗流程,中和流程,再冲洗流程,最终冲洗流程。通过试验,对比不同浓度盐酸对锈渣的溶解速度,并对比不同浓度盐酸对发动机本体的腐蚀对比,确定清除表面附着锈蚀最佳的盐酸浓度。其他参数还包括缓蚀剂的选择、中和剂选择、持续时间和终止标准。酸洗流程中需要对冷却系统中的铝制部件进行隔离。

第三阶段是方案的实施和验证。在发动机停机状态下对内部冷却液形成有效循环冲洗,使用外接循环泵冲洗,旁接缓冲罐沉淀回流介质中杂质。需将原冷却液系统的设备进行隔离。为移动和安装便利,采用两个玻璃钢水罐并联使用。循环系统的出口压力靠回流管线调节。同时还要需要考虑设备在泵棚的有限空间内吊装和安装的方便,以及运输车辆、船舶的尺寸限制。综合以上几点限制条件,研究项目确认外接冲洗设备的安装形式为橇装,设备重量和外部尺寸按照转运车辆车厢宽度为上限。冲洗效果的对比:通过冲洗处置工作进行前后,在发动机侧面的四个冷却系统检查舱门处进行拍照对比,验证方案实施效果。

3 技术局限性

由于中缅原油管道下游用户工程工期滞后、接收能力不具备等特殊情况,天然气发动机泵机组在出厂 4 年后才首次启动,发动机的出厂防锈隔离措施仅能维持 6 个月,在缅甸高温高湿环境下长期放置导致发动机内部锈蚀严重。发动机制造商卡特彼勒认为类似冷却系统密封失效故障通常仅出现在使用 20 年的陈旧设备上,从未遇到过新发动机首次运行短时间内就出现大范围冷却系统密封失效,因此无法提供可行的解决方法。发动机厂家仅建议在散热不良故障解决前,不要启动发动机,以防止此故障恶化进而造成更大损失。

国内使用同型号的燃气发动机的单位已有 10 年以上使用经验,但尚未遇到冷却系统密封失效故障,国内没有可参考实用案例。国内相同型号机组长时间使用后,影响散热的主要原因是冷却液结垢，与中缅原油管道遇到的以内部锈蚀为主的形式截然不同。水垢形成原因是冷却液内的乙二醇在长时间运行中，氧化形成乙酸并与冷却液内的钙离子结合而产生，通常的解决方式是在发动机运行的情况下，在冷却液循环中添加除垢剂，对水垢进行溶解清除。中缅原油管道此次面临的问题是大颗粒悬浮锈渣与表面附着锈蚀共存，在彻底清除锈渣前，启动发动机会造成冷却系统循环阻塞。这与国内类似机组故障的原因及故障处理方式均不同，因此国内类似机组的故障处理经验不适用于中缅原油管道遇到的问题。

此研究项目针对天然气发动机冷却系统失效的根本原因的研究，确认根本原因是内部锈蚀造成的散热不良引起，并根据两类锈蚀的特征制定处理方案分别实施处置，最终成功应用于中缅原油管道天然气发动机主泵机组。这是冷却系统密封失效处置方法在类似型号燃气发动机的首次成功应用。

4　客观评价

2017 年 4 月，研究项目完成 6 台机组进行第一类悬浮锈渣的冲洗处置工作。因酸洗所需盐酸在缅甸属于管制化工产品，短时间内无法采购，酸洗处置流程未能进行。经过对比处置前后的杂质量，可以判断冲洗处置对悬浮类锈渣清除效果明显，中缅原油管道泵机组在投产期间再未出现密封失效故障，中缅原油管道顺利运行至今。

综上所述，本项目实施过程中，项目团队对燃气发动机冷却系统的失效原因进行了探索，提出了外接冲洗管路的策略，并进一步设计与发动机相匹配的冲洗设备，实施后效果明显，燃气发动机运行平稳，可以判断该项目有效改善了发动机冷却系统的运行状态，其经济、社会及环境效益显著。

本项科技成果如果没有实施，燃气发动机由于冷却系统密封失效导致缸头泄漏后，机组将只能停运。未经处理燃气发动机组存在出现更多缸头密封失效可能，新缸头采购周期需 4～6 个月，主泵燃气发动机组停运将导致管道投产延期，保守估算故障将导致中缅管道投产推迟 4～6 个月。

5　结论

中缅原油管道是由中国石油与缅甸国家油气公司（MOGE）合资建设的一条设计输量 2200×10^4 t/a 的原油管道。管道自缅甸马德岛向位于昆明市的中国石油云南石化输送原油。管线在缅甸境内长度 771km，是继中亚油气管道、中俄原油管道、海上通道之后的第四大能源进口通道。中缅原油管道于 2016 年 10 月开始水联运试投产，于 2017 年 5 月正式投产向国内输送原油。中缅原油管道设置有 4 座泵站，全线共有输油主泵机组 10 台。输油泵机组由卡特彼勒 G3616 型 16 缸天然气活塞发动机驱动。输油泵机组首次启机运行于 2016 年 10 月开始，在管线运行约 140h 后，有 2 个泵站的 4 台燃气发动机陆续发现冷却系统密封失效。

根据上述情况,研究项目组认为冷却系统密封失效的根本原因是发动机局部运行温度超过设计范围。研究项目组设计了一套橇装冲洗设备,冲洗橇在满足事先外接冲洗功能的基础之上,橇座尺寸还能满足泵棚内有限空间的吊装及站场间陆路及海上运输需要。

　　2017年4月,研究项目完成6台机组进行第一类悬浮锈渣的冲洗处置工作。因酸洗所需盐酸在缅甸属于管制化工产品,短时间内无法采购,酸洗处置流程未能进行。经过对比处置前后的杂质量,可以判断冲洗处置对悬浮类锈渣清除效果明显,中缅原油管道泵机组在投产期间再未出现密封失效故障,中缅原油管道顺利运行至今。

　　综上所述,本项目实施过程中,项目团队对燃气发动机冷却系统的失效原因进行了探索,提出了外接冲洗管路的策略,并进一步设计与发动机相匹配的冲洗设备,实施后效果明显,燃气发动机运行平稳,可以判断该项目有效改善了发动机冷却系统的运行状态,其经济、社会及环境效益显著。

天然气发动机驱泵运行技术研究

1　立项背景

中缅原油管道(缅甸段)全线共设置 5 个站场,因站场所在地域无稳定的外部电力供应,中缅原油管道采用天然气发动机驱动离心泵的输送技术。

此前,世界范围内尚无使用天然气发动机直接驱动离心泵的应用先例,立项时该技术存在如下问题:

(1)该技术领域研究尚属空白,无运行经验可循,缺少该技术相关人才。

(2)中缅管道沿线地质结构复杂,海拔落差 1475m,管道先后穿越海沟、滩涂、山地等地形,控制难度大,事故后果严重。

(3)液体管道水力系统敏感,压力波传播迅速,水击危害严重。

(4)机组结构复杂,附属设备多,操作繁琐,维护难,故障多,启动慢。

(5)输油工艺系统与电驱泵差别较大,安装泵机组内循环流程,各系统、设备间的操作流程、控制逻辑需明确、细化。

通过详细的研究学习掌握天然气发动机结构特点、水力特性、操作方法、常见故障检查及排除等内容,发现采用天然气发动机驱泵的运行需要解决的关键技术问题有:

(1)优化天然气发动机系统的匹配时间和逻辑控制程序;

(2)研究机组结构及性能特点、技术参数,明确机组维护周期及要点;

(3)不同输量等级下天然气发动机驱泵的运行模式;

(4)正常工况和异常工况下泵机组的正常切换和紧急停输的处理;

(5)原油管道投产运行后对数据进行收集、整理、修正。

本项目在中缅原油管道尚未投产之前启动立项,克服缺乏技术资料及应用经验的困难,通过收集并研究各设备原厂技术资料,赴厂家现场参观及培训等方法,于管道投产前完成"天然气发动机驱泵运行技术"下发各站使用。

本成果优化了天然气发动机组辅助系统运行时间和控制模式,利用原油管道仿真系统软件对不同输量下的泵机组配置、正常工况和非正常工况进行仿真模拟,摸索出天然气发动机驱泵的控制方式和应急处理办法,最终建立一套完整的天然气发动机驱泵的运行技术成果,指导中缅原油管道运行,为将来其他采用天然气发动机驱泵管道提供技术支持。

2 研究内容

2.1 研究目标

(1)优化天然气发动机系统的匹配时间和逻辑控制程序,明确全线启输时的天然气发动机运行控制状态和模式;

(2)研究机组结构及性能特点,技术参数,明确机组维护周期及要点;

(3)制定不同输量等级下天然气发动机驱泵的运行模式,确定原油管道运行的最佳工作量;

(4)仿真模拟出正常工况和异常工况下泵机组的正常切换和紧急停输的工况,总结经验和应对措施;

(5)中缅原油管道投产运行后,对泵机组运行数据进行收集、整理,并对成果手册中的数据进行修正。

2.2 研究阶段和技术路线

(1)2013年完成课题立项后,广泛阅读国内外关于天然气发动机,鲁尔泵技术资料,对天然气发动机组、泵机组厂家和有此设备应用的工程进行实地考察,了解和掌握系统的匹配时间和逻辑控制程序。

2014年2月,课题组部分成员赴美国拉费耶特卡特彼勒工厂培训学习,实地考察天然气发动机制造及装配工序、流程。整理大量学习资料。

2015年5月,课题组成员赴天津大港储气库实地考察发动机运行维护保养情况,了解设备使用性能及维护保养难点。通过国内外考察与交流,结合中缅原油管道特点,制定合理的天然气发动机驱泵的运行技术流程,组织运行技术手册编写。

(2)使用SPS仿真系统软件,建立中缅原油管道仿真模型,根据管道运行要求对不同输量下的泵机组配置、正常工况和非正常工况进行仿真模拟,制定详细的不同工况运行处理措施和应急程序;完善运行技术手册实际运用部分。

(3)结合管道系统仿真情况和发动机驱泵的运行技术流程,建立中缅原油管道天然气发动机驱泵的运行控制、输量匹配、应急处理等技术档案,完成运行技术手册编辑并发调控中心及各站学习使用。

(4)2016年中缅原油管道投产后,根据实际情况,对手册数据进行进一步细化,确保手册内容符合现场实际情况,修订版本后发调控中心及各站使用。完成课题研究。

2.3 运行技术研究框架

2.3.1 天然气发动机概况

天然气发动机概况主要研究内容:

(1)当前天然气发动机发展概况及应用领域。

(2)天然气发动机的分类,主要按燃烧模式,点火方式及其他分类方式阐述。

(3)天然气发动机的特点:无需外电支持,低排放,稀薄燃烧,燃料要求高,可调速。

(4)G3616系列型号说明。

2.3.2 天然气发动机结构

研究发动机主体及七大系统:

(1)主体结构。

(2)冷却系统。

(3)润滑系统。

(4)点火系统。

(5)燃料和启动系统。

(6)进排气系统。

(7)液压系统。

(8)热启动系统。

2.3.3 离心泵运行维护规程

(1)离心泵运行的水力学基础。

(2)离心泵的基本构成和结构。

(3)离心泵的工作原理和工作参数。

(4)离心泵工作的特性、特性曲线等。

(5)中缅管道所用型号鲁尔泵的详细参数、曲线、原理、构造。

(6)鲁尔泵的维护保养方式,常见故障处理方法。

2.3.4 齿轮增速器

(1)齿轮增速器的构造。

(2)齿轮增速器的使用和维护,齿轮增速器的关键运行参数,维护保养重点。

(3)齿轮增速器的控制点和报警值,齿轮增速器的监测点。

2.3.5 机组控制系统

机组控制系统主要包括组成、原理、信号传输、人机界面等:

(1)研究机组控制系统。

(2)系统的信息传输,各部件之间信息传输方式、种类。

(3)G3616 发动机控制系统的功能实现。

(4)机组传感器分类,分别为振动与温度、燃烧及其他传感器。

(5)机组控制命令的传输方式。

(6)HMI 的控制界面介绍。

2.3.6 天然气发动机的运行与控制

(1)控制概况,研究启动方式,加卸载方式,停机方式。

(2)初次启动前检查,启动前机组检查内容及注意事项。

(3)启动前准备,机组自检内容和 AB 类传感器。

(4)常规启动的程序及操作。

(5)发动机加载与卸载的条件及方式。

(6)常规停机的逻辑,机组处理顺序。

(7)机组异常停机和紧急停机的触发和处理逻辑。

2.3.7 输油工艺运行

以管道全线为考虑,研究系统启输、切泵、停输的操作:

(1)中缅管道全线泵机组配置,运行特点。

(2)发动机连锁启停程序(单站启动)。

(3)输油泵切泵的处理方式。

(4)全线正常启输的准备,启输,增加量及配泵参数。

(5)全线正常停机,正常停机的运行操作方式。

(6)全线紧急停机,全线 ESD 的触发条件和逻辑。

2.3.8 天然气发动机的维护

(1)泵机组日常保养,包括机组的不定期保养和定期的保养和大修。

(2)G3616 发动机的维护保养条件,以及保养过程中需要注意的事项。

(3)维护保养工作程序、项目等。

2.3.9 应用评价

研究科技成果初步推广应用后,在管道投产及日常运行中积累的经验与不足,主要研究内容如下:

(1)合理制定运行流量台阶。

(2)泵机组回流管线运用技巧及效果。

(3)发动机怠速设定。

(4)机械密封温度控制技巧。

(5)气缸点火情况监控要点。

(6)出站节流阀的使用经验。

(7)加载速度控制技巧。

(8)发动机暖机时间分析。

(9)进排气道管理原则。

3 技术局限性

本研究成果主要应用在天然气发动机驱动离心泵的管道。应用该技术,是解决管道沿线缺乏稳定电力供应的解决方案,但该技术要求管道沿线有稳定的天然气供应。

采用天然气发动机驱动离心泵,由于发动机运行特性,不能大幅度调整机组负载,导致液体管道需要在几个特定的流量台阶下运行,不能做到任意流量运行。

4 与国内外同类技术的比较

世界范围内,液体石油管道普遍使用电动机驱动离心泵的技术,相较于天然气发动机,电动机具有启动快、故障少、维护保养简单等优势。由于发动机启动时间长,操作复杂,而液体管道压力波动剧烈,压力波传播速度快,容易产生水击等事故,全世界尚无任何一家管道公司采用天然气发动机直接驱动离心泵的技术。中缅油气管道是目前全世界唯一采用燃气发动机驱动离心泵的长输液体管道,本课题研究内容在国内外尚无先例可循。

国际上,与中缅原油管道使用技术较为类似的管道包括哥伦比亚 Ocensa 输油管道及阿塞拜疆—格鲁吉亚输气管道。

哥伦比亚 Ocensa 管道由加拿大 Enbridge 公司负责运营,该管道采用发动机驱动泵机组,但因为无可靠天然气源,管道使用原油作为发动机燃料,燃油发动机相较于天然气发动机,其燃料清洁度差,燃烧效率低,但附属设施要求较低,燃油发动机与天然气发动机在启停机控制逻辑、转速调整速度、负载提升速率限制、维护保养要求等方面均存在较大差异,对中缅原油管道的运行有一定的借鉴意义。

阿塞拜疆—格鲁吉亚输气管道使用天然气发动机驱动压缩机,其管道所使用的发动机并非卡特彼勒 G3616 型,被驱动设备是天然气管道压缩机,天然气管道与原油管道水力系统相差较大,压力波传播速度差异明显,机组启停机逻辑、运行控制方式均存在显著差异,该管道运行技术借鉴作用有限。

国内天津大港板中北储气库使用卡特彼勒 G3616 发动机驱动往复式压缩机,将天然气压入地下储气库。大港储气库使用的卡特彼勒发动机与中缅原油管道一致,对机组维护保养、运行操作累积了一定的使用经验。但其被驱动设备属于往复压缩机,对机组启动速度、转速控制等操作敏感度较低,缺乏发动机与齿轮箱及泵机组配合使用的经验。

中缅原油管道结合缅甸特点,鉴于缅甸电力供应不稳定,社会依托差,中缅天然气管道与原油管道并行的特点,采用发动机直接驱动泵机组,是石油管道领域内的首创。本课题的研究成果对中缅原油管道的运行具有较大指导作用,同时,亦可对未来采用类似技术的管道或其他工业设施起到指导作用。

5   结论

"天然气发动机驱泵运行技术"于 2015 年 8 月完成编制,推广使用并收集修订意见,2017年 6 月,修改版研究成果在中缅原油管道全线推广使用。其目前应用情况及效果如下:

(1)中缅原油管道投产运行前,将本课题成果在各站使用,项目生产部、调控中心、各输油站修订了泵机组逻辑控制程序,制定了符合泵机组运行特点的操作手册、操作票等材料,在2016 年中缅原油管道水联运,以及 2017 年管道油水置换期间,课题成果对设备控制、维护保养、故障解决等方面均起到关键作用。

(2)本课题成果作为指导性材料,对管道日常运行相关手册、运行保养规程、应急预案等体系化文件的编制起到了奠基作用。同时,本课题成果作为员工培训材料,帮助新入职的调度员、站场运维人员快速了解泵机组结构特点、控制逻辑、维护保养注意事项、异常处置程序等内容,为公司节约了员工外派培训成本。

(3)通过理论研究与实践验证,在课题研究过程中,对泵机组在各个流量下燃烧效率进行统计分析,研究出了较为高效的泵机组运行状态,通过将研究成果应用于实践,提高泵机组运行效率,节约燃料成本。

(4)课题的研究与应用,锻炼了一批优秀技术人才,在 2016 年的原油管道水联运及 2017年的油水置换作业中,在未聘用外籍专家的情况下,课题组成员高效合作,分析解决出现的问题,圆满完成泵机组带载测试,节约了外籍专家雇佣成本。

(5)本课题深入探究了原油管道在 $1150m^3/h$ 下长期运行的可行性,通过合理设置地泊泵站回流调节阀流量,使地泊泵机组满足 $1150m^3/h$ 流量运行负载要求,明确了原油管道$1150m^3/h$、$1550m^3/h$、$1800m^3/h$ 的运行阶梯,对原油管道年度、月度运行方案的编制具有重要指导作用;也为减少瑞丽站油品掺混,提高云南石化炼化效率,减少设备损耗提供了解决方案。

在本课题成果实践应用中,通过减少雇佣外籍专家、利用研究成果培训员工,2016—2018年累计节约外籍专家雇佣成本及培训成本约 375 万元;通过优化泵机组运行参数配置,提高燃烧效率,每年节约燃料费用约 95 万元,预计在 30 年管道运行合同期内累计节约成本约 3130万元。

原油管道泵机组数据采集与监视控制系统解决方案

1　立项背景

中缅原油管道起自缅甸西海岸的马德岛,途经缅甸的若开邦、马圭省、曼德勒省、掸邦,从南坎进入中国境内。缅甸境内线路全长约 770.5km,管径 ϕ813mm,设计压力 8~14.5MPa。管道沿线共设有 5 座工艺站场,其中 4 座泵站(马德首站、新康丹泵站、曼德勒泵站和地泊泵站)、1 座计量站(南坎计量站)。管道沿线设置线路阀室 31 座:其中 RTU 线路截断阀室 8 座、手动阀室 12 座和单向阀室 11 座。

中缅原油管道全线共有输油主泵机 10 台。泵机组包括 Ruhrpumpen 泵、Lufkin 齿轮箱、Caterpillar G3616 燃气发动机以及附属系统。发动机燃料气由中缅天然气管道提供。

中缅原油管道实行集中调控。在曼德勒调控中心对管道各站场的工艺过程和设备运行参数进行实时监测、控制。泵机组作为原油长输管道中最复杂、最核心的大型动力设备,其运行状态和负荷分配对整个管道的动力配置和运行优化起着重要作用。泵机组橇装厂商 PUMP SYSTEMS INTERNATIONAL INC. 公司做机组集成时,只在泵机组控制系统机柜(以下简称 UCP)预留一条 MODBUS TCP/IP 通信线、13 组硬线信号,未提供机组配套的远程监视控制系统,未配备泵机组远程工作站,SCADA 系统中泵机组数据采集与监控功能不完善、部分数据采集与监控功能缺失。

在此背景下,团队提出“原油管道泵机组数据采集与监视控制系统解决方案”项目,基于现有 SCADA 系统 OASyS 自主研发,完成项目开发设计、组态和调试工作。OASyS 是 Telvent 公司开发的具备完整 SCADA 功能的实时支持平台,具有灵活开放的连接性,冗余性和安全性,N 层结构的合理性,交互界面的友好性。通过本项目,主要解决以下问题:

(1)泵机组橇装厂商 PUMP SYSTEMS INTERNATIONAL INC. 公司未提供机组配套的远程监视控制系统,未配备泵机组远程工作站。

(2)下位机未配置泵机组数据,数据未导入上位机数据库,HMI 界面未开发组态。

(3)曼德勒调控中心、站控室未实现泵机组远程采集机组运行数据及监视控制功能。

2 研究开发内容

项目总体技术方案包括以下六个方面。

2.1 PLC 配置

泵机组的数据传输通道分为通信线路及硬线。硬线通信的传输路径为:泵机组 UCP→站场 PLC→SCADA 系统。PLC 进行信号接线、通道配置及地址映射后,SCADA 系统才可以读取硬线传输数据。每台泵机组由 4 个数字量输出信号(DO)、7 个数字量输入信号(DI)、1 个模拟量输入信号(AI)和 1 个模拟量输出信号组成。

2.2 SCADA 数据库配置

泵机组通信线路的传输路径为:泵机组 UCP→SCADA 系统,通信协议为 MODBUS TCP/IP。通过采用 KCP_Dbtools 工具将 *.xsl 文件生成 *.l 文件,通过 dbll 语句将泵机组通信线路参数添加至 CMX 实时服务器数据库,完成数据库配置及导入后,SCADA 系统才可以通过泵机组橇装厂商提供的 4000 地址直接读取运行参数。每台泵机组通信线路由 89 个数字量信号和 96 个模拟量信号组成。

2.3 HMI 界面开发设计总体思路

泵机组 HMI 界面设计主要分 4 个界面层级,提供渐进式曝光。
(1)第 1 级:原油管道全线泵机组总参表。
(2)第 2 级:单一站场泵机组总览界面。
(3)第 3 级:单一泵机组总览界面。
(4)第 4 级:单一泵机组子系统界面。

2.4 HMI 界面开发及组态

开发、优化泵机组 HMI 界面,包括:
(1)原油管道总参表。
(2)原油管道全线泵机组总参表。
(3)单一站场工艺流程图界面。
(4)单一站场泵机组总览界面。
(5)单一泵机组总览界面。
(6)振动温度监测系统界面。

（7）泵/齿轮箱润滑系统界面。

（8）MCC 系统界面。

（9）发动机润滑系统界面。

（10）发动机冷却系统界面。

（11）发动机燃料气系统界面。

（12）发动机空气进排气系统界面。

（13）马德首站给油泵界面。

2.5　OBEL 脚本开发

2.5.1　气缸燃烧时间/排气口温度报警值一键设定功能

通过编译 OBEL 脚本程序，实现 16 缸燃烧时间/排气口温度高低报警值一键设定。该程序具有效率高、速度快、无出错率的优点。调度员可以数秒之内完成之前半小时的工作量，简化调控工作，提高监控效率。

2.5.2　图层显示功能

通过编译 OBEL 脚本程序，实现分图层显示，在全线泵机组总参表界面添加"只显示运行机组信息"（屏蔽停机机组信息）及"显示所有机组信息"功能，将停机机组运行数据屏蔽隐藏，通过"做减法"使界面更简洁，调度员数据提取速度更快，提高监控效率。原 SCADA 系统未使用图层显示功能。

2.5.3　机组运行状态显示

通过编译 OBEL 脚本程序，实现泵机组运行/停机、控制模式中心/站控、报警状态正常/异常等信息显示。

2.6　HMI 界面翻译分发、优化

翻译分发：将绘制的 DWG 文件翻译为 DXF 文件分发至调控中心操作员工作站。由于中心、站控 SCADA 系统数据库点名配置不一致，画面中配置的所有数据点需逐一更改点名后再翻译下发站控操作员工作站。此阶段重复性工作量最大。

优化：此项工作持续时间最长，从 2016 年 3 月起至 2017 年 5 月，经 5 个大版本、若干小版本的迭代优化，形成最终版本。

项目主要工作见表 2.1。

表 2.1　项目主要工作量化表

序号	项目	数量	备注
1	编写 OBEL 程序脚本	0	重复使用脚本不计入
2	导入数据点	073	10 台主泵＋3 台给油泵

序号	项目	数量	备注
3	修改画面	5	调控中心画面
4	新增加画面	8	调控中心画面

3 技术创新点

3.1 设计创新

（1）泵机组控制界面的四层级设计，实现渐进式曝光。调度员监控思路清晰，可迅速定位机组及子系统。

（2）集成、组态泵机组运行所有相关参数，包括橇装厂商 PSI 提供的泵机组数据、泵进出口压力、进出口阀门状态等。

（3）在"第 4 级：单一泵机组子系统界面"，开发设计了"泵机组子系统流程图＋参数描述列表"的显示模式，在描述中调度员可以直观看到子系统相关参数的正常运行范围、高低报警值、停机保护值。原 SCADA 系统未开发相应功能。

（4）原油管道全线泵机组总参表、全线泵机组总参表界面空间充分利用，布局合理。总参表界面涵盖重点参数及信息，过滤次要参数。整体画面简洁直观，提高了调度员监控效率。

3.2 功能创新

3.2.1 气缸燃烧时间/排气口温度报警值一键设定功能

3.2.2.1 基本情况描述

Caterpillar G3616 发动机为 16 个气缸 V 形型排列。2 个发动机集成燃烧传感模块 ISM（Integrated Sensing Module）集成在发动机机体两侧，各监测 8 个气缸的燃烧情况，通过内置在每个气缸里的燃烧传感器和排气口热电偶，来计算排气口平均温度和每一侧全部气缸的平均燃烧时间，并将信息反馈给 ECM，ECM 根据这些数据控制相应的执行器，对发动机的燃烧情况进行调整。所以，16 个气缸的燃烧时间和排气口温度是发动机稳定运行的关键参数。

3.2.2.2 存在的问题

发动机启机后，燃烧时间、排气口温度分别从 0ms、室温迅速上升至 4ms、500℃左右。调度员需要设定 16 个气缸的燃烧时间、排气口温度的高报值、低报值。合计需要完成 16 个气缸×时间温度 2 个参数×高低报警值 2 次设定 ＝ 64 次设定。

高低报保护值的设定时间长，在刚启机或机组刚稳定运行等全线流量尚未达到平衡的关键时段分散调度员精力；设定工作量大；重复设定造成遗漏、错误数值、出错率高等问题。这对调度员是极不友好的，管道的生产运行因此存在较大安全隐患。

3.2.2.3 功能实现目标

选中的气缸,在当前实际值的基础上、输入高低保护值差值后,一键设定该气缸的燃烧时间/排气口温度报警值。气缸支持多选。

例如 1 号气缸排气口温度 490℃;2 号气缸排气口温度 512℃。点击按钮进入一键设定操作界面,选中 1/2 号气缸后,高报保护差值输入 10,低报保护差值输入 5,一键设定后 1 号气缸排气口温度高报保护值自动设定为 500℃、低报保护值自动设定为 485℃;2 号气缸排气口温度高报设定值为 522℃、低报设定值为 518℃。以此类推。

3.2.2.4 程序开发方案

在发动机空气进排气系统界面添加一键设定按钮,绘制一键设定操作界面。通过 OBEL 语言,在发动机空气进排气系统界面一键设定按钮、一键设定操作界面边框、一键设定操作界面选中按钮、一键设定操作界面取消选择按钮、一键设定操作界面设定按钮等 5 处编写 5 个程序脚本,以实现该功能。实现整体功能的运行。

3.2.2.5 功能应用

一键设定程序具有效率高、速度快、无出错率的优点。调度员在数秒之内完成之前半小时的工作量,简化了调控工作,提高了监控效率,充分体现 HMI 界面的人性化、人机交互的流畅性。

3.2.2 图层显示功能

通过编译 OBEL 脚本程序,实现分图层显示,在全线泵机组总参表界面添加"只显示运行机组信息"(屏蔽停机机组信息)及"显示所有机组信息"功能,将停机机组运行数据屏蔽隐藏,通过"做减法"使界面更简洁,调度员数据提取速度更快,提高监控效率。原 SCADA 系统未使用图层显示功能。

3.2.3 柱状图显示功能

泵、齿轮箱、发动机所有的振动/温度参数统一集成到泵机组振动/温度监测系统界面,数据以柱状图的方式显示,并在柱状图左侧标注参数的高低报警值、停机保护值。相比于数据列表,"柱状图+颜色变化"直观展示了参数的正常运行范围、高低报警值、停机保护值。操作员可以在几秒钟内有效扫描数十个值,并发现当前值与报警值的接近程度。即使未触发报警/停机,也可以在早期发现异常。原 SCADA 系统未使用柱状图显示功能。

3.3 细节创新

(1)虚实粗细线条结合使用,主路线与辅助系统路线区分更加直观;颜色搭配合理。

(2)全系界面颜色、设备组件、字体、线条均保持一致性。

(3)在单一泵机组总览界面,选取发动机实图作背景,整体界面美观,已成为原油管道 SCADA 系统标志性界面。原 SCADA 系统未使用嵌入 JEPG 格式实图功能。

(4)其他细节创新有点击界面标题可以退出界面等。

4 国内外综合比较

国内外长输油气管道采用的管道运行关键动力设备如压缩机、发动机、离心泵等,在橇装出厂时通常已完成该设备数据采集与监视系统的组态,厂商配套提供远程控制工作站。例如西部管道霍尔果斯压气首站,采用的是 GE 压缩机组。GE 公司配套提供压缩机远程控制系统及工作站。

优点:(1)无需组织进行开发设计组态,减少工作量。(2)可以直接通过厂商提供的系统读取设备完整参数。(3)独立于调控中心、站控 SCADA 系统,不受其底层通信故障带来的通信中断等影响。

缺点:(1)不能根据调度员实际需求和建议定制优化。(2)两套监控系统分散监控精力,增加调控工作,降低调控效率。(3)调度台需要多放置一套工作站,占据空间。(4)由于不是依靠自有技术力量开发,设备远程控制工作站出现故障无法及时定位排查。

中缅原油管道泵机组橇装厂商 PUMP SYSTEMS INTERNATIONAL INC. 公司做机组集成时,未提供机组配套的远程监视控制系统,未配备泵机组远程工作站,只在 UCP 预留一条 MODBUS TCP/IP 通信线、13 组硬线信号的数据接口。本项目将泵机组的运行参数及状态、远程控制整合至原有 SCADA 控制系统,自主研发完成了泵机组数据采集与监视控制系统的搭建,实现了中缅原油管道数据采集与监视控制系统的统一。界面根据调度员的实际需求及操作流程进行开发设计和持续优化。

总体而言,中缅原油管道泵机组数据采集与监视控制系统具有适用于中缅原油管道的独创性,达到了设计目标,实现了泵机组远控功能,满足了中缅原油管道集中调控需要。

5 应用情况

本项目于 2015 年 12 月 1 日正式立项;2015 年 12 月完成数据配置、系统方案编制、界面初步设计;2016 年 1—2 月进行 HMI 界面绘制、系统组态;2016 年水联运及 2017 年投产期间,对系统进行持续优化。

本项目设计难度较大,开发及优化过程繁琐,得益于总体方案清晰,架构设计合理,实施措施得力,最终项目研究成果达到了设计目标,实现了基于管道 SCADA 系统的泵机组远控功能,满足了中缅原油管道集中调控需要。自 2017 年 5 月原油管道正式投产至今,曼德勒调控中心及站控应用了该项目的研究成果。泵机组 HMI 界面设计美观,运行效果稳定,保证了原油管道的生产运行安全,落实了"世先"建设工作部署,促进了中国"一带一路"倡议的落地。

作为自主开发完成的研究成果,该项目为东南亚原油管道有限公司创造直接经济效益 78 万元,间接经济效益约 1066 万元。项目社会效益、经济效益十分显著。

发电机组研究探索

本篇主要聚焦站场和阀室供电系统领域，深入分析探讨发电机组远程诊断和优化配置、阀室供电方式优化，为提升站场和阀室孤岛电站供电效率和供电系统稳定性提供有益参考。

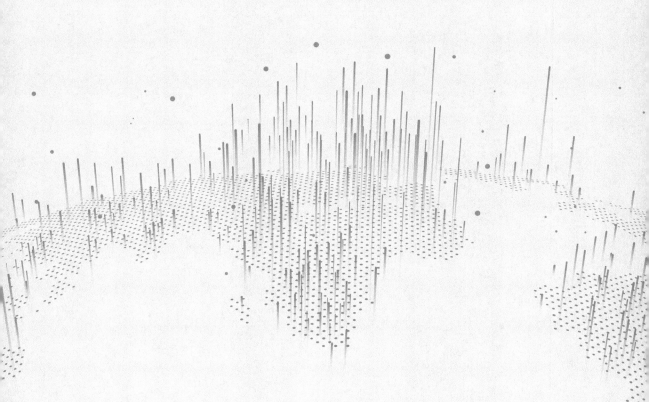

中亚天然气管道站场发电机组远程监控和诊断报告

1 引言

    发电机组作为孤岛电站供电系统的主要设备,对于整个站场的电力供应起着至关重要的作用。发电机控制系统作为孤岛电站供电系统的"大脑",协调着整个站场的电力整合与分配。发电机远程监控和诊断系统技术则是作为发电机组的"医生",负责着大量数据的采集、监控、分析和故障诊断,保障了机组安全、平稳地运行。

    中亚天然气管道 A、B、C 线各管道输气站场均采用了天然气发电机组作为孤岛电站的电源保障,无论是发电机控制系统还是发电机远程监控和诊断系统对于 A、B、C 线的供电系统来说都是极其重要的。

    自中亚天然气管道 A、B、C 线投产运行以来,天然气发电机组作为长期运行(发电)设备,在运行时出现了多次的故障报警和故障停机等问题,由于现场缺少故障数据,缺少专业的发电机维修工程师,且发电机故障代码较多,造成故障报警或故障停机的原因较多,维修人员需要结合多种故障原因综合考量,不仅需要查阅机组维修手册和故障代码说明,还需要花费大量的时间整理发电机故障前后的数据。天然气发电机作为站场内的发电设备,其重要性毋庸置疑,当故障停机时,将造成站场停电、压缩机组停机、输气中断等一系列问题。

    为了解决上述问题,发电机远程监控和技术诊断系统对天然气发电机组相关联的主要数据进行采集、监控、分析与诊断,在数据采集和分析过程中,发电机组通过远程监控,结合后台数据库信息对提前设定的发电机组运行情况进行比对,从而避免发电机组类似故障再次发生,即使发电机组出现故障停机,也可以通过故障诊断系统,对故障点和故障原因进行判断,在短时间内分析出相关故障原因,极大地方便现场工程师排除有关故障点,为及时恢复发电机组供电提供必要的数据支撑。保证发电机组的长期安全稳定运行要求。

2 A、B、C 线管道输气站场发电机组基本情况

2.1 各站场发电机组配置

    中亚天然气管道 A、B、C 线包括 19 座正在运行的输气站场,已建管道输气站场发电机组

配置:乌国段天然气发电机组 20 台,哈国段天然气发电机组 32 台。这些发电机组运行良好,能够满足输气站场的用电需求。

2.2 各站场发电机组运行模式说明

A、B、C 线各输气站场天然气发电机组的运行模式已设定,逻辑运行正常,发电机组配合控制系统运行流畅。

根据天然气发电机组配置不同,发电机组的运行模式也会根据实际情况进行调整。以哈国 AB 线 CS1 站发电机组运行模式为例(图 2.1)。

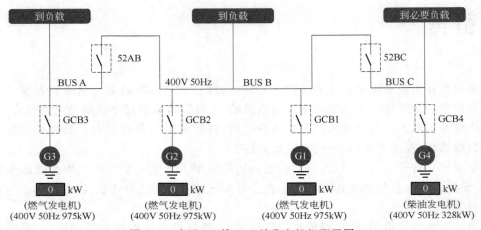

图 2.1 哈国 AB 线 CS1 站发电机组配置图

图 2.1 中 G1、G2、G3 代表天然气发电机,G4 代表柴油发电机。

哈国 CS1 站设 3 台天然气发电机组为主用,1 台柴油发电机组作为备用,配套的发电机控制系统对站内所有发电机组统一控制管理。天然气发电机组平时 2 台运行,1 台备用。

哈国 CS1 站发电机组启动模式包括黑启动模式、自动模式和 GCS 模式。

2.2.1 黑启动模式

启动柴油发电机组(G4),机组启动成功后出口断路器(GCB4)合闸,应急段(BUSC)带电,应急负载正常工作,黑启动成功,准备启动天然气发电机组(图 2.2)。

正常启动:手动合上(52AB)母联开关,启动天然气发电机组(G1),发电机组启动成功后,合上(GCB1)断路器,母排 BUSA - BUSB 带电(图 2.3)。

发电机组运行正常后,进行天然气发电机组与柴油发电机组同步操作,(52BC)断路器同步合闸,天然气发电机组(G1)与柴油发电机组(G4)并联运行(图 2.4)。

发电机组运行正常后,柴油发电机组(G4)正常退出(卸载停机)(图 2.5)。

2.2.2 自动模式

天然气发电机组 G2、G3 设置在自动(备用)位置,系统根据机组(G1)负载超过设定 80% 启动备用发电机组,系统确定机组负载超过设定值负载稳定 2min 后启动(G2)机组,启动成功后进行自动同步合闸(GCB2),合闸成功后机组进行负载平均分配,正常运行(图 2.6)。

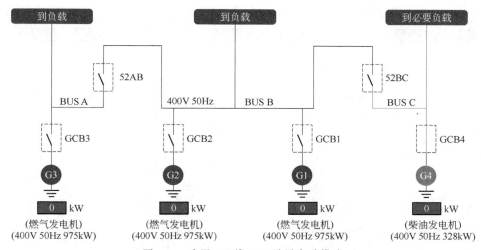

图 2.2 哈国 AB 线 CS1 站黑启动模式

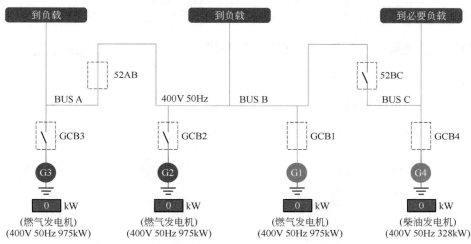

图 2.3 哈国 AB 线 CS1 站发电机组正常启动并机 1

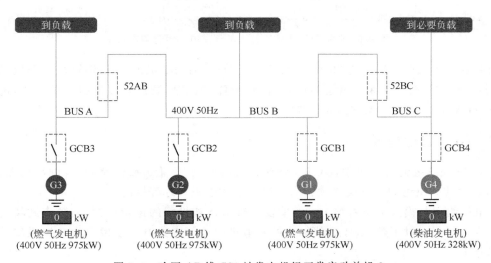

图 2.4 哈国 AB 线 CS1 站发电机组正常启动并机 2

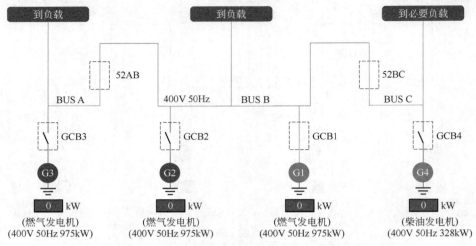

图 2.5 哈国 AB 线 CS1 站天然气发电机组启动完成

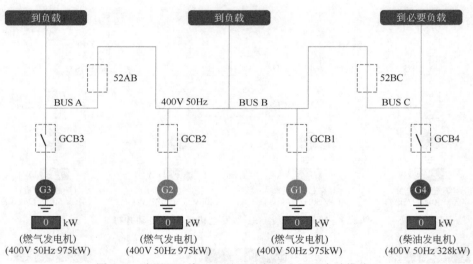

图 2.6 哈国 AB 线 CS1 站天然气发电机组自动模式 1

当系统总负载低于机组的 30% 后,系统确定 2min 后,G2 机组自动卸载停机,系统又恢复到 G1 机组单独运行。机组正常运行中,当出现故障停机时,柴油发电机组自动启动,进入第一环节,投入应急负载段 BUSC(图 2.7)。

2.2.3 GCS 启动模式

在 GCS 系统控制上位机中,GCS 系统包括机组启动/停止、调压、调频、合闸等功能,选择 GCS 启动模式时机组控制开关必须在自动模式下才能进行远程控制。

发电机组运行模式关系着整个站场的发电机运行和投切的逻辑控制,使整个站场的供电系统稳定运行。通过了解 A、B、C 线以往的发电机组运行方式有利于发电机监控系统的数据采集和分析。

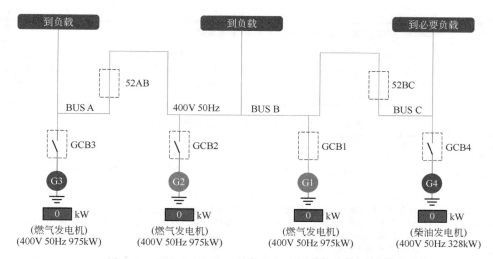

图 2.7 哈国 AB 线 CS1 站天然气发电机组自动模式 2

2.3 A、B、C 线哈国各站场发电机组采集数据明细

经过调研哈国各站场发电机组以及查阅哈国各站场发电机组相关数据采集情况,分析现有的数据采集情况。各站场的发电机组数据情况和报警信息见表 2.1 至表 2.6 和图 2.8 至图 2.13。

表 2.1 哈国 CS1 发电机组数据情况汇总表

基本信息	参数明细,功率铭牌,电流试验,实测电流,电流比
发电机	三相电压,三相电流,有功功率,无功功率,功率因数,总发电量(kW·h)前/后轴承温度,A、B、C 相绕组温度
发动机	转速,油压,油温,水温,电池电压,运行时间。 注:机组 1♯～16♯气缸温度机组不具备远程采集,只能在就地仪表上查看相关数据。 解决方式:可增加相关通信模块进行通信上传 GCS 系统中
	机组型号:CAT3516A-400V-50Hz Pf0.8 975kW

表 2.2 哈国 CS2/CS6/CS7 发电机组数据情况汇总表

基本信息	参数明细,功率铭牌,电流试验,实测电流,电流比
发电机	三相电压,三相电流,有功功率,无功功率,功率因数,总发电量(kW·h)前/后轴承温度,A、B、C 相绕组温度
发动机	转速,油压,油温,水温,电池电压,燃气温度,燃气压力,空燃比,燃气总流量,燃气阀压差,入口混合气流量,入口混合气压力,入口混合气温度,机油滤前/后压差,燃气阀执行器开度,计量阀开度,实际点火角度,缸爆燃等级,旁通阀开度,发动机速度降,油/水温差,滤前机油压力,气缸排气温度(各缸温度)左/右侧排气温度,左/右侧涡轮进口温度,左/右侧涡轮出口温度,平均排气温度,集装箱内进/出风温度
	机组型号:CAT3516C-400V-50Hz Pf 0.8 1550kW

表 2.3 哈国 CS4 发电机组数据情况汇总表

基本信息	参数明细、功率、铭牌电流、试验电流、实测电流、电流比
发电机	三相电压,三相电流,有功功率,无功功率,功率因数,总发电量(kW·h)前/后轴承温度,A、B、C 相绕组温度

基本信息	参数明细、功率、铭牌电流、试验电流、实测电流、电流比
发动机	转速,油压,油温,水温,电池电压,燃气温度,燃气压力,燃气总流量,入口混合气流量,入口混合气压力,入口混合气温度,气缸温度(16缸各缸温度)左/右侧排气温度,平均排气温度,集装箱内进/出风温度
	机组型号:康明斯 C1540 – 400V – 50Hz Pf 0.8 1500kW

表 2.4　哈国 CCS1 发电机组数据情况汇总表

基本信息	参数明细、功率、铭牌电流、试验电流、实测电流、电流比
发电机	三相电压,三相电流,有功功率,无功功率,功率因数,总发电量(kW·h)前/后轴承温度,A、B、C 相绕组温度
发动机	转速,油压,油温,水温,电池电压,燃气温度,燃气压力,燃气总流量,入口混合气流量,入口混合气压力,入口混合气温度,气缸温度(16缸各缸温度)左/右侧排气温度,平均排气温度,集装箱内进/出风温度
	机组型号:康明斯 C1160 – 400V – 50Hz Pf 0.8 1000kW

表 2.5　哈国 CCS3/CCS5/CCS7 发电机组数据情况汇总表

基本信息	参数明细、功率、铭牌电流、试验电流、实测电流、电流比
发电机	三相电压,三相电流,有功功率,无功功率,功率因数,总发电量(kW·h)前/后轴承温度,A、B、C 相绕组温度
发动机	转速,油压,油温,水温,电池电压,燃气温度,燃气压力,燃气总流量,入口混合气流量,入口混合气压力,入口混合气温度,气缸温度(16缸各缸温度)左/右侧排气温度,平均排气温度,集装箱内进/出风温度
	机组型号:康明斯 C1160 – 400V – 50Hz Pf 0.8 1000kW

表 2.6　哈国 CCS2/CCS4/CCS6/CCS8 发电机组数据情况汇总表

基本信息	参数明细、功率、铭牌电流、试验电流、实测电流、电流比
发电机	三相电压,三相电流,有功功率,无功功率,功率因数,总发电量(kW·h)前/后轴承温度,A、B、C 相绕组温度
发动机	转速,油压,油温,水温,电池电压,燃气温度,燃气压力,燃气总流量,入口混合气流量,入口混合气压力,入口混合气温度,气缸温度(16缸各缸温度)左/右侧排气温度,平均排气温度,集装箱内进/出风温度
	机组型号:康明斯 C1160 – 400V – 50Hz　Pf 0.8 1000kW

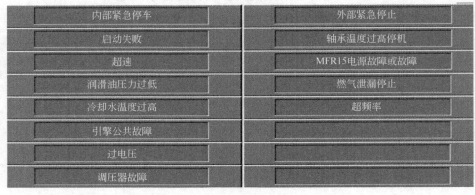

(a) 重故障

图 2.8

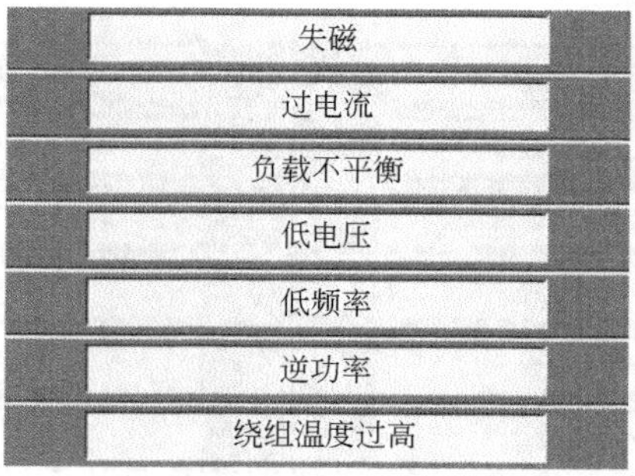

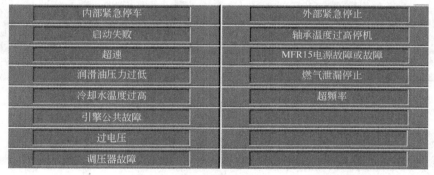

失磁

过电流

负载不平衡

低电压

低频率

逆功率

绕组温度过高

(b) 中故障

引擎开关不在自动 | 绕组温度过高警报

润滑油压力过低警报 | 24VDC电池电压过低

冷却水温度过高警报 | 并车失败

缸套水位低报警 | 燃气泄漏报警

低中冷却水位低

水箱水位报警

轴承温度过高警报

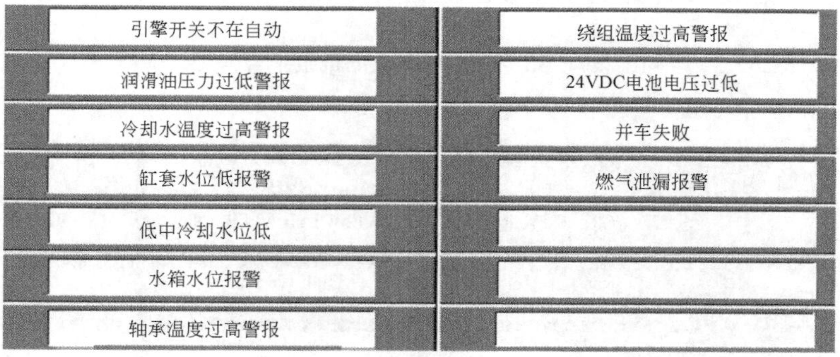

(c) 轻故障

图 2.8 CS1 发电机组报警信息

内部紧急停车 | 外部紧急停止

启动失败 | 轴承温度过高停机

超速 | MFR15电源故障或故障

润滑油压力过低 | 燃气泄漏停止

冷却水温度过高 | 超频率

引擎公共故障

过电压

调压器故障

(a) 重故障

失磁

过电流

负载不平衡

低电压

低频率

逆功率

绕组温度过高

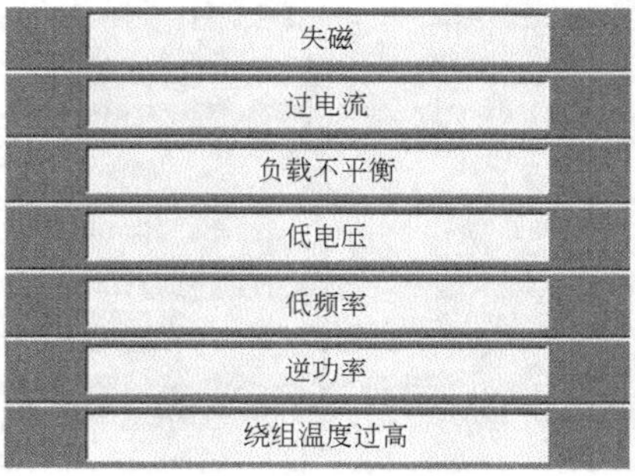

(b) 中故障

图 2.9

385

引擎开关不在自动		绕组温度过高警报
润滑油压力过低警报		24VDC电池电压过低
冷却水温度过高警报		并车失败
缸套水位低报警		燃气泄漏报警
低中冷却水位低		
水箱水位报警		
轴承温度过高警报		

(c) 轻故障

图 2.9 CS2/CS6/CS7 发电机组报警信息

Emergency Stop Shuidown	Over Voltage Trip	Genset Not in Auto Alarm	24 VDC Low Battery Alarm
Fail to Stan Shu	Over Current Trip	Low Lube Oil Press Alarm	Oil Storage Tank Low Level Alarm
Own neads Sh??	Rad Fan fault Trip	High HT Water Temp Alarm	Spare
ULow Lube Oil Press Sh??	Under Voltage Trip	Low HT Water Level Alarm	Spare
LHigh HT Water Femp Shu??	Under Frequency Trip	Low LT Water Level Alarm	Spare
Emargency Gas Vafve Closed	Vent Fan fault Trip	High Bearing Temp Alarm	
Corn??	High Winding Temp Trip	High Winding Temp Alarm	
Spare	Spare	Common Alarm	

图 2.10 CS4 发电机组报警信息

Emergency Stop Shuidown	Over Voltage Trip	Genset Not in Auto Alarm	24 VDC Low Battery Alarm
Fail to Stan Shu	Over Current Trip	Low Lube Oil Press Alarm	Oil Storage Tank Low Level Alarm
Own neads Sh??	Rad Fan fault Trip	High HT Water Temp Alarm	Spare
ULow Lube Oil Press Sh??	Under Voltage Trip	Low HT Water Level Alarm	Spare
LHigh HT Water Femp Shu??	Under Frequency Trip	Low LT Water Level Alarm	Spare
Emargency Gas Vafve Closed	Vent Fan fault Trip	High Bearing Temp Alarm	
Corn??	High Winding Temp Trip	High Winding Temp Alarm	
Spare	Spare	Common Alarm	

图 2.11 CCS1 发电机组报警信息

Emergency Stop Shuidown	Over Voltage Trip	Genset Not in Auto Alarm	24 VDC Low Battery Alarm
Fail to Stan Shu	Over Current Trip	Low Lube Oil Press Alarm	Oil Storage Tank Low Level Alarm
Own neads Sh??	Rad Fan fault Trip	High HT Water Temp Alarm	Spare
ULow Lube Oil Press Sh??	Under Voltage Trip	Low HT Water Level Alarm	Spare
LHigh HT Water Femp Shu??	Under Frequency Trip	Low LT Water Level Alarm	Spare
Emargency Gas Vafve Closed	Vent Fan fault Trip	High Bearing Temp Alarm	
Corn??	High Winding Temp Trip	High Winding Temp Alarm	
Spare	Spare	Common Alarm	

图 2.12　CCS3/CCS5/CCS7 发电机组报警信息

图 2.13　CS2/CCS4/CCS6/CCS8 发电机组报警信息

2.4　ABC 线乌国各站场发电机组采集数据明细

经过调研以及查阅乌国各站场发电机组相关数据采集信息和报警信息见表 2.7 至表 2.8 和图 2.14 至图 2.15。

表 2.7　WKC2/WKC3/GCS 发电机组数据情况汇总表

基本信息	参数明细、功率、铭牌电流、试验电流、实测电流、电流比
发电机	三相电压,三相电流,有功功率,无功功率,功率因数,总发电量(kW·h)前/后轴承温度,A、B、C 相绕组温度
发动机	转速,油压,油温,水温,电池电压,运行时间。 注:机组 1# ～16# 气缸温度机组不具备远程采集,只能在就地仪表上查看相关数据。 解决方式:可增加相关通信模块进行通信上传 GCS 系统中
	机组型号:CAT3516A－400V－50Hz Pf 0.8 1000kW

表 2.8 UCS1/UCS3 发电机组数据情况汇总表

基本信息	参数明细、功率、铭牌电流、试验电流、实测电流、电流比
发电机	三相电压,三相电流,有功功率,无功功率,功率因数,总发电量(kW·h)前/后轴承温度,A、B、C 相绕组温度
发动机	转速,油压,油温,水温,电池电压,运行时间。 注:机组 1#～16#气缸温度机组不具备远程采集,只能在就地仪表上查看相关数据。 解决方式:可增加相关通信模块进行通信上传 GCS 系统中 机组型号:CAT3516A－400V－50Hz Pf0.8 1000kW

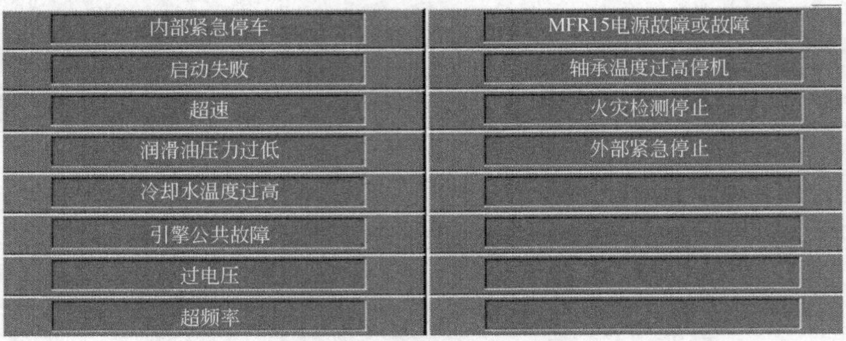

(a) 重故障

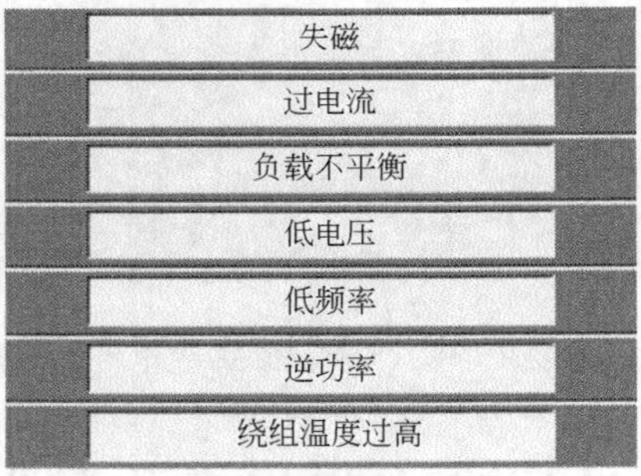

内部紧急停车	MFR15电源故障或故障
启动失败	轴承温度过高停机
超速	火灾检测停止
润滑油压力过低	外部紧急停止
冷却水温度过高	
引擎公共故障	
过电压	
超频率	

(b) 中故障

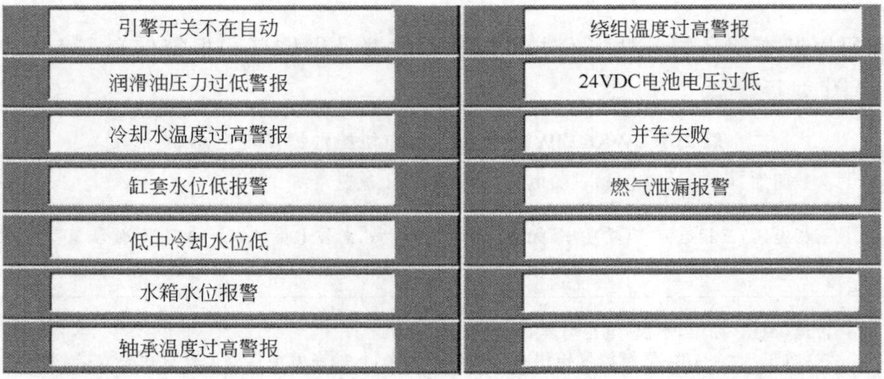

失磁
过电流
负载不平衡
低电压
低频率
逆功率
绕组温度过高

(c) 轻故障

引擎开关不在自动	绕组温度过高警报
润滑油压力过低警报	24VDC电池电压过低
冷却水温度过高警报	并车失败
缸套水位低报警	燃气泄漏报警
低中冷却水位低	
水箱水位报警	
轴承温度过高警报	

图 2.14 WKC2/WKC3/GCS 发电机组报警信息

(a) 重故障

(b) 中故障

引擎开关不在自动	绕组温度过高警报
润滑油压力过低警报	24VDC电池电压过低
冷却水温度过高警报	自动并网失败
缸套水位低报警	PL1000E通信故障
中冷却水位低	
轴承温度过高警报	
发电机出口断路器警报	
冷却水温低	

(c) 轻故障

图 2.15　UCS1/UCS3 发电机组报警信息

　　尽管不同机组的数据信息显示界面不同,但是经过查阅机组相关资料,其数据信息可以满足发电机组正常运行所需的基本信息采集要求。

　　通过上述对 A、B、C 线各输气站场的配置情况、运行模式、数据采集明细的描述,了解发电机组在实际运行中的状态和故障情况,对发电机组监控和诊断系统的研究提供更多的信息支持,并对其进一步完善。

3 发电机组远程监控、诊断技术发展及应用情况

3.1 概述

　　根据调研各大品牌天然气发电机组系统,各厂家根据自己机型特点推出发电机监控/诊断系统,通过本地机组通信模块经过数据通信和互联网云数据中心建立监控平台,再通过实时采集数据在系统后台进行数据分析和故障处理分析。从而降低了运行人员的工作负荷,提高了工作效率。

3.2 卡特彼勒发电机组厂家远程监控诊断应用说明

　　卡特彼勒发电机组通过卡特 PLE601 专用通信模块连接机组通信口 J1939,再经过无线网络或者有线网络服务器连接到 PL 机进行监控、数据分析等(图 3.1)。卡特彼勒公司根据全球代理商售后服务需求,建立了机组数据库和数据分析平台,亚太地区的数据中心设在新加坡。卡特网络管理器通过 Internet 建立软件平台开发用户界面,由系统主页选择地区监控,同时卡特彼勒根据客户需求提供售后服务团队和服务层级。

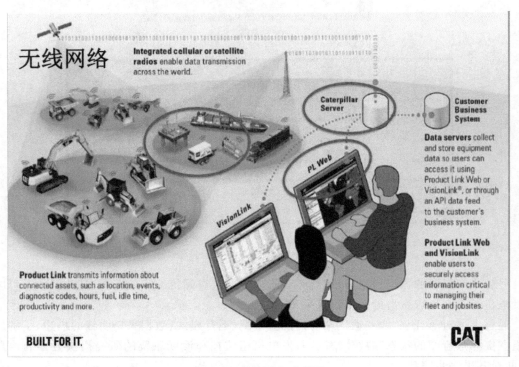

图 3.1　系统平台示意图

3.3　康明斯发电机组厂家远程监控诊断应用说明

康明斯发电机组同卡特发电机组模式基本相同,由 PC500/550 专用通信模块和机组连接采集数据,通过网络服务器建立数据库上传(图 3.2),亚太地区的数据中心设在马来西亚。

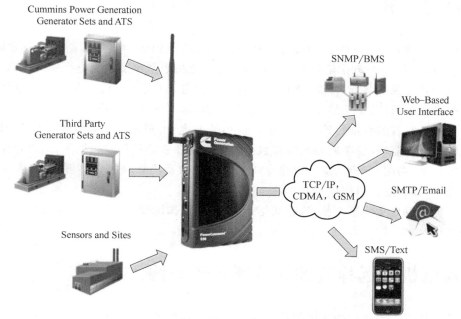

图 3.2　康明斯通信构架图

3.4　颜巴赫发电机组厂家远程监控诊断应用说明

颜巴赫发电机组通过互联网上传各个地区机组数据进行分析处理,并提供售后服务和维护支持。颜巴赫全球数据中心设立在奥地利。

3.5　应用情况说明

卡特彼勒公司,康明斯公司,颜巴赫公司,有着长期机械检测与诊断方面的经验,具备最丰富的功能和完善技术支持的经验,处于目前世界上领先的地位。厂家通过工业互联网平台建立独立数据中心,主要是为全球各代理提供数据分析结果和售后服务,提高问题解决速度,所有设备数据都通过互联网上传厂家数据库中心。

鉴于数据信息安全性因素考虑,公司的发电机组数据上传互联网存在很大的安全隐患。因此,建议中亚站场发电机组应制定独立的远程监控和诊断,主要在区域性内建立局域网通信模式,并在对公司原有的数据传输条件影响尽量小的前提下,搭建一个高效可靠的监控和诊断平台系统。

4 发电机组远程监控和诊断系统规范

4.1 目的要求

本报告通过调研与分析中油国际管道有限公司发电机组远程监控诊断系统平台需求，包括数据需求、技术需求和应用需求等。对公司已有发电机组系统及数据进行梳理，结合行业标准进行资料调查和现场调查，补充、增加相关的专业信息，形成一个较为完整的发电机组远程监控和诊断系统需求，可实现站场发电机组远程控制，诊断系统平台设计。

在对各站场原有的数据传输条件影响尽量小的前提下，搭建一个高效可靠的数据通信平台用以提取和传输监控/诊断所需的全部数据。开发全套稳健优化的数据库，用以存储和管理所有数据的记录、调用、分析功能。构建专业的展示层和系统管理的完整框架；开发专业的数据分析与处理系统，进行机组监控与诊断。

发布发电机组自身信息与监控、诊断结果，以对中油国际管道有限公司天然气发电机组的运行提供远程技术支持。

4.2 发电机组远程监控和诊断系统架构

发电机组远程监控和诊断系统架构主要由发电机主控制柜、功能模块、通信模块、光纤、通信管理机、后台监控主机等部分组成(图 4.1)。

天然气发电机组负责整个站场的电源供应；发电机主控制柜主要负责多台发电机的并车显示与控制，以及各功能的控制逻辑；功能模块和通信模块作为硬件部分，负责满足发电机组的功能与通信需求；后台监控主机负责数据存储、数据分析、报警、可视化人机交互界面。

中亚 A/B、C 线 ECS、SCADA 和发电机组远程监控诊断系统逻辑关系说明如下。

ECS 中亚 A/B、C 线 ECS 系统是各站场发电机组独立监控平台，具备发电机组数据监视、远程启动功能，而站场发电机组远程监控诊断系统是在 ECS 系统平台上进行升级改造来完善系统功能。

SCADA：中亚 A/B、C 线 SCADA 系统只是采集发电机组部分数据，不做判断分析功能，只具备远程启动/停止接口，SCADA 系统直接与发电机组主控柜通信连接。SCADA 与站场发电机组远程监控诊断系统互相独立，SCADA 远程控制发电机组用于站场和区域调度中心控制层。

站场层主要有发电机组控制系统，发电机组监控诊断系统，工艺 SCADA 系统。发电机组主控柜负责数据采集、上传数据整合、逻辑控制；发电机组监控诊断系统主要收集发电机组所有数据进行分析、完善数据监控诊断、故障预判断、故障诊断、远程启动/停止功能。工业 SCADA 系统由于系统采集数据范围大，需减少数据量存储，故只考虑采集部分发电机组相关数据进行远程监控。

区域管理层负责监控发电机组的所有发电机组参数，由站场交换机将数据上传至管理处，进行数据分析保存，主要负责区域内不同输气站场的运行情况，通过对不同输气站内的数据分析对

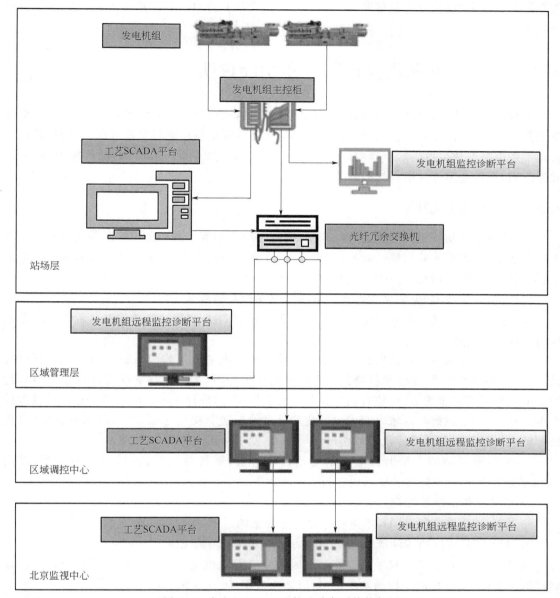

图 4.1　发电机组远程监控和诊断系统构架图

比,可以针对多个站场的发电机组运行情况进行综合考量,可以实现机组的数据共享、维护共享、故障诊断共享等,当某一输气站发电机组故障停机时可查询发生类似情况的排查、处理方法,做到不同输气站场之间的数据资源互通、经验互通,并且形成诊断报告发送到平台实现共享。

区域调度中心分为工业 SCADA 系统和发电机组远程监控诊断平台。工艺 SCADA 系统采集区域部分发电机组参数,由输气站内交换机通过各层光纤网络上传调度中心,仅监测发电机组的数据运行状态和故障情况,以及远程启/停功能。发电机组远程监控诊断平台采集区域内所有站场发电机组相关数据,进行数据分析、诊断,形成故障分析报告发送到平台实现共享。

北京监控中心分为工艺 SCADA 系统和发电机组远程监控诊断平台。工艺 SCADA 系统监控发电机组的参数是通过各调度中心所采集的发电机组相关数据上传至北京总部发电机组远程监控诊断平台;北京总部对发电机组相关数据进行分析、诊断,形成故障分析报告发送到平台实现共享。

4.3 发电机组远程监控和诊断功能说明

远程监控功能不仅能够实现数据实时监控,还可以通过后台对数据进行整合和分析,更加准确预判机组运行状态,提前采取相应措施确保孤岛供配电系统运行平稳可靠;远程诊断功能实现了发电机组故障发生后快速响应的故障解决方案,更加准确、高效地判断故障类型,寻找故障原因,有效地缩短发电机组故障检修时间。

4.3.1 远程监控说明

(1)站场监控功能包括远程启/停、调频、调压、分/合闸等。站场监控诊断系统采集发电机组所有数据,将采集的数据统一收集、分类,便于在数据分析中应用,实现故障预判断和故障诊断,从而形成故障分析报告发送到平台实现共享。

(2)数据采集范围,见后文发电机组远程监控和诊断的数据通信。

(3)远程启停功能。通过发电机组主控制柜通信接口到站控工艺 SCADA 系统实现发电机组远程一键启停。

(4)数据分析功能。在发电机控制系统中针对相关发电机组模拟量故障信号报警值进行设定,设定值应低于重、中故障报警值。发电机组在运行时,当监测参数超过该设定值但未达到发电机故障停机报警值,提前自动切换备用发电机组,以确保供电系统正常运行。通过大量数据的分析,特定数据在区域时间段内变化的异常情况进行提前分析,并提前预警提示,以免故障扩大使发电机组突然停机造成输气站场失电,影响生产运行。

(5)保养提醒功能。根据发电机组的运行小时数,燃气总流量,机油过滤情况等,提前 500h 的运行保养提示信息。提示内容包括但不限于以下内容。

① 应该保养机组的序列号;

② 本次保养的内容、目的,不进行保养可能带来的后果;

③ 本次保养所需的零件清单、工具清单、预计保养所需的工时。

(6)管理处监视功能。只采集管理处区域内所有发电机组的所有数据,进行存储分析,数据由站场上传,不进行远程控制发电机组(只读取数据,不写入数据)。

(7)调度中心监控功能。采集所辖区域内所有发电机组的所有数据,进行存储分析。数据由管理处上传,通过工艺 SCADA 系统实现远程监视和控制发电机组。

(8)北京监视中心功能。通过哈国、乌国的调度中心上传所有发电机组数据进行存储分析,不进行远程控制发电机组。

4.3.2 远程诊断说明

4.3.2.1 站场诊断功能

对站场各发电机组报警信息进行采集,将故障报警分类,故障报警分为重故障报警机组停机、中故障报警信息、轻故障报警信息,并根据相关机组的故障代码快速查找故障原因,提出解决处理方案。通过站场工程师检查、处理、维护,形成相应报告保存,信息共享至诊断系统。

4.3.2.2　管理处远程诊断功能

采集区域内各站场所有发电机组报警信息、处理过程和诊断结果进行存储并自动分析,分析报告应在诊断系统共享。

4.3.2.3　调度中心

采集所辖区域内 ABC 线所有站场发电机组报警信息、处理过程和诊断结果进行存储并自动分析,分析报告应在诊断系统共享。

4.3.2.4　北京监控中心

通过哈国、乌国的调度中心上传所有发电机组报警信息、处理过程和诊断结果进行存储并自动分析,分析报告应在诊断系统共享。

4.3.2.5　远程监控的负荷预判断,故障预判断等功能说明

(1)负荷预判断功能的控制逻辑。

负荷预判断功能主要用于降低设备启动时对自发电系统的影响,应结合用电设备的负荷、发电机的实际运行负荷和发电机的带载能力进行预先判断。

在 GCS 系统中应预先设定设备的负载类型、额定功率及启动功率等参数,并与 SCADA 系统中的设备相匹配。控制逻辑如下:

当单台发电机组运行中启动某一设备时,SCADA 系统应同时给 GCS 系统发送启动请求信号和启动设备的功率需求信号。

GCS 系统接收启动请求信号后,应能够根据启动设备的功率需求计算出发电机组的总功率,当总功率为发电机组额定功率的 35%～70%时(参数可调),发电机组应能够维持现有运行状态,并将允许启动信号反馈至 SCADA 系统;当总功率大于 70%时(参数可调),启动第二台发电机组。两台发电机组并机后,应将允许启动信号反馈至 SCADA 系统。

当现场设备启动完成并正常运行时,SCADA 系统应发送给 GCS 系统的功率需求信号数值做相应的减少;在 GCS 系统接收的 SCADA 系统发送的功率请求信号如果等于或小于 0,且两台发电机组负荷率均在 35%～70%(参数可调)之间时,维持两台发电机组运行;如果两台发电机组负荷率均低于 35%时(持续 2min 且参数可调),GCS 系统应停止第二台发电机组运行;如果发电机请求功率大于 0,则屏蔽此功能。

当有多台设备同时请求启动时,SCADA 系统应逐个向 GCS 系统发送请求信号,当 SCADA 系统接收到 GCS 系统反馈允许启动信号后,再发送下个请求,但其功率请求信号应进行累加,当现场设备启动完成并正常运行时,对发送给 GCS 系统的功率请求数值应进行相应的减少。

注:启动备用燃气发电机组与其单步带载能力、机组负载率有关,应结合发电机特性进行具体设置,上述设定值仅供参考,可根据不同的机组特性对设定值进行调整。

负荷预判断典型控制逻辑见表 4.1。

表 4.1　负荷预判断典型控制逻辑

序号	发电机组负载率	设备启动、带载情况	发电机组一步带载情况	发电机的运行方式
1	负载率在 70% 以上	设备启动,启动负载 在机组容量的 10% 以上	机组带载能力在 10% 以下	启动第二台发电机,进行并机运行。机组平稳运行 2min 后,如单台机组负载率低于 35% 机组容量,则执行停机命令,单台发电机组运行

序号	发电机组负载率	设备启动、带载情况	发电机组一步带载情况	发电机的运行方式
2	负载率在 70% 以上	设备启动,启动负载在机组容量的 10% 以下	机组带载能力在 10% 以上	设备启动,单台机组带载
3	负载率在 70% 以下	设备启动,启动负载在机组容量的 25% 以上	机组带载能力在 25% 以下	启动第二台发电机,进行并机运行。机组平稳运行 2min 后,如单台机组负载率低于 35% 机组容量,则执行停机命令,单台发电机组运行
4	负载率在 70% 以下	设备启动,启动负载在机组容量的 25% 以下	机组带载能力在 25% 以上	设备启动,单台机组带载

参与负荷预判断功能的典型用电设备参见表 4.2。

GCS 系统在负载需求模式下,应设定每个机组的系统负荷低限值,配置运行机组和备用机组。GCS 系统应设置为自动状态,按发电机运行模式启动发电机组,两台发电机组稳定运行后(同时准备加载)进入负载管理状态。同时,在 GCS 系统中应设定假负载级别(如果有)。

表 4.2 参与负荷预判断功能的用电设备表

设备名称	负荷,kW	备注
空冷器	30~37	按需启停
空压机	90~132	频繁启停,与工艺结合
压缩机	—	按输气量要求
燃料气橇	200~250	—
余热锅炉	40~45	—

注:上述设备负荷仅供参考,具体应以各站订货设备负荷为准。

(2)故障预判断功能说明。

站场远程监控系统通过实时采集影响发电机组控制动作的重要数据,并对数据报警限值、参数突变等设定范围进行分析,结合机组运行人为控制经验,优化调整机组控制逻辑。监控平台通过机组运行中重要数据进行分析,提前切换运行机组避免机组出现故障停机,并且针对数据突变分析出故障点原因,系统进行提示、公布,方便工程师进行检查。

(3)远程诊断故障分析说明。

机组出现故障停机后,系统根据相关故障信息、代码以及对应数据机组运行过程中数据自动分析推出造成故障原因,机组运行过程中相应数据进行比对机组数据变化过程,分析出故障原因,并且提示相关故障发生点,以及检查点。

4.3.2.6 站场和区域调控中心在远程控制功能方面的要求

站场发电机组远程监控诊断平台主要功能:远程控制(启动/停止),故障预判断,故障分析。

区域调控中心远程控制:通过站场 SCADA 系统进行远程启动/停止发电机组,并且具备故障分析功能。

4.4 发电机组远程监控和诊断数据分析

4.4.1 远程监控数据分析

通过实时采集影响发电机组控制动作的重要数据,并对数据报警限值、参数突变等设定范围进行分析,结合机组运行人为控制经验,优化调整机组控制逻辑。

4.4.1.1 转速

转速控制范围:1497r/min(49.9Hz)至1503r/min(50.1Hz)。转速控制周期为2~5s。
转速报警限值见表4.3(机组现有参数设定和动作逻辑)。

表4.3 转速报警限值

参数	转速	频率,Hz	电压,V	时间,s	操作要求
额定转速	1500r/min(±0.2%)	50(±0.1%)	400(±5%)	—	正常运行
低报设定	<1475r/min	<47	360	>10	报警
高高报设定	>1590r/min	>53	—	>5	报警
超速设定	>1750r/min	—	—	—	报警并停机

根据表4.3机组设定值,对转速数据突变分析并修订发电机组控制逻辑,实现故障预判断和主备机切换控制。转速突变修订见表4.4。

表4.4 转速突变修订

参数	转速	频率,Hz	电压,V	时间,s	操作要求
突变设定	1475~1590(例如正常运行幅值超过±0.1%)	47~53	370~430	>5	报警,提前自动切换机组

转速控制逻辑调整说明:发电机组启动后正常带载开始监控转速数据波动,发电机组转速控制范围为[1497r/min(频率49.9Hz)至1503r/min(频率50.1Hz)],控制转速周期在2~5s。当机组转速出现波动超过突变设定值,并在转速突变升高超过设定值的有限时间内,转速没有回落趋势,并且还有上升趋势,同时负载监控数据没有太大变化,系统将判断出机组转速异常、报警,系统提示并且发出请求切换备用机组要求信号到主控制柜进行控制,避免造成机组超转速停机故障。事后对机组进行检查分析,故障预判断分析范围:(1)机组进气压力是否增大。(2)控制执行器输出电压是否正常。(3)旁通阀排气是否正常。(4)转速突变设定功能应可手动关闭。

4.4.1.2 油压

油压范围:34~420kPa,见表4.5(机组现有参数设定和动作逻辑)。

表4.5 油压设置

参数	油压,kPa	转速,r/min	时间,s	操作要求
正常范围	230~400	>1350	>30	正常运行(运行时间超过10s后设置保护激活)

参数	油压,kPa	转速,r/min	时间,s	操作要求
低油压设置	205	>1350	>30	报警
低低油压设置	70	>1350	>10	报警并停机

根据表 4.5 机组设定值,对油压数据突变分析并修订发电机组控制逻辑,实现故障预判断和主备机切换控制。油压突变修订见表 4.6。

表 4.6　油压突变修订

参数	油压,kPa	转速,r/min	时间,s	操作要求
突变设定	260~400(例如正常运行), 370(30%功率), 370(50%功率), 360(85%功率), 350(100%功率), (±10%)	1500 (±0.2%)	60	报警提示,提前自动切换机组

油压控制逻辑调整说明:发电机组启动后正常带载开始监控油压数据波动,系统根据上述设定范围进行分析。当负载在各范围内油压低过设置值 10%一直持续 120s(可设置)并且有下降趋势,同时负载监控数据没有太大变化,系统将判断出机组油压异常、报警,系统提示并且发出请求切换备用机组要求信号到主控制柜进行控制,避免造成机组超转速停机故障。

低油压故障预判断诊断范围:(1)机组转速是否低。(2)机油质量是否下降。(3)机油液面是否下降。(4)传感器是否正常[(1)(2)(3)正常]。(5)油压突变设定功能应可手动关闭。

4.4.1.3　油温

油温数值范围:85~123℃见表 4.7(机组现有参数设定和动作逻辑)。

表 4.7　油温设置

参数	油温,℃	转速,r/min	时间,s	操作要求
正常数值范围	85~95	1495~1505	—	正常带负载运行
高油温设置	102	正常	10	报警
高高油温设置	104	正常	10	报警停机

根据表 4.7 机组设定值,对油温数据突变分析并修订发电机组控制逻辑,实现故障预判断和主备机切换控制。油温突变修订见表 4.8。

表 4.8　油温突变修订

参数	油温,℃	转速,r/min	时间,s	操作要求
突变设定	>97(对比水温温度控制散热器风机)	正常	20	提示,提前自动切换机组

油温控制逻辑调整说明:发电机组启动后正常带载开始监控油温数据波动,系统根据表 4.9 设定范围进行数据监控分析。当油温高过设置值,监测散热器运行正常,油温持续 20s并且有上升趋势,系统将判断出机组油压异常、报警,系统提示并且发出请求切换备用机组要求信号到主控制柜进行控制,避免造成机组高油温停机故障。事后对机组进行检查分析。

高油温故障预判断诊断范围:(1)机组水温/散热器是否正常。(2)传感器是否正常。(3)转速突变设定功能应可手动关闭。

4.4.1.4 水温

水温数值范围:85～123℃,水温控制范围:86～95℃,散热器风机控制周期:30～60s,见表4.9(机组现有参数设定和动作逻辑)。

表4.9 水温设置

参数	水温,℃	功率	时间,s	操作要求
正常数值范围	88～95	>30%		正常运行
高水温设置	>104		10	报警
高高水温设置	>107		10	报警停机
低水温设置	<20		30	报警

注:机组水温达到高报警值后基本在120～180s就会上升高高报警值,手动操作无法正常切换机组。

根据表4.9机组设定值,对水温数据突变分析并修订发电机组控制逻辑,实现故障预判断和主备机切换控制。水温突变修订见表4.10。

表4.10 水温突变修订

参数	水温,℃	功率	时间,s	操作要求
突变设定	>96(对比水温温度控制散热器风机)	>30%	60	提示,提前自动切换机组

水温控制逻辑调整说明:发电机组启动后正常带载开始监控水温数据波动,系统根据表4.10设定范围进行数据监控分析。当水温高过设置值,监测散热器运行正常或者异常,水温持续60s并且有上升趋势,系统将判断出机组水温异常、报警,系统提示并且发出请求切换备用机组要求信号到主控制柜进行控制,避免造成机组高水温停机故障。事后对机组进行检查分析。

高水温故障预判断诊断范围:(1)机组水温上升散热器风机控制是否正常。(2)散热器风机是否正常。(3)传感器是否正常[(1)(2)正常]。(4)水温突变设定功能应可手动关闭。

4.4.1.5 启动电池电压

表4.11为启动电池电压设置(机组现有参数设定和动作逻辑)。

表4.11 启动电池电压设置

参数	电池电压,V	时间,s	操作要求
正常数值范围	DC24～28		正常运行
低电压设定值	<DC22	>30	报警

由于发动机控制模块工作电压正常范围在DC22～28V之间,包括调压器工作电源电压过低(<18V),以上设备无法正常工作造成机组异常停机,建议提升系统监控参数参与机组自动切换逻辑控制避免造成机组异常停机。

故障预判断诊断范围:(1)电池本身质量下降造成。(2)机组自带充电器不正常。

4.4.1.6 燃气压力

燃气压力设置见表4.12。

表 4.12　燃气压力设置

参数	燃气压力,kPa	操作要求
正常数值范围	22~30	正常运行

注:系统没有设置报警值。

根据表 4.12 显示值,建议提升系统报警提示,并且针对压力的稳定性进行数据监控分析,方便分析原因。燃气压力突变修订见表 4.13。

表 4.13　燃气压力突变修订

参数	燃气压力,kPa	操作要求
突变设定	22~30	报警提示

燃气压力下降会造成机组带载率下降,转速下降,造成机组停机。

燃气压力故障预判断诊断范围:(1)主管压力下降。(2)稳压阀不正常。

4.4.1.7　气缸温度

气缸温度设置见表 4.14。

表 4.14　气缸温度设置

参数	各气缸排气温差,℃	操作要求
正常数值范围	<20	正常运行

注:系统没有设置报警。

根据表 4.14 显示值,建议提升系统报警提示,并且针对各气缸排气温进行对比,监控各气缸排气温度之间差参与发电机组控制逻辑中,进行数据分析做出故障预判断控制。

气缸温度突变修订见表 4.15。

表 4.15　气缸温度突变修订

参数	左右侧各气缸排气温差,℃	时间,s	操作要求
突变温差设定	>22	>120	提示,提前自动切换机组

发电机组启动后正常带载,开始监控左右侧各气缸排气温差值,数据分析各气缸排气温差>22°并且持续 120s 以上(因温差大可能出现某一个气缸温低,造成爆震),并且有上升趋势,系统将判断出机组气缸排气温度异常、报警,系统提示并且发出请求切换备用机组要求信号到主控制柜进行控制,避免造成机组爆震停机故障。事后对机组进行检查分析。

故障预判断诊断范围:气缸没有工作,火花塞异常。

4.4.1.8　发电机三相电压

表 4.16 是发电机三相电压设置(现场设置保护参数及动作)。

表 4.16　发电机三相电压设置

参数	L1L2	L2L3	L3L1	时间,s	操作要求
额定值,V	400	400	400		正常运行
高电压设定值,V	>440	>440	>440	5	报警停机
低电压设定值,V	<360	<360	<360	10	跳闸报警

根据表 4.16 机组设定值,建议提升监控电压数据突变分析,参与发电机组控制逻辑中,进

行数据分析做出故障预判断控制。逻辑控制突变设定见表4.17。

表 4.17　发电机组电压突变修订

参数	电压,V	时间,s	操作要求
突变设定	370～420	>5	提示,提前自动切换机组

发电机组启动后正常带载开始监控,当机组电压突变上升405～430V在5s内没有回落趋势,并且有上升趋势,同时负载监控数据没有太大变化;或者机组电压突变下降370～385V在5s内没有上升趋势,同时负载监控数据没有太大变化,系统作出判断电压异常,系统提示并且发出请求切换备用机组要求信号到主控柜进行控制,避免造成机组停机。功能应可手动关闭。

4.4.1.9　发电机组频率

表4.18为发电机组频率设置(现场设置保护参数及动作)。

表 4.18　发电机组频率设置

参数	频率,Hz	时间,s	操作要求
额定值	50	—	正常运行
高频率	>53	5	报警停机
低频率	<47	10	跳闸报警

根据表4.18机组设定值,建议提升监控频率数据突变分析,参与发电机组控制逻辑中,进行数据分析,作出故障预判断控制。

逻辑控制突变设定见表4.19。

表 4.19　发电机组频率突变修订

参数	频率,Hz	时间,s	操作要求
突变设定	48～52	>5	提示,提前自动切换机组

发电机组启动后正常带载开始监控,当机组频率突变上升50.2～52Hz在5s内没有回落趋势,并且有上升趋势,同时负载监控数据没有太大变化;或者机组频率突变下降48～49.8Hz在5s内没有上升趋,同时负载监控数据没有太大变化,系统做出判断电压异常,系统提示并且发出请求切换备用机组要求信号到主控柜进行控制,避免造成机组停机。功能应可手动关闭。

4.4.1.10　发电机组有功功率

表4.20为发电机组有功功率设置(现场设置保护参数及动作)。

表 4.20　发电机组有功功率设置

参数	功率	时间,s	操作要求
超功率	>额定功率10%	5	报警停机
逆功率	额定功率—10%	3	跳闸报警

4.4.1.11　气缸爆震等级

气缸爆震等级设置见表4.21。

表 4.21 气缸爆震等级设置

参数	爆震等级	时间	操作要求
正常数值	0~1	—	显示
高	2	—	显示
高高	3	—	显示

注:系统没有设置报警值。

原系统只是显示爆震等级参数,不参与控制,往往会出现机组爆震停机,没有提前预防。

根据表 4.21 显示值,建议提升监控爆震等级数据突变分析水平,参与发电机组控制逻辑中,进行数据分析作出故障预判断控制。

逻辑控制突变设定见表 4.22。

表 4.22 气缸爆震等级突变修订

参数	爆震数值	时间,s	操作要求
突变设定	1~2	2	提示,提前自动切换机组

发电机组启动后正常带载开始监控机组各气缸爆震等级参数,根据经验值进行数据分析判断,当气缸体爆震数值在 1~2 之间突变显示 2s 中频繁变化,说明这个气缸体工作不正常,数据只是显示 2 后稳定 300s,数据分析气缸会出现爆震故障,系统作出判断气缸异常,系统提示并且发出请求切换备用机组要求信号到主控柜进行控制,避免造成机组停机。功能应可手动关闭。

4.4.1.12 燃气阀执行器开度

燃气阀执行器开度设置见表 4.23。

表 4.23 燃气阀执行器开度设置

参数	开度,%	功率,%	操作要求
正常数值	0~80	0~100	显示

注:系统没有设置报警值。

逻辑控制突变设定见表 4.24。

表 4.24 燃气阀执行器突变修订

参数	开度,%	功率,%	时间	操作要求
突变设定	0~70	0~90	短时间变化频繁	提示,提前自动切换机组

发电机组启动后正常带载开始监控机组阀执行器开度,根据负载的大小、根据经验值进行数据分析判断执行器是否正常,在一定的功率下执行器的开度需在正常范围,如果出现短时间内执行器开度变化频繁,并且超过基本范围内,系统判断出机组执行器异常,系统提示并且发出请求切换备用机组要求信号到主控柜进行控制,避免造成机组停机。功能应可手动关闭。

4.4.2 远程诊断故障分析

所有机组出现故障停机后,结合故障代码,按照数据分析运算法对故障数据进行自动分析(所有故障信息诊断系统根据对应数据机组运行过程中数据自动分析推出造成故障原因,机组运行过程中相应数据进行比对转速变化过程,分析出故障原因)。

各类故障分析见表 4.25 至表 4.30。

表 4.25　启动失败故障分析

故障信息	启动失败	
分析数据对象	电池电压,V	燃气压力,kPa
启动过程数据 正常范围	DC20～22	22～28

诊断系统根据对应数据启动过程数据自动分析推出造成故障原因,启动过程电池电压低过正常范围,燃气压力正常就可以判断出是启动电池原因,反之启动电池正常燃气压力波动不在正常范围内就可以判断出是燃气压力原因。

表 4.26　超速故障分析

故障信息	超速			
分析数据对象	燃气压力,kPa	功率,%	执行期开度,%	转速
机组运行过程数据正常	23～28	负载突降<30	<80	—

表 4.27　低电压故障分析

故障信息	低电压			
分析数据对象	转速,r/min	功率,%	燃气压力,kPa	电压
机组运行过程数据正常	1490～1510	负载突加<30	23～28	—

表 4.28　低频率故障分析

故障信息	低频率			
分析数据对象	转速,r/min	功率,%	燃气压力,kPa	频率
机组运行过程数据正常	1490～1510	负载突加<30	23～28	—

表 4.29　逆功率故障分析

故障信息	逆功率			
分析数据对象	转速,r/min	电压,V	燃气压力,kPa	功率
机组运行过程数据正常	1490～1510	380～415	23～28	—

表 4.30　引擎公共故障/SD 分析

故障信息	引擎公共故障/SD				
分析数据对象	转速,r/min	电压,V	燃气压力,kPa	功率,%	故障代码
机组运行过程数据正常	1490～1510	380～415	23～28	30～100	故障代码读取

注:引擎公共故障包括发动机/发电机,辅助设备等相关故障,具体分析需要读取相关故障代码,从故障代码中查找对应故障(CAT 机组通过 ET 软件查看有关故障代码),再根据具体故障进行相应数据分析出故障原因。

站场通常是通过(ET)就地连接机组查看相关故障代码信息,以及故障事件,操作查看不方便,目前采用远程 ET 连接方法直接可以在远程监控诊断系统查看相关信息,并且根据相关信息自动分析,推出造成故障的原因。

4.4.3 数据分析运算法

运用控制图可科学区分数据监测参数的随机波动和异常波动,划分出安全区域,进行相应数据变化比对。同一个时间段变化超过同一边 2 个标准差以上,数据平均值或标准差较大的改变比对。

4.5 发电机组远程监控和诊断的数据通信

4.5.1 数据上传要求

三类数据上传见表 4.31 至表 4.33。

表 4.31 监控类数据上传至远程监控诊断系统的数据表

发电机	电压(L1L2、L2L3、L3L1),电流(A、B、C),频率(Hz、kW、kVAR),功率因数 P,前/后轴承温度,A/B/C 相绕组温度
发动机	转速,油压,油温,水温,电池电压,燃气温度,燃气压力,空燃比,燃气总流量,燃气阀压差,入口混合气流量,入口混合气压力,入口混合气体温度,机油滤前/后压差,实际点火角度,缸爆燃等级,旁通阀开度,油/水温差,滤前机油压力,气缸排气温度(各缸温度)左/右侧排气温度,左/右侧涡轮进口温度,左/右侧涡轮出口温度,平均排气温度
系统状态	机组运行/停止。断路器合/分母排断路器状态(AB/BC)

表 4.32 诊断类数据上传至远程监控诊断系统的数据表

基本信息	参数
发电机	电压(L1L2、L2L3、L3L1),电流(A、B、C),频率(Hz、kW、kVAR),功率因数 P,前/后轴承温度,A/B/C 相绕组温度
发动机	转速(r/min)电池电压油压、油温,水温气缸排气温度(各缸温度),燃气压力
报警信息	机组公共报警,机组公共故障停机机组故障代码

表 4.33 监控类数据上传至工艺 SCADA 系统数据表

基本信息	参数
发电机	电压(L1L2、L2L3、L3L1),电流(A、B、C),频率(Hz、kW、kVAR),功率因数 P
发动机	转速(r/min),电池电压油压、油温,水温
系统状态	机组运行/停止。断路器合/分
报警信息	机组公共报警,机组公共故障停机

注:以上数据上传到站场,调度中心,北京监控中心。调度中心具备远程控制(写入站场发电机组控制系统,启动/停止)。

4.5.2 数据通信要求

发电机组控制系统应具备通用的冗余 RS485 接口和以太网接口通信模块,发动机通信配置专用通信模块。通信协议采用 Modbus RTU 协议和 Modbus TCP/IP 协议。

各站场发电机组控制系统主控制柜至发电机控制系统后台上位机及 SCADA 系统分别采用 modbus TCP/IP 通信方式上传数据。各站场电机组控制系统主控制柜通过光纤交换机采用 modbus TCP/IP 通信方式分别上传数据至管理处和调度中心。调度中心至北京监控中心采用 modbus TCP/IP 通信方式上传数据。

4.6 发电机组远程监控和诊断的硬件要求

4.6.1 站场硬件需求

主要包括主控制柜、单机屏柜、通信设备(模块)、工业级主机、显示器。

成套天然气发电机组运行模式应能满足单机切换、单站并机运行、多站供电互联,可实现就地和远方切换,保证切换瞬间机组功率保持当前状态不变。

主控制柜应能实现进线断路器的手动同步合闸与自动合闸,控制进线断路器与运行中的发电机组或机组公共母线进行同步并联。应具有预判断、甩负荷功能。

单机屏柜应能实现单台发电机的手动/自动启动和停车,手动/自动并车控制;应能够控制发电机组实现加载、卸载功能。

通信设备(模块)应能够传输发电机组控制、保护、状态、故障报警、故障代码、开关柜状态信号至 GCS 系统。

主控制柜采集的所有发电机组数据作为远程监控和诊断数据信息。工业级主机应能够保证至少 2T 的数据存储量;显示器至少 19in。

4.6.2 管理处和调度中心/北京监控中心硬件需求

主要包括工业级主机、显示器,工业级光电交换机,网络服务器,工业级主机应能够保证至少 2TB 的数据存储量;显示器至少 22in。

5 中亚 A、B、C 线各站场发电机组远程监控和诊断的改造及提升

数据采集主要分为发动机数据采集和发电机数据采集两大部分,采用 modbus RS485 通信方式和 modbus TCP/IP 通信方式对数据进行采集和传输。针对 A、B、C 线各输气站场的发电机组主要分为卡特彼勒发电机组、康明斯发电机组、GE 颜巴赫发电机组。各机组需要改造及提升的内容如下:

(1)CS1 站场(3516A)。当时通过 CAT - CCM 通信模块采集发动机数据,发电机数据采用带 RS485 口保护模块采集数据。由于 CAT3516A 机型缸体温度模块为独立通信模块,需要另外增加缸体温度通信模块并将数据上传至发电机控制柜,再由主控制柜采用 modbus TCP/IP 通信方式上传至发电机控制系统 GCS 后台上位机。

为了便于现场人员远程查看和调试方便,实现远程 ET 连接查看发动机相关数据。由于

CAT-CCM模块没有ET转接连接接口,需要将CAT-CCM模块更换为PL1000E通信模块,PL1000E的232接口转换为RJ45口,通过主控制柜上传至发电机控制系统GCS后台上位机。

(2)CS2站场。CAT3516C型机组需增加配置远程ET接口,完善PL1000E通信配置,增加机组故障代码读取配置,现有通信系统结构可以实现。

主要实施:原现场机组控制柜通过CAT-PL1000E通信模块(可配置型)完善通信模块通信配置,增加发动机相关参数故障代码,以及事件触发代码,再通过控制柜PLC进行修改通信程序完善数据采集。

(3)CS4站场。康明斯机组需要完善相关数据读取,增加故障代码通信地址,具体通信结构查看站场通信配置图。

主要实施:原控制系统PLC通信列表中增加故障代码采集,发动机数据完善采集。

(4)WKC2站场。CAT3516A型机组需增加缸温通信模块,配置远程ET接口,现有通信系统结构可以实现。

主要实施:原现场机组控制柜通过CAT-PL1000E通信模块进行通信采集数据,由于模块限制性使独立缸温显示数据无法连接。为PLE601模块配置相关RS485接口Modbus TCP/IP协议完善相关数据,通过GCS完善数据采集,在现有的系统中建立数据分析监控,诊断。

(5)管理处、调度中心、北京配置说明。

管理处,调度中心,北京监控中心,利用现有的光纤网络构架来实现相关平台,在各层次架构交换机,服务器,网关等。主要包括工业级主机、显示器,工业级光电交换机,网络服务器工业级主机应能够保证至少2TB的数据存储量;显示器至少22in。

管理处,调度中心不安装相关ET软件,站场读取故障代码通过共享平台提供给管理处,调度中心。

6 结束语

本报告通过对发电机组远程监控和诊断技术的发展与应用,结合ABC线实际运行情况,反映出发电机组远程监控和诊断技术应用的必要性,不仅满足了发电机组的日常安全平稳运行,也满足了维护人员对发电机快速维护检修需求,保障了输气站场的用电连续性。

现有的技术发展满足远程监控和诊断技术的需求以及相关系统的建设条件。

作为发电设备与大数据紧密结合的控制系统在远程监控和诊断上充分地体现了在设备侧的高性能、高兼容性、高效率等特点;在系统侧的大数据监控分析、远程控制、故障诊断等功能。两者将机械制造、数据通信、大数据分析结合成为一个整体系统。

在不久的将来管道行业在提高自动化,提升智能化方面不断进步,发电机组远程监控和诊断系统将作为输气站场电力持续供应的有力保障。

7 附录

7.1 卡特彼勒发电机组故障代码说明

故障代码查询必须在机组出现故障时,又没有故障复位状态下,才能显示查看。通常可以根据故障代码信息进行故障原因分析、排除分析,再根据故障分析数据可以设置相关频繁出现故障率,进行故障分析。

7.1.1 事件代码交叉引用信息

当存在异常工况时,就会产生事件代码。表 7.1 是发动机事件代码的列表。事件代码可与用于对该代码进行故障诊断与排除的相应步骤一起交叉引用。

表 7.1 发动机事件代码列表

代码	故障排除步骤
E004(3)发动机超速停机	故障诊断与排除,"发动机超速"
E015(2)发动机冷却液温度高,降低额定功率	故障诊断与排除,"冷却液温度高"
E016(3)发动机冷却液温度高停机	故障诊断与排除,"冷却液温度高"
E017(1)发动机冷却液温度高警告	故障诊断与排除,"冷却液温度高"
E019(3)发动机机油温度高停机	故障诊断与排除,"机油温度高"
E020(1)发动机机油温度高警告	故障诊断与排除,"机油温度高"
E025(2)进气温度高,降低额定功率	故障诊断与排除,"进气温度高"
E026(3)进气温度高停机	故障诊断与排除,"进气温度高"
E027(1)进气温度高警告	故障诊断与排除,"进气温度高"
E038(1)发动机冷却液温度低警告	故障诊断与排除,"冷却液温度低"
E040(3)发动机机油压力低停机	故障诊断与排除,"机油压力低"
E042(3)系统电压低停机	故障诊断与排除,"系统电压问题"
E043(1)系统电压低警告	故障诊断与排除,"系统电压问题"
E053(1)燃料压力低警告	故障诊断与排除,"燃料压力故障"
E073(1)机油滤清器压差高警告	故障诊断与排除,"机油滤清器压差问题"
E073(3)机油滤清器差压高关停	故障诊断与排除,"机油滤清器压差问题"
E096(1)燃料压力高警告	故障诊断与排除,"燃料压力故障"
E100(1)发动机机油压力低警告	故障诊断与排除,"机油压力低"
E125(1)发动机机油压力高警告	故障诊断与排除,"机油压力高"
E126(3)发动机机油压力高停机	故障诊断与排除,"机油压力高"
E127(1)发动机机油滤清器压差低警告	故障诊断与排除,"机油滤清器压差问题"

代码	故障排除步骤
E128(3)发动机机油滤清器压差低停机	故障诊断与排除,"机油滤清器压差问题"
E129(1)发动机机油滤清器压差高警告	故障诊断与排除,"机油滤清器压差问题"
E130(3)发动机机油滤清器压差高停机	故障诊断与排除,"机油滤清器压差问题"
E133(1)水套水压力低警告	故障诊断与排除,"冷却液压力低"
E135(3)水套水压力低停机	故障诊断与排除,"冷却液压力低"
E175(2)请求的外部降低额定功率	确定请求的原因。修正该状况。
E197(1)发动机机油温度高警告	故障诊断与排除,"机油温度高"
E197(3)发动机机油温度高停机	故障诊断与排除,"机油温度高"
E198(1)燃料压力低警告	故障诊断与排除,"燃料压力故障"
E199(1)冷却液温度低警告	故障诊断与排除,"冷却液温度低"
E223(1)燃气温度高	故障诊断与排除,"燃料温度高"
E224(3)水套水进口压力高关停	故障诊断与排除,"冷却液压力高"
E225(3)发动机盘车超时	故障诊断与排除,"发动机盘车超时发生"
E226(3)被驱动设备禁止起动	故障诊断与排除,"被驱动设备发起的发动机关停或启动禁止"
E228(1)水套水出口压力低警告	故障诊断与排除,"冷却表压力低"
E228(3)水套水出口压力低关停	故障诊断与排除,"冷却表压力低"
E229(1)燃料能含量设置太低	故障诊断与排除,"燃料能含量问题"
E230(1)燃料能含量设置太高	故障诊断与排除,"燃料能含量问脑"
E231(3)燃料质量超出范围	故障诊断与排除,"燃料能含量问题"
E242(2)发动机过载	故障诊断与排除,"发动机超载"
E243(1)左涡轮增压器涡轮出口温度高警告	故障诊断与排除,"涡轮增压器涡轮湿度高"
E243(3)左涡轮增压器涡轮出口温度高关停	故障诊断与排除,"涡轮增压器涡轮湿度高"
E244(1)右涡轮增压器涡轮出口温度高警告	故障诊断与排除,"涡轮增压器涡轮湿度高"
E244(3)右涡轮增压器涡轮出口温度高关停	故障诊断与排除,"涡轮增压器涡轮温度高"
E245(1)右涡轮增压器涡轮进口温度高警告	故障诊断与排除,"涡轮增压器涡轮温度高"
E245(3)右涡轮增压器涡轮进口温度高关停	故障诊断与排除,"涡轮增压器涡轮温度高"
E246(1)左涡轮增压器涡轮进口温度高警告	故障诊断与排除,"涡轮增压器涡轮温度高"
E246(3)左涡轮增压器涡轮进口温度高关停	故障诊断与排除,"涡轮增压器涡轮温度高"
E264-3紧急停机启动	故障诊断与排除,"发动机停机事件"
E267(1)气体燃料压力高警告	故障诊断与排除,"燃料压力故障"
E268(3)发动机意外停机	故障诊断与排除,"发动机停机事件"
E269(3)用户故障停机	故障诊断与排除,"发动机停机事件"
E270(3)请求从动设备停机	故障诊断与排除,"被驱动设备发起的发动机关停或拉动禁止"
E337(1)发动机机油与发动机冷却液的温差高警告	故障诊断与排除,"冷却表与机油温度比低"
E337(3)发动机机油与发动机冷却液的温差高关停	故障诊断与排除,"冷却表与机油的温度比低"
E360(1)发动机机油压力低警告	故障诊断与排除,"机油压力低"
E360(3)发动机机油压力低停机	故障诊断与排除,"机油压力低"

代码	故障排除步骤
E361(1)发动机冷却液温度高警告	故障诊断与排除,"冷却压温度高"
E361(2)发动机冷却液温度高减额	故障诊断与排除,"冷却压温度高"
E361(3)发动机冷却液温度高停机	故障诊断与排除,"冷却表温度高"
E362(3)发动机超速停机	故障诊断与排除,"发动机超速"
E368(1)进气温度高警告	故障诊断与排除,"进气温度高"
E368(2)进气温度高,降低额定功率	故障诊断与排除,"进气温度高"
E368(3)进气温度高停机	故障诊断与排除,"进气温度高"
E401(1)1♯气缸爆震	故障诊断与排除,"爆震发生"
E401(3)1♯气缸爆震关停	故障诊断与排除,"爆震发生"
E402(1)2♯气缸爆震	故障诊断与排除,"爆震发生"
E402(3)2♯气缸爆震停机	故障诊断与排除,"爆震发生"
E403(1)3♯气缸爆震	故障诊断与排除,"爆震发生"
E403(3)3♯气缸爆震停机	故障诊断与排除,"爆震发生"
E404(1)4♯气缸爆震	故障诊断与排除,"爆震发生"
E404(3)4♯气缸爆震停机	故障诊断与排除,"爆震发生"
E405(1)5♯气缸爆震	故障诊断与排除,"爆震发生"
E405(3)5♯气缸爆震停机	故障诊断与排除,"爆震发生"
E406(1)6♯气缸爆震	故障诊断与排除,"爆震发生"
E406(3)6♯气缸爆震停机	故障诊断与排除,"爆震发生"
E407(1)7♯气缸爆震	故障诊断与排除,"爆震发生"
E407(3)7♯气缸爆震停机	故障诊断与排除,"爆震发生"
E408(1)8♯气缸爆震	故障诊断与排除,"爆震发生"
E408(3)8♯气缸爆震停机	故障诊断与排除,"爆震发生"
E409(1)9♯气缸爆震	故障诊断与排除,"爆震发生"
E409(3)9♯气缸爆震停机	故障诊断与排除,"爆震发生"
E410(1)10♯气缸爆震	故障诊断与排除,"爆震发生"
E410(3)10♯气缸爆震停机	故障诊断与排除,"爆震发生"
E411(1)11♯气缸爆震	故障诊断与排除,"爆震发生"
E411(3)11♯气缸爆震停机	故障诊断与排除,"爆震发生"
E412(1)12♯气缸爆震	故障诊断与排除,"爆震发生"
E412(3)12♯气缸爆震停机	故障诊断与排除,"爆震发生"
E413(1)13♯气缸爆震	故障诊断与排除,"爆震发生"
E413(3)13♯气缸爆震停机	故障诊断与排除,"爆震发生"
E414(1)14♯气缸爆震	故障诊断与排除,"爆震发生"
E414(3)14♯气缸爆震停机	故障诊断与排除,"爆震发生"
E415(1)10♯气缸爆震	故障诊断与排除,"爆震发生"
E415(3)10♯气缸爆震停机	故障诊断与排除,"爆震发生"

代码	故障排除步骤
E416(1)10#气缸爆震	故障诊断与排除,"爆震发生"
E416(3)10#气缸爆震停机	故障诊断与排除,"爆震发生"
E421(3)1#气缸爆震停机	故障诊断与排除,"爆震发生"
E422(3)1#气缸爆震停机	故障诊断与排除,"爆震发生"
E423(3)3#气缸爆震停机	故障诊断与排除,"爆震发生"
E424(3)4#气缸爆震停机	故障诊断与排除,"爆震发生"
E425(3)5#气缸爆震停机	故障诊断与排除,"爆震发生"
E426(3)6#气缸爆震停机	故障诊断与排除,"爆震发生"
E427(3)7#气缸爆震停机	故障诊断与排除,"爆震发生"
E428(3)8#气缸爆震停机	故障诊断与排除,"爆震发生"
E429(3)9#气缸爆震停机	故障诊断与排除,"爆震发生"
E430(3)10#气缸爆震停机	故障诊断与排除,"爆震发生"
E431(3)11#气缸爆震停机	故障诊断与排除,"爆震发生"
E432(3)12#气缸爆震停机	故障诊断与排除,"爆震发生"
E433(3)13#气缸爆震停机	故障诊断与排除,"爆震发生"
E434(3)14#气缸爆震停机	故障诊断与排除,"爆震发生"
E435(3)15#气缸爆震停机	故障诊断与排除,"爆震发生"
E436(3)16#气缸爆震停机	故障诊断与排除,"爆震发生"
E801(1)1#气缸排气口温度高	故障诊断与排除,"排气温度高"
E801(3)1#气缸排气口温度高	故障诊断与排除,"排气温度高"
E802(1)2#气缸排气口温度高	故障诊断与排除,"排气温度高"
E802(3)2#气缸排气口温度高	故障诊断与排除,"排气温度高"
E803(1)3#气缸排气口温度高	故障诊断与排除,"排气温度高"
E803(3)3#气缸排气口温度高	故障诊断与排除,"排气温度高"
E804(1)4#气缸排气口温度高	故障诊断与排除,"排气温度高"
E804(3)4#气缸排气口温度高	故障诊断与排除,"排气温度高"
E805(1)5#气缸排气口温度高	故障诊断与排除,"排气温度高"
E805(3)5#气缸排气口温度高	故障诊断与排除,"排气温度高"
E806(1)6#气缸排气口温度高	故障诊断与排除,"排气温度高"
E806(3)6#气缸排气口温度高	故障诊断与排除,"排气温度高"
E807(1)7#气缸排气口温度高	故障诊断与排除,"排气温度高"
E807(3)7#气缸排气口温度高	故障诊断与排除,"排气温度高"
E808(1)8#气缸排气口温度高	故障诊断与排除,"排气温度高"
E808(3)8#气缸排气口温度高	故障诊断与排除,"排气温度高"
E809(1)9#气缸排气口温度高	故障诊断与排除,"排气温度高"
E809(3)9#气缸排气口温度高	故障诊断与排除,"排气温度高"
E810(1)10#气缸排气口温度高	故障诊断与排除,"排气温度高"

代码	故障排除步骤
E810(3)10♯气缸排气口温度高	故障诊断与排除,"排气温度高"
E811(1)11♯气缸排气口温度高	故障诊断与排除,"排气温度高"
E811(3)11♯气缸排气口温度高	故障诊断与排除,"排气温度高"
E812(1)12♯气缸排气口温度高	故障诊断与排除,"排气温度高"
E812(3)12♯气缸排气口温度高	故障诊断与排除,"排气温度高"
E813(1)13♯气缸排气口温度高	故障诊断与排除,"排气温度高"
E813(3)13♯气缸排气口温度高	故障诊断与排除,"排气温度高"
E814(1)14♯气缸排气口温度高	故障诊断与排除,"排气温度高"
E814(3)14♯气缸排气口温度高	故障诊断与排除,"排气温度高"
E815(1)15♯气缸排气口温度高	故障诊断与排除,"排气温度高"
E815(3)15♯气缸排气口温度高	故障诊断与排除,"排气温度高"
E816(1)16♯气缸排气口温度高	故障诊断与排除,"排气温度高"
E816(3)16♯气缸排气口温度高	故障诊断与排除,"排气温度高"
E821(1)1♯气缸排气口温度偏高	故障诊断与排除,"排气温度高"
E821(3)1♯气缸排气口温度偏高	故障诊断与排除,"排气温度高"
E822(1)2♯气缸排气口温度偏高	故障诊断与排除,"排气温度高"
E822(3)2♯气缸排气口温度偏高	故障诊断与排除,"排气温度高"
E823(1)3♯气缸排气口温度偏高	故障诊断与排除,"排气温度高"
E823(3)3♯气缸排气口温度偏高	故障诊断与排除,"排气温度高"
E824(1)4♯气缸排气口温度偏高	故障诊断与排除,"排气温度高"
E824(3)4♯气缸排气口温度偏高	故障诊断与排除,"排气温度高"
E825(1)5♯气缸排气口温度偏高	故障诊断与排除,"排气温度高"
E825(3)5♯气缸排气口温度偏高	故障诊断与排除,"排气温度高"
E826(1)6♯气缸排气口温度偏高	故障诊断与排除,"排气温度高"
E826(3)6♯气缸排气口温度偏高	故障诊断与排除,"排气温度高"
E827(1)7♯气缸排气口温度偏高	故障诊断与排除,"排气温度高"
E827(3)7♯气缸排气口温度偏高	故障诊断与排除,"排气温度高"
E828(1)8♯气缸排气口温度偏高	故障诊断与排除,"排气温度高"
E828(3)8♯气缸排气口温度偏高	故障诊断与排除,"排气温度高"
E829(1)9♯气缸排气口温度偏高	故障诊断与排除,"排气温度高"
E829(3)9♯气缸排气口温度偏高	故障诊断与排除,"排气温度高"
E830(1)10♯气缸排气口温度偏高	故障诊断与排除,"排气温度高"
E830(3)10♯气缸排气口温度偏高	故障诊断与排除,"排气温度高"
E831(1)11♯气缸排气口温度偏高	故障诊断与排除,"排气温度高"
E831(3)11♯气缸排气口温度偏高	故障诊断与排除,"排气温度高"
E832(1)12♯气缸排气口温度偏高	故障诊断与排除,"排气温度高"
E832(3)12♯气缸排气口温度偏高	故障诊断与排除,"排气温度高"

代码	故障排除步骤
E833(1)13#气缸排气口温度偏高	故障诊断与排除,"排气温度高"
E833(3)13#气缸排气口温度偏高	故障诊断与排除,"排气温度高"
E834(1)14#气缸排气口温度偏高	故障诊断与排除,"排气温度高"
E834(3)14#气缸排气口温度偏高	故障诊断与排除,"排气温度高"
E835(1)15#气缸排气口温度偏高	故障诊断与排除,"排气温度高"
E835(3)15#气缸排气口温度偏高	故障诊断与排除,"排气温度高"
E836(1)16#气缸排气口温度偏高	故障诊断与排除,"排气温度高"
E836(3)16#气缸排气口温度偏高	故障诊断与排除,"排气温度高"
E841(1)1#气缸排气口温度偏低	故障诊断与排除,"排气温度低"
E841(3)1#气缸排气口温度偏低	故障诊断与排除,"排气温度低"
E842(1)2#气缸排气口温度偏低	故障诊断与排除,"排气温度低"
E842(3)2#气缸排气口温度偏低	故障诊断与排除,"排气温度低"
E843(1)3#气缸排气口温度偏低	故障诊断与排除,"排气温度低"
E843(3)3#气缸排气口温度偏低	故障诊断与排除,"排气温度低"
E844(1)4#气缸排气口温度偏低	故障诊断与排除,"排气温度低"
E844(3)4#气缸排气口温度偏低	故障诊断与排除,"排气温度低"
E845(1)5#气缸排气口温度偏低	故障诊断与排除,"排气温度低"
E845(3)5#气缸排气口温度偏低	故障诊断与排除,"排气温度低"
E846(1)6#气缸排气口温度偏低	故障诊断与排除,"排气温度低"
E846(3)6#气缸排气口温度偏低	故障诊断与排除,"排气温度低"
E847(1)7#气缸排气口温度偏低	故障诊断与排除,"排气温度低"
E847(3)7#气缸排气口温度偏低	故障诊断与排除,"排气温度低"
E848(1)8#气缸排气口温度偏低	故障诊断与排除,"排气温度低"
E848(3)8#气缸排气口温度偏低	故障诊断与排除,"排气温度低"
E849(1)9#气缸排气口温度偏低	故障诊断与排除,"排气温度低"
E849(3)9#气缸排气口温度偏低	故障诊断与排除,"排气温度低"
E850(1)10#气缸排气口温度偏低	故障诊断与排除,"排气温度低"
E850(3)10#气缸排气口温度偏低	故障诊断与排除,"排气温度低"
E851(1)11#气缸排气口温度偏低	故障诊断与排除,"排气温度低"
E851(3)11#气缸排气口温度偏低	故障诊断与排除,"排气温度低"
E852(1)12#气缸排气口温度偏低	故障诊断与排除,"排气温度低"
E852(3)12#气缸排气口温度偏低	故障诊断与排除,"排气温度低"
E853(1)13#气缸排气口温度偏低	故障诊断与排除,"排气温度低"
E853(3)13#气缸排气口温度偏低	故障诊断与排除,"排气温度低"
E854(1)14#气缸排气口温度偏低	故障诊断与排除,"排气温度低"
E854(3)14#气缸排气口温度偏低	故障诊断与排除,"排气温度低"
E855(1)15#气缸排气口温度偏低	故障诊断与排除,"排气温度低"

代码	故障排除步骤
E855(3)15♯气缸排气口温度偏低	故障诊断与排除,"排气温度低"
E856(1)16♯气缸排气口温度偏低	故障诊断与排除,"排气温度低"
E856(3)16♯气缸排气口温度偏低	故障诊断与排除,"排气温度低"
E864(1)气体燃料压差低	故障诊断与排除,"燃料压差低"
E865(1)气体燃料压力高	故障诊断与排除,"燃料压差高"
E866(1)气体燃料流量低	故障诊断与排除,"燃料流量低"
E867(1)燃气流量控制阀响应不正确	故障诊断与排除,"燃料计量阀故障"
E868(1)燃气流量控制阀故障	故障诊断与排除,"燃料计量阀故障"
E875(1)系统电压低警告	故障诊断与排除,"系统电压问题"
E875(3)系统电压低停机	故障诊断与排除,"系统电压问题"
E876(1)系统电压高警告	故障诊断与排除,"系统电压问题"
E2667(1)燃料阀♯1温度高	故障诊断与排除,"燃料温度高"
E2668(1)燃料阀♯2温度高	故障诊断与排除,"燃料温度高"
E2669(1)燃料阀♯1压力低	故障诊断与排除,"燃料压力故障"
E2670(1)燃料阀♯2压力低	故障诊断与排除,"燃料压力故障"
E2671(1)燃料阀♯1压力高	故障诊断与排除,"燃料压力故障"
E2672(1)燃料阀♯2压力高	故障诊断与排除,"燃料压力故障"
E2673(1)燃料阀♯1压差低	故障诊断与排除,"燃料压力故障"
E2674(1)燃料阀♯2压差低	故障诊断与排除,"燃料压力故障"
E2675(1)燃料阀♯1压差高	故障诊断与排除,"燃料压力故障"
E2676(1)燃料阀♯2压差高	故障诊断与排除,"燃料压力故障"

7.1.2 现行事件代码

激活的事件代码代表发动机运转有故障,必须尽快地排除故障。

激活的事件代码按号码升序方式排列,号码最小的代码列在最前面。

7.1.3 传感器的线形工作范围示例

图 7.1 为传感器的工作范围示例。

(1)这一区域代表发动机参数的正常工作范围。

(2)在这些区域内,发动机在监控参数的危险工作范围内运转,系统会生成一个关于监控参数的事件代码,传感器电路没有电子故障。

(3)在这些区域中,来自传感器的信号在传感器的工作范围之外。传感器电路有电子故障,会针对传感器电路生成一个诊断代码,关于诊断代码方面的更多信息,请参阅故障诊断与排除"故障诊断代码列表"。

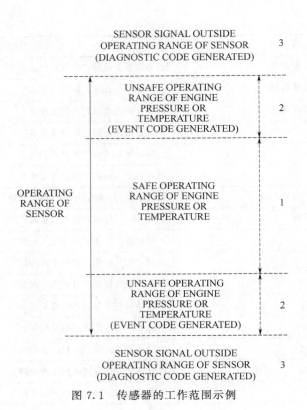

图 7.1　传感器的工作范围示例

7.1.4　记录的事件代码

当 ECM 产生一个事件代码时,ECM 将该代码记录在永久存储器中,ECM 内部有一个诊断的钟,ECM 在产生一个事件代码后会记录以下信息:

(1)代码第一次出现的钟时;

(2)代码最后一次出现的钟时。

7.1.5　卡特彼勒故障诊断代码信息

卡特彼勒故障诊断代码见表 7.2。

表 7.2　卡特彼勒故障诊断代码列表

代码	说明	故障排除步骤
电子控制模块(ECM)		
17-5	燃料切断阀:电流低于正常值	故障诊断与排除,"燃料控制-测试"
17-6	燃料切断阀:电流高于正常值	故障诊断与排除,"燃料控制-测试"
17-12	燃料切断阀:故障	故障诊断与排除,"燃料控制-测试"
41-3	8V 直流电源:电压高于正常值	故障诊断与排除,"传感器电源-测试"
41-4	8V 直流电源:电压低于正常值	故障诊断与排除,"传感器电源-测试"
100-3	发动机机油压力传感器:电压高于正常值	故障诊断与排除,"传感器信号(模拟、有源)-测试"
100-4	发动机机油压力传感器:电压低于正常值	故障诊断与排除,"传感器信号(模拟、有源)-测试"

代码	说明	故障排除步骤
102-3	增压压力传感器:电压高于正常值	故障诊断与排除,"传感器信号(PWM)-测试"
102-8	增压压力传感器:频率、脉冲宽度或周期异常	故障诊断与排除,"传感器信号(PWM)-测试"
106-3	进气温度传感器:电压高于正常值	故障诊断与排除,"传感器信号(模拟、有源)-测试"
106-4	进气温度传感器:电压低于正常值	故障诊断与排除,"传感器信号(模拟、有源)-测试"
109-3	发动机冷却液出口压力传感器:电压高于正常值	故障诊断与排除,"传感器信号(PWM)-测试"
109-8	发动机冷却液出口压力传感器:频率、脉冲宽度或周期异常	故障诊断与排除,"传感器信号(PWM)-测试"
110-3	发动机冷却液温度传感器:电压高于正常值	故障诊断与排除,"传感器信号(模拟、无源)-测试"
110-4	发动机冷却液温度传感器:电压低于正常值	故障诊断与排除,"传感器信号(模拟、无源)-测试"
145-3	12V 直流电源:电压高于正常值	故障诊断与排除,"传感器电源-测试"
145-4	12V 直流电源:电压低于正常值	故障诊断与排除,"传感器电源-测试"
168-2	电气系统电压:不稳定、间歇或不正确	故障诊断与排除,"电源-测试"
172-3	进气歧管空气温度传感器:电压高于正常值	故障诊断与排除,"传感器信号(模拟、有源)-测试"
172-4	进气歧管空气温度传感器:电压低于正常值	故障诊断与排除,"传感器信号(模拟、有源)-测试"
175-3	发动机机油温度传感器:电压高于正常值	故障诊断与排除,"传感器信号(模拟、有源)-测试"
175-4	发动机机油温度传感器:电压低于正常值	故障诊断与排除,"传感器信号(模拟、有源)-测试"
253-2	个性化模块:不稳定、间歇或不正确	故障诊断与排除,"ECM-更换"
253-11	个性化模块:其他故障模式	故障诊断与排除,"ECM-更换"
254-9	电子控制模块:异常更新率	故障诊断与排除,"Cat 数据链路-测试" 如果 Cat 数据链路正常,则更换辅助感应模块(ASM)。
261-13	发动机正时标定:需要标定	故障诊断与排除,"正时-标定"
262-3	5V 传感器直流电源:电压高于正常值	故障诊断与排除,"传感器电源-测试"
262-4	5V 传感器直流电源:电压低于正常值	故障诊断与排除,"传感器电源-测试"
301-5	点火变压器初级♯1:电流低于正常值	故障诊断与排除,"初级点火-测试"
301-6	点火变压器初级♯1:电流高于正常值	故障诊断与排除,"初级点火-测试"
302-5	点火变压器初级♯2:电流低于正常值	故障诊断与排除,"初级点火-测试"
302-6	点火变压器初级♯2:电流低于正常值	故障诊断与排除,"初级点火-测试"
303-5	点火变压器初级♯3:电流低于正常值	故障诊断与排除,"初级点火-测试"
303-6	点火变压器初级♯3:电流高于正常值	故障诊断与排除,"初级点火-测试"
304-5	点火变压器初级♯4:电流低于正常值	故障诊断与排除,"初级点火-测试"
304-6	点火变压器初级♯4:电流高于正常值	故障诊断与排除,"初级点火-测试"
305-5	点火变压器初级♯5:电流低于正常值	故障诊断与排除,"初级点火-测试"
305-6	点火变压器初级♯5:电流高于正常值	故障诊断与排除,"初级点火-测试"
306-5	点火变压器初级♯6:电流低于正常值	故障诊断与排除,"初级点火-测试"
306-6	点火变压器初级♯6:电流高于正常值	故障诊断与排除,"初级点火-测试"
307-5	点火变压器初级♯7:电流低于正常值	故障诊断与排除,"初级点火-测试"
307-6	点火变压器初级♯7:电流高于正常值	故障诊断与排除,"初级点火-测试"

代码	说明	故障排除步骤
308-5	点火变压器初级♯8:电流低于正常值	故障诊断与排除,"初级点火-测试"
308-6	点火变压器初级♯8:电流高于正常值	故障诊断与排除,"初级点火-测试"
309-5	点火变压器初级♯9:电流低于正常值	故障诊断与排除,"初级点火-测试"
309-6	点火变压器初级♯9:电流高于正常值	故障诊断与排除,"初级点火-测试"
310-5	点火变压器初级♯10:电流低于正常值	故障诊断与排除,"初级点火-测试"
310-6	点火变压器初级♯10:电流高于正常值	故障诊断与排除,"初级点火-测试"
311-5	点火变压器初级♯11:电流低于正常值	故障诊断与排除,"初级点火-测试"
311-6	点火变压器初级♯11:电流高于正常值	故障诊断与排除,"初级点火-测试"
312-5	点火变压器初级♯12:电流低于正常值	故障诊断与排除,"初级点火-测试"
312-6	点火变压器初级♯12:电流高于正常值	故障诊断与排除,"初级点火-测试"
313-5	点火变压器初级♯13:电流低于正常值	故障诊断与排除,"初级点火-测试"
313-6	点火变压器初级♯13:电流高于正常值	故障诊断与排除,"初级点火-测试"
314-5	点火变压器初级♯14:电流低于正常值	故障诊断与排除,"初级点火-测试"
314-6	点火变压器初级♯14:电流高于正常值	故障诊断与排除,"初级点火-测试"
315-5	点火变压器初级♯15:电流低于正常值	故障诊断与排除,"初级点火-测试"
315-6	点火变压器初级♯15:电流高于正常值	故障诊断与排除,"初级点火-测试"
316-5	点火变压器初级♯16:电流低于正常值	故障诊断与排除,"初级点火-测试"
316-6	点火变压器初级♯16:电流高于正常值	故障诊断与排除,"初级点火-测试"
320-3	转速/定时传感器对蓄电池正极短路	故障诊断与排除,"转速/正时-测试"
320-7	转速/正时传感器响应不正确	故障诊断与排除,"转速/正时-测试"
320-8	发动机转速/正时信号异常	故障诊断与排除,"转速/正时-测试"
323-3	发动机停机指示灯:电压高于正常值	故障诊断与排除,"指示灯-测试"
324-3	警告灯(行动):电压高于正常值	故障诊断与排除,"指示灯-测试"
336-2	发动机控制开关:不稳定、间歇或不正确	故障诊断与排除,"电源-测试"
342-2	辅助发动机转速传感器:不稳定、间歇或不正确	故障诊断与排除,"发动机转速-测试"
342-5	辅助发动机转速传感器:电流低于正常值	故障诊断与排除,"发动机转速-测试"
342-7	辅助发动机转速传感器:不能正常响应	故障诊断与排除,"发动机转速-测试"
342-8	辅助发动机转速传感器:异常频率、脉冲宽度或周期	故障诊断与排除,"发动机转速-测试"
401-5	点火变压器次级♯1:电流低于正常值	故障诊断与排除,"次级点火-测试"
401-6	点火变压器次级♯1:电流高于正常值	故障诊断与排除,"次级点火-测试"
402-5	点火变压器次级♯2:电流低于正常值	故障诊断与排除,"次级点火-测试"
402-6	点火变压器次级♯2:电流高于正常值	故障诊断与排除,"次级点火-测试"
403-5	点火变压器次级♯3:电流低于正常值	故障诊断与排除,"次级点火-测试"
403-6	点火变压器次级♯3:电流高于正常值	故障诊断与排除,"次级点火-测试"
404-5	点火变压器次级♯4:电流低于正常值	故障诊断与排除,"次级点火-测试"
404-6	点火变压器次级♯4:电流高于正常值	故障诊断与排除,"次级点火-测试"
405-5	点火变压器次级♯5:电流低于正常值	故障诊断与排除,"次级点火-测试"

代码	说明	故障排除步骤
405 – 6	点火变压器次级♯5:电流高于正常值	故障诊断与排除,"次级点火-测试"
406 – 5	点火变压器次级♯6:电流低于正常值	故障诊断与排除,"次级点火-测试"
406 – 6	点火变压器次级♯6:电流高于正常值	故障诊断与排除,"次级点火-测试"
407 – 5	点火变压器次级♯7:电流低于正常值	故障诊断与排除,"次级点火-测试"
407 – 6	点火变压器次级♯7:电流高于正常值	故障诊断与排除,"次级点火-测试"
408 – 5	点火变压器次级♯8:电流低于正常值	故障诊断与排除,"次级点火-测试"
408 – 6	点火变压器次级♯8:电流高于正常值	故障诊断与排除,"次级点火-测试"
409 – 5	点火变压器次级♯9:电流低于正常值	故障诊断与排除,"次级点火-测试"
409 – 6	点火变压器次级♯9:电流高于正常值	故障诊断与排除,"次级点火-测试"
410 – 5	点火变压器次级♯10:电流低于正常值	故障诊断与排除,"次级点火-测试"
410 – 6	点火变压器次级♯10:电流高于正常值	故障诊断与排除,"次级点火-测试"
411 – 5	点火变压器次级♯11:电流低于正常值	故障诊断与排除,"次级点火-测试"
411 – 6	点火变压器次级♯11:电流高于正常值	故障诊断与排除,"次级点火-测试"
412 – 5	点火变压器次级♯12:电流低于正常值	故障诊断与排除,"次级点火-测试"
412 – 6	点火变压器次级♯12:电流高于正常值	故障诊断与排除,"次级点火-测试"
413 – 5	点火变压器次级♯13:电流低于正常值	故障诊断与排除,"次级点火-测试"
413 – 6	点火变压器次级♯13:电流高于正常值	故障诊断与排除,"次级点火-测试"
414 – 5	点火变压器次级♯14:电流低于正常值	故障诊断与排除,"次级点火-测试"
414 – 6	点火变压器次级♯14:电流高于正常值	故障诊断与排除,"次级点火-测试"
415 – 5	点火变压器次级♯15:电流低于正常值	故障诊断与排除,"次级点火-测试"
415 – 6	点火变压器次级♯15:电流高于正常值	故障诊断与排除,"次级点火-测试"
416 – 5	点火变压器次级♯16:电流低于正常值	故障诊断与排除,"次级点火-测试"
416 – 6	点火变压器次级♯16:电流高于正常值	故障诊断与排除,"次级点火-测试"
443 – 3	盘车终止继电器:电压低于正常值	故障诊断与排除,"指示灯-测试"
444 – 5	启动马达继电器:电流低于正常值	故障诊断与排除,"启动-测试"
444 – 6	启动马达继电器:电流高于正常值	故障诊断与排除,"启动-测试"
445 – 3	运转继电器:电压高于正常值	故障诊断与排除,"指示灯-测试"
524 – 3	预期发动机转速传感器:电压高于正常值	故障诊断与排除,"速度控制-测试"
524 – 4	预期发动机转速传感器:电压低于正常值	故障诊断与排除,"速度控制"
542 – 3	发动机机油压力传感器-机油? 清机器之前:电压高于正常值	故障诊断与排除,"传感器信号(模拟、有源)-测试"
542 – 4	发动机机油压力传感器-机油? 清机器之前:电压低于正常值	故障诊断与排除,"传感器信号(模拟、有源)-测试"
1042 – 9	ITSM:异常更新率	故障诊断与排除,"Cat 数据链路-测试"
1440 – 9	油门执行器:异常更新率	故障诊断与排除,"油门执行器-测试"
1440 – 11	油门执行器无效	故障诊断与排除,"油门执行器-测试"
1440 – 12	油门执行器:故障	故障诊断与排除,"油门执行器-测试"

代码	说明	故障排除步骤
1446-5	燃料计量模块:电流低于正常值	故障诊断与排除,"燃料计量阀-测试"
1446-9	燃料计量模块:异常更新率	故障诊断与排除,"燃料计量阀-测试"
1446-12	燃料计量模块:故障	故障诊断与排除,"燃料计量阀-测试"
1446-13	燃料计量模块:需要进行标定	故障诊断与排除,"燃料计量阀-测试"
1447-12	燃料计量传感器模块:故障	故障诊断与排除,"燃料计量阀-测试"
1501-3	1♯气缸爆震传感器:电压高于正常值	故障诊断与排除,"爆震-测试"
1501-4	1♯气缸爆震传感器:电压低于正常值	故障诊断与排除,"爆震-测试"
1502-3	2♯气缸爆震传感器:电压高于正常值	故障诊断与排除,"爆震-测试"
1502-4	2♯气缸爆震传感器:电压低于正常值	故障诊断与排除,"爆震-测试"
1505-3	5♯气缸爆震传感器:电压高于正常值	故障诊断与排除,"爆震-测试"
1505-4	5♯气缸爆震传感器:电压低于正常值	故障诊断与排除,"爆震-测试"
1506-3	6♯气缸爆震传感器:电压高于正常值	故障诊断与排除,"爆震-测试"
1506-4	6♯气缸爆震传感器:电压低于正常值	故障诊断与排除,"爆震-测试"
1509-3	9♯气缸爆震传感器:电压高于正常值	故障诊断与排除,"爆震-测试"
1509-4	9♯气缸爆震传感器:电压低于正常值	故障诊断与排除,"爆震-测试"
1510-3	10♯气缸爆震传感器:电压高于正常值	故障诊断与排除,"爆震-测试"
1510-4	10♯气缸爆震传感器:电压低于正常值	故障诊断与排除,"爆震-测试"
1513-3	13♯气缸爆震传感器:电压高于正常值	故障诊断与排除,"爆震-测试"
1513-4	13♯气缸爆震传感器:电压低于正常值	故障诊断与排除,"爆震-测试"
1514-3	14♯气缸爆震传感器:电压高于正常值	故障诊断与排除,"爆震-测试"
1514-4	14♯气缸爆震传感器:电压低于正常值	故障诊断与排除,"爆震-测试"
1719-3	发电机输出功率传感器:电压高于正常值	故障诊断与排除,"发电机输出功率-测试"
1719-9	发电机输出功率传感器:异常更新率	故障诊断与排除,"发电机输出功率-测试"
1719-12	发电机输出功率传感器:故障	故障诊断与排除,"发电机输出功率-测试"
1720-9	涡轮增压器压缩机旁通阀执行器:异常更新率	故障诊断与排除,"涡轮增压器压缩机旁通阀-测试"
1720-11	涡轮增压器压缩机旁通阀执行器无效	故障诊断与排除,"涡轮增压器压缩机旁通阀-测试"
1720-12	涡轮增压器压缩机旁通阀执行器:故障	故障诊断与排除,"涡轮增压器压缩机旁通阀-测试"
2449-5	燃料质量传感器:电流低于正常值	故障诊断与排除,"传感器信号(模拟、有源)-测试"
2449-6	燃料质量传感器:电流高于正常值	故障诊断与排除,"传感器信号(模拟、有源)-测试"
6367-5	燃料计量模块♯1:电流低于正常值	故障诊断与排除,"燃料计量阀-测试"
6368-5	燃料计量模块♯2:电流低于正常值	故障诊断与排除,"燃料计量阀-测试"
6367-9	燃料计量模块♯1:异常更新率	故障诊断与排除,"Cat数据链路-测试"
6368-9	燃料计量模块♯2:异常更新率	故障诊断与排除,"Cat数据链路-测试"
集成温度感应模块(ITSM)		
591-12	EEPROM校验和故障或ECM未编程	更换ITSM,故障诊断与排除,"控制模块-更换"
1489-3	左涡轮增压器涡轮出口温度传感器:电压高于正常值	故障诊断与排除,"集成温度感测模块-测试"
1489-4	左涡轮增压器涡轮出口温度传感器:电压低于正常值	故障诊断与排除,"集成温度感测模块-测试"

代码	说明	故障排除步骤
1489－5	左涡轮增压器涡轮出口温度传感器：电流低于正常值	故障诊断与排除，"集成温度感测模块－测试"
1490－3	右涡轮增压器涡轮出口温度传感器：电压高于正常值	故障诊断与排除，"集成温度感测模块－测试"
1490－4	右涡轮增压器涡轮出口温度传感器：电压低于正常值	故障诊断与排除，"集成温度感测模块－测试"
1490－5	右涡轮增压器涡轮出口温度传感器：电流低于正常值	故障诊断与排除，"集成温度感测模块－测试"
1491－3	右涡轮增压器涡轮出口温度传感器：电压高于正常值	故障诊断与排除，"集成温度感测模块－测试"
1491－4	右涡轮增压器涡轮出口温度传感器：电压低于正常值	故障诊断与排除，"集成温度感测模块－测试"
1491－5	右涡轮增压器涡轮出口温度传感器：电流低于正常值	故障诊断与排除，"集成温度感测模块－测试"
1492－3	右涡轮增压器涡轮进口温度传感器：电压高于正常值	故障诊断与排除，"集成温度感测模块－测试"
1492－4	右涡轮增压器涡轮进口温度传感器：电压低于正常值	故障诊断与排除，"集成温度感测模块－测试"
1492－5	右涡轮增压器涡轮进口温度传感器：电流低于正常值	故障诊断与排除，"集成温度感测模块－测试"
1531－3	发动机1#气缸排气口温度传感器：电压高于正常值	故障诊断与排除，"集成温度感测模块－测试"
1531－4	发动机1#气缸排气口温度传感器：电压低于正常值	故障诊断与排除，"集成温度感测模块－测试"
1531－5	发动机1#气缸排气口温度传感器：电流低于正常值	故障诊断与排除，"集成温度感测模块－测试"
1532－3	发动机2#气缸排气口温度传感器：电压高于正常值	故障诊断与排除，"集成温度感测模块－测试"
1532－4	发动机2#气缸排气口温度传感器：电压低于正常值	故障诊断与排除，"集成温度感测模块－测试"
1532－5	发动机2#气缸排气口温度传感器：电流低于正常值	故障诊断与排除，"集成温度感测模块－测试"
1533－3	发动机3#气缸排气口温度传感器：电压高于正常值	故障诊断与排除，"集成温度感测模块－测试"
1533－4	发动机3#气缸排气口温度传感器：电压低于正常值	故障诊断与排除，"集成温度感测模块－测试"
1533－5	发动机3#气缸排气口温度传感器：电流低于正常值	故障诊断与排除，"集成温度感测模块－测试"
1534－3	发动机4#气缸排气口温度传感器：电压高于正常值	故障诊断与排除，"集成温度感测模块－测试"
1534－4	发动机4#气缸排气口温度传感器：电压低于正常值	故障诊断与排除，"集成温度感测模块－测试"
1534－5	发动机4#气缸排气口温度传感器：电流低于正常值	故障诊断与排除，"集成温度感测模块－测试"
1535－3	发动机5#气缸排气口温度传感器：电压高于正常值	故障诊断与排除，"集成温度感测模块－测试"
1535－4	发动机5#气缸排气口温度传感器：电压低于正常值	故障诊断与排除，"集成温度感测模块－测试"
1535－5	发动机5#气缸排气口温度传感器：电流低于正常值	故障诊断与排除，"集成温度感测模块－测试"
1536－3	发动机6#气缸排气口温度传感器：电压高于正常值	故障诊断与排除，"集成温度感测模块－测试"
1536－4	发动机6#气缸排气口温度传感器：电压低于正常值	故障诊断与排除，"集成温度感测模块－测试"
1536－5	发动机6#气缸排气口温度传感器：电流低于正常值	故障诊断与排除，"集成温度感测模块－测试"
1537－3	发动机7#气缸排气口温度传感器：电压高于正常值	故障诊断与排除，"集成温度感测模块－测试"
1537－4	发动机7#气缸排气口温度传感器：电压低于正常值	故障诊断与排除，"集成温度感测模块－测试"
1537－5	发动机7#气缸排气口温度传感器：电流低于正常值	故障诊断与排除，"集成温度感测模块－测试"
1538－3	发动机8#气缸排气口温度传感器：电压高于正常值	故障诊断与排除，"集成温度感测模块－测试"
1538－4	发动机8#气缸排气口温度传感器：电压低于正常值	故障诊断与排除，"集成温度感测模块－测试"
1538－5	发动机8#气缸排气口温度传感器：电流低于正常值	故障诊断与排除，"集成温度感测模块－测试"
1539－3	发动机9#气缸排气口温度传感器：电压高于正常值	故障诊断与排除，"集成温度感测模块－测试"
1539－4	发动机9#气缸排气口温度传感器：电压低于正常值	故障诊断与排除，"集成温度感测模块－测试"
1539－5	发动机9#气缸排气口温度传感器：电流低于正常值	故障诊断与排除，"集成温度感测模块－测试"

代码	说明	故障排除步骤
1540－3	发动机 10♯气缸排气口温度传感器:电压高于正常值	故障诊断与排除,"集成温度感测模块-测试"
1540－4	发动机 10♯气缸排气口温度传感器:电压低于正常值	故障诊断与排除,"集成温度感测模块-测试"
1540－5	发动机 10♯气缸排气口温度传感器:电流低于正常值	故障诊断与排除,"集成温度感测模块-测试"
1541－3	发动机 11♯气缸排气口温度传感器:电压高于正常值	故障诊断与排除,"集成温度感测模块-测试"
1541－4	发动机 11♯气缸排气口温度传感器:电压低于正常值	故障诊断与排除,"集成温度感测模块-测试"
1541－5	发动机 11♯气缸排气口温度传感器:电流低于正常值	故障诊断与排除,"集成温度感测模块-测试"
1542－3	发动机 12♯气缸排气口温度传感器:电压高于正常值	故障诊断与排除,"集成温度感测模块-测试"
1542－4	发动机 12♯气缸排气口温度传感器:电压低于正常值	故障诊断与排除,"集成温度感测模块-测试"
1542－5	发动机 12♯气缸排气口温度传感器:电流低于正常值	故障诊断与排除,"集成温度感测模块-测试"
1543－3	发动机 13♯气缸排气口温度传感器:电压高于正常值	故障诊断与排除,"集成温度感测模块-测试"
1543－4	发动机 13♯气缸排气口温度传感器:电压低于正常值	故障诊断与排除,"集成温度感测模块-测试"
1543－5	发动机 13♯气缸排气口温度传感器:电流低于正常值	故障诊断与排除,"集成温度感测模块-测试"
1544－3	发动机 14♯气缸排气口温度传感器:电压高于正常值	故障诊断与排除,"集成温度感测模块-测试"
1544－4	发动机 14♯气缸排气口温度传感器:电压低于正常值	故障诊断与排除,"集成温度感测模块-测试"
1544－5	发动机 14♯气缸排气口温度传感器:电流低于正常值	故障诊断与排除,"集成温度感测模块-测试"
1545－3	发动机 15♯气缸排气口温度传感器:电压高于正常值	故障诊断与排除,"集成温度感测模块-测试"
1545－4	发动机 15♯气缸排气口温度传感器:电压低于正常值	故障诊断与排除,"集成温度感测模块-测试"
1545－5	发动机 15♯气缸排气口温度传感器:电流低于正常值	故障诊断与排除,"集成温度感测模块-测试"
1546－3	发动机 16♯气缸排气口温度传感器:电压高于正常值	故障诊断与排除,"集成温度感测模块-测试"
1546－4	发动机 16♯气缸排气口温度传感器:电压低于正常值	故障诊断与排除,"集成温度感测模块-测试"
1546－5	发动机 16♯气缸排气口温度传感器:电流低于正常值	故障诊断与排除,"集成温度感测模块-测试"
辅助感应模块		
106－3	进气温度传感器:电压高于正常值	故障诊断与排除,"传感器信号(模拟、有源)-测试"
106－4	进气温度传感器:电压低于正常值	故障诊断与排除,"传感器信号(模拟、有源)-测试"
145－3	12V 直流电源:电压高于正常值	故障诊断与排除,"传感器电源-测试"
145－4	12V 直流电源:电压低于正常值	故障诊断与排除,"传感器电源-测试"
168－2	电气系统电压:不稳定、间歇或不正确	故障诊断与排除,"电源-测试"
253－11	个性化模块:其他故障模式	更换辅助感应模块(ASM),请参考故障诊断与排除,"ECM-更换"
262－3	5V 传感器直流电源:电压高于正常值	故障诊断与排除,"传感器电源-测试"
262－4	5V 传感器直流电源:电压低于正常值	故障诊断与排除,"传感器电源-测试"
1719－3	发电机输出功率传感器:电压高于正常值	故障诊断与排除,"发电机输出功率-测试"
2852－3	压缩机排气压力传感器:电压高于正常值	故障诊断与排除,"传感器信号(模拟、有源)-测试"
2852－4	压缩机排气压力传感器:电压低于正常值	故障诊断与排除,"传感器信号(模拟、有源)-测试"

7.2 康明斯发电机组故障代码说明

康明斯 C1160N5C 机型故障代码说明见表 7.3。

表 7.3 康明斯 C1160N5C 机型故障代码说明

代码	灯	显示信息	代码	灯	显示信息
111	Shutdown	Internal ECM Failure	236	Shutdown	Both Engine Speed Signals Lost
115	Shutdown	Eng Crank Sensor Error	238	Warning	Sensor Supply 3 Low
122	Warning	Manifold 1 Press High	239	Warning	Main Supply High
123	Warning	Manifold 1 Press Low	245	Warning	Fan Control Low
124	Warning	Manifold 1 Press High	254	Shutdown	FSO_PWM_HIGH_CONTROL_ERROR
135	Warning	High Oil Rifle 1 Pressure	261	Warning	High Fuel Temperature
141	Warning	Low Oil Rifle 1 Pressure	263	Warning	High Fuel 1 Temperature
143	Warning	Low Oil Rifle Pressure	265	Warning	Low Fuel 1 Temperature
144	Warning	High Coolant 1 Temp	266	Shutdown	High Fuel Temperature
145	Warning	Low Coolant 1 Temp	271	Warning	Low Fuel Pump Press
146	Derate	Pre–High Engine Coolant Temperature	272	Warning	High Fuel Pump Press
151	Shutdown	High Coolant Temp	281	Warning	Cylinder Press Imbalance
153	Warning	High Intake Manf 1 Temp	285	Warning	CAN Mux PGN Rate Err
154	Warning	low Intake Manf 1 Temp	286	Warning	CAN Mux Calibration Err
155	Shutdown	High Intake Manf 1 Temp	295	Warning	Key On Air Pressure Error
187	Warning	Sensor Supply 2 Low	322	Warning	Inj 1 Solenoid Low Curr
195	Warning	High Coolant 1 Level	323	Warning	Inj 5 Solenoid Low Curr
196	Warning	Low Coolant 1 Level	324	Warning	Inj 3 Solenoid Low Curr
197	Warning	Low Coolant Level	325	Warning	Inj 6 Solenoid Low Curr
212	Warning	High Oil 1 Temperature	331	Warning	Inj 2 Solenoid Low Curr
213	Warning	Low Oil 1 Temperature	332	Warning	Inj 4 Solenoid Low Curr
214	Shutdown	High Oil 1 Temp	342	Shutdown	Calibration Code Fail
221	Warning	Air Pressure Sensor High	343	Warning	ECM Hardware Failure
222	Warning	Air Pressure Sensor Low	351	W'aming	Injector Supply Failure
223	Warning	Oil Bum Valve Sol Low	352	Warning	Sensor Supply 1 Low
224	Warning	Oil Bum Valve Sol High	359	Shutdown	Fail to Start
227	Warning	Sensor Supply 2 Low	386	Warning	Sensor Supply 1 High
228	Shutdown	Low Coolant Pressure	415	Shutdown	Low Oil Rifle Press
231	Warning	High Coolant Pressure	418	W'aming	High H20 in Fuel
232	Warning	Low Coolant Pressure	421	Derate	High Oil Temperature
234	Shutdown	Crankshaft Speed High	422	Warning	Coolant Level Data Error
235	Shutdown	Low Coolant Level	425	Warning	Oil Temperature Error

代码	灯	显示信息	代码	灯	显示信息
427	Warning	CAN Data Link Degraded	1246	Warning	Unknown Engine Fault
435	Warning	Oil Pressure Switch Error	1247	Shutdown	Unannounced Engine Shutdown
441	Warning	Low Battery 1 Voltage	1248	Warning	Engine Warning
442	Warning	High Battery 1 Voltage	1256	Warning	Ctrl Mod ID In State Error
449	Shutdown	Inj Metering 1 Press High	1257	Shutdown	Ctrl Mod ID In State Fail
451	W'aming	Inj Metering 1 Press High	1312	Event	Configurable Input # 2
452	Warning	Inj Metering 1 Press Low	1317	Event	Configurable Input # 13
488	Derate	High Intake Manf 1 Temp	1318	Event	Configurable Input # 14
546	Warning	Fuel Delivery Press High	1324	Warning	kVAR Load Setpoint OOR High
547	Warning	Fuel Delivery Press Low	1325	Warning	kVAR Load Setpoint OOR Low
553	Warning	APC Pressure High	1328	Warning	Genset Breaker Tripped
554	Warning	APC Pressure Error	1336	Shutdown	Cooldown Complete
556	Shutdown	Crankcase Pressure High	1357	Warning	Oil Remote Level Low
559	Warning	Inj Metering 1 Press Low	1376	Warning	Camshaft Speed Error
611	Warning	Engine Hot Shut Down	1411	Warning	High Out Freq Adjust Pot
689	Warning	Crankshaft Speed Error	1412	Warning	High Droop Adjust Pot
697	Warning	ECM Temperature High	1416	Warning	Fail To Shutdown
698	Warning	ECM Temperature Low	1417	Warning	Power Down Failure
731	Warning	Crankshaft Mech Misalign	1418	Warning	High Gain Adjust Pot
781	Shutdown	CAN Data Link Failure	1427	Warning	Overspeed Relay Error
782	Warning	SAE J1939 Data Link 2 Engine Network No Data Received – Condition Exists	1428	Warning	LOP Relay Error
			1429	Warning	HET Relay Error
783	Shutdown	Intake Manf 1 Rate Error	1431	Warning	Pre – LOP Relay Error
1117	Warning	Power Lost With Ignition On	1432	Warning	Pre – HET Relay Error
1121	Warning	Fail To Disconnect	1433	Shutdown	Local Emergency Stop
1122	Event	Rated To Idle Delay	1434	Shutdown	Remote Emergency Stop
1124	Warning	Delayed Shutdown	1435	Warning	Low Coolant Temperature
1131	Warning	Battle Short Active	1438	Shutdown	Fail To Crank
1132	Warning	Controlled Shutdown	1439	Warning	Low Day Tank Fuel Switch
1219	Warning	Utility Breaker Tripped	1441	Warning	Low Fuel Level
1223	Warning	Utility Frequency	1442	Warning	Weak Battery
1224	Warning	Genset Overvoltage	1443	Shutdown	Dead Battery
1225	Warning	Genset Undervoltage	1444	Warning	Overload
1226	Warning	Genset Frequency	1445	Shutdown	Short Circuit
1243	Derate	Engine Derated	1446	Shutdown	High AC Voltage
1244	Shutdown	Engine Normal Shutdown	1447	Shutdown	Low AC Voltage
1245	Shutdown	Engine Shutdown Fault	1448	Shutdown	Under Frequency

代码	灯	显示信息	代码	灯	显示信息
1449	Warning	Over Frequency	1695	Warning	Sensor Supply 5 High
1451	Warning	Gen/Bus Voltages Out of Calibration	1696	Warning	Sensor Supply 5 Low
1452	Warning	Genset Breaker Fail To Close	1794	Shutdown with Cooldown	Fire Detected
1453	Warning	Genset Breaker Fail To Open			
1454	Warning	Genset Breaker Position Contact			
1455	Warning	Utility Breaker Position Contact	1843	Warning	Crankcase Press High
1456	Warning	Bus Out Of Synchroniser Range	1844	Warning	Crankcase Press Low
1457	Warning	Fail To Synchronise	1845	Warning	H20 In Fuel Sens High
1458	Warning	Sync Phase Rotation Mismatch Over-frequency	1846	Warning	H20 In Fuel Sens Low
			1852	Warning	Pre – High H2O In Fuel
1459	Shutdown	Reverse Power	1853	Warning	Annunciator Input 1 Fault
1461	Shutdown	Loss of Field (Reverse KVAR)	1854	Warning	Annunciator Input 2 Fault
1463	Event	Not In Auto	1855	Warning	Annunciator Input 3 Fault
1464	Warning	Load Dump Fault	1891	Warning	Change Oil
1465	Event	Ready To Load	1893	Warning	CAN EGR Valve Comm
1469	Warning	Speed/Hz Mismatch	1894	Warning	CAN VGT Comm Error
1471	Warning	Over Current	1896	Warning	EGR DL Valve Stuck
1472	Shutdown	Over Current	1899	Warning	Low EGR Dif Pressure
1475	Warning	First Start Backup	1911	Warning	Inj Metering 1 Press High
1483	Event	Common Alarm	1912	Warning	Utility Loss Of Phase
1517	Shutdown	Failed Module Shutdown	1913	Warning	Genset Loss Of Phase
1518	Warning	Failed Module Warning	1914	Warning	Utility Phase Rotation
1540	Event	Common Warning	1915	Warning	Genset Phase Rotation
1541	Event	Common Shutdown	1916	Event	Sync Check OK
1548	Warning	Inj7 Solenoid Low Curr	1917	Warning	Fuel Level High
1549	Warning	Inj8 Solenoid Low Curr	1918	Shutdown	Fuel Level Low
1551	Warning	Inj7 Solenoid Low Curr	1933	Warning	High EGR Data Link Volt
1552	Warning	Inj7 Solenoid Low Curr	1934	Warning	Low EGR Data Link Volt
1553	Warning	Inj7 Solenoid Low Curr	1935	Warning	EGR DL Cmd Source Err
1554	Warning	Inj7 Solenoid Low Curr	1942	Warning	THD AZ Error
1555	Warning	Inj7 Solenoid Low Curr	1944	Warning	HM1113 Out Config Error
1556	Warning	Inj7 Solenoid Low Curr	1961	Warning	High EGR DL EDU Temp
1557	Warning	Inj7 Solenoid Low Curr	1974	Warning	Crankcase Press High
1573	Event	Configurable Input # 1	1978		Speed Bias OOR Hi
1597	Warning	ECM Device/Component	1979		Speed Bias OOR Lo
1622	Warning	Inj9 Solenoid Low Curr	1992	Shutdown	Crankcase Sensor High
1689	Warning	Real Time Clock Power	1999	Warning	Maximum Parallel Time

代码	灯	显示信息	代码	灯	显示信息
2185	Warning	Sensor Supply 4 High	2817	Warning	Genset PT Ratio High
2186	Warning	Sensor Supply 4 Low	2818		Bus PT Ratio Low
2215	Warning	Fuel Pump Press Low	2819		Bus PT Ratio High
2249	Warning	APC 2 Pressure Low	2821		Utility PT Ratio Low
2261	Warning	Fuel Pump Press High	2822		Utility PT Ratio High
2262	Warning	Fuel Pump Press Low	2895	Warning	PCCNet Device Failed
2265	Warning	High Fuel Lift Pump Volt	2896	Shutdown	Critical PCCnet Dev Fail
2266	Warning	Low Fuel Lift Pump Volt	2914	Shutdown	Genset AC Meter Failed
2292	Warning	APC Flow high	2915		Gen Bus AC Meter Failed
2293	Warning	APC Flow Low	2916		Utility AC Meter Failed
2311	Warning	EFI Control Valve Fail	2917		Gen Bus Voltage OOR Hi
2328	Event	Utility Available	2918		Utility Voltage OOR Hi
2331	Warning	Utility Undervoltage	2919		Utility Current OOR Hi
2332	Event	Utility Connected	2921		Gen Bus Current OOR Hi
2333	Event	Genset Connected	2922	Warning	High Genset Neutral Curr
2335	Shutdown	AC Voltage Sensing Lost (Excitation Fault)	2923		Gen Bus kW OORHi
			2924		Gen Bus KVAR OOR HI
2336	Shutdown	Bad Checksum	2925		Gen Bus kVA OORHi
2342	Warning	Too Long In Idle	2926		Utility kW OOR Hi
2358	Warning	Utility Overvoltage	2927		Utility kVAR OOR Hi
2377	Warning	High Fan Control Voltage	CODE	LAMP	DISPLAYED MESSAGE
2396	Warning	Utility Breaker Fail To Close	2928		Utility kVA OOR Hi
2397	Warning	Utility Breaker Fail To Open	2934	Warning	High Ambient Temp
2539	Warning	High Voltage Bias	2935	Warning	Low Ambient Temp
2541	Warning	Low Voltage Bias	2936	Warning	Fuel Level High
2545	Warning	Keysw Reset Required	2937	Warning	Fuel Level Low
2555	Warning	Low GHC 1 Voltage	2938	Warning	Earth/Ground Fault
2556	Warning	HighGHC 1 Voltage	2941	Event	Remote Shutdown Fault Reset Occurrence
2653	Warning	Exhaust St 2 Temp High			
2657	Warning	Exhaust St 1 Temp High	2942	Warning	Shutdown Override Fail
2661	Shutdown	At Least One Unacknowledged Most Severe Fault 0 Condition Exists	2943	Warning	Manual Sw Config Fail
			2944	Warning	Auto Switch Config Fail
2678	Warning	Charging Alternator Fail	2945	Warning	Rupture Basin Switch
2779	Event	Utility Unloaded Event	2946	Warning	Exhaust St 2 Temp Low
2814	Shutdown	Genset CT Ratio Low	2947	Warning	Exhaust St 1 Temp Low
2815	Warning	Genset CT Ratio High	2948	Warning	Exhaust St 2 Temp High
2816	Shutdown	Genset PT Ratio Low	2949	Warning	Exhaust St 1 Temp High

代码	灯	显示信息	代码	灯	显示信息
2951	Warning	Alternator 1 Temp High	3398	Shutdown	High Gearbox Oil Pressure - Condition Exists
2952	Warning	Alternator 1 Temp Low			
2953	Warning	Alternator 1 Temp High	3399	Shutdown	Differential Fault - Condition Exists
2954	Warning	Alternator 2 Temp High	3411	Warning	DC Power Supply Fault - Condition Exists
2955	Warning	Alternator 2 Temp Low	3412	Warning	GIB Isolator Open Fault - Condition Exists
2956	Warning	Alternator 2 Temp High	3413	Warning	Radiator Fan Trip Fault - Condition Exists
2957	Warning	Alternator 3 Temp High	3414	Warning	Ventilator Fan Trip Fault - Condition Exists
2958	Warning	Alternator 3 Temp Low	3415	Warning	Louvres Closed Fault - Condition Exists
2959	Warning	Alternator 3 Temp High	3416	Warning	Start System Fault - Condition Exists
2965	Event	Genset Available	3417	Warning	Alternator Heater Trip Fault - Condition Exists
2971	Warning	Test/Exercise Fault			
2972	Shutdown	Field Overload	3457	Warning	Loss of Bus Voltage Sensing
2973	Warning	Charge Press IR Error	3479	Warning	Start - Inhibit Warning Fault Event
2977	Warning	Low Coolant Level 2 Sw	3481	Warning	Start - Inhibit Warning Fault Event
2978	Warning	Low Intake Manf1 Temp	3482	Shutdown	Start - Inhibit Shutdown Fault
2979	Warning	High Alternator Temp Sw	3483	Shutdown	High Alternator Temperature 1 Shutdown Fault
2981	Warning	High Drive Bearing Temp			
2982	Warning	Low Drive Bearing Temp	3484	Shutdown	High Alternator Temperature 2 Shutdown Fault
2983	Warning	High Drive Bearing Temp			
2984	Warning	HighFree Bearing Temp	3485	Shutdown	High Alternator Temperature 3 Shutdown Fault
2985	Warning	Low Free Bearing Temp			
2986	Warning	HighFree Bearing Temp	3486	Shutdown	High Dnve End Beanng Temperature Shutdown Fault
2992	Warning	HighIntake Manf 1 Temp			
2993	Warning	Battery Charger Sw Fail			
3397	Shutdown	Low Geaibox Oil Pressure - Condition Exists	3487	Shutdown	High Non - Drive End Bearing Temp Shutdown Fault

7.3 站场卡特 ET 软件配置说明

ET 软件是卡特彼勒机组调试工程师专用软件,通过电脑安装 ET 软件连接发电机组通信模块针对发动机相关参数进行设置,监控。

卡特 ET 是一种基于软件的服务工具,使服务技术人员能够与卡特彼勒产品上的电子控制系统进行通信和工作的能力。

连接功能:显示状态参数,查看活动诊断代码,视图和清晰记录诊断代码,操纵 ECM 配置可记录监控机组在一段时间内相关信息,诊断测试和校准,检修机组总数(图 7.2、图 7.3)。

所有可用的 ECM 检索和信息显示在屏幕上,当报告问题或请求帮助的服务工具,需要给 ECM 总结屏幕上显示的信息(图 7.4)。

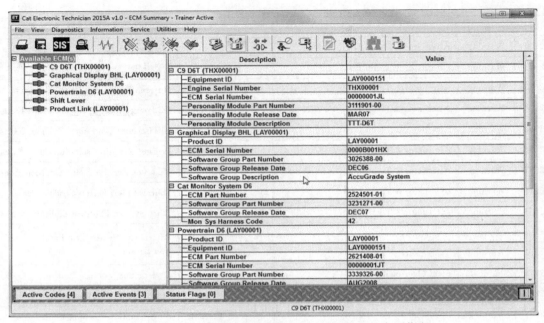

图 7.2　ECM 摘要屏幕允许用户查看所有 ECM 的有用信息

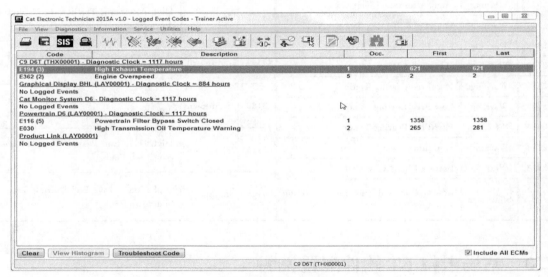

图 7.3　记录事件代码

具体操作可查看说明书。

根据站场机组配置,ABC 线 CAT 机组可以直接在控制柜中 CAT－PL1000E 的 232 接口通过转换模块 232/RJ45 由主控柜中光纤冗余交换机网线连接站控上位机(新增加工业级主机应能够保证至少 2TB 的数据存储量;显示器至少 19in)。

通过通信结构(图 7.5)来实现远程 ET 连接查看发动机相关数据,便于现场人员查看操作方便,以往现场工程师需要携带电脑到发动机就地连接,查看相关数据。现在在 ECM 界面即可实现数据查看图 7.6 至图 7.8。

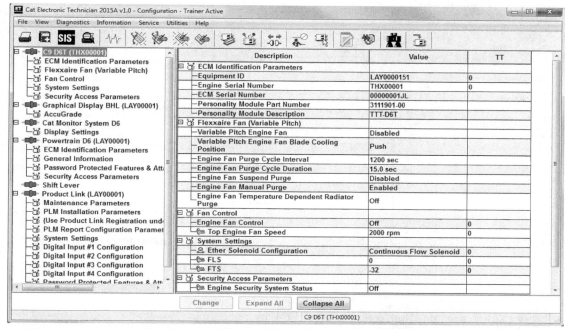

图 7.4　配置功能允许用户查看和更改配置 ECM 的信息

图 7.5　通信结构

图 7.6　ET 相关控制设置页面

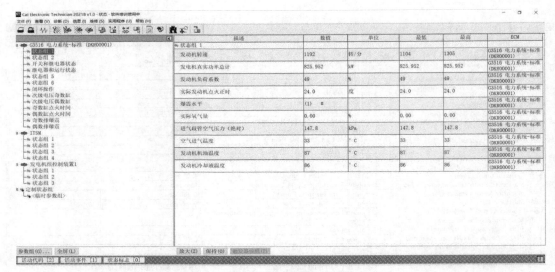

图 7.7　实时数据页面

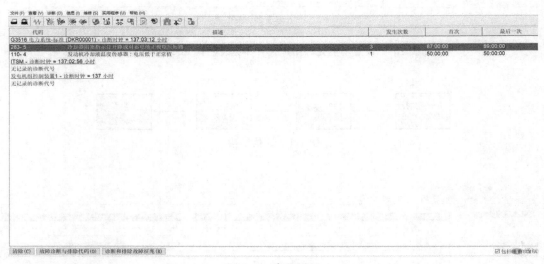

图 7.8　代码页面

7.4　站场发电机组诊断数据运算说明表

站场发电机组各缸温度见图 7.9。

下面针对机组各缸体温度进行分析。

运用控制图可科学区分机组监测参数的随机波动和异常波动,控制图理论认为机组参数存在两种变异:一是由偶然因素引起的随机变异;二是由于可查原因引起过程中实际的改变,当测量值超出随机误差允许的范围时,可判定其结果出现异常。根据从可重复过程所测得的样本,利用控制图理论可检测出数据的异常状态,提供检测参数异常的建议标准。进行数据异常检测一般在以下 8 条规则中进行适当选取。

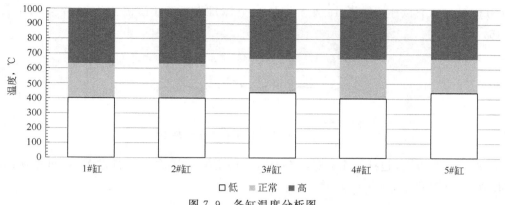

图 7.9　各缸温度分析图

（1）单点在控制界限外，可侦测非常大突然的数据平均值或标准差改变或趋势，见图 7.10。

（2）连续 9 个以上（包括 9 个）点在控制中心线的同一边，可侦测较小的数据平均值或标准差改变或趋势，见图 7.11。

图 7.10　单点在控制界限外

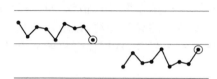

图 7.11　连续 9 点以上在控制中心线同一边

（3）连续 6 个以上（包括 6 个）点稳定地上升或下降，方向一致，可侦测参数平均值或标准差变化的趋势，见图 7.12。

（4）连续 14 个以上（包括 14 个）点一上一下，可侦测系统稳定性的影响，例如周期性数据异常等，见图 7.13。

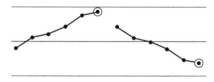

图 7.12　连续 6 点稳定上升或下降

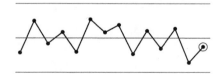

图 7.13　连续 14 点以上一上一下

（5）连续 3 点中的 2 点，超过同一边 2 个标准差以上，可侦测数据平均值或标准差较大的改变，见图 7.14。

（6）连续 5 点中的 4 点超过同一边 1 个标准差以上，可侦测数据平均值或标准差中等程度的改变，见图 7.15。

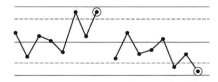

图 7.14　连续 3 点中的 2 点超过同一边 2 个标准差

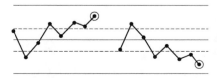

图 7.15　连续 5 点中的 4 点超过同一边 1 个标准差

(7)连续 15 个以上(包括 15 个)点在 1 个标准差内,可侦测出参数变异的下限,见图 7.16。

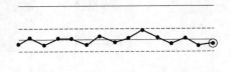

图 7.16　连续 15 点以上在 1 个标准差内

(8)连续 8 个以上(包括 8 个)点在控制中心线两边,且不在 1 个标准差内,可侦测出参数变异的增加,见图 7.17。

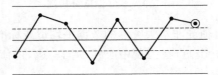

图 7.17　连续 8 点以上在中心线两边且超过 1 个标准差

依据不同机组参数及评估模型计算结果选取相应的上述规则,并编制为软件模块,可以实现机组重要特征的异常检测,该模块计划将作为现有异常检测模块的有益补充,承担大量机组的实时异常检测任务,从而保证机组异常检出率,见图 7.18。

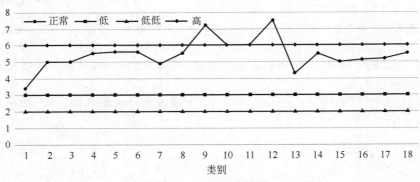

图 7.18　水温分析图

中油国际管道站场发电机配置优化研究

1 压气站负荷分析

1.1 压气站负荷构成

压气站负荷按照功能可认为由生产负荷和生活负荷两项构成。生产负荷又可以划分为工艺设备负荷和辅助设备负荷,工艺设备包括燃驱压缩机辅助设备、空气压缩机橇、空气冷却器、自用气橇、电动阀门、电伴热带、分析小屋、余热锅炉橇,辅助设备负荷包括燃气锅炉、锅炉相关水泵、天然气发电机辅助设备、阴保机柜、调压箱、仪表控制系统、通信系统等,以及吊车、厂房照明风机空调、厂区照明、办公楼照明空调等辅助负荷。生活负荷包括压气站门卫、警卫楼、倒班村宿舍楼、门卫、消防车库及宿舍、水泵房、污水处理间的照明空调等负荷以及给排水系统、污水处理系统、厨房设备等。压气站负荷按照设备类型又可以分为电机、电加热器、电伴热、照明、风机、空调、电子设备等。如何准确计算压气站的运行负荷,一直是困扰各单位的技术难题,因为它受到不同维度因素的影响,很难准确判断。对于生产负荷,影响因素不但包括工程阶段、工艺输量、环境温度这些宏观的变量,还包括系统流程、设备效率、设备类型、运行周期、运行时间等具体变量;而对于生活负荷,影响因素又包括环境温度、作息规律、系统流程等变量;同时生产负荷与生活负荷之间又存在着相关联的影响,使得整个站场的负荷统计更加困难。为此,项目组对压气站负荷从各个维度进行了梳理,以期理清压气站实际负荷的构成和负荷变化的规律。

本文首先将橇装设备进行了分解,分解到最基本的负荷单元,并列出各负荷单元的运行状态,然后梳理各系统的工作原理,梳理系统内负荷单元的变化规律。

压气站负荷构成示意图见图1.1。

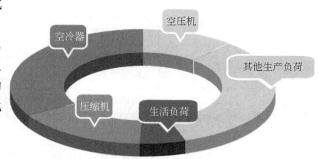

图 1.1　压气站负荷构成示意图

1.2 压缩机负荷分析

经过梳理运行原理后发现,压缩机辅助设备实际运行负荷比计算负荷显著偏小,原因有以下 3 点:

(1)压缩机运行、备用状态下的辅助设备,非连续运行的设备工作周期长,工作时间短,并且同时工作的时间更短,发生概率较低,容易造成压缩机整体长期低用电负荷运行的印象。

(2)压缩机自带燃料气橇电加热器、干气密封电加热器、矿物油冷却风扇辅助风扇长期不运行,即便运行,其运行时间和用电负荷也偏小。根据乌国压气站现场调研情况,乌国各站场冬季采用余热锅炉对燃料气进行加热,未开启燃料气电加热器,其他季节会采用电加热器进行加热,但是没有数据记录。

(3)连续运行负荷,如箱体通风风扇电机、DCP,实际运行负荷显著偏小,约为额定值 70%左右或更低。

对国产压缩机进行了梳理分析,其辅助设备工作原理和辅助设备功率如表 1.1 和表 1.2所示。

表 1.1 国产压缩机辅助设备工作原理

序号	名称	工作原理
1	等离子点火系统	压缩机启动过程中,在启动计时 185～205s 期间持续进行工作
2	启动电动机	压缩机电动盘车(冷吹)过程中变频启动电动机以 25Hz 持续运行 5min(默认值,可根据情况修改);压缩机水清洗(水洗)过程中变频启动电动机以 25Hz 持续运行 10min(默认值,可根据情况修改);压缩机启动过程中变频启动电机以 25Hz 运行 170s,启动计时 170s 后增加频率至 50Hz,继续运行 115s 直到启动计时 285s 关闭启动电动机或启动过程中低压转速达到 2400r/min 时关闭启动电动机
3	箱体通风风机	压缩机运行期间根据箱体温度对风机进行控制,根据箱体设定温度对主风机频率进行调节,当箱体温度超过设定值时起动备用风机。箱体燃料气浓度报警时强制启动备用风机,压缩机运行过程中可以对主备风机进行切换。压缩机停机后箱体风机进行持续 60min 的后冷却
4	燃机箱体照明	进入箱体时或观察箱体内部时开启
5	进气过滤器电源	进气过滤反吹时使用
6	燃机滑油空冷器风机	根据燃机滑油空冷器的出口滑油温度进行调节,当该温度大于设定值时,启动备用燃机滑油冷却风机
7	压缩机滑油空冷器风机	根据压缩机滑油空冷器的出口滑油温度进行调节,当该温度大于设定值时,启动备用压缩机滑油冷却风机
8	燃机滑油站油泵	分为供油泵、回油泵和循环泵。循环泵启停逻辑:在压缩机启动前,进行滑油加热时先启动循环泵后对滑油进行加热,当滑油温度达到设定值后关闭加热器后关闭循环泵
9	燃机滑油站滑油加热器	在燃机循环泵启动或供、回油泵启动以及低压转速大于 3600r/min 后,根据滑油滑油温度进行启停,大于 44℃关闭加热器,小于 40℃打开加热器
10	燃机滑油站油雾分离器	循环泵启动或供、回油泵启动以及低压转速大于 3600r/min 时,持续运行

序号	名称	工作原理
11	压缩机滑油站油泵	分为主泵和辅泵,压缩机启动后主泵运行,当压缩机滑油压力低于报警值时辅助泵启动,当由于报警而启动辅泵后操作员可切换主备泵,同时根据故障原因可以手动停切换后的故障泵。压缩机正常停机后进行后润滑过程主泵再运行35min。压缩机故障停机后进行后润滑过程主泵再运行45min。压缩机启机前根据滑油油箱温度达到启动加热器条件时,先启动压缩机滑油主泵再启加热器
12	压缩机滑油站滑油加热器	根据压缩机滑油油箱温度启停,大于设定值关闭加热器,小于设定值打开加热器
13	压缩机滑油站油雾分离器	压缩机任意泵启动时,持续运行
14	燃料橇电源	燃料橇加热器,根据在燃料气流量大于500kg/h后燃料气温度小于20℃给出燃料气加热器接通指令,由于燃料橇加热器根据燃料消耗量进行无级可调,在燃料量小于500kg/h或燃料气温度大于40℃后关闭燃料气加热器
15	干气密封加热器	根据一级密封气流量大于125kg/h且温度小于35℃,启动;流量小于125kg/h或温度大于80℃,停止,无极可调
16	燃机滑油供油泵	供、回油泵启停逻辑:压缩机电动盘车时先启动回油泵后启动供油泵,电动盘车结束后进行后润滑过程供油泵再运行30min,回油泵运行35min。压缩机启动过程中在低压转速小于3600r/min或者进口滑油压力小于0.2MPa时,启动供、回油泵,当低压转速大于3600并且有滑油压力大于0.2MPa时关闭供、回油泵。正常停机后进行后润滑过程供油泵再运行30min,回油泵运行35min。故障停机后进行后润滑过程供油泵再运行40min,回油泵运行45min
17	燃机滑油回油泵	
18	压缩机滑油站应急油泵	在压缩机紧急停机过程中,当压缩机滑油压力小于0.1MPa时启动应急泵,当压缩机故障停机后压缩机转速为0后,后润滑35min后停止

表1.2 国产压缩机辅助设备负荷汇总表

序号	设备名称	计算功率 kW	压缩机工作	压缩机冷却	压缩机备用	压缩机启动	备注
1	启动电动机	90	不计算	不计算	不计算	连续	
2	燃机滑油供、回油泵	2.4	不计算	连续	间歇	连续	
3	压缩机滑油站加热器	32	不计算	间歇	间歇	间歇	
4	燃机滑油站加热器	32	不计算	不计算	间歇	间歇	
5	燃机滑油站油泵	6	不计算	不计算	间歇	不计算	
6	燃机油气分离器电动机	0.9	连续	连续	间歇	连续	
7	压缩机油气分离器电动机	0.9	连续	连续	间歇	连续	
8	压缩机滑油空冷电动机主机	6	连续	连续	不计算	不计算	
9	燃机滑油空冷电动机主机	8.8	连续	连续	不计算	不计算	
10	箱体通风风扇电动机AB	36	连续	连续	不计算	连续	
11	压缩机滑油站循环泵	8.8	连续	连续	间歇	连续	
12	UPS电源	4	连续	连续	连续	连续	
13	压缩机滑油空冷电动机辅机	6	间歇	不计算	不计算	不计算	夏季

序号	设备名称	计算功率 kW	压缩机工作	压缩机冷却	压缩机备用	压缩机启动	备注
14	燃机滑油空冷电动机辅机	8.8	间歇	不计算	不计算	不计算	夏季
15	干气密封盘加热器	30	不计算	不计算	不计算	不计算	
16	燃料气加热器	90	连续	不计算	不计算	连续	单独计算
17	电伴热、辅助电加热器	17.5	不计算	不计算	不计算	不计算	
合计	连续负荷		65.4	67.8	4.0	145.7	
	间歇负荷		14.8(夏季)	32	83.0	64	
	冬季负荷(电伴热)		17.5	17.5	17.5	17.5	
	可能最大负荷		82.9	117.3	104.5	227.2	

通过对三个品牌压缩机计算负荷进行梳理,在不考虑燃料气电加热器负荷情况下,各品牌压缩机负荷有一定差异性,工作、备用和冷却状态 GE 压缩机负荷较大,启动状态 GE 和 RR 几乎一致,国产压缩机各工作状态下负荷均较小(表1.3至表1.7)。由于在初设阶段无法确定压缩机品牌,建议在压气站负荷计算中暂按照 GE 压缩机负荷计算。

表 1.3　各品牌压缩机工作状态下的负荷对比表　　　　　　　kW

品牌	连续负荷	间歇负荷	夏季负荷 (间歇)	冬季负荷 (连续)	可能最大负荷
GE 压缩机	75.4	0	14.3	17.5	92.9
RR 压缩机	71.9	0	12	6	83.9
国产压缩机	65.4	0	14.8	17.5	82.9

表 1.4　各品牌压缩机冷却状态下的负荷对比表　　　　　　　kW

品牌	连续负荷	间歇负荷	夏季负荷 (间歇)	冬季负荷 (连续)	可能最大负荷
GE 压缩机	219.1	0	0	17.5	236.6
RR 压缩机	71.9	0	0	6	77.9
国产压缩机	67.8	32	0	17.5	117.3

表 1.5　各品牌压缩机备用状态下的负荷对比表　　　　　　　kW

品牌	连续负荷	间歇负荷	夏季负荷 (间歇)	冬季负荷 (连续)	可能最大负荷
GE 压缩机	6.6	91.3		17.5	115.4
RR 压缩机	4.1	50.5	0	6	60.6
国产压缩机	4	83	0	17.5	104.5

表 1.6　各品牌压缩机启动状态下的负荷对比表　　　　　　　kW

品牌	连续负荷	间歇负荷	夏季负荷 (间歇)	冬季负荷 (连续)	可能最大负荷
GE 压缩机	204.8	73.6	0	17.5	295.9

品牌	连续负荷	间歇负荷	夏季负荷 (间歇)	冬季负荷 (连续)	可能最大负荷
RR 压缩机	244.9	50.5	0	6	301.4
国产压缩机	145.7	64	0	17.5	227.2

表 1.7　压缩机各工作状态下的采用负荷　　　　　　　　　　　　kW

工作状态	连续负荷	间歇负荷	夏季负荷 (间歇)	冬季负荷 (连续)	可能最大 负荷	初设负荷
压缩机运行负荷	75.4	0	14.3	17.5	92.9	180
压缩机备用负荷	6.6	91.3	0	17.5	115.4	27
压缩机启动负荷	204.8	73.6	0	17.5	295.9	345

1.3　空冷器电动机负荷分析

经过调研以及查阅乌国各压气站空冷器完工资料,归纳空冷器电动机负荷情况,其中试验电流为工厂出厂试验电流值,电流比为实测电流与铭牌电流比值。经过对比分析,建议 D 线压气站空冷器计算功率按照轴功率计算,当以电动机额定功率作为运行功率时,需要系数取 0.8。

1.4　空压机负荷分析

经过调研以及查阅乌国各压气站空压机完工资料,归纳空压机电机负荷情况。经过对比分析,建议压气站空压机需要系数取 0.9,但 D 线压气站空压机运行方式将调整为变频运行,因此需要系数建议取为 0.8。

1.5　污水处理橇负荷分析

污水处理橇的主要用电设备为调节池提升泵、曝气风机、中间泵、污泥回流泵、回用泵,通过分析污水处理橇工作原理,其连续负荷为曝气风机,调节池提升泵和中间泵为周期负荷,运行时间较长,其余为波动负荷,运行时间均小于 0.5h,并且周期较长。

经过负荷分析,可以看出污水处理橇负荷较小,在站场总负荷中所占比重更小,属于生活负荷,短时断电对站场运行没有影响。

1.6　给水处理橇负荷分析

WKC1 站和 WKC2 站给水处理橇的主要用电设备为潜水泵、原水泵、增压泵、一级高压泵、二级高压泵、给水泵,UCS3 给水处理橇的主要用电设备为增压泵、超滤反洗泵、RO 增压泵、高压泵、清洗泵、RO 冲洗泵、加药计量泵、供水泵、污水提升泵。通过分析给水处理橇工作原理,其连续负荷为给水泵,其他负荷为周期负荷,运行时间较短,并且周期较长。

现场调研发现,各站给水处理橇设备构成及设备负荷不尽一致,在实际项目中需要根据订货设备情况进一步核实。现场调研各站给水处理橇负荷构成。经过负荷分析,可以看出给水处理橇负荷较小,在站场总负荷中所占比重更小,属于生活负荷,短时断电对站场运行没有影响。

1.7 厨房设备负荷分析

各站厨房设备构成及设备负荷不尽一致,但差异不大,厨房连续运行负荷较小,在站场总负荷中所占比重更小,属于生活负荷,短时断电对站场运行没有影响。

1.8 空调设备

空调设备广泛用于压气站的生活生产之中,在综合楼、配电间、综合设备间、门卫、餐厅、宿舍等建筑房间内均有设置,空调设备需要系数 K_d 由三项系数组成,分别为:实际电流与额定电流比 k_1,使用与安装数量比 k_2,在用设备同时运行系数 k_3,$K_d = k_1 \cdot k_2 \cdot k_3$。项目组对不同单体内的单台空调实际电流进行了测试,测试结果:测量电流与额定电流比在 $0.57 \sim 0.75$ 之间,k_1 建议取值 0.75;在用设备同时运行系数参考设备操作手册,k_3 建议取值 0.8,使用与安装数量比 k_2 根据各建筑房间设置情况取值,宿舍、控制室、配电间、综合设备间、门卫、餐厅等 k_2 建议取值 1,综合楼内除控制室外其他房间 k_2 建议取值 0.5,宿舍楼内除宿舍、餐厅外其他功能房间 k_2 建议取值 0.25。综上,空调设备的需要系数根据建筑房间设置情况不同分别取值 0.6,0.3,0.15。

1.9 其他橇装设备

压气站其他橇装设备包括分析小屋、调压橇、发电机橇、调压箱、燃料气橇等,通过分析系统构成,可将以上橇装设备进一步分解,分别按照站场整体工况进行负荷计算,以上橇装设备具体构成为:

(1)分析小屋主要由空调、电暖器、电伴热以及仪表系统组成;

(2)调压橇主要由电动阀、电伴热以及仪表系统组成;

(3)发电机橇主要由水套加热器、冷却风扇、空间加热器以及控制系统组成;

(4)调压箱主要由电伴热组成。

(5)燃料气橇包括压缩机用燃料气橇和生活生产设备用燃料气橇,主要由电加热器组成,电加热器功率受天然气流量、压力差、温度差影响,根据对乌国ABC线各压气站调研情况可知,在冬季各站场均采用余热锅炉和换热橇对燃料气进行加热,未使用燃料气橇电加热器,因此未能取得实际负荷值,在其他季节会采用电加热器进行加热,实际用电负荷较小。为便于站场负荷计算,可与压缩机自带燃料气橇电加热器综合考虑,由于未取得压缩机自带燃料气橇电加热器温度控制参数,D线各站计算负荷暂按调研情况预估。

2 负荷计算方法研究

2.1 概述

我国至今没有关于电气负荷计算的国家标准。国标中,仅 GB 50293—1999《城市电力规划规范》有宏观用电指标,未涉及负荷计算。某些行业标准,如 HG 20551—1993《化工厂电力设计常用计算规定》、DL/T 5153—2014《火力发电厂厂用电设计技术规程》、NB/T 35044—2014《水力发电厂厂用电设计规程》、SH/T 3116—2017《石油化工企业用电负荷计算方法》,列有负荷计算内容,但其方法和数据并不通用。JGJ 16—2008《民用建筑电气设计规范》中虽有负荷计算一节,却无具体方法。机械行业对负荷计算最为重视,数十年来做了大量卓有成效的工作,但尚未形成统一规定,致使 JBJ 6—1996《机械工厂电力设计规范》中缺少负荷计算章节。

西方国家不追求精确的负荷计算,多采用简易的需要系数法,计算裕度较大。如美国《国家电气法规》(NEC)所给的指标和系数均较大,并规定:导线载流量不应小于连续负荷的125%;馈电线的计算负荷不应小于各支线负荷之和。

苏联出于其国情考虑,对负荷计算极为重视。经苏联国立重工业电气设计院和动力工程科学技术协会多年工作,编制了《确定工业企业电气负荷暂行导则》(简称《导则》);1961 年由苏联国家计委动力管理总局批准。《导则》的中译本见中国工业出版社 1965 年版,由王厚余、何耀辉译。该书至今仍被国内业界视为负荷计算的"经书"。

多年来,我国大多数设计单位均沿用《导则》给出的负荷计算方法;具体依据则是通用的设计手册,如《工业与民用配电设计手册》《钢铁企业电力设计手册》等。

2.2 负荷计算法评价

2.2.1 单位指标法

单位指标法包括单位面积功率法、综合单位指标法、单位产品耗电量法。

2.2.1.1 简介

(1)基础:实用数据的归纳。

(2)特点:用相应的指标直接求出结果。

2.2.1.2 评价

(1)计算过程简便。计算精度低。

(2)难点是指标的取值。受多种因素的影响,指标变化范围很大,上下限可相差一倍甚至更多。以住宅为例,影响用电指标的条件有:地理位置、气候条件、地区发展水平、居民生活习惯、建筑规模大小、建设标准高低、节能措施力度等。

2.2.1.3 适用范围

适用于设备功率不明确的各类项目,如民用建筑中的分布负荷;尤其适用于设计前期的负荷框算和对计算结果的校核。

2.2.2 需要系数法

2.2.2.1 简介

(1)基础:负荷曲线。

(2)特点:逐级打系数。

(3)步骤:设备功率乘需要系数得需要功率;多组负荷相加时,再逐级乘同时系数。

2.2.2.2 评价

(1)计算过程较简便。计算精度与用电设备台数有关,台数多时较准确,台数少时误差大。

(2)难点是系数的掌握和设备台数少时的算法。

2.2.2.3 适用范围

适用于设备功率已知的各类项目,尤其是照明、高压系统和初步设计的负荷计算。

2.2.3 利用系数法

2.2.3.1 简介

(1)基础:概率论与数理统计。《导则》认为:各设备的用电现象可看作随机过程,服从正态分布规律。计算负荷与平均负荷之差值按 1.5 倍方差考虑,用"最大系数"来表征。显然,最大系数与用电设备台数和各台功率差异相关;为此,引入一个参量——用电设备有效台数。

(2)特点:先求平均负荷,再求最大负荷;不逐级打系数。平均负荷可用电度表方便地测出。

(3)步骤:设备功率乘利用系数得平均功率;求平均利用系数和用电设备有效台数,查出最大系数;平均功率乘最大系数得最大负荷。

2.2.3.2 评价

(1)计算精度高,与设备台数关系不大。计算过程繁琐,致使实际应用不广。

(2)难点是用电设备有效台数的计算。

2.2.3.3 适用范围

适用于设备功率已知的各类项目,尤其是工业企业电力负荷计算。

注:照明负荷用需要系数法计算;其需要负荷与电力最大负荷相加。

2.2.4 轴功率逐台计算法

2.2.4.1 简介

(1)基础:装置内电动机轴功率、负载率、效率、运行时间。

(2)特点:计算负荷与运行时间直接相关。

（3）步骤：首先计算用电设备的计算负荷，然后按照连续运行与间断运行分别计算装置的计算负荷，两种负荷乘对应的同时运行系数得出装置最大计算负荷。

2.2.4.2 评价

（1）计算过程较繁琐。计算精度较准确，需要辨别设备运行时间。

（2）难点是同时运行系数的掌握和设备运行原理的掌握。

2.2.4.3 适用范围

适用于石油化工企业。

2.2.5 其他计算法

2.2.5.1 二项式法

计算负荷由两项相加：基本部分代表平均需要负荷，附加部分用以考虑数台最大设备的影响。此法系苏联的经验公式，计算结果明显偏大，已被利用系数法取代。《导则》中已淘汰的方法，不宜再用。

2.2.5.2 简化或绕开有效台数的方法

在《导则》及其补充文件中，已给出有效台数的三种简化算法。其中，"相对有效台数法"仍很繁琐，简单算式则受限于不便记忆的使用条件。国内不仅推导过简化算式，还提出过绕开有效台数的 ABC 法等。这些改良方法无助于利用系数法的推广。

2.2.5.3 新二项式法及新利用系数法（谢善洲）

该法认为：用电设备开或停的现象服从"二项分布"规律；平均利用系数与设备台数负相关。计算负荷为平均负荷与 1.5 倍均方差负荷之和，可用新二项式法公式或新利用系数法公式求出。新二项式法计算过程简便，计算结果已在机械加工厂的实测中得到验证。我们希望在更多的行业验证其普适性，并使之完善。

2.2.5.4 C—KL 法、C—Px 法、C—P5 法和 D—KX 法（施俊良）

C—KL 法认为：只有 5 台功率最大的设备影响计算负荷与平均负荷的差值（CP5）；系数 C 是利用系数 KL 的单值函数。C—Px 法是 C—KL 法的再简化，用最大 1 台设备功率加 4 台假想设备功率（Px）代替 5 台设备功率。C—P5 法是上述方法用于 5 台及以下设备时的特例。这三种均属于简化利用系数法。

D—KX 法实质上是需要系数法形式的 C—KL 法，考虑了 5 台功率最大的设备对计算负荷的影响。为实现形式转换，引入计算系数 $D = f(KX)$；如进一步转化为修正系数 $\alpha = f(KX, P5/Pn)$，则称新需要系数法。

2.2.6 各计算方法总结

通过以上分析可见，需要系数法计算简单，是最常用的一种计算方法，该方法不考虑大容量设备最大负荷造成的负荷波动及用电设备的容量和台数，适用于配变电所的负荷计算；利用系数法的理论依据是概率论和数理统计，因而计算结果比较接近实际，但是需要确定的因数较多，计算步骤复杂，计算公式中一些因数的数据还较为缺乏，所以这种方法通常使用不多；轴功率逐台计算法主要适用于电机类的负荷，需要深入了解设备的运行原理与运行规律，设备计算功率对于成套设备或参数缺乏时存在误差，同时运行系数根据不同的场站不尽相同。二项式系数法考虑了少数大容量设备的投入对总计算负荷的额外影响,当用电设备组中存在容量相差较大的设备时,该方法的计算比较准确,但是二项式的计算系数在很多行业还缺乏充分的理论和数据依据,其使用范围受到了一定的局限;用电指标法的计算较为粗略,主要用于计算负荷的初步估算,多用于民用建筑的前期设计。

根据以上计算方法特点,轴功率逐台计算法以及需要系数法更适合本工程的负荷计算情况,因此本课题主要对轴功率逐台计算法以及需要系数法进行深入研究。

2.3 需要系数法

2.3.1 用电设备组的计算功率

有功功率 $$P_c = K_d P_e$$
无功功率 $$Q_c = P_c \tan\varphi$$

2.3.2 配电干线或车间变电站的计算功率

有功功率 $$P_c = K_{\Sigma p} \sum (K_d P_e)$$
无功功率 $$Q_c = K_{\Sigma q} \sum (K_d P_e \tan\varphi)$$

式中　P_c——计算有功功率,kW;

　　　Q_c——计算无功功率,kvar;

　　　P_e——用电设备组的设备功率,kW;

　　　K_d——需要系数,见表 2.1 和表 2.2;

　　　$\tan\varphi$——计算负荷功率因数角的正切值;

　　　$K_{\Sigma p}$——有功功率同时系数,取值 0.8~0.9;

　　　$K_{\Sigma q}$——无功功率同时系数,取值 0.93~0.97。

表 2.1　民用建筑用电设备的需要系数及功率因数表

用电设备组名称		需要系数 K_d	功率因数	
			$\cos\varphi$	$\tan\varphi$
通风和采暖用电	各种风机、空调器	0.70~0.80	0.80	0.75
	恒温空调箱	0.60~0.70	0.95	0.33
	集中式电热器	1.00	1.00	0
	分散式电热器	0.75~0.95	1.00	0
	小型电热议备	0.30~0.5	0.95	0.33
冷冻机		0.85~0.90	0.80~0.9	0.75~0.48
各种水泵		0.60~0.80	0.80	0.75
锅炉房用电		0.75~0.80	0.80	0.75
电梯(交流)		0.18~0.22	0.5~0.6	1.73~1.33
输送带、自动扶梯		0.60~0.65	0.75	0.88
起重机械		0.10~0.20	0.50	1.73

用电设备组名称		需要系数 K_d	功率因数	
			$\cos\varphi$	$\tan\varphi$
厨房及卫生用电	食品加工机械电饭锅、电烤箱	0.50～0.70	0.80	0.75
	电炒锅	0.85	1.00	0
	电冰箱	0.70	1.00	0
	热水器(淋浴用)	0.60～0.70	0.70	1.02
	除尘器	0.65	1.00	0
		0.30	0.85	0.62
机修用电	修理间机械设备	0.15～0.20	0.50	1.73
	电焊机	0.35	0.35	2.68
	移动式电动工具	0.20	0.50	1.73
打包机		0.20	0.60	1.33
洗衣房动力		0.30～0.50	0.70～0.9	1.02～0.48
天窗开闭机		0.10	0.50	1.73
通信及信号设备		0.70～0.90	0.70～0.9	0.75
客房床头电气控制箱		0.15～0.25	0.70～0.85	1.02～0.62

表 2.2　工业用电设备的需要系数和功率因数表

用电设备组名称		需要系数 K_d	功率因数	
			$\cos\varphi$	$\tan\varphi$
锻锤、压床、剪床及其他锻工机械		0.25	0.60	1.33
木工机械		0.20～0.30	0.50～0.60	1.73～1.33
液压机		0.30	0.60	1.33
生产用通风机		0.75～0.85	0.80～0.85	0.75～0.62
卫生用通风机		0.65～0.70	0.80	0.75
泵、活塞压缩机、空调送风机		0.75～0.85	0.80	0.75
冷冻机组		0.85～0.90	0.80～0.90	0.75～0.48
球磨机、破碎机、筛选机、搅拌机等		0.75～0.85	0.80～0.85	0.75～0.62
电阻炉(带调压器或变压器)	非自动装料	0.60～0.70	0.95～0.98	0.33～0.20
	自动装料	0.70～0.80	0.95～0.98	0.33～0.20
	干燥箱、电加热器等	0.40～0.60	1.00	0
工频感应电炉(不带无功补偿装置)		0.80	0.35	2.68
高频感应电炉(不带无功补偿装置)		0.80	0.60	1.33
焊接和加热用高频加热设备		0.50～0.65	0.70	1.02
熔炼用高频加热设备		0.80～0.85	0.80～0.85	0.75～0.62
表面淬火电炉(带无功补偿装置)	电动发电机	0.65	0.7	1.02
	真空管振荡器	0.80	0.85	0.62
	中频电炉(中频机组)	0.65～0.75	0.80	0.75

用电设备组名称	需要系数 K_d	功率因数	
		$\cos\varphi$	$\tan\varphi$
氢气炉(带调压器或变压器)	0.40~0.50	0.85~0.90	0.62~0.48
真空炉(带调压器或变压器)	0.55~0.65	0.85~0.90	0.62~0.48
电弧炼钢炉变压器	0.90	0.85	0.62
电弧炼钢炉的辅助设备	0.15	0.50	1.73
点焊机、缝焊机	0.35,0.20[①]	0.60	1.33
对焊机	0.35	0.70	1.02
自动弧焊变压器	0.50	0.50	1.73
单头手动弧焊变压器	0.35	0.35	2.68
多头手动弧焊变压器	0.40	0.35	2.68
单头直流弧焊机	0.35	0.60	1.33
多头直流弧焊机	0.70	0.70	1.02
金属加工、机修、装配车间用起重机	0.10~0.25	0.50	1.73
铸造车间用起重机	0.15~0.45	0.50	1.73
连锁的连续运输机械	0.65	0.75	0.88
非连锁的连续运输机械	0.50~0.60	0.75	0.88
一般工业用硅整流装置	0.50	0.70	1.02
电镀用硅整流装置	0.50	0.75	0.88
电解用硅整流装置	0.70	0.80	0.75

2.4 轴功率逐台计算法

2.4.1 装置(单元)的最大计算负荷

$$P_{30u} = K_{co}\sum P_{1coi} + K_{in}\sum P_{1coj}$$

$$Q_{30u} = K_{co}\sum Q_{1coi} + K_{in}\sum Q_{1coj}$$

式中　P_{30u}——装置(单元)最大计算负荷的有功功率,kW;

　　　Q_{30u}——装置(单元)最大计算负荷的无功功率,kvar;

　　　$\sum P_{1coi}$——装置(单元)所有连续运行电气设备计算负荷有功功率之和,kW;

　　　$\sum Q_{1coi}$——装置(单元)所有连续运行电气设备计算负荷无功功率之和,kvar;

　　　$\sum P_{1coj}$——装置(单元)所有间断运行电气设备计算负荷有功功率之和,kW;

　　　$\sum Q_{1coj}$——装置(单元)所有间断运行电气设备计算负荷无功功率之和,kvar;

　　　K_{co}——连续负荷同时运行系数;

　　　K_{in}——间断负荷同时运行系数。

2.4.2 用电设备计算负荷

$$P_1 = \frac{P_2}{\eta_m}$$

$$Q_1 = P_1 \frac{\sqrt{1-\cos^2\varphi_m}}{\cos\varphi_m}$$

$$K_r = \frac{P_2}{P_r}$$

$$\eta_m = (\eta_a - \eta_b)\frac{(K_r - a)}{0.25} + \eta_b$$

$$\cos\varphi_m = (\cos\varphi_a - \cos\varphi_b)\frac{(K_r - a)}{0.25} + \cos\varphi_b$$

式中　P_1——在轴功率下运行时,电动机输入的有功功率,kW;

　　　Q_1——电动机输入的无功功率,kvar;

　　　P_2——根据机泵所输送介质在设计操作条件下的扬程、流量、温度、密度、黏度及机泵效率等参数计算出的机泵轴端输送功率,即轴功率,kW;

　　　P_r——电动机额定功率,kW;

　　　K_r——电动机负载率;

　　　η_m——电动机在轴功率下运行时的效率,当 $0.75 < K_r \leqslant 1$ 时,η_a 及 η_b 分别为电动机在 100% 和 75% 负载时的效率,a 取 0.75;当 $0.5 < K_r \leqslant 0.75$ 时,η_a 及 η_b 分别为电动机在 75% 和 50% 负载时的效率,a 取 0.5;当 $K_r \leqslant 0.5$ 时,按电动机在 50% 负载时的效率取值;

　　$\cos\varphi_m$——电动机在轴功率下运行时的效率,当 $0.75 < K_r \leqslant 1$ 时,$\cos\varphi_a$ 及 $\cos\varphi_b$ 分别为电动机在 100% 和 75% 负载时的效率,a 取 0.75;当 $0.5 < K_r \leqslant 0.75$ 时,$\cos\varphi_a$ 及 $\cos\varphi_b$ 分别为电动机在 75% 和 50% 负载时的效率,a 取 0.5;当 $K_r \leqslant 0.5$ 时,按电动机在 50% 负载时的效率取值。

2.4.3 装置(单元)内有部分用电设备是成套设备,难以确定轴功率时轴功率计算

$$P_1 = \frac{P_r \eta_t}{K_s}$$

式中　η_t——机泵传动系数,直接传动取 1,皮带或齿轮传动取 0.9;

　　　K_s——负载安全系数,按表 2.3 选取。

表 2.3　不同电动机功率下的负载安全系数

配套电机效率,kW	<3	3~5.5	7.5~18.5	22~25	>75
K_s	1.5	1.3	1.25	1.15	1.1

2.5　计算方法确定

2.5.1　需要系数法的局限性

2.5.1.1　需要系数准确性

在第四版《工业与民用供配电设计手册》(以下简称《手册》)中提到,现有计算方法适用于一般工业和民用工程项目,各行业宜采用业内行之有效的负荷计算方法。各工程的用电指标和计算系数,应采用同类项目的实测数据,当参照手册资料时,应深入分析负荷性质和使用情况,适当调整有关指标和系数。并且《手册》所列相关指标和系数通常偏大,需开展负荷调查和实测工作,逐步修订各项指标和计算系数。

2.5.1.2　用电设备功率取值

通常情况下,需要系数法遵循以下原则:不同工作制用电设备的额定功率统一换算为连续工作制的功率。具体体现为:(1)连续工作制电动机的设备功率等于额定功率;(2)周期工作制电动机的设备功率是将额定功率一律换算为负载持续率100%的有功功率;短时工作制电动机的设备功率是将额定功率换算为连续工作制的有功功率,0.5h工作制电动机按 $\varepsilon=15\%$ 考虑,1h工作制电动机按 $\varepsilon=25\%$ 考虑;(3)电焊机的设备功率是将额定容量换算到负载持续率为100%的有功功率。这些原则是基于按发热条件选择电器和导体制定的,即此负荷的热效应与实际变动负荷产生的热效应相等,对于变压器而言,是绝缘热老化程度相等。但是以上原则并不适用于天然气发电机供电的孤岛电站,因为燃气发电机的过载能力与变压器完全不同。因此,天然气发电机供电的负荷计算应采用额定功率,而不需经过以上换算。

2.5.2　轴功率逐台计算法的可借鉴性

轴功率逐台计算法仅可用于电动机负荷,对于其他类型的负荷没有适用性,因此不适用于整个站场功率的计算。轴功率逐台计算法提出了用电设备轴功率的计算方法,需要在明确轴功率、效率、功率因数、电机负载率的情况下才能准确计算,而发电机功率的确定通常在初步设计阶段,在初步设计阶段设备供货商尚未确定,很难取得准确的计算参数,因此会影响设备计算功率的准确性。在缺少以上参数以及没有可借鉴的数据时采用安全系数进行计算,可作为需要系数法的有益补充。

轴功率逐台计算法对于站场负荷计算最大的借鉴性在于其区分了用电设备的运行状态,将用电设备分为连续负荷和间断负荷,由此能够得出站场负荷的最小值和最大值,根据两种负荷的比例关系,进而确定天然气发电机的最佳容量范围以及数量配合。

2.5.3　计算方法的确定

根据压气站负荷情况以及天然气发电机带载特点,将需要系数法与轴功率逐台计算法进行结合,以计算出更为准确的计算负荷,利于天然气发电机的选型。

改进后的计算方法如下:

(1)全站负荷计算仍以需要系数法为主;

(2)借鉴轴功率逐台计算法,将连续运行负荷和间断运行负荷分别计算;

2.6 计算原则

2.6.1 单台设备功率

(1)电动机直接取轴功率,不换算为输入功率(效率已揉入需要系数)。

(2)整流器的设备功率取额定直流输出功率(其交流输入功率计算困难)。

(3)气体放电灯应计入镇流器的功率损耗。

(4)不同工作制用电设备不再进行换算。

(5)消防设备,应区分两种消防设备:平时不工作的消防设备不计入,如消防泵;平时正常运行设备仍应计入,如稳压泵、正常点燃的应急照明等。火灾时切除的正常负荷通常大于投入的应急负荷。

2.6.2 用电设备组

(1)备用设备不计入,前提是工作设备和备用设备均在同一计算范围内。

(2)成套设备按照运行连续性、设备类型、工作季节进行分解,分别计算。

(3)生活用暖通设备根据建筑内房间的功能进行区分,按最大可能运行数量进行计算。

2.6.3 全站场的负荷计算

(1)与环境温度相关的负荷按照冬季、夏季、春秋季分别计算:

(2)将连续运行负荷和间断运行负荷分别计算:

① 连续负荷包括间隔周期较短的设备或无间隔运行的设备;

② 间歇负荷包括间隔周期较长的设备或正常不用,只是在检修、事故或压缩机启停时才运行的设备。

(3)需要系数根据调研数据进行调整,缺少准确调研数据时仍采用原系数。

(4)压缩机、空冷器数量按照不同输量台阶分别计算。

(5)专门用于检修的设备(如检修用吊车)和工作时间很短的设备(如电动阀)不计入站场负荷,但在计算范围内以这些负荷为主时,按实际情况处理。

2.6.4 原始数据与需要系数推荐值

压缩机、污水处理橇、给水处理橇、厨房设备的计算负荷原始数据如下,其他各设备原始数据以各专业提供资料为准,需要系数推荐值以及与D线初设、《手册》对比见表2.4。

表 2.4 需要系数推荐表

序号	设备名称	需要系数推荐值			D线初设值	《手册》值	备注
		春秋	夏	冬			
1	空冷器电动机	0.8	同	同	0.7	0.75～0.85	
2	空压机	0.8	同	同	0.9	0.75～0.85	
3	各电动阀	0	同	同	0.3	无	短时运行

序号	设备名称	需要系数推荐值			D线初设值	《手册》值	备注
		春秋	夏	冬			
4	各电伴热带	0	0	0.9	0.7	无	
5	自用气橇电加热器				0		根据各站工艺输入条件核算
6	分析小屋				0.8		
6.1	电伴热带	0	0	0.9		无	
6.2	电暖器	0	0	0.8		无	
6.3	空调	0	0.6	0		0.7~0.8	
7	各厂房吊车	0	同	同	0	0.1~0.25	检修设备
8	余热锅炉橇	0	同	同	0.7	0.75~0.8	与燃料气加热器不同时工作
9	天然气发电机橇				0.4		
9.1	冷却风扇电动机	0.6	0.8	0.4		0.75~0.85	
9.2	水套电加热器	1	0	1		1	
9.3	发电机空间加热器	0	0	1		1	
10	锅炉	0	0	0.8	0.7	0.75~0.85	
11	锅炉房循环水泵	0	0	0.8	0.7	0.75~0.85	
12	消防泵房稳压泵	0.8	同	同	0	0.75~0.85	
13	消防泵房消防泵	0	0	0	0	0.75~0.85	消防负荷
14	消防泵房柴油泵	1	0	1	0	1	电加热器
15	阴保设备	0.9	同	同	0.9	无	
16	UPS负荷	0.5	同	同	0.8	无	
17	场区照明	1	同	同	0.8	无	
18	建筑内照明	1	同	同	0.8		按照房间功能最大同时工作数量计算
19	建筑内空调（控制室、设备间、配电间、发电机控制室）	0	0.6	0	0.7	0.7~0.8	
20	建筑内空调（办公楼除控制室,警卫楼、门卫）	0	0.3	0	0.7	0.7~0.8	按照房间功能最大同时工作数量计算
21	压缩机厂房暖风机	0	0	0.8	0.7	0.7~0.8	
22	压缩机厂房屋顶风机	0	0.8	0	0.7	0.7~0.8	
23	其他风机	0.8	同	同	0.7	0.7~0.8	
24	建筑内电暖器（无水暖房间）	0	0	0.8	0.7	0.75~0.95	
25	建筑内电暖器（有水暖房间）	0	同	同	0.7	0.75~0.95	现场均未安装使用

序号	设备名称	需要系数推荐值			D线初设值	《手册》值	备注
		春秋	夏	冬			
26	倒班村内设备						
27	生活热水循环泵	0.8	同	同	0.7	0.75~0.85	
28	场区照明	1	同	同	0.8	无	
29	建筑内照明	1	同	同	0.8		按照房间功能最大同时工作数量计算
30	建筑内空调(食堂、宿舍、门卫)	0	0.6	0	0.7	0.7~0.8	
31	建筑内空调(宿舍楼功能房间)	0	0.15	0	0.7	0.7~0.8	
32	建筑内空调(消防宿舍)	0	0.3	0	0.7	0.7~0.8	
33	建筑内浴霸	0.3	0	0.3	0.7	0.3~0.5	

3 压气站负荷

3.1 用电设备分类

根据压气站用电设备运行情况,按照上文计算原则将压气站用电设备进行分类统计,见表3.1。

表3.1 压气站用电设备分类清单

序号	设备名称	设备类型	运行时间	运行周期	运行方式	运行季节	备注
	压气站内设备						
1	空冷器电动机	电动机	24h	无间隔	连续	四季	夏多冬少
2	空压机	电动机	24h	无间隔	连续	四季	
3	压缩机橇						单独分类
4	电动阀	电动机	2min	随机	间隔	四季	
5	电伴热带	电伴热带	24h	无间隔	连续	冬季	
6	自用气橇						
6.1	燃气轮机支路电加热器	电加热器	24h	无间隔	连续	四季	夏少冬多,与压缩机数量相关
6.2	发电机、锅炉支路电加热器	电加热器	24h	无间隔	连续	四季	夏少冬多
6.3	电伴热带	电伴热带	24h	无间隔	连续	冬季	
6.4	电动阀	电动机	2min	随机	间隔	四季	
7	分析小屋						

序号	设备名称	设备类型	运行时间	运行周期	运行方式	运行季节	备注
7.1	电伴热带	电伴热带	24h	无间隔	连续	冬季	
7.2	电暖器	电加热器			连续	冬季	
7.3	空调	电动机			连续	夏季	
8	吊车						
8.1	压缩机厂房吊车	电动机			间歇	四季	
8.2	发电机房吊车	电动机			间歇	四季	
8.3	消防泵房吊车	电动机			间歇	四季	
9	余热锅炉橇						
9.1	引风机电动机	电动机	24h	无间隔	连续	冬季	
9.2	引风机通风机电动机	电动机	24h	无间隔	连续	冬季	
9.3	引风机轴承冷却鼓风机电动机	电动机	24h	无间隔	连续	冬季	
9.4	风门电动机	电动机	2min	随机	间歇	冬季	
9.5	电伴热带	电伴热带	24h	无间隔	连续	冬季	
9.6	控制柜	电子设备	24h	无间隔	连续	冬季	
10	燃气调压箱						
10.1	天然气发电机用调压箱	电伴热带	24h	无间隔	连续	冬季	
10.2	燃气锅炉用调压箱	电伴热带	24h	无间隔	连续	冬季	
11	天然气发电机橇						
11.1	冷却风扇电动机	电动机	24h	无间隔	连续	四季	夏多冬少
11.2	水套电加热器	电加热器			间歇	四季	夏少冬多,发电机工作时停止
11.3	发电机空间加热器	电加热器			间歇	冬季	
12	锅炉						
12.1	燃烧器鼓风机	电动机	24h	无间隔	连续	冬季	
12.2	控制柜	电子设备	24h	无间隔	连续	冬季	
13	锅炉房循环水泵	电动机	24h	无间隔	连续	冬季	
14	锅炉房补水泵	电动机			间歇	冬季	
15	消防泵房稳压泵	电动机			间歇	四季	
16	消防泵房消防泵	电动机			间歇	四季	
17	消防泵房污水泵	电动机			间歇	四季	
18	消防泵房柴油泵	电加热器			间歇	四季	夏少冬多
19	阴保设备	电子设备	24h	无间隔	连续	四季	
20	场区照明	照明	12h	24h	间歇	四季	夜间
21	建筑内照明	照明	24h	无间隔	连续	四季	

序号	设备名称	设备类型	运行时间	运行周期	运行方式	运行季节	备注
22	建筑内空调	电动机			连续	夏季	
23	建筑内风机	电动机			间歇	四季	
24h	建筑内电暖器	电加热器			连续	冬季	
25	建筑内电热水器	电加热器			间歇	四季	夏少冬多
26	建筑内浴霸	电加热器			间歇	冬季、春秋季	
27	压缩机厂房暖风机	电动机	24h	无间隔	连续	冬季	
28	压缩机厂房屋顶风机	电动机	24h	无间隔	连续	夏季	
	倒班村内设备						
30	污水处理橇	电动机				四季	单独分类
31	给水处理橇	电动机				四季	单独分类
32	生活热水循环泵	电动机	24h	无间隔	连续	四季	
33	场区照明	照明	12h	24h	间歇	四季	夜间
34	建筑内照明	照明	12h	24h	间歇	四季	夜间
35	建筑内空调	电动机			连续	夏季	
36	建筑内浴霸	电加热器			间歇	冬季,春秋季	
37	中方厨房设备	电加热器				四季	单独分类
38	外方厨房设备	电加热器				四季	单独分类

3.2 压气站典型负荷

压气站典型负荷经计算运行连续负荷、运行最大负荷、启动连续负荷、启动最大负荷,可以用于天然气发电机选型,其中运行连续负荷为站场中压缩机运行状态所有连续运行的设备负荷之和,是压气站最小负荷,运行最大负荷为压缩机运行状态在运行连续负荷基础上计入间歇负荷,是压气站压缩机运行状态的最大负荷,而启动连续负荷为一台压缩机启动状态所有连续运行的设备负荷之和,启动最大负荷为一台压缩机启动状态在连续运行负荷基础上计入间歇负荷,是压气站可能的最大负荷。

4 中亚 D 线各压气站负荷

中亚 D 线各压气站工艺配置与负荷

由各站负荷计算结果可以看出,压缩机、空冷器用电负荷在压气站负荷中所占比重非常大,空冷器用电负荷占比最高达 65%。通过计算可知,不同输气工况直接影响压缩机和空冷器运行数量,用电负荷差别巨大,对压气站发电机配置方案起到决定性作用。负荷计算仅是基于初设的工况,施工图阶段还需要进一步分析后确定最终配置方案。

5　中亚 D 线各压气站发电机配置建议

5.1　压气站天然气发电机配置原则

压气站天然气发电机配置,应最大限度降低由于发电机故障对站场用电设备的影响,尤其是对压缩机连续运行的影响。具体如下:

(1)天然气发电机连续运行有效负载率范围为50%～95%。

(2)每站天然气发电机规格型号最多为2种。

(3)采用应急柴油发电机或 UMD 技术(根据燃驱压缩机选型)用于保证压缩机辅助用电的连续性。

(4)天然气发电机配置方案按照等功率方案和大小机组方案分别考虑。

5.2　压缩机不停机措施

压缩机运行时,当运行天然气发电机故障时,备用天然气发电机启动时间无法保证压缩机能够连续运行,因此需要采取相应措施,按照中油国际相关项目方案,可采取的措施有应急柴油发电机方案以及 UMD 方案,当运行天然气发电机由于故障停机时,由柴油发电机或 UMD 为压缩机部分设备连续供电,以保证压缩机不停机运行。

为保证压缩机不停机运行所采取的柴油机方案,柴油机容量需考虑以下负荷:GE 压缩机需满足箱体通风电机运行,负荷为 $2 \times 75 = 150$(kW/台);RR 压缩机需满足箱体通风、矿物油泵、合成油泵运行,总负荷为 $2 \times 40 + 15 + 15 = 110$(kW/台)。目前,暂按负荷较大的 GE 压缩机考虑柴油发电机容量,DU – CS1 站为 640kW,其他各站为 320kW,待确定压缩机供货商后需对柴油发电机容量进一步核实。

6　课题建议

6.1　计算负荷校核

由于压气站负荷受压缩机、空冷器、空压机等较大用电设备影响较大,故建议工程建设时先确定以上设备,再根据实际订货设备负荷情况修订计算负荷,最后复核发电机容量。

6.2　发电机出力及带载能力校核

　　配置方案中发电机功率为实际出力,订货时需根据各站海拔、温度降效情况校核发电机容量,并进行各工况适应性分析。

7　不同品牌天然气发电机适应性

　　中亚天然气管道 ABC 线在用发电机品牌主要为卡特彼勒和康明斯,课题组对以上两个品牌天然气发电机进行了相关调研,并且同时调研了济柴天然气发电机。D 线压气站天然气发电机功率段为 390～1000kW,以下按照不同品牌分别对 D 线各压气站推荐方案进行发电机适应性分析。

7.1　卡特彼勒天然气发电机适应性

发电机功率修正

　　卡特彼勒相应的天然气发电机规格有 G3508LE、G3512LE、G3516LE、G3516C,在各站场环境条件下分析天然气发电机功率折减情况。

7.2　康明斯天然气发电机适应性

发电机功率修正

　　康明斯相应的发电机规格有 C500N5C,C1160N5C,G3516LE,在各站场环境条件下分析发电机功率折减情况。

7.3　济柴天然气发电机适应性

发电机功率修正

　　济柴相应的发电机规格有 500GF－T,600GF－T,900GF－T,1100GF－T,1200GF－T,在各站场环境条件下分析发电机功率折减情况。

8 附录：天然气发电机保养周期

8.1 卡特彼勒天然气发电机

8.1.1 保养周期

卡特彼勒天然气发电机保养周期见表8.1。

表 8.1 卡特彼勒天然气发电机保养周期

周期	保养内容	措施
当需要时	蓄电池	更换
	发动机空气滤清器滤芯	更换
	发电机	干燥
	发电机组	测试
	绝缘	测试
	旋转整流器	测试
	气门挺杆凸出量	测量/记录
	压敏电阻	测试
	绕组	测试
每天	进气过滤器	检查
	空气启动马达润滑器油位	检查
	空气罐中的水气和沉淀物	排放
	轴承温度	测量/记录
	控制面板	检查
	冷却系统冷却液液位	检查
	电接头	检查
	发动机空气滤清器保养指示器	检查
	发动机空气集尘器	清洁
	发动机油油位	检查
	燃气系统燃气过滤器压力差	检查
	发电机	检查
	发电机载荷	检查
	功率因数	检查
	空间加热器	检查
	定子绕组温度	测量/记录
	电压和频率	检查
	巡问检查	

周期	保养内容	措施
最初 250 个工作小时	曲轴箱窜气	测量/记录
	气缸压力	测量/记录
每 250 个工作小时或每 2 周	蓄电池电解液液位	检查
	发动机油油样	取样
最初 1000 个工作小时或每 6 周	发动机转速/正时传感器	清洁/检查
	气门挺杆凸出量	测量/记录
每 1000 个工作小时或每 6 周	后冷却器中的冷凝水	排放
	交流发电机和风扇皮带	检查/调整/更换
	汽化器空气/燃气比率	检查/调整
	曲轴减振器	检查
	发动机曲轴箱呼吸器	清洗
	发动机曲轴箱呼吸器	清洗
	发动机油	更换
	发动机辅助滤油器	更换
	发动机滤油器	更换
	发动机气门间隙	检查/调整
	排气管道	检查
	燃气压力调节器中的冷凝水	排放
	软管和卡箍	检查/更换
	点火系统火花塞	检查/调整/更换
	点火系统正时	检查/调整
	进气系统	检查
	散热器	清洁
每 2000 个工作小时或每 3 个月	促动器操纵连杆	润滑
	滚珠轴承	润滑
	冷却系统冷却液补充添加剂（SCA）	测试/添加
	发动机转速/正时传感器	清洁/检查
	发电机组的振动	检查
	定子引线	检查
每 4000 个工作小时或每 6 个月	空气启动马达润滑器油杯	清洗
	交流发电机	检查
	曲轴箱窜气	测量/记录
	气缸压力	测量/记录
	发动机机架	检查
	发动机防护装置	检查
	排气旁路装置	检查
	启动马达	检查
	水泵	检查
每 8000 个工作小时	冷却系统冷却液分析（等级Ⅱ）	取样

周期	保养内容		措施
每 8000 个工作小时或每年	旋转整流器		检查
	涡轮增压器		检查
	水温调节器		更换
在 9000 至 16000 个工作小时之间	上部零件大修		
每 24000 个工作小时或每 3 年	冷却系统冷却液(DEAC)		更换
在 27000 至 48000 个工作小时之间	机架上大修		
在 45000 至 80000 个工作小时之间	轴承		检查
	主要部件大修		

注:进行每一连贯时间间隔的保养之前,必须完成前一时间间隔的全部保养要求。

8.1.2 返厂大修

卡特彼勒天然气发电机大修不需要返厂,只需在现场进行,大修周期为 45000～80000 个工作小时之间,大修费用为设备费用的 30%。

8.2 康明斯天然气发电机

8.2.1 保养周期

康明斯天然气发电机保养周期见表 8.2 至表 8.4。

表 8.2 C500N5C 机型保养周期表(大修周期:64000h)

保养周期,h	保养项目	保养内容
50	首次保养	检查并调整气门间隙
50	首次保养	检查气门积炭
50	首次保养	清理燃气滤清器滤芯
50	首次保养	带载测试和功能测试
250	发动机机油分析	机油分析—取样并记录结果(参阅 ESB – SPB 22.3)
2000	2000 –定期检修	检查并调整气门间隙
2000	2000 –定期检修	检查气门积炭
2000	2000 –定期检修	发电机—检查积灰/杂物/湿度
2000	2000 –定期检修	更换火花塞
4000	4000 –定期检修	发电机轴承—按照 TSB101605 进行润滑
4000	4000 –定期检修	检查发动机设定口空燃比,点火提前角,必要时调整

保养周期,h	保养项目	保养内容
4000	4000-定期检修	检查节气门(机械部分)
4000	4000-定期检修	测量排放值
8000	8000-定期检修	发动机/发电机安装螺栓—检查无松动
8000	8000-定期检修	发电机组电气连接—检查无松动
8000	8000-定期检修	发电机绝缘—测试并记录
16000	16000-定期检修	涡轮增压器—ABB检修
16000	16000-定期检修	辅助机械设备控制测试
16000	16000-定期检修	检查膨胀接头
16000	16000-定期检修	检查阻火器
16000	16000-定期检修	检查点火正时
16000	16000-定期检修	检查机油冷却器
16000	16000-定期检修	检查传感器
16000	16000-定期检修	检查空气—燃气混合器
16000	16000-定期检修	检查阀门以及发动机控制部件
16000	16000-定期检修	检查减振器,连接管以及软管
16000	16000-定期检修	清理混合气冷却器
16000	16000-定期检修	检查曲轴箱排气(UT模块和压力控制阀)
16000	16000-定期检修	检查燃烧室—使用内窥镜
16000	16000-定期检修	检查中冷器—使用内窥镜
16000	16000-定期检修	蓄电池维护
16000	16000-定期检修	更换冷却液
16000	16000-定期检修	更换排烟避振器
16000	16000-定期检修	带载测试和功能测试
24000	24000-定期检修	更换缸盖
24000	24000-定期检修	更换发动机黏滞减振器
32000	32000-主要检修	检查连杆衬套
32000	32000-主要检修	检查发动机安装
32000	32000-主要检修	检查排烟管路
32000	32000-主要检修	检查活塞
32000	32000-主要检修	检查活塞销
32000	32000-主要检修	检查起动机齿轮以及飞轮齿圈
32000	32000-主要检修	更换活塞DSF环
32000	32000-主要检修	更换活塞KBA环
32000	32000-主要检修	更换活塞M环

保养周期,h	保养项目	保养内容
32000	32000-主要检修	更换中冷器密封
32000	32000-主要检修	更换曲轴箱呼吸器
32000	32000-主要检修	更换阀门以及控制部件
32000	32000-主要检修	检查各种盒装部件以及开关
32000	32000-主要检修	更换发电机防潮加热器
32000	32000-主要检修	更换启动蓄电池
32000	32000-主要检修	检查发电机驱动端连接装置
32000	32000-主要检修	更换发电机整流模块
32000	32000-主要检修	更换发电机轴承
32000	32000-主要检修	检查和清理发电机绕组
64000	64000-全面检修	检查凸轮轴
64000	64000-全面检修	检查气缸套和水路的曲轴箱法兰密封
64000	64000-全面检修	检查曲轴
64000	64000-全面检修	检查并清理驱动轮
64000	64000-全面检修	检查电气接线,线束接头
64000	64000-全面检修	更换线束
64000	64000-全面检修	更换减振垫
64000	64000-全面检修	更换定位器
64000	64000-全面检修	更换空气—燃气混合器
64000	64000-全面检修	更换高温水泵
64000	64000-全面检修	更换低温水泵
64000	64000-全面检修	更换发动机控制模块
64000	64000-全面检修	更换机油压力阀
64000	64000-全面检修	更换机油泵
64000	64000-全面检修	更换活塞
64000	64000-全面检修	更换连杆
64000	64000-全面检修	更换阀组
64000	64000-全面检修	更换凸轮轴轴承
64000	64000-全面检修	更换连杆轴承
64000	64000-全面检修	更换曲轴前轴封
64000	64000-全面检修	更换曲轴后轴封
64000	64000-全面检修	更换缸套
64000	64000-全面检修	更换主轴承,止推轴承以及止推垫片
64000	64000-全面检修	更换橡胶膨胀接头
64000	64000-全面检修	更换挺杆

表 8.3 C1160N5C 机型保养周期表(大修周期:60000h)

保养周期,h	保养项目	保养内容
250	首次保养	电子模块和节气门执行器—检查连接
250	首次保养	排放测量,检测 O_2 和 NO_x,取样/记录/必要时调整
250	首次保养	燃气滤清器—检查和清理
250	首次保养	机油—排空及更换(适用机油请参阅操作手册)
250	首次保养	机油滤清器—更换(参阅操作手册)
250	首次保养	顶置机构及气门杆高度—检查并记录气门间隙,必要时调整
250	首次保养	密封套管(高压线圈延长管用)—更换
250	发动机机油分析	机油分析—取样并记录结果(参阅 ESB - SPB 22.3)
1500	1500 -发电机检修	发电机轴承—按照 TSB101605 进行润滑
1500	1500 -发电机检修	发电机—积灰/潮湿入口检查
1500	1500 -发电机检修	发电机—测量并记录轴承振动
1500	1500 -定期检修	空滤压差指示器—检查并确认
1500	1500 -定期检修	空滤集灰器—清理并检查
1500	1500 -定期检修	冷却系统软管,中冷器管路,进气胶管及呼吸器管路—检查
1500	1500 -定期检修	发动机接线,蓄电池电缆及连接件—检查
1500	1500 -定期检修	燃气系统—泄漏检查
1500	1500 -定期检修	机组各项压力和温度值—检查并记录
1500	1500 -定期检修	带载稳定性—带载测试并记录
1500	1500 -定期检修	机油—排空及更换(适用机油请参阅操作手册)
1500	1500 -定期检修	机油滤清器—更换(参阅操作手册)
1500	1500 -定期检修	顶置机构及气门杆高度—检查并记录气门间隙,必要时调整
1500	1500 -定期检修	增压器—泄漏检查
1500	1500 -定期检修	通气管—堵塞检查
1500	1500 -火花塞检修,标准型	密封套管(高压线圈延长管用)—更换
1500	1500 -火花塞检修,标准型	标准型火花塞—更换
3000	3000 -定期检修	一级空滤滤芯—更换
3000	3000 -定期检修	冷却液试纸分析(SCA)—取样/记录/必要时更换(见 ESB - SPB25)
3000	3000 -定期检修	冷却液滤清器—更换
3000	3000 -定期检修	发动机电气接线—清理并检查(013 - 033)
3000	3000 -定期检修	排放测量,检测 O_2 和 NO_x,取样/记录/必要时调整
3000	3000 -定期检修	发动机前耳轴—润滑(使用 Chevron SRI 或等同油脂)
3000	3000 -定期检修	发电机接地—连接检查
3000	3000 -定期检修	气门杆高度—检查并记录气门间隙,必要时调整
6000	6000 -发电机检修	发动机/发电机安装螺栓—力矩检查
6000	6000 -发电机检修	发电机驱动端软连接—检查(见 ESB - SPB 65)
6000	6000 -发电机检修	机组电气接线—检查
6000	6000 -发电机检修	发电机绝缘—测试并记录

保养周期,h	保养项目	保养内容
6000	6000 – 定期检修	二级空滤滤芯—更换
6000	6000 – 定期检修	控制盘总成—清理并检查(019 – 314)
6000	6000 – 定期检修	呼吸器滤清器滤芯—更换
6000	6000 – 定期检修	使用压缩空气清理发动机
6000	6000 – 定期检修	燃气滤清器滤芯—更换
6000	6000 – 定期检修	燃气管线—泄漏检查
6000	6000 – 定期检修	散热器—清理并检查
6000	6000 – 定期检修	气门盖垫片—更换
15000	15000 – 定期检修	中冷器总成—清理,检查并测试
15000	15000 – 定期检修	进气胶管密封性—检查
15000	15000 – 定期检修	凸轮轴,凸轮从动轮,摇臂和顶杆—检查
15000	15000 – 定期检修	节气门垫圈—更换
15000	15000 – 定期检修	冷却液—排空并更换(见 ESB – SPB25)
15000	15000 – 定期检修	燃气控制阀—泄漏检查
15000	15000 – 定期检修	轮系—间隙及轴向浮动—检测并记录
15000	15000 – 定期检修	点火线圈延长管—更换
15000	15000 – 定期检修	高温水泵—更换
15000	15000 – 定期检修	低温水泵—更换
15000	15000 – 定期检修	O 形圈(火花塞导管用)—更换
15000	15000 – 定期检修	高/低温水节温器—更换
15000	15000 – 定期检修	增压器轴向和侧向间隙—检查并记录
30000	30000 – 气缸盖检修	缸盖—更换
30000	30000 – 发电机检修	电球加热器—更换
30000	30000 – 发电机检修	二极管整流器—更换
30000	30000 – 发电机检修	发电机轴承—更换
30000	30000 – 发电机检修	发电机绕组—清理并检查
30000	30000 – 主要检修	辅助冷却系统,软连接和软管—更换
30000	30000 – 主要检修	启动蓄电池—更换
30000	30000 – 主要检修	控制器蓄电池—更换
30000	30000 – 主要检修	连杆—更换
30000	30000 – 主要检修	连杆轴瓦(大端)—更换
30000	30000 – 主要检修	联轴器软连接—更换并重新调整
30000	30000 – 主要检修	散热器软管—更换
30000	30000 – 主要检修	点火线圈垫片—更换
30000	30000 – 主要检修	缸套—更换
30000	30000 – 主要检修	活塞环—更换
30000	30000 – 主要检修	活塞—拆卸/安装,缸盖工时调整

保养周期,h	保养项目	保养内容
30000	30000－主要检修	机油泵—更换
30000	30000－主要检修	燃气流量传感器—检查
30000	30000－主要检修	增压器—更换
30000	30000－主要检修	燃气流量阀—清理并检查(使用工具 PN3824510)
60000	60000－全面检修	中冷器芯—更换
60000	60000－全面检修	凸轮从动轮总成—更换
60000	60000－全面检修	凸轮轴衬套和止推垫片—更换
60000	60000－全面检修	排气歧管波纹管—更换
60000	60000－全面检修	前齿轮系衬套—更换
60000	60000－全面检修	燃气控制阀—更换
60000	60000－全面检修	调压器—更换
60000	60000－全面检修	机油冷却器—更换
60000	60000－全面检修	曲轴轴承和止推垫圈—更换
60000	60000－全面检修	曲轴前油封—更换
60000	60000－全面检修	曲轴后油封—更换
60000	60000－全面检修	活塞冷却喷嘴—清理并更换 O 形圈
60000	60000－全面检修	活塞—更换
60000	60000－全面检修	顶杆—更换
60000	60000－全面检修	摇杆—更换
60000	60000－全面检修	节气门波纹管—检查
60000	60000－全面检修	增压器冷却液软管/排空管—更换
60000	60000－全面检修	增压器机油软管/排空管—更换
60000	60000－全面检修	燃气流量阀
60000	60000—全面检修	减振器-更换

表 8.4　C1540N5CB 机型保养周期表(大修周期:60000h)

保养周期,h	保养项目	保养内容
250	首次保养	离心式过滤器—清理,检查并更换滤芯
250	首次保养	排放测量,检测 O_2 和 NO_x,取样/记录/必要时调整
250	首次保养	燃气滤清器—检查和清理
250	首次保养	机油—排空及更换(适用机油请参阅操作手册)
250	首次保养	机油滤清器—更换(参阅操作手册)
250	首次保养	顶置机构及气门杆高度—检查并记录气门间隙,必要时调整
250	首次保养	密封套管(高压线圈延长管用)—更换
250	发动机机油分析	机油分析—取样并记录结果(参阅 ESB－SPB 22.3)
2000	2000－发电机检修	发电机轴承—按照 TSB101605 进行润滑
2000	2000－发电机检修	发电机—积灰/潮湿入口检查

保养周期,h	保养项目	保养内容
2000	2000-发电机检修	发电机—测量并记录轴承振动
2000	2000-定期检修	空滤集灰器—清理并检查
2000	2000-定期检修	离心式过滤器—清理,检查并更换滤芯
2000	2000-定期检修	带载稳定性—带载测试并记录
2000	2000-定期检修	机油滤清器—更换(参阅操作手册)
2000	2000-定期检修	机滤泄压阀 O 形圈—更换
2000	2000-火花塞检修,标准型	密封套管(高压线圈延长管用)—更换
2000	2000-火花塞检修,标准型	标准型火花塞—清理,检查—调整
2000	2000-火花塞检修,标准型	火花塞—更换
4000	4000-定期检修	空滤压差指示器—检查并确认
4000	4000-定期检修	一级空滤滤芯—更换
4000	4000-定期检修	冷却液试纸分析(SCA)—取样/记录/必要时更换(见 ESB-SPB 25)
4000	4000-定期检修	发动机电气接线—清理并检查(013-033)
4000	4000-定期检修	排放测量,检测 O_2 和 NO_x,取样/记录/必要时调整
4000	4000-定期检修	软管—老化检查(必要时更换)
4000	4000-定期检修	顶置机构及气门杆高度—检查并记录气门间隙,必要时调整
6000	6000-发电机检修	发动机/发电机安装螺栓—力矩检查
6000	6000-发电机检修	发电机驱动端软连接—检查(见 ESB-SPB 65)
6000	6000-发电机检修	发电机绝缘—测试并记录
6000	6000-定期检修	凸轮轴,顶杆和凸轮滚轮总成—检查
6000	6000-定期检修	控制盘总成—清理并检查(019-314)
6000	6000-定期检修	冷却液回路,管路及连接件—检查,必要时更换
6000	6000-定期检修	呼吸器滤清器滤芯—更换
6000	6000-定期检修	发电机电气接线—清理并检查(013-035)
6000	6000-定期检修	燃气滤清器—检查和清理
6000	6000-定期检修	燃气管线—泄漏检查
6000	6000-定期检修	发电机接地—连接检查
6000	6000-定期检修	润滑油管路,软管—检查,必要时更换
6000	6000-定期检修	机油—排空及更换(适用机油请参阅操作手册)
6000	6000-定期检修	机滤座 O 形圈—更换
6000	6000-定期检修	散热器—清理并检查
6000	6000-定期检修	摇杆盖 O 形圈—更换
6000	6000-涡轮增压器检修	增压器轴向和侧向间隙—检查并记录
15000	15000-定期检修	进气和排气系统—泄漏检查
15000	15000-定期检修	冷却液—排空并更换(见 ESB-SPB 25)
15000	15000-定期检修	机组电气接线/接插头/线束—检查
15000	15000-定期检修	燃气滤清器滤芯—更换

保养周期,h	保养项目	保养内容
15000	15000 -定期检修	点火线圈延长管—更换
15000	15000 -定期检修	顶杆—检查
15000	15000 -定期检修	节气门阀门轴杆,轴承和密封—更换
15000	15000 -涡轮增压器检修	增压器—更换
30000	30000 -气缸盖检修	缸盖—更换
30000	30000 -发电机检修	电球加热器—更换
30000	30000 -发电机检修	二极管整流器—更换
30000	30000 -发电机检修	发电机—拆卸并安装
30000	30000 -发电机检修	发电机轴承—更换
30000	30000 -发电机检修	发电机绕组—清理并检查
30000	30000 -主要检修	启动蓄电池—更换
30000	30000 -主要检修	控制器蓄电池—更换
30000	30000 -主要检修	螺栓,连接螺杆—更换
30000	30000 -主要检修	中冷器—清理,检查并测试
30000	30000 -主要检修	连杆—检查(见 ESB - SPB 50)
30000	30000 -主要检修	连杆轴瓦(大端)—更换
30000	30000 -主要检修	缸体,缸径—检查
30000	30000 -主要检修	缸体,缸套直径—检查
30000	30000 -主要检修	联轴器软连接—更换并重新调整
30000	30000 -主要检修	发动机通气管—更换
30000	30000 -主要检修	轮系—间隙及轴向浮动—检测并记录
30000	30000 -主要检修	缸套—更换
30000	30000 -主要检修	机油冷却器—清理并检查
30000	30000 -主要检修	机油冷却器—更换密封圈
30000	30000 -主要检修	活塞—拆卸/安装,缸盖工时调整
30000	30000 -主要检修	活塞环—更换
30000	30000 -主要检修	机油泵—更换
30000	30000 -主要检修	水泵—更换
30000	30000 -主要检修	顶杆—更换
30000	30000 -主要检修	连杆衬套—检查
30000	30000 -主要检修	气门挺杆滚轮总成—更换
30000	30000 -主要检修	降振器分析—油脂采样并记录
60000	60000 -发电机检修	发电机—检查(由斯坦福服务人员进行)
60000	60000 -全面检修	排烟波纹管—更换
60000	60000 -全面检修	排烟歧管波纹管—更换
60000	60000 -全面检修	增压器波纹管—更换
60000	60000 -全面检修	齿轮衬套—更换

保养周期,h	保养项目	保养内容
60000	60000 -全面检修	凸轮轴衬套和止推垫片—更换
60000	60000 -全面检修	连杆—更换
60000	60000 -全面检修	排气歧管总成—拆解,清理并检查
60000	60000 -全面检修	前齿轮箱—拆解检查
60000	60000 -全面检修	燃气管线,密封件及软管—更换
60000	60000 -全面检修	高低温水路软管和管卡—更换
60000	60000 -全面检修	排放管路隔热垫—更换
60000	60000 -全面检修	曲轴轴承和止推垫圈—更换
60000	60000 -全面检修	启动马达—更换
60000	60000 -全面检修	曲轴后油封—更换
60000	60000 -全面检修	活塞冷却喷嘴—清理并更换 O 形圈
60000	60000 -全面检修	活塞—更换
60000	60000 -全面检修	排烟绝缘垫—更换
60000	60000 -全面检修	摇杆—更换
60000	60000 -全面检修	燃气压力调节阀—更换
60000	60000 -全面检修	减振器—更换

8.2.2 返厂大修

康明斯天然气发电机大修不需要返厂,只需在现场进行,大修周期为 60000 个工作小时左右,大修费用见表 8.5。

表 8.5 康明斯天然气发电机大修费用

型号	大修时间,h	大修费用,元
C500N5C	64000	1500000
C1160N5C	60000	3132000
C1540N5CB	60000	4500000

参 考 文 献

[1] 中国航空规划设计研究总院有限公司 . 工业与民用供配电设计手册 . 4 版 . 北京:中国电力出版社,2016.

2021 年度中亚地区线路阀室供电方式优化研究

1 概述

1.1 项目背景

  A、B、C 线及哈南线的阀室供电采用自建供电线路、太阳能以及 CCVT、TEG、小型燃机等多种形式进行供电,设备间普遍采用地下或橇装小屋形式。其中,太阳能供电主要应用在乌国气温较高、雨雪较少的小段沙漠地区;哈国境内管道普遍采用供电线路,以及 CCVT、TEG、小型燃机等自配电或自发电模式,再配合地下设备间或配置空调和加热设备的橇装设备间。

  这样的配置普遍导致前期投入巨大,后续维护费用极高等问题。对于燃气发电设备,如 CCVT、TEG 和 CAPSTONE,设备均为国外进口,日常维修和大修成本可伸缩性差;对于太阳能发电系统而言,目前蓄电池为铅酸胶体蓄电池,使用寿命约为 8 年,一次性更换费用较高。

  为了缓解当时的状况,采取了必要的针对性措施,对于燃气发电机,考虑外电和太阳能的方案,替换现有的发电形式,进而降低全生命周期年化费用;对于现役太阳能阀室,考虑新能源蓄电池技术的成熟应用案例,可采用其他形式的蓄电池类型,用于降低阀室运行期日常维修和大修成本。

  综上所述,决定开展本课题研究工作。本项目计划针对中亚 A、B、C 线及哈南线气候特点,开展阀室供电方式优化可行性研究,为阀室运行的"安全、可靠、高效"提供支持。

1.2 项目目标

  从经济性与可靠度对线路阀室各设备和运行情况统计分析,明确气管道阀室供电方式优化的技术路线,通过对仪表通信设备供电方式改进,结合新兴电池技术、风光互补供电系统、绝热材料性能优良的保温墙体等一系列技术措施,给出针对中亚沿线技术先进、运行稳定可靠、经济性优良的一体化解决方案,并提出技术要求。

1.3　研究内容

(1)阀室太阳能供电系统的技术；

(2)非 RTU 阀室改造 RTU 阀室可行性研究；

(3)RTU 阀室太阳能供电改造可行性研究。

1.4　技术路线

(1)通过对比几类不同发电方式的经济性和可靠度,确定采用经济、可靠的供电方式。采用低功耗或替代方法核减阀室功耗,减少蓄电池数量,解决传统电池重、占地面积大的缺点,缩小整个监控阀室橇装化尺寸。

(2)针对冬季极端低温条件,研究绝热材料性能,通过对比防火、阻燃、抗变形能力和不易开裂等特性,研究材料保温性能能否满足沿线冬季温度等需求。

(3)针对夏季高温环境情况,除采用绝热材料性能优良的保温墙体,同时研究通风、强制排风和冷媒等措施,保证阀室内部工作温度可行性。

技术路线见图 1.1。

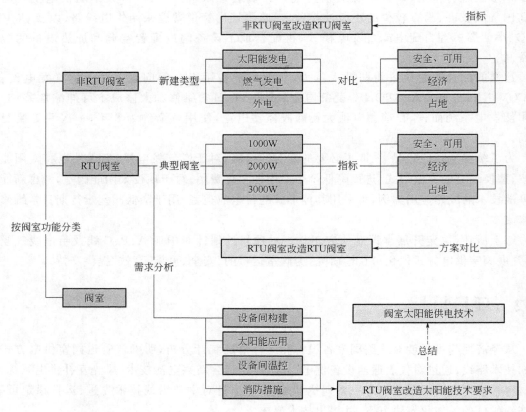

图 1.1　技术路线图

2 收集及调研的资料

2.1 收集的资料简介

2.1.1 标准类资料

收集及调研的标准见表 2.1。

表 2.1 数据标准

标准编号	标准名称
GB 50054—2011	低压配电设计规范
GB/T 2408—2021	塑料燃烧性能的测定 水平法和垂直法
GB/T 12632—1990	单晶硅太阳电池总规范(已废止)
GB/T 22473.1—2021	储能用蓄电池 第 1 部分:光伏离网应用技术条件
GB/T 26264—2010	通信用太阳能电源系统
GB/T 29196—2012	独立光伏系统技术规范
DL/T 637—2019	电力用固定型阀控式铅酸蓄电池
YD/T 5040—2005	通信电源设备安装工程设计规范(已废止)
YD/T 1360—2005	通信用阀控式密封胶体蓄电池
IEC 60068 - 2	基本环境试验 第 2 部分试验
IEC 61204	直流输出低压供电装置特性和安全要求
IEC 61427	太阳光电能系统用蓄电池和电池组
GB/T 37981—2019	可信性分析技术 可靠度框图法和布尔代数法
SY/T 6473—2009	石油企业节能技措项目经济效益评价方法
NB/T 10394—2020	光伏发电系统效能规范
CDP - S - GUP - EL - 012 - 2015 - 2	油气储运工程太阳能电源系统技术规格书

2.1.2 文献类资料

(1)菅秀洋. 8550 型热电发电机常见故障处理[J]. 设备管理与维修,2009(07):63.

(2)张龙,张海滨,张海旭. 小型燃气发电设备在海上油田伴生气回收利用中的应用与经济性分析[J]. 中外能源,2016,21(10):88 - 93.

(3)栗卫东. 太阳能发电系统在天然气管道阀室中的应用[J]. 电子技术与软件工程,2014(13):180.

2.2 中亚 A、B、C 线 RTU 阀室环境供电现状(乌国段)

本次统计收集了气象现状、负荷分布、供电现状、可靠度分析、经济性分析。

2.2.1　太阳能发电可靠度分析

本次统计乌国段 RTU 阀室均为太阳能形式发电。

太阳能发电主要由太阳能方阵、应急充电单元、控制器单元等三部分组成,根据资料《乌项目内部培训》故障情况统计,其故障类型包括一部分控制器单元故障。

乌国段阀室主要电力系统框图如图 2.1 和图 2.2 所示(不考虑 miniRTU 阀室)。

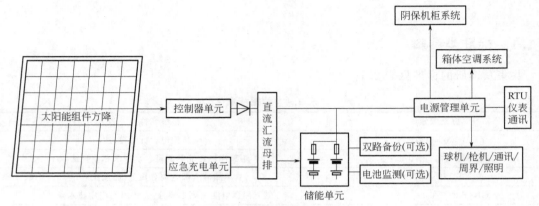

图 2.1　太阳能发电原理图

图 2.2　乌国 C 线 BVS8♯阀室现场照片

由发电原理图绘制可靠度框图如图 2.3 所示。

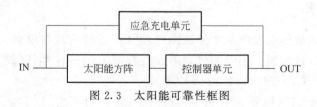

图 2.3　太阳能可靠性框图

因此,根据《可信性分析技术　可靠度框图画法和布尔代数法》(GB/T 37981—2019),给出太阳能发电系统可靠度 R_s 计算过程如下:

$$R_s = 1 - (1 - R_A)(1 - R_B) \cdots (1 - R_Z)$$

即

$$R_s = 1 - (1 - R_{应急充电单元}) \cdot (1 - R_{太阳能方阵} \cdot R_{控制器单元})$$

从统计的故障情况分析,并无提到因太阳能板部位和应急单元导致的停机,故默认 $R_{太阳能板}=1$,$R_{应急单元}=1$;

同时由可靠度计算公式,$R(t)=e^{-\lambda t}$,其中,e 为自然常数;λ 为设备失效率 = 设备故障数量/(设备运行数量×工作时间);t 为运行工作时间。

代入公式可求出可靠度:$R_{控制器单元}=88.24\%$,即系统可靠度 $R_s=88.24\%$。

2.2.2 经济性分析

SY/T 6473—2009《石油企业节能技措项目经济效益评价方法》中,规定了技措项目是否经济的判断方法,若技措项目的固定资产平均年成本低于非技措项目的固定资产平均年成本,说明技措项目经济可行。

对于已有阀室改造,若维持阀室现状属于非技措项目。

太阳能供电系统每年固定资产平均年成本,即维持现状的固定资产平均年成本计算如下:

$$C_{aj}=B+C_y$$

式中　C_{aj}——固定资产年平均成本,即维持现状的平均年成本,万元;

B——铅酸胶体蓄电池报废周期内年成本,万元;

C_y——年运行成本,万元。

2.3　中亚 A、B、C 线 RTU 阀室环境供电现状(哈国段)

本次统计收集了气象现状、负荷分布、供电现状、可靠度分析、经济性分析。

2.3.1　可靠度分析

2.3.1.1　CCVT 发电

CCVT 发电机主要由燃气室、蒸汽发生室、涡轮、冷凝器、交流发电机等五部分组成,根据资料"CCVT 和 TEG 信息统计"中记录,其故障类型仅有燃烧室一部分。

该阀室电力系统框图如图 2.4 和图 2.5 所示。

由发电原理图绘制可靠度框图如图 2.6 所示。

因此,根据《可信性分析技术可靠度框图画法和布尔代数法》(GB/T 37981—2019)给出 CCVT 发电机可靠度 R_s 计算过程如下:

$$R_s=R_A R_B R_C \cdots R_Z$$

即　　　　$R_s=R_{燃烧室}\cdot R_{蒸汽发生室}\cdot R_{涡轮}\cdot R_{冷凝器}\cdot R_{交流发电机}$

第一种情况,1—7 月,设备燃烧室未更新,$R_{燃烧室}$ 可靠度低。

从统计的故障情况分析,1—7 月中,2 月故障率较高,6 月故障率较低,故障统计信息中并没提到蒸汽发生室、涡轮等其他四个部位,故默认 $R_{蒸汽发生室}=R_{涡轮}=R_{冷凝器}=R_{交流发电机}=1$,由可靠度计算公式 $R(t)=e^{-\lambda t}$,可求出 1~7 月(0.58 年)的可靠度,$R_{燃烧室}=11.91\%$,即系统可靠度 $R_s=11.91\%$。

第二种情况,8—9 月,12 台设备燃烧室未全部更新,但 $R_{燃烧室}$ 可靠度较高;

从统计的故障情况分析,因设备更新缘故,8—9 月设备故障率较低,故障统计信息中并没

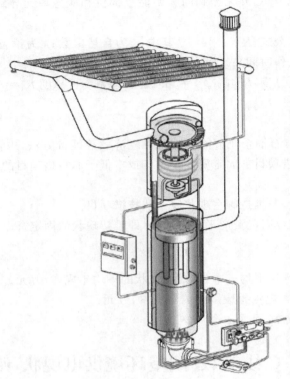

图 2.4　CCVT 发电原理图

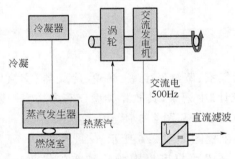

图 2.5　CCVT 发电示意图

图 2.6　CCVT 可靠度框图

有蒸汽发生室、涡轮等其他四个部位，故默认 $R_{蒸汽发生室}=R_{涡轮}=R_{冷凝器}=R_{交流发电机}=1$，由可靠度计算公式 $R(t)=e^{-\lambda t}$，可求出 8-9 月（0.17 年）的可靠度：$R_{燃烧室}=86.85\%$，即系统可靠度 $R_s=86.85\%$。

第三种情况，1—9 月，正常运营过程会涉及设备维护更新，最符合真实情况，系统可靠度 $R_s=11.91\%\times7/9+86.85\%\times2/9=28.8\%$。

2.3.1.2　TEG 发电

TEG 发电机主要由燃烧室、点火系统、散热管、发电单元、功率调节器、燃料系统、自动关闭系统等七部分组成,根据资料"CCVT 和 TEG 信息统计",其故障类型包括七部分,其中燃烧室包括一部分,发电单元包括两部分,点火系统包括一部分,功率调节器包括两部分,通用故障包括一部分。

该阀室发电原理图如图 2.7 所示。

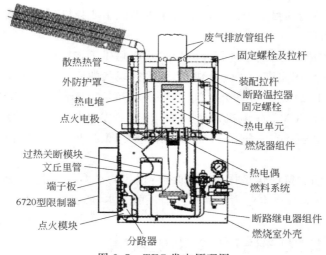

图 2.7　TEG 发电原理图

由发电原理图绘制可靠度框图如图 2.8 所示。现场 TEG 设备如图 2.9 所示。

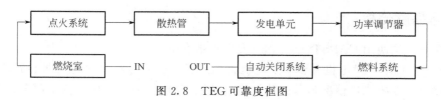

图 2.8　TEG 可靠度框图

因此,根据《可信性分析技术　可靠性框图画法和布尔代数法》(GB/T 37981—2019)给出 CCVT 发电机可靠度 R_s 计算过程如下:

$$R_s = R_A \cdot R_B \cdot R_C \cdot \cdots \cdot R_Z$$

即

$$R_s = R_{燃烧室} \cdot R_{点火系统} \cdot R_{散热管} \cdot R_{发电单元} \cdot$$
$$R_{功率调节器} \cdot R_{燃料系统} \cdot R_{自动关闭系统}$$

根据现场故障记录,每月出现熄火 0～5 次不等,共 10 次故障。

从统计的故障情况分析,1—9 月中,2 月的故障率较高,1、3、7、8 月出现了无故障月,根据典型故障统计表共七类故障来看:一类故障来自燃烧室,一类故障来自点火系统,两类故障来自发电单元,两类故障来自功率调节器,接线端子松动属于

图 2.9　现场 TEG 设备照片

一类通用故障。将七类故障产生的风险分摊到 1—9 月中的发电机各组件中，由可靠度计算公式，$R(t) = e^{-\lambda t}$，即 $R_{燃烧室} = 97.29\%$、$R_{点系统} = 97.29\%$、$R_{散热管} = 99.09\%$、$R_{发电单元} = 94.65\%$、$R_{功率调节器} = 94.65\%$、$R_{燃料系统} = 99.09\%$、$R_{自动关闭系统} = 99.09\%$；得出 1—9 月（0.75 年）的 TEG 发电系统的系统可靠度 $R_s = 82.50\%$。

2.3.2　经济性分析

SY/T 6473—2009《石油企业节能技措项目经济效益评价方法》中，规定了技措项目是否经济的判断方法，若技措项目的固定资产平均年成本低于非技措项目的固定资产平均年成本，说明技措项目经济可行。

对于已有阀室改造，若对阀室进行发电形式改造则属于技措项目。

燃气发电系统每年固定资产平均年成本，即维持现状的固定资产平均年成本计算如下：

其中，哈国 CCVT/TEG 平均单个燃气阀室耗气量约 $3076\mathrm{m}^3$/月。自用气价格按 1 元/m^3 计算，BVS64♯ 有 2 台 CCVT 发电机，每年采购 CCVT 发电机消耗备件约 1000 美元/台和点火电极单元（每 3 年更换，5000 美元/台）。美元汇率按照 2020 年平均汇率 6.8996 计算。

$$C_{aj} = C_y$$

式中　　C_{aj}——固定资产年平均成本，即维持现状的平均年成本，万元；

C_y——年运行成本包含备品备件消耗的成本、燃气费等，万元。

2.4　哈南线 RTU 阀室环境供电现状

本次统计收集了气象现状、负荷分布、供电现状、可靠度分析、经济性分析。

2.4.1　可靠度分析

哈南线阀室均使用 CAPSTONE C30 发电机组发电。

CAPSTONE C30 发电机主要由发电机、离心压气机、回热器、燃烧室、向心涡轮等五部分组成，根据资料《故障统计情况》，其故障类型包括六部分，其中发电机包括 1 部分，回热器包括 3 部分，燃烧室包括 1 部分和 2 部分。

该阀室电力系统框图如图 2.10 和图 2.11 所示。

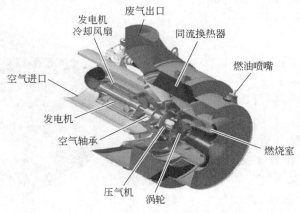

图 2.10　CAPSTONE 发电原理图

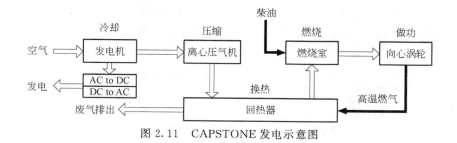

图 2.11　CAPSTONE 发电示意图

由发电原理图绘制可靠度框图如图 2.12 所示。

图 2.12　CAPSTONE 可靠度框图

因此,根据《可信性分析技术可靠度框图画法和布尔代数法》(GB/T 37981—2019)给出太阳能发电可靠度 R_s 计算过程如下:

$$R_s = R_A \cdot R_B \cdot R_C \cdot \cdots \cdot R_Z$$

即

$$R_s = R_{发电机} \cdot R_{离心压气机} \cdot R_{回热器} \cdot R_{燃烧室} \cdot R_{向心涡轮}$$

从统计的故障情况分析,1—9 月的故障统计信息中并没提到离心压气机、向心涡轮 2 个部位,故默认 $R_{离心压气机} = R_{向心涡轮} = 1$,由可靠度计算公式,$R(t) = e^{-\lambda t}$,可求出 1—9 月(0.75 年)的可靠度,$R_{燃烧室} = 96.07\%$,$R_{发电机} = 88.69\%$,$R_{回热器} = 92.31\%$,即系统可靠度 $R_s = 78.65\%$。

2.4.2　经济性分析

SY/T 6473—2009《石油企业节能技措项目经济效益评价方法》中,规定了技措项目是否经济的判断方法。若技措项目的固定资产平均年成本低于非技措项目的固定资产平均年成本,说明技措项目经济可行。

对于已有阀室改造,若对阀室进行发电形式改造则属于技措项目。

燃气发电系统每年固定资产平均年成本,即维持现状的固定资产平均年成本计算如下:

其中,CAPSTONE 燃气发电机 40K 级别的大修费用 14 万美元,平均到每年约 41.7 万元,备品备件消耗的费用约 4000 美元/台/月。单个阀室 CAPSTONE C30 仅一台。

$$C_{aj} = C_y$$

式中　C_{aj}——固定资产年平均成本,即维持现状的平均年成本,万元。

　　　　C_y——年运行成本,万元。

对阀室用电负荷进行划分如表 2.2 所示。

表 2.2　阀室用电负荷划分

阀室分类	阀室负荷,W	发电类型	典型阀室及实际负荷,W		典型负荷,W	数量
第一类	<1300	太阳能	乌国 A 线 BVS4	830	1000	71
第二类	1300~2300	CCVT	哈国 C 线 BVS64	1950	2000	17
第三类	>2300	CAPSTONE	哈南线 BVS44	3050	3000	37

从现阀室的用电现状可知,太阳能在可靠度和经济性都具有优势,对比太阳能、TEG、CCVT 和 CAPSTONE 四种发电形式每年的运行费用,以及各发电类型可靠度统计如表 2.3 所示。

表 2.3　阀室各发电类型现状分析对比表

发电形式	TEG (1125W)	CCVT (1237W)	太阳能 (930W)	CAPSTONE (3050W)
维护成本/阀室	152 元/W/a	33 元/W/a	32 元/W/a	178 元/W/a
可靠度	$R_s=82.50\%$	$R_s=53.7\%$	$R_s=88.24\%$	$R_s=78.65\%$。
国产化情况	无替代	无替代	可国产化	有替代
评价	平均维护成本高,不推荐	故障率较高,不推荐	可国产化定制,推荐方案	单台设备维护成本极高,不推荐

从表 2.3 可知,在满足设备用电的基础上,建议采用太阳能发电方式,其年成本为 32 元/W/a,太阳能系统可靠度可达到 88.24%,国产化的设备燃气发电机可替代,但是替换成本较高,且大部分厂家无法提供可靠度数据,后期维修费用不可估计。因此,建议采用太阳能发电方式。此外,对于大功率阀室,如阀室功率大于 1500W 的情况,综合考虑占地、实施等多方面因素,不建议采用基于上述分析。并且针对乌国 A/B 段 4/11 号阀室备电时长不足的情况,推荐 BVS4 号阀室可增加至 150kW·h 的电池容量,BVS11 号阀室可增加至 220kW·h 的电池容量。

3　RTU 阀室太阳能供电改造技术要求

光伏发电系统是综合性系统,涉及设计、施工和通用技术要求,针对阀室特点,通用技术要求包含以下几点。

3.1　用电部分

第一类(功率小于 1300W)、第二类(1300～2300W)和第三类阀室(功率大于 2300W),各阀室的备电时长均应满足 7×24h 的备电。

3.2　供电部分

供电系统发电能力应满足线路阀室能耗需求,并支持外电、发电机和太阳能三种充电方式,外电和柴油发电机支持快速充电。

3.3　蓄电部分

根据中亚环境温度,蓄电池的工作使用温度应满足 0～35℃内正常工作,考虑到成本问题,在 25℃时,充、放电次数不小于 3500 次 80%DoD,充、放电倍率应满足≥1C,电池使用寿命不小于 10 年。

4 技术分析研究

4.1 总体技术路线

根据中亚地区的应用要求,橇装一体化设备间应解决以下问题:

首先,形成一套设备间保温隔热方法。

冬季保温需要解决渗透和冷桥引起热量散失的技术问题,其中渗透引起的热量损失可以通过结合最优壁厚计算和优化施工工艺等手段实现,冷桥可以通过优化集成工艺来实现减少热量传递引起的散失。

夏季隔热需要解决设备工作在耐受温度以内的技术问题,其中室内高温通过综合暖通计算和减缓室外热渗透的方法解决室内热量积聚的问题。

其次,对小屋的传热能力的评估方法,需要总结出来通信、控制、电力和暖通方面开展如下要求:

(1)橇装化设备间构建的研究;

(2)新能源电池在橇装化设备内应用的研究;

(3)橇装化设备温度控制的研究;

(4)消防措施;

(5)下文以磷酸铁锂为例,进行橇装一体化装置的构建研究。

4.2 设备间构建研究

设备间构建在设计时,主要考虑满足监控阀室的功能完整性需求,即空间、温差;在此基础上,充分考虑安全性和经济性,提升设备间可操作性。通常包含以下两方面:

(1)平面布置;

(2)材质选择。

4.2.1 需求分析

4.2.1.1 功能需求

根据中亚 A/B、C 线及哈南线调研情况,乌国段阀室为半地下阀室,无需使用蓄电池间,故以 A/B 线负荷为 1300W 的 BVS36# 气象信息作为典型进行参考,功能需求见表 4.1。

表 4.1 监控阀室功能需求

序号	负荷名称		连续用电功率,W
1	仪表	RTU 机柜	305
2		火气系统	10

序号	负荷名称		连续用电功率,W
3	通信	路由器	108
4		工业电视	35
5		GPRS	200
6	电力	STM	149～579
总计			1237

4.2.1.2 平面需求

平面布置需求最重要的是考虑小屋的安全,因为小屋有蓄电池容易爆炸。因此在布置的时候小屋要远离危险区,保证 4.5m 的安全距离,故需要对蓄电池间开展危险识别与分析。

其次小屋内有不同蓄电池的容量种类,要按照不同蓄电池容量的种类对小屋进行分类。

通过分析可知,由于负极表面生成锂枝晶、铜单质颗粒或铜枝晶的形成,导致电流过高,潜在枝晶穿透隔膜会造成电池内部短路,在阀门附近时,遇点火源产生火灾爆炸、人员伤亡的风险,因此建议将蓄电池间放在非防爆区。综合考虑生产需求和安全的要求,建议蓄电池间和机柜间分开设置。

(1)蓄电池间和机柜间应该放置在非防爆区;

(2)机柜间考虑到应靠近生产区较近的方位布置;

(3)蓄电池便于更换,当蓄电池出现问题时,可整体更换蓄电池间;

其次平面布置应该尽量紧凑,可以减少冬季空间的热负荷对材质的要求;可以减少夏季空间对热负荷功率的消耗。

针对本次统计阀室负荷和实际改造需求,分为三类:

(1)负荷小于 1300W;

(2)负荷大于 1300W,小于 2300W;

(3)负荷大于 2300W。

机柜间配置如表 4.2 所示。机柜间平面布置图见图 4.1。

表 4.2　机柜间配置

序号	设备类型	功率<1300W	1300W<功率<2300W	2300W<功率
1	仪表	√	√	√
2	通信	√	√	√
3	阴保	√/空	√/空	√/空
4	电力	√/空	√/空	√/空

负荷小于 1300W 时,BVS36# 为典型进行分析。

机柜间仅有仪表机柜与通信机柜,蓄电池间配置共 5798A·h 蓄电池。

根据功率不同,各蓄电池间最大尺寸配置如表 4.3 所示。蓄电池间平面图见图 4.2。

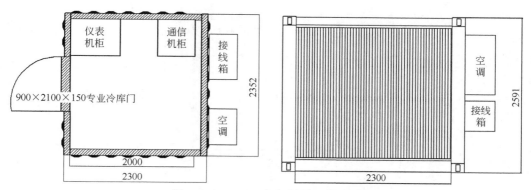

图 4.1　1300(W)机柜间平面布置图

表 4.3　各蓄电池间最大尺寸配置

序号	功率,W	长,mm	宽,mm	高,mm
1	功率<1300	6638	2438	2591
2	1300<功率<2300	10530	2438	2591
3	2300<功率	15340	2438	2591

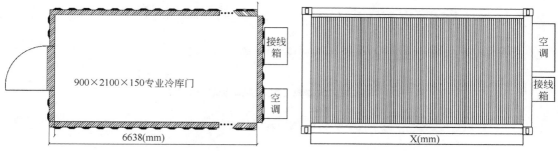

图 4.2　1300(W)蓄电池间平面图

4.2.1.3　材料需求

为兼顾机柜内设备的紧凑性和可维护性,确定机柜间机柜尺寸为:

(1)控制机柜:800mm×600mm×1700mm;

(2)阴保机柜:800mm×600mm×1700mm;

(3)通信机柜:800mm×600mm×1700mm。

机柜间尺寸为 2300mm×2352mm×2591mm,面积为 34.91m²,机柜间热源为1237W。为满足冬季要求,当室内从环境温度降低至−28.95℃时,室内温度不低于−5℃的要求,墙体、屋顶及底面的热传系数应满足:屋顶的热传系数不大于 0.255～1.48W/(m²·K);墙体的热传系数不大于 0.255～1.48W/(m²·K);小屋底部热传系数不大于 0.255～1.48W/(m²·K),平面布置图见图 4.3。

确定蓄电池间机柜尺寸为:

电力控制机柜:1000mm×600mm×1700mm;

蓄电池机柜:930mm×600mm×1700mm;

蓄电池间尺寸为 6.638m×2.438m×2.591m,面积为 79.398m²,蓄电池间热源为 355W。

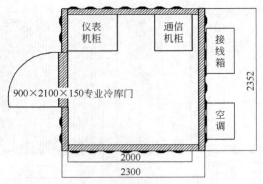

图 4.3　机柜间平面布置图

为满足冬季要求,当室内从环境温度降低至－28.95℃时,室内温度不低于0℃的要求,墙体、屋顶及底面的热传系数应满足:屋顶的热传系数不大于 $0.1544W/(m^2 \cdot K)$;墙体的热传系数不大于 $0.1544W/(m^2 \cdot K)$;底部热传系数不大于 $0.1544W/(m^2 \cdot K)$。蓄电池间平面图见图4.4。

图 4.4　蓄电池间平面图

4.2.2　解决方案

根据需求分析,可以分为两个部分:

(1)第一个是安全、经济、便捷;

(2)第二个部分是传热系数、燃烧性能满足要求。

4.2.2.1　复合材质热量传递特性

为满足功能需求,结合材料选型,给出复合材质及其热传递特性见表4.4。

表 4.4　复合型材料 K 值

序号	材料名称	导热系数,W/(m·K)
1	钢板	50.00
2	真空绝热板	0.003
3	铝单板	160
4	聚氨酯	0.04

需要确定的传热系数包括但不限于屋顶 K 值、墙面 K 值、架空地面 K 值、窗占比及其对

应 K 值,复合型材料 K 值如表 4.4 所示。

4.2.2.2 屋顶 K 值计算

屋顶采用复合型结构,分别确定保温型一体化装饰板 R、内表面热阻 R_i 及外表面热阻 R_e,进而确定外墙及屋面 K 值(图 4.5)。

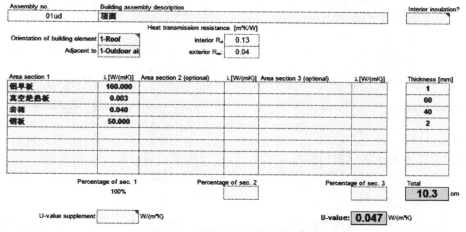

图 4.5 屋顶热传系数计算过程

设备间的屋顶采用保温结构:1mm 铝单板+2 层 30mm 真空绝热板+40mm 岩棉+2 层集装箱外面板 1mm。

4.2.2.3 墙面 K 值计算

墙面采用复合型结构,分别确定保温型一体化装饰板 R、内表面热阻 R_i 及外表面热阻 R_e,进而确定外墙及屋面 K 值(图 4.6)。

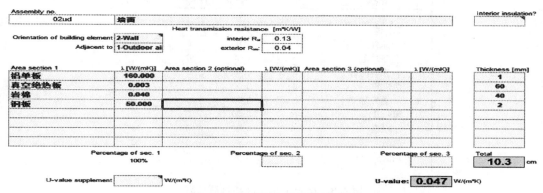

图 4.6 墙面热传系数计算过程

设备间的墙面采用 2.0mm 压型钢板,内墙做保温处理,由内至外的保温结构依次为 1mm 厚的铝单板+60mm 厚的真空绝热板+40mm 厚的真空绝热板+2mm 厚的压型钢板。

4.2.2.4 架空地面 K 值计算

架空地面采用复合型结构,分别确定保温型一体化装饰板 R、内表面热阻 R_i 及外表面热阻 R_e,进而确定外墙及屋面 K 值,计算过程如图 4.7 所示。

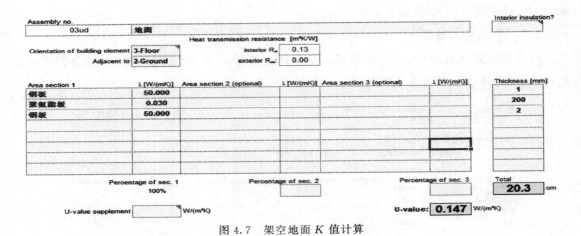

图 4.7　架空地面 K 值计算

考虑到设备内部地面承重因素与保温效果,设备内部地面需做特殊处理,由内至外结构依次为 1mm 厚的 201 不锈钢防滑板 + 2 层厚度 100mm 聚氨酯保温板 + 2mm 压型钢板。

4.2.2.5　机柜间厚度核算

本项目采用被动房的理念,即冬季不需要增加额外的热源即可满足材质散热需求。为了满足设备间的要求,即当室外温度从环境温度降低到 −28.95℃ 时,室内环境温度不低于 −5℃;室外温度从环境温度升高到 44.51℃ 时,室内环境温度从环境温度升高到不高于 35℃。

冬季采暖负荷计算: $Q = K \cdot S \cdot \Delta T$。

根据提供的气象参数,冬天极端室外温度为 −28.95℃,考虑到仪表间通信设备运行温度要求 −5℃,温差 $\Delta T = -5℃ - 28.95℃ = 23.95℃$;总的耗热量 $Q \approx 233W$。热负荷计算见图 4.8。

详细负荷

类型	总热负荷	热湿负荷	户间传热	百分比
☐ 1001	233	0.00	0	100
☐ 东外墙	3	0.00	0	1
东外窗	11	0.00	0	5
东外窗	6	0.00	0	3
东外门	33	0.00	0	14
☐ 西外墙	6	0.00	0	3
西外窗	3	0.00	0	1
南外墙	24	0.00	0	10
北外墙	32	0.00	0	14
屋面	28	0.00	0	12
地面	87	0.00	0	37

图 4.8　1300W 机柜间热负荷计算

因此,机柜间至少需要 233W 的供暖负荷才能维持冬季室内外 23.95℃ 的温差要求,机柜间设备用电负荷是 1300W,显然大于设备的散热负荷 233W,所以完全满足要求。

夏天制冷负荷计算: $Q = K \cdot S \cdot \Delta T$。

根据提供的气象参数,夏天极端室外温度为 44.51℃,室内设备运行要求的最高温度为 35℃,温差 $\Delta T = 44.51℃ - 35℃ = 11.01℃$; $Q_{总} = 1303$。冷负荷计算见图 4.9。

因此,机柜间至少需要 1303W 的供冷负荷才能维持夏季室内外 11.01℃ 的温差要求。

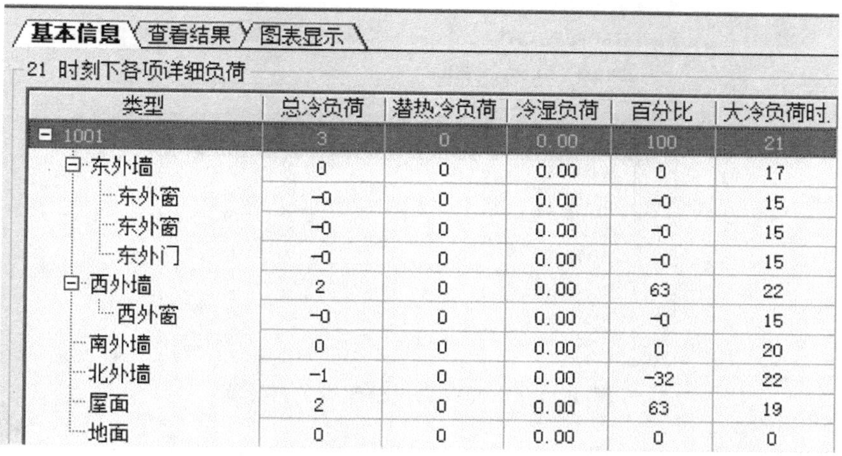

基本信息 | 查看结果 | 图表显示

21 时刻下各项详细负荷

类型	总冷负荷	潜热冷负荷	冷湿负荷	百分比	大冷负荷时
1001	3	0	0.00	100	21
东外墙	0	0	0.00	0	17
东外窗	-0	0	0.00	-0	15
东外窗	-0	0	0.00	-0	15
东外门	-0	0	0.00	-0	15
西外墙	2	0	0.00	63	22
西外窗	-0	0	0.00	-0	15
南外墙	0	0	0.00	0	20
北外墙	-1	0	0.00	-32	22
屋面	2	0	0.00	63	19
地面	0	0	0.00	0	0

图 4.9　1300W 机柜间冷负荷计算

4.2.2.6　蓄电池间厚度核算

蓄电池间厚度核算主要核实是否在冬季需要增加额外的热负荷以及在这种材质配置情况下，相应配置的暖通设施和对应参数。

冬季采暖负荷计算：$Q=K \cdot S \cdot \Delta T$。

根据提供的气象参数，假设冬天极端室外温度为－28.95℃，考虑到电池间通信设备运行温度要求－20℃，温差 $\Delta T=-20℃-28.95℃=8.95℃$；总的耗热量 $Q\approx 49$W。热负荷计算见图 4.10。

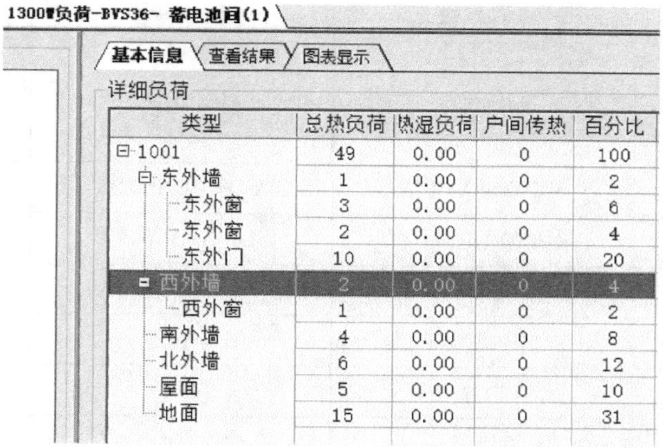

1300W负荷-BVS36- 蓄电池间(1)

基本信息 | 查看结果 | 图表显示

详细负荷

类型	总热负荷	热湿负荷	户间传热	百分比
1001	49	0.00	0	100
东外墙	1	0.00	0	2
东外窗	3	0.00	0	6
东外窗	2	0.00	0	4
东外门	10	0.00	0	20
西外墙	2	0.00	0	4
西外窗	1	0.00	0	2
南外墙	4	0.00	0	8
北外墙	6	0.00	0	12
屋面	5	0.00	0	10
地面	15	0.00	0	31

图 4.10　1300W 蓄电池间热负荷计算

因此，电池间至少需要 49W 的供暖负荷才能维持室内外 8.95℃的温差要求，蓄电池间在 1300W 的负荷情况下，蓄电池共计散发热量为 355W，因此不需要额外的热源。

夏天制冷负荷计算：$Q=K \cdot S \cdot \Delta T$。

根据提供的气象参数，假设夏天极端室外温度为 44.51℃，室内设备运行要求的最高温度为 35℃，温差 $\Delta T=44.51℃-35℃=9.51℃$。冷负荷计算见图 4.11。

通过以上计算结论可知，制冷措施能满足在室外持续 44.51℃的情况下，为保持室内不高于 35℃，应该提供至少 362W 的制冷量。

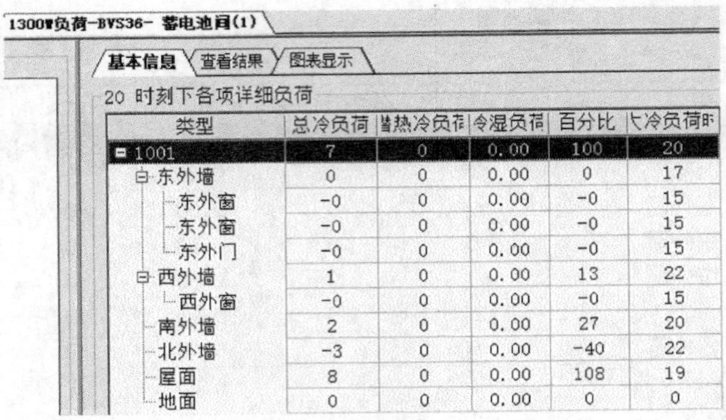

图 4.11　1300W 蓄电池间冷负荷计算

4.3　新能源电池应用的研究

4.3.1　蓄电池分类

为降低现阀室蓄铅酸电池更换频率,将不同蓄电池类型的发电原理、板件构造、使用寿命和工作温度进行了分析比较(表 4.5)。

表 4.5　不同蓄电池比较

项目	磷酸铁锂	铅酸电池	铅酸胶体电池
正极板结构	磷酸铁锂	板式正极板	管式正极板
电解质	$LiFePO_4$	硫酸 H_2SO_4	液态胶体 SiO_2 与电解液（硫酸 H_2SO_4）混合后注入电池
隔板	聚合物隔膜/电芯	AGM/PE/PVC 等	PVC 管板
外壳材料	铝塑膜外壳/电芯	阻燃 ABS,不透明	阻燃 ABS,不透明
设计用途	动力、储能	后备电源	后备电源
内部气体化合率	＞99％	＞99％	＞99％
浮充电设计寿命	10 年	10 年	18 年(20℃)
浮充电使用寿命	5 年	2 年	5 年(20℃)
80％深放电循环寿命	2000	800	1500
额定工作温度	25℃	25℃	25℃
放电温度为	−10～+55℃	−20～+45℃	−20～+45℃
充电温度为	−0～+45℃	−10～+35℃	−20～+45℃
记忆效应	无记忆效应	无记忆效应	无记忆效应
额定电压	3.2V/电芯,组装后 24V/pack	2V/块	2V/块
24V 系统使用数量	Pack	12	12

480

项目	磷酸铁锂	铅酸电池	铅酸胶体电池
高倍率放电	3～5C	0.1C	0.1C
高倍率放电性能	优异	一般	一般
可靠性	需 BMS	中	高
维护方式	免维护	免维护	免维护
最长加液周期	不需要	不需要	不需要
气体排放	无	在均充或大电流放电过程中有极少量氢气	在均充或大电流放电过程中有极少量氢气
存储方式	满电存储	满电存储,需定期进行浮充	满电存储,需定期进行浮充
期限存储时间	应保持 50%～60%荷电态,每 3 个月应进行一次补充电	2 年,需定期进行浮充	2 年,需定期进行浮充
可否水平放置	可以	否	部分可以
自放电率	98%/月	98%/月	98%/月
安全性	需 BMS	中	优
防渗漏性能	优	优	优
常见故障	免维护	免维护	免维护
材料回收利用率	高	高	高
免维护性能	优	优	优
造价	较高	低	中

4.3.2 铅酸电池

4.3.2.1 发电原理

铅酸电池的正极活性物质是多孔的二氧化铅、负极活性物质是海绵状铅,硫酸介质为电解液,是一种少有的酸性电池。铅酸蓄电池正、负活性物质真实表面积大,活性物质与硫酸介质接触点多,有利于电池充、放电;而且硫酸电解液导电性高,内阻小,有利于大电流放电,所以铅酸蓄电池的功率较大。铅酸蓄电池在放电时,正负极活性物质都变为硫酸铅,其原理是"双硫酸盐化理论",其机理和电池反应如下。

负极反应: $Pb + HSO_4^- - 2e^- \underset{充电}{\overset{放电}{\rightleftharpoons}} PbSO_4 + H^+$

正极反应: $PbO_2 + 3H^+ + HSO_4^- + 2e^- \underset{充电}{\overset{放电}{\rightleftharpoons}} PbSO_4 + 2H_2O$

电池反应: $Pb + PbO_2 + 2H_2SO_4 \underset{充电}{\overset{放电}{\rightleftharpoons}} 2PbSO_4 + 2H_2O$

4.3.2.2 分类

根据特性,使用在太阳能系统上效果较好的铅酸蓄电池,按照工作原理可分为表 4.6 的几类。

表 4.6　铅酸蓄电池分类

分类	说明
GELVRLA	GEL 型电池,也称胶体密封铅蓄电池,属于 VRLA 蓄电池的一种(共两种),采用胶体电解液,也即 GEL 技术。乌国 A/B/C 线目前采用电池类型就属于该类
AGMVRLA	VRLA 蓄电池采用 AGM(玻璃纤维)隔板,也即 AGM 技术,以日本的一些公司为代表。乌国 A/B 线 4/11 号阀室原设计电池类型就属于该类
FLOODED	富液式电池(Flooded Battery),或称湿电池,是最常规并应用至今的铅酸电池,电池中有大量流动电解液
AGMVRLASSLA	SSLA 系列是小型 AGMVRLA 密封电池

4.3.2.3　结构区别

(1)AGM VRLA。

采用 AGM 技术的 VRLA 电池,AGM 隔板采用 U 形包覆法(也可采用 S 形包覆法)。采用 AGM 技术的 VRLA 电池的特点:内阻小,以超细玻璃棉隔板吸取电解液,使电池内没有电解液,AGM 隔板具有 93% 以上的孔隙率,而其中 10% 左右的孔隙作为由正极析出的 O_2 到负极再复合的通道,以实现氧的循环,达到电池密封的目的。

(2)GEL VRLA。

胶体密封铅蓄电池(即 GEL 型电池),胶体铅酸蓄电池是对液态电解质的普通铅酸蓄电池的改进,用胶体电解液代换了硫酸电解液,在安全性、蓄电量、放电性能和使用寿命等方面较普通电池有所改善。其电解液是由硅溶胶和硫酸配成的,硫酸溶液的浓度比 AGM 式电池要低,电解液的量比 AGM 式电池要多,跟富液式电池相当。这种电解质以胶体状态存在,充满在隔膜中及正负极之间,硫酸电解液由凝胶包围着,不会流出电池。

(3)FLOODED。

电池槽内除去极板、隔板及其他固体组装部件的剩余空间完全充满硫酸电解液,电解液处于富余过量状态,故被称为"富液式"电池。与此相对应,如果蓄电池槽内的剩余空间没有被电解液完全充满,极板没有完全浸泡在电解液中,则被称为"贫液式"蓄电池。富液式蓄电池,在使用过程中由于水分的蒸发和分解损失,需要定期将盖子打开补加蒸馏水及调整电解液密度,所以习惯上被称为"开口式"蓄电池。与此同时有阀控式铅酸蓄电池。此种电池在正常使用期内不需要补充任何水分或电解质,并且电池内部无流动态的电解液,一般允许采用水平安装方式,可以大大节约安装空间。因此,传统固定型富液式铅酸蓄电池正在逐步被取代。

4.3.2.4　寿命影响因素

(1)电池极板、隔板等部件的质量。

板栅合金成分及其金相组织结构,铅膏配方,生极板中活性物质的物相组成,包括孔径、孔率、压缩比等因素的隔板质量,安全阀开闭阀压力等因素均是很重要的影响电池使用寿命的因素,尤其是铅膏配方,其对电池寿命有举足轻重的影响。

(2)电池制造工艺制膏工艺、固化干燥工艺、化成工艺等若干电池制造工艺,以及包括极群焊接质量控制、电池装配压力、电池出厂前的配组等电池制造中的过程管理和质量控制也均是电池使用寿命的重要影响因素。

(3)温度对电池使用寿命的影响很大。外界温度升高,将加速电池板栅的腐蚀,增加电池中水分的损失,从而使电池寿命大大缩短。一般情况下,当温度达到一定值(25℃)时,环境温度每升高 10℃,使用寿命将减少 50%,温度越高影响越明显。此外,当电池处于较低温度时,其寿命也会缩短。

(4)欠充电和过度放电电池在使用后不能及时充电或充电不足,对电池损害较大。因为欠充电状态下 $PbSO_4$ 不能完全电化学转化成 Pb 和 PbO_2,长时间累积效应将会造成活性物质的硫酸盐化。其次,欠充电时充电电流较小,生成的电极活性物质与栅板的结合力小,容易脱落,电池容量降低,而且也会导致极板体积膨胀,造成极板变形。电池过度放电时因内阻较大,有发热倾向,体积出现膨胀。当放电电流较大时,会明显发热,甚至出现发热变形,此时硫酸铅的浓度增大,经结晶形成较大晶粒,导致不可逆硫酸盐化。同时,这些硫酸铅晶体导电性差,体积大,会堵塞极板的微孔,阻碍电解液的渗透和交换,进一步增大内阻,长期累积将阻止电能和化学能的可逆性转换,导致电池充电恢复能力劣化,电池性能受到严重损害,甚至无法修复。

(5)板栅腐蚀铅酸蓄电池板栅常被腐蚀,尤其是正极板栅的腐蚀情况更为严重。在正极板栅腐蚀过程中,铅被转变为二氧化铅,从而导致正极板栅变形和伸长。正极板栅的腐蚀速度随温度、充电电压和电解液酸浓度的升高而增大。正极板栅尺寸增大会使板栅与活性物质的接触面积减少,导致电池容量下降。正极板栅尺寸增长过度,当板栅主筋出现断裂时,电池容量将完全损失。

(6)内部热量失控蓄电池寿命和性能与电池内部产生的热量密切相关,如果电池内部热量产生的速率超过蓄电池在一定的环境条件下散热的能力,蓄电池温度将会持续上升,以至电池塑壳变软,最后导致塑壳破裂或熔化,出现电池热失控。尤其对于储能用蓄电池来说,其工作环境恶劣,当出现持续高温时,将加剧蓄电池内部的热失控,而持续的热失控将会带走电解液中的部分水分,加剧电解液水分的损失。水分减少将导致电解液减少,酸浓度升高,电池充、放电难以正常进行。

(7)严重的酸分层电池内部电解液的酸分层通常是指蓄电池在较浅程度的过度充电和深度放电时,电池底部酸浓度高于顶部酸浓度的情况。较浅程度的过度充电时,蓄电池顶部、底部和中部呈现出不同的硫酸浓度,这种差别程度和再充电前蓄电池的放电深度、极板上硫酸含量和充电率有关(充电率越高,酸分层越明显)。在放电过程中,蓄电池底部酸浓度降低的速度要比中部和顶部慢。因此在深度放电时,此情况将更为严重。

4.3.2.5　温度范围

工作温度范围广,可在−20～45℃条件下工作。

4.3.2.6　造价

铅酸蓄电池造价见表 4.7。

表 4.7　铅酸蓄电池造价

分类	价格
普通铅酸	500 元/(kW・h)
铅酸胶体	2000 元/(kW・h)

4.3.2.7　能量体积比/能量质量比

本次调研中的普通铅酸电池规格 2V 500A・h,质量 34kg,体积(长×宽×高)=0.387mm×0.173mm×0.251mm=16.8L;可得能量体积比约 0.06kW・h/L,能量质量比约 29W・h/kg。

本次调研中的铅酸胶体电池规格 2V 3000A・h,重量 206kg,体积(长×宽×高)=

$0.576mm \times 0.212mm \times 0.805mm = 98L$；可得能量体积比约 $0.06kW \cdot h/L$，能量质量比约 $29W \cdot h/kg$。

4.3.2.8　适用阀室

由于可低温充电特性，适用于全线。

4.3.3　锂电池

4.3.3.1　发电原理

电池的上下端之间是电解质，电池由金属外壳密闭封装，电池在充电时，正极中的锂离子通过聚合物隔膜向负极迁移；在放电过程中，负极中的锂离子通过隔膜向正极迁移。锂离子电池就是因锂离子在充放电时来回迁移而命名的。

4.3.3.2　分类

锂电池从正负极材料（添加剂），可将锂离子电池分为表4.8所示的几类。

表 4.8　锂电池分类

正极材料	特点
钴酸锂	应用最广，振实密度高，比能量高，电压平台稳，但是原料贵，对环境有污染，安全性差
锰酸锂	三维隧道的结构，锂离子可以可逆地从尖晶石晶格中脱嵌，不会引起结构的塌陷，因而具有优异的倍率性能和稳定性。环境友好，但能量密度低、高温性能大
磷酸铁锂	比表面积大，能量密度高，循环性能好，材料批量化生产很难达到较高的一致性，低温放电性能不好

4.3.3.3　结构区别

三种锂电池的结构如表4.9所示。

表 4.9　锂电池结构

分类	结构	评价
钴酸锂		橄榄状三维结构，更稳定
锰酸锂		立方晶体结构，稳定
磷酸铁锂电池		层状二维结构，易变形

4.3.3.4　寿命影响因素

（1）生产工艺。

在生产过程中，除了生产工艺影响电池性能以外，造成 $LiFePO_4$ 动力电池失效的主要影响因素包括原材料中的杂质（包含水）和化成的过程，因此材料的纯度、环境湿度的控制、化成的方式等因素显得至关重要。

（2）储存时长。

在搁置状态，恶劣的存储条件（高温和高的荷电状态）会加大 $LiFePO_4$ 动力电池自放电的程度，使电池的老化更明显。

（3）循环使用中。

在使用过程中，$LiFePO_4$ 电极、石墨负极的退化及 SEI 膜的不断生长，不同程度地造成电池失效；另外，除路况、环境温度等不可控制的因素外，电池的正常使用也很重要，包括合适的充电电压、合适的放电深度等。

（4）过充过放。

$LiFePO_4$ 动力电池的过度充电可能会导致电解液氧化分解、析锂、Fe 晶枝的形成；而过度放电可能会引起 SEI 破坏导致容量衰减、Cu 箔氧化，甚至会形成 Cu 晶枝。

（5）其他。

颗粒大的 $LiFePO_4$ 在充电结束时并不能完全脱锂；纳米结构的 $LiFePO_4$ 可以降低反位缺陷，但是由于其高的表面能会引起自放电。目前使用较多的黏结剂是 PVDF，具有高温可能会发生反应、溶于非水电解液、灵活性也不够等缺点，对 $LiFePO_4$ 的容量损失和循环寿命缩短有一定的影响。除此之外，集流体、隔膜、电解液组成、生产工艺、人为因素、外界震动和冲击等都会不同程度地影响电池的性能。

4.3.3.5　温度范围

低温性能较差，放电 $-20 \sim 45℃$，充电 $0 \sim 45℃$

4.3.3.6　造价

单体价格较高，含 BMS 等配件约 3800 元/（kW・h）。

4.3.3.7　能量体积比/能量质量比

本次调研中的磷酸铁锂电池规格 48V 100A・h，质量 43kg，体积（长×宽×高）＝0.442mm×0.396mm×0.13mm＝20L；可得能量体积比约 0.24kW・h/L，能量质量比约 111W・h/kg。

4.3.3.8　适用阀室

环境温度大于 0℃以上的乌国半地下阀室。

4.3.4　钛酸锂电池

4.3.4.1　发电原理

钛酸锂电池由正、负极板（正极活性物质为三元锂，负极为钛酸锂）、隔膜、电解质、极耳、不锈钢（铝合金）外壳等组成。正负极板是电化学反应的区域，隔膜、电解质提供 Li 的传输通道，极耳起到引导电流的作用。

电池充电时,Li^+从三元锂材料中迁移到晶体表面,从正极板材料中脱出,在电场力的作用下,进入电解液,穿过隔膜,再经电解液迁移到负极钛酸锂晶体的表面,然后嵌入负极钛酸锂尖晶石结构材料中。与此同时,电子流通过正极的铝箔,经极耳、电池极柱、负载、负极极柱、负极耳流向负极的铝箔电极,再经导电体流到钛酸锂负极,使电荷达至平衡。

电池放电时,Li^+从钛酸锂尖晶石结构材料中脱嵌,进入电解液,穿过隔膜,再经电解质迁移到三元锂晶体的表面,然后重新嵌入到三元锂材料中。与此同时,电子经导电体流向负极的铝箔电极,经极耳、电池负极柱、负载、正极极柱、正极极耳流向电池正极的铝箔电极,然后再经导电体流到三元锂正极,使电荷达至平衡。

由此可见,钛酸锂电池基本原理,就是在充、放电的过程中,对应的锂离子在正、负极之间来回嵌脱,完成电池的充放电和向负载的供电。

4.3.4.2 分类

目前锂离子电池主要是按照正极材料的不同来分类,因为负极材料对电池能量密度的影响不大,钛酸锂是作为负极材料使用的锂电池。

4.3.4.3 结构区别

正极:磷酸铁锂、锰酸锂或三元材料、镍锰酸锂。

负极:钛酸锂材料。

隔膜:以碳作负极的锂电池隔膜。

电解液:以碳作负极的锂电池电解液。

电池壳:以碳作负极的锂电池壳。

4.3.4.4 寿命影响因素

(1)温度的影响。

电池的正常使用环境温度一般为10~30℃,超过此范围,电池寿命和性能均会受到影响。在低温时,主要是输入、输出功率及放电容量会迅速下降;高温时,主要是对电池的循环寿命会有较大影响。

(2)电流的影响。

这里的电流包括电池充电电流和放电电流。锂电池在大电流情况下循环充放电,其寿命会明显降低。

(3)放电深度的影响。

锂电池组可充电次数与放电深度密切相关,电池放电深度越深,可充电的次数就越少。

4.3.4.5 温度范围

充电:-20~45℃;

放电:-40~45℃。

4.3.4.6 造价

成本极高,含BMS等配件约8500元/(kW·h)。

4.3.4.7 能量体积比/能量质量比

本次调研中的钛酸锂电池的规格2.3V 20A·h,质量0.5kg,体积(长×宽×高)=0.127mm×0.217mm×0.00995mm=0.26L;可得能量体积比约0.17kW·h/L,能量质量比约92W·h/kg。

4.3.4.8 适用阀室

钛酸锂电池低温性能较好,可适用于中亚地区环境。全线均可以使用。

电池分类总结见表 4.10。

表 4.10 电池分类总结表

电池类型	铅酸电池	铅酸胶体电池	磷酸铁锂	钛酸锂
能量体积比	0.06kW·h/L	0.06kW·h/L	0.24kW·h/L	0.17kW·h/L
能量质量比	29W·h/kg	29W·h/kg	111W·h/kg	92W·h/kg

对于磷酸铁锂电池与铅酸电池,同等规格容量的磷酸铁锂电池的体积是铅酸电池体积的 2/3,重量是铅酸电池的 1/3。

并且,胶体铅酸蓄电池是对液态电解质的普通铅酸蓄电池的改进。从技术可以互相替代,但针对乌国阀室空间受限、备电时长不足的情况及储能装置轻量化上,锂电池较有优势。

4.3.5 需求分析

设备供电系统分为发电、蓄电和配电三部分。发电部分由蓄电池厂家集成提供,本项目研究对蓄电部分和配电部分开展深入研究。

4.3.5.1 发电部分功能需求

发电设备的功能需求见表 4.11。

表 4.11 阀室所需供电设备

序号	用电设备	电压,V	运行情况	功率,kW
1	阴保设备	220	连续运行	0.3
2	RTU	24	连续运行	0.8
3	FOTE 设备	24	连续运行	0.8
4	语音交换机	48	连续运行	0.05
5	特高频中继电台	48	连续运行	0.8
6	入侵检测主机	48	连续运行	0.1
7	摄像头	48	连续运行	0.1
8	入侵检测器	48	连续运行	0.1
9	外部照明	380	不计入总功率	0.4
10	UPS 快速充电		不计入总功率	11
11	空调1	380/220	不计入总功率	1.5
12	空调2	380/220	不计入总功率	1.5
13	电暖器	380/220	不计入总功率	2
14	内部照明	380/220	不计入总功率	0.2
	总功率			3.05

供电部分应满足中亚 A/B、C 线及哈南线沿途各国的能源配置情况,以哈南线 RTU 阀室详设(表 4.11)配置为例,设备供电应可满足外电、发电机和太阳能充电三部分,外电和柴油发电机应能进行快速充电;太阳能应可实现自动融雪功能,无须人工干预,同时要考虑太阳能板

数量和太阳能板的倾角摆放。

4.3.5.2 蓄电部分

考虑到中亚环境温度,蓄电池的工作使用温度应满足 0～35℃内正常工作,考虑到成本问题,在 25℃时,充放电次数不小于 3500 次 80%DoD,充放电倍率应满足 ≥1C,电池使用寿命不小于 10 年。

4.3.5.3 配电部分

燃气阀室负荷在 1125～3350W 不等,各线路段阀室用电需求如表 4.12 所示。

表 4.12　阀室用电需求

序号	阀室分类	负荷,W	阀室数量,个	最低日照时数,h	最大连续阴雨天,d	温度,℃
1	第一类	1125～1237	23	0.7	7	−32.52～47.81
2	第二类	1710～1950	17	0.7	7	−29.66～47.81
3	第三类	2310～3350	37	0.6	7	−37.62～48.13

因此共计分为三个类型的蓄电池容量:

第一类(23 个):BVS01、BVS05、BVS11、BVS15、BVS20、BVS34、BVS41、BVS45、BVS48、BVS52、BVS55、BVS04、BVS07、BVS08、BVS14、BVS24、BVS25、BVS36、BVS37、BVS47、BVS57、BVS58、BVS60。

以上阀室负荷均在 1300W 以内,蓄电池间最长为 6638mm×2438mm×2591mm(长×宽×高),可支持 7×24h 连续不间断供电。

第二类(17 个):CBVS04、CBVS08、CBVS09、CBVS23、CBVS35、CBVS36、CBVS37、CBVS40、CBVS41、CBVS43、CBVS47、CBVS49、CBVS54、CBVS56、CBVS61、CBVS62、CBVS64。

以上阀室负荷均在 1300～2300W,蓄电池间最长为 10530mm×2438mm×2591mm(长×宽×高),可支持 7×24h 连续不间断供电。

第三类(37 个):BVS23、BVS27、BVS38、CBVS02、CBVS11、CBVS13、CBVS15、CBVS19、CBVS22、CBVS27、CBVS29、CBVS33、BVS.1、BVS.3、BVS.5、BVS.7、BVS.9、BVS.12、BVS.13、BVS.14、BVS.15、BVS.17、BVS.18、BVS.20、BVS.22、BVS.25、BVS.27、BVS.29、BVS.32、BVS.34、BVS.37、BVS.38、BVS.41、BVS.43、BVS.44、BVS.45、BVS.46。

以上阀室负荷均在 2300W 以上,蓄电池间最长为 15340mm×2438mm×2591mm(长×宽×高),可支持 7×24h 连续不间断供电。

以上尺寸对应的为钛酸电池蓄电池间尺寸,磷酸电池蓄电池间使用 6638mm×2438mm×2591mm 尺寸的橇装屋即可满足三类功率段的蓄电池间需求。

4.3.6　解决方案

总体解决方案包括三部分:

(1)供电系统部分采用太阳能、柴油发电机和外电;

(2)蓄电部分采用钛酸锂/磷酸铁锂电池的形式;

(3)用电部分采用节能的用电设备,尽量减少耗电。

4.3.6.1　供电系统

课题对光伏发电和风光互补方案进行研究,结合中亚地区阀室现状,进行了量化比较,最终给出推荐方案。在推荐方案的基础上，开展进一步的研究工作，分析过程如下。

风光互补发电系统是利用风能和太阳能资源的互补性，白天以光伏发电为主，夜间以风力发电为主，系统配置如图 4.12 所示。

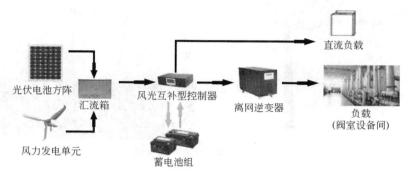

图 4.12　风光互补发电系统组成

（1）风力发电适用性分析。

由于风能是自然能，有一定的随机性，以典型 1300W 负荷的 BVS36♯ 为例，若选择光伏组件和风机组成的风光互补系统，该阀室地区风力大小如图 4.13 所示。

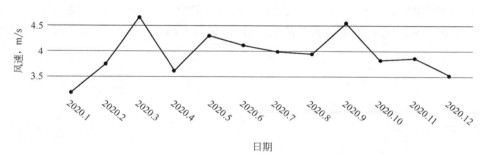

图 4.13　风光互补系统日发电量图

一般 5kW 以下的小风机，塔高在 8m 左右，由 NASA 数据可得到 2020 年该地区每月的 10m 高度风力大小。一般说来，风速达到 3 级风（4m/s）即可考虑风力发电。但从经济合理的角度出发，风速大于每秒 4m 才适宜于发电。可以看出，风力发电具波动大的特点，因此风力发电在长输天然气管道阀室供电系统应用过程中，不能作为总用电量的稳定供给组成部分，其发电量具有不可控性。相比而言，光伏发电系统更稳定、可控，更适合作为阀室总用电量的稳定供给部分。

（2）风力发电设备可靠度分析。

常用风力发电机类型包括水平轴和垂直轴两种形式，考虑到中亚地区阀室的实际情况，以水平轴为例进行分析，如图 4.14 所示。

由于中亚地区季节性风沙的影响，当风力发电机长期运行时，其可动部件容易损坏，设备故障率升高，为后期运行维护增加了工作量。此外，考虑到远期站场及线路管控水平的提升，风机的高维护需求与日趋缩减运维人员之间的衡量冲突会逐渐显露，对于优化人力资源配置形成潜在的屏障，相比光伏发电系统，太阳能极板及其配套设施无可动部件，对于维修、维护的需求大幅减少。

图 4.14　水平轴风力发电机

基于上述分析,光伏发电系统具有发电量大、能源相对较为稳定、维修维护工作量小的特点,推荐采用该方案作为本课题的供电系统。

4.3.6.2　系统功能

太阳能光伏发电是指利用光伏电池板将太阳光辐射能量转换为电能的直接发电形式。该供电方案可保证 1300W 的用电设备连续不间断供电,并且在遇到连续阴雨、雪天气时,确保 7×24h 连续不间断供电。此外,为保证该系统安全、可靠地运行,还预留外电接口和备用柴油机充电口,用于在极端天气下对蓄电池电量快速提升,保证负载供电的稳定性。阀室电力系统见图 4.15。

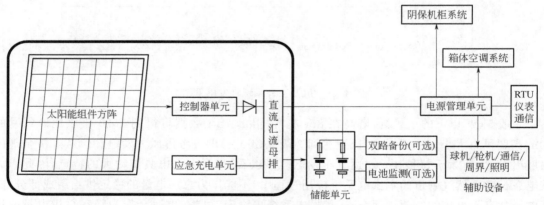

图 4.15　监控阀室电力系统简图

太阳能光伏发电属国家大力支持的可再生能源产业,具有明显的环保和节能效果。目前在管道系统的阀室中利用也很多,已有很多成功的经验(图 4.16)。

4.3.6.3　系统原理及构成

太阳能光伏发电是通过太阳能电池组件的光电效应将太阳能转化为直流电能并储存。光伏方阵在有光照的情况下将太阳能转换为电能,通过太阳能充放电控制器给蓄电池组充电,同时通过放电控制器给负载设备供电;在无光照时,由蓄电池组通过放电控制器给负载供电。太阳能独立供电系统一般工作状态有三种:第一种是白天时工作状态;第二种是夜晚工作状态;第三种是当遭遇连续阴雨、雪天时工作状态。

图 4.16 太阳能光伏发电系统实物

太阳能独立供电系统当处于白天时,太阳能独立供电系统由太阳能电池组件吸收阳光的照射产生电力通过蓄电池满足负载用电需求,多余的电力通过控制器储存于蓄电池组内。如果蓄电池组内电量已满,充电控制器会自动控制充电电流防止蓄电池过度充电。

独立供电系统当处于夜晚时,太阳能独立供电系统由于太阳能电池组件无法吸收到阳光的照射,无法产生电力。此时负载所有用电由蓄电池组通过放电控制器满足负载用电需求。

独立供电系统当遭遇多日阴雨、雪天时,太阳能供电系统的电池组件白天无法吸收到充足的阳光,所产生的电力和蓄电池储存电力共同工作才可负载用电需求。因白天太阳能发电系统没有多余电量给蓄电池充电,连续 7 个阴雨天后蓄电池组内将没有充足的电力供应站内负载用电。如果负载不能断电则需启用备用柴油发电机或外电来给蓄电池组进行充电和供负载使用,满足站内日常供电需求。

供电系统由发电系统、配电系统和管理系统三部分组成。其中发电部分由太阳能组件方阵、控制单元和应急充电口。供电系统由太阳能电池组件构成的太阳能电池方阵、备用柴油机组成;配电单元由蓄电池组、交直流配电柜、蓄电池柜等组成;控制单元由太阳能充放电控制器和电源管理单元组成。

4.4 撬装化设备温度控制的研究

需求分析

首先考虑温度需求,撬装一体化设备机柜间,室内设备温度控制需求见表 4.13。

表 4.13　机柜间设备温度区间

项目	温度范围,℃	设备温度耐受范围,℃
仪表设备	−40~70	
通信设备	−10~40	−5~35
阴保设备	−10~40	

因此,机柜间温度控制要求为−10~40℃,考虑到控制裕度,推荐控制温度为−5~35℃。橇装一体化设备蓄电池间,室内设备温度控制要求见表 4.14。

表 4.14　室内设备温度区间

项目	温度范围,℃
太阳能充电控制器	−30~50
放电控制器	−25~55
充电机	−30~70
空调	−40~50

因此,蓄电池间温度控制要求为−25~50℃,考虑到控制裕度,推荐控制温度为−20~35℃。

其次考虑合理用能源,在能量丰盈时,尽量利用能量;在能量匮乏时,尽量优化能源;对设备故障提出预判,如风机和空调故障等,提示运维人员进行巡检时重点关注。

4.5　消防措施

4.5.1　需求分析

根据 HZAOP 分析,负极表面生成锂枝晶、铜单质颗粒或铜枝晶的形成,导致电流过高,潜在枝晶穿透隔膜会造成电池内部短路,在阀门附近时,遇点火源潜在产生火灾爆炸、人员伤亡的风险,因此建议在蓄电池间和机柜间设置消防措施。

4.5.2　解决方案

目前主要应用的消防有两种:一种是七氟丙烷,一种是气溶胶。本项目对于该两种灭火方案进行了对并如表 4.15 所示。

表 4.15　消防措施对比表

对比项	气溶胶	七氟丙烷
灭火原理	电化学抑制	电化学抑制、降温的功能
喷放时间	10s 以内可以喷放(35 型)	2~3min
安装形式	较小储存单元体积最大,约为 200mm×25mm 圆形	需要高压储瓶,需要安装瓶子和管线和喷嘴,占用空间大
工作温度要求	极限温度−50~120℃的气溶胶储存工作	七氟丙烷由于有瓶子,会产生冬季低温调压,夏季高温升压的情况
喷口距离	喷口距离 4cm 以内,高温 100,大于 4cm 以内,温度会降低到 40℃左右	无
系统可靠度高	设置机械感温自启动装置出发系统	掉电不能工作

通过上述对比可知,气溶胶相比而言体积小便于安装,维护工作量小,机械性能可靠,因此选用气溶胶作为本项目的灭火方案。

浓缩型气溶胶灭火装置固定安装在机柜间和蓄电池间内保护区域,当火灾发生时,通过探测预警装置或机械感温自启装置自动启动灭火装置,气溶胶立即释放并弥散到整个箱体内保护区域,迅速控制火情并防止火情进一步蔓延,最大限度减少损失。平面布置图见图4.17。

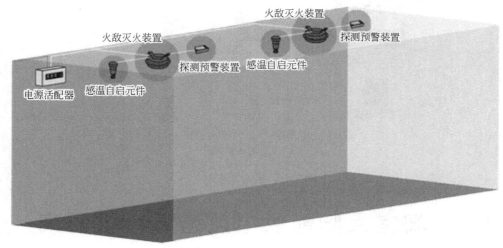

图 4.17　平面布置图

4.5.3　设备选型

消防设备见表 4.16,消防系统见图 4.18。

表 4.16　消防设备

项目	指标	备注
装置型号	QRR0.010G/SZL	
外径	60mm	
高度	≤22mm	
质量	约 75g	
灭火药剂装填量	10g	
有效保护空间容积	0.3m³	
热敏线启动温度	(170±5)℃	
热敏线束长	100～1000mm(可定制)	
电启动电流	≥700mA(DC)	
安全电流	≤150mA(DC)	
电启动线束长	50～500mm(可定制)	
装置工作温度	-50～+95℃	
灭火药剂喷射时间	≤2s	
装置使用寿命	10 年	

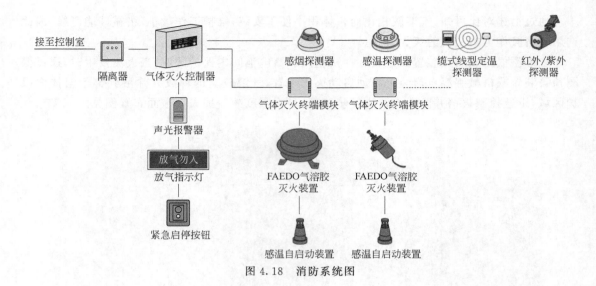

图 4.18　消防系统图

5　RTU 阀室太阳能供电改造可行性研究

5.1　概述

5.1.1　阀室分类

　　本部分将本次项目 A/B、C 及哈南线统计的 RTU 阀室,按照功率分为三类,并分别对每类典型阀室进行改造方案的经济性分析,典型阀室见表 5.1。

表 5.1　阀室分类

阀室分类	负荷,W	典型阀室编号	阀室负荷,W	典型功率,W
第一类	＜1300	乌国 A 线 BVS4	830	1000
第二类	1300～2300	哈国 C 线 BVS64	1950	2000
第三类	＞2300	哈南线 BVS44	3050	3000

5.1.2　方案分类

　　由于前文现状分析已将方案 1 的维持现状成本进行过统计,故本部分将对太阳能阀室及燃气阀室的改造方案与维持现状的经济性进行分析。

　　各阀室措施及说明用图 5.1 和表 5.2 进行说明。

　　对于更换蓄电池的类型,将分析钛酸锂及磷酸铁锂两类用来替换的电池的经济性以及维持现状的铅酸电池的经济性。

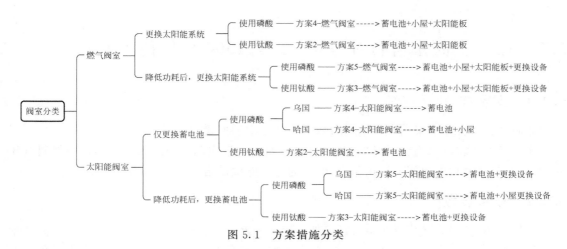

图 5.1　方案措施分类

表 5.2　各阀室措施及说明

方案	措施	说明	备注
方案 1	维持阀室现状不变	阀室维持现状费用统计情况	
方案 2	对于太阳能发电阀室：将原铅酸电池替换为钛酸电池。（更换电池）	该方案为更换发电形式	使用钛酸蓄电池
	对于燃气发电阀室：搭配小屋将燃气发电系统更换为太阳能发电系统和钛酸蓄电池。（更换电池）		
方案 3	对于太阳能发电阀室：更换高功率设备后，将原铅酸电池替换为钛酸电池。（更换设备＋换电池）	该方案为阀室降低功耗后，更换发电形式。通过替换掉高功率设备，降低阀室整体发电负荷，变相节约建设投资（太阳能板数量或蓄电池数量），可进行设备替换的阀室编号及设备类型	
	对于燃气发电阀室：更换高功率设备后，搭配小屋将燃气发电系统更换为太阳能发电系统和钛酸蓄电池。（更换设备＋换电池）		
方案 4	对于太阳能发电阀室：将原铅酸电池替换为磷酸电池，并配置小屋。（更换电池）	该方案为更换发电形式。磷酸锂电池充电温度区间为 0～45℃，若在中亚地区使用需要搭配小屋以解决工作温度问题	使用磷酸蓄电池
	对于燃气发电阀室：搭配小屋将燃气发电系统更换为太阳能发电系统和磷酸蓄电池。（更换设备＋更换电池）		
方案 5	对于太阳能发电阀室：更换高功率设备后，将原铅酸电池替换为磷酸电池。（更换设备＋更换电池）	该方案为阀室降低功耗后，更换发电形式	
	对于燃气发电阀室：更换高功率设备后，将燃气发电系统更换为太阳能发电系统和磷酸电池。（更换设备＋更换电池）		

5.2　第一类阀室可行性分析(小于1300W负荷阀室)

5.2.1　安全性

能源形式为太阳能采用无调节、无转动,绿色安全的形式。

光伏供电相较于风力、CCVT和TEG供电设备,不存在调节、转动设备,不需要燃料气接入,配置一定容量蓄电池即可提供稳定、安全的绿色能源供给。

5.2.2　参数设置

由气象环境可知,乌国段阀室室外最低气温为−20.45℃,最高气温48.18℃,而钛酸锂蓄电池的工作温度为−43～80℃满足要求,且乌国段阀室负荷均为半地下阀室,设备及蓄电池的工作环境较好。下面将对乌国A线BVS4♯进行方案经济性分析。

5.2.3　经济性(计算阀室为太阳能阀室)

本项目旨在通过对原供电方式的对比,优化现有供电方式,最终实现阀室运行成本降低。对于太阳能供电类型的阀室,除了比较维持现状的是否比优化方式更加经济,还要考虑设备投资带来的成本增加。

第一类阀室经济性分析将以典型阀室(1000W负荷)为例,分析如果维持现状,给出维持现状与优化方案之间的经济性关系,并给出第一类阀室对应的建议。

5.2.3.1　方案2不换设备,使用钛酸锂电池

BVS4♯供电方式为太阳能,对应方案2措施为仅更换钛酸蓄电池。代入可得乌国A线BVS4♯阀室,更换为钛酸锂电池后,使用38.7年可将投入至改造的费用成本收回。

5.2.3.2　方案3更换设备,使用钛酸锂电池

对于乌国A线BVS4♯阀室,该阀室可通过更换原160W功率的通信设备OptiX-OSN1500B为50W的工业交换机实现相同功能,来降低阀室整体功耗,间接减少蓄电池的消耗,以此达到降低运维成本。

计算公式如下:

$$x = \frac{I}{C_{aj} - C_y}$$

式中　X——将维持现状阀室的费用投入至对应方案改造中,改造成本与维持现状运行费用相同的年数;

　　　I——建设投资,包括钛酸蓄电池、设备费、现场调试、中心调试费用,万元;

　　　C_{aj}——固定资产年平均成本,即维持现状的平均年成本,万元;

　　　C_y——改造后年运行成本,万元。

代入可得乌国A线BVS4♯阀室,降低功耗并更换蓄电池后,使用35.1年可将投入至改造的费用成本收回。

5.2.3.3　方案4不换设备,使用磷酸电池

对于乌国段为半地下阀室,方案4是对使用磷酸蓄电池的一体化解决方案的经济性分析。

计算公式如下：

$$x = \frac{I}{C_{aj} - C_y}$$

式中　X——将维持现状阀室的费用投入至对应方案改造中,改造成本与维持现状运行费用
相同的年数;

　　　I——建设投资,包括磷酸铁锂蓄电池费用,万元;

　　　C_{aj}——固定资产年平均成本,即维持现状的平均年成本,万元;

　　　C_y——改造后年运行成本,万元。

代入可得乌国 A 线 BVS4♯阀室,更换为磷酸铁锂电池后,使用 17.3 年可将投入至改造
的费用成本收回。

5.2.3.4　方案 5 换设备,使用磷酸电池

由方案 3 可知,该阀室降低功率为 110W,由方案 4 可知该阀室改造价格,则方案 5 措施为
在方案 4 的基础上增加替换的设备,其相关计算公式如下:

$$x = \frac{I}{C_{aj} - C_y}$$

式中　X——将维持现状阀室的费用投入至对应方案改造中,改造成本与维持现状运行费用
相同的年数;

　　　I——建设投资,包括磷酸铁锂电池、设备费、现场调试、中心调试费用,万元;

　　　C_{aj}——固定资产年平均成本,即维持现状的平均年成本,万元;

　　　C_y——改造后年运行成本,万元。

代入可得乌国 A 线 BVS4♯阀室,降低功耗并更换蓄电池后,使用 16.5 年可将投入至改
造的费用成本收回。

根据四种方案计算结果,均需要达到 10 年以上才可以收回成本,并且运行超过 10 年需要
重新投入增加一次性投资,费用包括蓄电池和太阳能板。故对于乌国 A 线 BVS4♯阀室,推荐
维持现状。

5.3　第二类阀室可行性分析(1300W＜阀室负荷＜2300W)

5.3.1　安全性

能源形式,采用无调节、无转动、绿色安全的形式。

光伏供电相较于风力、CCVT 和 TEG 供电设备,不存在调节、转动设备,不需要燃料气接
入,配置一定容量蓄电池即可提供稳定、安全的绿色能源供给。

5.3.2　参数设置

由气象环境可知,哈国段阀室室外最低气温为－32.52℃,最高气温 47.81℃,而钛酸锂蓄
电池的工作温度为－43～80℃满足要求,而哈国段阀室涉及改造的阀室均需要进行蓄电池和
设备柜的考虑,设备间和蓄电池配置见前文,下面将对哈国 C 线 BVS64♯阀室进行方案经济
性分析。

5.3.3 经济性(计算阀室为燃气发电阀室)

本项目旨在通过对原供电方式的对比,优化现有供电方式最终实现阀室运行成本降低。对于燃气发电类型的阀室,除了比较维持现状的是否比优化方式更加经济,还要考虑设备投资带来的成本增加。本项目哈国段第二类阀室的经济性分析将以哈国 C 线 BVS64♯阀室作为典型,给出维持现状与优化方案的经济性关系。

5.3.3.1 方案 2 不换设备,使用钛酸锂电池

哈国境内管道普遍采用供电线路以及 CCVT、TEG、小型燃机等自配电或自发电模式配合地下设备间或配置空调和加热设备的橇装设备间,该配置方案的阀室每年运维费用极高,该计算将每年维修的费用投入至改造太阳能发电系统方案中的经济性对比。

计算公式如下:

$$x = \frac{I}{C_{aj} - C_y}$$

式中 X——将维持现状阀室的费用投入至对应方案改造中,改造成本与维持现状运行费用相同的年数;

$\quad I$——建设投资,包括钛酸蓄电池、橇装小屋、太阳能板费用,万元;

$\quad C_{aj}$——固定资产年平均成本,即维持现状的平均年成本,万元;

$\quad C_y$——改造后年运行成本,万元。

代入可得哈国 C 线 BVS64♯阀室,更换发电形式后,使用 120 年可将投入至改造的费用成本收回。

5.3.3.2 方案 4 不更换设备,使用磷酸电池

哈国 C 线 BVS64,阀室使用的是 CCVT 发电设备。中亚地区环境特点与蓄电池特性可知,使用磷酸蓄电池需搭配集装箱/橇装小屋使用。计算公式如下:

$$x = \frac{I}{C_{aj} - C_y}$$

式中 X——将维持现状阀室的费用投入至对应方案改造中,改造成本与维持现状运行费用相同的年数;

$\quad I$——建设投资,包括磷酸铁锂电池、橇装小屋、太阳能板费用,万元;

$\quad C_{aj}$——固定资产年平均成本,即维持现状的平均年成本,万元;

$\quad C_y$——改造后年运行成本,万元。

代入可得,哈国 C 线 BVS64♯阀室,更换为太阳能发电系统后,使用 78.7 年可将投入至改造的费用成本收回。

5.3.3.3 方案 6 土建房

若采用该方案,在阀室内设计钢混结构的建筑,将监控设备及蓄电池布置于建筑内,考虑采用聚苯板作为外墙保温材料,采用无机保温砂浆做基础,构建钢混结构建筑,其相关计算公式如下:

$$x = \frac{I}{C_{aj} - C_y}$$

式中 X——将维持现状阀室的费用投入至对应方案改造中,改造成本与维持现状运行费用
相同的年数;

I——建设投资,2 万元/m^2,共计约 $10m^2$、太阳能板与磷酸蓄电池费用;

C_{aj}——固定资产年平均成本,即维持现状的平均年成本,万元;

C_y——改造后年运行成本,万元。

代入可得哈国 C 线 BVS64#阀室,采用土建房方案,使用 37.6 年可将投入至改造的费用
成本收回。

根据三种方案计算结果,均无法在管道全生命周期的 20 年内收回投资成本,故推荐维持
现状。

5.4   第三类阀室可行性分析(大于 2300W 负荷阀室)

5.4.1   安全性

能源形式采用无调节、无转动,绿色安全的形式。

光伏供电相较于风力、CAPSTONE 供电设备,不存在调节、转动设备,不需要燃料气接
入,配置一定容量蓄电池即可提供稳定、安全的绿色能源供给。

5.4.2   参数设置

由气象环境可知,乌国段阀室室外最低气温为$-37.62℃$,最高气温 $48.13℃$,而钛酸锂蓄
电池的工作温度为$-43\sim80℃$满足要求,哈南阀室涉及改造的阀室均需要进行蓄电池和设备
柜的考虑,设备间和蓄电池配置见前文。下面将对哈南线 BVS44#阀室进行方案经济性
分析。

5.4.3   经济性(计算阀室为燃气发电阀室)

本项目旨在通过对原供电方式的对比,优化现有供电方式,最终实现阀室运行成本的降
低。对于燃气发电类型的阀室,除了比较维持现状的是否比优化方式更加经济,还要考虑设备
投资带来的成本增加。本项目哈国段阀室的经济性分析将以哈南线 BVS44#作为典型,给出
维持现状与优化方案的经济性关系。

5.4.3.1   方案 2 不更换设备,使用钛酸锂电池

对于燃气阀室,方案 2 为更换发电形式且使用钛酸电池。CAPSTONE 发电设备维修费
用极高,相当于购入一台新机,该方案将计算每年维修的费用投入至改造太阳能发电系统方案
中的经济性对比。

计算公式如下:

$$x=\frac{I}{C_{aj}-C_y}$$

式中 x——将维持现状阀室的费用投入至对应方案改造中,改造成本与维持现状运行费用
相同的年数;

I——建设投资,包括钛酸蓄电池、橇装小屋、太阳能板费用,万元;

C_{aj}——固定资产年平均成本,即维持现状的平均年成本,万元;

C_y——改造后年运行成本,万元。

代入可得哈南线 BVS44#阀室,更换为太阳能发电系统后,使用 13.5 年可将投入至改造的费用成本收回。

5.4.3.2 方案 4 不更换设备,使用磷酸电池

对于燃气阀室,方案 4 为更换发电形式且使用磷酸铁锂电池。

计算公式如下:

$$x=\frac{I}{C_{aj}-C_y}$$

式中 x——将维持现状阀室的费用投入至对应方案改造中,改造成本与维持现状运行费用相同的年数;

I——建设投资,包括磷酸铁锂电池、橇装小屋、太阳能板费用,万元;

C_{aj}——固定资产年平均成本,即维持现状的平均年成本,万元;

C_y——改造后年运行成本,万元。

代入可得哈南线 BVS4#阀室,更换为太阳能发电系统后,使用 8.0 年可将投入至改造的费用成本收回。

5.4.3.3 方案 6 土建房

若采用该方案,在阀室内设计钢混结构的建筑,将监控设备及蓄电池布置于建筑内。考虑采用聚苯板作为外墙保温材料,将无机保温砂浆作基础,构建钢混结构建筑,其相关计算公式如下:

$$x=\frac{I}{C_{aj}-C_y}$$

式中 x——将维持现状阀室的费用投入至对应方案改造中,改造成本与维持现状运行费用相同的年数;

I——建设投资,2 万元/m^2,共计约 10m^2、太阳能板与磷酸蓄电池费用;

C_{aj}——固定资产年平均成本,即维持现状的平均年成本,万元;

C_y——改造后年运行成本,万元。

代入可得哈南线 BVS44#阀室,使用土建房方案,使用 4.7 年可将投入至改造的费用成本收回。

根据三种方案计算结果,方案 4 与方案 6 可在 10 年内回收成本,但土建工程建设期需要开展土建施工;其次,对于较偏远的阀室,蓄电池维修时需现场驻留,故推荐方案 4。

站内管道检测技术

本篇为中油国际管道有限公司海外输气站场站内管道检测管理技术成果,旨在为海外输油气站场检测工作开展提供经验。

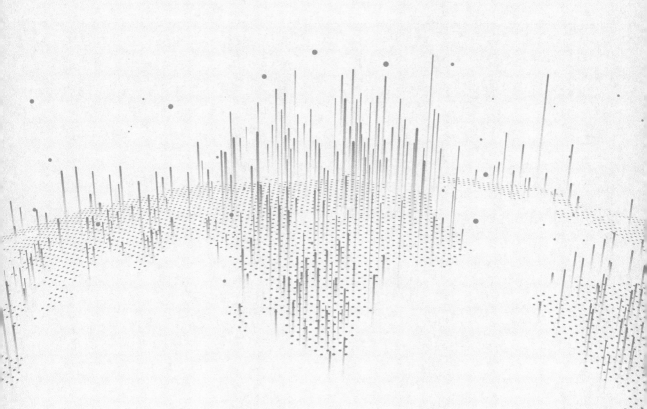

中亚管道天然气站场检测管理分析

1 天然气站场概况

中亚天然气管道 A/B 线单线长 1837km，管径 1067mm，材质 X70，设计压力 9.81MPa，全线设有 8 座压气站，3 座边境计量站和 23 座清管站。

中亚天然气管道 C 线长 1837km，设计压力 9.81MPa，管径 1067mm、1219mm，材质为 X70/X80，全线设有 11 座压气站，2 座边境计量站和 11 座清管站。

中亚天然气站场站内压力管道已经投产运行 10 年以上，运行压力最高达 9.81MPa。管径从 1in 到 48in，厚度从 3.38mm 到 30.2mm，材质有 SS316，GR. B，X60，X70 等。敷设方式主要有地面（架空）和埋地两种。2019 年 4 月，使用方在管道运行过程中，发现某站排污管线发生天然气泄漏，5 月，对本站其他排污管线进行壁厚检测也发现存在异常减薄。

2 检验检测需求分析

根据国内站场油气管道运行状况以及泄漏情况分析可知，按照一定的周期与程序对站内工艺管道检测是非常有必要的，这对于管道的完整性管理、事故的避免具有非常重要的意义。

站内工艺管道在运行过程中，随着年限的增长，受介质、压力、温度等运行条件变化，地理沉降等外界条件的影响，管道本体、焊缝、防腐保温层等都可能随着时间的推移而产生破坏，同时，管道本身存在的缺陷也可能扩展，严重时阻碍天然气的持续供应，带来管道泄漏、爆燃、爆炸等造成生命财产损失的风险。因此管道使用方应制定一个长期有效的检验检测管理程序，达到安全性和经济性的统一，是管道运行的必然需求。

3 天然气站场工艺管道的检测管理流程

3.1 资料准备

为便于检验检测的开展,确保检验检测的效果,需要准备如下资料:

(1)设计资料:设计单位的资质证明、设计图纸、计算书、设计变更资料等。

(2)安装资料:安装资单位质证明、竣工验收资料、质量证明文件、安装监督检验证书等。

(3)重大改造或者修理资料:施工方案、竣工资料以及相关安全规范要求的监督检验证书。

(4)运营资料:管道运行过程中的相关资料,如使用压力、使用温度、运行频次等。

(5)检测资料:建设期,运行期设计到的无损检测资料、年度检查报告、定期检验报告以及各类安全附件、仪表的校验检定资料。

在检验检测过程中发现,这些资料相对分散。由于管理的因素,这些资料可能单独与其他资料成册,在数字化发展的现阶段,建议将资料数字化并进行分类,这能大大提高检验检测效率并提高管道管理的质量。

3.2 检验检测实施

为了满足工艺管道的运行安全要求,一般将检验检测分成 3 种类型:年度检查、定期检验、专项检测。

3.2.1 年度检查

定期自行检查,是指使用单位在管道运行条件下,对管道是否有影响安全运行的异常情况进行检查,每年至少进行一次,用于在管道日常运行中发现异常,并采取相应的措施进行维修、整改。年度检查应当至少包括对管道安全管理情况、安全运行状况和安全附件与仪表的检查,必要时应当进行壁厚测定和电阻值测量;同时对于站场内的安全附件与仪表也要进行定期检查。

年度检查是管道安全管理的重要一环,是站场管理人员对站库工艺管道最直观的了解方式,虽然并不能深入对管道进行检验检测,但年度检查随时间不断累加,会让管理人员清楚地掌握站场管道随时间的变化趋势。

3.2.2 定期检验(周期性检验)

按照一定的检验周期对管道进行深入的检验检测,确保管道符合安全运行条件。定期检验应当在年度检查的基础上进行,各项年度检查的结论,指标都将为定期检验的提供参考。定期检验项目应当以宏观检验、壁厚测定和安全附件的检验为主,必要时应当增加表面缺陷检测、埋藏缺陷检测、材质分析、耐压强度校核、应力分析、耐压试验和泄漏试验等项目。同时,需要检测人员有一定的检验检测能力,并取得相应的检验检测资格。

需要指出的是,壁厚测定并非是仅仅采用超声测厚仪进行厚度的测量。在较长时间的观念里面,测厚仪作为主要的检测设备主要是由于其价格低廉,使用简单,使其一直被检验检测单位作为一种非常重要的检测设备,但从测厚仪的使用效果来看,单纯地使用超声测厚仪进行壁厚测定意义不大。这是由于测厚仪的工作原理和设备本身的局限造成的。特别是对管道内部局部腐蚀而言,在不确定腐蚀发生位置的情况下,超声测厚仪基本没有明显的效果。目前有很多其他检测技术可以达到道壁厚测定的效果,如漏磁检测、涡流检测、超声相控阵检测等,这些检测技术虽然也有其弱点,但检测速度快、效率高,在适当的条件下远超超声测厚仪的检测效果,可作为站场工艺管道检验检测的有效方式。

3.2.3 专项检测

一般没有特定的时间间隔要求,由管道使用方在管道运行的过程中根据现场实际需要提出,一般多采取切实有效的检测方法确定管道的安全状况,并给出管道运行建议。较多时候会考虑采取新型检测技术,检测的部位一般也为检测的难点和重点。对重要管道也可考虑长期监测的方式进行管理。

专项检测是年度检查和定期检验的补充,具有更强的针对性,管道使用方可以在时间与资金充足的情况下提高专项检测的频次,以降低特定管道部位的运行风险,如埋地段、穿跨越段等。

3.3 检验现场准备工作

如进行定期检测和专项检测,使用单位和相关的辅助单位(如修理、维护等单位),应当按照要求做好停机后的技术性处理和检验前的安全检查,确认现场条件符合检验工作要求,做好有关的准备工作。检验前,检验现场应当至少具备以下条件:

(1)影响检验的附属部件或者其他物体,应当按照检验要求进行清理或者拆除;

(2)为检验而搭设的脚手架、轻便梯等设施应当安全牢固(对离地面 2m 以上的脚手架设置安全护栏等防护装置);

(3)需要进行检验的管道表面应当打磨清理,特别是腐蚀部位和可能产生裂纹缺陷的部位应当彻底清理干净,露出金属本体,进行无损检测的表面应当达到无损检测方法标准的要求,标准如 NB/T 47013—2015《承压设备无损检测》、SY/T 4109—2020《石油天然气钢质管道无损检测》;

(4)管道检验时,应当保证将其与其他相连装置、设备可靠隔离,必要时进行清洗和置换;

(5)管道检验时,应当监测检验环境中易燃、有毒、有害气体,其含量应当符合有关安全技术规范及相应标准的规定;

(6)在高温或者低温条件下运行的管道,应当按照操作规程要缓慢地降温或者升温,满足检验工作的要求,防止造成人员伤害和设备损伤;

(7)应当切断与管道有关的电源,设置明显的安全警示标志,检验照明用电压不超过 24V,电缆(线)应当绝缘良好、接地可靠;

(8)需要现场进行射线检测时,应当隔离出透照区,派专人监护,设置警示标志,符合相关安全规定。

3.4 检验工作安全要求

（1）检验人员确认现场条件符合检验工作要求后方可进行检验工作，并且遵守使用单位的有关动火、用电、高处作业、安全防护、安全监护等规定；

（2）检验时，使用单位管道安全管理人员、作业和维护等相关人员应当到场协助检验工作，及时提供相关资料，负责安全监护，并且提供可靠的联络手段。

3.5 检验检测后续管理

对检测出的缺陷要按照严重性、风险的高低进行分类处理，一般分为：立即处理、稍后处理、监控运行，短期不做处理等方式。

检验检测数据以及维修过程资料进行统一管理，制定相应管理台账，便于后续开展的检验检测以及站库管理方的风险管控。

对于检测中发现管道某些部位因为设计不合理造成难以检测的情况，管道使用方应在经济、安全、有效管理等方面考虑是否对管道进行整改，以便于后期的检验检测工作开展。

4 站场天然气管道缺陷

4.1 管道材料缺陷

管道材料缺陷，一般在制造和安装过程中产生，如：

（1）纵裂纹，由于加热不良，热处理和加工不当而引起的；

（2）横裂纹，由于轧制过于剧烈，加热过度或者冷态加工过多引起；

（3）表面划伤，加工导管，拉模的形状不良引起；

（4）翘皮和折叠，表面夹入杂质或者非金属夹杂物造成；

（5）分层，钢坯内部有非金属夹杂物或者气孔，在轧制时变为扁平的层状缺陷。

4.2 焊缝缺陷

焊缝缺陷根据产生的时间分为焊接时产生的缺陷和管道使用过程中产生的缺陷。

焊接时产生的缺陷一般有：气孔、夹渣、未焊透、未熔合、裂纹、咬边、错边等。

气孔是指焊接时，熔池中的气体未在金属凝固前逸出，残存于焊缝之中所形成的空穴。其气体可能是熔池从外界吸收的，也可能是焊接冶金过程中反应生成的。

夹渣是指焊后溶渣残存在焊缝中的现象。夹渣分为金属夹渣和非金属夹渣。

未焊透指母材金属未熔化,焊缝金属没有进入接头根部的现象。

未熔合是指焊缝金属与母材金属,或焊缝金属之间未熔化结合在一起的缺陷。按其所在部位,未熔合可分为坡口未熔合,层间未熔合根部未熔合三种。

焊缝中原子结合遭到破坏,形成新的界面而产生的缝隙称为裂纹。根据裂纹尺寸大小,分为宏观裂纹、微观裂纹、超显微裂纹。

咬边是指沿着焊趾,在母材部分形成的凹陷或沟槽,它是由于电弧将焊缝边缘的母材熔化后没有得到熔敷金属的充分补充所留下的缺口。

错边是指焊接时,由于焊接部位变形、焊接偏差等因素造成错位、不平。

管道使用过程中焊缝产生的缺陷一般有:裂纹、腐蚀等。

管道使用过程中缺陷产生的原因主要分两类,一类是缺陷扩展,另一类是新生成。扩展比较容易解释,是焊缝中原本存在的缺陷(建设时期未检测或者未超标)在管道运行过程中在宏观尺寸上逐渐增大;新生缺陷受焊缝材质、运行条件、介质等因素的影响而产生,是一种从无到有的过程,如应力腐蚀裂纹、腐蚀等。

虽然建设时期进行了大量的无损检测,但受焊接技术、检测技术的局限,管理因素等影响,缺陷并不能完全消除,后期运行过程也会有缺陷的增长和新生,因此在运行期进行一定焊缝无损检测是必要的,但要注意的是,选择焊缝进行检测的科学性以及对焊缝缺陷评价的经济合理性。简而言之就是焊缝抽检时要选择合适的焊缝,评价时不能完全按照建设期标准进行,这样会造成资金不必要的大量投入。

4.3　管道腐蚀

腐蚀是造成管道泄漏的重要原因,一般在管道运行期产生,按照产生的部位主要包括管道内腐蚀和外腐蚀。造成管道内腐蚀的原因主要与介质特性有关,比如介质中的酸性组分是造成内腐蚀的最主要因素。造成管道外腐蚀的原因主要是防腐层失效,管道直接与土壤中的空气、水分等接触,以及阴极保护不当(比如牺牲阳极块消耗完毕或者强制电流保护电压不在有效保护范围内)。应力也是各类腐蚀发生的重要影响因素。

外腐蚀发生在空间上分为地上管道外腐蚀和埋地管道外腐蚀。这两种外腐蚀一般都可以通过控制防腐施工质量得到改善,良好的防腐层施工可以使得管道几十年都不会发生外腐蚀,也存在施工不良造成几个月甚至几个星期就出现严重的外腐蚀。从站场工艺管道运行环境来看,站场选址建设之后大气、土壤、降水都处于一个相对稳定的状态,外腐蚀的发生主要还是受防腐质量的影响。特别应指出,如果埋地管道防腐质量不好,附近又存在不正常电流的导入导出(静电接地线,电缆漏电等),会造成电流腐蚀,这种腐蚀难以通过分析得出。

4.4　外力破坏产生缺陷

第三方施工、地基沉降等造成管道破坏,如机械损伤、挤压变形和疲劳损伤等。

5　腐蚀机理和类型

腐蚀是站内工艺管道最为常见与广泛的管道破坏形式,是管道安全运行关注的重点,腐蚀检测与控制是站场管道完整性管理中最为重要的一环。

5.1　站场工艺管道的腐蚀机理

从材料的腐蚀角度来说,一般可划分三种情况:

一是电化学腐蚀。电化学腐蚀是由于金属管道电极电位失去平衡,局部形成微电池,在富含电解质的溶液中,金属失去电子金属阳离子,形成阳极,电极电位较高的部位得到电子形成阴极,在电化学作用下管道被腐蚀。

二是化学腐蚀。化学腐蚀通常是指管道金属与土壤、空气及管道中介质接触发生化学反应,导致金属管道表明物质均匀流失,管壁变薄,在此过程不发生化学能向电能的转变。

三是生物化学腐蚀。生物化学腐蚀通常是由硫酸盐还原菌等细菌活动,加速管道表明的腐蚀过程,这种腐蚀情况一般发生在特殊的土壤介质中。在土壤环境中能够引起埋地管道腐蚀的主要有两类微生物,好氧的硫化菌(SOB)和厌氧的硫酸盐还原菌(SRB)。在土壤环境氧气充足的情况下,硫化菌开始生长,如图 5.1 所示,硫化菌可以在氧的作用下,氧化 SRB 的代谢产物和其产生的元素硫,生成硫酸,从而破坏钢材表面钝化膜,使基体产生腐蚀。当在缺氧环境中,此时 SRB 活性较强,它可将土壤中的硫酸盐还原成硫化氢,S^{2-} 在铁的作用下,生成黑褐色不溶性腐蚀产物硫化亚铁附着于钢材表面。由于反应进行,环境中 H^+ 浓度增大,酸性加强,阴极反应过程氢的去极化作用加强,加速腐蚀的进行。

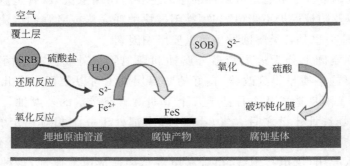

图 5.1　微生物腐蚀示意图

由于天然气含有 H_2S、CO_2、O_2 及其他硫化物等腐蚀性化合物,可对金属管道造成化学腐蚀,但总体来说,化学腐蚀的危害程度相对较小。对天然气管道腐蚀危害最大的是电化学作用,可引起管道表面出现腐蚀坑洞甚至穿孔等,给天然气输送造成极大危害。

从原理及腐蚀条件来看,天然气管道腐蚀一般以电化学腐蚀为主。而对于材料的电化学腐蚀,影响腐蚀发生的主要因素包括:介质是否存在液相水、腐蚀性介质含量、流速、压降等。

（1）游离水对腐蚀的影响。

天然气的主要成分是甲烷，非烃组分有水、二氧化碳、硫化物、氧气等。在低温或者输送压力较低的站场或者工艺上流速较慢的管段，天然气中的水成为游离水而沉降在管道底部，引起管道的腐蚀，而上流天然气中易溶于水的腐蚀介质也将进一步增加管道的腐蚀速度。

（2）流速对腐蚀影响。

① 流体在某特定的流速下，碳钢和低合金钢在含 H_2S、CO_2 流体中的腐蚀速率，通常是随着时间的增长而逐渐下降，平衡后的均匀腐蚀速率均很低。

② 当气体的流速太低，可造成管道、设备底部集液，加之天然气中存在固态杂质，而发生因酸性水腐蚀、垢下腐蚀等导致的局部腐蚀破坏，管道局部腐蚀速率升高。

5.2　站场工艺管道的腐蚀类型

5.2.1　管道外壁腐蚀

天然气管道外壁腐蚀会同时出现在埋地管道和架空管道上。架空管道主要是外防腐层遭受破坏对管道造成腐蚀。埋地金属管道遭受的腐蚀是全面的，既有化学腐蚀，也有电化学腐蚀，化学腐蚀是管壁均匀减薄，电化学腐蚀使得管壁穿孔破坏，后者对管道危害较大。管道外壁腐蚀主要发生在以下情况：

（1）地层中土壤电阻率较小的部位；

（2）土壤及地层水中盐、碱含量高的部位；

（3）地层构造不均匀的部位；

（4）管道外防腐层遭受破坏的部位。

5.2.2　管道内壁腐蚀

天然气管道内壁腐蚀主要由两方面造成，一方面是天然气中的腐蚀性气体如 H_2S、CO_2 及其他硫化物等直接与金属管道接触，对管道造成化学腐蚀。另一方面是天然气中含有一定量水，能够在管道内形成一层亲水膜，在管道内壁局部形成微电池，造成电化学腐蚀。腐蚀特别容易发生在某些介质不容易流通的部分，如预留的接头、盲肠段，流速较低的部位等。

5.2.3　管道附件腐蚀

各类支撑件如支架，接管如测温测压仪表接管等附件的腐蚀，也会给管道带来风险。在站场内，这些部位的腐蚀也多与液态水有关。

5.3　站场工艺管道的腐蚀程度

腐蚀程度的描述：材料的腐蚀倾向由其热力学稳定性决定，热力学上不稳定的材料具有腐蚀自发性，会根据环境以及材料本身质地等因素发生不同程度的腐蚀。腐蚀减薄的类型主要分为全面腐蚀减薄和局部腐蚀减薄两类。

全面腐蚀：腐蚀分布在整个管道内表面或者外表面，可以是均匀的或是不均匀的。这类腐蚀对金属的危险性较小,也比较容易控制,可以依据它的腐蚀速率进行结构腐蚀控制设计和使用寿命的预测。

局部腐蚀:腐蚀的主要形式是以坑蚀、点蚀、裂纹等出现,主要发生在焊接区、缝隙区等位置。局部腐蚀发生的概率高于全面腐蚀,造成的危害性也更大,更容易导致金属材料的失效,也更难以检测和监测。局部腐蚀的腐蚀程度分析需要分析发生局部腐蚀的诱因,然后针对性地进行检测和维护。

6 检验检测

6.1 缺陷的生长

缺陷可以分为活性缺陷与非活性缺陷。非活性缺陷一般存在于制造、安装过程中,随着管道的运行不发生物理尺寸上的改变的缺陷;活性缺陷则可能存在于整个管道生命周期中,可以是原始缺陷的扩展,也可以是新生缺陷,如疲劳裂纹、应力腐蚀裂纹等。

非活性缺陷也不一定是完全不扩展,在某些外界条件变化时,非活性缺陷也可能向活性缺陷转变。

很显然,活性缺陷的危害性极大,特别是面状缺陷,一般认为面状缺陷为活性缺陷,代表类型有各种裂纹。面状缺陷的扩展速度难以预估,可能几年也可能几天就可以造成管道开裂破坏。因此判断缺陷是否处于活性就变得十分重要,一般重点关注的缺陷类型为各类型裂纹,未熔合等。

6.2 缺陷的检测

根据缺陷的类型,需要采取不同的检测方法,评估方式也不相同。

天然气站场工艺管道检测时,主要将管道分为两个部分:管道本体和焊接接头。

管道的本体检测主要有:防腐层完好性、外壁腐蚀、内壁腐蚀、裂纹类缺陷。

焊接接头的检测主要有:焊接缺陷(气孔、夹渣、未熔合、未焊透、裂纹等)、应力腐蚀裂纹、氢致开裂、组对缺陷(主要为错边)、内外腐蚀等缺陷。

对于埋地管道,站内管道电缆敷设复杂,造成防腐层完好性检测难度高,准确度低。有效的检测方式目前还是以开挖直接检测为主。

6.3 检测方法

天然气站场工艺管道检测应以传统无损检测技术为基础,同时大力推广新型有效的检测技术。

传统无损检测技术有:射线检测、超声检测(单指普通数字超声)、磁粉检测、渗透检测、超声测厚。传统超声波检测技术只能集中检测管道的局部区域,具有检测大面积管道缺陷速度慢、检测效率低、只能检测到探头下面的那部分管道的不足等缺点。传统超声波检测技术进行大面积管道缺陷的检测时,就必须逐点地做许多次测量,也就是要频繁地接近被检测管道表面。对于难以接近或费用较大的区域,如此精细的检测是不经济的。

新型无损检测技术(近年来发展较快,使用较多):超声相控阵检测技术、TOFD 检测技术、数字射线(DR)检测技术、脉冲涡流检测技术、超声导波检测技术、电磁超声检测技术,管道外壁漏磁检测技术等。

6.3.1 超声相控阵检测技术

超声相控阵检测技术是近年来天然气管道超声波无损检测领域发展起来的新技术,以其灵活的声束偏转及聚焦性能越来越引起人们的重视与应用。

超声相控阵技术是多声束扫描成像技术,使用由多个晶片组成的多阵元换能器来产生和接收超声波波束,通过控制阵列中各阵元发射激励(或接收)脉冲时间的延迟,改变由各阵元发射(或接收)声波到达(或接收)物体内某点时的相位关系,实现聚焦点和声束方位的变化,然后采用机械扫描和电子扫描相结合的方法来实现图像成像的检测技术。

由多阵元换能器来产生的超声波是一种由高频电脉冲激励压电晶片在弹性介质(管道)中产生的机械振动。超声相控阵发射是通过控制各个独立阵元的延时和灵敏度,可以生成不同辐射面的声波,产生不同形式的电控声场。由于超声相控阵阵元的延迟时间可动态改变,因此,使用超声相控阵技术检测天然气管道缺陷主要是利用它的声束角度可控和可动态聚焦两大特点来实现。

超声相控阵技术的主要特点是多晶片探头中各晶片的激励(振幅和延时)均由计算机控制。压电复合晶片受激励后产生超声波聚焦波束,声束参数(如角度、焦距)均可通过软件调整。扫描声束是聚焦的,能以镜面反射方式检测出不同方位的裂纹,这些裂纹可能随机分布在远离声束轴线的位置上。由于相控阵探头声束不仅聚焦而且可以转向,因此,多向裂纹都可以被超声相控阵探头检出。

与射线成像检测技术相比,超声相控阵检测技术有如下优点:(1)超声相控阵技术可以检测出管道缺陷的埋藏深度及自身高度,而射线成像技术只能显示管道缺陷的平面投影,超声相控阵技术在缺陷定位方面要比射线成像技术准确;(2)超声相控阵技术可以检测出管道密集气孔的埋藏深度,而射线成像技术只能定量缺陷的点数;(3)超声相控阵技术可以检测出管道焊缝未焊透缺陷的长度、埋藏深度及自身高度,而射线成像技术不能显示管道焊缝未焊透缺陷的埋藏深度及自身高度。

6.3.2 超声 TOFD 检测技术

超声 TOFD 检测技术又称为衍射时差法检测技术,衍射时差检测技术是一种较新的天然气管道缺陷检测技术,它利用在管道中声速最快的纵波在缺陷端部产生的衍射能量来进行检测。

衍射时差检测技术的工作原理:衍射时差检测技术是依靠超声波与缺陷端部的相互作用发出的衍射波来检测出缺陷并对其进行定量的。当超声波入射到缺陷端部时,依据惠更斯原理可知,此端部立即成为新的衍射波源,该波源向 360°方向发射衍射波。检测时采用一发一收(一个激发探头和一个接收探头)角度相同的双探头模式,利用缺陷尖端产生的衍射波信号进行探测和测量管道缺陷的尺寸。检测过程中,激发探头产生的宽角度纵波可以覆盖整个管道的检测区域。在无缺陷部位，接收探头首先接收到在两个探头之间以纵波速度进行传播的直通波，然后接收到底面反射回波。如果在天然气管道中存在裂纹缺陷，则通过缺陷上尖端和下尖端的超声波将分别产生衍射波，这两束衍射波在直通波和底面反射波之间出现。衍射波的信号比底面反射波的信号要弱很多，但比直通波的信号强。如果缺陷高度较小，则上尖端产生的衍射波和下尖端产生的衍射波可能互相重叠。从管道缺陷下尖端传到接收探头的衍射波信号，要迟于从上尖端传到接收探头的衍射波信号，通过测量该时间差即可测量出缺陷的长度。

衍射时差检测技术克服了其他超声波检测的一些固有缺点，天然气管道缺陷的检出和定量不受声束角度、探测方向、缺陷表面粗糙度、管道表面状态及探头压力等因素的影响。

衍射时差检测技术与传统超声波检测技术、射线成像技术相比有如下的优点：(1)衍射时差检测技术的缺陷检出率明显高于传统超声波检测技术和射线成像技术；(2)衍射时差检测技术可用于管道缺陷扩展的监控，是有效且能精确测量裂纹增长的方法之一；(3)衍射时差检测技术可以精确地检测出缺陷的埋藏深度和自身高度，定量的精度很高，一般误差为±1mm，裂纹扩展检测误差可达±0.3mm；(4)能有效地检测出任意方向的缺陷。

6.3.3　射线数字成像(DR)技术

射线数字成像(DR)技术，可以在不拆除保温层的前提下实现管道腐蚀和缺陷检测。使用该技术检测时，穿透被检管道的射线被数字探测器阵列(DDA)接收，直接转换成数字图像显示，无须暗室处理，宽容度大，检测效率高，可自动测量管道壁厚、腐蚀坑、管径等。

该检测技术射线透射时间短，不需要进行胶片暗室处理，可大大减轻污染物的产生，有利于环境保护。

同时，数字射线图像能在电脑、平板、手机等屏幕上查看，易于长期存储，图像质量不随时间的增加而劣化，调用、传输和共享都极为方便，有利于石油、化工等行业的管道完整性评估和监控。

6.3.4　脉冲涡流检测技术

作为涡流检测技术的分支，脉冲涡流检测技术采用方波或阶跃方式激励，包含丰富的频率成分，如可用于设备上表面缺陷检测的高频成分和用于设备下表面缺陷检测的低频成分，避免了传统涡流只能检测设备上表面缺陷的局限。此外，脉冲涡流的激励能量更强，具有很好的穿透性，能穿透保护层和几十甚至上百毫米的绝热层，可真正实现在不拆除保护层的情况下对承压构件进行不停机检测，因此，脉冲涡流在管道和设备，尤其是带包覆层的管道和设备的检测中有良好的应用前景。

6.3.5　超声导波检测技术

超声导波是指在有边界的介质内平行于它的边界线沿轴向传播的超声速机械波。超声导波技术能够从任意一个比较方便接近的天然气管道截面位置进行检测。检测埋地天然气管道时，超声导波技术不需要直接接触所有的天然气管道，而是在现场开挖一处合适的位置就可以对一段埋地天然气管道进行检测。当需要检测的天然气管道穿越铁路（公路）时，可以从铁路（公路）的任意一侧进行检测。使用超声导波技术可以节约大量的天然气管道维护费用。

超声导波的工作原理就是利用探头上的压电陶瓷材料和管壁紧密结合,激发出低频超声波脉冲信号,此脉冲信号充斥整个天然气管道圆周方向和整个管壁厚度,沿管道轴向向远处传播。超声导波在管道中传播时,若遇到缺陷则会立即发生反射和透射现象,产生携带管道缺陷信息的反射回波,反射回波被探头传感器所接收。利用软件将探头传感器所接收到的反射回波信号加以分析、比对处理后,即可判断出天然气管道内外壁是否有腐蚀或裂纹等缺陷。超声导波检测技术能够检测长距离天然气管道的缺陷或损伤而,无须剥离管道防腐层,能够检测天然气管道内外壁的腐蚀状况和环向、纵向裂纹,可以检测架空、穿越和跨越天然气管道,可以从较远的位置检测到设备难以到达的区域,可以在线检测管道腐蚀状态或监测管道的状态。

超声导波是以超声波入射到管壁中传播从而进行长距离快速筛选检测的技术,具有检测效率高、一次检测覆盖范围大、速度快和可检测整个管壁等优点。利用超声导波技术可以实现对大型天然气管道缺陷的快速、大范围检测,可以有效地提高检测效率,而且能够实现对水下穿越天然气管道的检测,具有良好的可操作性,越来越多地被应用在天然气管道的长距离快速检测和性能评价等方面。

超声导波检测技术与传统超声波检测技术相比具有突出的优点。一方面,由于超声导波沿传播路径衰减小,可沿管道传播 50m 远的距离,且回波信号包含管道整体性信息。因此,相对于超声波检测、漏磁检测、射线成像等技术,超声导波检测技术实际上是检测了一条线,而非一点。另一方面,由于超声导波在管道的内外表面和管壁中都有质点的振动,声场遍及整个壁厚,因此,整个壁厚都可以被检测到,这就意味着既可以检测管道的内部缺陷,也可以检测管道的表面缺陷。

但超声导波局限性也非常难明显,它的精度不足。根据超声类检测技术的一般原理,超声检测能够检测出的最小缺陷一般尺寸为波长的 1/2,超声导波的频率很低,一般不超过1MHz,这就造成导波的波长很长,能够发现的缺陷尺寸也要求很大。同时,导波的检测精度一般认为是管道金属横截面 3%～5% 的金属损失,但正常情况下,腐蚀是局部的,3% 的金属损失在某一个局部位置可能已经造成管道穿孔,而导波检测在良好的条件下也就刚好能发现而已,而这种发现也仅仅是一个可记录的异常信息。

6.3.6 电磁超声技术

电磁超声技术通过两个相互作用的磁场在检测物体内产生超声波。这两个磁场,一个是由通电线圈产生的相对高频的场,一个是由磁铁产生的低频磁场或静磁场。这两个磁场交互作用产生洛伦兹力,其原理与电动机类似。洛伦兹力产生的扰动传导到材料的晶格,从而产生弹性波。在其互易过程中,处在磁场中的弹性波将引起接收 EMAT 线圈中产生电流。EMAT 适用于任何导电材料,但当被测对象为铁磁导体时,磁致伸缩力产生了附加应力。与只有洛伦兹力作用时相比,信号被增强以达到了更高的水平。利用不同的高频线圈和磁场的组合可以产生多种类型的(超声)波。电磁超声是唯一的可产生水平剪切波(横波)的技术,同时很容易产生电磁超声导波和兰姆波,特别适合焊缝、板材和管材的检测。

6.3.7 管道外壁漏磁检测技术

管道外壁漏磁检测技术与长输管道内检测原理类似,通过强磁体使管道中产生饱和磁场,然后检测缺陷处漏磁场确定缺陷的大小。检测时,将探头放置在管道上,调整探头与管道的距离为 1mm,然后推动探头进行扫查,当管道上某处漏磁场强度超过仪器设定门槛值时(也指仪器的灵敏度),仪器报警,此时认为报警位置有不低于门槛值大小的缺陷。

6.4　检测比例

一般情况下,检验检测以抽检为主。国家相关法规对某些特殊部位或者构件有最低要求的检测比例,如我国 TSG D7005 对管件(弯头、三通等)的厚度测量、表面缺陷检测和埋藏缺陷检测就有比例要求。如果管道所在国家无明确要求,企业可参考相关标准设定适合自身管道运行的检测比例。

除此之外,管道使用方可根据本单位管道的运行情况适当增加检测比例或增加其他检测方法。如果采用长距离超声导波、电磁等方法进行检测时,可以仅抽查信号异常处的管道壁厚。

6.5　缺陷的评定

对被检测出的缺陷需要进行安全评定,确认其所在管段是否能安全运行。鉴于管道处于运行过程,不同于管道新建,因此评判级别上一般以合于使用为主,不作更为严格的要求。比如某些缺陷超过建设标准,但是缺陷来自原材料或者焊接过程,在管道投用前未能检测出,后期经过对缺陷的定性定量评价,且经过管道长期运行也未发现缺陷有扩展的迹象,结合管段所处地质状态综合分析评价相对安全,这类缺陷一般采取监测措施而不进行动火消除。这是基于经济合理原则。

6.6　缺陷的处理方法

管道缺陷处理技术在国外一般称为"3R 技术",即修补、修复及更换管段,常用的有下列几种。

6.6.1　停输更换管道

停输后把存在缺陷的管段切割下来,更换为新的管道,方案比较简单,施工工艺也不复杂,几乎与新建管道一样,而且可以彻底解决管道存在的各类缺陷。停输换管必须停输,会对下游用户产生一定影响。考虑到停输造成的社会影响,较少采用停输换管的修复方案,但是对于需要较长距离的管道时,计划性换管也是比较合理的选择。

6.6.2　不停输带压封堵维修

其原理是先采用带压开孔技术在待维修管道两端连接一段旁通管道,让天然气先从旁通管道流过,然后再采取带压封堵技术把待修复管道两端封堵住,对管道缺陷部位进行维修。带压封堵维修不影响正常输气,适用于管道各类缺陷的维修,应用范围较广。但是,带压开孔和封堵的技术难度高、作业成本较高,国内目前拥有该项技术和装备,而且应用实例、经验比较丰富的单位不多,同时由于需要带压焊接,施工作业时的安全风险较高。

6.6.3 带压开孔切除缺陷

采用带压开孔技术,先在缺陷部位焊接上法兰短节,然后再用带压开孔技术,把缺陷部位的管壁从管道上切割掉,最后永久性封堵住法兰短节即可。对于管道上影响清管作业的内凹变形、内壁缺陷、小的裂纹以及其他一些局部点状缺陷,比较适合采用这种办法处理。该项技术实施的关键就是合理选择法兰短节的大小,切除面积要足够大,以免留下一些隐性缺陷,同时还要确保在焊接法兰短节时不会引起缺陷的扩展。

6.6.4 焊接修复

采取堆焊、返修补焊、焊接钢套筒或者弧形板等方法对缺陷管道进行维修,施工作业风险比较高,美国标准 ASME B3118 规定修复缺陷的长度不能超过 1/2 管道周长。由于管道内流动的低温天然气不断带走焊接区的热量,使焊接冷却速度远大于常规焊接冷却速度,而且常常是带压焊接,因而容易出现烧穿和氢致裂纹,在焊接修复前必须根据管道材质、直径、壁厚、流速、管内压力、缺陷性质等情况,制定科学的焊接修复工艺,最好经过模拟试验后再到现场实际应用。

6.6.5 夹具补强

原理是利用一对螺栓连接着的半圆形金属卡箍包覆在缺陷管道外,以恢复管道承压能力,卡箍内部通常设计有弹性密封或注脂密封结构。当夹具作为永久性修复措施时,需要与管体接触部位焊接。夹具补强的优点是能够安全、快捷地对管道进行堵漏、补强修复,在现场应用前,一定要充分了解缺陷部位焊缝余高、实际外径、椭圆度、有没有凸出物和支管,以及其他影响夹具安装的情况。

6.6.6 纤维复合材料补强

以碳纤维和玻璃纤维为主的复合材料都具有超过钢材成倍的抗拉强度,而且弹性模量与钢材的弹性模量几乎完全一致,把碳纤维或玻璃纤维通过层间胶黏剂缠裹在缺陷管道部位,形成碳纤维和玻璃纤维复合材料补强层,固化后与管道形成一体,可以起到修复管道缺陷的目的。复合材料修复补强技术不用焊接动火,施工作业风险极低,可以在线带压修复,不用停输放空,但需要注意下列几个方面。

(1)此项技术目前缺乏相应的技术规范,究竟缠多少层才算安全,不能简单将原纱性能与纤维增强复合材料性能混为一谈,需要请专业部门核算后确定。

(2)多大尺寸的缺陷可以采用此项技术,国内没有明确规定,参照俄罗斯标准 BCH39－1.10－001－99 规定,对于缺陷深度≤30％壁厚或缺陷长度≤管道圆周长度的 1/12 时,可以采用该技术。

(3)碳纤维具有良好的导电性,容易产生电偶腐蚀,因此必须在碳纤维和钢管之间增加一层绝缘材料进行电隔离。

(4)为了便于日后进行的管道内检测,最好在纤维复合材料修复部位的两端安装上智能检测提示带。

(5)纤维复合材料的时效性如何,还没有明确的定论,目前,大部分厂家给出的建议是3～5年,因此不能够把此项方案当作永久性措施对待。

6.6.7 复合/钢质套筒修复

复合套筒由两部分组成,里面是具有极高抗压强度的填料,外面是由纤维和多种树脂成分构成的复合材料包裹层。套筒修复较好地解决了补强层与管道间的贴合问题,无须对管体进行动火焊接,安全风险低,可靠性高。

6.6.8 加强监管、定期检测和科学评估

受到资金、技术、现场条件等因素的影响,管道上发现的缺陷往往不会马上得到处理,对于暂时还没有处理的缺陷,作为安全隐患加强监管和定期检测是十分必要的。应当做到:(1)找到并确定缺陷产生的根源,尽可能阻止或减轻伤害继续发生;(2)尽可能降低管道运行压力,同时避免运行压力、温度等出现大的波动,降低管道运行风险;(3)定期监测及时掌握缺陷的发展趋势;(4)针对缺陷部位制定专门的应急预案,并加强演练,确保管线一旦失效能够及时有效得到处置;(5)按照要求设置明显标志,及时提醒、告知周围群众和当地相关政府部门,以便在紧急情况下能够及时正确应对;(6)采取一些防护性的临时措施,比如临时加固、隔离等;(7)按照压力管道定期检验规则要求,及时安排有资质的单位开展缺陷处管道合于使用评价工作,明确缺陷性质、最终处理方法、管道运行参数等,以确保管道的长期安全运行。

7 基于风险检验(RBI)

基于风险的检测技术(RBI)是在装置检测、探伤技术、失效分析技术、材料损伤机理研究以及软件应用技术等的基础上发展起来的一种在役装置检测技术,将 RBI 基于风险的检测技术应用到场站管道中,实现场站管道失效可能性与失效后果计算与风险评级,结合风险分析制定有效的检测计划,能够延长生产周期,降低生产成本,使管道安全、经济、环保和长期稳定运行。

7.1 RBI 风险分析总体思路

风险分析与评价是风险工程学的重要组成部分,是针对具体危险源发生的概率和可能造成后果的严重程度、性质等进行定性或定量的评价。RBI 风险分析总的要求是统筹策划,基于检测的数据、设备失效的概率统计结果、设备失效引起的后果获得设备失效的可能性等级与失效的后果等级,在此基础上确定设备的风险等级。基于系统中各单元装置的风险等级进行分类处理,并分别采取经济和有效的风险控制对策,使装置协调运行,延长装置的工作周期,最大限度地获取经济、社会效益。RBI 风险分析总体思路如框图 7.1 所示。

7.2 失效可能性分析

失效可能性分析以同类设备失效概率 F_G 为基础,综合考虑设备服役现状和企业管理水

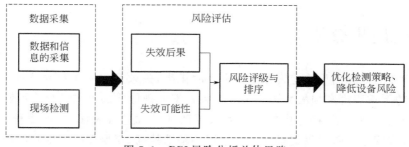

图 7.1   RBI 风险分析总体思路

平对同类设备失效概率的影响,通过设备修正系数 F_E 与管理系数 F_M 两项进行修正,得到调整后的失效概率即为设备失效可能性,失效可能性计算框图如图 7.2 所示。

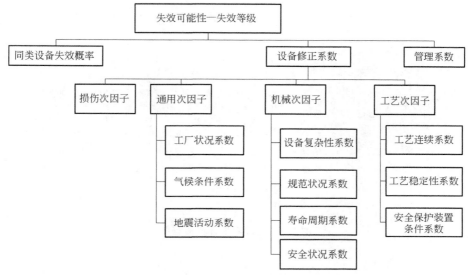

图 7.2   失效可能性计算框图

失效可能性计算式为:

$$F = F_G F_E F_M \tag{7-1}$$

$$F_E = DF + SF_1 + SF_2 + SF_3 \tag{7-2}$$

其中,DF 为损伤次因子;SF_1 为通用次因子,考虑了工厂状况系数、气候条件系数、地震活动系数;SF_2 为机械次因子,考虑了设备复杂性系数、规范状况系数、寿命周期系数和安全状况系数;SF_3 为工艺次因子,考虑了工艺连续系数、工艺稳定性系数和安全保护装置条件系数。为了保障计算的规范性和准确性,失效可能性分析过程中,同类设备的失效概率、设备修正系数中各因子的计算根据国家标准 GB/T 26610.4—2022《承压设备系统基于风险的检验实施导则   第 4 部分:失效可能性定量分析方法》进行计算,管理水平系数根据标准中提供的问卷要求对风险分析企业的设备管理人员进行问卷调查,由此评价出管理系数,并考虑到设备的失效可能性计算中。

综合考虑设备或管道的平均失效概率、设备修正因子和管理系数后,根据上述公式可以获得设备或管道的失效可能性系数,该系数在 0～1 之间,根据系数的大小以及 GB/T 26610.4—2022 中的等级划分依据可以划分出所评估设备的失效可能性等级。

7.3 失效后果分析

失效可能性的计算用于确定失效事件发生的概率,失效后果则主要用来衡量失效事件发生后,其后果的严重程度和损失大小。失效后果根据表现形式的不同可分为可燃后果、毒性后果以及经济损失三种类型,将考虑的失效后果用两种形式进行表征,包括面积后果和经济后果。根据设备或管道失效后果定量分析所采用的基础数据,获得面积后果和经济后果,然后结合国家标准 GB/T 26610.5—2022《承压设备系统基于风险的检验实施导则 第 5 部分:失效后果定量分析方法》的要求进行失效后果等级划分,失效后果定量分析的基本工作流程如图 7.3 所示。

图 7.3 失效后果计算流程图

7.4 风险等级评定

RBI 风险分析过程中常采用风险矩阵进行表示。将失效可能性根据数值的大小分为 5 级,用 1、2、3、4、5 表示,其中 1 表示失效可能性最小,5 表示失效可能性最大。将失效后果根据严重程度也分为 5 个级别,分别为 A、B、C、D、E,其中 A 表示失效后果最不严重,E 表示失效后果最严重。将失效后果与失效可能性的 5 个等级进行组合,即可得到 5 行 5 列风险矩阵,如图 7.4 所示。确定了设备或管道的失效可能性与失效后果,根据风险矩阵图即可评定设备的风险等级,风险等级沿左下方到右上方对角线逐渐升高,分为 4 个等级,依次为:低风险、中风险、中高风险和高风险。

7.5 场站管道 RBI 风险评估依据

通过研究相关管道设备的设计及现场测试资料,认为可以采用 GB/T 26610 系列标准作为主体评估依据,对天然气场站进行 RBI 风险评估。依据相关国家标准进行风险分析,评估方法具有公认性和权威性。RBI 风险分析过程中依据的我国国家标准包括:

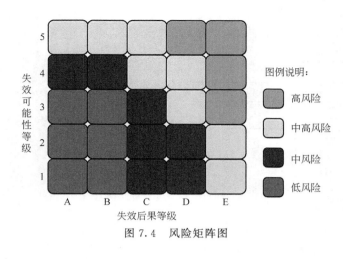

失效可能性等级

图例说明:

　高风险

　中高风险

　中风险

　低风险

失效后果等级

图 7.4　风险矩阵图

(1)《承压设备系统基于风险的检验实施导则　第 1 部分:基本要求和实施程序》(GB/T 26610.1—2022)。

(2)《承压设备系统基于风险的检验实施导则　第 2 部分:基于风险的检验策略》(GB/T 26610.2—2022)。

(3)《承压设备系统基于风险的检验实施导则　第 3 部分:风险的定性分析方法》(GB/T 26610.3—2014)。

(4)《承压设备系统基于风险的检验实施导则　第 4 部分:失效可能性定量分析方法》(GB/T 26610.4—2022)。

(5)《承压设备系统基于风险的检验实施导则　第 5 部分:失效后果定量分析方法》(GB/T 26610.5—2022)。

(6)《油气输送用钢制感应加热弯管》(SY/T 5257—2012)。

(7)《在用含缺陷压力容器安全评定》(GB/T 19624—2019)。

国外标准主要有:

(1)美国石油协会 API580《基于风险检验的推荐实施方法》。

(2)挪威船级社 DNV 公司 DNV‐RP‐G101《海上平台静机械设备的风险检验》。

7.6　RBI 风险评估流程

RBI 风险评估流程主要包含:

(1)设备或管道设计数据、历史检测数据、工况数据的收集与整理;

(2)设备或管道的检测与分析;

(3)设备或管道失效可能性计算与评级;

(4)设备或管道失效的后果计算与评级;

(5)结合风险矩阵图确定设备的风险等级;

(6)制定降低风险的策略与建议。

项目的 RBI 风险评估具体流程图,如图 7.5 所示。

7.7　基于风险的检验(RBI)周期

管道定期检验可采用基于风险的检验,其检验周期可以采用以下方法确定:

(1)依据基于风险的检验结果可适当延长或者缩短检验周期,但是最长不超过 9 年。

(2)以管道的剩余寿命为依据,检验周期日子了长不超过管道剩余寿命的一半,并且不得超过 9 年。

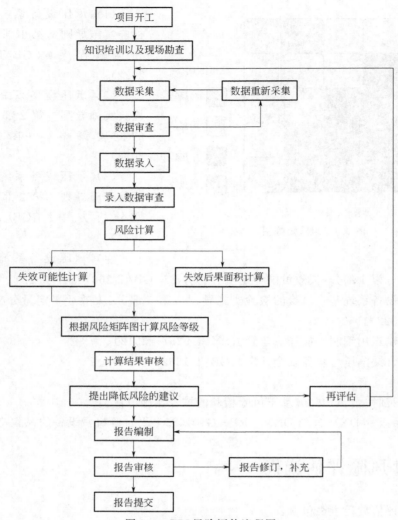

图 7.5　RBI 风险评估流程图

　　对于风险等级超过使用单位可接受水平的管道,应当分析产生较高风险的原因,采用针对性的检验、检测方法和措施来降低风险,将风险控制在使用单位可接受的范围内。

8　检测数据管理及分析

　　对检测相关的内容涉及的方面需由专人管理,包括:
　　(1)管道台账管理:管段的划分,管段的设计、运行参数;
　　(2)缺陷管理:严重缺陷的维修,非严重缺陷的监控运行,建立缺陷台账;
　　(3)检测周期:各管段的检测周期,根据生产的时间确定合适的检验时间;
　　(4)针对检验结果的管道优化:对检验检测发现的问题,提出的建议,是否进行采纳,以及采取的措施。

检测管理是完整性管理的重要一环,是风险控制最重要的步骤之一。

检测数据的分析是检验检测最关键的部分。数据分析的准确性,采取分析方法的合理性、合规性是关系到最终的检测有效性以及检测带来的经济与社会效益。这需要采取合适的标准,合理的检测方法并在运用中不断修正才能取得理想的结果。

同时,检验检测数据的分析,对检验机构、检验人员的水平有一定的要求,特别是随着企业管理现代化,检测技术多样化、数字化、智能化,不论是管道使用方还是检验检测执行方都对数据的分析与整理提出了更高的要求。其最终目的是为管道完整性管理更好服务。

9　霍尔果斯站工艺管道运行建议

9.1　基本情况

霍尔果斯计量站位于新疆维吾尔自治区伊犁哈萨克自治州,占地面积 2.909hm²,距离中哈边境 4.4km,是中亚天然气管道与中国西气东输二线的商业交接计量站。该站安装了收球、排污、放空、输送、过滤、分析、计量等工艺、仪表装置。天然气进入霍尔果斯计量站,首先经旋风分离器、过滤分离器等工艺装置对天然气进行净化,然后通过在线组分分析仪以及超声波流量计对其进行品质检验和计量,最终汇集进入国家管网集团西部管道有限公司西气东输二线首站,设计输送能力为 $550 \times 10^8 \text{m}^3/\text{a}$,设计工作压力 9.81MPa,管材等级为 X70、X80,钢管形式采用螺旋焊接+直缝焊接。图 9.1 为 AB 线、C 线单线图。

与一般站场工艺管道类似,但因地理位置,管理方式的差异,霍尔果斯天然气站场也有自己的特点,主要可归结为如下:

(1)场地宽大,管道分布稀疏;

(2)管道元件较多,如各类仪表、安全阀、截止阀及法兰等;

(3)主体管道管径不大且尺寸类型较多,管道长度相对较短;

(4)管道与动设备直连,存在压力波动;

(5)因设计以及场地美观要求,存在不少的埋地管道,特别是存在几处大口径(DN1000mm)埋地管道;

(6)相对于石化企业的工业管道而言,介质来源单一;

(7)设置有阴极保护系统、避雷接地装置。

9.2　站内管道运行建议

9.2.1　测厚检查点

通过现场调研发现,霍尔果斯计量站内预留了一部分测厚点,但数量不多,且位置不具有代表性。重点应关注弯头、三通、异径、封头、盲肠段底部等易受腐蚀、介质流态变化和冲刷影响的管段,特别是与管件相连的直管段部分,建议布设测厚点。

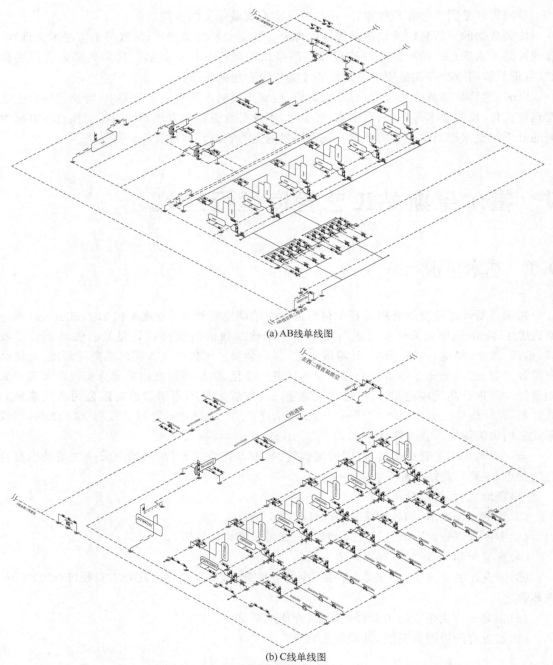

(a) AB线单线图

(b) C线单线图

图 9.1 霍尔果斯站工艺管道示意图

建议布设的测厚点区域有效测厚面直径不小于 50mm,如果可能可以设置更大的测厚区域,便于测量时在区域内多次测量找到最薄壁厚,使得测厚具有代表性。

9.2.2 管道台账

天然气站场管道元件较多,如各类仪表、安全阀、截止阀及法兰等,同时管道管径不一且尺寸类型较多。但霍尔果斯计量站尚未建立完整的站内工艺管道台账,不便于对管道进行统一系统的管理。

建议查找站场相关设计资料、安装资料、竣工验收资料、重大维修改造资料等,对站内工艺管道进行系统梳理,对管道进行编号,建立台账管理制度。

9.2.3　埋地管道

埋地管道作为站场管理的高风险点,其腐蚀情况无法直接观察,难以预估管道的腐蚀情况,一般需要对埋地管道进行重点关注。根据调查结果,霍尔果斯计量站中 A、B 线进出旋风分离器和过滤分离器的汇管安装在地面,而 C 线进出分离器汇管则安装在地下。A、B、C 三线的排污管线、放空管线汇管基本都在地下敷设。埋地管道数量较多,长度较长,这为站场管理带来困难。

埋地汇管、排污和放空管线规格不一,最小规格为 $\phi60.3mm\times4.8mm$,最大规格为 $\phi1219mm\times27.5mm$。可选择适当的位置开挖进行埋地管道腐蚀调查,同时也应采取相应的应急预案应对埋地管道可能带来的破坏泄漏风险。如有可能改管道埋地敷设为地面敷设。

除此之外,建议在站场内标注埋地管道走向,并张贴埋地管道基本信息牌,内容包括管道走向、埋深、规格、材质、运行压力等并加强针对性巡检,对地下隐蔽设施进行排查、完善、修正站内地下隐蔽设施分布图。

9.2.4　监测井

相对地上架空管线,埋地管道敷设地下,正常巡检无法观察到其运行状况。

针对霍尔果斯计量站埋地管线较多的特点,可考虑在埋地管线两侧、排污管线低点、盲头段等常年气体不流动的位置设置监测竖井。监测井可以实现在不开挖的情况下,相对直观地观察该处埋地管道运行情况。监测井的大小可根据埋地管道所处风险等级,对于等级较高的埋地管道,可设置直径较大、作业面较宽裕的监测竖井,以满足人员进入并进行常规检测项目的需求。监测井相比于敷设管沟,有较好的经济性和适用性,其可以针对某些高风险管段进行监测,重点性较强,但其监测覆盖面较窄,无法对整条埋地管线进行监测。监测井的设置要满足相关法律法规、标准对安全的要求。

9.2.5　管道腐蚀监测

监测技术也是常用于管道重点部位监控检测的一项技术。监控技术有多种,基本理论是通过多次的数据采集,通过对数据的分析,预测、确定管道的腐蚀情况以及对腐蚀发展的判断确定管道的完好情况(也包括其他缺陷的扩展和新生)。以导波监测举例,通过在管道上安装固定式探头,经防腐防水等处理后引出数据采集线,通过采集线按照一定的频次采集数据。分析时,通过图形的趋势、能量的高低等就能判断在一定周期内管道的变化情况(腐蚀的扩大,缺陷的增长,新生缺陷的出现等)。

9.2.6　泄漏气体检测监测

天然气主要成分为甲烷,有专门针对甲烷分子结构进行设计达到探测目的的仪器,如甲烷激光遥感探测仪,这种设备基于可调谐半导体激光吸收光谱技术(TDLAS)原理,可对特定气体的浓度进行测量,这种吸收光谱技术不受温度、温度、压力等环境影响,因而具有高度稳定性。也可设计为平台模式,设定检测范围和频次,做到泄漏监控。

中亚管道天然气站场工艺管道检测技术

1　编制依据

本方案参考但不限于以下标准规范：

(1)《压力管道定期检验规则—工业管道》(TSG D7005—2018)。

(2)《压力管道安全技术监察规程—工业管道》(TSG D0001—2009)。

(3)《压力管道定期检验规则—长输管道》(TSG D7003—2022)。

(4)《埋地钢质管道检验导则》(GB/T 37368—2019)。

(5)《承压类设备无损检测》(NB/T 47013.1～47013.5—2015)。

(6)《石油天然气钢制管道无损检测》(SY/T 4109—2020)。

(7)《管道与相关设施焊接》(API 1104—2016)。

(8)《输气管道内腐蚀外检测方法》(GB/T 34349—2017)。

(9)《埋地钢制管道风险评估方法》(GB/T 27512—2011)。

(10)《钢质管道金属损失缺陷评价方法》(SY/T 6151—2022)。

(11)《输气管道工程设计规范》(GB 50251—2015)。

(12)《输油管道工程设计规范》(GB 50253—2014)。

(13)《石油天然气站内工艺管道工程施工规范》(GB 50540—2009)。

(14)《工业金属管道设计规范》(GB 50316—2000)。

(15)本项目的检验检测委托书，其他相关的国家和行业技术标准等。

2　项目概况

2.1　受检项目概况

项目名称:中亚天然气管道天然气站场(霍尔果斯计量站)工艺管道检测。

站场情况:霍尔果斯计量站位于中国新疆维吾尔自治区伊犁哈萨克自治州霍城县寞乎尔

牧场,占地面积 2.909hm²,距离中哈边境 4.4km,是中亚天然气管道与中国西气东输二线的商业交接计量站。该站安装了收球、排污、放空、输送、过滤、分析、计量等工艺、仪表装置。天然气进入霍尔果斯计量站,首先经旋风分离器、过滤分离器等工艺装置对天然气进行净化,然后通过在线组分分析仪以及超声波流量计对其进行品质检验和计量,最终汇集进入国家管网集团西部管道有限公司西气东输二线首站。

2.2 检验项目

参照输气站场工艺管道检测相关标准,合同约定的相关要求,站场工艺管道检验以确定管道金属损失为主,次要进行宏观检验、壁厚测定和安全附件检验,必要时应当增加表面缺陷检测、埋藏缺陷检测、材质分析、耐压强度校核、应力分析、耐压试验和泄漏试验等项目。

3 组织机构及人员

3.1 检验项目组织机构

检测任务实施前组建项目机构,确定项目管理人员与检验检测作业人员,如图 3.1 所示。

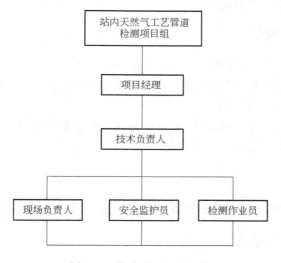

图 3.1 检验项目组织机构

3.2 主要检验人员名单

主要检验人员名单统计见表 3.1。

表 3.1　主要检验人员

序号	姓名	岗位	资格证号	发证单位	持证项目
1		项目经理			
2		现场负责人			
3		技术负责人			
4		安全员			
5		检验人员			

3.3　管理人员职责

3.3.1　项目负责人职责

（1）组织编制检验检测方案和项目预算等文件；

（2）组织开展检验检测工作,指导检测人员工作,制止和纠正违章行为,对所承担项目的作业安全负责；

（3）编制检验检测报告,对所从事检验检测工作的数据及报告质量负责,审核其他相关人员的检验检测报告,并对所审核报告的正确性负责；

（4）参与处理重大技术质量问题。

3.3.2　技术负责人职责

（1）向项目负责人负责,负责项目的技术质量管理工作；

（2）对本项目检测质量控制的正确性、有效性负责,对现场检测有争议的问题作出决断,对本项目检测质量失控环节负责纠正；

（3）保证项目质量体系有效地运行,领导和协调各专业检测责任师工作；

（4）负责组织编制检测项目的现场检测方案。

3.3.3　安全员责任

负责本项目环境和职业健康安全的监督检查、配合项目负责人做好现场 HSE 管理工作。

3.3.4　检验检测人员职责

（1）独立承担其资质允许的检验检测项目,在项目经理、检验责任师指导下,进行检验检测的有关工作；

（2）做好检验检测原始记录,编制所从事工作的检验检测报告,并对检验检测数据的真实性完整性、检验检测原始记录与报告符合性、检验结果的准确性负责；

（3）对检验检测中发现的问题,及时向技术负责人或检验责任师汇报。

4 检测设备及材料

确保所有用于工程项目的设备设备性能可靠,设备校验在有效期内;材料合格在保质期内,有厂商合格证书。根据现场必要,适当增加其他检测设备。

4.1 主要检验检测设备

主要检验设备统计见表4.1。

表4.1 主要检验检测设备

序号	设备名称	型号	数量(台)	生产厂家	完好状况
1	数字超声波探伤仪				
2	超声波测厚仪				
3	交流磁轭探伤机				
4	里氏硬度计				
5	焊接检验尺				
6	超声波相控阵检测仪				
7	埋地管道防腐层检测检漏仪				
8	土壤电阻率测试仪				
9	超声导波检测仪				
10	钳形接地电阻测试仪				
11	激光测距仪				
12	复合气体报警仪				
13	射线检测仪				

4.2 主要检验检测材料

主要检验材料统计见表4.2。

表4.2 主要材料用量

序号	名称	规格	单位	数量
1	渗透检测剂			
2	斜探头			
3	探头连接线			
4	红磁膏			
5	超声波耦合剂			
6	射线底片			
7	显、定影液			

5　检验准备及进度计划

5.1　物资准备

5.1.1　检验设备准备

根据检验的进度情况配备相应的检验设备到达检验现场,检验设备必须经过检定或校准合格,配备的检验器材应符合使用要求。到达项目所在地后,由项目经理或现场技术负责人对检验设备及检验器材进行验收和验证,确保检验设备完好,符合检验需要。

5.1.2　检验材料准备

根据检验需要向公司申领检测材料,对于不能满足用量的材料向公司提出采购计划,在项目正式开工前准备完全(也可项目进行中备齐,但不得影响检验检测进度)。材料必须符合标准及使用要求,对检验质量有直接影响的消耗材料应进行质量验证。

5.2　检验人员准备

(1)检验前做好参加本检验任务工作人员的安全交底和技术交底、业务培训和安全、环境与健康教育工作。检验人员确认现场条件符合检验工作要求后方可进行检验,并且执行使用单位有关动火、用电、高空作业、安全防护、安全监护等规定。

(2)凡计划用于本检验工作的人员必须全部按计划到岗,不得被随意抽调到其他项目,保证检验人员持证上岗率100%。

(3)若在检验过程中遇到特殊情况需要支援时,向公司申请及时增派人员,保证人员数量和质量上达到检验检测要求。

5.3　检验进度计划

检验进度计划见表5.1。

表 5.1　项目进度计划表

进度	时间					
	1～5 工作日	6～10 工作日	11～15 工作日	16～20 工作日	21～25 工作日	26～30 工作日
资料审查	▬▬▬					
宏观检查		▬▬▬				
壁厚测定		▬▬▬▬▬▬▬				

进度	时间					
	1～5 工作日	6～10 工作日	11～15 工作日	16～20 工作日	21～25 工作日	26～30 工作日
表面无损检测						
超声项目检测						
金属损失检测						
其他检测项目						
出具报告						
备注	现场检验约需 20 个工作日,评价及出具报告约需 10 个工作日。					

5.4 检验前委托方的准备工作

委托单位应当按照要求做好待检设备、管道的技术性处理和检验前的安全检查,并确认现场条件符合检验工作要求,做好有关的准备工作。检验前,现场至少具备以下条件:

(1)影响检验的附属部件或者其他物体,按照检验要求进行清理或者拆除;

(2)为检验而搭设的脚手架、轻便梯等设施安全牢固(对离地面 2m 以上的脚手架设置安全护栏);

(3)需要进行检验的管道表面,特别是腐蚀部位和可能产生裂纹性缺陷的部位,彻底清理干净,进行无损检测的表面符合 NB/T 47013 的要求;

(4)管道检验时,应当保证与其他相连装置的可靠隔离,必要时进行清洗和置换;

(5)管道检验时,监测检验环境中易燃、有毒、有害气体,监测结果符合相关安全技术规范及相关标准的要求;

(6)切断影响管道检验安全有关的电源,设置明显的安全警示标志,检验照明用电不超过24V,与管道相接触的电缆绝缘良好、接地可靠。

检验时,使用单位管道安全管理人员、操作和维护等相关人员到场协助检验工作,及时提供有关资料,负责安全监护,并且设置可靠的联络方式。

5.5 检验期间委托方的配合工作

(1)委托方要提供进行各项检验项目实施所必需的条件,并确保条件达到要求。

(2)委托方在检验现场需指派相关工程技术人员配合检验检测工作,委托方配合人员应能够向检测公司介绍现场设施情况、管道运行情况,管道大致路由情况。

(3)对检验发现的破损点位置应由委托方做好管线路由与破损点的现场标识工作(如刷油漆、打标识桩等),并按照现行标准与规范的要求做好修补工作。

(4)委托方应及时向检测公司提交检验过程中所需要的相关技术资料。

(5)委托方需尽可能提供事故资料,包括记录、照片、调查报告等(如果有)。

(6)检验过程中,对抽查检验所涉及的开挖、排水、外覆盖层去除、管道表面打磨、外覆盖层恢复、探坑回填、跨越段检验所需脚手架搭设等工作由委托方按照要求完成,并应按现行标准与规范要求做好相应的修补工作。

(7)打磨工作由委托方负责,打磨的一般要求如下:

① 厚度测量打磨要求:在现场检验人员指定部位进行打磨,大小为 3～6cm 直径;

② 焊接接头超声波探伤打磨要求:壁厚小于 40mm 的管道,打磨宽度为待检焊缝外表面两侧各 2.5KT(K:探头角度正切值,T:管道壁厚)且不小于 100mm;

③ 打磨部位以露出金属光泽为准,不得损伤金属及焊缝本体;

④ 每个待检点防腐保温层拆除后,可检测长度不得少于 1m,拆除后,管体表面的油漆、沥青、油污、锈迹等均要清理干净,应可见管道本体金属光洁无其他附着物。

5.6 项目进度控制

项目目标实施的过程中,为使检验工作的实际进度与计划进度要求相一致,使检验工作按照预定的时间完成,项目进度控制主要采取以下措施:

(1)制定合理的检验进度计划是进度控制的主要措施。首先确定检验工作顺序,列出检验项目明细表,针对各阶段检验项目特点编写详细的进度计划,最后再整合形成切实可行的总体进计划。

(2)计算各阶段检验项目的工作量,确定各检验项目的持续时间,结合当前检验条件,加以分析对比和必要的修正最后确认。

(3)确定检验项目相互协调关系,保证重点、兼顾一般。满足连续、均衡检验要求,在检验过程中留出一工序,以便平衡调整,穿插进行,并全面考虑各种不利条件的限制和影响,使编制的计划切实可行以便能按期完成。

6 质量目标及控制

6.1 质量目标

(1)法律、法规、标准执行率 100%;

(2)检测合同(或指令)履行率 100%;

(3)检验检测报告发送及时率 100%;

(4)检测结果准确率≥98%;

(5)检测报告缺陷率≤2%;

(6)顾客满意度≥90;

(7)顾客投诉处理率 100%;

(8)无检验检测事故。

6.2 项目质量控制措施

项目部严格按公司质量体系文件中规定的各个过程、条款对检验检测进行有效的质量控制;并在实施过程中,制订专门程序或作业指导书,确保检验工作按要求顺利进行。

6.2.1 质量信息反馈

建立质量信息反馈系统,保证信息的畅通,把"三检制"(自检、互检、专检)活动中存在的问题迅速反馈到责任人和主管领导,以便及时解决。

6.2.2 建立质量例会制度

自检验工作开始之日起,检验人员每天汇总检验工作中发现的问题以及自身工作存在的问题。定期召开质量分析例会,在会上检验人员并针对存在问题,提出进一步检验或整改措施。

6.2.3 文件的管理

对于和本项目实施有关的重要文件,如合同、工程图纸、作业指导书,以及项目涉及的标准规范等,都应做好文件的管理,并在以下方面加强控制:

(1)所有有效版本的文件应发放到相关的人员手中,或至少发放到关键人员手中;

(2)作废文件或已做变更的文件,应及时收回,并加盖作废标识,或按规定销毁;

(3)所有合同文件或技术质量文件的更改,均应由相关部门和人员按程序执行,任何其他人员不得对文件擅自更改。

6.2.4 材料控制

对于本项目中所需用的检验材料的采购,将严格进行管理,以保证所采购的物资符合本项目的要求。材料进入现场后,由采购人员、检验员联合做好进货检验工作。所采购的物资必须具有材质证明及合格证书,数量、规格、型号与订单一致,外观无损伤;所使用的材料必须性能优良、质量稳定、货源充足。

6.2.5 标识和可追溯性

对所检验的工件的检验部位有效标识,并在以下方面加强控制:

(1)不同检验方法的检验记录、报告要做出不同的、唯一的标识,使其具有可追溯性;

(2)标识方式需要检验人员和委托单位协商,现场检验人员按要求执行;

(3)所有含有焊口追溯性标识的记录、报告,应仔细整理保存。

6.2.6 检测过程控制

(1)确保检测项目部和检测人员获得检测技术方案或检测工艺文件,以及与检测项目有关的设计、技术文件及适用的标准、规范等,并实施执行;

(2)根据需要,在检测实施前,制定具体的检测实施过程的作业指导书、工艺卡、操作规范等并按严格执行;

(3)检测项目部在实施检测前应组织对检测人员进行技术交底,确保检测人员准确、及时获得检测项目的质量、安全环保及其他要求;

(4)配备和使用适宜的检测设备和设施,包超声波探伤仪、磁粉检测设备等;

(5)检测人员严格按照标准、检测方案或工艺、作业指导书、操作规程等文件要求实施检

测,确保检测质量符合规定的要求;

（6）为保证检测数据的准确性,现场采用超声波相控阵检测仪等新技术进行检测时,应采用超声波测厚仪或超声波探伤仪对检测数据进行核实,核实后按测厚数据或者超声波检测结果出具报告,新检测技术可出具仅供参考报告;

（7）检测人员应针对检测结果及时出具检测报告,并经检测责任师审批后,按相关规定交付委托单位,对交付的检测报告发现不符合,由检测技术负责人与委托单位沟通并进行处理。

7 检验实施

7.1 检验一般程序

检验前准备（包括现场踏勘及 HSE 情况确认）—资料审查—管道划分—制定检验细化方案—现场检验（包括管道内壁金属损失检测、外部宏观检查、壁厚测定、无损检测、线路测量、安全保护装置检验、单线图绘制等）—检测数据分析（管道强度核算、使用年限确定,管道定级）—出具检验结果通知单—检验结果整改及确认（复检）—出具最终检验报告。

7.2 资料调查

现场勘查,收集管道技术资料并加以分析,编制检测实施方案,为后续检测工作的展开进行全面的准备。在此阶段需要完成的工作为:收集历史数据及当前数据,完成管段评价区域划分,确定检测区域和检测点。

需要收集的资料包括管道的有关档案、资料和图件,主要有:

（1）设计资料,包括设计单位资质证明,设计、安装说明书,设计图样,强度计算书等;

（2）安装资料,包括安装单位资质证明,竣工验收资料（含管道组成件、管道支承件的质量证明文件）,以及管道安装监督检验报告等;

（3）造或者重大修理资料,包括施工方案,竣工资料,以及相关安全技术规范规定的改造、重大修理监督检验证书;

（4）使用管理资料,包括运行记录、开停车记录,运行条件变化情况、运行中出现异常以及相应处理情况记录等;

（5）检验、检查资料,包括安全保护装置的校验报告、全面检验周期内的年度检查报告和上次的定期检验报告;

（6）检验人员认为检验所需要的其他资料。

7.3 检测点选取

检测点选取是站场检测项目的关键,对于存在腐蚀环境的管段、维修过的管段、管理单位已经识别出的风险管段还要腐蚀防护系统薄弱的管段进行重点检测,另外对规范中规定的区域按照规范要求进行布点检测,检测点分布能覆盖站内大部分风险管段。

天然气管道站场应重点排查焊缝问题,重点排查站场材质存在 L485(X70)及以上强度钢材的异种钢焊接、弯头及三通的焊缝,排查与干线高压管段连接的小口径管道焊缝及腐蚀问题。重点管段包括:进出站 ESD 和越站 ESD 阀所在管段、压缩机进出口管段、直管段封头部位、站放空线与主管段连接管段、进出站绝缘法兰管段、所有出入地管段、三通和弯头变壁厚及变材质焊缝、可能存在游离水沉积的管段低洼处、站场识别出的其他重点管段。

7.4 单线图绘制

管道单线图的工作内容一般包括:管道元件分布、各段长度、支吊架布置、支撑、阀门、法兰、套管补偿器、管径大小等。绘制管道单线图,同时还应统计管件的数量的类型、状况等。

单线图绘制方法:

(1)图纸外部线框,包括签字栏可作为一个图层;

(2)管道,即画图时最基本的线(包括管道支架),可分为一个或多个图层,如一个站场划分为 3 条线,可分为 3 个图层,以每条线的名称命名图层名称(举例:进站管线、出站管线、泄压管线);

(3)站场管件可作为单独的图层;

(4)站场的阀门、仪表可作为单独的图层;

(5)管线长度测量的数值可单独放在一个图层,注意标注支架间的距离;

(6)管道的检测方法标识可放在一个图层;

(7)给每个图层分别命名;

(8)在现场绘制草图时,选择合适的角度,并且每个区域都应按照最开始的角度进行,确保整个站场绘制的单线图具有连续性;

(9)管线绘制方式为轴测画法,推荐角度为30°和150°;

(10)绘图通用的元素可制作成块,便于直接插入使用;

(11)检测点要在单线图上进行标注,将检测方法也在图上标注;

(12)相关尺寸长度应在图上进行标注。

7.5 检测内容

本项目的检测内容包括:站场及阀室工艺管道管体缺陷检测与评价;管道防腐层完整性检测及评价;站场及阀室土壤腐蚀性的检测与评价;高风险管道对接环焊缝检测与评价、进出站管线应力检测等,具体如下:

(1)宏观检查:主要采用目视检查的方式对站场内设施进行宏观检查,包括:绝热层和防腐层检查,振动检查,位置与变形情况检查,支吊架,阀门,法兰,阴极保护装置,管道标识,管道组成件等。

(2)工艺管道管体腐蚀检测与评价:选择典型管段利用超声导波对管道本体缺陷(如内、外腐蚀及管体金属损失)进行检测,对站内弯头、三通、异径选取部分位置进行超声波测厚,对存在缺陷位置分析腐蚀成因,按相关标准评价并提出维修建议。

（3）管道防腐层完整性检测及评价：对于埋地管道重点检查选点的出入土段防腐层和开挖处埋地段管道防腐层状况；对于地上管道选点抽查防腐层状况。根据检测结果对站场管道外防腐层完整性作出评价。

（4）站内土壤腐蚀性的检测与评价：在站场典型位置测量土壤电阻率、采样进行土壤理化性能测试，综合评价土壤腐蚀性。

（5）管道对接环焊缝检测与评价：选取管件对管道母材、热影响区、焊缝进行硬度检验；结合检验结果，针对站内高压、压力变化频繁等管段焊缝进行超声波检测、射线检测和磁粉检测重点排查管材 X70 及以上焊缝埋藏和表面缺陷情况。

（6）管体腐蚀验证：选取站内疑似管体腐蚀区域，采用相控阵 C 扫描或者管体外壁漏磁检测方法进行腐蚀验证。

（7）应力检测：对进出站管线进行应力检测。

7.6 现场检测

7.6.1 宏观检验

主要采用目视方法检验管道结构、几何尺寸、表面情况（裂纹、腐蚀、泄漏、变形等）以及焊接接头、防腐层、隔热层等，包括但不限于表 7.1 的内容。

表 7.1 宏观检测项目

项目	工作内容	方法
泄漏检查	主要检查管子及其他组成件泄漏情况	检查方法
绝热层和防腐层检查	主要检查管道绝热层有无破损、脱落、跑冷等情况；防腐层是否完好	目视检查
振动检查	主要检查管道有无异常振动情况	目视检查
位置与变形情况检查	（1）管道位置是否符合安全技术规范和现行国家标准的要求； （2）管道与管道、管道与相邻设备之间有无相互碰撞及摩擦情况； （3）管道是否存在挠曲、下沉以及异常变形等	目视检查
支吊架检查	（1）支吊架是否脱落、变形、腐蚀损坏或焊接接头开裂； （2）支架与管道接触处有无积水现象； （3）恒力弹簧支吊架转体位移指示是否越限； （4）变力弹簧支吊架是否异常变形、偏斜或失载； （5）刚性支吊架状态是否异常； （6）吊杆及连接配件是否损坏或异常； （7）转导向支架间隙是否合适，有无卡涩现象； （8）阻尼器、减振器位移是否异常，液压阻尼器液位是否正常； （9）承载结构与支撑辅助钢结构是否明显变形，主要受力焊接接头是否有宏观裂纹	目视检查
阀门检查	（1）阀门表面是否存在腐蚀现象； （2）阀体表面是否有裂纹、严重缩孔等缺陷； （3）阀门连接螺栓是否松动； （4）阀门操作是否灵活	目视检查
法兰检查	（1）法兰是否偏口，紧固件是否齐全并符合要求，有无松动和腐蚀现象； （2）法兰面是否发生异常翘曲、变形	目视检查

项目	工作内容	方法
膨胀节检查	(1)波纹管膨胀节表面有无划痕、凹痕、腐蚀穿孔、开裂等现象; (2)波纹管波间距是否正常、有无失稳现象; (3)铰链型膨胀节的铰链、销轴有无变形、脱落等损坏现象; (4)拉杆式膨胀节的拉杆、螺栓、连接支座有无松动、损坏、脱落现象	目视检查
阴极保护装置检查	对有阴极保护装置的管道应检查其保护装置是否完好	目视检查
蠕胀测点检查	对有蠕胀测点的管道应检查其蠕胀测点是否完好	目视检查
管道标识检查	检查管道标识是否符合现行国家标准的规定	目视检查
电阻测量	对输送易燃、易爆介质的管道采取抽查的方式进行防静电接地电阻和法兰间的接触电阻值的测定。管道对地电阻不得大于 100Ω,法兰间的接触电阻值应小于 0.03Ω	实测

备注:首次定检的管道进行检验时应当检验管道的结构和几何尺寸,再次定期检验时,仅对承受疲劳载荷的管道、经过改造或者重大修理的管道重点进行结构和几何尺寸异常部位有无新生缺陷的检验。

7.6.2 壁厚测定

以超声测厚为主,选择的位置为代表性强的位置,且有足够的测厚点数,测厚点在绘制的单线图中标注出来,同时在图中标注测定的壁厚,检测过程中遵循以下要求:

(1)测厚点位置的选择,选择在易受腐蚀、冲蚀、制造成型时容易减薄和使用中容易产生变形、积液、磨损部位,同时对采用其他检测方法如电磁检测、导波检测以及其他检测方法发现的可疑部位,支管连接部位等。

(2)管件测厚遵循以下原则:弯头(弯管)、三通和异径管(大小头)等的抽查比例见表 7.2 规定,实际检测时,原则上不低于表 7.2 的要求;抽查每个管道组成件的测厚位置不得少于 3 处,被抽查管道组成件与直管段相连的焊接接头直管段一侧也应当进行壁厚测定,壁厚测定位置不得少于 3 处,同时检验人员认为有必要时,可以对其余直管段进行壁厚抽查。

表 7.2　弯头(弯管)、三通和异径管(大小头)抽查比例

设计压力,MPa	≥4	<4
抽查比例,%	≥30	≥20

备注:腐蚀轻微的管道(年腐蚀速率不超过 0.05mm/a),检验时已抽查部位壁厚无异常减薄情况时,抽查比例可适当降低,但是不超过表 7.2 的 50%。

(3)在检验中,发现管道壁厚有异常情况时,在壁厚异常部位附近增加壁厚测点,并且确定壁厚异常区域,必要时,适当提高整条管线壁厚测定的抽查比例。

(4)采用长距离超声导波、电磁等方法检测时,仅抽查信号异常处的管道壁厚。

7.6.3 表面缺陷检验

表面检验的对象分为以下几类:

(1)宏观检查发现裂纹或者怀疑的管道,在相应部位进行外表无损检测;

(2)检验人员认为有必要时,对支管角焊缝等部位进行外表面无损检测抽查;

（3）碳钢、标准抗拉强度下限值大于或者等于 540MPa 的低合金钢管道,长期承受明显交变载荷管道以及首次定期检验的管道,在焊接接头和应力集中部位进行外表面无损检测抽查,检测比例不少于焊接接头数量的 5%,且不少于 2 个;

（4）存在环境开裂倾向的管道,在外表面采用超声检测等方法对内表面进行无损检测抽查,检测比例不少于焊接接头数量的 10%,且不小于 2 个;

（5）检测中发现裂纹,检验人员应当扩大表面无损检测的比例,以便发现可能存在的其他缺陷。

注:外表面无损检测首选磁粉检测。

7.6.4 埋藏缺陷检测

（1）一般按照 NB/T 47013 中的超声检测等方法检测焊接接头。

（2）首次检验的管道按表 7.3 的抽查比例进行埋藏缺陷检测,再次检验时,一般不再进行埋藏缺陷检测。

（3）发现存在内部损伤迹象或者上次检验发现危险性超标缺陷时,也按照表 7.3 的要求比例进行埋藏缺陷检测;具体抽查比例和重点部位要求见表 7.3。

表 7.3 管道焊接接头超声检测或者射线检测抽查比例

设计压力,MPa	超声检测或者射线检测比例
≥4	焊接接头数量 15% 且不少于 2 个
<4	焊接接头数量 10% 且不少于 2 个

注:①温度、压力循环变化和振动较大管道以及耐热钢管道的抽查比例应当为表中数值的 2 倍。所抽查的焊接接头应当对该焊缝接头全长度进行无损检测。

②开挖埋地管道时,开挖出的焊缝全部检验。

（4）埋藏缺陷检测的重点部位,包括安装和使用过程中返修或者补焊部位,检验时发现焊缝表面裂纹需要进行焊缝埋藏缺陷检测的部位,错边量超过相关安装标准要求的焊缝部位,出现泄漏的部位以及其附近的焊接接头,安装时的管道固定口等应力集中部位,泵、压缩机进出口第一道或者相邻的焊接接头,支吊架损坏部位附近的焊接接头,异种钢焊接接头、管道变形较大部位的焊接接头,使用单位要求或者检验人员认为有必要的其他部位。

（5）当重点检查部位焊接接头需要进行无损检测抽查时,表 7.3 所规定的抽查比例不能满足检测需要时,检验人员可以与使用单位协商确定具体抽查比例。

7.6.5 管道内壁金属损失检测

7.6.5.1 检测部位

重点检测部位如下:

（1）温度高于 40℃ 的埋地管段;

（2）防腐层老化严重且大面积失效的管段;

（3）保温层破损进水,或保温层下管道表面易形成冷凝水的管段;

（4）压缩机、换热器、加热炉、泵等设备的出、入口管道;

（5）土壤—空气界面(出入土端)管道;

（6）穿路、穿墙管段;

(7)易积水管段(排污、放空、泄压等静置的管段);

(8)工作条件苛刻的管段,如输送介质为高温,或强腐蚀性,或易形成冲刷腐蚀的管段;

(9)存在电偶腐蚀风险的,或存在应力集中的管段;

(10)曾经出现过影响管道安全运行的问题的部位,如有缺陷记录的管段、曾发生泄漏的管段。

7.6.5.2 检测方法

根据管道的大小、检测部位、检测长度等需要选取不同的检测方法进行检测:

(1)对接触式、半接触式(小范围)管道进行检测时,若检测面较小可直接采用超声相控阵进行检测,若检测面较大可先采用应力集中磁检测仪或者管道漏磁检测仪进行扫查,然后对检测出的可疑部位采用超声相控阵或超声测厚仪进行核实。

(2)对长距离、大面积(大范围)管道检测时,可先采超声导波(距离不太长时也可采用应力集中磁检测仪或者管道漏磁检测仪)进行检测,再对上述检测方法查找到的可疑部位采用超声相控阵或者超声测厚进行壁厚测定。

(3)新技术检测结果最终采用超声测厚进行复核,检测记录也采用超声测厚形式进行。

注:针对较为复杂情况的具体检测方法根据现场实际情况进一步分析。

7.6.6 材质分析

根据具体情况,可以采用化学分析或者光谱分析、硬度检测、金相分析等方法进行材质分析,分析要求如下:

(1)材质不明的管道,一般需要查明管道材料的种类和相当牌号,可根据具体情况,采用化学分析、光谱分析等方法予以确定,再次检验时不需要进行该项目。

(2)有高温蠕变和材质劣化倾向的管道,应当选择有代表性部位进行硬度检测,必要时进行金相分析。

有焊缝硬度要求的管道,进行硬度检测。

7.6.7 耐压强度校核

管道组成件全面减薄量超过公称厚度的 20%,或者检验人员对管道强度有怀疑时,进行耐压强度校核,校核用压力应当不低于管道允许(监控)使用压力。强度校核参照相应管道设计标准的要求。

7.6.8 应力检测与分析

7.6.8.1 应力检测

可采取超声、射线以及其他检测方法确定管道的内应力。

7.6.8.2 应力分析

检验人员和使用单位认为必要时,对下列情况之一的管道进行应力分析:

(1)无强度计算书,并且满足下列条件之一的管道:

① $t_0 \geqslant D_0/6$(t_0 为管道设计壁厚,单位为 mm;D_0 为管道设计外径,单位为 mm);

② $P_0/[\sigma]_t > 0.385$(P_0 为设计压力,单位为 MPa;$[\sigma]_t$ 为设计温度下材料的许用应力,单位为 MPa)。

(2)有较大变形、挠曲的。

(3)由管系应力引起密封结构泄漏、破坏的。

(4)要求设置而未设置补偿器或者补偿器失效的。

(5)支吊架异常损坏的。

(6)结构不合理,并且已经发现严重缺陷的。

(7)存在严重全面减薄的。

7.6.9 耐压试验

定期检验过程中,对管道安全状况有怀疑时,应当进行耐压试验。试验由使用单位进行,检验机构负责检验。

耐压试验的试验参数[试验压力、温度等以本次定期检验确定的允许(监控)使用参数为基础计算]、准备工作、安全防护、试验介质、试验过程、合格要求等按照相关安全技术规范规定执行且符合《压力管道安全技术监察规程-工业管道》(TSG D0001)和《压力管道规范工业管道》(GB/T 20801—2020)的相关规定。

7.6.10 泄漏试验

输送极度危害、高度危害以及易爆介质管道应当进行泄漏试验(包括气密性试验和氨、卤素检漏试验),试验方法的选择,按照设计文件或者相关标准要求执行且符合《压力管道安全技术监察规程—工业管道》(TSG D0001—2009)和《压力管道规范 工业管道》(GB/T 20801—2020)的相关规定。

泄漏试验由使用单位负责实施,检验机构负责确认。

7.6.11 安全附件与仪表检验

安全保护装置检测内容如下:

(1)压力表,检验是否在检定有效期内(适用于有检定要求的压力表);

(2)安全阀,检验是否在校验有效期内;

(3)爆破片装置,检验是否按期更换(无此项则不需检验);

(4)阻火器装置,检验是否在检定有效期内(适用于有检定要求的阻火器)(无此项则不需检验);

(5)紧急切断阀,检验是否完好(无此项则不需检验);

(6)可燃气体报警控制系统是否有效、接线牢靠且无损坏。

7.6.12 埋地管道检验

埋地部分管段的检验,有必要时可以参照 TSG D7003—2022 要求项目进行。

7.6.12.1 腐蚀防护系统检测

(1)环境腐蚀性调查测试。

① 土壤电阻率测量:采用接地电阻测试仪测量地表至 1m 和 2m 深处土壤电阻率,记录地表状况,并对所得结果进行分级;测量时使用接地电阻测量仪,采用温纳四极法进行。

按图 7.1 所示的四电极法测试。图中四个电极布置在一条直线上,间距 a、b 为测试土壤深度,且 $a=b$,电极入土深度应小于 $a/20$;土壤电阻率计算公式:$\rho=2\pi aR$,式中,ρ 为测量点

从地表到深度为 a 土层的平均土壤电阻率;R 为接地电阻仪示值;a 为相邻两电极之距离。

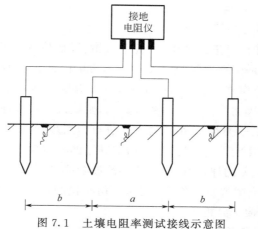

图 7.1　土壤电阻率测试接线示意图

② 开挖处土壤剖面描述:直接检查探坑开挖完毕对每个探坑中的土壤剖面进行描述,一般分为两层即地表部分和探坑中下部,内容包括土壤颜色、土壤干湿度野外观察(分为:干、润、潮、湿、水五级)、土壤质地、土壤松紧度野外观察(分为:疏松、松、稍紧、紧、很紧五级)、植物根系和地下水位等。

③ 土壤样品测试:探坑开挖完毕后在管顶、管中、管底处采集土壤样品,并对土壤中氯离子含量、硫酸根离子含量、含盐量和 pH 值进行测定。

综合分析上述测试结果,评价土壤腐蚀性。

(2)防腐层质量检测。

防腐层质量检测包括外防腐层整体状况和局部破损点的不开挖检测。可以采用交流电位梯度法(ACVG)、直流电位梯度法(DCVG)、密间隔电位法(CIPS)等方法进行。

7.6.12.2　开挖检测

(1)开挖位置选择原则。

① 应综合考虑防腐层破损、腐蚀活性、阴极保护有效性、土壤腐蚀性、容易产生积液位置等因素,对可能存在外腐蚀损伤的位置进行排序,优先选择外腐蚀速率较高的位置进行开挖。

② 开挖数量比例应满足相关安全技术规范和 GB/T 30582—2014《基于风险的埋地钢质管道外损伤检验与评价》的要求。

③ 优先选择阴极保护失效或曾经发生过腐蚀泄漏的管段。

④ 当开挖检测发现管道存在严重外腐蚀时,应适当增加开挖检测点数量。

(2)开挖检测项目及要求。

① 管道本体检测,包括金属腐蚀部位外观检查、测厚、常规超声、超声相控阵、磁粉、射线检测方法,对于磁粉检测不具备条件的,应使用渗透检测方法。

② 管道焊缝无损检测,采用目视、磁粉、渗透等方法对开挖出的环焊缝进行焊缝外观检查和表面缺陷检测,对外观检查和表面检测中发现存在错边、咬边严重,或存在表面裂纹的焊接接头,对内部缺陷做进一步检测。

③ 针对确定的重点管段,埋地部分应开挖进行 100% 检测;一般管段,按 20% 比例抽检,地上及埋地管段比例抽检比例应一致,埋地部分应开挖检测。开挖检测时,检测坑长度不应小

于 1m,管道两侧各有 50cm 的净空,管道底部应有 30cm 的净空,便于检测人员操作。

7.6.12.3 超声导波检测

超声导波检测时,应满足以下要求:

(1)对埋地管道选取测试点进行开挖,使管道露出,以便检测。开挖的检测坑长度应不小于 1m,管道两侧至少有 50cm 的净空,管道底部应有 30cm 的净空,便于检测人员操作。

(2)对于有保温层或防腐层的管道,应剥离部分保温层和防腐层,露出宽度大于 30cm 的管体表面。若剥离处管体表面清洁度对检测有影响,则应进一步清理至满足要求为止。

(3)选择合适位置放置传感器,使用常规方式进行检测,并变换位置再检测。

(4)对于受噪声、振动影响严重的管段,宜增加导波的滤波功能进行检测。

(5)对于检测信噪比较差的埋地管道,宜增加滤波功能进行检测。

(6)对于超声波信号衰减严重的管道,宜缩短初始检测范围,并采用密间隔、多点测量方法,收集较多的检测数据,便于分析。

(7)检测盲区或长度较短管段可使用高频导波进行检测。

(8)采用超声导波检测双向覆盖扫查,原则上不能经过焊缝、弯头、三通等管件,以免信号衰减造成检测数据失真。扫查后记录疑似缺陷位置和方位。

7.6.13 缺陷以及问题的处理

对检测发现的危险性大的缺陷,及时反馈给委托方进行处理;对于一般缺陷,在检测结束后汇总通过缺陷、问题汇总表等方式发聩给委托方。

按照不同的缺陷类型给出不同的处理建议,如表 7.4 所示。

表 7.4 不同的缺陷类型处理建议

缺陷严重程度	处理建议	检测频次
轻微	监控使用,或者采取监测技术进行监测	低
中等	监控使用或采取相应措施进行修补	中
严重	修补或更换	高

8 安全状况等级评定

8.1 等级划分

工艺管道的安全状况,用安全状况等级来表示。安全状况等级划分为 1 级、2 级、3 级和 4 级四个等级,其代号分别为 1、2、3、4。管道安全状况等级确定应当根据定期检验的结果评定,并且以其中各个评定项目中等级最低者作为评定级别。需要改造或者修理的管道,按照改造或者修理后的复检结果评定管道安全状况等级。安全附件与仪表检验不合格的管道,不允许投入使用。

综合评定安全状况等级为 1 级和 2 级的,检验结论为符合要求,可以继续使用。安全状况等级为 3 级的,检验结论为基本符合要求,有条件监控使用。安全状况等级为 4 级的,检验结论为不符合要求,不得继续使用。

8.2 管道位置或结构

管道位置不当或者结构不合理,安全状况等级评定如下:

(1)管道与其他管道或者相邻设备之间存在碰撞、摩擦时,应当进行调整,调整后符合安全技术规范规定的,不影响定级,否则,可以定为 3 级或者 4 级。

(2)管道位置不符合安全技术规范和现行国家标准要求,因受条件限制,无法进行调整的,但是对管道安全运行影响不大,根据具体情况定为 2 级或者 3 级,如果对管道安全运行影响较大时,应当定为 4 级。

(3)管道有不符合安全技术规范或者设计、安装标准要求的结构时,调整或者修复完好后,不影响定级。

(4)管道有不符合安全技术规范或者设计、安装标准要求的结构时,一时无法及时进行调整或者修复的,对于不承受明显交变载荷并且经定期检验未发现新生缺陷(不包括正常的均匀腐蚀)的管道可以定为 2 级或 3 级,否则,应当进行安全评定,安全评定确认不影响安全使用的,可以定为 2 级或者 3 级,否则定为 4 级。

8.3 管道材质

管道的材质与原设计不符,材质不明或者材质劣化时,安全状况等级评定如下:

(1)管道材质与原设计不符,但材质类别、牌号清楚,可以满足安全运行要求,则不影响定级;如果使用中产生缺陷,并且认为是选材不当所致,可以定为 3 级或 4 级。

(2)材质不明,如果检验未查出新生缺陷(不包括正常的均匀腐蚀),并且强度校验合格的(按照同类材料的最低强度进行计算),可以定为 3 级,否则定为 4 级。

(3)材料劣化和损伤,发现存在表面脱碳、渗碳、球化、石墨化、回火脆化等材质劣化、蠕变、高温氢腐蚀等材质损伤现象或者硬度值异常;如果劣化程度轻微能够确认在操作条件下和检验周期内安全使用的,可以定为 3 级;如果确认已经产生不可修复的缺陷或者损伤时,根据损伤程度定为 3 级或 4 级。

(4)湿 H_2S 环境下硬度值超标,碳钢以及低合金钢管道焊接接头硬度值超过布氏硬度(HB)200 但未发生应力腐蚀的,检验人员根据检验情况认为在下一检验周期内不会发生应力腐蚀的,可以定为 2 级或 3 级,否则定为 4 级。

8.4 全面减薄

管子或者管件壁厚全面减薄时,安全状况等级评定如下:

(1)管子、管件实测壁厚扣除至下一检验周期的腐蚀量后,不小于其设计最小壁厚,则不影响定级。

(2)耐压强度校核不合格,安全状况等级为 4 级。

(3)应力分析结果符合相关安全技术规范或者标准要求,则不影响定级,否则,定为 4 级。

(4)管子无设计壁厚时,应当进行耐压强度校核,根据耐压强度校核的结果确定是否要缩短检验周期。

8.5 局部减薄

管子壁厚局部减薄在制造或者验收标准所允许范围内的,则不影响定级;

管子壁厚局部减薄超过制造或者验收标准所允许范围时,同时满足以下条件的,按照表 8.1 或表 8.2 定级,否则,安全状况等级定为 4 级,经过处理后,不影响安全使用的,可从新定级。

(1)管道结构符合设计规范或者管道应力分析结果满足有关安全技术规范;

(2)在实际工况下,材料韧性良好,并且未出现材料性能劣化以及劣化趋向;

(3)壁厚局部减薄以及其附近无其他表面缺陷或者埋藏缺陷;

(4)壁厚局部减薄处剩余壁厚大于 2mm;

(5)管道不承受疲劳载荷。

表 8.1 压力<4MPa 管道所允许的局部减薄深度的最大值

壁厚局部减薄	安全状况等级			
	$P<0.3P_{L0}$		$0.3P_{L0}<P\leqslant0.5P_{L0}$	
	2 级	3 级	2 级	3 级
$B/(\pi D)\leqslant0.25$	$0.33t_e-C$	$0.40t_e-C$	$0.20t_e-C$	$0.25t_e-C$
$0.25<B/(\pi D)\leqslant0.75$	$0.25t_e-C$	$0.33t_e-C$	$0.15t_e-C$	$0.20t_e-C$
$0.75<B/(\pi D)\leqslant1.00$	$0.20t_e-C$	$0.25t_e-C$		

表 8.2 压力≥4MPa 管道所允许的局部减薄深度的最大值

壁厚局部减薄	安全状况等级			
	$P<0.3P_{L0}$		$0.3P_{L0}<P\leqslant0.5P_{L0}$	
	2 级	3 级	2 级	3 级
$B/(\pi D)\leqslant0.25$	$0.30t_e-C$	$0.35t_e-C$	$0.15t_e-C$	$0.20t_e-C$
$0.25<B/(\pi D)\leqslant0.75$	$0.20t_e-C$	$0.30t_e-C$	$0.10t_e-C$	$0.15t_e-C$
$0.75<B/(\pi D)\leqslant1.00$	$0.15t_e-C$	$0.20t_e-C$		

注:

D——缺陷附近管道外径实测最大值,mm;

t_e——有效厚度,缺陷附近壁厚的实测最小值减去至下一检验周期的腐蚀量,mm;

B——缺陷环向长度实测最大值,mm;

P——管道最大工作压力,MPa;

P_{L0}——管道极限内压,按照如下公式计算,MPa;

$$P_{L0}=\frac{2}{\sqrt{3}}R_{eL}\times\ln\frac{D/2}{D/2-t_e}$$

C——至下一检验周期局部减薄深度扩展量的估计值,mm。

R_{eL}——管道材料的屈服强度,MPa。

8.6　管道组成件

存在有下述缺陷的管道组成件,安全状况等级评定如下:

(1)管子表面存在皱褶、重皮等缺陷,打磨消除后,打磨凹坑按照相关规定定级;

(2)管子的机械接触损伤、工卡具焊迹和电弧灼伤,应当打磨消除,打磨消除后的凹坑按相关规定定级,其他管道组成件的机械接触损伤、工卡具焊迹和电弧灼伤,不影响管道安全使用的,可以定为2级,否则可定为3级或者4级;

(3)管道组成件出现变形,不影响管道安全使用的,则可以定为2级,否则可以定为3级或者4级;

(4)管道组成件有泄漏情况的,对泄漏部位进行处理后,不影响管道安全使用的,可以定为3级,否则定为4级。

8.7　焊接缺陷

8.7.1　焊接缺陷评定条件

焊接缺陷在制造或者安装验收标准所允许范围内,则不影响定级。

焊接缺陷超过制造或者安装验收标准所允许范围时,如果同时满足以下条件,则按照相关规定定级,否则,管道安全状况等级为4级。

(1)管道结构符合设计规范或者应力分析结果满足有关安全技术规范;

(2)焊接缺陷附近无新生裂纹类缺陷;

(3)管道材料抗拉强度小于540MPa;

(4)在实际工况下,材料韧性良好,并且未出现材料性能劣化及劣化趋向;

(5)管道最低工作温度高于−20℃的碳钢管道;

(6)管道不承受疲劳载荷。

8.7.2　焊接超标缺陷的安全状况等级评定

焊接超标缺陷的安全状况等级评定如下:

(1)咬边,压力≥4MPa管道咬边深度不超过0.5mm,压力<4MPa管道咬边深度不超过0.8mm时,不影响定级,否则,应当打磨消除,并且按照相关规定定级。

(2)圆形缺陷,若圆形缺陷[包括圆形气孔和夹渣率(注)]不大于5%,并且单个圆形缺陷的长径小于$0.5t_e$与6mm二者中的较小值,则不影响定级,否则定为4级。

注:圆形缺陷率指在射线底片有效长度范围内,圆形缺陷投影面积占焊接接头投影面积的百分比。射线底片有效长度按照NB/T 47013的要求确定。焊接接头投影面积为射线底片有效长度与焊接接头平均宽度的乘积。

(3)设计压力≥4MPa管道的单独条形缺陷自身宽度不大于3mm,长度不大于$2t$(t为管道壁厚),连续300mm焊缝范围内累计条缺长度不得超过50mm,小径管($D<60.3mm$)单个条缺长度不大于t,累计条缺长度不大于焊缝长度的8%,最大不超过12.5mm,否则定为4

级;压力＜4MPa 管道的条形缺陷自身高度或者宽度的最大值不大于 $0.35t_e$，并且不大于 6mm 时，按表 8.3 定级，否则定为 4 级。

表 8.3　各级管道所允许的单个焊接接头中条形缺陷总长度的最大值　　　　　mm

级别	2 级	3 级
缺陷长度最大值	$0.50\pi D$	$1.00\pi D$

（4）未焊透，管子的材料为 20 钢、Q345 或者奥氏体不锈钢时，根部未焊透按其延伸长度进行评价，单个未焊透延伸长度不超过 25mm，或者 300mm 连续焊缝长度累计未焊透长度不超过焊缝总长度 8% 时，否则定为 4 级。X 型坡口产生的中间未焊透，单个未焊透延伸长度不超过 50mm，或者 300mm 连续焊缝长度累计未焊透长度不超过 50mm，否则定为 4 级；除 20 钢、Q345 或者奥氏体不锈钢以外的其他材料，未焊透按照未熔合定级。

（5）未熔合，设计压力≥4MPa 管道的单个焊接接头连续未熔合长度不大于 25mm，或者 300mm 连续焊缝长度累计未熔合长度不超过焊缝总长度 8% 时，否则定为 4 级；压力＜4MPa 管道未熔合的长度不限，按照表 8.4 定级。

表 8.4　各级管道所允许的单个焊接接头中未熔合自身高度的最大值

公称壁厚	2 级	3 级
t_e＜2.5mm	存在未熔合时，定为 4 级	
2.5mm≤t_e＜4mm	不超过 $0.15t_e$ 且不超过 0.5mm 不影响定级；否则定为 4 级	
4mm≤t_e＜8mm	$0.15t_e$ 与 1.0mm 中的较小值	$0.20t_e$ 与 1.5mm 中的较小值
8mm≤t_e＜12mm	$0.15t_e$ 与 1.5mm 中的较小值	$0.20t_e$ 与 2.0mm 中的较小值
12mm≤t_e＜20mm	$0.15t_e$ 与 2.0mm 中的较小值	$0.20t_e$ 与 3.0mm 中的较小值
t_e≥20mm	3.0mm	$0.20t_e$ 与 5.0mm 中的较小值

（6）错边，管道外壁错边量缺陷按照表 8.5 进行定级；错边缺陷超过表中的范围时，管道经过长期使用并且该部位在定期检验中未发现较严重缺陷时，安全状况等级可以定为 2 级或者 3 级，如果存有裂纹、未熔合、未焊透等严重缺陷时，定为 4 级。

表 8.5　错边缺陷的安全状况等级的评定

压力，MPa	错边量	安全状况等级
≥4	外壁错边量小于壁厚的 20% 且不大于 3mm	2 级
＜4	外壁错边量小于壁厚的 25% 且小于 5mm	2 级

8.8　管道支吊架

管道支吊架异常时，修复或者更换后，不影响定级。如果一时无法进行修复或更换的，应当进行应力分析或者安全评定，应力分析或者安全评定结果不影响安全使用的，可以定为 2 级，否则定为 3 级或 4 级。

8.9　压力试验及泄漏性试验

管道压力试验或者泄漏性试验不合格,属于本身原因的,定为4级。

8.10　强度校核与应力分析

管道强度校核和应力分析不合格,属于本身原因的,定为4级。

8.11　管道防腐层

管道防腐层检测时,针对不开挖管段和开挖管段分别进行安全状况评价。

8.11.1　不开挖评价

外防腐层状况不开挖检测评价可采用外防腐层电阻率(R_g)、电流衰减率(Y值)、破损点密度(P值)等不开挖检测指标进行分析,评价指标可参考GB/T 19285—2014《埋地钢质管道腐蚀防护工程检验》附录K。

8.11.2　开挖评价

开挖检测处的防腐层状况评价可参考SY/T 0087.1—2018《钢质管道及储罐腐蚀评价标准　第1部分:埋地钢质管道外腐蚀直接评价》4.3条进行评价,见表8.6。

表8.6　开挖防腐层状况评价

等级	描述
优	外观完好,厚度、黏结力满足标准的要求
中	外观良好,黏结力低于标准值,但保持一定黏结强度
差	出现大面积麻点、鼓泡、裂纹、破损等,或剥离

8.11.3　评级

评价等级较低,影响管道安全使用时,应进行修复处理。修复后符合安全技术规范要求的,不影响定级,否则可以定为3级或者4级。

9　HSE

9.1　HSE控制措施

HSE控制小组组长为检测项目负责人,成员为检测项目组组员。

对可能导致偏离 HSE 方针、目标、指标的运行过程和与重要环境因素、具有风险危险源的有关过程,现场检验人员应严格按程序实施,确保检验检测工作及相关的活动符合环境、职业健康安全管理标准的要求。

(1)项目部应明确岗位责任制,并组织检验人员针对潜在的环境、职业健康安全事故隐患制定和采取相应的控制措施,以便预防和减少可能随之引发的疾病和伤害。

(2)项目部应组织对管理和检验人员进行足够的培训,以使其能够意识和知晓以下要求:

① 检测活动中实际的和潜在的职业健康安全后果;

② 在执行有关职业健康安全程序、实现职业健康安全管理要求(包括应急措施)方面的作用和职责;

③ 偏离职业健康安全程序潜在的后果;

④ 检测现场所有实际的和潜在的危险源以及采取的控制和应急控制措施。

(3)安全监督人员应进行日常检查、强化监督,并保留监测记录,如发现不符合则向有关部门汇报,并制定纠正措施。

(4)对检验工作过程所产生的固废弃物、检验人员的安全防护等活动,应严格按国家标准、规范及公司相关制度、操作规程的要求执行。确保在受控条件下进行检验活动,防止环境污染、职业病的发生、安全生产事故的发生及公司财产损失事件的发生。

(5)对所有环境因素分析、危险源辨识、风险控制、安全培训等安全记录应予以保存。

9.2　风险识别

本项目涉及高处作业、动火作业、临时用电,项目实施过程中可能遇到的风险识别及控制如表 9.1 所示(通用性表格):

表 9.1　风险识别与控制表

序号	危害种类	作业环节	风险部位	原因分析	危害后果	风险控制消减措施
1	气体中毒	现场检验作业	现场检验	介质泄漏,通风不良	人员伤亡	(1)严格按操作规程操作; (2)进行班前安全教育; (3)进行 H_2S 和天然气浓度监测
2	高处坠落	现场检验作业	脚手架上,探坑附近	意外伤害,违章作业	人员伤亡,财产损失	(1)检验人员应正确穿戴劳保用品,严禁穿带钉易滑的鞋; (2)高处作业配备安全带; (3)进行班前安全教育
3	机械伤害	现场检验作业,动火作业	设备搬运,管体打磨	违章作业	人员伤亡	(1)严格按操作规程操作; (2)安全防护设备
4	火灾	现场检验作业,动火作业	现场检验	违章作业	人员伤亡	(1)严格按操作规程操作; (2)进行班前安全教育; (3)设监护人
5	介质泄漏	现场检验作业	现场检验	介质泄漏	人员伤亡	(1)严格按操作规程操作; (2)进行班前安全教育; (3)设监护人

序号	危害种类	作业环节	风险部位	原因分析	危害后果	风险控制消减措施
6	重大疫情食物中毒	现场检验作业	现场检验	意外伤害	人员伤亡	(1)到具有卫生许可的餐馆就餐; (2)配备常用的医药用品; (3)日常配备防护口罩等
7	雷击	现场检验作业	现场检验	意外伤害	人员伤亡,财产损失	(1)严格按操作规程操作; (2)进行班前安全教育
8	中暑	现场检验作业	现场检验	意外伤害	人员伤亡	配备常用的防暑降温药品
9	爆炸	现场检验作业	现场检验	意外伤害,违章作业	人员伤亡,财产损失	(1)严格按操作规程操作; (2)配备全防护设备; (3)进行班前安全教育; (4)设监护人
10	交通事故	进、返场现场,检验作业	检验调迁	意外伤害,违章作业	人员伤亡,财产损失	(1)驾驶员按规定驾驶; (2)乘车人员系好安全带
11	社会治安	现场检验作业	现场检验	意外伤害	人员伤亡	(1)进行班前安全教育; (2)由管道业主方配合人员处理企地纠纷

9.3 风险评估

本项目涉及高温、噪声、碰撞、在易燃易爆区域开展检测,作业安全分析见表9.2。

表9.2 作业安全分析表

单位	管网集团(徐州)管道检验检测有限公司			JSA组长			分析人员	
工作任务简述:站场工艺管道定期检验								
□新工作任务□已做过工作任务□交叉作业□承包商作业□相关操作规程□许可证(执行作业许可) □特种作业人员资质证明								
工作步骤	危害描述	后果及影响人员	风险评价			控制措施		残余风险是否可接受
			暴露频率可能性	严重度	风险值			
超声检测、管线测量、磁粉检测等	摔倒、碰倒	人身伤害、设备损坏	2	1	2	严格观察周围环境,缓行慢走,先观察后检测,防止意外摔倒、碰伤		可接受
	天气炎热、温度过高	中暑	3	1	3	超过37°停止户外作业、常备防暑降温药品		可接受
	噪声	造成听力损伤	2	1	2	避免长时间接触最大噪声处,增加休息时间		可接受
油品输送	易燃易爆	人员伤亡、财产损失	1	4	4	做好现场气体检测工作并做好记录,穿好防静电工作服		可接受

9.4 应急措施

9.4.1 应急指挥小组

应急指挥小组是管道检测中心突发事件应急处置的现场最高指挥机构，由现场指挥及现场检测人员组成(图9.1)。

9.4.1.1 现场指挥

构成：主任/现场负责人。

职责：负责站级应急预案的启动和终止，制定现场处置措施，负责落实指挥权利的移交。

9.4.1.2 现场检测人员

构成：警戒人员、通信人员、救援人员。

警戒人员：负责现场监测、车辆引导、现场警戒工作，防止无关人员误入危险区域。

通信人员：负责跟踪并详细了解各类突发应急事件及处置情况，及时向总指挥汇报、请示落实，并下达现场指令。

职责：负责现场救援工作，协助抢险人员及医疗人员的救助工作。

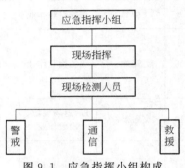

图9.1 应急指挥小组构成

9.4.2 现场处置程序

应急响应分为预警、信息报告、初期处置、应急启动、指挥协调、现场处置、应急联动、资源保障、信息公开、应急终止、现场恢复11部分内容。

9.4.2.1 预警

现场检测人员应及时根据检测现场的突发情况、预警信息、人员异常、环境变化等，进入预警状态。

现场检测人员接到预警信息后，应立即进入待命状态。

现场负责人根据预警事件的变化决定预警解除，由现场负责人发布预警解除信息，预警结束。

9.4.2.2 信息报告

根据对事态发展的分析判断，事故、现场第一发现人员应第一时间上报现场负责人；现场负责人向应急小组报告，应急小组组长向公司应急指挥中心办公室报告。

应急信息报送以可用电话口头或短信等方式初报紧急信息，可多次进行报告，特别是当情况发生变化时必须及时报告。

9.4.2.3 初期处置

现场检测人员应根据应急处置卡的内容开展相应初期处置。

9.4.2.4 应急启动

主任根据突发事件发展情况启动输油设备检测中心现场处置方案，并通报事故事件。

9.4.2.5　指挥协调

现场负责人就实际情况,明确现场信息联络员,制定处置措施,安排现场检测人员开展现场处置。

当上级领导到达现场后,移交指挥权。

9.4.2.6　现场处置

(1)现场负责人根据突发事件性质及处置需要,通知主任和有关人员,通知内容包括但不限于:

① 通报事件情况;

② 确定现场人员名单;

③ 明确现场应急救援工作要求;

④ 初步判断所需调配的内外部应急资源。

(2)主任视事故严重程度和类别,确定参与现场处置的相关人员:

① 支持原有指挥人员的应急指挥,遵循原有的应急程序,加强指导和协调能力;

② 参与外部救援人员及医务人员做好现场救援工作。

(3)现场人员应做好以下工作:

① 了解现场信息,核实事故情况,指导现场应急救援工作;

② 与应急小组保持联络,明确现场人员分工;

③ 协调指挥外部支援;

④ 与公司应急指挥中心联系,使应急指挥中心随时掌握现场情况。

(4)现场处置包括人员救助与医疗救护、人员警戒疏散、现场检测、应急抢险、应急联动、环境保护等,具体针对所发生的事件类型。

(5)在应急处置过程中,当事态发展超过最大应急控制能力,危及或可能危及现场检测人员或救援人员人身安全时,现场指挥要果断下达疏散、撤退指令;现场负责人有权下达撤离命令。

9.4.2.7　应急联动

视险情严重程度和发展趋势,积极配合输油站应急联动措施。

9.4.2.8　资源保障

做好现场检测人员的后勤保障工作。

9.4.2.9　信息公开

做好现场相关人员的舆情管控工作。

9.4.2.10　预案终止

(1)应急结束条件。

下列条件同时满足时,可终止应急响应:

① 现场已得到有效处置;

② 受伤人员得到妥善救治;

③ 现场应急处置已经终止。

(2)应急结束程序。

事件(事故)应急处置结束,现场负责人了解现场情况后,应及时向输油设备检测中心应急小组报告。

9.4.2.11 现场恢复

协助站场人员做好现场恢复工作。

9.4.3 应急处置措施

根据不同突发事故(事件)类型,针对具体的突发事件情况制定了相应的应急处置措施。

9.4.3.1 检测现场高处坠落现场处置方案

高处坠落现场处置方案见表 9.3。

表 9.3 高处坠落现场处置方案

<table>
<tr><td rowspan="4">风险
分析</td><td rowspan="3">原因</td><td colspan="2">(1)设备或工具本身自有缺陷,如脚手架不合格或有松动,安全带安全绳不合格</td></tr>
<tr><td colspan="2">(2)未要求系挂安全带,或安全带没有做好高挂低用、系挂在移动、带尖锐棱角或不固定物体上</td></tr>
<tr><td colspan="2">(3)异常天气原因,如大风、暴雨等</td></tr>
<tr><td>危害</td><td colspan="2">人员伤害、财产损失</td></tr>
<tr><td colspan="2">异常现象</td><td colspan="2">发现有人员意外跌落</td></tr>
<tr><td rowspan="8">应急
处置
及职
责</td><td rowspan="7">报警
报告
处置
措施</td><td>处置程序</td><td>负责人</td></tr>
<tr><td>(1)现场检测人员发现有人意外跌落受伤,向现场负责人报告</td><td>第一发现人</td></tr>
<tr><td>(2)立即下令停止检测工作,查看现场情况,进行确认,同时向输油站场调度及输油设备检测中心领导报告</td><td>现场负责人</td></tr>
<tr><td>(3)立即拨打"120"急救中心电话,在医务人员未到现场之前,对伤者受伤情况检查,且检查时不得加重伤者的伤势</td><td>现场检测人员</td></tr>
<tr><td>(4)有出血情况,用消毒纱布或干净毛巾、布料等折成比伤口稍大的垫子盖住伤口,用三角巾或绷带加压包扎;在伤口上包扎,要松紧适宜,以出血停止为合适,每隔半小时放松 2~3min;松止血带时,应用指压法压迫止血</td><td>现场检测人员</td></tr>
<tr><td>(5)有骨伤时,在骨折处两侧用夹板或树枝固定好,避免骨折断端再损伤周围的血管、神经、肌肉、皮肤;减轻疼痛;便于搬运</td><td>现场检测人员</td></tr>
<tr><td>(6)派人到指定位置,引导医务人员和救援人员进行现场,到达指定位置</td><td>现场负责人</td></tr>
<tr><td>(7)向应急指挥中心指派抵达现场指挥员汇报现场实际情况和处置过程</td><td>现场负责人</td></tr>
<tr><td rowspan="6">注意
事项</td><td colspan="3">(1)信息上报时,须讲明事发地确切位置、程度、人员伤亡及可能发展态势等情况</td></tr>
<tr><td colspan="3">(2)组织的援助人员必须具备相应的救助技能和护理知识</td></tr>
<tr><td colspan="3">(3)切断一切可能扩大事态范围的环节,仔细检查事件现场周围有无其他危险源存在</td></tr>
<tr><td colspan="3">(4)专职监护负责对抢险人员处置能力及个体安全防护进行确认。救援人员必须在保证自身安全的情况下才可以实施应急救援,任何情况下不允许盲目施救</td></tr>
<tr><td colspan="3">(5)当事态发展超过现场最大应急控制能力,危及或可能危及岗位或救援人员人身安全时,现场带班人员、班组长、负责人均有权下达撤离命令</td></tr>
<tr><td colspan="3">(6)应急救援结束后,现场指挥负责组织清点人数,统计物资消耗,并按上级要求做好后期处置工作,未经授权,不得对外发布相关信息</td></tr>
</table>

9.4.3.2 检测现场突发中毒事件现场处置方案

中毒现场处置方案见表 9.4。

表 9.4　中毒现场处置方案

风险分析	原因	(1)站内工艺管线腐蚀穿孔,发生原油泄漏	
		(2)站内工艺操作发生误操作,造成管线憋压,发生管线破裂跑油	
		(3)储罐清罐不彻底或罐体与管线连接处盲板不严密造成油品渗漏	
		(4)其他人为原因,如进入受限空间未做气体检测等	
	危害	(1)人身伤害	
		(2)环境污染、财产损失	
异常现象		(1)硫化氢报警仪报警;(2)检测人员突然倒地;(3)现场发现原油泄漏	
应急处置及职责	报警报告处置措施	处置程序	负责人
		(1)发现有检测人员突然倒地,向现场负责人汇报	第一发现人
		(2)组织人员做好防护措施前去救护,同时向检测站场区领导及输油设备检测中心领导报告	现场负责人
		(3)立即拨打"120"求救,在医务人员未到现场之前,将中毒者抬至上风向通风处,远离有毒区域	现场检测人员
		(4)观察中毒者情况,对没有呼吸心跳的中毒人员,进行心肺复苏救治	现场检测人员
		(5)组织人员穿戴好正压式空气呼吸器,拿好硫化氢检测仪对泄露现场进行检测,并做好警戒工作,防止有人误入中毒区域	现场负责人
		(6)120救护车赶到,应急救援人员将中毒人员送上车,由医护人员进行急救	现场检测人员
		(7)消防队伍到达后用消防水雾喷洒,稀释降低硫化氢浓度	
		(8)向应急指挥中心指派抵达现场指挥员汇报现场实际情况和处置过程	现场负责人
注意事项		(1)信息上报时,须讲明事发地切切位置、程度、人员伤亡及可能发展态势等情况	
		(2)组织的援助人员必须具备相应的救助技能和护理知识	
		(3)职监护负责对抢险人员处置能力及个体安全防护进行确认。救援人员必须正确佩戴个人防护器具和监测报警仪器,使用专用的抢险器具,穿防护服。救援人员必须在自身安全的情况下才可以实施应急救援,任何情况下不允许盲目施救	
		(4)当事态发展超过现场最大应急控制能力,危及或可能危及岗位或救援人员人身安全时,现场带班人员、班组长、负责人均有权下达撤离命令	
		(5)应急救援结束后,现场指挥负责组织清点人数,统计物资消耗,并按上级要求做好后期处置工作,未经授权,不得对外发布相关信息	

9.4.3.3　检测现场沟下塌方现场处置方案

检测现场沟下塌方处置方案见表 9.5。

表 9.5　塌方现场处置方案

风险分析	原因	(1)作业坑过深,支护不足导致塌方	
		(2)作业坑开挖不符合要求,未按要求做支护、开挖土方堆放在沟边或在沟边放置开挖机械等	
		(3)自然原因,如遇大雨、沟下地下水丰富等,导致塌方	
	危害	人身伤害、财产损失	
发现异常		(1)发现作业坑侧壁有松动、滑动	
		(2)作业坑有坍塌,有人员被掩埋	

		处置程序	负责人
应急处置及职责	报警报告处置措施	(1)发现作业坍塌,立刻汇报现场负责人	第一发现人
		(2)立即下令停工,并组织现场人员撤离危险区域,并清点人数进行确认,同时向输油设备检测中心领导及所属站场调度报告	现场负责人
		(3)如有人员受伤或失踪,在保证自身安全的情况下,应立即组织人员进行自救,同时拨打"120"求救或和定点医院联系	现场负责人
		(4)在医务人员未到现场之前,对伤者进行受伤情况检查,且检查时不能加深伤者的伤势;并组织救护人员对受伤人员进行紧急处理或送医院治疗	现场检测人员
		(5)在塌方作业坑外围做好警示与警戒,防止有无关人员误入危险区域	现场检测人员
		(6)派人到指定位置引导救援人员和医务人员进入现场	现场负责人
		(7)向应急指挥中心指派抵达现场指挥员汇报现场实际情况和处置过程	现场负责人
注意事项	(1)信息上报时,须讲明事发地确切位置、程度、人员伤亡及可能发展态势等情况		
	(2)组织的援助人员必须具备相应的救助技能和护理知识		
	(3)专职监护负责对抢险人员处置能力及个体安全防护进行确认。救援人员必须在保证自身安全的情况下才可以实施应急救援,任何情况下不允许盲目施救		
	(4)切断一切可能扩大事态范围的环节,仔细检查事件现场周围有无其他危险源存在		
	(5)当事态发展超过现场最大应急控制能力,危及或可能危及人员人身安全时,现场带领人员有权下达撤离命令		
	(6)应急救援结束后,现场指挥负责组织清点人数,统计物资消耗,并按上级要求做好后期处置工作,未经授权,不得对外发布相关信息		

10　检验记录与报告

10.1　检验记录

检验人员应按照质量体系文件的要求现场填写检验试验记录。

记录应字迹清楚,签名齐全,不准随意涂改。记录中出现错误时,每一错误应当划改,不可擦涂掉或者使字迹模糊或者消失,应当把正确内容填写在其旁边。对记录的所有改动应当有改动人的签名和日期;对已归档的原始记录不允许进行更改。

对电子存储的记录也应当采取同等措施,以避免原始数据的丢失或者改动。

10.2　检验报告

(1)报告内容。

① 给出确定的报告结论。

② 分别给出检测管道的使用建议,包括建议的下次检测时间,缺陷的处理方式等。

③ 详细的分项检测报告。

④ 管道单线图。

（2）检测报告的基本要求。

① 检测报告的卷面应清晰、整洁。

② 检测报告中的术语、符号的表达应规范、正确、使用国家法定计量单位和国家正式颁布的简化汉字。

③ 检测报告应准确、清晰、客观地反映检测过程，检测数据和评价意见，便于客户理解和使用，避免可能出现的误解。

④ 检测专用章加盖在表格规定位置。

⑤ 检测报告表格中不需填写的栏目应用斜杠"/"符号表示此栏目无内容。

⑥ 未经技术负责人批准、检测报告不得复制。客户复印的检测报告，经技术负责人批准，由检测责任师与存档的原检测报告核对后无误后，方可重新加盖检验检测专用章。

（3）压力管道检验报告必须由具有相应资格的人员出具、审核，经检测公司授权技术负责人批准、签署检验报告，盖检验报告需加盖检验检测专用印章。

检验检测报告一式 4 份，一份技术质量部留存，一份发放检验科室，两份交用户，其中检验科室留一份与检验检测原始记录同时存档。